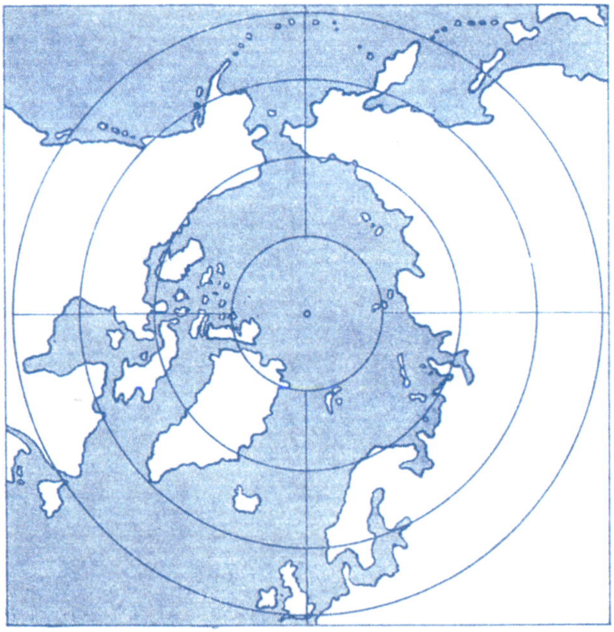

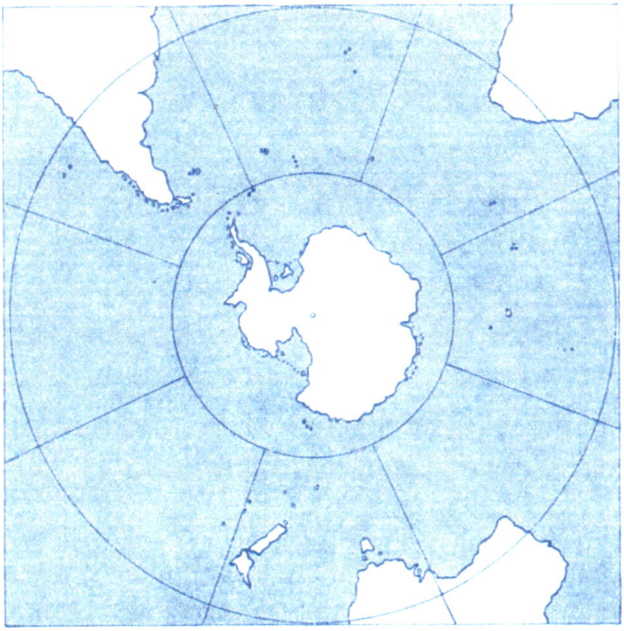

Hans-Peter Kosack

Die Polarforschung

Ein Datenbuch über die Natur-, Kultur-, Wirtschaftsverhältnisse und die Erforschungsgeschichte der Polarregionen

113 Tabellen und 30 Kartenskizzen
mit verbindendem Text

SPRINGER FACHMEDIEN WIESBADEN GMBH

DIE WISSENSCHAFT

Sammlung von Einzeldarstellungen aus allen Gebieten der Naturwissenschaft

Band 128

Herausgegeben von Prof. Dr. Wilhelm Westphal und Hans Rotta

ISBN 978-3-663-00292-5 ISBN 978-3-663-02205-3 (eBook)
DOI 10.1007/978-3-663-02205-3

1967

Ursprünglich erschienen bei Friedr. Vieweg & Sohn GmbH, Braunschweig 1967
Softcover reprint of the hardcover 1st edition 1967

Umschlaggestaltung: Peter Kohlhase

Bestell-Nr. 7128

Vorwort

Im März 1964 trat der Herausgeber der Reihe „Die Wissenschaft" mit der Bitte an mich heran, ein Datenbuch über Arktis und Antarktis zusammenzustellen, das unsere heutige Kenntnis über den Stand der Polarforschung in Form von Tabellen mit einem kurzen verbindenden Text enthalten sollte. Schon bei den ersten Überlegungen über die Anlage des Buches hatte ich große Bedenken, ob überhaupt unser Wissen über die Polarbereiche in dieser Form darstellbar wäre. Viele der Probleme, wie z. B. der geologische Bau, die Tektonik, die Verbreitung und Wanderungen der Lebewesen sind räumlich zu sehen und in Tabellenform entweder überhaupt nicht oder nur abstraktiv darstellbar. Aus diesem Grunde war es wünschenswert, auch Kartenskizzen beizusteuern, welche die räumlichen Beziehungen verdeutlichen.

Die Grundlage aller Tabellen sind entweder Zählungen (statistische Erhebungen), Meßergebnisse, Berechnungen oder Schätzungen. Nicht immer war es bei den vorhandenen Quellen leicht, die richtige Ausgangsbasis festzustellen. Wo es möglich war, ist sie in den Tabellenerläuterungen angegeben.

Bei der Betrachtung der *Zahlenwerte* der statistischen Quellenangaben sollten zudem folgende Gesichtspunkte berücksichtigt werden:

1. Die Stichdaten sind nicht in allen Fällen einheitlich. So fanden die letzten Volkszählungen in der UdSSR im Jahre 1959, in Alaska und Grönland 1960, in Kanada und Spitzbergen 1961 statt. Die letzte Gesamterhebung aller Lebensbereiche in Grönland war bereits 1955. Alle übrigen Zahlen der späteren Zeit sind Weiterführungen und Berechnungen.

2. Die Angaben sind in den verschiedenen Ländern nach unterschiedlichen Maßsystemen angegeben. In Kanada sind britische Maße, in Alaska amerikanische, in Rußland vor 1917 die alten russischen Maße in Benutzung. In diesem Datenbuch wurden daher alle Maßangaben erst auf das metrische System umgerechnet, um überhaupt miteinander vergleichbar zu werden.

3. Oft sind in den offiziellen Originalquellen voneinander abweichende Zahlen für den gleichen Gegenstand und die gleichen Stichjahre angegeben. Es war nicht immer möglich, vorläufige und endgültige Zahlenangaben voneinander zu trennen. In manchen Fällen wurden daher beide oder mehrere Zahlen zum Vergleich nebeneinander gesetzt (Tabelle 3b: Kanadische Inseln; Tabelle 10 und 11: Höhe von Bergen in Arktis und Antarktis; Tabelle 25 und 26: Bilanzberechnungen für das Inlandeis von Grönland und Antarktis), ohne daß eine Gewähr dafür gegeben werden kann, welche Zahlen nun „die richtigen" sind. Für die sowjetische Arktis waren statistische Unterlagen nur schwer oder überhaupt nicht erhältlich; entweder gibt die offizielle Statistik Zahlen nur für die gesamte Sowjetunion oder günstigenfalls für die Nationalen Kreise im Polarbereich. Alle Einzelangaben mußten in mühsamer Sucharbeit aus verschiedensten Quellen unterschiedlicher Qualität zusammengesucht werden, ohne daß Vollständigkeit und Verläßlichkeit immer erzielt werden konnten.

4. Auch der Grad der statistischen Erfassung ist in den verschiedenen Ländern recht unterschiedlich. Hervorragend ist die Statistik für Grönland ausgebaut, in

der über alle Bereiche des menschlichen Lebens alljährlich ausführlich in der Grönländischen Statistik berichtet wird (Dänisches Statistisches Jahrbuch). In Kanada sind die einzelnen Bereiche im Canada Yearbook nach Themengruppen zerstreut und müssen regional zusammengesucht werden; dabei sind leider die einzelnen polaren Distrikte nicht einzeln behandelt worden. Für alle übrigen Gebiete ist die Erhebungsgrundlage äußerst schlecht, sowohl in bezug auf die Erhebungsgegenstände als auch in regionaler Beziehung. Alaska und Jakutien haben z. B. ihre Schwerpunkte im außerpolaren Gebiet, Zahlenangaben sind daher nur mit Abstraktion dieses außerpolaren Bereichs vergleichbar.

5. Leider war es nicht möglich, die statistischen Angaben bis zum Jahre 1964 heranzuführen, da die letzten hier zugänglichen (1965) meist mit dem Jahre 1961 abschließen. Der Bitte um Angabe neuer Zahlen wurde nur in den seltensten Fällen entsprochen.

Bei dem vorgesehenen Umfang des Buches war es leider nicht möglich, alle Bereiche und Probleme der Polarforschung in gleicher Weise anzusprechen. Die ausführliche Behandlung aller Themen müßte einem großen mehrbändigen Werk vorbehalten bleiben, das übrigens auch nicht von einer Einzelperson zusammengestellt werden könnte. Beweis hierfür sind die in den letzten Jahren erschienenen Polarwerke, wie die beiden in England veröffentlichten Sammelbände „Antarctic Research" und das von *T. Hatherton* herausgegebene Buch „Antarctica", welche Beiträge mit sehr unterschiedlichem regionalem Bezug und wissenschaftlicher Tiefe von verschiedenen Autoren enthalten. So sind in diesem Bande z. B. keine Hinweise über das Problem des „Whiteout", über Strahlung und Ionosphärenforschung oder über die Kartographie im Nord- und Südpolargebiet zu finden, teils weil ich mich zu ihrer Behandlung nicht kompetent fühle, teils weil sie den Rahmen des Bandes gesprengt hätten. Auch konnten im Literaturverzeichnis nicht die vielbändigen wissenschaftlichen Ergebnisse der klassischen und heutigen Polarexpeditionen aufgezählt werden (das „Gauß"-Werk der Deutschen Südpolarexpedition 1901–03 umfaßt z. B. 22 Bände), auch nicht die populären Expeditionsberichte. Sie sind in den Standardwerken (z. B. *Kosack:* Die Antarktis; *Breitfuß:* Das Nordpolargebiet) zum großen Teil genannt. Auch regionale Probleme im einzelnen konnten nicht berücksichtigt werden. Aus diesen Gründen sind Simplifizierungen in den Daten möglich, die ein verzerrtes Bild ergeben können und für die sich der Verfasser entschuldigen möchte. Daher finden sich auch öfters Hinweise darauf, daß die Angaben nur mit Vorbehalt als sichere Zahlen anzusprechen sind.

Für den Datenband wurden nach Möglichkeit amtliche Statistiken oder offizielle Veröffentlichungen (SCAR und ähnlicher Organisationen) zugrunde gelegt. Die Flut der amtlichen und privaten Veröffentlichungen ist in den letzten Jahren vor allem durch das Internationale Geophysikalische Jahr und die geophysikalische Kooperation derart groß geworden (die Bibliographie des „Polar Record" für 1965 zeigt z. B. über 2200 neue Titel an), daß sie für eine Einzelperson nicht mehr überschaubar ist. Zwar wurde der Versuch unternommen, die wesentlichsten Ergebnisse zu sammeln und zu tabellieren, doch ist sich der Verfasser nicht sicher, ob in nicht eingesehenen Veröffentlichungen nicht noch andere Zahlen enthalten sind, die man in die Tabellen hätte einbauen können. Für Hinweise auf solche Unvollständigkeiten ist der Verfasser sehr dankbar.

Ein besonderes Problem bildet die Schreibung der Ortsnamen. Im allgemeinen folgte ich dem internationalen Sprachgebrauch hinsichtlich der polaren Namen, wie er u. a. vom US Board on Geographic Names (Policy covering Geographical Names. In Gazetteer 14. Geographic Names of Antarctica. Washington 1956), von britischen, französischen und norwegischen Stellen praktiziert wird: Die amtliche Schreibweise soll unverändert bleiben. Nur für das Gebiet der UdSSR war eine Umschrift notwendig; für die Tabellen kam die bibliographische Umschreibung in Anwendung, während im Text auch deutsches Namensgut benutzt wurde. So wurde z. B. nicht die russische Namensform „Zemlja Franca Iosiffa" (Franz-Josef-Land) geschrieben, nicht Spitsbergen (Spitzbergen) und nicht Grønland (Grönland), auch nicht Čukotskij-Halbinsel (Tschuktschen-Halbinsel), wohl aber Vestgrønland (als Distriktsname) und Čukotskij N. O. (politischer Nationalkreis). Über die Zulässigkeit der einzelnen verwendeten Formen läßt sich streiten[1]).

Schriftzeichen der bibliographischen Umschrift	Deutsche Aussprache
ž	G wie in Gendarm
z	s wie in sehen
s	s wie in Wasser
c	ts
č	tsch
š	sch
'	Weichheitszeichen

Einige Beispiele für die bibliographische Umschrift:

Umschrift	Deutsche Form	Aussprache
Vladivostock	Wladiwostok	Wladiwostók
Enisej	Jenissej	Jenissej
Ob' (die „O.")	Ob (der „O.")	Obj

Hierdurch ist es jedoch unvermeidbar, daß manche Namen in den üblichen Hausatlanten nicht wiederzufinden sind (auch die Atlanten gehen ja nicht einheitlich vor). Daher sei auf folgende Übersichtkarten verwiesen, die im Handel erhältlich sind:

Arktis: Régions arctiques. 1 : 3 000 000. (4 Blätter.) Paris: Institut Géographique National.

1) Im November 1966 wurde durch den US Board on Geographic Names eine Reihe von Namen in der Antarktis geändert; diese Änderung betrifft Namen mit Vornamenformen. Die für das Datenbuch wichtigsten Änderungen sind die folgenden:

Black Coast (Richard Black Coast); Byrd Land (Marie Byrd Land); English Coast (Robert English Coast); Flood Range (Hal Flood Range); Ford Ranges (Edsel Ford Ranges); Thomas Mountains (Lowell Thomas Mountains).

Am 9. 12. 1966 wurde die Schreibweise der deutschen Namenformen in den Polargebieten durch den ständigen Ausschuß für geographische Namen geregelt. Danach werden einfache Namen und ihr deutsches geographisches Bestimmungswort zusammengeschrieben, Namen aus mehreren Bestandteilen durch Bindestriche gekoppelt, z. B.:

Rossmeer, Beardmoregletscher, Victorialand, Königin-Maud-Gebirge, Kaiser-Wilhelm-II.-Land, Franz-Josef-Land.

Diese neuen Namensformen konnten im Datenbuch nicht mehr berücksichtigt werden.

Antarktis: Antarctica. 1 : 5 000 000. New York: American Geographical Society 1962.

oder die Blätter der Weltkartenwerke 1 : 1 000 000 (AMS World Series 1301; Luftfahrtkarte ICAO).

Nur wenn man alle diese Einschränkungen und Vorbehalte berücksichtigt, kann das Buch von Nutzen sein. Nicht der augenblickliche Stand unserer Kenntnisse, der einem steten Wandel unterworfen ist, sollte das Hauptanliegen der Zusammenstellung sein, sondern die Betonung der Tatsache, daß die Forschungen in beiden Polargebieten noch lange nicht abgeschlossen sind, daß neue Ergebnisse alte liebgewordene Erkenntnisse als falsch ausweisen können und daß die bisherigen Arbeiten nur Ansporn zu neuen Untersuchungen sein dürfen. Jede Lösung eines Problems wirft einen ganzen Katalog neuer Fragen auf, und bei vielen Problemen in den Polargebieten sind wir in Wahrheit bisher noch nicht einmal zu einer Lösung gekommen (Zuverlässigkeit seismischer Eisdickenmessungen, Zuverlässigkeit der Niederschlagsbestimmung, Kontinentverschiebungstheorien, Systematik von Pflanzen und Tieren, um nur einige der strittigen Themen zu nennen). Nur vertiefte weitere Arbeiten bieten die Gewähr, daß wir zu einer verläßlichen Kenntnis der Polargebiete in zukünftiger Zeit vordringen können. Diese sind in der Antarktis möglich, da hier keine politischen Verwicklungen zu erwarten sind, und daher die Hoffnung besteht, daß alle Meß- und Zählergebnisse auch veröffentlicht werden, sobald ihre Verarbeitung abgeschlossen ist. Es ist mithin gerade das Südpolargebiet, aus dem wir neue wegweisende Ergebnisse erwarten dürfen, weswegen auch in diesem Datenbuch die antarktischen Verhältnisse eine ausführlichere Behandlung erhielten als die arktischen.

Für freundliche Unterstützung und Förderung der Arbeit möchte ich an dieser Stelle allen Instituten danken, welche Material zur Verfügung gestellt haben; es sind dies vor allem das *Scott Polar Research Institute* in Cambridge, ohne dessen Hilfe das Datenbuch überhaupt nicht hätte entstehen können, ferner die *Expéditions Polaires Françaises,* Paris, die *Antarctic Division* des Department of External Affairs, Melbourne, und ihr unermüdlicher Leiter *Ph. G. Law,* das *Instituto Antártico Argentino* in Buenos Aires, das *Institut für Weltwirtschaft* an der Universität Kiel, die *Kanadische Botschaft,* Bonn, *Danmarks Statistik,* Kopenhagen, das *Statistische Bundesamt,* Wiesbaden, das *Antarctic Office* in Tokio, sowie meine Freunde *L. D. Dolgušin,* Geographisches Institut Moskau, *G. Heinsheimer,* Merlo (Argentinien), *A. Jahn,* Geographisches Institut der Universität Breslau, *F. E. A. Lagace,* Vlissingen, *K. K. Markov,* Staatsuniversität Moskau, *J. N. Malaurie,* Centre d'Etudes arctiques et antarctiques, Paris, *L. B. Quartermain,* New Zealand Antarctic Society, Wellington, *O. Schneider,* Chef der Wissenschaftlichen Abteilung des Instituto Antártico Argentino, Buenos Aires, *I. Suetova,* Geographisches Institut der Staatsuniversität Moskau. *O. S. Vjalov,* Geologisches Institut der Akademie der Wissenschaften in Lvov (Lemberg), *T. Yoshikawa,* Geographisches Institut der Universität Tokio und *S. Zavatti,* Leiter des Istituto Geografico Polare, Civitanova, die alle bereitwillig vor allem Literatur zur Verfügung gestellt haben. Allen diesen Institutionen und Personen gebührt mein aufrichtiger Dank. Auch möchte ich nicht versäumen, dem Herausgeber der Reihe „Die Wissenschaft", Herrn *H. Rotta,* Stuttgart, für das Interesse, das er an dem Buch nahm, und der durch Überlassung wertvoller Besprechungsstücke von Polarliteratur zum Gelingen der Arbeit beitrug, meinen Dank zu sagen, desgleichen dem Verlag für die Mühe der Herstellung und sein Eingehen auf oft nicht leicht zu erfüllende Wünsche. Möge das Buch dazu beitragen, die heutigen Kenntnisse über die beiden Polargebiete auch in Deutschland einem breiteren Leserkreis zu vermitteln und von seiten der Fachkollegen zu neuen fruchtbaren Diskussionen und weiteren Arbeiten anzuregen.

Hans-Peter Kosack

Bonn, Mai 1966

Inhalt

Die Polarforschung beschäftigt sich mit der Untersuchung der um die beiden Drehpunkte der Erdachse, den Polen, gelegenen Gebiete, den Polargebieten. Man unterscheidet hierbei das Nordpolargebiet um den Nordpol, das Südpolargebiet um den Südpol. Synonyme für diese Bezeichnungen sind die Namen „Arktis“ und „Antarktis“. Die Bezeichnung „Arktis“ ist griechischen Ursprungs, sie leitet sich von dem griechischen Namen „Arktos“ für das im Norden gelegene Sternbild des Großen Bären ab, das, in der Nähe des nördlichen Himmelspols gelegen, ständig sichtbar bleibt. Alle ständig sichtbaren Sternbilder lagen so im „arktischen Kreis“, und dieser Name übertrug sich auf die in dieser Richtung liegenden Erdgebiete. Der Name „Antarktis“ (= Gegenarktis) ist mittelalterlichen Ursprungs.

Die Erforschung der um diese beiden Punkte gelegenen Gebiete erstreckt sich auf alle Erscheinungen in diesen Zonen, nicht nur auf die physischen Verhältnisse, die Verteilung von Land und Meer, die Höhen und Tiefenverhältnisse, das Klima, die Verbreitung von Eiserscheinungen und Deutung ihres Verhaltens und ihrer Verteilung, sondern auch auf Erscheinungen des Lebens: Vorkommen, Verhalten, Lebensformen von Pflanzen und Tieren, Untersuchungen über Verbreitung, Kulturverhältnisse und wirtschaftliche Anpassung des Menschen.

1. **Namen und Grenzen** (Begriffsbestimmungen)

Das Nordpolargebiet wird von einem großen Meeresbecken eingenommen, dem randlich die nördlichen Kontinente Europa, Asien und Nordamerika angelagert sind. Das Südpolargebiet wird im Gegensatz hierzu von einem Kontinent eingenommen, den ein breiter Meeresgürtel umgibt. Dieser Verteilung von Land und Meer entsprechend nennt man im Nordpolargebiet das Zentralmeer „nördliches Eismeer“ (= arktischer Ozean, Nordpolarmeer). Entsprechend könnte man das den Südpolarkontinent umgebende Meer „südliches Eismeer“ (antarktischer Ozean, Südpolarmeer) nennen, doch hat die internationale Meeresforschung aus ozeanographischen Gründen diesen Begriff fallen gelassen und rechnet die südlichen Meere zu den nördlich davon liegenden Ozeanen, deren konventionelle Grenzen als gerade Linien südwärts von Südafrika, Tasmanien und Südamerika bis zum Südpolarkontinent verlaufen. Für diesen Südpolarkontinent sind verschiedene Namen in Gebrauch:

Antarktika (*Rudolphi* 1926 in Anlehnung an den englischen Sprachgebrauch Antarctica, ein Begriff, der von *Balch* 1902 eingeführt wurde), Antarktien (*L. Mecking* 1925), antarktischer Kontinent, oder auch einfach Antarktis. In popularwissenschaftlichen Veröffentlichungen findet man auch die Bezeichnungen „der sechste Kontinent“ oder „der siebente Kontinent“, je nachdem, ob man Amerika als einen oder zwei Kontinente ansieht, worüber die Diskussion in der Wissenschaft noch nicht abgeschlossen ist.

Die Grenzen für das Nord- und Südpolargebiet sind ebenfalls noch umstritten. Für das Nordpolargebiet hat man die Frosterscheinungen als Leitmotiv herangezogen: Treibeisgrenze und Frostboden. Doch stehen auf Frostboden in Sibirien große Wälder, und die Treibeisgrenze umschließt Neufundland. Als weitere Abgrenzungen bieten sich an: die 0 °C-Jahresisotherme (*A. Supan* 1879), die etwa mit der Frostbodengrenze zusammenfällt, die 10 °C-Juli-Isotherme, etwa identisch mit der Grenze zwischen Wald und Tundra. Im einzelnen ergeben sich jedoch Unterschiede im Verlauf; einige Autoren beziehen Island in das Nordpolargebiet mit ein (*Supan* 1903, *Breitfuß* 1939), andere schließen die Insel aus kulturgeographischen Gründen aus (*Nordenskjöld* 1926). Daneben gibt es berechnete Grenzen auf Grund der klimatischen Bedingungen (*M. Vahl* 1911: Temperatur des wärmsten Monats gleich 9 minus 0,1 mal Temperatur des kältesten Monats oder: v = 9 − 0,1 k) und schließlich die mathematische Grenze 66° 32′ 51″, 74 (vgl. Tab. 1 und 6). Im Südpolargebiet versagen diese Abgrenzungen, da z. B. die 10 °C-Juli-Isotherme in Südamerika Gebiete mit Papageien-Vorkommen mit umschließt, die sicher nicht als polar anzusprechen sind. Auch die Baumgrenze ist nicht verwertbar wegen des Fehlens von Landmassen, auf denen Bäume wachsen. Man hat sich daher auf eine Meeresabgrenzung geeinigt, die *G. Deacon* 1937 erstmals benannte, die „antarktische Konvergenz", d. h. die Linie, auf der antarktisches kaltes Wasser unter leichteres und wärmeres subtropisches Meereswasser absinkt. Diese Grenze ist einigermaßen unveränderlich und stabil. Auch die Treibeisgrenzen können nicht als geographische Grenzen Verwendung finden, da sie von Jahr zu Jahr großen Schwankungen unterliegen. Das gleiche gilt für Luftmassengrenzen. Die Grenzen der Ökumene, d. h. die Nord- und Südgrenze der bewohnten Welt, sind nicht als Abgrenzung brauchbar, da die Einrichtung ständiger wissenschaftlicher Stationen in den Polarzonen selbst keine natürliche Grenzlinien zu konstruieren erlaubt.

Die mathematische Abgrenzung durch den Südpolarkreis ist ebenfalls nicht angebracht, da große Teile des Südpolarkontinents darüber hinaus nach Norden reichen. Der antarktische Vertrag (Washington 1959) sieht als natürliche Begrenzung den 60° südlicher Breite vor, jedoch hat das wissenschaftliche Komitee für antarktische Forschung (SCAR) einige der weiter nördlich liegenden Inseln in seinen Arbeitsbereich mit einbezogen.

So bleibt nur die einzige Möglichkeit übrig, konventionelle Grenzlinien anzunehmen. Sie umschließen im Nordpolargebiet alle Inseln des Polarmeeres mit Einschluß von Grönland, Jan Mayen und der Bäreninsel, jedoch mit Ausschluß von Island, ferner die Tundrengebiete des sibirischen und amerikanischen Nordens. Im Südpolargebiet wurde die antarktische Konvergenz als Grenzlinie angenommen, jedoch mit Einschluß der Inselgruppen Kerguelen, Crozet und Prinz-Edward-Inseln, die auf oder hart nördlich dieser Linie liegen.

2. **Die Pole** (Tabelle 1)

Die beiden Pole, der Nordpol und Südpol, sind die Endpunkte der Achse, um welche die Erde sich dreht. Durch die Schrägstellung der Erdachse gegen die Ebene, auf der die Erdumkreisung um die Sonne erfolgt, die Ekliptik, steht die Sonne an beiden Punkten abwechselnd 6 Monate über oder unter dem Horizont *(Dauer von Polartag und Polarnacht)*, wobei in der Zeit der Sonnennähe (Perihel) im Januar die Erdbewegung um die Sonne schneller ist als in der Zeit der Sonnenferne (Aphel) Anfang Juni. Aus diesem Grunde sind Frühling und Sommer in der Antarktis kürzer als in der Arktis.

An den beiden Polen gibt es nur eine Tageszeit, nämlich Mittag, da die Sonne stets im Süden (bzw. am Südpol im Norden) steht. Die Sternbilder kreisen ständig um die Pole und gehen nie auf und nie unter. Wenn man auf dem Pol steht, ist überall Süden (am Nordpol) und Norden (am Südpol). Die Sonne steigt nicht über $23^1/_2$° über den Horizont und hat daher eine viel geringere Wärmewirkung als auf den übrigen Teilen des Erdballes, wodurch sich die Polarkälte erklärt; in den Polarnächten fehlt die Sonnenwärme überhaupt, es setzt eine Wärmeausstrahlung ein, welche die Temperaturen tief unter den Gefrierpunkt absinken läßt (vgl. Tabelle 28).

Von besonderem Interesse ist die Tatsache, daß die Pole infolge von Schwereverlagerungen auf der Erde (Schmelzwasser, Ebbe und Flut, Verlagerungen von Massen im Erdinnern) Bewegungen ausführen (Tabelle 1: Polbewegungen). Neben diesen periodischen Schwankungen gibt es unregelmäßige Bewegungen (Breitenschwankungen), wobei die Pole Bewegungen in der Größenordnung von 10 m um die mathematischen Polpunkte ausführen. *I. V. Maksimov* (Problemy Artiki, H. 1, Leningrad 1957) hat für die Jahre 1892 bis 1936 diese Bewegungen untersucht. In diesem Zusammenhang ist es von Interesse, daß die Frage nach den säkularen Polbewegungen noch umstritten ist, d. h. die Lage der Pole in den Zeitaltern der geologischen Vorzeit. Verschiedene Probleme, wie z. B. das Vorkommen von Kohlen und Resten von Wüstenerscheinungen in heute hochpolaren Gebieten lassen darauf schließen, daß solche Bewegungen stattgefunden haben, doch sind Richtung und Intensität dieser Polwanderungen vorläufig noch hypothetisch.

3. **Schwerebestimmungen** (Tabelle 2, Karten 1 und 2)

In den letzten Jahren sind zahlreiche Schwerebestimmungen in beiden Polargebieten ausgeführt worden. Noch um 1950 waren Schweremessungen aus dem Südpolargebiet nicht bekannt. Durch die Differenzen zwischen den theoretisch berechneten und den gemessenen Werten lassen sich Lage und Intensität von Anomalien berechnen, die lokal Bedeutung für die Festlegung von nutzbaren Lagerstätten haben, kontinental die Mächtigkeit der Erdkruste bis zur Diskontinuität von *Mohorovičić* darstellen lassen (vgl. Karten 1 und 2). Diese gibt die Grenzschicht zwischen der äußeren Erdkruste und den inneren Erdschichten an. Aus der Krustenmächtigkeit lassen sich Rückschlüsse auf die Stabilität der Erdkruste, auf ihr Verhalten hinsichtlich Erdbeben und auf den geologischen Bau tieferer Schichten der Erdrinde ableiten. Hier sei allerdings angemerkt, daß die Berechnung der Krustenmächtigkeit noch umstritten ist (vgl. Legende zu Karte 1).

4. **Flächengrößen der Polargebiete** (Tabellen 3 bis 7)

Für die Flächengrößen der Polargebiete findet man in der Literatur die verschiedensten Angaben. Die Tabellen 6 und 7 zeigen die zeitliche Entwicklung für die Flächengrößen der gesamten Polarzonen; die Unterschiede in den Größenangaben beruhen auf der fortschreitenden Vertiefung unserer Kenntnisse der Naturverhältnisse durch Verdichtung des Beobachtungsnetzes und größere Dauer der Beobachtungsreihen im Nordpolargebiet, der erst in den letzten Jahren abgeschlossenen Kartierung der Küstenlinien im Südpolargebiet. Auch hat die genauere Kartierung einzelner Inseln und Gebiete in den beiden Polargebieten zu unterschiedlichen Ergebnissen geführt. Tabelle 4 gibt einen Überblick über die verschiedenen Größenangaben für die kanadischen Inseln bei verschiedenen Autoren. Für die Tabelle 3 wurden die amtlichen Angaben der statistischen Ämter der verschiedenen Staaten zugrunde gelegt, für die Tabellen 4 und 5 wurden die jeweiligen Ausmessungen angegeben.

Die Flächenausmessung eines Gebietes beruht auf verschiedenen Methoden. Man kann den Flächeninhalt eines Gebietes mit einem Planimeter ausmessen, indem man seinen Umriß umfährt; man kann Millimeterpapier darüber legen und die

Zahl der Quadratmillimeter bestimmen, man kann auch das betreffende Gebiet auf eine Pappe bestimmten Quadratzentimeter-Gewichts übertragen, den Umriß ausschneiden und das Gewicht des Gebietes messen. Aus den verschiedenen Ergebnissen, die mehrmals wiederholt werden, zieht man das Mittel und erhält dadurch den Flächeninhalt. Jedoch wird das Resultat abhängig sein von der Genauigkeit der benutzten Karten, von der benutzten Kartenprojektion, von den Maßen des zugrunde gelegten Erdellipsoids. Es empfiehlt sich daher, offizielle Größenangaben der jeweiligen statistischen Ämter oder sonstiger amtlicher Stellen als Größenangaben zu benutzen, wie es in Tabelle 3 geschehen ist. Für das Südpolargebiet gibt es freilich solche amtlichen Angaben, mit wenigen Ausnahmen (subpolare Inseln), noch nicht.

5. **Küstenlängen** (Tabelle 8)

Für die arktischen Gebiete gibt es noch keine Angaben für die Länge der Küsten. Ihre Berechnung setzt das Vorhandensein guter Karten voraus, die jedoch noch nicht für alle Gebiete vorliegen. Außerdem verbietet die große Zahl der stark durch Fjorde zerlappten Küstenerstreckungen eine genauere Ausmessung. Für die Antarktis sind auf Grund von Übersichtskarten nach den Ergebnissen der Forschungen des Internationalen Geophysikalischen Jahres mehrmals Küstenlängen von Teilgebieten und des ganzen Kontinents bestimmt worden. Die Unterschiede in den Angaben beruhen auf den verschiedenen benutzten Unterlagen, wobei man berücksichtigen muß, daß der genaue Küstenverlauf noch nicht überall bekannt ist, daß die Schelfeiskanten von Jahr zu Jahr durch Eisabbrüche und Nachschieben aus den inneren Teilen den Verlauf, die Lage und die Länge ändern und die Felsküsten, die einzigen, welche beständig sind, nur 7 % der gesamten Küstenlänge ausmachen. Die angegebenen Werte können also nur eine ungefähre Vorstellung der Größenordnung der Küstentypen vermitteln.

6. **Höhen- und Tiefenverhältnisse** (Tabellen 9 bis 14, Karten 3, 4, Grundkarte 1)

Die Höhenangaben aus den Polargebieten sind nur mit Vorbehalt als absolute Zahlen anzusehen. Die Tab. 10 und 11 zeigen für zwei gut bekannte Berge aus dem Nord- und dem Südpolargebiet die bisherigen Höhenangaben nach verschiedenen Quellen in zeitlicher Reihenfolge zugleich unter Angabe der jeweils benutzten Methode der Höhenbestimmung. Sind also schon bei so gut bekannten Berggipfeln Angaben möglich, die um 400 m (beim Beerenberg), um 350 m (beim Mount Erebus) schwanken, dann kann es nicht Wunder nehmen, daß in anderen Fällen Unterschiede von bis 2000 m in den Höhen auftreten. Die Angaben der Tabellen 9, 12–14 wurden nach den neuesten Karten und statistischen Angaben zusammengestellt und sind entsprechend unsicher. In diesem Zusammenhang ist die Frage nach dem „höchsten Berg" der Antarktis interessant. Während bis 1947 die größten Höhen in den Gebirgen von Viktorialand gesucht wurden, meldeten amerikanische Flieger im Februar 1947 die Entdeckung eines Gipfels von „über 6000 m" in der Executive-Committee-Kette, Marie-Byrd-Land. Bei einer Landtraverse 1959 (*J. Pirrit*) konnte dieser Berg nicht gefunden werden, der höchste Gipfel in dieser Gebirgsregion ist Mount Sidley mit einer Höhe von 4181 m (Karte 1 : 250 000 nach Luftbildern). Der „höchste Berg" liegt vielmehr im

Sentinel-Gebirge in der Westantarktis und erreicht 5140 m (den Namen „Vinson-Massif" hat man von dem nicht vorhandenen Sechstausender in der Executive-Committee-Kette auf diesen neuen „höchsten Berg" übertragen [photogrammetrische Vermessung 1962, Karte 1 : 250 000 Vinson Massif]).

Höhenangaben in den Polargebieten sind ungenau, weil es weder eindeutige Bezugspunkte (mittlere Pegelstände) noch Nivellementszüge gibt (mit wenigen Ausnahmen aus den allerletzten Jahren). Die Höhenbestimmung erfolgt meistens durch Schätzung; wenn diese vom Flugzeug aus erfolgt, kommt es wegen der eigenartigen Beleuchtungsverhältnisse oft zu großen Überschätzungen, wobei Flughöhe, Eichung der Höhenmesser und ihre Abweichungen während des Fluges, Einwirkungen des Frosts und ähnliche Faktoren die Höhe verfälschen können. Bei Ersteigungen kann die Höhe mit Aneroidbarometern bestimmt werden, jedoch ist auch hier eine Temperaturkorrektion anzubringen, außerdem spielen Änderungen des Luftdrucks während der Besteigung eine Rolle. Dreiecksmessungen von einer Basislinie am Fuß des Berges aus sind infolge Refraktionsfehlern gerade in den Polargebieten unsicher und müssen öfters wierderholt werden. Nur so sind die so unterschiedlichen Angaben verständlich. In den Listen 9, 12 und 14 wurden für die jeweiligen Gebirge oder Inselgruppen die höchsten Gipfel nach den besten amtlichen Unterlagen oder neuesten Karten gegeben. Abweichungen (Tabelle 14) wurden zusätzlich vermerkt. Für die Antarktis, die als Kontinent von besonderem Interesse ist, sind überdies (Tabelle 11) die mittleren Höhen nach verschiedenen Angaben und die Verteilung der Höhenstufen nach einer neuen sowjetischen Berechnung hinzugefügt sowie (Tabelle 13) Höhenangaben für die Inlandeiskuppel gebracht mit Beifügung der Eismächtigkeit (Höhe des Felsuntergrundes), die nach seismischen Methoden bestimmt worden sind. Zwischen Mirnyj und Vostock wurde in den Jahren 1959/60 ein Nivellement durchgeführt, das erstmals exakte Höhenzahlen für das Inlandeis der Antarktis erbrachte.

Die Karten 3 und 4 und Grundkarte 1 vermitteln eine regionale Vorstellung der Höhen- und Tiefenverhältnisse von Arktis und Antarktis. Das Nordpolargebiet wird von einem großen Meeresbecken eingenommen, das durch eine Schwelle, die von den Neusibirischen Inseln bis Ellesmereland zieht, in zwei Teilbecken unterteilt wird. Gegen Europa und Nordwestsibirien liegt das Nansenbecken, das maximale Tiefen bis zu 5449 m (Lütkekessel) aufweist. Unter dem Nordpol wurden 1947 eine Tiefe von 4290 m, 1954: 4300 m, 1961: 4200 m gemessen und durch Ausgleichsrechnung der Schallgeschwindigkeit in Polarwasser, die vom U-Boot Nautilus bestimmt wurde, konnte 1962 der Wert 4290 als „endgültig" bestimmt werden. Ob das Nansenbecken durch einen „Mittelarktischen Rücken" in zwei Unterbecken (Eurasiabecken und Frambecken mit 5180 m Tiefe) getrennt wird, ist noch umstritten, da hier die Zahl der Lotungen noch nicht dicht genug ist (insgesamt beträgt die Zahl der bekannten Lotungen im arktischen Becken 4000). Im Nansenbecken steigen an verschiedenen Stellen „Seeberge" („Sea Mounts") aus dem etwa 4000 m tiefen Beckenboden bis maximal auf 730 m (nördlich Franz-Josef-Land). Der zentrale Riegel, der Lomonossov-Rücken, erstreckt sich auf eine Entfernung von 1800 km in einer Breite von 60 bis 200 km und ist tektonischen Ursprungs. Seine geringste Tiefe erreicht 954 m, er liegt mit seinem Scheitel etwa 3000 m über den benachbarten beiderseitigen Beckenböden und stellt ein steiles untermeerisches Gebirge dar. Gegen Alaska zu liegt das zentralarktische Becken, das jedoch durch mehrere Rücken (Mendeleev-Rücken der Russen, Alpha-Rücken der Amerikaner, 900 km lang, 1400 m Mindesttiefe), Tschuktschen-Rücken

(200 km Durchmesser, unter 500 m Tiefe) in Unterbecken geteilt wird, in Polnähe das Makarov-Becken (4030 m Maximaltiefe), nördlich von Alaska das Beaufort-Becken (Kanada-Tief der Amerikaner, Maximaltiefe 4689 m). Nördlich von Europa und Sibirien liegt ein breites Schelfmeer mit Tiefen von weniger als 200 m, dem die europäischen und sibirischen Inselgruppen aufsitzen. Sein Rand wird durch untermeerische Cañons gegliedert, die bis 500 km lang werden (St. Anna-Graben bei Franz-Josef-Land), aber sicher längst noch nicht alle bekannt sind. Nur zwischen Grönland und Spitzbergen steht das Nordpolarbecken mit dem offenen Ozean durch eine erst 1959 entdeckte Tiefseerinne von 3000 m Tiefe in Verbindung (Lena-Rinne).

Die Höhenverhältnisse auf den nordpolaren Inseln zeigen keine besonderen Erscheinungen; die höchsten Punkte gibt Tabelle 9. Grönland (Karte 3) wird von einer Eiskappe bedeckt, deren höchster gemessener Punkt nicht über 3300 m hinaufgeht.

Die Antarktis wird, abgesehen von den Gebirgen, von einer mächtigen Inlandeisdecke ausgefüllt (Karte 4), während die umgebenden Meere auf Tiefen von 4000 m (Indisches Südpolarbecken) und 5000 m (Atlantisches und Pazifisches Südpolarbecken) absinken. Zwischen diesen ozeanischen Becken liegen Rücken, denen die Inseln aufgesetzt sind. Die wichtigsten sind der Südantillenbogen zwischen Südamerika und der Westantarktis, der Kerguelen-Gaußberg-Rücken und der Macquarie-Rücken mit den gleichnamigen Inseln.

7. Höhe des Felsuntergrundes in Grönland und der Antarktis (Karten 5, 6, Profile 7, 1/2)

Erst in den letzten Jahren wurde es möglich, Karten von Grönland und der Antarktis zu entwerfen, welche die Höhenverhältnisse darstellen, wenn kein Eis vorhanden wäre (Karten 5 und 6). Grönland bildet die Form einer Schüssel, die Antarktis erweist sich als stark gegliederter Kontinent, der gegen den pazifischen Ozean in eine Inselwelt ausläuft. Beide Karten wurden auf Grund seismischer Tiefenmessungen gewonnen, jedoch sind einige Vorbehalte hier anzufügen. Die Tiefe wird mittels Schallwellen gemessen, die von einer künstlichen Explosion auf der Oberfläche aus am darunter liegenden Felsboden reflektiert werden. Aus der Zeitdauer zwischen Explosion und Wellenecho kann man die Mächtigkeit des Eises berechnen.

Die Geschwindigkeit von Schallwellen in Eis gibt folgende Tabelle (nach *A. Bauer* 1954):

Schallwellen-(Longitudinalwellen-)Geschwindigkeit in Eis in Abhängigkeit von der Tiefe und der Temperatur. Alle Angaben in m/sec.

Tiefe m	Geschwindigkeit gemessen	Geschwindigkeit berechnet	Temperatur °C	Nach *Brockamp*	Nach Expéditions Polaires
0—15	2140	2175	0	3600	
0—25	2270	2320	— 6,5	3720	
0—35	2500	2460	— 10	3800	3800 (Eis)
0—45	2700	2700	— 17		3830 (Firneis)
			— 20	ca. 4000	3890 (Firneis)
			— 28		4000 (Firneis)

Man sieht, daß bereits die Versuchsmessungen in ihren Resultaten auseinandergehen. Wie groß die Geschwindigkeit bei einer Eisdicke von 3000 m (Gewicht 300 kg/cm^2) bei unbekannten Temperaturwerten (die man nur theoretisch bestimmen kann) sein könnte, ist nicht bekannt. In Alaska fand man in gefrorenem Boden (nicht Eis) Geschwindigkeiten von 4000 bis 5300 m/sec, was sehr dichtem Eis unter großem Druck vielleicht eher entspricht. Diese Überlegung würde bedeuten, daß die gemessenen Eismächtigkeiten zu groß sein können. Man hat als Kontrolle jedoch die Möglichkeit, die seismischen Tiefenmessungen durch Schweremessungen bis zu einem gewissen Grade zu überprüfen (vgl. Profil 7,2). Man kann daraus ersehen, daß die gravimetrische Eisdickenmessung zu wesentlich anderen Ergebnissen führt. Leider gibt es noch nicht viele gravimetrische Profile, besonders aus dem antarktischen Bereich, so daß eine entsprechende Karte noch nicht entworfen werden kann. Noch ein anderes Unsicherheitsproblem ist bei beiden Karten zu beachten. Die Karten zeigen lediglich die Tiefe des Felsuntergrundes, dagegen ist nicht die isostatische Hebung berücksichtigt, die einsetzen würde, wenn der Druck des Inlandeises in Fortfall käme. Auch der isostatische Hebungsbetrag ist eine rein theoretische Größe, die man aus der Hebung Nordeuropas seit der Eiszeit annähernd bestimmen kann, die jedoch noch nicht abgeschlossen ist, so daß absolute Werte nicht bekannt sind.

Erst 1961—1966 gelang im Camp Century in Nordwestgrönland eine Bohrung durch das Inlandeis bis zum Felsuntergrund, der in 1390 m Tiefe erreicht wurde. Die Bearbeitung der wissenschaftlichen Ergebnisse dieser Bohrung wird mehrere Jahre erfordern.

8. **Geologischer Bau** (Tabellen 15 bis 17, Karten 8 bis 9)

Die geologische Erforschung der Polargebiete setzte bereits frühzeitig ein, so daß man mindestens für das Nordpolargebiet schon seit längerer Zeit eine gute Kenntnis der Entstehungsgeschichte hatte. In den letzten Jahren wurden diese Kenntnisse, vor allem auf der Suche nach nutzbaren Lagerstätten, vertieft und verfeinert. Im Südpolargebiet dagegen, das zum größten Teil von Inlandeis und Gletschern überdeckt ist, beschränken sich unsere Kenntnisse auf die geologische Kartierung der aus dem Eis aufragenden Gebirgszüge, Nunataks und eisfreien Küstenstreifen, so daß die Bearbeitung einer Formationskarte nur punktförmige Lokalangaben sichtbar machen kann, wie es die geologische Karte von *Cailleux* (1 : 10 000 000; 1961) deutlich zeigt. Aus diesem lokalen Bild kann man jedoch die tektonischen Strukturlinien und Einheiten mit einiger Wahrscheinlichkeit ableiten, wenn auch der Grenzverlauf zwischen diesen Einheiten noch umstritten ist.

Im Nordpolargebiet (Karte 8) beherrschen vier alte vor dem Kambrium bereits gefaltete Tafeln das tektonische Bild. In Nordeuropa ist es der fennoskandische Schild mit der russischen Tafel (Osteuropäischer Kraton), in Sibirien die Lena-Angara-Tafel (Zentralsibirischer Kraton) und in Nordamerika der Kanadische Schild (Laurentische Masse), der nach Grönland hinübergreift und als tektonische Einheit besser „Grönländisch-Kanadischer Schild" genannt werden sollte. Die neuen gravimetrischen Untersuchungen im Nordpolarbecken haben als vierte Tafel im Beaufort-Becken den Hyperboräischen Schild festgestellt, der entgegen früheren Anschauungen nicht mit dem kanadischen Schild zusammenhängt. Auf diesen alten Schilden (Kratonen) liegen teilweise (vor allem auf der russischen Tafel) jüngere Ablagerungen ungestört. Um diese Tafeln legen sich jüngere

Faltungszüge, die kaledonische Faltung in Skandinavien, Schottland, Irland, die über die Bäreninsel und Westspitzbergen nach Ostgrönland hinübergreift; die herzynische (variszische) Faltungszone ist etwas jünger. Ihr Hauptgebirgszug beginnt im Ural, läuft über Novaja Zemlja und das Byrranga-Gebirge auf der Halbinsel Tajmyr und Severnaja Zemlja nach Nordgrönland und den mittleren Inseln des kanadischen arktischen Archipels (Franklin-Geosynklinale). Die mesozoische Faltung beginnt östlich der mittelsibirischen Tafel (vom Stanowij-Gebirge über die Bergzüge der Tschuktschen-Halbinsel nach Nordalaska und die östlichen Ketten des Felsengebirges), schließlich als jüngste Faltung die tertiäre „alpine" Faltungszone, die außer in Europa vor allem im zirkumpazifischen Bogen an das Nordpolargebiet heranreicht. Auch der untermeerische mittelatlantische Rücken, dem im Norden Island aufgesetzt ist, scheint alpin angelegt zu sein (*V. Saks, N. Belov, N. Lapina* 1955).

In den abgesunkenen Teilen der Tafelländer und Faltenzüge haben sich junge Flußablagerungen abgesetzt, von denen die bekanntesten das stark versumpfte Westsibirische Tiefland, in Nordamerika das polare Tiefland von Alaska, die Mackenzie-Senke und die „arktische Küstenebene" der kanadischen Inseln sind. Vulkanische Gesteine waren bisher nur aus Ostgrönland (Tertiärbasalt), von Jan Mayen sowie von Baffinland (ebenfalls tertiär) bekannt. Erst in den letzten Jahren wurden Anzeichen von jungem Vulkanismus aus der Zentralarktis berichtet. Am 21.—24. 11. 1954 erlebte die sowjetische Station Nordpol 3 einen submarinen Gasausbruch (Schwefelwasserstoff) über dem Lomonossov-Rücken, der auf einen submarinen Vulkan zurückgeführt wird. An 17 Stellen wurde basaltische Hornblende am Meeresboden erbohrt, an 3 Stellen vulkanisches Glas. Die Anordnung der Funde weist auf eine große Verwerfung hin, die vom Tajmyr-See an der Westflanke der Lomonossov-Kette bis Ellesmere-Land reicht. Epizentren von Erdbeben werden im Europäischen Nordmeer zwischen Island und Spitzbergen, im Nansenbecken, im Bereich zwischen den Neusibirischen Inseln und der Chatanga-Bucht sowie in der Tschuktschen-See nördlich der Beringstraße beobachtet.

Besonders reich an nutzbaren Lagerstätten sind die Gebiete der alten Kratone, jedoch auch die Faltungsgebiete der drei älteren Orogenesen. In den jüngeren Ablagerungen sind Erdöl und Erdgas erbohrt. Über ihre Verteilung wird anläßlich der Behandlung des Bergbaus noch ausführlicher diskutiert werden. An dieser Stelle sei nur das Vorkommen von Kohleflözen erwähnt. In Spitzbergen gibt es Flöze des Oberdevons (1 Flöz, 65 cm mächtig), des Karbons (4 Flöze bis 10 m, 1500 Mill. t Vorrat), der Kreide (1 Flöz, 1—2 m) und des Tertiärs (bis 4 Flöze, bis 2,5 m, 5000 Mill. t). Ähnliche Ablagerungen (Devon bis Kulm) gibt es auch auf der Bäreninsel, in Sibirien auf mehreren Feldern, in Yukon (Carmacks), auf der Baffin-Insel (Pond Inlet) und in Grönland (Disko-Insel). Das Vorkommen dieser Kohlen beweist, daß in geologischer Vorzeit ein wärmeres Klima rund um das Polarbecken geherrscht haben muß, so daß Kohlenwälder gedeihen konnten.

Im Südpolargebiet sind geologische Forschungen nur an den Gebirgen und Einzelbergen möglich, die aus der weiten Inlandeisdecke herausragen. Nur 2 % der Oberfläche sind sichtbar und der Forschung zugänglich. Die frühere Einteilung in einen alten Schild (Kraton), der die Ostantarktis ausfüllt, und eine Faltenantarktis (Westantarktis) läßt sich in dieser Vereinfachung nicht mehr aufrechterhalten. Weitere Schwierigkeiten ergeben sich daraus, daß die geologischen Formationen sich in den einzelnen Gebieten des antarktischen Kontinents nicht ohne weiteres parallelisieren lassen.

Daß der antarktische Schild nicht homogen ist, geht aus Karte 6 hervor. Auf 90° Ost liegt nahe der Küste ein tiefer Trog von 1500 m unter dem Meeresspiegel; auf 0° steigen Gebirgsgruppen bis auf 3000 m auf. Ein solches stark bewegtes Relief ist den übrigen Kratonen auf der Erde fremd. Wenn also ein Kraton vorhanden ist, kann er nicht alt und nicht stabil sein.

Die Gesteine, die an der Küste der Ostantarktis zutage treten, sind meist präkambrisch und stark metamorphisiert, doch kommen auch jüngere Sedimente vor, so daß man diesen Landkomplex als alten Schild bezeichnen kann, der spätpaläozoisch überlagert worden ist. Auch die durch Radiokarbonmessungen gewonnenen Altersbestimmungen der Gesteine weisen auf eine solche Formationszeit hin. Die genaue geologische Geschichte ist natürlich noch längst nicht erforscht und bedarf vieler genauer Untersuchungen. Intrusionen, lithologische Umwandlungen durch Rekristallisation und Kreuzkontakte weisen auf eine sehr verwickelte Vergangenheit hin.

Sedimente und weniger stark metamorphisierte Gesteine sind aus der Prince-Charles-Kette bekannt, ebenso aus dem Gebiet des Mount Sandow. Sie scheinen auf frühes Paläozoikum hinzuweisen, doch ist die stratigraphische Stellung noch nicht geklärt. Ebenfalls frühpaläozoisch scheinen die plutonischen Gesteine von Enderbyland und des östlichen Dronning-Maud-Landes zu sein; sie hängen mit einer paläozoischen Orogenese zusammen.

Noch jünger sind die Sedimente im westlichen Dronning-Maud-Land. Sie liegen fast ungestört, jedoch ist ihre stratigraphische Zuordnung noch nicht bekannt. Sie zeigen Intrusionen basaltischer Laven und liegen auf einer kristallinen Basis, die jedoch nicht mit den metamorphen Gesteinen weiter östlich identisch ist. Gelegentliche Algenfunde (1963) scheinen darauf hinzuweisen, daß diese Serie älter ist als die Beacon-Sandsteine des Transantarktischen Gebirges. Am Südende der Prince-Charles-Kette wurden Sandsteine mit Kohlenflözen gefunden, die auf Grund der Fossilienbestimmungen auf Perm datiert werden konnten. Vielleicht hängt diese Serie unter dem Inlandeis mit der genannten Beacon-Serie zusammen.

Das Transantarktische Gebirge zwischen Victoria-Land am Ross-Meer und den Pensacola-Bergen am Filchner-Schelfeis ist die geologisch am besten bekannte Region der Antarktis. Bis vor kurzem nahm man an, daß das Gebirge einen großen Horst darstellt. In den letzten Jahren hat man jedoch festgestellt, daß es aus einzelnen gehobenen Blöcken besteht, die außerdem lokal aufgewölbt wurden. Zwischen der frühpaläozoischen Faltung der Basis und der wahrscheinlich tertiären Hebung lag eine lange Zeit der Ruhe. Eine große Störung scheint das Gebirge auf der Meeresseite zu begleiten (vgl. auch Karte 2), die durch rezenten Vulkanismus angedeutet ist; diese Verwerfung ist submarin. Die Basisgesteine bestehen aus stark metamorphisierten und intrudierten Gesteinen, die von einer Sedimentserie überdeckt werden, welche von Devon bis Jura reicht. Lokal liegen darunter gefaltete kambrische Schichten. Die älteren Gesteine der Basis sind noch nicht überall chronologisch bestimmt worden, ebenso fehlen die Korrelationen zwischen den kambrischen Sandsteinen des südlichen Victoria-Landes mit den dunklen Sandsteinen der Pensacola-Kette. Die darüber liegende Beacon-Serie zeigt durch ihre Pflanzenfossilien Verwandtschaft mit den Gondwanaformationen in Indien,

Australien und Südafrika, ihre Mächtigkeit erreicht 1200 bis 2000 m. In den letzten Jahren wurde von verschiedenen Forschern vorgeschlagen, den Begriff Beacon-Serie zu verlassen und die einzelnen Formationen genauer zu definieren, da die Ablagerungsbedingungen lokal sehr variieren: in den Horlick-Bergen findet sich eine Flachseeablagerung, am MacMurdo-Sund handelt es sich um äolische Wüstenablagerungen mit einzelnen kleinen Sumpfkesseln. Im Perm wurden glaziale Ablagerungen nachgewiesen (Horlick-Berge), die eine Mächtigkeit von 300 m erreichen. Tillite gleichen Alters kommen auch im westlichen Dronning-Maud-Land vor. Im späten Perm setzt die Ablagerung der Glossopteris-Flora ein, die zur Bildung von Kohlenflözen führte, und die durch die Trias bis in die untere Jurazeit reichte. Diese Kohlenflöze lassen sich von der Küste des George V.-Landes bis zur Theron-Kette quer durch die ganze Antarktis nachweisen. Sie sind typisch für die oberen Schichten der Beacon-Serie. Im mittleren Jura sind Diabase in die Sandsteine eingedrungen. Lokal haben sie große Mächtigkeiten (bis 700 m), regional erscheinen sie auch in der Prince-Charles-Kette und in Neu-Schwabenland. Ob die Intrusiva des Dufek-Massifs gleichen Alters sind, ist noch nicht bekannt. Tertiärablagerungen sind noch nicht gefunden worden, außer in Moränenmaterial, vermutlich liegen sie unter der Inlandeisdecke verborgen.

Die alte Vorstellung eines tektonischen Grabens zwischen Ross-Meer und Weddell-Meer konnte nicht bestätigt werden. Die Ellsworth-Kette entstand im unteren Paläozoikum, die Faltenachsen folgen der Streichrichtung des Gebirges; dieser Faltungszug ist mithin jünger als die Basisfaltung des Transantarktischen Gebirges, seine Ketten streichen senkrecht zu dem bisher vorausgesetzten Verlauf der „Faltenantarktis". Die Gebirgszüge im westlichen Marie-Byrd-Land sind jünger, vermutlich mesozoisch, wenn auch ihr genaues Alter wegen des Fehlens von Fossilien bisher noch nicht eindeutig bestimmt werden konnte. Die Faltenachsen verlaufen in nordwestlicher Richtung und finden ihre Fortsetzung im nördlichen Victoria-Land. Im Gebiet der Eightsküste sind die Basisgesteine auf Grund von Isotopenbestimmungen früher gefaltet worden, als man bisher angenommen hatte. Sie sind bereits im Mesozoikum aufgepreßt, also nicht tertiär. Im Tertiär erfolgten weitverbreitete basaltische Eruptionen von Laven und Tuffen, von denen einige schön erhaltene Schildvulkane in der Executive-Committee-Kette Zeugnis ablegen.

In der Antarktischen Halbinsel zieht eine lange Gebirgskette nach Norden über 1500 km, biegt an der Drake-Straße nach Osten um und verbindet sich über den Südantillenbogen (Scotia-Bogen) mit den Anden Patagoniens. Das Alter der Basisgesteine ist noch unbekannt, auf jeden Fall sind sie älter als devonisch. Infolge starker Deformation kann die Isotopen-Methode hier nicht zur Altersbestimmung herangezogen werden, da Argon-Verlust eingetreten sein kann. In der Karbonzeit scheint marine Sedimentation erfolgt zu sein, jedoch sind noch keine Fossilien aus dieser Zeit gefunden worden. Vor der Jurazeit wurden die Sedimente durch Faltung deformiert. Erst seit der mittleren Jurazeit sind fossilführende Ablagerungen vorhanden (Hope-Bay, Alexander I.-Insel), die später mit vulkanischen Ablagerungen durchsetzt wurden (Andesit und Rhyolit). Am Ende der Kreidezeit hörte die geosynklinale Ablagerung auf, die von einer Faltungsphase abgelöst wurde, welche bis in das Frühtertiär fortdauerte. Nur lokal konnten tertiäre Ablagerungen nachgewiesen werden, die sich in Buchten oder Süßwasserseen abgesetzt haben, begleitet von vulkanischen Ausbrüchen, die bis in die geologische Neuzeit hinein andauerten.

Ein besonderes Problem bildet das Vorkommen von glazialen Ablagerungen, Tilliten, der geologischen Frühzeit in der Antarktis. In Dronning-Maud-Land, im südlichen Victoria-Land und an anderen Stellen wurden Tillite des Devon-Karbons gefunden, die zum Wiederaufleben der Kontinentverschiebungstheorie von *A. Wegener* in jüngster Zeit geführt haben. Die Tillite von Neu-Schwabenland setzen sich in den Drakensbergen Südafrikas fort, diese ihrerseits in den Tilliten Südbrasiliens; sie bilden zusammen das „Große Karroo-Bassin". Ein jüngerer Tillit-Horizont wurde im nördlichen Victoria-Land gefunden, der seinerseits mit den Kreidetilliten Südaustraliens verwandt ist. Doch ist die Diskussion um die Bedeutung der Tillite noch nicht abgeschlossen.

In der jüngsten Zeit sind die gebirgsbildenden Vorgänge durch Hebungen und Senkungen der Kontinentalblöcke abgelöst worden. Die Karte 7 zeigt die Küstengebiete der Arktis mit beträchtlichen Hebungs- und Senkungserscheinungen. Auch in der Antarktis wurden Hebungen bekannt, vor allem im Bereich der Antarktischen Halbinsel und den ihr vorgelagerten Inseln (280—240-m-Verebnung, pliozän; 80—45-m-Verebnung, diluvial).

Ein besonders interessantes Problem ist die Frage, ob im Diluvium die Vereisung größer war als heute. Im Nordpolargebiet sind die großen Vereisungen in Nordeuropa, Sibirien und Nordamerika verschwunden; nur Grönland besitzt heute noch eine Inlandeisdecke. Im Südpolargebiet hat man Moränen und Gletscherschrammen weit über dem heutigen Inlandeisniveau an verschiedenen Stellen nachgewiesen (Ellsworth-Gebirge in 300 m relativer Höhe, im Gebiet des Beardmore-Gletschers in 1000 m r. H., auf der Ross-Insel in 300 m r. H.). Beide Erscheinungen scheinen auf isostatische Hebung zurückzugehen, die nur auf einer Abnahme der Eismächtigkeit beruhen kann. Auch dieses Problem ist noch umstritten.

9. Bodenbildung, Bodenfrost und „Oasen" (Karte 10)

In der Arktis, und noch mehr in der Antarktis, sind durch Einwirkung von Frost, Wind und chemischen Ursachen besondere Bodenformen ausgebildet, deren Untersuchung eines der Hauptziele arktischer Forschung gewesen ist. Infolge des Frierens und Wiederauftauens von eindringendem Wasser werden Gesteinstrümmer von freiliegenden Felsen abgesprengt, die dann durch mechanische Sortierung an der Oberfläche sich als Steinfelder, Steinnetze und Streifen anordnen. An anderen Stellen kommt es zur Bildung von Frostrissen und Vieleckstrukturen (Polygonböden). Die Ursachen ihrer Bildung sind mannigfaltig und zum Teil noch umstritten.

Während im Polarsommer die Temperatur um + 1 °C beträgt, können sich die Felsen durch Sonneneinstrahlung sehr viel stärker erwärmen. Auch im Winter bleibt die Temperatur der Felsoberfläche höher als die Lufttemperatur:

Bunger-Oase 1956	Mittel	Minimum	Maximum
Luft	− 8,2 °C	− 43 °C	+ 9,6 °C
Felsen	− 7,2 °C	− 37,6 °C	+ 32,9 °C
Königin-Maud-Gebirge, Fels		− 12 °C	+ 30 °C
Horlick-Berge, Fels		− 15 °C	+ 28 °C

Diese Erwärmung reicht jedoch nicht tief. Unter dem aufgetauten Boden liegt überall ständig gefrorener Boden, die Auftautiefe erreicht in der Antarktis etwa 1,5 m, in der Arktis 0,5 m, in der Subarktis 3 bis 5 m.

Der Frostboden darunter ist in der Arktis ein weit verbreitetes Phänomen (Karte 10). Zirkumpolar tritt er geschlossen auf mit Mächtigkeiten von 600 m in Nordsibirien; weiter südlich finden sich nur noch Nester. In der Antarktis beobachtet man ihn überall dort, wo Felsen an die Oberfläche treten, unter dem Inlandeis nimmt seine Mächtigkeit ab:

Ort	Eisdecke m	Bodenfrostschicht m
Bunger-Oase	0	140
300 m südlich Mirnyj	70	130
5 km südlich Mirnyj	520	25

Unter den zentralen Teilen der Inlandeisdecke gibt es wahrscheinlich keinen Frostboden.

Wo der Frostboden über große Flächen sich ausbreitet, hat er große physiographische Bedeutung. Die Flüsse, die nicht erodieren können, unterliegen ständigem Laufwechsel, sind meist flach und frieren im Winter bis auf den Boden zu. Baumwurzeln können nicht im Boden haften, wenn die Auftauschicht nur gering ist, Regenwasser bleibt an der Oberfläche und verursacht die ausgedehnten Versumpfungen in Nordsibirien, bei seinem Gefrieren bilden sich Eishügel, die mehrere Meter Höhe erreichen können (Naledi) und den Wald lokal zerstören. Schließlich ergeben sich große Schwierigkeiten für die Bautechnik von Häusern und Straßen. Das Verlegen von Wasserleitungen und die Fundamentierung von Gebäuden ist nicht möglich. Sowohl in der Sowjetunion wie auch in Kanada gibt es besondere Dienststellen, die sich mit den ingenieurtechnischen Problemen des Dauerfrostbodens auseinandersetzen. Isolation oder Ventilation der Bauten sind die beiden häufigsten Verfahren.

Für die Bodenausbildung in den polaren Gebieten sind die folgenden Ursachen und ihre Wirkungen am häufigsten:

Vorgänge	Ergebnisse
Intensives wiederholtes Frieren	Frostspalten, Polygonböden
Frieren, Auftauen, Schneewirkungen	Bildung von Steinplatten. Zuspitzung höherer Teile von Gebirgen zu Nadeln, Steilwänden, Felsspitzen
Nivation	Firnnischen, Bildung kleiner Gerölle
Solifluktion	Streifenböden, Steinringe, Steinfelder
Windwirkungen:	
Deflation	Fortwehung von Gesteinstrümmern unter 5 cm Durchmesser
Schleifung	durch harten Schnee und Sand Polieren und Facettierung von größeren Geröllen. Abrundung von Sandkörnern
Sandanwehung	Dünenbildung in eisfreien Tälern. Vermischung von Sand- oder Tuff- und Schneekörnern zu nival-äolischen Decken

Vorgänge	Ergebnisse
Chemische Wirkungen:	
Salze	Bildung von dünnen Decken, besonders in Meeresnähe
Mirabilit	Linsen und Betten in Meeresnähe
Kalk	Krusten, oft zementiert, in eisfreien Gebieten
Verwitterungsformen:	
Desagregation	Gerundete Blöcke in Granit, Gneis, Dolerit
Desquamation	Plättchenbildung auf Gneisen, Graniten, Marmoren
Vermischte Ursachen:	Bildung von Löchern (Alveolen) und kleinen Höhlen (Taffoni) in Blöcken oder Felsen

Die Böden in den Polargebieten sind meist grobkörnig; die feineren Partikel an der Oberfläche werden von den starken Winden leicht fortgetragen. Nur an feuchten Stellen, besonders in der subantarktischen Inselwelt und in der Arktis häufiger, können sich echte Böden bilden.

In der Antarktis finden sich an einigen Stellen flachere eisfreie Gebiete, deren Senken mit Seen erfüllt sind. Die bekanntesten sind die Schirmacher-Seenplatte in Neu-Schwabenland (1939 entdeckt), die Vestfold-Hügel an der Ingrid-Christensen-Küste (1936 entdeckt) und die Bunger-„Oase" (1947 entdeckt). Letztere ist besonders gut erforscht worden. Die „Oasen" sind keine vulkanischen Bildungen (Beweis: Permafrost darunter), sondern sie verdanken ihre Eisfreiheit der starken Sonneneinstrahlung im Polarsommer. Die Temperatur kann bis auf 30 °C ansteigen, so daß gefallener Schnee rasch verdunstet oder abtaut, nur lokal erhalten sich Schneewehen. Die Seen sind zum großen Teil salziger als das Meerwasser (Folge der starken Verdunstung und Anreicherung von Salzen), sie frieren daher im Winter nicht bis auf den Boden zu und haben lokal eine reiche Algenflora aufzuweisen. Ihre Wassertemperaturen erreichen im Sommer 3 bis 10 °C (Bunger-„Oase").

10. Erdmagnetismus und Polarlicht (Tabelle 18, Karte 11)

Die Magnetpole sind diejenigen Punkte auf der Erde, auf die sich die Kompaßnadeln einstellen und an denen eine Inklinationsnadel senkrecht nach unten zeigt. Die Polarfahrten des frühen 19. Jahrhunderts hatten zu einem großen Teil die Aufgabe, die genaue Lage der Magnetpole zu bestimmen. Die genauere Kenntnis ihrer Lage war für die Schiffsnavigation der damaligen Zeit von großer Bedeutung. Im 1. Internationalen Polarjahr 1882/83 standen dann auch Messungen der täglichen Variation und die Beziehungen zwischen erdmagnetischen Stürmen und dem Polarlicht auf dem Beobachtungsprogramm. Die Tabelle 18 gibt die Messungen und Berechnungen der Lage der Magnetpole für das Südpolargebiet und das Nordpolargebiet von den ersten Bestimmungen bis in die heutige Zeit an.

Bei einer Betrachtung dieser Tabelle ergibt sich eine eigenartige Wanderbewegung der Magnetpole. In der Antarktis wanderte das Polgebiet zunächst nach Norden, dann nach Nordwesten, und zwar mit einer Geschwindigkeit von 4 bis 16 km pro Jahr, im Nordpolargebiet nach Norden. Indessen macht *Madill* darauf aufmerksam, daß die Instrumente in früherer Zeit nicht so genaue Resultate ergeben konnten wie heute und daß daher der Beweis für eine Wanderung der Magnetpole noch nicht eindeutig erbracht ist. Erst ein dichtes Netz von ständigen magnetischen Stationen rund um die Magnetpolregionen kann in Zukunft entsprechende Messungen anstellen. Ein solches Netz wird in Nordkanada durch das Dominion-Observatorium seit 1943 aufgebaut und umfaßte 1955 bereits 500 Stationen.

Auf der Drift der sowjetischen Station Nordpol 1 und der „Sedow" konnte man beobachten, daß in der Arktis ein zweiter magnetischer Pol auf 86° N 180° vorhanden ist. Genauere Nachmessungen nach dem Kriege (1950–56) ergaben jedoch, daß an diesem Punkte die Inklination nicht 90°, sondern nur 88,5° beträgt. *Gakkel* (Karte 11) schloß daraus, daß es zwar keinen zweiten Magnetpol gibt, daß jedoch die magnetischen Meridiane auf einer Linie gebündelt sind, die vom Magnetpol in Kanada bis zur Tajmyr-Halbinsel reicht. Dieses Gebilde, später die „große arktische magnetische Anomalie" genannt, hängt vermutlich mit der Störung des Lomonossov-Rückens zusammen.

Im Jahre 1961 führten die Vereinigten Staaten eine aeromagnetische Aufnahme des gesamten arktischen Beckens durch. Über eine Million Messungen des magnetischen Feldes wurden vorgenommen. Durch die Entdeckung erdmagnetischer Anomalien, die besonders stark im Beaufort-Becken auftreten, konnten geologische Schlüsse über den Bau des tieferen Untergrundes gezogen werden. Sie bestätigen das Vorhandensein der großen Anomalie, für deren Erklärung es jedoch verschiedene Theorien gibt, von denen keine beweiskräftig ist (geomagnetische Ursachen, geologisch-tektonische Ursachen).

Ein anderes ebenso unerwartetes Ergebnis erbrachten die magnetischen Messungen hinsichtlich der Feldstärke. Nach den bisherigen Berechnungen sollte über dem arktischen Becken ein starker Gradientabfall herrschen (Karte 11). Der höchste überhaupt gemessene Wert beträgt indessen nur 58,75 Gamma, während der früher errechnete Wert 61 Gamma maximal betragen sollte.

Für das Südpolargebiet reichen die bisherigen vereinzelten Messungen noch nicht aus, entsprechende Schlüsse zu ziehen; hier ist man noch auf die errechneten magnetischen Karten angewiesen (z. B. die USAF Global Navigation Chart 26 von 1961).

Eng mit den magnetischen Erscheinungen verknüpft ist das Auftreten von Polarlichtern. Diese können als Strahlen, Draperien, Bögen, Bänder auftreten. Besonders häufig erscheinen sie in den sogenannten Polarlichtzonen, von wo sie zu den geographischen Polen und zum Äquator hin an Häufigkeit abnehmen. Im arktischen Bereich verläuft diese Zone größter Häufung vom Nordkap über das Kap Tscheljuskin an der Küste des Tschuktschen-Meeres nach Nordalaska, quert die Hudson-Bai, Labrador und den Nordatlantik, um über Island das Nordkap wiederzuerreichen. Diese Zone liegt also um den Magnetpol herum.

Für den Südpol ist die Lage der Südlichtzone weitaus schwerer zu bestimmen, da man hier auf die Beobachtungen von wenigen Stationen angewiesen ist. Ein großer Teil der Zone greift auf die antarktischen Meere hinüber, wo nur gelegentliche Schiffsbeobachtungen möglich sind. *O. Schneider* hat 1961 die Lage der Südlichtzone nach verschiedenen Autoren kartenmäßig erfaßt; die Verläufe differieren um 1800 km über der Ostantarktis, um 450 km über dem südlichen Pazifischen Ozean (Berechnungen zwischen 1939 und 1960). Es bedarf also noch weitgehender Beobachtungen, um die Südlichtzone einwandfrei fixieren zu können.

Die Höhe der Polarlichter kann man durch gleichzeitige photogrammetrische Aufnahme der gleichen Lichterscheinung von 2 Observatorien aus bestimmen, deren

Abstand genau bekannt ist. Die so ausgeführten Messungen ergaben, daß die Polarlichter in Höhen zwischen 100 und 150 km auftreten mit einer ausgesprochenen Häufung zwischen 100 und 110 km. Bögen und Bänder liegen niedriger als Draperien und Strahlen. Über die Entstehung gibt es mehrere Theorien; am wahrscheinlichsten ist die Annahme, daß es sich um das Leuchten von Gasen handelt, welches durch Korpuskularstrahlen der Sonne angeregt wird. Daß ein Zusammenhang mit der Sonne besteht, beweist die Tatsache, daß Polarlichter und das Auftreten von Sonnenflecken gleichzeitig erfolgen. Da die Sonnenstrahlung 36 Stunden von der Sonne zur Erde benötigt, kann man das verstärkte Auftreten von Polarlichtern mit ziemlicher Sicherheit voraussagen. Die Sonnenkorpuskeln bewegen sich spiralförmig längs der magnetischen Kraftlinien des Erdfeldes und münden in zwei Ringen um die magnetischen Pole ein.

Zur Beobachtung dienen Kameras, welche den ganzen Himmel aufnehmen. In der Sommerzeit oder bei Bewölkung werden Radargeräte eingesetzt, deren Impulse von der starken Ionenschicht im E-Schicht-Niveau reflektiert werden. Diese Ionisation verursacht jedoch auch eine starke Dämpfung im Kurzwellenbereich, wodurch der Funkverkehr zwischen den Polarstationen zum Erliegen kommen kann. Es kommt zu „Ionosphärenstürmen", die ihrerseits magnetische Stürme an der Erdoberfläche hervorrufen.

11. Die Polarmeere (Tabelle 19, Karten 12 bis 14)

Während im Südpolargebiet im zentralen Teil ein Kontinent liegt, der von breiten Meeresflächen, den Südteilen der drei großen Ozeane umschlossen wird, herrscht im Nordpolargebiet das Meer vor.

Wegen der Meereisbedeckung waren ozeanographische Forschungen in den Polargebieten schwierig. Während des Geophysikalischen Jahres 1957/58 und danach hat man jedoch das Flugzeug weitgehend in den Dienst dieser Untersuchungen gestellt. Auch haben Driftstationen und U-Boot-Fahrten (Tabellen 105—108) wesentlich zur Erweiterung der Kenntnisse der ozeanographischen Verhältnisse in der Arktis beigetragen. Im Südpolargebiet waren es vor allem norwegische (z. B. „Norvegia"), britische („Discovery") und sowjetische („Ob") ozeanographische Expeditionen, die systematisch die Meere erforscht haben. Jedoch bleibt noch viel zu tun, bis wir genauere Kenntnisse gewinnen können.

Die Wassermassen des arktischen Beckens gehören 4 verschiedenen Typen an. Das Oberflächenwasser mit einer Jahrestemperatur von — 1,5 bis — 1,8 °C und einem Salzgehalt von 30—32 ‰ hat im Europäischen Nordmeer eine Mächtigkeit von etwa 30 m, nördlich des Bering-Meeres 100 m. Der hohe Sauerstoffgehalt und der Gehalt an Nährsalzen weist darauf hin, daß das Wasser eine Mischung von Meereswasser und Wasser der großen arktischen Ströme darstellt (Profil 14 a).

Unter dem Oberflächenwasser breitet sich eine Schicht atlantischen Wassers aus, das eine mittlere Temperatur von 2 °C auf der atlantischen und 0,5 °C auf der pazifischen Seite besitzt. Salzgehalt (34,8 ‰) und Sauerstoffgehalt sind größer als im Oberflächenwasser. Dieses Zwischenwasser befindet sich in Tiefen von 300 bis 1000 m. Von Spitzbergen aus breitet es sich nach Osten hin aus und verliert durch Vermischung seine typischen Eigenschaften allmählich. Der jährliche Zustrom aus dem Atlantik von über 100 000 cbkm bedingt eine Strömung, die in etwa 8 Jahren das gesamte arktische Becken umkreist. Das Zwischenwasser zeigt mehrjährige Schwankungen; in den letzten Jahren wurde es wärmer und seine Geschwindigkeit nahm zu.

In Tiefen über 1000 m ist polares Tiefenwasser verbreitet mit Temperaturen von − 0,8 °C im Nansenbecken, − 0,4 °C im Beaufortbecken. Es wird zum großen Teil aus absinkendem Oberflächenwasser gebildet. Der Sauerstoffgehalt ist gering, im Beaufortbecken etwas höher, da hier Absinkungsvorgänge eine größere Rolle spielen.

Als vierte Wassermasse erscheint im Beaufortbecken pazifisches Zwischenwasser in 50 bis 100m Tiefe. Der Zustrom beträgt jährlich etwa 37 000 cbkm.

Durch Eisschmelze und Zustrom von Flußwasser ändern sich Temperaturen und Salzgehalt im Oberflächenwasser ständig. Im Beaufortbecken besteht eine antizyklonale Strömung (Karte 12, vgl. auch Tabelle 108: Driftexpeditionen), lokal kommen auch zyklonale Systeme vor. Die Stromgeschwindigkeit ist mit 4 bis 8 cm/Tag nur gering. Zwischen Spitzbergen und Grönland bildet sich ein südwärts gerichteter Strom, der den Ausgleich der Wassermengen herbeiführt.

Dieses Strömungsschema wird durch Winddriften und lokale Einflüsse oft durchbrochen; besonders die Schelfmeere zeigen stark wechselnde Verhältnisse. In manchen Jahren gerät das Treibeis ganz in die Ostgrönlandströmung, in anderen bilden sich schwere Eisstauungen an der sibirischen Küste.

Im europäischen Nordmeer bringt der Golfstrom warmes Atlantikwasser bis in das Barents-Meer (Sommertemperatur bis 6 °C). Nördlich Spitzbergen sinkt dieses Wasser unter das polare Oberflächenwasser ab. Das Gegenstück, der Ostgrönlandstrom zwischen Grönland und Spitzbergen hat eine Breite von 400 km, in der Dänemarkstraße von 30 km, wobei seine Geschwindigkeit von 3 bis auf 30 km/Tag ansteigt.

Die Nebenmeere haben zyklonale Strömungen. Der in der Baffin-Bai entstehende Labradorstrom stößt bei Neufundland auf den Golfstrom. An seiner Front entstehen Eisbergstauungen und Nebel. Die Straßen zwischen den kanadischen Polarinseln zeigen eine schwache Weströmung.

Die Gezeiten sind nur schwach ausgebildet. An den offenen Küsten treten 2 Hochwasser je Tag auf mit einem Hub von 0,1 bis 1 m. Nur in Buchten verstärkt sich dieser und erreicht seine höchsten Werte in der Hudson-Straße, auf der Baffin-Insel und im Europäischen Rußland (Tabelle 19).

Im Südpolarmeer herrschen andere Verhältnisse. Hier handelt es sich um eine zirkumpolare Tiefsee. Der antarktische Schelf ist nur gering entwickelt und liegt infolge des Eisdrucks mit 500—600 m wesentlich tiefer als sonst auf der Erde (200 m). Der Kontinentalabfall zur Tiefsee ist abrupt und steil.

Im antarktischen Schelf finden sich eigenartige Bildungen. Dem Küstenbereich, der etwa 30 bis 40 km Breite besitzt, ist an vielen Stellen eine Furche vorgelagert, die bis 700 m abfällt; dann steigt der Schelf wieder bis auf 400—500 m an und bildet eine ebene Plattform feinkörnigen Materials. Parallel zur genannten Furche treten lokale Depressionen bis über 1000 m Tiefe auf. Die Bildung dieser Eintiefungen in den Schelf ist noch ungeklärt, wahrscheinlich sind sie tektonisch angelegt.

Der Tiefseeboden im Indischen Ozean, der besonders gut durchforscht ist, zeigt ein bewegtes Relief. Ross- und Weddell-Meer werden von Moränenplatten ausgefüllt, die nur an den Küsten von Victoria-Land und Coats-Land zu Tiefenrinnen abfallen, die über 1000 m absinken. Auch sie dürften tektonischen Ursprungs sein.

In der Verteilung der Wassermassen und in den Strömungsverhältnissen ist das Bild verhältnismäßig einfach. Die Zone des antarktischen Oberflächenwassers reicht um die Antarktis zirkumpolar bis etwa 50 °S, wo es längs einer Linie, der „antarktischen Konvergenz" (Karte 13, Profil 14b) unter subtropisches Wasser untertaucht. Diese Linie ist nach den bisherigen Feststellungen in ihrer Lage stabil und zeigt sich in einem Temperaturanstieg von 4 auf 12 °C an. Das untergetauchte Oberflächenwasser verbreitet sich als antarktischer Zwischenstrom über alle Ozeane. Am Kontinentalabfall sinkt kaltes Wasser in die Tiefe und breitet sich als Bodenstrom langsam aus. Zwischen diesem Bodenwasser und dem Oberflächenwasser liegt atlantisches Tiefenwasser mit geringem Sauerstoff- und großem Salzgehalt, das langsam vom Atlantischen Ozean durch den Indischen und Pazifischen Ozean wandert. Diese Wanderung ist massenmäßig die größte Strömungserscheinung, die es auf der Erde gibt; in der Sekunde werden bis 125 Millionen cbm bewegt.

Mehr als im arktischen Bereich werden die Oberflächenströmungen (Karte 13) durch die Windverhältnisse bedingt. In der Region der Westwinde geht die Strömung nach Osten, während ein Ausgleichstrom in westlicher Richtung an der Küste des Südpolarkontinents entlang läuft, die im Weddell-Meer durch die Antarktische Halbinsel nach Norden abgedrängt wird und als Weddell-Meer-Strom (auch Bouvetstrom) in Richtung auf Afrika weiter setzt. In der Zone zwischen diesen beiden Hauptströmungen herrschen schwache nördliche Versetzungen.

Über die Gezeiten sind die Angaben noch spärlich. Wie im Nordpolargebiet ist auch hier der Hub gering (1—1,5 m). Doch dürften in Buchten und Fjorden erheblich größere Werte vorkommen.

12. **Gewässer des Festlandes** (Tabellen 20 bis 22)

In das Nordpolarmeer mündet eine Reihe großer Ströme, besonders im sowjetischen Bereich, welche durch ihr Süßwasser einen großen Einfluß auf den Wasserhaushalt, die Eisverhältnisse und die Lebewelt des arktischen Meeres besitzen.

Die Tabelle 20 gibt für die größten Flüsse der Arktis Länge, Einzugsbereiche und Abfluß, Tabelle 22 für die sibirischen Ströme nach neuen sowjetischen Quellen den Minimum- und Maximum-Abfluß an. Es geht daraus hervor, daß im Jahresmittel etwa 2,4 Millionen cbkm Süßwasser dem arktischen Becken zufließen, die hauptsächlich aus Niederschlägen während des kurzen Sommers (Regen) gespeist werden. Dieser Zufluß ist also erheblich größer als das aus südlichen Meeresgebieten zuströmende Meereswasser. Im Winter frieren die Flüsse zu (Tabelle 20d und 21), so daß sie nur bedingt als Schiffahrtsstraßen in der kurzen Sommerzeit zu benutzen sind. Auch als Schlittenwege im Winter ist ihre Eignung gering, da infolge des vorhergehenden Eistreibens und der Eisstauungen die Oberflächen nicht eben sind.

Die arktischen Ströme zeigen in ihrem Verhalten sehr unterschiedliche Verhältnisse. Der Unterlauf des Ob, der 30 km oberhalb von Salechard in die arktische Tundrenregion eintritt, hat etwa 3,5 m Tiefe (Sommer 2,8 m). Zwischen der Obmündung und der Nachotka-Bucht beträgt sie 3,5—5 m (Sommer 2,5—3,7 m), weiter nördlich bei Novyj Port 6–7,5 m. Hier wurde der Umschlagplatz für den nördlichen Seeweg angelegt, da eine Barre von 2,5 m den Zugang zum Strom für Seeschiffe verhindert. Der Unterlauf des Enisej (Jenissei) hat ein sehr schwaches Gefälle (0,01 m/km); auch dieser Strom ist, wie der Ob, durch Sandbänke schwierig zu befahren. Seine Tiefe beträgt 6,5–7 m, doch ist die Spiegelschwankung sehr groß (bei Dudinka z. B. Wasserstandsunterschied zwischen Hoch- und Niedrigwasser 15 m). Die Strömungsgeschwindigkeit sinkt zwischen Dudinka und Kazanskoe von 2 auf 1,5 km/h. Haupthäfen am Unterlauf des Enisej sind Dudinka (Ausgang der Bahn nach Norilsk) und Igarka als Hauptausfuhrhafen für sibirisches Holz über den nördlichen Seeweg. Die Lena hat in ihrem Unterlauf eine Tiefe von etwa 20 bis 25 m, eine Breite von 2 bis 10 km und bildet ein ausgedehntes Delta, dessen Beginn 200 km vor der eigentlichen Mündung liegt. Die einzelnen Mündungsarme sind derart versandet, daß die Einfahrt aus dem Eismeer sehr schwierig ist, weswegen auch kein Polarhafen an der Lena selbst angelegt werden konnte. Der zu ihrem Einzugsbereich gehörende Hafen Tiksi liegt südlich der Lenamündung an der gleichnamigen Bucht. Auch der Mackenzie in Nordkanada besitzt in seinem Deltagebiet nur 1,6 m maximale Tiefe. Die Flußschiffahrt endet daher in Aklavik-Inuvik. Im letzteren Ort, dessen Anlage 1955 begann, wurde eine moderne Anlegestelle für Flußschiffe gebaut, die 1956 fertiggestellt werden konnte. Die Navigationsperiode auf dem unteren Mackenzie dauert von Ende Juni bis Mitte Oktober. Auch an diesem Fluß treten schwere sommerliche Hochwasser auf wie 1961, wo über 95 % des Deltas überschwemmt wurden und die alte Siedlung Aklavik bis 1 m unter Wasser stand und von der Außenwelt abgeschnitten war.

Während im sibirischen subarktischen Bereich nur verhältnismäßig wenig Seen vorkommen oder wie in der Kolyma-Niederung nur kleine Sumpfseen über ein riesiges Gebiet verstreut sind, finden sich im subpolaren Bereich Kanadas zahlreiche Seen, meist Auswaschungswannen der Diluvialzeit, die infolge ihrer Größe und ihres Fischreichtums große Bedeutung besitzen. Tabelle 20e führt alle Seen mit einer Größe von über 1000 qkm auf, soweit Angaben bekannt sind.

In der Antarktis gibt es im Südsommer nur kurze Schmelzbäche und lokal kleine Seen in den Seenplatten („Oasen"; vgl. S. 13) und den eisfreien Tälern des Victoria-Landes. Sie frieren zwar im Winter zu, jedoch nur selten bis auf den Grund. Die Wassertemperaturen nehmen mit der Tiefe zu. So ergab eine Messung des Lake Bonney 1961 folgende Tiefentemperaturen:

Lake Bonney, Taylor-Tal, Victoria-Land. Messung 30. 11. 1961

Tiefe m	Temperatur °C (+)	Salzgehalt Cl mg/l	pH-Wert (Härte)
0	0,9		
1,5	1,8	636	8,45
2	2,7		
2,5	3,7	681	8,35
3	4,5		
4	5,7		
5	6,2	1430	8,12
7	7,1		
10	7,5	24610	7,40

Ebenso: Lake Vanda, Wright-Tal, Victoria-Land. Messung 20. 11. 1961

Tiefe m	Temperatur °C (+)	Salzgehalt Cl mg/l	pH-Wert (Härte)
0	1,9	284	7,45
3	2,8	192	7,60
5	2,8	.	7,30
54	9	29 360	6,35

Nachmessung Lake Vanda. 29. 12. 1961

Tiefe m	Temperatur °C (+)	Salzgehalt Cl mg/l	pH-Wert (Härte)
0	0,9	60	6,65
5	2,8	132	7,80
25	8	484	7,53
Schmelzrand	—	38	7,49

13. **Vergletscherung und Glaziologie** (Tabellen 23 bis 27, Karten 15 bis 16)

Die beiden Polarkappen tragen eine Eisbedeckung, die über 90 % der Vereisung der gesamten Erde einnimmt. Auf dem Lande bilden sich Inlandeisflächen großer Mächtigkeit, Gletscher und Eisströme, auf dem Meere Scholleneis in den verschiedensten Formen, Eistafeln und Eishäute. In Tabelle 27 sind die verschiedenen Eisformen mit ihren Bezeichnungen und erläuternden Beschreibungen zusammengestellt.

Die Tabelle 23 gibt neue Zahlen für die Landvereisungsflächen im Nordpolargebiet. Es ist daraus zu ersehen, daß große Gebiete nicht von Eis bedeckt sind; die arktische Vereisung gruppiert sich exzentrisch um den Nordpol mit deutlichem Schwergewicht im Bereich von Grönland, der östlichen amerikanischen Inseln, von Spitzbergen, Novaja Zemlja (Nordinsel) und Franz-Josef-Land, während Nordsibirien praktisch keine ausgedehnte Vereisung aufzuweisen hat. Im Gegensatz hierzu ist der antarktische Kontinent fast ganz unter Eis begraben, nur etwa 2 bis 4 % der Fläche sind nicht vergletschert (vgl. auch Tabelle 4).

Die Flächenangaben für die Eisbedeckung stehen noch nicht absolut fest, da zum Teil genauere Karten über die Eisgrenzen noch nicht existieren. Die Zahlen können sich mit fortschreitender Erforschung noch geringfügig ändern, besonders in der Antarktis, in der noch nicht einmal alle Küsten festgelegt sind. Auch ändern sich die Eisfronten von Jahr zu Jahr.

Noch weniger sicher sind die heutigen Kenntnisse über das Eisvolumen. Die Schwierigkeiten der seismischen Eisdickenmessungen, ihre Fehlerquellen und Probleme wurden in Abschnitt 7 (S. 6) bereits behandelt. So ist es nicht verwunderlich, daß die Schätzungen und Berechnungen des gesamten Eisvolumens der Erde noch völlig unsicher sind:

Jahr	Autor	Eisfläche der Erde qkm	Mittlere Eisdicke m	Volumen cbkm	Entspricht einer Anhebung des Meeresspiegels, m
1929	Antevs	15 589 900	1000/1525	23 154 960	60
1930	Ramsay	15 126 000	1500	22 167 000	55
1931	Dubois	.	.	23 200 000	58
1934	Daly	15 834 000	1400	20 884 000	50
1940	Thorarinsson	15 100 000	600	9 528 249	24
1947	Flint	15 100 035	.	23 154 960	60
1948	Klebelsberg	15 559 000	.	22 500 000	55
1952	Cailleux	.	2460	36 000 000	90
1953	Romanovsky	15 100 000	.	35 500 000	89
1955	Bauer	14 776 400	1500	21 740 000	54
1961	de Robin	.	.	28 000 000	83
1962	Donn u. a.	.	.	35 000 000	89
1963	Cailleux	.	2200/2600	27—33 000 000	.
1963	Giovinetto	.	2000/2400	25—30 000 000	.

Aus der Größe der vereisten Fläche, dem jährlichen Niederschlag und dem Abgang an Eisvolumen durch Verdunstung, Verwehung, Gletscherabbruch, Abschmelzung hat man versucht zu errechnen, ob die Inlandeisgebiete in der Antarktis und in Grönland heute zunehmen oder in Abnahme begriffen sind. Die Ergebnisse (Tabelle 25—26) zeigen, daß zwar die meisten Autoren einen Zuwachs errechnet haben, aber weder darüber noch über seine Größenordnung besteht Einmütigkeit.

Für die Eisklassifikation gibt es mehrere Möglichkeiten. Entweder man ordnet die Eisformen nach ihrer Anlage (Verhältnis zwischen Nähr-, Bewegungs- und Zehrgebiet) oder nach klimatischen Gesichtspunkten, nach ihrer geographischen Verbreitung, nach der Oberflächenform, nach der Größenordnung. *H. J. Schneider* hat 1962 den Versuch unternommen, eine einheitliche Terminologie auf Grund des Eishaushaltes aufzustellen.

Hier seien einige Beispiele für Gletschertypisierungen gebracht:

1. Nach Nähr-Zehrgebiet-Verhältnis (*Taylor* 1940).
   Nährgebiet: Eiskappe, Inlandeis, Inseleis, Kargletscher, Glacieret
   Bewegungsgebiet: Durchflußgletscher, Eiszunge, Zusammenflußgletscher, Hängegletscher, Vorhang
   Zehrgebiet: Piedmont, Volleis, Schelfeis
2. Nach thermischen Gesichtspunkten.
   Kalte (hochpolare) Gletscher
   Subpolare (Übergangs-)Gletscher
   Temperierte (warme) Gletscher
3. Nach der geographischen Verbreitung.
   Spitzbergentyp, Himalayatyp, alpiner Typ, skandinavischer Typ usw.
4. Nach der Größenordnung.
   Inlandeis, Hochlandeis, Eiskappe usw.
5. Nach Formverhältnissen.
   Kargletscher, Hanggletscher, Schluchtgletscher, Talgletscher, Vulkangletscher usw.

6. Nach dem Eishaushalt (*Schneider* 1962).

A. Geschlossene Systeme: Zentrale Firnhaube (Deckgletscher)
Firnmuldentyp
Firnstromgletscher
Firnkesselgletscher
Lawinenkesselgletscher
Flankenvereisung (Wandvergletscherung)
Eisstromnetz

B. Offene Systeme: Eiszungen, Vorlandgletscher, Piedmontgletscher, Durchflußgletscher, Fjordgletscher
Regenerierte Gletscher

Unter den Eisformen beanspruchen einige Typen besonderes Interesse. Das Inlandeis ist heute in der Antarktis und in Grönland allein anzutreffen. Es besteht aus einer kuppelförmigen Eisdecke, die in Grönland auf 3300 m, in der Antarktis auf 4590 (*Kotljakov* 1961) bzw. 4270 m (*Cailleux* 1963) ansteigt, in den zentralen Teilen nur langsam an Höhe verliert, gegen die Küsten zu jedoch steil abfällt. An den Küsten selbst bildet es Steilwände und liegt hier auf Felsen auf oder gerät ins Schwimmen.

In der Antarktis gibt es an etwa 40 Stellen der Küste große schwimmende Eistafeln, die Schelfeisgebiete (Flächen vgl. Tabelle 4). Sie sind zum Teil aus Schnee, zum Teil aus Inlandeis und zufließendem Gletschereis gebildet und haben eine Mächtigkeit von 700 m (an den am Kontinent anliegenden Teilen) bis 200—300 m (am Abbruch zum Meere), im Mittel 400 m. Die Oberfläche ist fast eben und liegt in Höhen von 100 bis 40 m. Im Jahre 1953 hat man auch im Nordpolargebiet eine Schelfeistafel im Ellesmere-Land entdeckt (Ward Hunt-Schelfeis) und glaziologisch erforscht, jedoch besteht auch in Grönland im Prinz-Christian-Land (Ostküste bei 79 °N) ein ausgedehntes Schelfeisgebiet, das erst vor 5 Jahren entdeckt wurde und nicht von Meereis, sondern von Gletschereis herrührt.

Von diesen Schelfeistafeln brechen größere Stücke ab, die als Tafeleisberge in die südlichen Meere von Wind und Strömungen abgetrieben werden. Sie können große Ausmaße erreichen und wurden in früherer Zeit auch oft mit Inseln verwechselt. Ein Eisberg, der 1912 vom Filchner-Schelfeis abbrach, hatte die Größe des Bodensees (538,5 qkm), 1947 wurde ein Berg von 2000 qkm Fläche im Ross-Meer gesichtet. Nach Norden zu nimmt die Größe allmählich ab, jedoch wurde noch auf 44 °S einmal ein Eisberg von 111 km Länge entdeckt. Die Tafeleisberge ragen etwa 40 m aus dem Wasser und tauchen 200 m tief ein. Die Zerstörung erfolgt durch Abschmelzung und Auswaschung durch Brandung. Auch im Nordpolargebiet sind Tafeleisberge seit 1946 nachgewiesen; sie haben eine Größe von etwa 70 qkm und ragen 10 bis 30 m aus dem Meere. Neben 3 großen Eisinseln, auf denen z. T. amerikanische wissenschaftliche Stationen errichtet wurden (vgl. Tabelle 108) entdeckte man später auch einige kleine Eisberge zwischen den Inseln des kanadischen Archipels. Über die Driftgeschwindigkeit unterrichtet Tabelle 108.

Schließlich sei eine der Antarktis eigentümliche Gletscherform erwähnt, die Eisströme, die besonders häufig an der Küste, jedoch auch im Inlandeis selbst auftreten können. Ohne erkennbare Ursache beginnt an bestimmten Stellen das Eis schneller zu fließen. Der Eisstrom ist gegen die Umgebung eingesenkt und stark von Gletscherspalten durchsetzt. An den Küsten bricht er entweder mit einem unregelmäßigen Eisabbruch ab oder er schiebt eine Gletscherzunge von beträchtlicher Länge (Mertz-Gletscher, Antarktis 1961: 70 km) und Breite (45 km) in das Meer hinaus. Die Ursachen ihrer Bildung sind noch unbekannt.

Gletscherabbrüche an den Küsten führen zur Bildung unregelmäßiger Eisberge, die wesentlich kleiner sind als Tafeleisberge. Sie kommen besonders häufig an den grönländischen Küsten vor, von wo sie mit dem Labrador-Strom bis nach Neufundland wandern und an der Front gegen den Golfstrom sich häufen (Karte 15).

Auf der Eisdecke lagert sich Schnee ab, der ebenfalls mehrere wichtige morphologische Erscheinungen verursacht. Der Treibschnee verhält sich ähnlich wie Sand, er wird zu Schneeformen zusammengeweht. Man unterscheidet freie Akkumulationsformen, wie Schneehügel oder Schneewellen, die bis 30 m hoch werden können und „Walrücken" genannt werden, zum andern durch lokale Hindernisse gebildete Schneewehen und Schneedünen (Sicheldünen, Barchane), die allerdings nur 0,5 m hoch werden und sich mit Geschwindigkeiten von 2,5 bis 4 m/h fortbewegen. Neben sie treten Erosionsformen der harten Firndecke, unter denen die „Sastrugi" die verbreiteste Form sind, auserodierte scharfe und harte Firnrücken, die etwa 1,5 m hoch werden können und am stärksten dort ausgebildet sind, wo beständige Fallwinde vorherrschen, also 200—400 km von der Küste auf dem Inlandeis. Die Sastrugi sind wertvolle Anzeiger der vorherrschenden Windrichtung, erschweren andererseits erheblich das Befahren der Inlandeisfläche durch Raupenfahrzeuge und Schlitten.

Auf den Meeren tritt Treibeis auf in seinen verschiedenen Formen. Namen und Aussehen zeigt die Tab. 27. Ihre systematische Typisierung führte die WMO durch. Das Treibeis wird nach Zustand, Form, Größe, Anordnung, Oberflächenform und Alter unterteilt:

1. Entwicklungstypen
   - Neueis
     - Eiskristall
       - Eisschlamm
       - Schneeschlamm
       - Eisbrei (Žuga)
     - Pfannkucheneis
     - Eishaut (Nilas)
   - Jungeis
   - Wintereis
     - Ein-Zweijähriges Eis
     - Alteis
   - Polareis
     - Junges Polareis
     - Arktisches Packeis

2. Festeistypen
   - Festeis
     - Küstenfesteis
     - Winterfesteis
     - Buchteis
     - Polares Küstenfesteis
       - Eisfuß
       - Grundeis

3. Treibeis/Packeis
   - a) Bedeckung
     - Sehr dicht
     - Dicht
     - Locker
     - Sehr locker
   - b) Schollengröße
     - Eisscholle
     - Eisbergstück
     - Eishümpel
     - Trümmereis
   - c) Anordnung
     - Eisfeld
     - Eisgürtel
     - Eisbank
     - Eisbucht
     - Zunge
     - Streifen, Band
     - Eisrand
     - Eisbarre
     - Offener Eisrand
     - Eisgrenze

4. **Aufbau**

Flacheis
Preßeis
Schiebeeis
Aufgepreßtes Eis
Preßrücken
Preßeishügel
Verwittertes Eis

5. Unterwassererscheinungen

Vorwölbung (Bummock, entspr. Preßeishügel)
Freundliches Eis (mit Löchern)
Feindliches Eis (ohne Löcher)
Eisdach (entspr. Packeis)
Eiskiel (entspr. Preßrücken)
Eisoberlicht (dünne Stellen)

6. Offene Stellen

Riß, Spalte
Gezeitenriß
Rinne, Wake
Küstenrinne
Polynia
Tümpel
Offenes Wasser

7. Treibendes Landeis

Gletschereis
Eisinsel
Eisberg
Tafeleisberg
Gletschereisberg
Eisbergstück
Growler
Trümmereis

Auch diese Begriffe unterliegen noch der Diskussion. Das kanadische Komitee der WMO hat für die Begriffe für Eisschlamm, Eishaut und Polareis 1965 mit Hilfe der russischen Nomenklatur Änderungen vorgeschlagen, die durch die WMO noch nicht offiziell angenommen worden sind.

Die Verteilung der einzelnen Meereistypen für das Nordpolargebiet zeigt Karte 15. Die hier dargestellten Formen deuten die mehr oder weniger große Geschlossenheit der Erscheinungen an; Karte 16 zeigt lediglich die maximale und minimale Verbreitung des Treibeisgürtels und der Eisberge im Bereich der südlichen Ozeane, ohne eine Typisierung zu versuchen, da dies für die antarktischen Meeresgebiete noch nicht möglich ist.

Landeis entsteht durch Schnee, der sich unter Druck in Firn und Eis umwandelt, Meereis durch Gefrieren von Meerwasser, das wegen seines Salzgehaltes bei einer Temperatur von $-1{,}9\,^{\circ}C$ gefriert. Bei höheren Frosttemperaturen bilden sich erst Eisrinden oder Eisschlamm, bei niedrigeren Temperaturen Eisschollen, die im ersten Jahr 1 – 1,5 m Dicke erreichen können. Das Scholleneis schmilzt an der Unterseite ab, von oben legt sich Neuschnee darüber, so daß die Scholle regeneriert. Je nach den örtlichen Verhältnissen überwiegt entweder der Zuwachs (mehrjährige Schollen bis 20 m dick) oder das Abtauen.

Die Glaziologie beschäftigt sich mit den physikalischen und chemischen Eigenschaften von Schnee und Eis, wie Korngrößen, Temperatur, Dichte, Luftgehalt, Schichtung, β-Aktivität, Bewegungs- und Fließvorgängen usw. Über alle diese Probleme wurden ausgedehnte Untersuchungen ausgeführt, deren Resultate jedoch noch nicht als endgültig anzusehen sind. In Veröffentlichungsreihen der großen Expeditionen, in glaziologischen und physikalischen Handbüchern und Zeitschriften finden sich Beobachtungsreihen, Ergebnisse von Experimenten und Laborversuchen, theoretische Erörterungen. Hier sei für die Antarktis auf das grundlegende Werk von *V. M. Kotljakov*: Snežnyj pokrov Antarktidy i ego rol' v sovremennom oledenenii materika (Die Schneedecke der Antarktis und ihre Rolle bei der heutigen Vereisung der Erde, Moskau 1961), für Grönland auf das im Erscheinen begriffene Expeditionswerk der Expédition Glaciologique Internationale au Groenland 1957—60 (Kopenhagen 1963 ff.) verwiesen.

Über einige dieser Probleme seien Angaben gemacht, da sie allgemeines Interesse beanspruchen.

Die Fließgeschwindigkeit des Inlandeises hängt ab von der Temperatur, der Plastizität des Eises, Formung des Untergrundes und den Reibungsverhältnissen. Sind seewärts gerichtete Täler vorhanden, bilden sich höhere Geschwindigkeiten heraus. Von den höchsten Teilen einer Eiskuppel nimmt die Geschwindigkeit nach allen Seiten zu und ist an den Küsten im allgemeinen am größten. In den Eisströmen, Durchflußgletschern und Eisauslässen wurden die größten Geschwindigkeiten gemessen. Die Fließgeschwindigkeit in den Schelfeisen wechselt stark mit der Zeit, im allgemeinen ist die Geschwindigkeit bei größeren Schelfeistafeln (aktive Schelfeistafeln) höher als bei kleinen. Die folgende Zusammenstellung gibt einige Beispiele für Geschwindigkeiten. Die verschiedenen Größenangaben (Fuß je Tag, Zoll je Monat usw.) wurden einheitlich in m je Jahr umgerechnet.

1. Inlandeis	m/Jahr
Antarktis. Ostantarktis, Mittel (nach *Kotljakov*)	100
Dronning Maud-Land, südöstlich der Station Maudheim	10—100
Kaiser-Wilhelm-Land, 10 km von der Küste	48
Kaiser-Wilhelm-Land, 4 km von der Küste	96—108
Kaiser-Wilhelm-Land, Küste	120—132
Königin-Mary-Land, 200 km von der Küste	17
Königin-Mary-Land, 10 km von der Küste	83
Königin-Mary-Land, Küste (Mirnyj)	250
Adélie-Land, Küste	20
Wilson-Piedmont, Victoria-Land	91
Grönland. Mittel	110—270

2. Schelfeistafeln	
Antarktis. Ostantarktis, Mittel (nach *Kotljakov*)	360
Schelfeis bei Maudheim	280
Schelfeis bei Base Roi Baudouin	50
Amery-Schelfeis, Front	1500
Ross-Schelfeis, Mittel	450
Ross-Schelfeis, Mittel 1902/1908	440
Ross-Schelfeis, Mittel 1941/1960	500—800
Ross-Schelfeis, östlich der Ross-Insel	621
Ross-Schelfeis, Walbucht, Mittel	270
Ross-Schelfeis, Walbucht, 1902/1909	298
Ross-Schelfeis, Walbucht, 1941/1947	438

3. Eisströme	
Antarktis. Ostantarktis, Mittel (nach *Kotljakov*)	650
Lambert-Gletscher	300
Denman-Gletscher, Queen-Mary-Land	1200
Gl. Astrolabe, Adélie-Land	500
Gl. Zélée, Adélie-Land	30

4. Durchflußgletscher

Antarktis	
Mackay-Gletscher, Victoria-Land	310
Ferrar-Gletscher, Victoria-Land	11—21
Beardmore-Gletscher, Victoria-Land	494

5. Gebirgsgletscher

Antarktis	
Barne-Gletscher, Ross-Insel	9
Noble-Gletscher, King-George-Insel, Oberteil	184
Noble-Gletscher, King-George-Insel, Front	16,4
Hamberg-Gletscher, Südgeorgien	840
Grönland	
Asakak, Westgrönland	402—584
Groß-Karajak, Westgrönland, 3 km Inland	146
Groß-Karajak, Westgrönland, 1,5 km Inland	37
Groß-Karajak, Westgrönland, Oberer Teil	2555—3285
Groß-Karajak, Westgrönland, Stufenteil	3650—4380
Groß-Karajak, Westgrönland, Front	6570—6935
Tindbre, Spitzbergen	100

Die Temperatur des Eises wird in Bohrlöchern gemessen. Bis 15 m Tiefe ist die Jahresschwankung noch wirksam, dann verschwindet ihre Einwirkung, die Temperatur stellt sich auf die mittlere Jahrestemperatur ein. Darunter nimmt die Temperatur zunächst noch weiter ab, um erst ab 200 m etwa wieder zuzunehmen. An der Felsauflage des Eises herrscht theoretisch eine Temperatur, die der Schmelztemperatur des jeweiligen Eises bei Berücksichtigung des Druckes entspricht. Dieses „Idealprofil" gilt für ruhendes Eis; wenn das Eis in Bewegung ist, wird diese Temperaturkurve gestört. Durch solche Bohrungen können klimatische Änderungen der vergangenen Zeit festgestellt werden (durch Untersuchung der verschiedenen Eisschichten). Ein Bohrloch von 308 m Tiefe bei der Station Byrd gibt Material für 1600 Jahre. Die Untersuchungen sind jedoch noch nicht abgeschlossen.

	°C
1. Schneetemperaturen, Oberfläche.	
Antarktis. Vostock. Sommer	— 20 bis — 30
Antarktis. Vostock. Winter	— 60 bis — 90
2. Firntemperaturen. Unterfläche	
Antarktis. Hope Bay, Sommer	um 0
3. Eistemperaturen in 12—15 m Tiefe	
Antarktis. Inlandeis.	
25 km südlich Mirnyj	— 16,5
50 km südlich Mirnyj	— 18,5
100 km südlich Mirnyj	— 24,5
150 km südlich Mirnyj	— 28,5
Pionerskaja	— 39,4
Vostock 1	— 47,4
Südpol	— 50,0
Komsomolskaja	— 53,9
Vostok	— 55,4
Pol der Unzugänglichkeit	— 56
Grönland	— 2 bis — 10

4. Temperaturen in Inlandeis und Schelfeis in der Tiefe

Tiefe m	Inlandeis			Schelfeis	
	Mirnyj	Byrd	Gaußberg	Little America	Maudheim
0	−12,0			−23	−17,5
30		−25	−10,4		
100		−26		−21	−16,2
150				−17,5	
170	−14,4				
185					(−2)
200		−28		−13	
225				−11	
240				−7	
300		−28,5			
352	−9,6				

Der Übergang von Firn zu Eis liegt an den Küsten in einer Tiefe von etwa 65—70 m, im Innern bei über 100 m (Pionerskaja 110 m).

Interessant sind auch die Studien über den Gesamthaushalt von Gletschern, von denen hier vier als Beispiele für viele andere gebracht werden:

Südgeorgien.

	Hodges-Gletscher (1956/57)	Hamberg-Gletscher (1957/58)
Typ	Kargletscher	Talgletscher
Länge, km		7,45
Breite, m	600	
Fläche, qkm		11,4
Höhendifferenz, m	600—280	2000—0
Akkumulation, cm	140	
Gleichgewichtslinie, m	460	500 (Firngrenze)
Rückgang/Jahr, m		80 (Zunge)
Senkung der Oberfläche (cm Wasser)	120	25
Gesamtverlust cbm	41 000	
Geschwindigkeit		
Oberteil, m/Jahr		96,7
Zunge, m/Jahr		18,2

Antarktis, Hope Bay.

	Depot-Gletscher (1959/60)
Typ	Talgletscher
Länge, km	3,5
Höhendifferenz, m	450—0
Akkumulation, cm	41 (Wasser)
Firnlinie, m	300
Gleichgewichtslinie, m	65
Rückgang/Jahr, m	
1903—1945	0
1945—1960	90
Senkung der Oberfläche (cm Wasser)	53

Antarktis, King-George-Insel.

	Flagstaff-Gletscher (1957/60)	
Typ	Kargletscher	
Breite, m	ca. 200	
Höhendifferenz, m	225—120	
Akkumulation, cm	113	(Mittel aus 2 Jahren)
Firnlinie, m	200	
Senkung der Oberfläche (cm Wasser)	46	(Mittel aus 12 Jahren)

14. **Klima** (Tabellen 28 bis 34, Karten 17 bis 25)

Die beiden Polargebiete erhalten wegen der niedrigen Sonnenstellung in den Sommermonaten und ihrer völligen Abwesenheit im Winter nur geringe Wärmezustrahlung, weswegen wir hier die kältesten Regionen der Erde vorfinden.

Die Messung der meteorologischen Werte stößt in den Polargebieten auf gewisse Schwierigkeiten. Bei der Temperaturmessung versagen Quecksilberthermometer, da Quecksilber bei − 39,5 °C friert. Auch mechanische Registrierapparate frieren oft ein, wenn sich Pulverschnee oder Kondenswasser absetzen kann. Bei starken Stürmen werden Schalenanemometer umgebrochen, auch ist es schwer, Legierungen herzustellen, die der Korrosion auf längere Zeit standhalten. Niederschlagsmessungen sind in direkter Methode dadurch problematisch, daß der in Meßgefäßen aufgefangene Schnee auch aufgewirbelter Altschnee sein kann, bei stärkerem Wind kann Neuschnee auch über das Gerät hinweggewirbelt werden. Wolkenbeobachtungen sind während der Polarnacht kaum möglich und schließlich spielen auch psychische Erschwernisse bei den Ablesungen der Geräte eine Rolle.

Aus diesen Gründen hat man besondere Geräte für die Polarforschung entwickelt, wie strahlengeschützte Widerstandsthermometer, elektronische Meßgeräte usw., während der Niederschlag mit Hilfe der Zunahme der Schneedecke bestimmt werden kann. Zu der so gemessenen Zahl müssen allerdings Ablation und Verdunstung addiert werden, um den tatsächlichen Niederschlag zu erhalten, der in Wasseräquivalenten angegeben wird; man mißt den Schnee in geschmolzener Form.

Die meteorologischen Messungen haben praktische Bedeutung für den Wetterablauf und seine Vorhersage in den gemäßigten Breiten sowie für die Durchführung von Flügen über den polaren Regionen.

Das Klima des Nordpolargebietes wird gekennzeichnet durch zwei Hochdruckregionen über Nordostsibirien und dem polaren Nordamerika sowie zwei quasistationäre Tiefdruckgebiete über dem südlichen Bering-Meer und über Island. Quer über das Nordpolarbecken verbindet ein Hochdrucksattel die beiden Hochdruckzentren, der die polare Windscheide bildet.

Im Nordpolargebiet liegen die kältesten Gebiete nicht im Polarbecken selbst (Tabelle 28), sondern über den großen Landgebieten, in denen ein kontinentales Klima herrscht, d. h. in Ostsibirien, Nordamerika und Grönland. An diesen Kältepolen fallen die mittleren Wintertemperaturen auf − 60 bis − 77,8 °C (absolutes Minimum). Im Sommer dagegen halten sich größere Kältegrade nur in Grönland (− 12 °C). Die sonstigen Kältepole erwärmen sich dagegen stark, die jährliche Schwankung kann über 100 °C erreichen. Tabelle 29 zeigt den Jahresgang der Temperatur für eine größere Zahl von Stationen, deren Lage, Höhe und Beobachtungsdauer aus Tabelle 32 zu entnehmen ist. Die Karten 17–19 geben die räumliche Verteilung der Temperaturen für das Jahr, den Winter und den Sommer wieder.

Aus der Tabelle 29 geht hervor, daß das Polargebiet kalte Winter und kühle Sommer aufweist. Zwar bleiben die Temperaturen im zentralen Teil auch im Sommer unter 0 °C, steigen aber in den zirkumpolaren Küstengebieten auf + 3 bis + 5 °C an. Der kühle Sommer verläuft gleichmäßig, im Winter treten jedoch öfter warme Perioden auf. Abrupt ist der Übergang vom Winter zum kurzen Sommer. Oft ist das winterliche mittlere Maximum auf Februar/März verschoben. Doch sobald die Sonne aufgeht, setzt erhebliche Erwärmung ein, im Juli werden dann die höchsten Temperaturen gemessen.

In der Antarktis war die Kenntnis der klimatischen Verhältnisse bis vor wenigen Jahren auf die Küsten beschränkt. Erst seit 1956 begannen auch im Inland ständige Beobachtungen von ein- und mehrjähriger Dauer. Wegen der Höhenlage und des starken Strahlungsverlusts im Winter (Tabelle 34 d) sind die winterlichen Temperaturen (Monate April bis September) außerordentlich niedrig (Tabelle 28, 30, Karte 22). Hier haben wir den extremen Kältepol der Erde (bisher tiefste Temperatur – 88,3 °C). Die Küstenstationen haben wesentlich höhere Wintertemperaturen wegen der Nähe des wärmeren Meereswassers (etwa – 12 °C). Die Jahreskurven zeigen trogartigen Verlauf („kernlose Winter") mit Amplituden, die von 64 °C am Südpol auf 50 °C an den Küsten abfallen (Kontinentaleinfluß). Die subpolaren antarktischen Inseln besitzen demgegenüber ein typisches Seeklima mit nur geringfügigen Änderungen im Jahresverlauf (Tabelle 30). Auch in der Antarktis zeigt sich der Einfluß von Wärmephasen im Winter, wo die Temperaturen in wenigen Tagen um 30 °C ansteigen können dank des Einflusses von einwandernden Wetterstörungen.

Weitere Eigentümlichkeiten des Polarklimas sind Eisnebel über den Meeresgebieten, wenn Warmluft über kaltes Meerwasser streicht. Sie erreichen jedoch keine großen Höhen. Im Winter wird die Luft trocken, es kommt nur zu Eisnadelausfall.

Die Niederschläge (Tabelle 32, 33, Karten 23, 24) sind nur gering und erreichen im Mittel im Nordpolargebiet kaum 200 mm, im zentralen Teil 100 mm, und im Südpolargebiet 55–100 mm im Innern, 200–300 mm an den Küsten. Erst in der Westwindzone der subantarktischen Inseln steigen die Werte auf 1500–3200 mm, und auch in der Arktis nimmt die Niederschlagsmenge nach Süden hin zu, wie die Niederschlagszahlen von Westgrönland beweisen (Zunahme von Nord nach Süd von 100 auf 1128 mm). Der geringe Niederschlag in den zentralen Teilen deutet auf eine Kältewüste hin. Er reicht nicht zur Neubildung von Gletschern aus. Die Maximalniederschläge fallen übrigens im Polarbecken im Juli, weiter südlich verschiebt sich das Maximum auf August-September. Im Südpolargebiet wurden Niederschläge nur bei Frontendurchgang in nennenswerter Höhe registriert.

Die Winde (Tabelle 33, 34 a) wirken in beiden Polarzonen austrocknend. Im Nordpolargebiet strömt die Luft im Winter beiderseits der Windscheide nach Süden zum Atlantischen und Stillen Ozean, während im Sommer unbeständige Winde aus wechselnden Richtungen auftreten. Im Südpolargebiet herrscht ein einheitliches Windsystem. Auf dem Inlandeisplateau sind wechselnde schwächere Winde häufig, die randlich in Schwerewinde (katabatische Winde) übergehen;

die kalte Luft fließt zur Küste hin ab als Fallwind. Wo die Fallhöhe größer wird, wird auch die Windgeschwindigkeit beschleunigt. An der Küste der Ostantarktis biegt infolge der Ablenkungskraft der Erdbewegung (Corioliskraft) der Wind nach Nordwesten (Südostwind), vor der Küste nach Westen (Ostwind). Im allgemeinen sind diese Fallwinde nicht sehr ausgeprägt, nur wenn durch ein im Norden vorbeiziehendes Tiefdruckgebiet (Sturmtief) die Geschwindigkeit verstärkt wird, kommt es zu schweren Stürmen. Bekannt ist die Sturmregion von King-George-V.-Land, wo eine mittlere Windstärke von 19,4 m/sec herrscht, die im Juli auf ein Mittel von 23,6 m/sec ansteigt. Die höchste hier gemessene Windstärke war 43 m/sec, die jedoch inzwischen von anderen Stationen übertroffen wurde, die Höchstwerte liegen bei 70 m/sec. Im King-George-V.-Land beträgt die Zahl der Sturmtage im Jahr 340!

Nördlich der Küste in einer Entfernung von etwa 500 km verläuft eine Tiefdruckrinne (984 mb), die als Windscheide wirkt. Südlich von ihr herrschen Ostwinde, nördlich davon die „braven Westwinde". Diese Westwindzone reicht in größere Höhen und verhindert das Einströmen wärmerer subtropischer Höhenluft.

Regional sind auf beiden Polarkalotten Abweichungen von dem Idealbild festzustellen, die durch Meeresströmungen, Höhenlage und örtliche Einflüsse hervorgerufen werden. Sie sind aus den Karten 17—25 zu ersehen.

An Sondererscheinungen sei auf den Föhn hingewiesen, der überall dort auftreten kann, wo eisbedeckte Hochländer an die Küste stoßen. Dieser warme Fallwind verursacht starke Temperaturanstiege (Scoresby=Sund, Ostgrönland, einmal von -20 auf $+4\,^{\circ}$C im Winter), diese wiederum Eisschmelze und gefährliche Hochfluten.

Beobachtungen der höheren Atmosphäre haben ergeben, daß die Tropopause, die Schicht, unterhalb der sich das Wettergeschehen abspielt, im Nordpolargebiet und Südpolargebiet (Karte 25) bei etwa 8 km liegt; in der Antarktis verschwindet sie im Winter. Temperaturumkehr (Inversionen) gibt es in der Arktis in 200—500 m Höhe (Sommer), da in tieferen Schichten die Wärme zum Schmelzen des Eises verbraucht wird. Über den Festländern verschwindet sie im Sommer, tritt dafür verstärkt jedoch im Winter auf. Über der Tropopause steigen die Temperaturen wieder an (von -50 auf $-35\,^{\circ}$C), während im Winter die Temperatur kontinuierlich abnimmt.

Die Veränderlichkeit des Polarwetters wird durch die wandernden Tiefdruckgebiete verursacht, die von West nach Ost wandern, besonders ungestört um den antarktischen Kontinent herum, die jedoch auch in das Innere der Polarregionen übergreifen können. Ob über der Antarktis ein ständiges Hochdruckgebiet vorhanden ist, das in größere Höhen sich auswirkt, ist nach dem jetzigen Stand der Forschung noch nicht zu beantworten.

Für künftige Forschungen bleibt jedenfalls noch viel zu tun. Verdichtung des bisher noch sehr weitmaschigen Beobachtungsnetzes (auch durch automatische Wetterstationen), Beobachtung langjähriger Reihen von möglichst vielen meteorologischen Elementen auch bis in größere Höhen (Radiosondenaufstiege) sind die Hauptaufgaben polarer meteorologisch-klimatischer Forschungen.

Noch einige Worte zur Frage der Klimabesserung: In Spitzbergen stieg die Jahresmitteltemperatur seit 1920 um 1,7 °C, in Grönland (Jakobshavn) um 2,5 °C, in Franz-Josef-Land um 3,6 °C. Besonders im Winter ist der Temperaturanstieg stark. Von 1916/17 bis 1936/37 stieg er in Spitzbergen um 16 °C, in Franz-Josef-Land um 17 °C. Auch im Südpolargebiet sind Anzeichen einer Klimamilderung bekannt. Im Bereich von Mirnyj stieg die Jahresmitteltemperatur 1912—1957 um 3,6 °C, im Bereich der Walbucht 1911—1957 um 3,0 °C. Auch gingen die Schelfeistafeln zurück: im King-George-Sund (Westantarktis) 1940—49 um 48 km, am Ross-Schelfeis 1842—1902 um 56 km. Die Eisoberfläche am Gauß-Berg nahm 1902 bis 1957 um 8 m an Höhe ab. Neben diesen Anzeichen einer Klimabesserung gibt es aber auch andere, die dem widersprechen. Die Station Laurie, Süd-Orkney-Inseln, läßt keine Klimaänderung im Zeitraum 1903-1957 erkennen, an vielen Stellen ist der Eisrand stationär (Mawson, MacMurdo-Sund, Lützow-Holm-Bucht) oder Gletscher sind im Vorrücken (Antarktische Halbinsel). Klimabesserung hat erhöhte Warmluftzufuhr und erhöhten Niederschlag zur Folge, der ein Anwachsen der Eiskalotte bedingt. Auf jeden Fall scheint festzustehen, daß aus so kurzzeitlichen Beobachtungen noch keine Rückschlüsse auf langandauernde Klimaänderungen gezogen werden dürfen. Säkulare Klimaänderungen sind stets von kurzfristigen Unterbrechungsperioden überlagert, deren Trend sich sehr rasch wieder ändern kann.

15. **Die Pflanzenwelt** (Tabellen 35, 36)

Die biologischen Verhältnisse der Polarregionen sind vom Klima abhängig. Im Nordpolargebiet konnten sich die Pflanzen zirkumpolar ausbreiten, die Flora zeigt eine einheitliche Zusammensetzung. Die Grenze der Arktis, die 10 °C-Juli-Isotherme, fällt etwa mit der Baumgrenze zusammen. Nördlich von dieser gibt es keinen Wald, sondern nur noch Tundra. Der Pflanzenwuchs im einzelnen hängt von der Sonnenbestrahlung ab sowie von mikroklimatischen Verhältnissen, so daß er noch in den nördlichsten Landgebieten wie Nordgrönland oder Franz-Josef-Land möglich ist. Die Sommerwärme, nicht die Winterkälte, ist für das Leben der Pflanzen ausschlaggebend. Da die Sommerzeit nur kurz ist, geht das Wachstum der Pflanzen nur langsam vor sich (bei kleinwüchsigen Bäumen z. B. 20—60 Jahresringe auf 1 cm Durchmesser), ebenso ist Samenreife sehr selten.

Unter den Blütenpflanzen des Landes sind Sauer- und Wollgräser, Kreuzblütler, Hahnenfußgewächse, Heidekraut, Beerensträucher, Steinbrecharten sowie kleine Birken und Weiden am stärksten verbreitet. In trockneren und felsigen Gebieten gibt es Flechten und Moose, die für Polarrinder und Rentiere die Hauptnahrung stellen. Die höheren Pflanzen sind klein und schmiegen sich dicht an den Boden an, um die Wärme der Sonnenstrahlen auszunutzen. Polsterbildung ist häufig, ebenso starke Wurzeln und lederartige Blätter, um der Austrocknung durch den Wind zu trotzen. Tabelle 35 b gibt ein Beispiel für die Zirkumpolarität der Pflanzenarten. Während auf den polaren Inseln die Standorte überwiegend trocken sind, gibt es in den Tundren, besonders in Sibirien, auch sumpfliebende Pflanzengesellschaften.

Die Meeresflora ist ebenfalls stark entwickelt, zwar artenarm aber individuenreich, vor allem Riesentange und Algen, doch reicht der Lebensraum nur bis etwa 200 m Tiefe hinab, da das Pflanzenleben von der Assimilation des Sonnenlichtes abhängig ist. Daben spielt auch die Eisbedeckung eine große Rolle, einmal weil Eis die Sonnenstrahlen nicht eindringen läßt, zum andern wegen der abschürfenden Wirkung von Treibeis.

Im Südpolargebiet ist das Pflanzenleben auf dem Lande in einer viel ungünstigeren Lage. Wegen der geringen Ausdehnung von eisfreien Stellen und des extrem kalten Klimas können sich höhere Pflanzen fast gar nicht halten. Außer Flechten, Moosen und Schneealgen gibt es im Gegensatz zu den rund 400 Blütenpflanzen der Arktis nur 2.

Die Bestimmung der Artenzahl und der Familien sowie ihrer Verbreitung stößt in der Antarktis auf große Schwierigkeiten. Nur wenige Botaniker haben bisher hier gearbeitet. Jeder Fund von neuen Moosen oder Flechten wird als „neue Art" angekündigt. So gelang es 1955 *H. T. Clifford* nicht weniger als 39 antarktische Moosarten auf eine einzige Art zurückzuführen (Rhacomitrium crispulum) (vgl. auch Tabelle 36 b); die Hauptschwierigkeit ist die Unsicherheit in der Systematik. Dies gilt nicht nur für die Moosflora, sondern auch für alle übrigen Gruppen, so daß es noch nicht möglich ist, für das Südpolargebiet ähnliche Tabellen aufzustellen wie für die Arktis (Tabelle 35).

Die beiden einzigen höheren Pflanzen, das Gras Deschampia (Aira) antarctica und der Doldenblütler Colobanthus crassifolius kommen nur im Bereich der Antarktischen Halbinsel vor, nicht in der Ostantarktis. Ihr weitestes Vordringen nach Süden liegt bei 67° 36′ S (Léonie-Inseln), nach Norden finden sie sich auch auf den Süd-Shetland-Inseln und Deschampia wurde 1961 auf der Süd-Sandwich-Gruppe nachgewiesen. In Grahamland sind ferner verbreitet die Polytrichium=Moostundra (auch Süd-Shetlands und Süd-Orkneys), Cladonia-Flechtenassoziationen sowie Brachythecium-Moospolster, auf trockenen felsigen Stellen auch eine Andraeatum-Gesellschaft (vgl. auch Tabelle 36 c). Algengesellschaften kommen, wenn auch seltener, ebenfalls vor. In der eigentlichen Antarktis sind die Pflanzengesellschaften und ihre Verbreitung noch weitgehend unbekannt. In Marie-Byrd-Land wurden 89 Flechtenarten und 5 Moosarten gefunden, von denen 5 Flechten und 1 Moos über die ganze Antarktis verbreitet sind. Das südlichste bekannte Pflanzenvorkommen befindet sich auf 86° 03′ S, wo 7 Flechtenarten gedeihen, von denen 3 endemisch und 4 Arten gemeinsam mit Marie-Byrd-Land sind.

Antarktische Pflanzenarten (1964)

Pflanzen	Antarktis	Subantarktische Inseln	Nordgrönland bei 83° (Vergleich)
Blütenpflanzen	2	71	90
Pilze	6		
Lebermoose	6 (5)		20
Moose	72 (27)		120
Flechten	400		60

(Zahlen in Klammern: Endemismen)

Die Verbreitung einzelner Flechtenarten auf dem antarktischen Kontinent zeigt Eigentümlichkeiten. Einige sind weit verbreitet, andere kommen nur an weit auseinanderliegenden Stellen örtlich vor und fehlen sonst ganz (Acarospora z. B. nur auf der Cockburn-Insel, Nordostende der Antarktischen Halbinsel sowie einige Stellen der Ostantarktis). Die Frage, ob die Verbreitung der antarktischen Pflanzen der präglazialen Zeit entstammt oder ihre Verbreitung durch Vögel erfolgt, ist noch nicht beantwortet (ununterbrochene Flüge von Skua-Möwen über 6400 km wurden beobachtet!).

Reichhaltiger ist die Flora der subantarktischen Inseln. Auf Südgeorgien ist die am weitesten verbreitete Pflanzengesellschaft eine Festuca-erecta=Grasheide sowie an der Küste eine Poa-flabellata-(Tussockgras-)Formation. Auf dieser Insel waren 1964: 48 Blütenpflanzen (1 endemisch), 36 Moose (alle endemisch), 11 Lebermoose bekannt, doch sind die großen Sammlungen der Botanischen Expeditionen 1960/61 noch nicht ausgewertet, so daß die Artenzahlen noch längst nicht feststehen (vgl. Tabelle 36 b). Ähnliche Gesellschaften wie hier sind auch den übrigen subantarktischen Inseln eigen. Auf Kerguelen und Macquarie gibt es als neue Formation Kräuterfelder mit Pringlea antiscorbutica (Kerguelenkohl) und Azorella selago, die aber auf beiden Inseln durch eingeschleppte Tiere (Kaninchen) vernichtet wurden oder gefährdet sind. Im Gegensatz zum antarktischen Kontinent mit seiner Kryptogamen-Fazies tragen sie eine Phanerogamen-Fazies, jedoch fehlen Bäume völlig. Einige der Pflanzenarten sind endemisch: Auf Macquarie, Auckland und Campbell beschränkt sind z. B. Pleurophyllum und Stilbocarpa, auf Kerguelen, Heard, Crozet und Marion z. B. Pringlea, so daß man verschiedene Unterprovinzen in floristischer Sicht unterscheiden kann.

In den Seen der „Oasen" gedeihen Algenarten, vor allem Schwingalgen und Wasserfäden; sie färben das Seewasser oft intensiv rot oder grün. Die Meerespflanzen können sich nicht frei entfalten wegen des Treibeises. Nur Algen, Schwebepflanzen und in der Tiefe wachsende Tange kommen vor. Auf den subantarktischen Inseln dagegen gibt es ausgedehnte Tangfelder („Kelp") mit Riesentangen bis zu 300 m Länge, die losgerissen sich als Tanginseln längs der antarktischen Konvergenz sammeln.

Auf einigen subantarktischen Inseln ist die ursprüngliche Vegetation durch den Menschen stark gestört worden. Auf Südgeorgien haben eingeschleppte Pflanzen bereits zu 50 % die originale Artenzahl überflügelt. In Grytviken und Husvik faßte das Gras Deschampia caespitosa festen Fuß und ist im Begriff, die Festuca-Acaena=Assoziation zu verdrängen. Auch auf Kerguelen wurde ein Fremdgras, Poa annua, durch Robbenfänger im vergangenen Jahrhundert eingeschleppt und bildet heute an einigen Ufern ausgedehnte Wiesen. Weit verbreitet wäre auch eine Löwenzahnart, die eine britische Expedition 1875 mitbrachte, wenn sie nicht von Kaninchen abgefressen würde. Auf der Hauptinsel dieser Inselgruppe haben seit 1874 die Kaninchen die ursprüngliche Vegetation weitgehend zerstört, ebenfalls auf Macquarie, wo starke Erosionsschäden hierdurch entstanden. Auch auf Marion beginnt seit 1947 die einheimische Vegetation sich zu ändern. Bis jetzt ungestört sind noch die Inseln Prince Edward, die Ile de l'Est (Crozet-Gruppe), die Außeninseln von Kerguelen und die Heard-Insel.

16. **Die niedere Tierwelt** (Tabellen 35, 37 bis 39)

In diesem Abschnitt sollen alle Tiere außer Vögeln und Säugetieren zusammengefaßt werden, da letztere eine ausführlichere Behandlung erfordern.

Die Landfauna der Polargebiete ist arm an Arten und Individuen, während die Meeresfauna sehr reich ist. Die kalten Temperaturen und der Mangel an Nahrungsquellen sind die Hauptursachen für die Tierarmut auf dem Lande.

Unter den niederen Landtieren sind am zahlreichsten die Insekten (vgl. Tabelle 35) mit über 3000 Arten, die in großen Schwärmen die Tundren bevölkern, vor allem Mückenarten, die in den Sümpfen ein ideales Brutgebiet finden, unter ihnen die

Gnitzen (Simulidae), die sich den größeren Säugern in die Körperöffnungen setzen (Luftwege, Augen, Ohren). Auch Bremsen, Rentierfliegen und sonstige Stechfliegen werden zur Qual. Von Spinnen sind nur wenige Arten bekannt, ebenso fehlen fast ganz Reptilien und Amphibien.

Die Süßwasserfauna des Nordpolargebietes zeigt uniforme zirkumpolare Verbreitung, als Vertreter sind zu nennen Strudelwürmer, Rädertierchen, einige wenige Krebsarten und Wasserinsekten (vor allem Wasserkäfer). Auch einige Süßwasserfische (Saiblinge) kommen vor. Manche der Strandseen haben eine gemischte Fauna, halb marin, halb Süß- und Brackwasserformen.

Die marine Fauna schließlich ist arten- und individuenreich. Sie kann sich in die Tiefe entfalten, wobei das Sonnenlicht bis 200 m, Dämmerlicht noch bis 600 m Tiefe reicht. Auch sind die Umweltbedingungen überall im Polarmeer ähnlich. Im Meere kann man festsitzende Tierarten (Benthos) von den freischwebenden (Plankton) und schwimmenden Arten (Nekton) unterscheiden, regional die Literalzone (bis 200 m Tiefe) und die Abyssalzone (bis 5000 m). Diese Einteilung gilt auch für die Meere in der Antarktis.

Die Litoralzone ist besonders reich an Sauerstoff, der allmählich gegen die Tiefe zu abnimmt. An Wirbellosen ist das arktische Gebiet reich. Besonders gilt dies für das Plankton, dessen Hauptarten die Meeresschnecke Limacina helicium und das Krebschen Calanus finmarchicus sind, die den Walen und Robben als Nahrung dienen. Unter den Fischen, die rein arktisch sind oder zum Laichen in arktische Gewässer kommen, gibt es (nach „Fauna arctica", 1941) etwa 400 Arten, davon 186 rein arktische, nach neueren Untersuchungen (*A. P. Andrijašev* 1954) erhöhte sich die Zahl der arktischen Formen auf 237 aus 134 Gattungen und 54 Familien. Wichtig sind für die Fischerei vor allem Dorsche und Heringe sowie Arten, welche in die Flüsse wandern, wie Renke, Stör, Omul, sibirische Maräne, Tschir, Lachs, Keta (vgl. auch Tabelle 74).

In der Antarktis ist die Landtierwelt (Tabelle 37 e) auf Milben und Springschwänze (Collembolen) beschränkt. Nur auf der Antarktischen Halbinsel gibt es eine flügellose Fliege, die Belgica antarctica, die bis 65° 30′ S anzutreffen ist, mit 6 mm Länge der „Riese" der antarktischen Landfauna. Eine geflügelte Fliege Parochlus steineni kommt auf den Süd-Shetland-Inseln vor. Für die Insekten gibt Tabelle 39 Einzelheiten über Lebensweise und Aussehn, Tabelle 38 macht Angaben über die Bedeutung von Moosmatten als Lebensraum. Das südlichste bisher entdeckte Vorkommen von Landtieren ist auf 83° 55′ am Hood-Gletscher, Victoria-Land, wo eine Springschwanzart und 2 Milbenarten gefunden wurden, die hier endemisch sind.

Die Süßwasser- und Schneefauna setzt sich zusammen aus Wurzelfüßlern (ca. 30 Arten), Rädertierchen, Würmern (Nematoden), Blattfüßlern. Süßwasserfische wurden bisher noch nicht entdeckt.

Die Reichhaltigkeit der Meeresfauna ist größer als man früher annahm. Unter den niederen Tieren gibt es viele Foraminiferen, Infusorien, Schwämme (150 Arten), von denen die häufigsten Kieselschwämme sind, ferner Polypen (mit 8 gespaltenen Tentakeln, 32 Arten, davon 27 endemisch, 1 Art zirkumpolar). Einige Seelilien, wenige Korallentiere, Hydroiden (30 Arten) und Medusen (10 Arten). Stachelhäuter gehören der Flachsee an, sie gehen selten unter 200 m Tiefe, doch hat man auch aus 4800 m Tiefe ein Exemplar gefischt. Holothurien kommen nur im Gebiet der Antarktischen Halbinsel sowie in der Tiefsee vor (insgesamt 57 Arten), ferner gibt es Seesterne (67 Arten, 48 endemisch), Schlangensterne (59, 55 endemisch), Seeigel (30, 20 endemisch). Eine Art Ripaster wurde sowohl in 75 m als auch in 3250 m Tiefe angetroffen. Nur eine Seeigelart ist auch im Nordpolargebiet heimisch. Unter den Würmern (8 antarktische Arten) ist eine Gattung (Cephalodicus) rein antarktisch. Sie erreichen durchweg außerordentliche Größe und sind sehr zahlreich. Auch Gliederfüßler sind artenreich, es gibt allein 100 Flohkrebschen, die an Zahl der Einzeltiere die arktischen Arten weit übertreffen, ferner 49 marine Asselarten, 45 Decapodenarten, die die Hauptnahrung der Pinguine ausmachen. 20 marine Spinnenarten, darunter eine antarktische Abart mit 10 Beinen (Picnogonida). Auch Mollusken sind häufig; es gibt 108 antarktische und 145 subantarktische Arten, 179 endemische Arten von Bryozoen sowie zahlreiche Riesentunikaten, von denen Einzeltiere bis 30 cm lang werden können.

Der Fischreichtum (Tabelle 37 g) ist nicht so groß wie im Nordpolargebiet (94 gegen 237 Arten). Überwiegend ist der Anteil der Knochenfische (Nototheniiden, 75 %). Als antarktisches Kuriosum sind die weißblütigen Fische (Chaenichthyiden) anzusehen, die zwar schon länger bekannt sind, aber erst in den letzten Jahren genauer untersucht wurden. Das Blut dieser Fische enthält kein Haemoglobin. Es sind Flachseetiere, die nur selten in das offene Meer hinausgehen. Die Fischarten der Antarktis eignen sich nicht für kommerziellen Fischfang.

Blutzusammensetzung weißblüter Fische

		Chaenichthyiden	(Zum Vergleich: Nototheniiden)
Haemoglobin	g/100 cbm	0	7—12
Erythrocyten	cbmm	0	$1—2 \times 10^6$
Eisen	mg %	1	20
Sauerstoffkapazität	%	1	6

Auch im antarktischen Bereich unterscheidet man Benthon-, Plankton- und Nektonarten. Besonders wichtig ist das Plankton (Tabelle 37 b, c), weil es die Grundnahrung für Pinguine, Wale und Robben bildet; ganz besonders häufig ist das Krebschen Euphausia superba („Krill" der Walfänger). Das Plankton zeigt eine Jahresperiodizität hinsichtlich der Menge wie auch der Wassertiefe, in der es anzutreffen ist (Tabelle 37 b).

Insgesamt sind etwa 3000 Arten von marinen Invertebraten bekannt geworden, doch werden ständig neue Formen entdeckt und beschrieben. Die Fauna stammt aus gemäßigten Breiten und hat sich an das Leben im antarktischen Meere angepaßt.

17. **Die Vogelwelt** (Tabellen 40 bis 42, Karte 26)

Die arktische Vogelwelt ist außerordentlich reich an Arten und Individuen. Rein arktische Vögel sind Schneehuhn, Schnee-Eule, Polarfalke (Grönlandfalke) und Schneeammer sowie Rebhühner und Kolkraben. Eine große Zahl von Arten (etwa 230) sind jedoch Zugvögel, die sich nur im Sommer in der Arktis aufhalten, hier brüten und im Herbst südwärts ziehen. Ein Vogel, der im Nordpolargebiet brütet, wandert jährlich über 33 000 km von Nordkanada und Nordgrönland bis zum antarktischen Kontinent (Polarseeschwalbe), eine andere von der Tschuktschenhalbinsel bis Hawaii. Nach Norden verbreiten sich einige Vögel bis tief in das arktische Becken, in der Nähe des Nordpols wurden Tauchenten, Möwen und Schneeammern beobachtet.

Die Seevögel, vor allem Alke, Lummen und Möwen, wohnen in riesigen Vogelbergen (Basaren) zusammen (Tabelle 40). Auf Novaja Zemlja wurde eine Zählung durchgeführt, die 47 Basare ergab. Diese stehen hier seit 1935/47 ständig unter Kontrolle. Noch um 1930 gab es hier etwa 3 Millionen Vögel, ihre Zahl ging dann durch Eiersammeln, das schon seit 1500 industriemäßig betrieben wird, bis auf 2 Millionen 1950 zurück, dürfte aber durch Schonbestimmungen inzwischen wieder im Anwachsen sein. Ähnlich liegen auch die Verhältnisse auf Spitzbergen.

Die Basare werden entweder von einer Vogelart allein bewohnt oder von mehreren, wobei im letzteren Falle jede Vogelart ihren eigenen begrenzten Nistplatz hat. „Vogelholme" sind flache Schäreninseln, die hauptsächlich von Enten bevölkert werden. Die folgende Übersicht gibt einen Überblick über die wichtigsten Vogelarten. Sie enthält den deutschen Namen (lateinischen Namen), Ort der Brutstätte, Angaben, ob es sich um einen Stand- oder Zugvogel handelt, die Nahrung und sonstige Bemerkungen. Alle Arten sind mehr oder weniger zirkumpolar verbreitet.

1. Standvögel:

Schneehuhn (Lagopus mutus und lagopus). Brütet im Inland. Nahrung: Samen, Knospen. Bemerkungen: Verbreitung von Spitzbergen bis in die Waldtundren. Baut im Winter Schneegänge. Winter: weiß; Sommer: grau.

Schnee-Eule (Nyctea nyctea). Brütet im Inland. Nahrung: Kleinere Vögel, Lemminge. Bemerkungen: Sehr scheu. Groß, weiß mit schwarzen Perltupfen.

Polarfalke, Grönlandfalke (Falco gyrfalco). Nistet in Felsen. Raubvogel. Nahrung: Kleinvögel, Lemminge. Bemerkungen: Hauptsächlich in Grönland verbreitet. Licht grauweiß.

Schneeammer (Plectrophanes nivalis). Brütet in Felsen. Nahrung: Samen, Knospen.

Rotfußgans (Anser brachyrhynchus). Brütet im Bergland. Landvogel.

Ringelgans, Rotgans (Branta bernicla). Brütet in Niederungen. Landvogel. Nahrung: Moose.

2. Zugvögel:

Alk (Mergulis alca). Brütet auf Vogelbergen. Nahrung: Fische, Krebse. Bemerkungen: Brütet stehend. Zieht mit Eis im Winter südwärts.

Lumme (Uria lomvia). Brütet auf Vogelbergen. Nahrung: Fische, Krebschen.

Gryllteiste (Cepphus grylle). Brütet auf Vogelbergen. Nahrung: Fische, Krebschen. Farbe samtschwarz mit weißer Flügelspitze, korallenrote Füße.

Dreizehenmöwe (Rissa tridactyla). Brütet auf Vogelbergen. Nahrung: Fische, Krebse.

Bürgermeistermöwe (Larus glaucus). Brütet auf Vogelbergen. Nahrung: Vogeleier und Jungtiere. Raubmöwe. Baut Moosnester. Gelege: 3 Eier.

Schmarotzermöwe (Lestris parasiticus). Raubmöwe wie Bürgermeistermöwe.

Langschwänzige Raubmöve (Lestris longicauda). Raubmöwe wie Bürgermeistermöwe.

Elfenbeinmöwe (Pagophila eburneus). Nistet vermutlich auf Vogelbergen. Nahrung: Reste von Tierkadavern, Säugetierlosung. Lebt im Treibeis, daher wenig bekannt.

Arktische Seeschwalbe (Sterna macrura). Brütet am Strand.

Eissturmvogel (Fulmarus glacialis). Brütet in Felsen. Nahrung: Abfälle von Walfangstationen und Schiffen, Fische. Bester Segler des arktischen Meeres.

Eiderente (Somateria molissima). Brütet auf Vogelholmen. Farbe: schwarz-weiß. Wird wegen Daunen gejagt. Ist stark im Abnehmen.

Eisente (Anas hyemalis). Sehr selten.

Walvogel (Phalaropus fulicarius). Nahrung: Plankton. Lebt vorwiegend am Eisrand. Sein Erscheinen zeigt den Walfängern die Nähe von Walen.

Viele Vogelarten haben durch Eier, Daunen und Tran industrielle Bedeutung gewonnen und sind daher stark in Abnahme begriffen. Über die Populationen einiger Arten gibt Tabelle 50 Auskunft.

In der Antarktis ist die Vogelwelt nicht weniger reichhaltig (Tabelle 41). Auch hier sind Vogelberge und -holme weit verbreitet und kommen überall vor, wo ihre Anlage nur möglich ist. Als Besonderheit sind die Pinguine anzusehen, flugunfähige Seevögel, die als Symboltiere der Antarktis angesehen werden. Insgesamt gibt es an Vögeln 51 Arten aus 13 Familien, die im Südpolargebiet brüten, davon 28 Albatrosse und Petrels. Auf dem antarktischen Kontinent kommen nur 7 Arten brütend vor. Daneben gibt es 6 endemische Landvögel: den südgeorgischen Strandläufer (Pipit), die Südgeorgienente, die Kerguelenente, die Grauente und den Scheidenschnabel in 2 Arten.

Die Albatrosse und Sturmvögel sind von den Küsten der Antarktis bis zu den Subtropen verbreitet, zeigen aber eine bevorzugte Ballung auf den subantarktischen Inseln. Sie „fressen wo sie mögen und nisten wo sie können" (*R. C. Murphy* 1964). Die folgende Tabelle zeigt Beispiele für ihren Speisezettel:

	Grauköpfiger Mollyhauk		Schwarzweißer Albatros	
	1959	1961	1959	1961
Exemplare	60	51	54	55
% der Vögel in denen folgender Mageninhalt angetroffen wurde:				
Neunaugen	23,3	19,6	0	0
Fische	80,0	60,8	72,2	65,4
Tintenfische	86,7	94,1	85,2	81,8
Mollusken	71,6	17,6	18,5	14,6
Dekapoden	86,7	58,8	20,4	14,5
Amphipoden	26,7	27,5	9,3	3,6
Euphausien	26,7	78,4	53,7	85,4
Federn usw.	1,7	19,6	5,6	0

Die Albatrosse nisten auf Felsen oder zwischen Tussockpolstern. Unter ihnen gibt es einige rein antarktische Arten (Tabelle 41). Der Schneesturmvogel und der antarktische Petrel nisten auf dem Festland bis 300 km Entfernung von der Küste in den Gebirgen. Der südlichste Nistplatz liegt auf 77 °S. Für einige spezifisch antarktische Arten zeigt die folgende Tabelle die Brutzeit und die Zeit bis zum Flüggewerden der Küken:

Art	Brutzeit	Flüggezeit
Petersvogel (Oceanites oceanicus)	43 Tage	52 Tage
Walvogel (Pachyptila desolata)	45 Tage	50 Tage
Eissturmvogel (Fulmarus glac.)	43 Tage	48 Tage
Kaptaube (Daption capensis)	44 Tage	48 Tage
Riesensturmvogel (Macronectes gig.)	59 Tage	110 Tage
Vergleich mit subantarktischen Albatrossen:		
Kleinere Arten	75 Tage	135 Tage
Größere Arten	75 Tage	240 Tage

Die Kormorane brüten am weitesten südlich auf der Antarktischen Halbinsel, wo sie bis 65 °S hinabgehen (blauäugiger Kormoran). Unter den Möwen nistet ebenda die braune Skuamöwe, während die MacCormick-Skua zirkumpolar in der Nachbarschaft der Pinguin- und Petrel-Kolonien zu finden ist. Sie ist ein arger Räuber und lebt von Eiern und Jungen der Adeliepinguine. 1956 begann man mit ihrer Beringung (insgesamt 4000), Wiederfunde wurden u. a. bis nach Nordjapan festgestellt. Bei einem Versuch wurden am Südpol 6 Skuas, die man von Niststätten am MacMurdo-Sund gefangen hatte, wieder freigelassen; von ihnen kehrte eine in ihr Nest zurück (rund 1300 km über Inlandeis). Ihre Zahl beträgt auf eine Küstenlänge von 800 km in der Ostantarktis 2500, so daß man für die gesamte Antarktis mit einer Population von etwa 25 000 MacCormick-Skuas rechnen kann. Die Dominikanermöwe ist dagegen außerordentlich selten.

Von den Pinguinen sind heute 3 Arten antarktisch (Kaiser-, Adelie-, Zügelpinguin), 2 weitere Arten kommen auf der Antarktischen Halbinsel und ihren benachbarten Inseln vor (Esels-, Felsenpinguin). Die 3 antarktischen Arten sollen ausführlicher behandelt werden.

Der Kaiserpinguin (Aptenodytes forsteri) ist die hochantarktische Art. Die Gesamtpopulation (Tabelle 50) beträgt 120 000 Paare (1962). 21 Nistplätze sind heute bekannt, von denen 2 auf Land, die übrigen auf Meereis liegen. Karte 26 zeigt die 14 wichtigsten Nistplätze mit dem Jahr ihrer Entdeckung. Der Kaiserpinguin ist die größte heutige Art. Folgende Zahlen geben einige Körpermaße:

	Männchen	Weibchen
Größe, cm (∅)	117	114
Gewicht im März, kg	35 —40	28 —32
Gewicht im August/September, kg	25 —27	25 —27
Körpertemperatur °C	35,1—37,5	36,9—37

Sein Rücken ist schwarzgrau, der Kopf kohlschwarz, der Bauch weiß. Die Nahrung besteht aus Euphausien (Plankton-Krebschen), Fischen und Cephalopoden. Er ist die einzige Pinguinart, die im Winter brütet. Folgende Tabelle gibt Einzelheiten des Jahreszyklusses.

Zeit	Vorgang
Ende März	Ankunft am Nistplatz
April	Partnersuche (1 bis 3 Tage)
Mitte April / Anfang Juni	Kopulationszeit
Mai / Mitte Juni	Eiablage. 1 Ei (Gewicht ∅ 447 g). Bei tiefen Temperaturen Gruppenbildung. Brutgeschäft der Männchen. Weibchen verlassen Brutplatz zur Nahrungsaufnahme. Brutzeit insgesamt 62—66 Tage.
Ende Juni / Ende Juli	Rückkehr der Weibchen. Gewichtszunahme 2—4 kg. Übernahme des Brütens durch die Weibchen. Männchen verlassen Brutplatz zur Nahrungsaufnahme (bis 13 kg Gewichtsverlust). Das Brüten erfolgt in einer Bruttasche auf den Füßen stehend. Temperatur der Bruttasche bei Außentemperaturen von − 20 bis − 30 °C: + 35,5 °C, des Eies + 31,4 °C.

Ende Juli / September	Schlüpfen der Küken (Gewicht beim Schlüpfen ⌀ 315 g). Aufzucht der Küken.
Ab Mitte September	Küken werden sich selbst überlassen.
Dezember	Aufbruch des Eises. Die Kolonie löst sich auf. Mauser der Alttiere.
Dezember / März	Aufenthalt am Treibeisrand zur Nahrungsaufnahme.

Die Sterblichkeit während kalter heftiger Stürme ist sehr groß. Bei einem Sturm im Jahre 1952 (3 Tage lang 40 m/sec mittlere Windgeschwindigkeit) wurden 140 Küken getötet, 100 andere von der Kolonie weit fortgeweht (von rund 5700 Küken). Natürliche Feinde sind der Riesensturmvogel und der Seeleopard. Viele Küken gehen auch durch Naturereignisse zugrunde. Von 6081 Eiern (1962) wurden 265 verlassen und nicht ausgebrütet, bis Dezember starben weitere 1352 Küken, davon die meisten (884) im Oktober; 68 Küken fielen den Sturmvögeln zum Opfer. Die Erwachsenensterblichkeit während des Winters ist dagegen gering (4 bei einer Kolonie von 13 000 Vögeln); die Verluste durch Seeleoparden und Mörderwale in der Zeit von Dezember bis März ist allerdings unbekannt. An Krankheiten tauchte eine Tumorenkrankheit auf. Der Wanderungsbereich ist erheblich. Spuren wurden 500 km im Inland gefunden, andererseits erfordern die winterlichen Wanderungen zur Nahrungsaufnahme Wege von mehreren 100 km bis zum Treibeisrand.

Der Adeliepinguin nistet rings um den antarktischen Kontinent. Die Nistplätze sind so zahlreich und so bevölkert (Plätze mit mehreren 10 000 Vögeln sind keine Seltenheit), daß eine Schätzung der Gesamtbevölkerung noch nicht möglich ist (letzte Schätzung von 1965: „mehrere Hunderttausend"). Die Nistplätze liegen durchweg auf dem Lande.

Diese Pinguinart ist wesentlich kleiner als der Kaiserpinguin:

	Männchen und Weibchen
Größe, cm (⌀)	55 —75
Gewicht, kg	4 —6
Gewicht vor der Brutzeit	3,6— 4
Körpertemperatur °C	36 —37

Der Rücken und die Flügel sowie der Kopf sind schwarz, der Bauch und die Flügelinnenseiten weiß, der Schnabel braunrot, die Füße graurosa. Der Schwanz besteht aus 14 Federn. Die Nahrung setzt sich fast ausschließlich aus Euphausien zusammen. Der Lebenszyklus umfaßt 6 Perioden, von denen allerdings die letzte zwischen März und Oktober, die der Adeliepinguin an der Treibeisgrenze verbringt, noch gänzlich unerforscht ist.

Zeit	Vorgang
Ende Oktober / Mitte November	Ankunft am Nistplatz in Gruppen von 50 bis einigen 1000 Vögeln. Wanderung über das Küsteneis mit 4—6 km/h. Paare suchen sich (Tabelle 42). Nestbau und Besetzung des Nests (Nest- und Partnertreue).
Ende Oktober	Größte Häufigkeit der Kopulationen.

Mitte November / Anfang Dezember	Eiablage. 2 Eier (Gewicht 70—150 g) mit Zwischenraum von 3 Tagen.
Mitte November / Mitte Dezember	Brutzeit (30—37 Tage). Weibchen verlassen nach Eiablage die Kolonie für 14—21 Tage zur Nahrungsaufnahme. Dann tauschen die Partner im Brutgeschäft, Männchen 3—12 Tage abwesend, nach seiner Rückkehr häufiger Wechsel beim Brüten.
Mitte Dezember / Mitte Januar	Schlüpfen der Küken (Gewicht ∅ 80—90 g, nach 15 Tagen 800 g, 22 Tagen 1,6 kg).
Mitte Januar / Mitte Februar	Küken verlassen die Nester und scharen sich zusammen. Mauserzeit.
Mitte Februar / Ende März	Mauserzeit der Erwachsenen. Abwanderung an den Packeisrand. Auflösung der Kolonie.

Die Sterblichkeit ist hoch. Hauptfeind ist der Seeleopard. Eier werden vom Scheidenschnabel geholt, kranke Küken vom Riesensturmvogel. Hauptfeind ist die Skuamöwe, welche Eier stiehlt und einzelne Küken angreift. Ein großer Verlust an Bruteiern entsteht durch Einschneien der Nester, Fortwehung der Eier durch Sturm und Überschwemmung des Nistplatzes durch Hochfluten (Gezeiten z. B.), so daß an einzelnen Kolonien Totalverlust aller Eier beobachtet wurde. Der mittlere Verlust von Eiern und Küken nach dem Schlüpfen schwankt zwischen 60 und 100 % und dürfte im Mittel bei 70 % liegen. Krankheiten der Erwachsenen sind nicht bekannt. Die Wanderungsreichweite ist groß. Auf dem Inlandeis hat man Spuren von Adeliepinguinen in 300 km Abstand von der Küste, Einzeltiere in 80 km auf der Wanderung beobachtet. Nach Norden zu wurden Einzeltiere auf der Heard-Insel und auf Macquarie gesehen, also in 1400 km Entfernung vom nächsten Brutplatz. Am MacMurdo-Sund ausgesetzte Versuchstiere fanden nach 10 Monaten zu ihrer Brutstätte in Wilkes-Land (3800 km entfernt) zurück, wobei sie eine mittlere Geschwindigkeit von 13 km/h erreicht haben müssen (Karte 26, Erl.).

Der Zügelpinguin schließlich, ursprünglich auf den amerikanischen Sektor der Antarktis beschränkt, zeigt seit 1936 eine zirkumpolare Wanderung und mit der Auffindung von 6 Exemplaren auf der Sabrina-Insel (Balleny-Inseln) 1959 wurde der Ring um den Kontinent geschlossen. Der Zügelpinguin ist von kleiner Gestalt und hat eine schwarze Gurgel. Sein Jahreszyklus ähnelt dem der Adeliepinguine. Genauere Untersuchungen über Lebensgewohnheiten, Sterblichkeit, Krankheiten usw. stehen noch aus. In Südgeorgien stellte man eine starke Vermehrung fest:

Nistplatz Cooperbay	1929	60 Tiere
	1936	300 Tiere
	1947	500 Tiere

Das Verhältnis der Küken zur Zahl der erwachsenen Tiere (1 : 8) weist auf eine hohe Kükensterblichkeit hin. Die Ursache der explosionsartigen Ausweitung des Lebensraumes der Zügelpinguine ist noch nicht bekannt; möglicherweise steht sie im Zusammenhang mit der Verbreiterung der Nahrungsbasis (Euphausien) durch das Wegfangen und Ausrotten der Wale. Man hat berechnet, daß von der dadurch freiwerdenden Zusatzmenge an Zooplankton rund 300 Millionen Pinguine ernährt werden könnten.

Die übrigen Pinguinarten sind subantarktisch; ihre Verbreitung zeigt Tabelle 41.

Die industrielle Nutzung antarktischer Seevögel hat aufgehört. Auf Kerguelen wurden im vergangenen Jahrhundert sogenannte „Pinguinpressen" in Betrieb genommen, mittels derer den gefangenen Tieren der Tran ausgepreßt wurde. Seit 1933 wurde die Insel Macquarie zum „Sanctuary" erklärt, am 27. 10. 1938 folgte Frankreich diesem Beispiel durch Errichtung des Parc National Antarctique Français, der die französischen subantarktischen Inseln umfaßt, und andere Staaten folgten mit Schutz- und Schongesetzen. Durch den Antarktischen Vertrag 1959 besteht das Bestreben, den Schutz auf die gesamte Antarktis südlich von 60° auszudehnen.

Vom Menschen eingeführte Vogelarten haben die einheimische Vogelwelt bereits an einigen Stellen verändert. So hat der neuseeländische Weka, der durch Robbenfänger im vorigen Jahrhundert auf Macquarie eingeführt wurde, die kleinen erdnistenden Petrels verdrängt. Zwischen 1880 und 1897 starben die einheimische Ralle und der ebenfalls endemische Wellensittich auf der Insel aus. Ohne Zutun des Menschen sind auf der gleichen Insel zu Anfang dieses Jahrhunderts der Star und eine rote Papageienart (Acanthis cabarel) eingewandert und 1951 beobachtete man einen nicht bestimmten Rabenvogel zum ersten Male.

18. **Die Robben** (Tabellen 43 bis 48, 50, Karte 27)

Weit verbreitet in beiden Polargebieten sind die Flossenfüßler oder Robben. Indessen unterscheiden sich die beiden polaren Robbengruppen in einigen wesentlichen Punkten:

Merkmale	Arktische Robben	Antarktische Robben
Farbe der Jungen	meist weiß	meist schwarz
Größe Ø, m	1,25	2,5
Gewicht Ø, kg	50	410
Physiologische Merkmale (Flossen und Zähne)	Landeigenschaften	Hochsee-Eigenschaften
Geschlechtsreife, Jahre	5—6	2—3
Lebensdauer, Jahre	25—40	15—20
Bodenfresser	vorhanden (Bartr., Walroß)	nicht vorhanden
Raubrobben	nicht vorhanden	vorhanden (Seeleopard)
Entsprechungen in der Lebensweise	Ringelrobbe Klappmütze Graurobbe Kegelrobbe	Krabbenfresser See-Elefant Roßrobbe Weddellrobbe
Frühjahrsgeburten:	Grönlandrobbe	Abart des Krabbenfressers

Bei der Verbreitung der Arten ist es auffällig, daß solche, die eine ähnliche Nahrungsbasis besitzen, nicht zusammen auftreten; dort, wo verschiedene Robbenarten zusammenleben, hat jede ihren eigenen Nahrungsbereich.

Im Nordpolargebiet sind die folgenden die wichtigsten Arten:

Walroß (Odobenus rosmarus)	Population und Herden s. Tabelle 50
Stellers Seelöwe (Eumotopis jubata)	Population und Herden s. Tabelle 45
Seehund (Phoca vitulina)	
Ringelrobbe (Ph. hispida)	
Grönlandrobbe (Ph. groenlandica)	Population und Herden s. Tabelle 44, 50
Bartrobbe (Erignathus barbatus)	Population und Herden s. Tabelle 45
Kegelrobbe (Halichoerus grypus)	
Klappmütze (Cystophora cristata)	Population und Herden s. Tabelle 44
Pelzrobbe, Seebär (Arctocephalus ursinus)	Population und Herden s. Tabelle 45
Seeotter (Enchydra marina)	

Das Walroß ist selten geworden. Früher war es um Spitzbergen und auf der Bäreninsel (Bjørnøya) noch so zahlreich, daß 1606 auf der letzteren Insel in wenigen Stunden 700 Tiere erlegt werden konnten. Heute sind nur noch Einzeltiere zu beobachten. Die Nahrung besteht aus Mollusken, vorwiegend vom Meeresboden, doch greifen Walrosse gelegentlich auch Weißwale an. Ihr Fang wurde 1962/63 auf 1100 Stück begrenzt.

Stellers Seelöwe ist auf das Beringmeer beschränkt. Er ist eine typisch subarktische Art und bewohnt hauptsächlich die Aleuten. Die Farbe ist hellbraun, als Kolonien werden Felsinseln bevorzugt. Die Stellersche Seekuh, eine noch im 18. Jahrhundert vorhandene marine Huftierart, wurde schon um 1800 ausgerottet.

Die Seehunde sind im europäischen Nordmeer noch zahlreich. Sie bleiben im Winter im Eis und halten sich Schlupflöcher für die Nahrungsaufnahme offen.

Grönlandrobben waren neben anderen Arten (Sattelrobbe, Bartrobbe, Kegelrobbe) für das Leben der Polarvölker unentbehrlich, da sie ihnen alles liefern, was zum Leben notwendig ist: Kleidung, Leder für Riemen und Stiefel, Knochen, Fleisch, Tran zur Beleuchtung der Hütten, Häute für die Bespannung der Boote.

Die Pelzrobben der Pribiloff-Inseln (Beringmeer), die früher stark verfolgt worden sind (1886 schlug man 240 000 Tiere), stehen seit einigen Jahren unter besonderen Schutzbestimmungen. Verboten ist die Jagd auf dem Meere und das Schlagen weiblicher Tiere, so daß der Gesamtbestand sich erholen konnte (von 125 000 [1911] auf 3,4 Millionen [1962]).

Wegen der Verwandtschaft der arktischen mit den antarktischen Arten soll eine ausführlichere Besprechung für die weniger bekannten antarktischen Arten erfolgen.

Im Südpolargebiet sind folgende Arten verbreitet (Karte 27):

Weddellrobbe	(Leptorhynchus weddelli)	Population Tabelle 50
Krabbenfresser	(Lobodon carcinophagus)	Population Tabelle 50
Roßrobbe	(Ommatophoca rossi)	Population Tabelle 50
See-Elefant	(Mirounga leonina)	Population Tabelle 47, 50
Seeleopard	(Hydrurga leptonyx)	Population Tabelle 50
Pelzrobbe	(Arctocephalus spp.)	Population Tabelle 46

Die Krabbenfresser, Roßrobben und Seeleoparden sind Treibeisbewohner, die Weddellrobben Festeisbewohner und damit die südlichste Säugetierart der Erde, während See-Elefanten und Pelzrobben im Südsommer an Land gehen. Zählungen ergaben, daß in losem Treibeis nur 20 % aller Robben anzutreffen waren, im mittleren Packeis dagegen 50—60 %. Die Zählungen, die 1957—1959 durchgeführt wurden, hatten die folgenden Ergebnisse:

Jahr Gebiet	1956/57 2,4 Mill. qkm, Ross-Meer, südlicher Indischer Ozean			1958 Dronning-Maud-Land	1959
	Zahl gesamt	Indischer Ozean je qkm	Ross-Meer je qkm	%	%
Krabbenfresser	785	5	0,7	81,4	97,0
Seeleoparden	50	0,2	0,01	7,1	2,2
Roßrobben	11	0,1	0	11,5	0,8

Die Weddellrobbe hat seit 1907 Beachtung gefunden. Sie ist am häufigsten nahe der Küste des antarktischen Kontinents, eine kleine Kolonie wurde am Larsenhafen, Südgeorgien, entdeckt, die als Relikt einer früheren weiteren Verbreitung anzusehen ist. Die Gesamtzahl beträgt 2—500 000. Die Kolonien bestehen aus losen Gruppen von mehreren Tieren.

	Größe, m	Gewicht, kg
Erwachsene	2,5	360
Junge bei Geburt	1,2	29
Junge nach Entwöhnung		113

Ein Größenunterschied zwischen Männchen und Weibchen besteht nicht. Der Rücken ist schwarz, die Seiten weißgrau. Die Nahrung der Weddellrobbe besteht aus Fischen, Polypen und Krustazeen. Der Jahreszyklus ist folgender:

September / Oktober	Weibchen wandern auf das Eis. Geburt der Jungen. Neugeborene mit goldbraunem Fell, das nach 2 Wochen verschwindet.
Oktober / November	6 Wochen Säugen. Die Mutter fastet während dieser Zeit.
Dezember	Meiste Tiere in der Kolonie (bis 200).
Dezember / Januar	Kopulation. Blastozystenstadium 60 Tage.
Februar / März	Eifestsetzung.
März / September	Aufenthalt im Wintereis in der Nähe der Schlupf- und Atemlöcher.

Die Verzögerung der Befruchtung ist allen südlichen Robbenarten eigen. Nach der Befruchtung bildet sich eine Blastozyste, die erst mehrere Monate oder Wochen später sich festsetzt. Die winterlichen Atemlöcher im Eis werden mit den Zähnen aufgebissen. Hierdurch kommt es oft vor, daß die Zähne beschädigt werden, so daß das Atemloch nicht mehr offengehalten werden kann und das Tier ertrinkt. Dies ist die häufigste Todesursache der Weddellrobbe. Äußere Feinde besitzt die Weddellrobbe nicht, da Mörderwale nicht unter das Wintereis gehen. Dafür wird sie von Parasiten, namentlich Zecken und Nematoden, heimgesucht. Mit 3 Jahren werden die Weibchen (Kälber) geschlechtsreif; etwa 50 % aller Jungkühe erleben dieses Alter und jede Kuh bringt durchschnittlich in ihrem Leben etwa 5 Junge zur Welt. Die Weddellrobbe kann ein Alter von 12 Jahren erreichen; eine 1948 markierte Kuh wurde in der gleichen Kolonie 1960 und 1962 wiedergefunden, was auch gleichzeitig Treue zur Heimatkolonie beweist. Die Geburtsrate ist etwa 15 auf je 100 Tiere, über die Sterblichkeitsrate ist nichts bekannt.

Der Krabbenfresser hält sich vorwiegend im Treibeis auf. Daher ist über die Lebensgewohnheiten noch wenig bekannt. Die Wanderungsbreite ist sehr groß. Tierkadaver traf man 48 km im Inland an (Trockentäler in Victoria-Land), Einzeltiere kamen im Winter bis an die Küsten Afrikas und Australiens.

	Größe, m	Gewicht, kg
Erwachsene	2,3	227
Junge bei Geburt	1,2	?

Bei der Geburt hat das Junge einen graublauen Pelz, den es noch vor der Entwöhnung verliert. Die Nahrung besteht aus Krill (Euphausien) und nicht aus Krabben, wie der Name vermuten ließe. Der Jahreszyklus ist noch nicht genau bekannt:

September / Oktober	Weibchen kommen auf das Eis. Bullen bilden Harem. Sammlung in Kolonien von 20 bis 60 Stück. Geburt der Jungen.
Anfang November	Ende der Säugungszeit (5 Wochen).
Dezember / Januar	Kopulationszeit.
Februar / März	Blastozysten-Festsetzung.
März / September	Wanderung in den Ozean zum Fressen.

Eine Abart vor der Ostantarktis (auf 80 ° E) hat einen um ein halbes Jahr verschobenen Zyklus. Hier erfolgen die Geburten im Februar—März, wodurch sie der Grönlandrobbe ähnelt. Der größte Feind des Krabbenfressers ist der Schwertwal. Fast alle einjährigen Tiere zeigen bereits Narben, ein Beweis, daß sie mit diesem Feind bereits Bekanntschaft gemacht haben. An Parasiten leidet der Krabbenfresser zwar nicht, 1957 wurde aber an der Ostküste der Antarktischen Halbinsel unter der dortigen Population eine Viruskrankheit festgestellt, an der von 3000 Tieren nicht weniger als 2600 (85 %) verendeten. Mit 3 Jahren werden die Kühe geschlechtsreif, das Höchstalter beträgt 19 Jahre.

Die Roßrobbe bekommt man nur selten zu Gesicht. Von 1841 bis 1962 wurden nur 103 Exemplare sicher gesehen, wozu noch 13 unsichere Meldungen kommen. Die Größe erreicht 2,5 m, die Farbe ist schwarz bis olivbraun, der Bauch weiß. Kennzeichen ist der dicke Hals. Infolge des Aufenthalts im dicken Packeis während des ganzen Jahres, Wanderungen finden nicht statt, ist über den Lebenszyklus nichts bekannt. Die Nahrung besteht aus Tintenfischen, gelegentlich auch Euphausien. Geburten wurden im Januar beobachtet. Diese Robbenart hat sehr unter Parasiten zu leiden, besonders Trichinen und Nematoden.

Der Seeleopard ist die einzige Raubrobbe der Antarktis. Er schweift von der antarktischen Küste im Süden bis in die südliche gemäßigte Zone im Norden, hält sich aber vorwiegend im Treibeis auf. Das Auftreten ist zirkumpolar. Einen jahreszeitlichen Wanderrhythmus kann man beobachten, im Winter (Juni bis September) wurden an der subantarktischen Heard-Insel 800 Tiere gezählt, im Sommer lebt er in der Nachbarschaft der Polarküste. Auch über seine Lebensweise ist verhältnismäßig wenig bekannt:

September / Oktober	Geburten (im Packeis)
Dezember / Februar	Kopulation

Die Größe erreicht 3,7 m, das Gewicht 410 kg. Der Seeleopard hat auf dem Rücken dunkelgraue Flecken, die Seiten sind schwarz-silbergrau. Er ist ein geschickter Schwimmer, Sprünge aus dem Wasser in 2,5 m Höhe auf Treibeis sind nicht selten. Die Nahrung besteht aus Pinguinen, Fischen, Tintenfischen, Robben, auch Aas wird nicht verschmäht. Männchen werden mit 5 Jahren, Weibchen mit 3—4 Jahren geschlechtsreif.

Die beiden letzten antarktischen Robbenarten verbringen die Sommerzeit auf dem Lande. Beide sind subantarktische Tiere, wenn sie auch in den letzten Jahren versuchten, die Süd-Shetland- und Süd-Orkney-Inseln zu besiedeln.

Die Pelzrobbe war vor dem Eingriff des Menschen zirkumpolar, wurde aber im 19. Jahrhundert fast ausgerottet (Tabelle 46). 1956 entdeckten englische Biologen auf der Bird-Insel bei Südgeorgien eine Reliktkolonie, von der aus 1959 eine Rekolonisation der südlichen Gruppen des Südantillenbogens erfolgte. Abarten der südgeorgischen Art sind die Kerguelen-Pelzrobbe (A. tropicalis gazella), seit 1956 aufgefunden, und die Neuseeländische Pelzrobbe (A. forsteri), die von Campbell aus sich 1961 auf Macquarie festsetzte. Die Auswanderung aus Südgeorgien ist auf Überbevölkerung zurückzuführen, periodische Wanderung führen im Südwinter zur antarktischen Konvergenz (Juni—November).

	Weibchen	Junge bei Geburt
Größe, m	1,4	?
Gewicht, kg	50	5—6

Die Nahrung besteht aus Euphausien (Krill). Der Lebenszyklus ist:

Anfang November	Weibchen gehen an Land. Harembildung (1 Bulle mit 9—20 Kühen). Blutige Kämpfe der Bullen um Territorien für die Harems.
Ende November	Ruhe in der Kolonie. 2—4 Tage nach Ankunft der Weibchen erfolgt Geburt der Jungen. Junge haben schwarzes Fell.
Anfang Dezember	Junge beginnen zu wandern. Kopulation mit Haremsbullen. Bildung der Blastozysten.
Mitte Dezember	Kühe wandern ins Meer zum Fressen, wo streunende Junggesellen mit ihnen kopulieren. Junge bilden kleine Gruppen zum Spielen.
Mitte Januar	Entwöhnung der Jungen. Das Säugen erfolgte abseits der Kolonie im Inland. Kühe erkennen ihre Jungen an der Stimme. Harems brechen auseinander. Bullen gehen zum Fressen ins Meer.
Ende Januar	Mauser der Jungen. Sie bekommen silbergraues Fell.
April / Juni	Abwanderung in die offene See. Festsetzung der Blastozysten (April).

Einen Begriff von der Ankunftszeit und den bevorzugten Standorten innerhalb der Kolonie geben die folgenden Zahlen von der Willis-Insel 1958. Der Felsstrand wird bevorzugt, da Tussockstreifen wegen hoher Kälbersterblichkeit gemieden werden. Die letzteren waren 1957 und 1959 nicht besetzt, 1958 nur vereinzelt.

Datum	25. 11.			1. 12.			6. 12. (1958)		
	Bullen	Kühe	Harem	Bullen	Kühe	Harem	Bullen	Kühe	Harem
Felsstrand	57	209	3,7	91	654	7,2	123	1209	9,8
Sand-, Muschelstrand	42	110	2,6	93	483	5,2	122	974	8,0
Gesamt	195	739	3,8	332	2163	6,5	474	4034	9,0

Die Geschlechtsreife erreichen die Kühe mit 3, die Bullen mit 4 Jahren, doch kommen sie erst mit 6 Jahren zur Haremsbildung. Das Maximalalter kann 30 Jahre betragen. Über Krankheiten ist nichts bekannt, Feinde sind vor allem die Schwertwale.

Die See-Elefanten, die größte antarktische Robbenart, ist zwar subantarktisch und an offenes Meer gebunden, wandert aber nach Norden bis 20 °S (Mauritius), nach Süden bis 77° 40′ S (Ross-Meer). Beobachtungen dieser Robbenart erfolgten seit 1914 an 23 Stellen, so daß wir einigermaßen über ihr Leben unterrichtet sind. Neukolonisation wurde 1959 auf den Süd-Shetlands und Süd-Orkneys (von Südgeorgien aus) beobachtet, doch ist die Säuglingssterblichkeit dort wegen des kalten Klimas sehr hoch. Auch eine Wanderung von den Campbell-Inseln nach Macquarie fand in den letzten Jahren statt. Es haben sich 3 Sonderpopulationen entwickelt (vgl. Tabelle 47), von denen die südatlantische Gruppe eine größere Rasse darstellt:

	Größe, m	Gewicht, kg
Männchen	4,7—6	2000—5000
Weibchen	3,7	680
Junge bei Geburt	1,3	45,4
Junge nach 23 Tagen		204

Die Jungen haben zunächst schwarzes Fell, nach der Mauser (5 Wochen nach der Geburt) silbergraues Fell, die Erwachsenen sind dunkelgrau. Der Jahreszyklus:

September/November	Kühe gehen an Land. Haremsbildung, Große Harems. Nach 8 Tagen Geburt der Jungen.
Oktober/Dezember	23 Tage nach Geburt Entwöhnung der Jungen. Kurze Zeit danach Kopulation und Blastozystenbildung. 5 Wochen nach Geburt Mauser der Jungen.
Januar/Februar	Mauser der Kühe. Männchen gehen zum Fressen ins Meer.
März	Blastozystenfestsetzung.
April	Mauser der Bullen.
Mai/September	Wanderung in den Ozean.

Das Geschlechtsverhältnis ist:

Gebiet	Jahr	Bullen	Kühe	Haremgröße
Süd-Orkneys	1948/50	1	2	12
Kerguelen	1952	1	11	ca. 20
Südgeorgien	1951	1	23	40

Die Geschlechtsreife erfolgt bei den Kühen mit 2 Jahren, bei den Bullen mit 4 Jahren. Ab 6 Jahren kommen die Bullen zur Haremsbildung. Die Nahrung der See-Elefanten besteht aus Tintenfischen und Fischen. Hauptfeind ist der Schwertwal, der besonders gern Kälber überfällt.

19. Die Wale (Tabelle 49, 50)

An Walen gibt es 9 Familien mit 35 Gattungen und etwa 60 Arten. Die Systematik ist jedoch wegen der Seltenheit einiger Arten noch nicht gesichert. Man unterscheidet zwei Hauptgruppen, die Zahnwale (Odontoceten) und die Bartenwale

(Mysticeten). Die Zahnwale besitzen, wie der Name besagt, Zähne sowie nur ein Spritzloch, die Bartenwale deren 2 sowie Barten, Hornplättchen in paralleler Anordnung, durch welche das Meerwasser herausgepreßt wird, während die kleinen Lebewesen an der Reuse der Barten hängenbleiben. An der Art, Stärke, Richtung und Dauer der Spritzfontänen können Walfänger bereits auf größere Entfernungen hin die einzelnen Walarten unterscheiden.

In der Arktis sind folgende Walarten von Wichtigkeit:

Zahnwale:

Dögling (Hyperoodon ampullatus), Länge 10 m
Delphinarten:
Weißwal (Delphinapterus leucas)
Narwal (Monodon monoceros)
Schwertwal (Orca orcas)
Grindwal (Pilotwal, Globicephalus melas)
Braunfisch (Phocaena phocaena), 5—10 m lang.

Bartenwale:

Furchenwale:
Blauwal (Balaenoptera musculus)
Finnwal (B. physalus)
Seiwal (B. borealis)
Zwergfinnwal (B. acutorostratus)
Buckelwal (Megaptera nodosa)

Glattwale:
Grönlandwal (Balaena mysticetus), 19 m lang.
Nordkaper (B. glacialis), 17 m lang.

Viele dieser Arten kommen in beiden Polargebieten vor (Schwertwal, Blau-, Finn-, Sei-, Zwergfinn-, Buckelwal).

Über das Leben der Wale sind wir bisher nur ungenügend unterrichtet. Mit der Einrichtung des Discovery-Komitees 1923/1925 wurde eine Zentrale für die Walforschung geschaffen, die durch Markierung lebender Wale, Messungen und Beobachtungen ein reiches Material für die antarktischen Wale vermittelt hat. Auf Grund dieses Materials sollen im nachstehenden nähere Angaben für die antarktischen Wale gemacht werden. Für die arktischen Arten, die durch den fast 900 Jahre währenden Walfang stark dezimiert sind, gilt sinngemäß die entsprechende Angabe.

In den antarktischen Gewässern gibt es 15 Walarten, von denen 9 Zahnwale sind:

Zahnwale:

Brillentümmler (Phocoena dioptrica)
Delphinarten:
Cruciger-Delphin (Lagnorhynchus cruciger)
Peals Tümmler (L. australis)
Dunkler Delphin (L. obscurus)
Nicht näher bestimmte Art (L. electra?)
Schwertwal, Mörderwal (Orcinus orca)
Schnabelwale:
Glattstirniger Schnabelwal, Flaschennase (Hyperoodon planifrons)
Berardius-Schnabelwal (Berardius arnuxi)
Pottwal, Spermwal (Physeter catodon)

Bartenwale:

Furchenwale:

Blauwal (Balaenoptera musculus)
Finnwal (B. physalus)
Seiwal (B. borealis)
Zwergfinnwal, Minker (B. acutorostratus)
Buckelwal, Knöhlwal (Megaptera nodosa)

Glattwal:

Südlicher Glattwal (Balaena australis)

Der Brillentümmler ist außerordentlich selten. Bisher wurden nur 5 Exemplare gesichtet, davon eines bei Südgeorgien, die übrigen in der gemäßigten Zone. Seinen Namen leitet er von einem weißen Augenring her. Der Rücken ist schwarz, der Bauch weiß, seine Länge erreicht 2 m. Über Lebensweise, Nahrung usw. ist nichts bekannt.

Die Delphinarten sind untereinander so nahe verwandt, daß Verwechslungen nicht ausgeschlossen sind. Der Cruciger-Delphin wurde am weitesten südlich, auf 66 °S angetroffen. Von 2 Arten (L. obscurus und electra) wurden nur Skeletteile auf Kerguelen und auf Livingston (Süd-Shetland-Inseln) gefunden, ihre Bestimmung ist noch fraglich. Insgesamt sind nur wenige Sichtungen bekanntgeworden und in der Zeit von 1820 bis 1960 wurden nur 3 Exemplare des Cruciger-Delphins gefangen und untersucht. Die Körperlänge beträgt 1,8 m. Über die Lebensweise und Nahrung ist ebenfalls nichts bekannt.

Der Schwertwal, Mörderwal, Grampus, ist ein gefährlicher Räuber. Er erreicht im Mittel eine Länge von 5 bis 6 m, maximal bis 9 m, die Weibchen sind kleiner. Erkennbar ist er an einer dreieckförmigen Rückenflosse und kleinen am Maul sitzenden Augen. Der Kopf ist rund und klein, die Oberseite des Körpers schwarz, die Bauchseite weiß. Seine Nahrung besteht aus Robben, Pinguinen, Walen. Ein verendetes Exemplar hatte in seinem Magen 13 Tümmler und 14 Robben, an der 15. Robbe ist es erstickt und verendete. Die Paarung der Schwertwale erfolgt zum Jahresende, 1 Jahr später erfolgt die Geburt eines Jungen. Das Verbreitungsgebiet reicht von Grönland im Norden bis zum Ross-Meer in der Antarktis. Art und Rhythmus der Wanderungen sind noch nicht erforscht. Die Jagd auf Beutetiere erfolgt meist in Rudeln von 3 bis 40 Tieren, wobei die Schwertwale auch größere Tiere, wie Buckelwale, angreifen; diesen werden die Zungen herausgerissen, so daß die Opfer verenden. Es gibt auch Berichte, daß die Schwertwale Eisschollen, auf denen Robben liegen, zum Kentern bringen oder Jungeis aufbrechen, um an ihre Beute heranzukommen. Menschen wurden von ihnen jedoch bisher noch nie angegriffen.

Einer weiteren Gruppe antarktischer Zahnwale gehören die Schnabelwale an, von denen 2 Arten bekanntgeworden sind. Der glattstirnige Schnabelwal ist eine arktische Art, die jedoch auch bis in das Südpolargebiet vordringt. Seine Länge variiert zwischen 4,5 und 9 m. Den Namen hat der Wal von seinem schnabelartigen Maul. Im Winter wandert er in gemäßigte Gebiete. Bisher sind nur 11 Sichtungen aus der Antarktis bekanntgeworden, daher ist die Lebensweise noch unbekannt.

Die größte Art der Zahnwale ist der Pottwal, der auch industrielle Bedeutung hat und gejagt wird (Größe siehe Tabelle 49a). Er besitzt 28 Zähne am Unterkiefer, sein Nahrung besteht aus großen Tintenfischen und Fischen. Gewöhnlich lebt er in Gruppen von 12 und mehr Kühen mit ihren Kälbern und einem Bullen in tropischen Gewässern. Nur ältere Männchen wandern in die polaren Gebiete. Die Paarungszeit fällt in die Periode August bis Dezember, nach 16 Monaten erfolgt die Geburt des Jungen.

Unter den Bartenwalen ist der Blauwal der größte, er ist überhaupt das größte Tier der Erde (Tabelle 49 a). Sein Gewicht kann bis 160 t betragen; die Messung eines Tieres in Südgeorgien ergab folgende Zahlen:

Länge (m)	27,18	Leber	955 kg
Gewicht (t)	122	Herz	631
Einzelgewichte (kg):		Lunge	613
Fleisch	56 444	Nieren	547
Speck	25 651	Magen	416
Knochen	22 638	1 Rückenwirbel	240
Zunge	3 156	Sonstiges	9 166
Därme	1 563		

Das Durchschnittsalter der Blauwale beträgt 12–24 Jahre, doch wurde auch ein Tier von 54 Jahren beobachtet. Die Paarung erfolgt im Winter, nach einem Jahr wird meist ein Junges geboren. Ihr Auftreten erfolgt in einzelnen Paaren oder Einzeltieren, die Zahl der heutigen Gesamtpopulation gibt Tabelle 50. Im Südsommer suchen sie die subantarktischen Gewässer zur Nahrungsaufnahme auf, im Winter wandern sie in tropische Gewässer.

Der Finnwal ist heute in der Antarktis die häufigste Art. Die Gesamtzahl ging von etwa 170 000 (1956) auf etwa 35 000 (1965) zurück. Die Tiere leben in Gruppen zusammen, die jedoch nicht eng gegeneinander abgegrenzt sind. Häufig werden „Schulen" von 2–10 Tieren beobachtet. Auch er wandert in der ungünstigen Jahreszeit in äquatornahe Gewässer, im Sommer hält er sich vorzugsweise im Gebiet zwischen der Treibeisgrenze und der 2 °C-Isotherme des Wassers auf. Im Winter erfolgt wie bei allen Bartenwalen die Fortpflanzung. Das Geschlechterverhältnis ist 53 Männchen auf 47 Weibchen.

Der Seiwal gewinnt in letzter Zeit an Bedeutung für den Walfang. Er ist größer als der Zwergfinnwal, ähnelt diesem aber im Verhalten. Der Zwergfinnwal hat wegen seiner Kleinheit (Tabelle 49 a) für den Fang keine Bedeutung, weswegen er auch noch verhältnismäßig zahlreich ist. Überall sieht man von ihm Gruppen zwischen dem Treibeis spielen. Der Rücken ist dunkel, der Bauch weiß. Über seine Gewohnheiten ist noch wenig bekannt.

Am besten erforscht wurde der Buckelwal, der obwohl selten (Tabelle 50) doch leicht zu fangen ist. Ab 1912 nahm seine Zahl stark ab, im Jahre 1938 wurde der Fang begrenzt, jedoch hat sich der Gesamtbestand noch nicht erholt. Die Buckelwale bilden fünf ausgesprochene Gruppen, die sich nicht miteinander vermischen:

	Sommer	Winter
1. (Größte Gruppe)	Scotia-Meer	Ostküste Südamerikas
2.	Prinz-Harald-Küste	Ostküste Afrikas
3.	Queen-Mary-Küste	Westaustralien
4.	Balleny-Inseln	Ostaustralien
5.	Bellingshausen-Meer	Küste von Chile

Am seltensten ist der Glattwal, der wegen seiner Langsamkeit auch zur Zeit der Segelschiffe leicht zu fangen war. Schon im 10. und 11. Jahrhundert begann im Nordpolgebiet der Fang, meist von Basken und Pomoren ausgeführt, im 16. Jahrhundert erschienen die Engländer, später Holländer und Deutsche (1643) auf den Fangplätzen. Die Blütezeit des arktischen Fanges lag zwischen 1650 und 1780, wo jährlich etwa 1500—2000 Grönlandwale erlegt wurden. Dadurch dezimierte sich der Bestand derart, daß der Fang nicht mehr lohnte. Im 19. Jahrhundert verlegte sich das Schwergewicht des Glattwalfanges in das Südpolargebiet, wo in den Jahren 1804—1817 nicht weniger als 193522 südliche Glattwale erlegt wurden (oder 13823 jährlich). Erst 1921 wurde die Jagd auf Glattwale in Südgeorgien eingestellt, 1927 erfolgte in den britischen Gebieten, 1936 allgemein ein Fangverbot, aber auch bei dieser Walart hat sich seither der Bestand noch nicht erholt. Das Verbreitungsgebiet des südlichen Glattwals liegt zwischen 15 und 60 °S, während die Tropen eine Scheide zwischen den beiden Glattwalgebieten (Grönlandwal und südlicher Glattwal) bilden.

Die Tabelle 49 zeigt die Zahl der gefangenen Wale für die Zeit ab 1904, dem Beginn des industriellen Walfangs im Südpolargebiet, auf Tabelle 76 sind Einzelzahlen für die letzten Jahre (1958/1966) angegeben. Aus einem Vergleich dieser Fangzahlen mit der gesamten Population (Tabelle 50) ist zu ersehen, daß praktisch alle bisher gejagten Walarten von der Ausrottung bedroht sind. Auch Schutzbestimmungen reichen nicht aus, da trotz aller Aufsicht auch der Fang von tragenden Walkühen oder Kälbern in der Praxis nicht verhindert werden kann. Es sind daher Bestrebungen im Gange, für einige Zeit den Walfang ganz zu verbieten, damit den Beständen Gelegenheit geboten wird, sich zu regenerieren. Allerdings ist für eine natürliche Regeneration mindestens eine Zeit von 40 bis 50 Jahren erforderlich, worauf die großen Walfanggesellschaften nicht eingehen wollen (vgl. auch Tabelle 52, Daten 1964, 22.—26. 6. und 1965, 3.—9. 5.).

20. Säugetiere des Landes (Tabellen 50, 68, 70)

Einheimische Landsäugetiere gibt es nur im Nordpolargebiet. In der Antarktis sind keine Säugetiere vorhanden, auf den subantarktischen Inseln wurden seit Beginn des vorigen Jahrhunderts europäische Tiere eingeschleppt oder durch den Menschen angesiedelt.

Die arktischen Landsäugetiere schützen sich gegen die Kälte durch kräftige Pelze, eine dicke Speckschicht und vielfach weiße Färbung, welche die Sonneneinstrahlung im Sommer, die Wärmeausstrahlung im Winter verhindert. Gleichzeitig ist sie auch ein Schutzmittel gegen Feinde. Manche Tiere, wie das Wildren, unternehmen im Winter Wanderungen in mildere Klimagebiete oder sie verfallen in Winterschlaf.

Einheimische hocharktische Tierarten (insgesamt 6) sind das Wildren, in Nordamerika durch seine Abart Karibu vertreten, ferner das auf Nordkanada und Nordgrönland beschränkte Polarrind, von Raubtieren der Eisbär, der Polarwolf oder Tundrenwolf, der Polarfuchs, als Nagetiere Schneehase und Lemminge. Als häufige Gäste aus dem subarktischen Bereich kommen Vielfraße und Hermeline in das Polargebiet. Subpolar sind etwa 80 Säugetierarten, von denen die Pelztiere für den Menschen am wichtigsten sind (Tabelle 70).

Das verbreitetste Landtier in der Arktis ist das Ren (Rangifer; Tabelle 68). Das Ren ist in 8 Arten mit 18 Unterformen rund um das arktische Becken verbreitet. Das nördlichste Vorkommen liegt bei 83 °N in Ellesmere-Land, das südlichste auf 52 °N im Ural. Hinsichtlich der Verbreitung unterscheidet man das Waldren, das sich im subarktischen Wald aufhält, und das Tundraren. Ersteres führt Wanderungen im Frühjahr und Herbst aus, um günstigere Gebiete aufzusuchen, letzteres hat festere Standorte. Hinsichtlich der Lebensform ist zwischen dem ungezähmten Wildren und dem halbwilden „zahmen" Ren zu unterscheiden. Die zahmen Rentiere werden in Herden von 2000—3000 (Europa) bis 50 000 Tieren (UdSSR) gehalten. Man gewinnt von ihnen Milch, Fleisch, das Fell, außerdem werden sie als Trag- und Zugtiere verwendet. Einige Völker, wie die Samojeden (Nenzen) sind ganz auf die Renhaltung angewiesen.

Die wichtigsten Renarten sind die folgenden:

Finnisches Ren (Rangifer fennicus). In Nordeuropa bis Sibirien verbreitet, wurde es fast ganz ausgerottet.

Europäisches Ren (Ren tarandus). Stammvater des zahmen Rens. Verbreitung von Nordeuropa über Nordasien bis nach Grönland.

Karibu (Ren caribou). Waldren in Kanada. Größte Art. Mit 3 Untergruppen.

Arktisches Ren (Ren arcticus). Verbreitung in den Barren Grounds in Kanada, in Alaska und auf den kanadischen Polarinseln. Verwandt mit ihm ist das

Asiatische Ren (Ren arcticus asiaticus), das von der Tschuktschen-Halbinsel bis zur Lenamündung verbreitet ist.

Zwergren (Ren pearyi) auf den kanadischen arktischen Inseln, besonders in Ellesmere-Land.

Spitzbergenren (Ren planyrhynchus) auf Spitzbergen.

	Europäisches Ren	Spitzbergenren
Gesamtgröße, m	1,72	0,82—0,94
Schulterhöhe, m	1,20—1,60	
Schwanzlänge, cm	13	
Gewicht, kg	120—150	

Der Körperbau ist schlank bis gedrungen, die Hufe breit und für die Fortbewegung auf Schnee eingerichtet, das Fell dicht und im Sommer dunkel-graubraun mit weißem Bauch, im Winter weißgrau bis weiß (hocharktische Arten). Beide Geschlechter tragen Geweihe, doch ist das der Männchen etwas größer. Die Nahrung besteht aus Gräsern und Kräutern im Sommer, im Winter aus Flechten oder an den Küsten auch Tangen und Algen. Während der Sommermonate bildet sich ein bis 7 cm dickes Fettpolster, das ein Durchhalten während des Winters ermöglicht. Im Sommer leben die Wildrene in kleinen Rudeln zusammen. In den Oktober fällt die Brunstzeit, es sammeln sich größere Herden, die während des Winters beisammen bleiben. Bei starker Kälte sammeln sich die Tiere zu kompakten Haufen um sich gegenseitig zu wärmen. Sie suchen bevorzugt Gelände mit dünner Schneedecke, um Flechten und pflanzliche Reste aus dem Schnee scharren zu können. Die Zeit der Geburt der Jungen (Wurfzeit) ist überwiegend der Juni. Erstaunlich sind weite Wanderungen über das Eis. So wurden auf der Edgeinsel in Spitzbergen Tiere angetroffen, die auf Novaja Zemlja markiert worden waren. Sie hatten eine Wanderung von 800 km über das Meereis hinter sich. Hauptfeind des Rens ist der Wolf, der ganze Standorte ausrottete, wie z. B. Ostgrönland, sowie der Vielfraß.

Das Polarrind (Ovibos moschatus), oft fälschlich „Moschusochse" genannt, ist in zwei Arten auf Nordamerika und Grönland beschränkt. Die beiden Arten, das

Mackenzierind und das Grönländische Rind (O. m. Mackenzianus und O. m. wadii) unterscheiden sich durch die Zahl der Zitzen (2 gegen 4) der Kühe. Das Mackenzierind ist in Polarkanada und Alaska verbreitet, seine Südgrenze liegt auf etwa 60 °N, das Grönländische Rind lebt in Nord- und Ostgrönland bis zum Scoresbysund (71 °N), wo es seit 1850 einwanderte. Die Gesamtpopulation betrug (1964):

Kanadisches Festland	1500
Kanadischer Archipel	3000
Grönland	5000
Insgesamt	9500

Einbürgerungsversuche erfolgten auf Nunivak (Alaska), auf Spitzbergen und bei Dovre, Norwegen.

Körpermaße:	Männchen
Schulterhöhe, m	1,30
Länge, m	2,30—2,33
Gewicht, kg	300—350
Wollproduktion/Jahr, g	3000

Weibchen sind etwas kleiner. Das Tier hat einen gedrungenen Kopf und ein dichtes zottiges Fell, seine Nahrung besteht aus Pflanzen. Es lebt gesellig in den Tälern und Niederungen der eisfreien Gebiete und geht auch über Eis im Winter, wenn auch die Wanderungen nicht ausgedehnt sind. Den Eskimos dient es als Jagdtier. Wenn sich eine Herde bedroht fühlt, bildet sie einen „Igel" oder eine „Schlachtreihe"; die wehrhaften Bullen bilden die Front, Kühe und Kälber bleiben im Hintergrund.

Unter den Nagern sind zwei Arten arktisch. Der Lemming, eine Wühl- und Wandermaus, ähnelt dem Hamster. Es gibt zwei Arten, den Halsband-Lemming (Myodes torquatus), der felsige Gegenden bevorzugt und zirkumpolar vorkommt (außer Spitzbergen) und den Ob-Lemming, der die Niederungsstandorte bevorzugt. Der Lemming, 15 cm lang, hat ein dichtes langes braungelbes Haarkleid, seine Nahrung ist pflanzliche Kost. Er lebt gesellig, ist lebhaft und mutig, wenn er angegriffen wird. Er hat viele Feinde, außer dem arktischen Landraubwild wird er auch gern von Vögeln (Schnee-Eule, Polarfalke) angegriffen. Eine bisher unerklärte Eigenschaft sind gelegentlich beobachtete Massenwanderungen in andere Gegenden.

Die zweite Nagerart ist der Schnee- oder Eishase (Lepus arcticus), der sich ebenfalls von Pflanzen ernährt. Die beiden Unterarten Schneehase, Eishase unterscheiden sich durch ihr Sommerfell, das beim Eishasen weiß bleibt, während der Schneehase sich rotbraun färbt. Der erstere lebt auf den kanadischen Polarinseln und Grönland, der letztere im polaren Eurasien. Von den arktischen Tieren hat er die größte Verbreitung, da die subpolaren Wälder zu seinem Lebensbereich gehören; andererseits reicht sein Verbreitungsgebiet über 80 °N in Ellesmereland. Auf den isolierten Polarinseln wie Spitzbergen fehlt er allerdings.

Das größte Raubtier der Arktis ist der Eisbär (Ursus maritimus), der an das Leben im Treibeis angepaßt ist. Seine Südgrenze hat er überall dort, wohin das Treibeis reicht, südlich von 60 °N wird er nicht angetroffen, eine Nordgrenze scheint er nicht zu haben, da einzelne Tiere in 88 °N angetroffen wurden. Es gibt indessen einige Konzentrationsgebiete, in denen er häufiger ist, in Kanada das südliche

Banksland, die Simpsonhalbinsel, die Ostseiten von Southampton und Baffin, in Grönland das Kanebecken und der Ostgrönlandstrom, in Spitzbergen Kong Karls Land, in der UdSSR die Wrangelinsel und ihre weitere Umgebung. Tabelle 74a zeigt das Ausmaß der Eisbärjagd, die Gesamtpopulation wird 1965 auf 10 000 Tiere geschätzt. Obzwar der Eisbär in die Liste der gefährdeten Tiere der Internationalen Union für die Erhaltung der Natur und der Nationalen Hilfsquellen (IUCN) aufgenommen wurde, fehlen bisher genauere Unterlagen für die Festsetzung von Fangquoten. Erst eine internationale Zusammenarbeit kann hierfür die Voraussetzungen schaffen. Fest steht, daß er weite Wanderungen über das Treibeis ausführt.

Größe, m	1,4
Länge, m	2,7

Der Eisbär hat weißes Fell, einen länglichen Kopf, kleine Fellohren und Schwimmhäute zwischen den Zehen. Das weiße Fell ist eine gute Schutzfarbe bei der Jagd auf Robben. Die Zähne beweisen einen Übergang von einer gemischten Kost zu einer ausschließlichen Fleischdiät. Die Beobachtungen von Bärenjägern in den Jahren 1958–1965 zeigen folgende Altersstufung der Population:

Junge bis 1 Jahr	1 %
Junge älter als 1 Jahr	31 %
Muttertiere mit Jungen von 1 Jahr	vereinzelt
Muttertiere mit Jungen über 1 Jahr	20 %
Sonstige	47 %

Von Oktober bis April hält der Eisbär Winterschlaf. Im November – Anfang Dezember werden die Jungen geboren, meist Zwillinge. Die Muttertiere verlassen im März-April die Winterquartiere mit ihren Jungen und wandern auf das Treibeis zur Jagd auf Robben. Die Brunstzeit fällt auf Mitte April, die Tragezeit dauert 8 Monate, die embryonale Entwicklung setzt etwa Ende September ein. Obwohl die Säugezeit bis zu 21 Monaten dauern kann, erfolgt die Entwöhnung der Jungen meist im Juli. Nach 18 Monaten trennen sich die meisten Jungen von den Muttertieren, jedoch sind auch Muttertiere mit Jungen von zwei Jahren beobachtet worden. Der Fellwechsel dauert von Mai bis August. Die Geschlechtsreife tritt im dritten oder vierten Jahr ein, nach einer Geburt ist eine neue Geburt erst im dritten Winter möglich. Das Geschlechterverhältnis beträgt in der kanadischen Arktis 50 : 50, das Lebensalter kann 30 und mehr Jahre betragen. Die Nahrung besteht hauptsächlich aus Robben, in Grönland besonders Ringelrobben; hier besteht ein Verhältnis zwischen der Häufigkeit beider Arten. Man hat einen Zyklus von 11 Jahren festgestellt, in dem die Ringelrobben und mit ihnen die Eisbären besonders häufig auftreten.

Der Polarfuchs, Eisfuchs (Canis lagopus) hat ein graues bis graubraunes Fell, das im Winter weiß oder blauweiß wird (Weißfuchs, Blaufuchs). Er bewohnt, wie der Eisbär, das Treibeis und ist auf allen arktischen Inseln bis Island anzutreffen. Die Gestalt ist klein und gedrungen, er hat runde Ohren. Das Winterfell bildet sich im Oktober, das Sommerfell im Juni. Die Nahrung besteht aus Vögeln und Vogeleiern. Die Jungen wirft die Fehe im Juni. Auch der Polarfuchs ist ein begehrtes Jagdwild der Pelzjäger, besonders kostbar sind die Blaufuchsfelle (Tabelle 70b).

Unter den Überläufern aus der Subpolarzone sind zu erwähnen das Hermelin, das jedoch außer dem kanadischen Polararchipel und Grönland auf den arktischen

Inseln fehlt, der Vielfraß (Fjellfras = Felsenkatze), ein Feind des Rens, der überall zu finden ist, wo das Ren lebt, und besonders gern die Kälber anfällt, sowie der Polarwolf, der auch über das Eis auf Inseln geht, wie Novaja Zemlja, die Neusibirischen Inseln und Grönland, und ebenfalls als Feind des Rens, besonders des Wildrens auftritt. In Kanada wurde er systematisch abgeschossen, um den Bestand an Karibus zu schützen.

Als Haustier ist der Hund bei allen Polarvölkern, und zwar als Jagd- und Zugtier verbreitet (Polarhund, Husky). Die grönländische Rasse hat sich besonders als Schlittenhund für Expeditionen in Arktis und Antarktis bewährt. Der grönländische Hund (Eskimohund) ist von Grönland bis Alaska verbreitet.

	Gewichte, kg
Grönlandhund, maximal	56,7
Grönlandhund, Mittel	34—39
Sibirischer Sajanzenhund	18—25
Grahamlandhund, Mittel	41
Grahamlandhund, untrainiert	über 45

Die zumutbare Zuglast eines Hundes beträgt im Mittel etwa 55 kg, maximal kann sie auf längere Strecken auf 75 kg gesteigert werden. Die Nahrung des Eskimohundes besteht aus Robbenfleisch und Fisch, auch Pemmikan wird gefüttert, er verursacht jedoch Durchfall. Die tägliche Ration soll 5000 kcal/Tag möglichst nicht unterschreiten.

In der Antarktis und auf den subantarktischen Inseln hat es vor der Ankunft des Menschen keine Landsäugetiere gegeben. Es herrschten ausbalancierte Eigensysteme (Ecosysteme) des Naturhaushaltes, der bei Einführung fremder Säugetierarten gestört oder gar vernichtet wird.

Von Raubtieren ist nur bekannt geworden, daß Nerze auf Kerguelen um 1955 gesichtet wurden; sie sind jedoch nicht zahlreich. Trotzdem stellen sie eine Gefahr für die Vogelbrutstätten dar.

Verheerend hat sich die Aussetzung von Kaninchen ausgewirkt. Sie kamen 1872 nach Südgeorgien, wo sie wieder eingingen, 1874 nach Kerguelen und 1880 nach Macquarie. Auf der Hauptinsel Kerguelen haben sie seitdem den Kerguelenkohl Pringlea antiscorbutica sowie die mit ihm assoziierte Insektenwelt vernichtet und verursachten riesige Erosionsschäden durch Wohnbauten, Kahlfraß und Tiertritt. Auf Macquarie waren sie bis 1930 wenig zahlreich, haben sich dann aber sehr ausgebreitet und die gleichen Schäden wie auf Kerguelen verursacht.

An sonstigen Nagetieren sind Ratten um 1800 auf Südgeorgien, um 1810 auf Kerguelen, 1820 auf Macquarie, 1873 auf der Hauptinsel der Crozetgruppe (hier 1959 wieder ausgestorben) eingeschleppt worden. Sie haben sich ebenfalls stark verbreitet und verursachen schwere Schäden in den Petrelkolonien (Erdbrüter). Mäuse waren 1879 auf Kerguelen zahlreich anzutreffen, sind dann aber später wieder eingegangen.

Mit Haustieren wurden verschiedene Einbürgerungsversuche unternommen. Schafe kamen 1904 nach Südgeorgien (hier wieder eingegangen), 1908 nach Kerguelen, wo ab 1911 eine regelrechte Herde von 1000 Tieren mit einem Hirten bis 1914 und wieder von 1921 bis 1932 gehalten wurde. 1952 erfolgte ein neuer

Einbürgerungsversuch auf der von Kaninchen bisher verschont gebliebenen Ile Mussel mit dem Erfolg, daß auch hier die endemische Flora vernichtet wurde. Sie wurden später auf die Ile Longue überführt. 1965 (Februar) betrug ihre Zahl 551 Stück, von denen 163 zur Schlachtung vorgesehen waren. 1947 machte man auch einen Versuch mit freier Schafzucht auf Marion, doch ging er fehl; im gleichen Jahre kamen 15 Schafe nach Macquarie, welche Vegetationsschäden in der Umgebung der wissenschaftlichen Station verursachten.

Ziegen wurden 1875 auf den Crozetinseln ausgesetzt, doch gingen sie später ein, 1947 auf Macquarie, doch wurden sie hier bereits ein Jahr später wegen ihres angerichteten Schadens beseitigt.

Der Versuch mit Pferden in Südgeorgien (1905) und mit Mulis auf Kerguelen (1949) schlug fehl. 1955 wurden die letzteren auf Kerguelen getötet. Dagegen werden seit 1950 Shetlandponys in der Umgebung der französischen Station Port-aux-Français gehalten.

Ein Erfolg war lediglich die Aussetzung von Rentieren auf Südgeorgien durch *C. A. Larsen* in den Jahren 1911/12. Um 1935 war die Herde auf 800 Tiere, um 1952 auf 3000 Rentiere angewachsen. Die Herde steht unter Schutz und hat bisher keine nachweisbaren Schäden an der Vegetation verursacht. 1958 wurden Rentiere auf Kerguelen ausgesetzt, die Herde befindet sich auf der Ile Haute und zählte 1965 31 Tiere, davon 9 Männchen. Kühe wurden 1950 für den Eigenbedarf der Station nach Kerguelen gebracht, bleiben aber in der unmittelbaren Umgebung der Siedlung; 1966 waren allerdings alle geschlachtet und der Kuhstall stand leer.

Um 1820 setzten Robbenfänger Schweine auf der „Ile aux Cochons" (Crozetgruppe) aus, die hier verwilderten. Sie nährten sich von Tussock und Vogeleiern und wurden wegen ihrer Gefährlichkeit Ende des vergangenen Jahrhunderts ausgerottet. Zahme Schweine werden heute auf Kerguelen gehalten.

Verwilderte Hunde sind von Kerguelen (1902 eingeschleppt) und Macquarie (seit 1821) bekannt, jedoch konnten sie sich nicht halten. Katzen gibt es seit 1874 auf der Ile du Chat, Kerguelen, seit 1950 auch auf der Hauptinsel. Sie stellen eine große Gefahr für die Vogelbrutstätten dar. Auf Macquarie waren sie um 1820 ausgesetzt worden und hatten um 1894 die Gelege des Macquariesittichs vernichtet, so daß dieser seltene Vogel ausgestorben ist. Noch 1955 waren sie auf der Insel stark verbreitet.

21. Die Biotope der Polargebiete
(Nach *J. E. Smith* 1964; *L. Breitfuss* 1943)

1. **Plankton und Nekton**
   a) Plankton und Nekton des offenen Meeres
   Phytoplankton: In Flecken. Zirkumpolar.
   Zooplankton: Von Phytoplankton abhängig. Zirkumpolarer Gürtel. Im Sommer an der Oberfläche, im Winter in der Tiefe. Biomasse bleibt jedoch gleich.
   b) Nektoplankton: (Fische, Tintenfische, Krustazeen, Robben, antarkt. Pinguine). Wenig erforscht.
   c) Plankton der Küstengewässer: Wenig erforscht.

2. **Benthos**
   a) Benthos der Tiefsee: Sehr wenig erforscht. In der Antarktis viele ältere und primitive Invertebraten, besonders Schwämme und Krinoiden.

b) Benthos des Schelfs: An sibirischer Küste breit, sonst wenig verbreitet. Wenig erforscht, selbst die Algen noch weitgehend unbekannt. Größte Arten- und Individuenzahl.

3. Seeküste und mariner Küstenbereich

Erfolgreiche Ansiedlung von Flora und Fauna nur bei Abwesenheit von Brandung und Eisschurf in ruhigen Gewässern. Hier zahlreiche Arten. Bisher nur lokal erforscht.
Biomasse individuenreich. Merkwürdigerweise fehlen Larvenstadien oft, Jungtiere schlüpfen direkt aus Eiern. Dieses Problem noch unerklärt. Die Nahrungsketten sind weitgehend unbekannt, ebenso die Ursachen jüngster Ausbreitungen einzelner Arten.

4. Süßwasserseen

Trotz Vereisung Phytoplanktonbildung unter bis 4 m dickem Eis. Von Phytoplankton nähren sich Krustazeen. Lebensbedingungen noch nicht erforscht. Phytoplanktonbildung erfolgt nur im Sommer nahe der Einmündung von Schmelzwasser, besonders an Flachufern.

5. Festland: Flora: Flechten, Moose, Lebermoose, Pilze, Blütenpflanzen.

Diese Pflanzenarten bilden Habitats (Pflanzengesellschaften). Fragen der Bodenbildung sind noch unerforscht.
Niedere Tierwelt (Antarktis!): Terrestrische Invertebraten: Milben, Zecken, beißende und saugende Läuse, Springschwänze, Flöhe. Davon Parasiten: Zecken, Läuse, Flöhe, Milben.
In Vogelnestern: Floharten.
Unbekannt ist die Rolle von mikroskopischen Organismen: Spaltpilze, Protozoen, Nematoden.
Höhere Tierwelt (Arktis): Säuger, keine Reptilien und Amphibien. Entwickelte Insektenfauna. Kleinlebewelt auch hier noch zu erforschen, ebenso Lebensgewohnheiten vieler höherer Arten.

22. Die politischen Verhältnisse in den Polargebieten (Tabellen 51 bis 53, Karten 28, 29)

In den Listen Tabelle 51 und 52 werden die politischen Ereignisse für Arktis und Antarktis in ihrer zeitlichen Reihenfolge gebracht. Es sind nicht nur staatspolitische Verträge, Besitzergreifungen, Kriegshandlungen, soweit sie wichtig sind, aufgenommen sondern auch verwaltungsrechtliche Änderungen, Umgestaltungen, Neubildungen und Erlasse, sowie international interessierende Vereinbarungen, Streitfälle, Naturschutzbestrebungen und Reisebestimmungen, die für die Polargebiete allgemein von Belang sind.

Während im Nordpolargebiet die staatspolitische Situation eng mit den Anrainerstaaten verknüpft ist, werden für die Antarktis die amtlichen Namen, die Lage, der Zeitpunkt der Besitznahme und entsprechende Dekrete in einer besonderen Tabelle zusammengestellt (Tabelle 53, Karte 29). Zwar sind die politischen Ansprüche durch den Vertrag von Washington eingefroren, sie bestehen aber noch weiterhin. Die wesentlichen Bestimmungen dieses Vertrages sind in Tabelle 52 unter dem Datum 1959, 1. 12. (gekürzt) zu ersehen. Im Nordpolargebiet hat das Unterkomitee für Abrüstung der Vereinten Nationen am 2. 8. 1957 erstmals einen entsprechenden Vertragsentwurf (Inspektionszone) vorgeschlagen; jedoch wurde dieser Vorschlag durch Veto der UdSSR am 29. 4. 1958 nicht angenommen (Karte 28). In der Antarktis ist durch den Washingtoner Vertrag zwar der 60 °S als Nordgrenze des Vertragsgebietes für politisch bindend erklärt worden, doch hat die internationale Zusammenarbeit des SCAR diese Grenze weit nach Norden bis zur antarktischen Konvergenz und darüber hinausgeschoben (Karte 29). Hier ist ein internationales friedliches Forschungsgebiet entstanden, in welchem sich die Zusammenarbeit der Staaten bisher bewährt hat. Internationale Beobachter werden auf den Stationen ausgetauscht, Hilfsaktionen bei plötzlichen Erkrankungen von Expeditionsteilnehmern und bei Flugzeugunfällen, Hilfe durch Eisbrechereinsatz im Packeis in großzügiger Weise von allen beteiligten Nationen gewährt. Forschungsergebnisse können frei ausgetauscht werden, Luftsperren gibt es nicht, so daß die Antarktis als politisches Modell für eine krieglose freie Welt gelten kann. In einem Paragraphen des Vertragswerks ist die Schlichtung von Streitfällen geregelt, doch brauchte er in den sechs Jahren seit Abschluß bis heute noch nie angewendet zu werden. Alle übrigen Einzelheiten sind den Tabellen zu entnehmen.

Trotz der politischen Regelung in der Antarktis sind hier einige Probleme des Völkerrechts angeschnitten, über welche noch keine internationale Rechtssicherheit besteht.

Das erste Problem ist die Frage, worauf sich eine Besitzergreifung eines Territoriums gründen kann. Für jeden der angeführten Gründe gibt es in der Völkerrechtswissenschaft Verteidiger und Angreifer, jeder der Gründe ist in der politischen Geschichte der Polargebiete in Anspruch genommen worden.

1. Erstentdeckung
2. Besitzerklärung
3. Geographische Lage
4. Durchforschung
5. Ständige Besetzung
6. Einrichtung einer Verwaltung, die „den örtlichen Bedingungen entspricht"
7. Besiedlung

In den Polargebieten scheidet allein Punkt 7 aus, mit Ausnahme von Grönland, den kontinentalen Bereichen in Sibirien und Nordamerika, der Südinsel von Novaja Zemlja und vielleicht Spitzbergen (Kohlengruben). In der Antarktis gibt es überhaupt keine ständige „Besiedlung".

1. Die Frage der Erstsichtung eines Gebietes ist sehr umstritten. Ein Beispiel hierfür ist die Frage, wer den antarktischen Kontinent zuerst gesichtet haben mag:

Sowjetische Anschauung:	Bellingshausen	28. 1. 1820 69° 25′ S, 1 °W.
Britische Anschauung:	Bransfield	30. 1. 1820 Trinity-Land.
Amerikanische Anschauung:	Palmer	15. 11. 1820 Palmer-Land.

Erstsichtung ist also keine zuverlässige Begründung für Inbesitznahme.

2. Eine Besitzerklärung ist in ihrem Rechtscharakter ebenfalls umstritten. Zwar wurden in früherer Zeit vielfach Flaggenhissungen und Besitzproklamationen erlassen, doch haben sie praktisch keine Bedeutung, wenn die Expedition den Ort wieder verläßt. So ist es zu verstehen, daß von manchen Inseln (mit oder ohne Kenntnis früherer „Besitzergreifungen") mehrmals Besitz ergriffen wird (z. B. die Bouvet-Insel 1825 für England, 1927 für Norwegen). Hieraus leitet sich auch der seit 1833 bestehende Streit um die Falklandinseln (Malvinas) ab.

3. Die geographische Lage wird bei Anwendung des Sektorenprinzips oft ins Treffen geführt. Die sowjetischen Ansprüche auf den eurasiatischen Sektor der Arktis, die kanadischen für den kanadischen Sektor geben die Begründung „nach

der Lage"; das gleiche gilt für argentinische und chilenische Ansprüche auf die Antarktische Halbinsel, die sich auf ein Dekret Karls V. von 1539 berufen („hasta el Polo" . . .). Dieser Besitzanspruch wäre völkerrechtlich ohne großen Wert, wenn nicht eine entsprechende Verwaltungstätigkeit das betreffende Gebiet auch wirksam schützt.

4. Auch eine Durchforschung genügt nicht. In der Vergangenheit gibt es Fälle, wo sogar die geographische Lage von „erforschten" Gebieten falsch gemeldet wurde (z. B. die nicht vorhandenen Meereskanäle, welche die Antarktische Halbinsel durchschneiden sollten), so daß das annektierte Gebiet in Wahrheit nicht vorhanden ist oder an anderer Stelle liegen kann.

5. Eine ständige Besetzung ist zwar ein Mittel, um Ansprüche zu untermauern. Sie kann aber in den Polargebieten nur durch die Einrichtung von Stationen erfolgen, die hunderte von Kilometern voneinander entfernt sind und es anderen Staaten erlauben, sich in benachbarten Gebieten anzusiedeln. So konnten z. B. während des Krieges Stützpunkte in geringer Entferung voneinander von beiden Parteien unterhalten werden, ohne daß es zu Begegnungen der Besatzungen kam.

6. Auch die Einrichtung einer örtlichen Verwaltung stößt auf die gleichen Schwierigkeiten. Sie kann sich durch Einrichtung von Postämtern (Antarktische Halbinsel), von Seezeichen und Flugplätzen, durch Einrichtung einer Polizeiverwaltung, durch Patrouillenfahrten und den Bau von Funkstationen manifestieren. Diese Maßnahmen könnten Kristallisationspunkte einer späteren Besiedlung werden.

Die Erklärung der Annexion erfolgt meist einseitig durch ein Dekret. Diese Erklärung kann internationale Anerkennung finden (Souveränität der UdSSR und Kanadas im Nordpolargebiet) oder bestritten werden. Die Annexionen im Südpolargebiet wurden gegenseitig von Großbritannien und seinen Dominien, Norwegen und Frankreich anerkannt, jedoch die britischen Gebiete in der amerikanischen Antarktis durch Chile und Argentinien, die norwegischen Gebiete von Deutschland, alle Annektierungen von den USA und der UdSSR bestritten; die Annexion von Teilen Ostgrönlands durch Norwegen führte zu einem Urteil des Haager Internationalen Gerichtshofes (5. 4. 1933) zugunsten Dänemarks. Svalbard wird durch internationalen Vertrag Norwegen zugesprochen (9. 2. 1920). Es besteht in der Praxis also eine Verwobenheit von Anerkennungen (offiziell oder stillschweigend) und von Streitigkeiten, die sogar bis nahe an den Rand kriegerischer Verwicklungen führen können (Streit um die Wrangel-Insel 1921—24, Streit um die Antarktische Halbinsel 1952—53).

Noch ein Problem ist völkerrechtlich ungelöst, das Sektorenprinzip und seine Gültigkeit. In den meisten Teilen der bewohnten Welt weichen vereinbarte Längen- und Breitenkreise als Staatsgrenzen nach einiger Zeit natürlichen Grenzlinien (eine Ausnahme ist z. B. die kanadische Süd- und Westgrenze). In den Polargebieten führen die gradlinigen Sektorengrenzen durchweg über unerforschtes Gebiet, natürliche Grenzen gibt es hier nicht. An den Polen stoßen die Grenzen aufeinander; der Pol seinerseits ist aber kein fester geometrischer Punkt sondern bewegt sich ständig. Hier eine völkerrechtliche Grundsatzentscheidung zu treffen, ist schwer. Ein weiteres Problem ist noch mit diesem Sektorenprinzip verknüpft, nämlich die Frage der Hoheit auf See. Alle Staaten der Erde erkennen eine Seehoheit von 3 bis 12 Seemeilen international an. In den Sektoren werden nun riesige Meeresflächen zu Territorialgewässern, die es unter normalen Umständen gar nicht sein könnten. Die Verfechter der Sektorentheorie vertreten die Auffassung, daß Treibeis begangen werden kann, sich also wie Land verhält. Das mag für manche Teile der sibirischen Küste zutreffen, nicht aber für die südpolaren Meere (Weddell-Meer, Ross-Meer). Tatsache ist, daß im Ross-Meer Lizenzzwang für den pelagischen Walfang mit dem 24. 10. 1929 eingeführt wurde; von den 1931 hier operierenden vier Walfangexpeditionen besaß jedoch nur eine einzige eine solche Lizenz. Die drei anderen wurden übrigens nicht beim Fang gestört, da keine wirksame Kontrolle möglich war.

Aus dem Gesagten ist zu ersehen, daß eine Klärung dieser Probleme nur von einem internationalen Rechtsgremium zu erhoffen wäre; eine solche steht aber noch aus. Gerade im Nordpolargebiet ist eine Klärung notwendig, wo Ost und West sich in breiter Front gegenüberstehen. Die Praxis hat gezeigt, daß im offenen Polarbecken keine gegenseitige Behinderung erfolgte, da Flüge und Driftstationen der UdSSR und der USA ständig die imaginären Staatsgrenzen überschreiten müssen, ohne daß es bisher zu politischen Verwicklungen gekommen ist (außer dem Protest der UdSSR 1958).

23. **Bevölkerungsverteilung und -entwicklung** (Tabellen 54 bis 59)

Angaben über die Bevölkerung wie überhaupt für statistische Sachverhalte beziehen sich stets auf die politischen Einheiten, nicht auf das natürliche Polargebiet (Tabelle 54). Grönland, Svalbard und der Dolgano-Nenzische Nationale Kreis liegen ganz im polaren Bereich, Alaska und die Jakutische ASSR mit ihren größeren Teilen außerhalb. Die letzten Volkszählungen stammen aus der Zeit von 1959—1961.

Im Nordpolargebiet beträgt die mittlere Einwohnerdichte 0,008 Menschen je qkm, d. h. ein Mensch lebt auf einer Landfläche von 125 qkm. Die Gesamtzahl der Einwohner im engeren arktischen Bereich beläuft sich auf etwa 50 000.

In der Antarktis (Tabelle 55) haben wir eine fluktuierende Bevölkerung, da im Sommer 4000 bis 5000 Sommerbesucher an den Großexpeditionen beteiligt sind. Als „ständige" Bevölkerung kann hier nur die Winterbevölkerung, d. h. die Besatzungen der Stationen, angesehen werden, die von 14 Personen 1945 auf 930 während des I. G. J. 1957/58 anstieg, seither auf 722 (1964) wieder abgefallen ist. Auf einen Menschen kommen etwa 20 000 qkm, was einer Volksdichte von 0,0001 entspricht.

Das Bevölkerungswachstum (Tabelle 56) ist in den arktischen Gebieten sehr stark. Zwischen 1900 und 1960 wuchs die Bevölkerung Spitzbergens um das 20fache, die Grönlands um das 3fache, die von Alaska um das 4fache. Nur Yukon hatte 1901 eine größere Volkszahl als heute, was mit dem Gold-Rush der 90er Jahre zusammenhängt, nach dessen Aufhören die Bevölkerung um das 3½fache zurückging und erst allmählich wieder anwuchs. Für die sowjetischen Gebiete gibt es leider keine Vorkriegszahlen, da die zaristischen Verwaltungseinheiten sich nicht mit den heutigen in Beziehung setzen lassen. Von 1926 bis 1962 wuchsen die Zahlen um das 3- bis 5fache an. Für Grönland, das seit der Mitte des vorigen Jahrhunderts über eine gute statistische Tradition verfügt, konnten die Zahlen für die Distrikte nach Europäern und Grönländern getrennt aufgeführt werden (Tabelle 57).

Das Verhältnis von städtischer zu ländlicher Bevölkerung kann nur dort angegeben werden, wo stadtähnliche Siedlungen zu finden sind. Dies sind in Grönland die „Byer“ (Towns der Statistik) (Tabelle 58). Neben ihnen werden Udsteder und Bopladser (villages with or without trade posts) unterschieden, welche die ländliche Bevölkerung beherbergen. Echte Städte gibt es nur auf dem Gebiet der UdSSR; die beiden größten polaren Siedlungen liegen im Tajmyr-Gebiet (Norilsk und Dudinka). In der engeren sowjetischen Arktis gibt es 3 Städte und 23 Siedlungen „städtischen Typs“ (Tabelle 98). In Grönland wohnen $^2/_3$ der Bevölkerung in Städten (Tabelle 58), in der UdSSR etwa $^3/_5$. Die größten Städte, Murmansk und Jakutsk liegen außerhalb des Polarbereichs.

Städte in der Arktis (subarktische Städte in Klammern)

Name	Einwohner	Jahr	Gebiet
(Archangelsk)	303 000	1965	Oblast' Archangelsk
(Murmansk)	272 000	1965	Oblast' Murmansk
Norilsk	120 000	1964	Krasnojarsk. Kraj
(Jakutsk)	89 000	1965	Jakutische ASSR
(Magadan)	79 000	1965	Magadansk. Oblast'
(Anchorage)	44 237	1960	Alaska
(Chanty-Mansijsk)	24 000	1965	Chanty-Mansijsk. N. O.
Salechard	19 000	1965	Jamalo-Neneckij N. O.
Dudinka	18 000	1965	Tajmyrskij N. O.
Narjan Mar	15 000	1965	Neneckij N. O.
(Suzuman)	14 000	1962	Magadansk. Oblast'
Fairbanks	13 311	1960	Alaska
Ust' Nera	11 200	1962	Jakutische ASSR
(Spenard)	9 074	1960	Alaska
Batagaj	7 300	1962	Jakutische ASSR
Tiksi	7 200	1962	Jakutische ASSR
(Juneau)	6 797	1960	Alaska
(Ketchikan)	6 483	1960	Alaska
Pevek	6 000	1962	Čukotskij N. O.
(Sangar)	5 800	1962	Jakutische ASSR
Whitehorse	5 031	1961	Yukon-Territorium
Anadyr	5 000	1965	Čukotskij N. O.
Zyrianka	4 200	1962	Jakutische ASSR
Godthåb	3 322	1961	Grönland
Yellowknife	3 245	1961	Mackenzie-Distrikt
(Tura)	3 000	1965	Evenkijskij N. O.
Egvekinot	3 000	1962	Čukotskij N. O.
Inuvik-Aklavik	2 119	1961	Mackenzie-Distrikt
Iul'tin	2 000	1962	Čukotskij N. O.
(Palana)	2 000	1965	Korjakskij N. O.
Egedesminde	1 997	1961	Grönland
Julianehåb	1 821	1961	Grönland
Deputatskij	1 800	1962	Jakutische ASSR
Holsteinsborg	1 754	1961	Grönland
Sukkertoppen	1 690	1961	Grönland
(Fort Smith)	1 681	1961	Mackenzie-Distrikt
Jakobshavn	1 450	1961	Grönland

Name	Einwohner	Jahr	Gebiet
Frobisher Bay	1 426	1961	Franklin-Distrikt
Verchojansk	1 400	1962	Jakutische ASSR
Angmagssalik	1 350	1960	Grönland
(Hay River)	1 338	1961	Mackenzie-Distrikt
Qutdligssat	1 275	1961	Grönland
Narssaq	1 173	1961	Grönland
(Fort Simpson)	1 089	1961	Mackenzie-Distrikt
Frederikshåb	1 034	1961	Grönland
Dawson	881	1961	Yukon-Territorium
Umanak	841	1961	Grönland
Nanortalik	835	1961	Grönland
Christianshåb	641	1961	Grönland
Upernavik	596	1961	Grönland
Godhavn	582	1961	Grönland
Rankin Inlet	500	1961	Keewatin-Distrikt
(Watson Lake)	500	1961	Yukon-Territorium
Mayo	342	1961	Yukon-Territorium
Port Radium	300	1963	Mackenzie-Distrikt
Kangâtsiaq	256	1961	Grönland
Coppermine	230	1961	Mackenzie-Distrikt
Ivigtut	117	1961	Grönland

24. **Die Polarvölker** (Tabellen 60, 63, 64, Karte 12)

Polare Völker gibt es nur im Nordpolargebiet. Sie gehören zu den Uralern, Altaiern, Paläoasiaten und Eskimos. Im sibirischen Bereich ist die Zahl der einzelnen Völkerschaften erheblich, wenn auch die Größe der einzelnen Stämme meist nicht volkreich ist (Tabelle 63). Einige Stämme, die noch 1926 gezählt wurden, waren bei der nächsten Zählung 1959 verschwunden (Enzen, Dolganen), d. h. sie wurden entweder in der Zwischenzeit russifiziert oder sie haben sich den benachbarten Stämmen sprachlich und kulturell angeschlossen. Die genannte Tabelle zeigt ihre Verbreitung, die Zahl, die Zu- oder Abnahme zwischen den beiden Zählungen. Aus den Angaben über die Verbreitung kann die Verteilung über das arktische Gebiet erschlossen werden. Die Namen, unter denen sie aufgeführt sind, entsprechen den einheimischen Stammesnamen; ihre bei uns gebräuchlichen Entsprechungen wurden zum besseren Verständnis beigefügt. Tabelle 64 gibt genauere Angaben über Zahl, Wohngebiete und Lebensverhältnisse der gesamten Eskimobevölkerung, nach Stämmen gegliedert. Die Angaben sind nur summarisch und Zählungen aus früherer Zeit sind wegen der nomadischen Lebensweise nur von bedingtem Wert. In Grönland wurden die „Grönländer" zu den Eskimos gerechnet, obwohl sie eine Mischbevölkerung mit Europäern darstellen; reine Eskimos gibt es nicht mehr viele. In Kanada führte man 1941 zum letzten Male eine Eskimozählung durch (Tabelle 60), aber ihre Ergebnisse sind unvollständig.

Die Herkunft der Polarvölker ist noch umstritten. Die Samojeden und Paläoasiaten sind vermutlich von den Tungusen an das Eismeer gedrängt worden und haben hier eine Zufluchtstätte gefunden. Für die Ausbreitung der Eskimos gibt es zwei Theorien: Einwanderung von Asien her über die Beringstraße oder Expansion aus dem Gebiet der Karibu-Eskimos in Keewatin. Die Einwanderung nach Grönland ist jedenfalls in historischer Zeit erfolgt (13.–14. Jhdt.), d. h. zur Zeit der normannischen Besiedlung.

Die archäologische Forschung hat in der Beringstraße eine Voreskimo-Kultur (Denbigh-Kultur) entdeckt, deren Zusammenhang mit den späteren Kulturen noch fraglich ist (Feuersteingeräte; Alter 5000 Jahre). Aus ihr entwickelte sich eine fortgeschrittenere Kultur an der Nordküste Alaskas (Trail Creek-Höhlen, 2200 Jahre). Von dieser Zeit bis zu den ersten Spuren der Eskimo-Kulturen (Iyatayet-Kultur an der Beringstraße, Dorset-Kultur in Kanada) klafft eine Beleglücke von 2100 Jahren. Die Dorset-Kultur dauerte bis etwa 1000 n. Chr. und wurde im Osten von der Thule-Kultur, im Westen von der Pumuk-Kultur abgelöst. Die Thule-Phase dauerte bis in die moderne Zeit, sie wird charakterisiert durch Stein- und Walknochen-Hausruinen und durch einen damit verbundenen besonderen Legendenschatz (Tunit-Legenden).

Die Polarvölker zeichneten sich durch mancherlei kulturelle Merkmale aus. Die Wohnungen bestehen aus Höhlen, Hütten aus Steinen, Treibholz, Erde, Torf, Tierfellen; bekannt sind die runden Schneehütten, die Iglus, die auf Winterreisen gebaut wurden. Zu Jagdgeräten wurden Steine, Knochen, Sehnen verarbeitet. Transportmittel sind Schneeschuhe, Hunde- und Rentierschlitten, auf See Kajaks aus Holz oder Robbenhäuten. Die gesamte Polarkultur beruht auf Bearbeitung der Jagdbeute, welche Material für Gegenstände des täglichen Bedarfs neben der Nahrung liefert sowie Kleidung und Heizmaterial.

In soziologischer Hinsicht waren die Polarvölker männergenossenschaftlich organisiert; sie bildeten Jagdgesellschaften, jedoch haben sich feste Gruppen daraus nicht entwickelt (keine Männerbünde). Bei den Eskimos war eine lockere Form des Matriarchats entwickelt, bei den Jakuten das Patriarchat. Die Eheschließung entwickelte sich in ihren Zeremonien aus dem vorgeschichtlich verbreiteten Frauenraub, auf den noch viele Bräuche hinweisen; dieser wurde zum Brautkauf. Polygamie war zwar erlaubt, wegen der schweren Lebensbedingungen wurde sie aber nur selten praktiziert. Führer der Familie ist bei allen Polarvölkern der Mann. Eine Stammesorganisation bestand nicht, man lebte locker in Sippen zusammen, jedoch ohne Zwang. Die religiösen Anschauungen sind Reaktionen auf unerklärlich gebliebene Erscheinungen der Umwelt und äußerten sich im Animismus, der Steine, Bäume und Tiere beseelt. Als Mittler zwischen Mensch und Geistern wirkten Schamanen (nenzisch Tadyb, inuit: Angakok), Bilderschriften waren weit verbreitet, aber nicht kodifiziert. Diese kulturellen Gegebenheiten bestanden vor der Europäisierung, welche praktisch alle Polarvölker erfaßte. In der Sowjetunion verbreitete sich die kyrillische Schrift und seit etwa 1925 marxistisches Ideengut, in Grönland ist die dänische Kultur maßgebend geworden, in Kanada und Alaska die anglo-amerikanische. Hier hat man eine eigene Eskimo-Schrift entwickelt.

In Baffin-Land und Labrador bestand 1952 das Einkommen der Eskimo-Familien zu 53 % aus Regierungsbeihilfen, im Mackenzie-Gebiet zu 25 %. In neuerer Zeit werden die Eskimos in größeren Ansiedlungen seßhaft gemacht. 1964 wurden 180 vorfabrizierte Häuser für Eskimos in die Nordwestterritorien verschifft, ferner 111 Häuser für Bedürftige und Kranke und bis etwa 1970 sollen alle Eskimofamilien mit eigenen Häusern versehen sein (Eskimo Low Cost Housing program). Die finanzielle Hilfe gewährt das Department of Northern Affairs and National Ressources. 1961 waren zur Hebung des Lebensstandards 5 Fischkooperativen auf Rotforellenfang spezialisiert; insgesamt wurden 1964 19 Kooperativen und

2 Kreditgenossenschaften durch Eskimos unterhalten, die fast 1 Million (kanad.) Dollars erbrachten. Die Specksteinschnitzereien und graphischen Arbeiten (als „Souvenirs") erlösten 1961 78 000 Dollars, ihr Verkauf erfolgt zentral durch die West Baffin Eskimo Cooperative. Andere bedeutende Schnitzereikooperativen befinden sich in Baker Lake (Keewatin, Ertrag 1964: 60 000 Dollars) sowie die „Ookpik"-Kooperative in Fort Chimo. Auch werden Eskimos bei Entwicklungsvorhaben eingesetzt (Zahlen für 1961):

Nickel-Mine, Rankin-Inlet	85 beschäftigte Eskimos
DEWL, Warnlinie	100 beschäftigte Eskimos
Hudson Bay's Company	40 beschäftigte Eskimos

Der Sender Inuvik wird von einem Eskimo geleitet, ein Eskimo-Mädchen gibt die einzige in Kanada erscheinende Eskimozeitschrift „Inuktitut" in Ottawa heraus, zwei weitere sind Ansagerinnen bei den Sendern Frobisher Bay und Montreal. Nur 40 % der kanadischen Eskimos leben noch von Jagd und Fischerei. Auch Sozialbeihilfen werden gewährt, z. B. für den Hausbau, regelmäßiges Kindergeld wird meist in Form von Waren und Lebensmitteln an den Posten der Hudsonbai-Kompanie für die Eskimofamilien bereit gehalten. Für Grönland sind die Erwerbsverhältnisse in Tabelle 65 angegeben, für die sowjetischen Gebiete fehlen entsprechende Angaben. Auch für die Schulbildung wird in allen polaren Ländern viel getan; die Tabellen 94—96 zeigen Art und Verbreitung der Schulen, des Lehrpersonals und der Schülerzahl für die UdSSR, Kanada, Alaska und Grönland. Hier wird das moderne Gedankengut den Polarvölkern nahe gebracht.

25. Gesundheitsverhältnisse und Akklimatisation (Tabellen 61, 62)

Die Polargebiete sind im allgemeinen wegen ihrer Bakterienfreiheit gesund. Trotzdem kommen Krankheiten vor, bei den Polarvölkern Zivilisationskrankheiten, bei Europäern Verletzungen und Erkrankungen durch Unfälle, durch die Kälte (Erfrierungen), seelische Störungen durch das harte Leben in der Polarnacht.

Die Eskimos leiden stark an Lungentuberkulose (Tabelle 62). Im Jahre 1948/49 herrschte an der Westküste der Hudsonbai unter ihnen eine Poliomyelitis-Epidemie, welche eine Sterblichkeit von 5 % der eingeborenen Bevölkerung hervorrief. In Grönland stehen unter den meldepflichtigen Krankheiten und den Todesursachen die folgenden an erster Stelle:

Krankheit	1959	1960	1963	1964
Grippe	5448	2225	2520	3702
Tripper	2348	2908	3482	3666
Angina	2424	2577	2467	2945
Akute Infektion der oberen Luftwege	303	470	1900	2311
Krätze	422	478	892	1718
Darmkrankheiten	1272	632	868	1415
Lungenentzündung	806	976	1842	1168
Hühnerpocken	271	613	253	429
Masern	1188	0	213	120

Todesursache	1959	1960	1962	1963
Verletzungen, Unfälle	80	44	77	75
Säuglingskrankheiten	28	16	27	41
Geschwülste	22	22	14	28
Arteriosklerose	25	21	38	27
Lungenentzündung	27	27	50	20
Altersschwäche	9	11	12	7
Lungentuberkulose	7	10	8	0
Todesfälle gesamt	302	262	360	287

Für die übrigen Gebiete fehlen entsprechende Angaben.

Zur Bekämpfung der Krankheiten ist überall im Nordpolargebiet der Gesundheitsdienst, so gut es bei den riesigen Entfernungen möglich ist, organisiert (Tabellen 61, 62). Weit entfernte Gebiete ohne ärztliche Betreuung werden in Kanada und Grönland von Hospitalschiffen besucht. Für die sowjetischen Gebiete gibt es leider keine entsprechende Statistik. Durch diese vorbildliche Krankenversorgung ist die Sterblichkeit insgesamt und die Säuglingssterblichkeit im besonderen stark herabgesetzt worden. In Grönland liegt die Sterblichkeitsziffer bei 8,1 Fällen je 1000 Einwohner, in Yukon bei 5,0, in den Nordwestterritorien bei 12,9 (Tabelle 60, 61). Die Zahl der Totgeburten liegt in Grönland bei 0,7, in Yukon bei 1,1, in den Nordwestterritorien bei 6,9 (1960) je 1000 Einwohner. Hier betrug das natürliche Bevölkerungswachstum der Eskimobevölkerung 3,3 %.

Für die weiße Bevölkerung ist die Kälte und der Wind das größte Hindernis für eine Dauerbesiedlung. Man hat Beziehungen zwischen Kälte und Wind aufgestellt; Kälte ohne Wind wird nicht als unangenehm empfunden, am übelsten wirkt sich kalter Sturm aus, da er dem Körper Wärme entzieht. Da hier drei Faktoren beteiligt sind, läßt sich die Beziehung nicht durch eine Tabelle erfassen. Statt dessen soll eine Tabelle praktisch gemessener Werte den Sachverhalt verdeutlichen:

Temperaturabnahme beim Europäer unter verschiedenen Kälte- und Windbedingungen. (Nach: Biologie antarctique. Paris 1964.)

Temperatur	−38 °C	−32 °C	−31 °C	−47 °C	−39 °C
Wind, m/sec	7	1,4	0,5	6,5	4
Dauer, Minuten	44	76	75	143	165
Temperatur rectal					
Anfangs	37,5 °C	37,5 °C	37,1 °C	37,5 °C	37,0 °C
Ende	38,5 °C	38,5 °C	37,4 °C	37,8 °C	38,6 °C
Temperatur der Haut					
Anfangs	32,5 °C	32,6 °C	32,0 °C	32,1 °C	32,9 °C
Ende	26,0 °C	26,0 °C	27,2 °C	28,2 °C	26,0 °C
Temperatur der Füße					
Anfangs	25,0 °C	26,5 °C	23,0 °C	25,0 °C	29,0 °C
Ende	18,0 °C	22,0 °C	17,0 °C	17,0 °C	34,0 °C
Temperatur der Finger					
Anfangs	33,5 °C	21,8 °C	25,0 °C	32,0 °C	30,0 °C
Ende	7,0 °C	8,0 °C	10,0 °C	18,0 °C	16,0 °C

Wärmeverlust kcal	105	125	122	126	109
Mittlere Wärmeproduktion kcal/h/qm	150	155	155	240	220

Entsprechende Messungen bei Eskimos ergaben, daß deren Körper keine Temperaturschwankungen aufwiesen, selbst bei einem Aufenthalt von acht Stunden Dauer bei einer Temperatur von $-26\,^{\circ}C$ und einer Windstärke von 5 m/sec. Längerer Aufenthalt im Polargebiet von Europäern verursacht Erfrierungen („Speckfinger"), Sonnenbrand durch Reflexion der Sonnenstrahlung durch den Schnee (Temperatur eines schwarzen Pullovers bei einer Lufttemperatur von $-7{,}5\,^{\circ}C$ Sonnenseite $+61\,^{\circ}C$, Schattenseite $+12\,^{\circ}C$!), Sauerstoffmangel in größeren Höhen, Diurese, Zirkulationsstörungen. Dabei ist zu berücksichtigen, daß unter diesen schweren Bedingungen schwere Arbeit geleistet werden soll:

%-Anteil des Zeitverbrauchs im Mittel. Halley-Bay, Antarktis.

Tätigkeit	Auf Station	Auf Schlittenreise
Liegend	35	53
Sitzend	40	8
Stehend	6	9
Gehend	8	9
Leichte Arbeit	9	7
Schwere Arbeit	2	14

Unter diesen Bedingungen ist es klar, daß in den Polargebieten eine höhere Wärmezufuhr notwendig ist als im temperierten Klima. Man rechnet mit einem Verbrauch von 3500 kcal/Tag an den Stationen, von 5000 kcal/Tag auf Schlittenreisen.

Eine besondere Gefahr bildet der Polarwinter, die lange Polarnacht, welche „Polarfimmel" (Polarkoller) hervorruft; er besteht aus Depressionen, Melancholie und leichter Anfälligkeit für Selbstmorde. Während des langen Polartages grassiert die Schlaflosigkeit. Aus diesen gesundheitlichen Gründen werden die Stationsbesatzungen und die Arbeiter in den polaren Kohlenminen alljährlich abgelöst.

26. **Erwerbsverhältnisse. Tierzucht** (Tabellen 66b, 67, 68)

Das Hauptzuchttier der Polargebiete ist das Ren, das überall verbreitet ist, wo Polarvölker leben, mit Ausnahme vom Nordosten Kanadas und von Spitzbergen, wo nur das Wildren als Jagdtier vorkommt (Tabelle 68). Um 1960 betrug die Gesamtzahl der zahmen Rentiere etwa zwei Millionen (ohne Nordeuropa), wovon der größte Teil in der Sowjetunion gehalten wird. Einbürgerungen von Rentierherden erfolgten auf der Baffin-Insel 1921 (erfolglos) und in Grönland 1952, sowie durch den berühmten „Zug der Rentiere" von Alaska nach dem Mackenzie-Delta 1929–1935 auch in Nordkanada. Diese Herden wurden eingeführt, um den Eskimos das Leben zu ermöglichen. Dabei gab es aber Rückschläge, da die Eskimos, als Jäger gewöhnt, das Ren als Jagdtier zu betrachten, auch die zahmen Rentiere jagen und nicht züchten wollten. Erst in den letzten Jahren haben sich hier die Verhältnisse gebessert. Das Ren liefert Fleisch, Häute, Knochen und Milch und wird als Last- und Zugtier benutzt (vgl. S. 49–50).

Von größerer Bedeutung ist in Grönland die Schafzucht (Tabelle 67), die 1906 mit 30 Färöer-Schafen begonnen wurde. 1915 verbesserte man die Zucht durch die Einfuhr von 175 nordisländischen Schafen, die sich in der Folgezeit als anpassungsfähiger erwiesen. Die Schafzucht konzentrierte sich auf die Distrikte Narssaq, Nanortalik und Julianehåb in Südwestgrönland, in denen heute vier Schafe auf einen Bewohner kommen. Die Haltung ist auf 196 Betriebe (1961) konzentriert. Als Weidegebiet dient vor allem Birken- und Weidenkratt mit Kräutern wie Engelswurz und Platterbse. Winterweide wird durch Föhn ermöglicht, dessen Ausbleiben Katastrophen auslöst (1949 Verlust von 52 % des Bestandes). Winterfutter wird nur lokal angebaut. Nur 15 Betriebe besaßen im Jahre 1964 Futtersilos. Die meisten Schafe werden für den Eigenverbrauch gezüchtet; der Lammverlust ist mit 35—50 % des Bestandes sehr hoch. Gewonnen wird Wolle (etwa 1,5—3 kg Wolle je Mutterschaf), Lämmer verkauft man als Schlachtvieh gern nach Narssaq, wohin sie mit Prahmzügen über See verschifft werden. Islandponys (Tabelle 66 b) hält man zum Sammeln und Überwachen der Schafe, Rinder nur für den eigenen Bedarf in den gleichen Distrikten.

Zahlen über die Viehzucht im Bereich der arktischen Gebiete der UdSSR sind nicht bekannt[1]). In den größeren Siedlungen, in denen auch versuchsweise Landwirtschaft getrieben wird, dürfte es auch Haustiere geben. Rentiere werden auf Kollektivwirtschaften und Staatsgütern gezüchtet, während der Eigenbesitz von Eingeborenen stark zurückgegangen sein dürfte.

27. Erwerbsverhältnisse. Jagd, Fischfang (Tabellen 69 bis 79)

Sowohl in der kanadischen Arktis wie auch in Nordsibirien war der Pelztierfang der Anstoß zur Erschließung. Die ursprüngliche Form bildete der Tauschhandel mit Eingeborenen; die Felle wurden von den Jägern zu festen Handelsstationen gebracht (Tabelle 69, 72). In Sibirien begann dieser Handel im Polarbereich um die Mitte des 16. Jahrhunderts (1600 Nadym und Mangazeja, 1607 Turuchansk) im Gebiet der Hudsonbai im Jahre 1676. In Polarsibirien betrug die Zahl der ausgeführten Pelze jährlich zu jener Zeit etwa 70 000, hundert Jahre später 55 000 Stück, wobei den Hauptanteil Hasen und Eichhörnchen, von polaren Tieren Blaufuchs und Rentier stellten. Heute (Tabelle 73 c) überwiegt Weißfuchs mit 92 % des Fanges aller übrigen Pelztiere. Seit etwa 1930 ist hier die Einrichtung von Pelztierfarmen im Vordringen, von denen es 1941 27 gab. Die Felle werden überwiegend mit Flugzeugen nach Südsibirien und Moskau gebracht.

In Alaska und Kanada stehen Bisamratten vor den Eichhörnchen an erster Stelle (Tabelle 70). Insgesamt werden in Nordkanada etwa 450 000, in Alaska über 200 000 Pelze jährlich erbeutet. In Grönland, dessen Pelzertrag im Vergleich dazu gering ist (4600 Felle; Tabelle 71), steht der Blaufuchs an erster Stelle. In Spitzbergen ging die Rentierjagd, die im 18. Jahrhundert blühte, inzwischen fast völlig ein.

---

1) Die Sowjetenzyklopädie gibt für 1962 folgende Zahlen:

Gebiet	Rentiere	Rinder	Schweine
Obl. Murmansk	8 100 (1960)	13 000	14 000
Neneckij N. O.	160 000	.	.
Tajmyrskij N. O.	87 000	.	.
Čukotskij N. O.	500 000	505	1 500

Der Fischfang wurde von den polaren Völkern schon seit langer Zeit für den Eigenbedarf betrieben. Kommerziell begann er in der Mitte des 18. Jahrhunderts interessant zu werden, vor allem für die Versorgung der Armee in Rußland. Von den Polargebieten sind für die heutige Zeit nur Angaben aus der UdSSR und Grönland möglich, da der polare Fang in Kanada und Alaska auch heute noch nur von Eingeborenen betrieben wird und keine Statistiken darüber bestehen.

Der polare Fischfang erbrachte in den Nordgebieten der UdSSR (Tabelle 72–79) um 1790 jährlich etwa 3000 t (Archangelsk), stieg in den dreißiger Jahren des 20. Jahrhunderts auf etwa 10 000 t (ohne Bering-Meer), nach dem 2. Weltkriege auf 26 000 t (nur polare Meere), um 1962 auf etwa 62 000 t (einschließlich Küstenfischerei der europäischen Nenzen und der Tschuktschen in Barents- und Bering-Meer). Der grönländische Fang (Tabelle 71) erbrachte (1961) etwa 43 000 t. In Kanada wird Binnenfischfang im Großen Sklavensee getrieben (Tabelle 70), ferner Forellenfang von Eskimos in Labrador und Baffin-Land (Tabelle 70), während die sibirischen Ströme (Tabelle 73 d) etwa 20 000 t an Fangergebnissen brachten. Hauptfangtiere sind Dorsch, Hering, Lachs, Heilbutt, Navagan, Renke und Stör in den polaren Meeren, Weißfisch, Karpfen, Hecht und Forelle in den Binnengewässern. Außer dem lokalen Polarfang sind die Gewässer östlich von Grönland, das Barents-Meer und das Bering-Meer die Gebiete des internationalen kommerziellen Fischfanges, an dem auch Deutschland beteiligt ist.

In den letzten Jahren wurden die mittleren Wassertemperaturen besonders in der Davis-Straße und im Barents-Meer wärmer. In den westgrönländischen Gewässern stieg die Temperatur in der Periode 1926–30 um 1,3 °C über das langjährige Mittel. Hierdurch wurde ein Vordringen des Dorschs nach Norden möglich:

1917	62 °N	Frederikshåb
1922	66	Sukkertoppen
1928	69	Disko-Bucht
1930	71	Umanak
um 1935	73	Upernavik
ab 1950	kein weiteres Vordringen nach Norden	

In den letzten Jahren haben die Fangergebnisse im Norden abgenommen. Die nördlichste Fischsalzerei liegt in der Disko-Bucht auf 69° 30′. Die erste Fischstation wurde 1910 gegründet, die Zahl der Stationen stieg in den 20er Jahren auf 80. 1948 folgte die Gründung der ersten grönländischen Fischfabrik in Narssaq, 1952 wurde sie mit Tiefgefrieranlagen ausgestattet. 1966 bestanden insgesamt 7 Fischfabriken und 59 Fischsalzereien. Auf Dorsche geht der Fang in den Monaten Mai bis Oktober vor sich, auf Heilbutte im Juni bis November.

Seit 1934 gibt es in Grönland Garneelenfischerei, die 1939 schon 70 t Ertrag brachte. Fabriken wurden eingerichtet in Christianshåb (1950), Narssaq (1952), und ein Fabrikschiff für diese Fischerei wurde in Godhavn (1963) in Dienst gestellt. Der Fang erfolgt von 51 Fangkuttern aus (1962).

Garneelenfang (t)	Disko-Bucht	Südgrönland	Gesamt	Konserven (t)
1960	1458	335	1793	423
1961	2028	562	2590	256
1962	3010	346	3356	.

Die gefangenen Garneelen werden zu Konserven verarbeitet, die zur Ausfuhr kommen.

In der UdSSR sind Fischereikombinate gegründet worden, für die nähere Angaben fehlen. Nur für den staatlichen Fischereitrust in Novyj Port (Ob-Mündung) (Tabelle 73/4), der 1935 insgesamt 3729 Arbeiter beschäftigte, gibt es Zahlen, die beweisen, daß der Fischfang im Norden überwiegend von Saisonarbeitern ausgeführt wurde, die aus Südsibirien kamen und dadurch den Fang wesentlich verteuerten. Heute dürften sich die Verhältnisse weitgehend gebessert haben, von der Tschuktschen-Halbinsel wurde das Bestehen von Fischereikollektiven bekannt, die völlig in der Hand der eingeborenen Tschuktschen-Bevölkerung sind. Auch Krabbenfang wird von sowjetischer Seite im Bering-Meer in größerem Umfange betrieben (Tabelle 73/1 c).

28. **Erwerbsverhältnisse. Robbenfang** (Tabellen 44 bis 46, 48, 70 bis 73)

Eines der ältesten Gewerbe in den Polargebieten ist der Robbenschlag. Die Polarvölker jagten die Robben, da diese ihnen alles gaben, was sie zum Leben brauchten. Gleichzeitig ging damit Hand in Hand der kommerzielle Fang, hauptsächlich zur Trangewinnung, aber auch wegen des Elfenbeins der Walroßzähne und des kostbaren Pelzes der Pelzrobbenarten (Seal).

Die Ringelrobbe ist Standwild und hält sich im Winter Atemlöcher im Eis. Von der Eiskante aus kann sie dann leichter erlegt werden, wenn sie zum Atemholen hervorkommt. Sattelrobbe und Klappmütze wandern mit dem Treibeis im Winter auf die hohe See. Der Sommerfang erfolgt vom Kajak aus. Seehundfang wird das ganze Jahr über betrieben.

Stämme, welche hauptsächlich dem Walfang und der Robbenjagd oblagen, waren die Tschuktschen, Eskimos, Korjaken und Aleuten. Die weiter nach Westen wohnenden asiatischen Stämme (Jakuten, Nenzen) beschränkten sich darauf, angetriebene Körper von Robben zu verwerten. Die Tschuktschen betrieben den Robbenfang mittels weitmaschiger Netze, die sie im Winter an den Atemlöchern, im Sommer an der Küste aufstellten. Die Eskimos fangen die Robben mit Harpunen, im Winter an den Atemlöchern. Im Frühjahr findet die Jagd vom Eisrand aus statt, wohin der Eskimo mit dem Kajak gelangt. Er schneidet auf diese Weise den Robben den Weg zum offenen Meere ab und erlegt sie mit einer mittels Wurfbrett oder Blasrohr (in Südgrönland) geschleuderten Harpune. Im Sommer erfolgt die Jagd vom Kajak aus. Im Kanadischen Achipel waren regelrechte Treibjagden entwickelt: Frauen und Kinder vergrämten die Robben durch Geschrei von ihren gewöhnlich benutzten Atemlöchern, an den restlichen Löchern saßen die Männer mit wurfbereiter Harpune. Im Sommer wurden mitunter ganze Fjorde abgeriegelt und die darin befindlichen Robben auf das Land getrieben, wo sie eine leichte Beute waren. Die Walrosse jagte man mit Lanzen und Speeren. Die Eingeborenen gewannen aus den Robben Kleidung, Leder, Knochen, Sehnen, Fleisch und Blut, Speck und Tran. Unbekannt sind die Fangzahlen der Eingeborenenjagd; in Grönland wurden Ende des vergangenen Jahrhunderts jährlich 62 000–100 000 Robben erlegt, von denen auf Nordgrönland 27 000–55 000 Robben entfielen.

Schon frühzeitig, seit etwa dem 10.–11. Jahrhundert, begann der industrielle Fang im europäischen Nordmeer, der jedoch zu starker Dezimierung der Bestände führte. Das Walroß, früher recht häufig, ist fast ganz ausgerottet (siehe S. 41). Heute hat sich der kommerzielle Fang auf Grönlandrobben und Klappmützen konzentriert, von denen es noch Herden im Weißen Meer, im Treibeis von Ostgrönland, in Neufundland und im St.-Lorenz-Golf gibt (Tabelle 44), im Bering-

Meer die Bandrobbe und die Pelzrobbe, die sich nach der Verfolgung durch die russischen Jäger im frühen 19. Jahrhundert infolge von Schutzbestimmungen in ihrem Bestand wieder erholen konnten (Tabelle 45). Schutzbestimmungen erließen die USA und Kanada. Der Fang erfolgt von Fangschiffen aus, denen seit 1958 (norwegische Fangflotte) ein Mutterschiff beigegeben ist, von dem aus Hubschrauber die Herden aufspüren, das Wettervorhersagen absetzt und als Hospitalschiff dient. Das Flugzeug wird als Aufklärungsmittel in Kanada seit den vierziger Jahren eingesetzt, in den sowjetischen Gewässern ist es schon länger in Gebrauch. Fangschiffe wurden erstmals 1898 im Weißen Meer eingesetzt, als Fangschiffe dienen Spezialschiffe, Eisbrecher oder ausgediente Minensuchboote. Vor 1800 gab es ausschließlich den Küstenfang.

Um 1800, als die Fangplätze im Norden unergiebig geworden waren, begann der Robbenschlag auch in der Antarktis durch amerikanische und britische Fangschiffe (Pelzrobbenfang s. Tabelle 46). Schon um 1890 war die kostbarste Robbe, die Pelzrobbe, fast ausgerottet. In jener Zeit war die Fangtechnik sehr primitiv. Mittels einer Robbenhacke wurden die Tiere getötet, die Häute und der Speck zum Schiff gebracht, während der Kadaver den Raubmöven überlassen blieb. Die Felle verbrachte man nach China, wo man für jedes Fell einen Gewinn von 5 Dollar erzielte, was einem Gesamtwert von 30 Millionen Mark entspricht. Der See-Elefantenfang dauerte wesentlich länger. Um 1870 waren die See-Elefanten auf den Falkland-Inseln fast ausgerottet, um 1878 auf Macquarie, um 1885 in Südgeorgien. Auf Kerguelen und der Crozetgruppe währte der Fang von See-Elefanten von 1907 bis 1931. Hier genießen sie heute absoluten Schutz, in Südgeorgien setzte ab 1910 ein lizenzierter Fang wieder ein (Tabelle 48), der bis heute anhält. Durch Überwachung des Bestandes wird eine Dezimierung verhindert; es dürfen nur Männchen erlegt werden. Für den Fang wurde die Insel in vier Distrikte eingeteilt, von denen einer in jedem Jahr ungestört bleibt. Die Quote war in den letzten Jahren auf 6000 Tiere begrenzt. Jagdzeit ist von September bis Mitte November. Trotz dieser Schonbestimmungen konnte die Quote zunächst nicht eingehalten werden, auch nehmen Größe und Alter der gefangenen Bullen ab. Erst Verbesserungen im Ablauf der Rotation der Fangdistrikte 1952 ließen den Ertrag in den Jahren 1955—58 wieder rentabel werden.

Die übrigen antarktischen Robbenarten sind für den industriellen Fang uninteressant. Nur auf den wissenschaftlichen Stationen, welche an der Küste liegen und Schlittenhunde halten, werden Robben als Hundefutter geschlagen, meist Weddellrobben. Für die neuseeländische Station Scott gibt es hierüber eine Aufstellung:

Jahr	Getötete Weddellrobben
1959/60	110
1960/61	60
1961/62	100
1962/63	109
1963/64	80
1964/65	72

Dies ergibt einen mittleren Jahresdurchschnitt von 88 Robben; unter der Voraussetzung, daß die Verhältnisse auf den übrigen 15 in Betracht kommenden

Stationen ähnlich sind, würde dies eine jährliche Robbenfangquote von 1320 Robben für die gesamte Antarktis südlich des Polarkreises ergeben.

Schlüssel für die Tabellen:

Robbenfang im 18. Jahrhundert. Fanggesellschaft. Rußland	Tabelle 72, IV
Walroßfang in Rußland 1787–89	Tabelle 72, VI
Robbenfang in der sowjetischen Arktis vor 1941	Tabelle 73, 2
Robbenfang im Nordmeer. Grönlandrobbe und Klappmütze	Tabelle 44 A
Grönlandrobbenfang um Jan Mayen 1851–1955	Tabelle 44 B
Robbenfang, alle Arten, durch norwegische Expeditionen 1954	Tabelle 44 C
Robbenfang im Beringmeer. Alle Arten	Tabelle 45
Pelzrobbenfang im Beringmeer	Tabelle 70
Pelzrobbenfang in der Antarktis	Tabelle 46
See-Elefantenfang in Südgeorgien und Altersklassen des Fanges	Tabelle 48

29. Erwerbsverhältnisse. Der Walfang (Tabellen 75 bis 78)

Schon im 10. Jahrhundert führten Basken Walfangreisen nach Grönland durch. Im 17. und 18. Jahrhundert war Spitzbergen der Mittelpunkt des arktischen Walfanges, wo zunächst Engländer im Jahre 1612 in der King Bay (damals Whalers Bay) damit begannen, stark gestört durch die Holländer; es kam in der Folgezeit zu kriegerischen Verwicklungen, die 1618 mit der Aufteilung der Küstengewässer in Interessenzonen endeten. Inzwischen waren auch Franzosen, Deutsche (aus Hamburg) und Skandinavier auf den Plan getreten, doch bildeten den Hauptteil die holländischen Schiffe, von denen von 1620 bis 1635 alljährlich 300 mit einer Besatzung von 15 000 Mann nach Spitzbergen fuhren. Die Holländer gründeten eine Sommersiedlung, Smeerenburg, das stark besucht war. Bereits um 1640 jedoch nahm der Fangertrag rapide ab, da man nur Grönlandwale fangen konnte, deren Bestand erschöpft war und sich bis heute noch nicht erholt hat. Nun wurden die grönländischen Gewässer das Hauptfanggebiet, wo im 18. Jahrhundert jährlich 2000 Grönlandwale erbeutet wurden, später verlagerte sich der Fang auf die Beaufort- und Tschuktschen-See. Seit der Mitte des vorigen Jahrhunderts betrieben vor allem amerikanische Walfänger aus den Neuenglandstaaten und (seit 1884) aus San Francisco den nordpazifischen Fang. Auch hier war das Hauptjagdtier der Grönlandwal. Der Höhepunkt der pazifischen Jagd waren die Jahre 1830–1860. Ende der 40er Jahre begannen die Fahrten durch die Beringstraße, die 1853 bereits von 250 Walfangschiffen passiert wurde. 1854 erreichten die Fänger die Herschel-Inseln (westlich des Mackenzie-Deltas), wo häufig Überwinterungen vorkamen. Um 1900 wurden auch im amerikanischen Polarbecken die Wale seltener. Als die Bedeutung des Waltrans durch Ausnutzung des Erdöls Einbuße erlitt, hörte der arktische Fang fast völlig auf. Nur einige kleine Landstationen betreiben heute noch den nordpolaren Fang, der einen Anteil von nur 0,6 % des gesamten Walfanges der Welt hat.

Der Fang von Grönland- und Grauwalen ist verboten, ebenso der Fang weiblicher Tiere. So beschränkt sich die Jagd auf Buckel-, Finn-, Blau-, Sei- und Spermwal. Für 1965 gibt die Übersicht auf Tabelle 75 a den Fangertrag außerhalb der antarktischen Gewässer nach Fanggebieten an. Der arktische Fang allein betrug:

Jahr	Norwegen Färöer	Island	Westgrönland	Bering-Meer	Gesamte Arktis
1957	979	.	.	.	.
1958	382	508	0	3255	4145
1959	215	371	0	3352	3938
1960	214	379	1	3466	4060
1961	256	350	1	3338	3945
1962	253	483	0	4043	4779
1963	160	438	0	4760	5359
1964	107	444	0	5043	5194
1965	150	432	0	5353	5935

In der Antarktis erfolgten die ersten Fangexpeditionen 1874, doch blieben sie zunächst erfolglos, da man mit Handharpunen den südpolaren Walarten nicht beikommen konnte. 1868 erfand Svend Foyn die Harpunenkanone, mit deren Hilfe auch Furchenwale gefangen werden können. 1904 wurde in Buenos Aires mit norwegischer Mannschaft die „Compañia Argentina de Pesca" gegründet, die in Grytviken (Südgeorgien) eine Landstation einrichtete und im Dezember des gleichen Jahres mit dem Fang begann. Ende 1905 fuhr das erste Kochereischiff „Admiralen" zur King-George-Insel (Süd-Shetlands), das großen Erfolg hatte. Zunächst betrieb man den antarktischen Walfang von Landstationen aus, während Tankschiffe die Ölausbeute nach Europa brachten. In Norwegen gab es 1912 bereits 60 Walfanggesellschaften, 37 Kochereischiffe, 148 Fangboote und 27 Landstationen mit einer Beschäftigtenzahl von 7000 Mann. Im gleichen Jahr begann der antarktische Fang alle übrigen Fangplätze auf der Erde zu überflügeln, 1931 war sein Anteil am Weltfang bereits auf 97,9 % gestiegen. Schon 1914 begann in den Gewässern der antarktischen Halbinsel der Buckelwal auszusterben, weswegen man auf die Blauwaljagd auswich. Durch den ersten Weltkrieg ging der Fang etwas zurück, wurde aber um 1923 wiederum verstärkt. 1923/24 erfolgte die erste Fangexpedition in das Ross-Meer. Den Fangertrag, die Zahl der gefangenen Wale und die beteiligten Fangexpeditionen von 1904—1965 zeigt Tabelle 75, den Anteil der Walarten die Tabelle 76 und 49, die beteiligten Nationen die Tabelle 78. Im Jahre 1925 stattete man die Kochereischiffe erstmals mit einem Walschlipp aus, einer schiefen Ebene am Heck, durch welche man die gefangenen Wale an Deck ziehen und an Ort und Stelle verwerten kann. Durch diese Erfindung wurde der Fang auf hoher See möglich (pelagischer Fang), der bis heute in dieser Form den Hauptanteil am Weltwalfang stellt. Ab 1929 tauchte erstmals das Problem der Ausrottung des Walbestandes auf, das in den letzten Jahren zur Krise im internationalen Fang führte (vgl. auch Tabelle 52; Jahre 1923, 1924, 1926, 1927, 1929). 1931 vereinbarte man zum ersten Male internationale Regeln; diese Vereinbarung wurde von 26 Nationen unterzeichnet. Zwar brachte der zweite Weltkrieg eine kurzfristige Erholung des Bestandes, aber in den Jahren nach 1950 nahm der

Verluste an Kochereischiffen 1939—1945 (versenkte Schiffe)

Großbritannien	10
Norwegen	8
Japan	5
Deutschland	3
Panama	1

Raubbau derartige Ausmaße an, daß für die kleineren Nationen die Ausrüstung von Expeditionen unrentabel wurde. Als Walfangnationen schieden bis 1964/65 alle aus außer Norwegen, Japan und die UdSSR. Japan übernahm 1963 auch die verbliebenen Landstationen auf Südgeorgien (Tabelle 76 b). 1959 kam es zu einer Krise in der internationalen Zusammenarbeit, da Norwegen und die Niederlande die Walkonvention vorübergehend kündigten. Auch die Ansprüche Japans konnten 1965 nicht mehr in vollem Umfange erfüllt werden.

Walfangnationen. Antarktischer Fang. Beginn und Ende der Teilnahme:

	Beginn	Ende
Argentinien	1904	1962
Norwegen	1905	
Frankreich	1908 (1922)	1931 mit Unterbrechung
Großbritannien	1922?	1963
Japan	1934	
Deutschland	1935	1939
USA	1936	1939
Panama	1936	1956 mit Unterbrechung
Südafrika	1946	1957
Niederlande	1946	1964
UdSSR	1946	

Zur Kontrolle des Fanges hat man die Meere um den antarktischen Kontinent in Fanggebiete aufgeteilt (insgesamt 6). Ein allgemeines Walschongebiet bestand 1937–1962 im amerikanischen Sektor zwischen 70 und 160 °W südlich von 40 °S, dann wurde auch dieses Gebiet „bis auf weiteres" für den Fang freigegeben.

Der Fang erfolgt von kleinen Fangbooten aus, die sehr wendig sind und am Bug eine Harpunenkanone besitzen. Der Standort der Wale wird durch ihre typischen Spritzfontänen entweder vom Fangboot aus oder (seit 1948) von Hubschraubern festgestellt. Die Tötung erfolgt entweder durch eine Granate oder auf elektrischem Wege (Spannung 220 V, Stromstärke 60 Amp.). Die toten Wale werden dann mit Luft aufgepumpt, damit sie schwimmen bleiben. Das Mutterschiff sucht sie auf und zieht sie an Bord, wo sie dann zerlegt werden. Die Mutterschiffe sind schwimmende Fabriken (vgl. Tabelle 77), die mit Speck- und Knochenkochern ausgerüstet sind. Eine eigene Maschine dient der Lebertrangewinnung. Die Arbeit geht in durchgehenden Schichten Tag und Nacht vor sich. Die Besatzung einer solchen Fangflotte besteht im Durchschnitt aus 700 Mann.

Besatzungen der Fangexpeditionen in der Antarktis

Saison	Norweger	Engländer	Japaner	Russen	Andere	Gesamt
1938/39	7517	887	2793	0	1508	12 705
1949/50	7230	1139	2552	677	593	12 191
1950/51	7489	1212	2542	700	1139	13 082
1951/52	7934	1238	3041	741	1251	14 205
1952/53	6787	1450	2757	748	1057	12 799
1953/54	7240	1382	2789	750	430	12 591
1954/55	7279	1239	3795	754	1215	14 282
1955/56	7594	1198	4071	754	1451	15 068
1956/57	7299	1144	6486	850	758	16 537

Saison	Norweger	Engländer	Japaner	Russen	Andere	Gesamt
1957/58	6693	911	8402	1020	765	17 791
1958/59	6817	944	7974	1020	792	17 547
1959/60	6152	890	8100	2000	787	17 929
1960/61	5377	780	9680	2900	759	19 496
1961/62	4557	559	9748	4050	727	19 641
1962/63	2045	264	9676	4100	607	16 692
1963/64	1770	21	8845	4100	606	15 342
1964/65	1866	60	8769	4000	33	14 728
1965/66	981	7	6847	3300	5	11 140
1966/67	884	48	5562	3300	2	9 796

Außer dem Walöl werden zahlreiche wertvolle Nebenprodukte gewonnen. Das Öl selbst ist ein Fettöl mit hohem Verseifungsgrad und Glyzerinanteil. Das Walöl kann gehärtet werden und dient dann zur Margarine- und Backfettherstellung, sowie bei der Produktion von Seifen, Glyzerin, als Brennöl, für Kerzen, Stahlverarbeitung, Lederwaren sowie bei der Ölfarben- und Linoleumfabrikation. Spermöl wird als Schmiermittel sowie in der Kosmetikindustrie oder zu pharmazeutischen Zwecken verwendet. Das Walfleisch ist Volksnahrungsmittel in Japan, den afrikanischen Staaten und in Norwegen und kommt als Gefrierfleisch in den Handel. In gemahlener Form dient es als Viehfutter und zur Kunstfaserproduktion. Walhäute werden zu Lederbekleidung verarbeitet, das Fischbein, früher Modeartikel, verwendet man zur Herstellung von Knöpfen, Bürsten, Zigarettenetuis. Knochenmehl und Walfäkalien sind wegen ihres hohen Ammoniak- und Phosphatgehaltes wertvolle Düngemittel. In den Drüsen finden sich wichtige Drogen und Vitamine, und selbst die Bindegewebe kann man zu Matratzenfüllungen verarbeiten.

Nebenprodukte. Gesamtertrag des Weltfanges 1958—1962 (metr. t)

	1958/59	1959/60	1960/61	1961/62
Walfleischmehl, Knochenmehl, Guano	79 043	85 867	87 611	81 232
Walleber	1 237	1 941	2 448	3 057
Leberöl, Vitaminöl	313	258	255	233
Lebermehl	140	0	0	0
Walfleisch, Tran als Nahrungsmittel	129 053	145 731	166 317	232 676
Walsolubles	5 752	6 312	7 974	7 094
Andere Produkte	31 702	31 811	40 514	49 407

Nebenprodukte. Gesamtertrag des Weltfanges 1962—1966 (metr. t)

	1962/63	1963/64	1964/65	1965/66
Walfleischmehl, Knochenmehl, Guano	76 107	71 513	76 542	61 960
Walleber	2 391	2 971	3 953	2 732
Leberöl, Vitaminöl	208	206	120	109
Lebermehl	0	0	0	0
Walfleisch, Tran als Nahrungsmittel	206 402	226 189	240 618	204 045
Walsolubles	16 413	6 606	6 099	6 099
Andere Produkte	39 011	37 000	38 893	29 577

Anteile der Nebenprodukte an den Fanggebieten Antarktis (1965/66), Arktis (1965) und übrige Welt (1965) (metr. t)

	Antarktis	Arktis	übrige Welt	Gesamt
Walfleischmehl	16 460	3 265	40 982	60 655
Knochenmehl			635	635
Guano			618	618
Walleber	2 042	1	689	2 732
Leberöl		109		109
Vitamin A (10^9 Einh.)	8 650		17 239	25 889
Walfleisch	142 869	30 630	31 121	204 620
Waltran als Nahrungsmittel		74	1 393	1 467
Solubles			6 099	6 099
Sonstige Produkte	17 486	9 243	2 848	29 577

Der überhöhte Fang gibt zu schweren Bedenken Anlaß. Die Walarten sind alle am Aussterben und die Bestände bedürfen einer langen Schonzeit, um sich erholen zu können (vgl. auch S. 49).

30. Erwerbsverhältnisse. Bergbau (Tabellen 79 bis 85)

Im Verlauf der geologischen Erforschung der Polargebiete ist man auf reiche Lagerstätten nutzbarer Gesteine gestoßen, die in jüngster Zeit stärker ausgebeutet werden. Von selteneren Mineralien seien Kryolith (Grönland), Uran (Kanada), Platin (Tajmyr N. O.) genannt, die man mit Erfolg abbaut; hinzu kommen Gold (Kanada, Alaska, Ostsibirien), Erdöl (Kanada, Alaska, Nordsibirien), Kohle (Spitzbergen, Nordsibirien) und verschiedene Erze. Erst der Bergbau hat den hohen Norden für europäische Kolonisation erschlossen, für ihn wurde das Verkehrsnetz ausgebaut, Siedlungen gegründet und die allgemeine Landesforschung und Landesentwicklung gefördert.

Das wichtigste Produkt von Spitzbergen ist die Kohle. Die Vorkommen gehören 4 Systemen an (vgl. S. 8). Die Anteile an flüchtigen Bestandteilen und der Kalorienwert sind aus folgender Tabelle ersichtlich:

System	Flüchtige Bestandteile	Kalorienwert cal.	Kohlenarten
Spitzbergen:			
Devon-Karbon	28—31 %	7000—7600	Splitterkohle, Fettkohle
Kreide	21—37 %	6700—7600	Dampfkohle, Kokskohle
Tertiär	30—40 %	7400—8000	Dampfkohle, Kokskohle
Bäreninsel:			
Devon-Karbon	15 %	7100—7300	Kokskohle

Die Kohlenvorkommen sind seit dem 17. Jahrhundert bekannt, für lokalen Gebrauch wurden sie bereits im 19. Jahrhundert abgebaut (durch norwegische und russische Jäger). Um 1900 begann man, an eine industrielle Ausbeutung zu denken. Der Robbenfänger *S. Zachariassen* brachte eine Probe mit nach Norwegen und gründete hier eine Gesellschaft. Im gleichen Jahr und auch im Jahre 1901 wurden bereits von 4 Gesellschaften die ersten Mutungen abgesteckt. Auf der Büreninsel war dies bereits 1898/99 durch *Th. Lerner* geschehen. In den Folgejahren bis 1920 legten Angehörige von 10 verschiedenen Nationen Mutungsgebiete fest; jedoch fehlte eine Rechtsgrundlage, die erst durch verschiedene Konferenzen (Oslo 1910 und 1912, internationale Konferenz 1914) und endgültig durch den Pariser Vertrag (9. 2. 1920) geschaffen wurde. Nach der norwegischen Besitzergreifung meldeten 26 Gesellschaften 74 Mutungen an, von denen 1925 nur 40 durch Norwegen anerkannt wurden. Die Vergabefläche betrug 4223 qkm.

Nation	Zahl der Eigentümer		Zahl der Mutungen		qkm		% der Fläche	
	1927	1938	1927	1938	1927	1938	1927	1938
Norwegen	11	12	14	32	2225,6	3675,7	52,7	87
Schweden	1	0	2	0	764,0	0	18,1	0
England	2	1	20	4	982,7	296,6	23,2	7
Holland	1	0	2	0	124,7	0	3,0	0
UdSSR	2	1	2	4	126,4	251,1	3,0	6
Gesamt	17	14	40	40	4223,4	4223,4	100,0	100,0

Der industrielle Abbau begann 1907. *J. M. Longyear* aus Boston finanzierte die erste Mine der Gesellschaft „Arctic Coal" in der Advent-Bay. 1916 verkauften die Amerikaner ihren Anteil an die norwegische Gesellschaft „Store Norske Spitsbergen Kulkompani", Oslo. Gleicherweise veräußerte die britische Spitzbergen Coal and Trading Co. ihre Mutungen an die „Norske Kulfelter Spitsbergen A. S." in Bergen. In der Königsbucht (Kings Bay) wurde die „Kings Bay Kul Kompani" aus Ålesund tätig (1916), weitere Verkäufe an norwegische Gesellschaften erfolgten 1932 und 1934. Im Jahre 1912 gründete man die russische „Arktik Ugol"-Gesellschaft, die nach 1919 in Staatsbesitz überging und sämtliche russischen Gruben übernahm (heute Barentsburg und Grumant). Die Kohle wird in Spitzbergen unter Tage abgebaut, die Gänge sind 90 bis 180 m lang; vor Ort beträgt die Lufttemperatur − 3 bis − 4 °C. Wegen ihrer Reinheit kommen die Kohlen gleich auf Halden und warten so auf ihre Verschiffung. Die Zahl der Beschäftigten zeigt Tabelle 80. Die Verschiffungen gehen nach Nordeuropa: Norwegen, Schweden, Island und die Polarhäfen der UdSSR.

Erdölforschung setzte erst 1961 ein (Tabelle 81). Man vermutet Erdöl und Erdgas aus dem Karbon-Perm am Eisfjord (Isfjord), aus der Trias ebenda und auf der Edge-Insel und aus Jura-Kreide in Südwestspitzbergen (Flanken des Westspitzbergen-Trogs). Fündig ist man indessen bis jetzt noch nicht geworden.

In Grönland bestehen die Westküste und südliche Ostküste aus Urgesteinen. Die Syenit-Nephelin-Massive in Südwestgrönland sind reich an Pegmatitgängen mit Anreicherungen von Zirkon, Niobium, Zerium, Tantal, Uran. Die Vorarbeiten zu ihrer Ausbeutung begannen um 1950. Länger bekannt ist das Kryolith-Vorkommen in Ivigtut, das einzige Vorkommen der Welt. Es handelt sich um Fluorit (Na_3AlF_6).

Das Mineral wurde schon 1795 entdeckt und 1823 analysiert (durch *Bercelius*). Erst 1851-52 erkannte *J. Thomsen* den Wert des Kryoliths für die Sodaproduktion und die Eisenemaillierung und er begann 1854/56 mit der industriellen Ausbeutung. 1865 erfolgte die Gründung der „Kryolith Mine og Handels Selskab" in Kopenhagen. Die Wichtigkeit des Bergwerkes wuchs, als man 1855 erstmals Aluminium daraus herstellte. Die Ivigtut-Mine wird über Tage abgebaut; die Grube ist 192 m lang, bis 98 m breit und 60 m tief. Die Belegschaft besteht aus 175 bis 120 Mann (Sommer—Winter). Die Unreinheit des Erzes beträgt 20 % und ist auf Siderit zurückzuführen; eine Raffinierung erfolgt in Kopenhagen (Kryolitselskabet Øresund). 60 % des Ertrages geht in die Aluminium-Industrie, 30 % in die Emailproduktion und 10 % in die Glasfabrikation. 1972 werden die Vorräte erschöpft sein und die Mine wahrscheinlich stillgelegt werden.

Seit 1955 ist in Ostgrönland, in Mesters Vig ein Blei-Zink-Bergwerk errichtet worden. Es handelt sich um Abbau von Bleiglanz und Zinkblende unter Tage, die Erze kommen in Quarzgängen vor. Man rechnet mit einem Abbau bis etwa 1969. Die Lagerstätte wurde 1948 von dem Schweizer *H. Stauber* entdeckt. Die Ausbeutungsrechte erwarb die „Nordisk Mineselskab" in Kopenhagen, die mit 55 % dänischer, 30 % schwedischer und 15 % kanadischer Beteiligung arbeitet. Die Mine liegt etwa 12 km von der Küste entfernt in 300 m Höhe. In der Nähe befindet sich ein kleiner Landeplatz für Flugzeuge, um die Belegschaft auch bei Eisblockade ablösen zu können; Schiffe können nur 4 bis 6 Wochen im Jahr die Küste in Mesters Vig erreichen. Die Belegschaft beläuft sich auf 10 Angestellte und etwa 80 Arbeiter, die Arbeit geht von Februar bis November vor sich. Nur gering ist die Erzkonzentration, doch wird bereits an Ort und Stelle eine Konzentrierung auf 80 % Blei und 60 % Zink vorgenommen.

An der Westküste liegt Tertiär, in dem Kohlenflöze vorkommen (Tabelle 85).

Die Entwicklung des Bergbaus im kanadischen Polargebiet geht aus Tabelle 84 hervor. Gold wurde 1896 entdeckt. Doch hat die Förderung stark abgenommen und die größte Firma für Seifengold (Yukon Consolidated Gold Co.) stellt 1966 ihre Produktion ein. In den Nordwestterritorien handelt es sich um Abbau von Goldadern im Yellowknife-Distrikt, 90—280 km um den Ort herum. 1964 wurde eine Goldmühle am Matthews Lake (Tundra Mine) errichtet, weitere lohnende Goldfunde machte man am Contwoyo-See, am Coronation-Golf und an anderen Stellen. Die Minen fördern das reinste Gold in ganz Kanada, jedoch sind die Gestehungskosten um 1/3 höher als im übrigen Dominium. Aus diesem Grunde erhielten die Minengesellschaften (außer Giant Yellowknife) staatliche Beihilfe.

Silberblei wurde bei Mayo (Yukon) im Jahre 1906 entdeckt, jedoch blieb die Produktion wegen der Entlegenheit der Stelle nur gering. Der Vorrat beläuft sich (1963) auf 494 000 t Silber-Blei-Zink-Erz. „United Keno Hill" produziert 20 % der gesamtkanadischen Silberproduktion, ferner 5,3 % der Bleiproduktion, 6,8 % der Cadmium- und 1,1 % der Zinkerträge Kanadas.

Nickel wurde in Rankin Inlet an der Westküste der Hudsonbai durch die Firma „North Rankin Nickel Mines" gefördert. Es handelte sich um ein Nickel-Kupfer-Konzentrat, das zur „Fort Saskatchewan Refinery" verschifft wurde. Als Nebenprodukt fiel Kupfer an (486 t im Jahre 1962). Im gleichen Jahr mußte die Produktion eingestellt werden. Ein neues Kupfer-Silber-Vorkommen wurde 1961 im Nahanni-Gebiet (Yukon) entdeckt. Uran förderte man seit 1942 in Port Radium (Uranium City am Großen Bären-See), wo seit 1934 Silber und Radium gewonnen worden waren (bis 1940). Die Ausbeute ging jedoch in den letzten Jahren stark zurück, da die USA kein Uran mehr abkaufen, weswegen man 1960 die Produktion ganz einstellte.

1959 wurde am Flat River Wolfram entdeckt. Die Vorbereitungen zur Ausbeutung mußten 1962 wegen des Überangebots an Wolfram auf dem Weltmarkt vorübergehend eingestellt werden. Erst nach der Preisstabilisierung 1964 nahm man die Arbeiten an dem Projekt wieder auf. Es sollen jährlich 100 000 t Erz mit einem Wert von 3 Millionen Dollars gefördert werden.

Die Kohle von Carmacks (Yukon) ist hochbitumös und geeignet für die Winterheizung der Keno-Mine. An Vorkommen anderer Erze sind Zink, Blei, Eisen, Nickel und Kupfer zu nennen. Die Eisenlager am Snake River sind sedimentär, 150 m mächtig und enthalten Hämatit und Jaspis. Das Erz hat eine Konzentration von 45—48 % Eisen, 23—25 % Quarz, 0,35 % Phosphor und 0,01 % Schwefel. Der Abbau würde sich erst bei einer Konzentration von 60 % Eisen lohnen. Die Eisenvorkommen auf der Baffin-Insel lagern in einem metamorphen Komplex präkambrischer Gneise und Granite. Sie bestehen aus Hämatit, Spekularit und Magnetit mit einer Eisenkonzentration von 25 %. Der Vorrat wird auf 100 Millionen t Erz geschätzt, doch ist die Lagerstätte sehr abgelegen.

Erdöl lagert in einem Devonriff bei Norman Wells am Mackenzie. Es wurde um 1900 entdeckt und seit 1921 ausgebeutet. Das Erdöl hat großen Wert für die örtliche Industrie, die es mittels Tankschiffen auf dem Mackenzie verschifft. Eine Raffinerie ist in Norman Wells in Betrieb; die Ölleitung, die während des Krieges zu den Raffinerien in Whitehorse im Ausbau war, stellte ihre Funktion ein. In den Jahren nach 1941 wurden 67 Bohrungen niedergebracht (gegen 3 fündige Erdölquellen 1940), von denen sich 60 als fündig erwiesen. Außer von der Industrie werden Erdölprodukte auch von Flugzeugen und Motorschiffen im Territorium selbst verbraucht. Ab 1959 dehnte man die Erdölsuche auch auf die arktischen Inseln aus und 1965 in die Hudsonbai; 24 Bohrungen wurden neu niedergebracht, die einer Gesamtlänge von 35 km entsprechen. Ein Bohrloch auf der Bathurstinsel ist das nördlichste Bohrloch der Welt, es liegt nur 1530 km südlich des Nordpols. Daß in dieser Region Erdöl vorhanden sein muß, zeigen bituminöse Schichten auf Victoria, Devon und Cornwallis. Ebenso entdeckte man Teersandlager. Die Ausbeutung der reichen Vorkommen stößt durch die langen Transportwege auf Schwierigkeiten. Erdgas fand man 1961 im Gebiet zwischen Liard River und Trout Lake. Es entstammt der devonischen „Slave-Point"-Formation.

Die Kosten für die Unterhaltung und das Personal der Minenbetriebe im arktischen Kanada sind naturgemäß sehr hoch. Für die Belegschaften müssen Polarzuschläge bezahlt werden. Ein besonderes Problem ist die Energieversorgung, bei der man auf die natürlichen Wasserkräfte zurückgreift.

Yukon und Nordwestterritorien. Wasserkraftausbau

Jahr	Installierte PS	Jahr	Installierte PS
1900	5	1952	31 450
1910	3 195	1954	32 440
1920	13 199	1956	33 240
1930	13 199	1958	51 240
1940	18 199	1960	60 440
1950	28 450	1961	60 440

Yukon und Nordwestterritorien. Produktion und Verbrauch 1959/60

	Einheit	1959	1960
Installierte Kapazität	kW	45 503	64 093
Zahl der Endverbraucher		4 619	5 090
Verbrauch (1000 kWh)			
Öffentliche Unternehmen		107 703	118 711
privat		9 250	11 007
Industrie			
Produktion:			
Wasserkraft	1000 kWh	154 125	159 792
thermal	1000 kWh	30 701	29 327
Verbrauch	1000 kWh	184 826	189 119

Yukon und Nordwestterritorien. Installierte Leistung in kW 1964—1966

	1964	1965	1966
Yukon			
Wasserkraftwerke	26 000	28 000	.
Wärmekraftwerke	4 000	4 000	.
Gesamt	30 000	32 000	.
Nordwestterritorien			
Wasserkraftwerke	17 000	17 000	35 000
Wärmekraftwerke	15 500	25 000	25 000
Gesamt	32 500	42 000	60 000

Neue große Kraftwerke entstanden an verschiedenen Stellen: 1960 in Snare Falls mit 9200 PS, 1965 wurde im Dezember das Großkraftwerk Taltson River (bei Pine Point) mit 18 000 kW eröffnet, das auch Fort Smith mit Strom versorgt. Im Bezirk Franklin fehlt allerdings so gut wie jede Energieerzeugung außer für örtlichen Verbrauch (Frobisher Bay).

In Alaska ist das einzige polare Vorkommen das Erdölfeld von Point Barrow. Schon zu Beginn dieses Jahrhunderts hatte man an der Smith Bay Öltümpel gefunden; das Öl stammt aus tiefen Lagen und sickert nach oben durch (sepage). Sein Alter ist Oberjura bis Kreide. Die amerikanische Marine hatte dieses Gebiet seit langem für jede private Ausbeutung gesperrt, 1949 wurde die erste Bohrung fündig und lieferte 25 Faß täglich aus einer Tiefe von 200 m. Das Gebiet gehört zur Naval Petroleum Reserve No. 4, die 1942 auf das gesamte arktische Küstengebiet Alaskas ausgedehnt wurde. Förderzahlen für die einzelnen Fördergebiete sind daher nicht bekannt geworden. Alle übrigen Bergbaustätten liegen südlich der Brooks Range, und zwar (Tabelle 83):

Kohle	Matanuska und Healy (Alaskabahn)
Erdöl, Erdgas	Katalla, Cold Bay (Golf von Alaska). Swannon River, Soldatus-Feld. 1964: 244 202 ha Erdölmutungen vergeben
Goldseifen	Nome-Halbinsel, Flußgebiet von Yukon und Kuskokwim, Copper River-Distrikt (Baggerförderung)
Ganggold	bei Fairbanks, am unteren Yukon, im Chugach-Gebirge, bei Juneau

Silber	Kennicott (als Nebenprodukt)
Kupfer	Kennicott, Prince William Sound, Ketchikan
Zinn	Tin City auf der Halbinsel Seward (Kassiterit-Vorkommen)
Quecksilber	Kuskokwim-Tal
Wolfram	Verschiedene Vorkommen

In der UdSSR sind viele Vorkommen von nutzbaren Erzen und Mineralien bekannt geworden. Leider wird über die Höhe der Produktion, die Vorkommen, ihre Verarbeitung nichts veröffentlicht. Die Tabelle 82 gibt daher nur einen Auszug aus Zeitungsmeldungen und gelegentlichen Zitaten in wissenschaftlichen Arbeiten. In den Nordgebieten der UdSSR liegen ähnliche Bedingungen vor wie in der kanadischen Arktis; auch hier erschweren Verkehrsungunst, hohe Personal- und Gestehungskosten und das schwache Energiepotential die Ausbeutung erheblich, wenn auch in der letzten Zeit eine deutliche Zunahme der elektrischen Energieproduktion zu verzeichnen ist (vgl. auch Tabelle 79 mit Angaben für die politischen Einheiten).

Die Bergbaudistrikte im Norden sind meist isoliert. Zum Abbau gelangen nur solche Lagerstätten, deren Vorkommen in der UdSSR einmalig ist, seltene Nichteisenerze sowie Erdöl und Kohle zur Hebung der Energiebasis. Von sowjetischer Seite unterscheidet man im arktischen Gebiet verschiedene Bergbauregionen:

Bergbauregion Bergbaudistrikt	Orte	Bergbau auf	Abbaubeginn und -ende
Europäische Region	Vorkuta	Kohle	1938
	Uchta	Erdöl, Erdgas	1935
	Amderma	Fluorit	1933—1946
Westsibirische Region	Berezovo-Igrim	Erdgas	1953
	Novyj Port	Erdgas	1965
	Tazovskoe	Erdgas	1964
	Ust'Enisejsk-Ermakovo	Erdöl	1962
Mittelsibirische Region	Norilsk-Talnach	Kupfer, Nickel Platin, Uran	1940, 1965
	Kurejka	Graphit	1912—1941
Nordostregion			
Chatangadistrikt	Nordvik	Erdöl, Salz, Kohle	1936, 1957
Lenadistrikt	Taz-Tumus	Erdöl	1958?
	Sangar, Kangalarskie	Kohle	1920?
Janadistrikt	Ese-Chaja, Deputatskij	Zinn	1940, 1958
Kolyma-Indigirka-Distrikt	Zyrjanka	Kohle	1935
	Ust'Nera, Susuman	Gold, Zinn	1935
Čaun-Anjuj-Distrikt	Pevek, Komsomolskij, Krasnoarmejsk	Gold, Zinn	1943
	Bilibino	Gold	1958
Čukotska-Distrikt	Iul'tin	Wolfram	1953/54
	Beringovskij	Kohle	1935

Gerade der Nordosten ist reich an seltenen Erzen, da er der pazifischen metallogenen Zone angehört. Jedoch erfolgt der Abbau nur punktförmig; zwischen den einzelnen Bergbausiedlungen liegen viele Hunderte von Kilometern unbesiedelten Gebietes. Bei der Anlage der Minen spielen folgende Faktoren die ausschlaggebende Rolle: 1. Transportmöglichkeit; 2. Energieversorgung; 3. Versorgung der Bergbaubevölkerung mit Baustoffen, Konsumgütern usw.

Das Transportproblem ist wegen der großen Entfernungen wichtig für die Entwicklung der örtlichen Unternehmen. In der europäischen Region wurde die Pečorabahn nach Vorkuta gebaut sowie eine Pipeline nach Südwesten nach Zentralrußland und nach Nordosten zum Ob (Labytnangi). Die Vorkommen in Westsibirien liegen günstig an den großen Strömen (Ob, Jenissej), welche als Transportwege nach Norden und Süden dienen. Auch Norilsk, das durch eine Bahn mit Dudinka verbunden ist, hat seinen natürlichen Zugang. Ganz anders sind die Verhältnisse im Nordosten. Hier liegen die Bergbaugebiete an Strömen, die in das Norpolarmeer münden, und selbst die Lena, die sich als natürlicher Transportweg anbietet, hat nur an zwei Stellen Verbindung mit den übrigen Teilen der UdSSR: Bahnanschluß über Ust'Kut (Hafen Osetrovo) und Autostraße von Tommot (am Aldan) zur Transsibirischen Bahn nach Bol'šoj Never. Der Kolyma-Indigirka-Distrikt wurde 1927—1931 durch eine ganzzeitlich benutzbare Autostraße mit Magadan (Hafen Nagaevo) verbunden. Die Berbaudistrikte auf der Tschuktschen-Halbinsel benutzen als Transportweg den Seeweg zu den sowjetischen Fernost-Häfen.

Anteile der Frachten (Empfang) in % für die Bergbaugebiete des Nordostens (1963):

Route	%
Seeweg von Fernosthäfen	68
Lena-Weg	27
Straße nach Tommot, weiter auf Aldan-Lena	3
Nördlicher Seeweg	2

Der gesamte Empfang belief sich 1962 auf 1800000 t (Jakutien, Magadan, Čukotska), von denen jedoch nur 900000 t aus Ostsibirien stammten. Zur besseren Erschließung der Bergbaugebiete sind folgende Verkehrsbauten geplant:

Autostraße und Bahn von Chandyga (Unterer Aldan) nach Arkagala (Kolyma-Straße)

Bahnen von Nagaevo (Magadan) nach Ust'Nera, von Jakutsk nach Chandyga und (als Fernziel) Küstenbahn von Jakutsk über die Distrikte Jana und Čaun-Anjuj nach Čukotska.

Auch der Ausbau des örtlichen Straßennetzes ist erforderlich. Die Energieversorgung steckt noch in den Anfängen. Bisher spielten Holz und Kohle die größte Rolle, doch sollen in Zukunft die Erdöl- und -gasvorräte im Ob-Taz-Gebiet und an der Lena in größerem Umfange als Energiebasis herangezogen werden. Während Norilsk über gute Kohlen verfügt, die von Dudinka aus sogar verschifft werden, haben alle Bergbauzentren im Nordosten keine eigenen natürlichen Energiequellen, mit Ausnahme des Kolyma-Indigirka-Distrikts. Das Zinngebiet an der oberen Jana bezieht Kohlen aus Sangar an der Lena über den Schiffsweg bis Batagaj bzw. Ust'Kujga. Zyrjanka versorgt den Čaun-Anjuj-Distrikt, Beringovskij (bis 1957 Ugol'naja) die Wolframmine Iul'tin. Die Stadt Magadan bezieht ihre Kohle aus Sachalin (Kosten je t 446 Rubel, obwohl die Gestehungskosten von Kohlen aus der eigenen Umgebung nur 200 Rubel je t erfordern würden). Ebenso verfügt der Čaun-Bilibino-Distrikt über nicht genutzte eigene Kohlenvorräte.

Auch die Versorgung mit Baumaterialien ist ein wichtiges Problem. Man versucht, sie in der unmittelbaren Umgebung der Bergbauorte zu gewinnen. Jedoch muß Zement überall mit Schiffen herangeführt werden. In Bestjach (bei Prokrovsk an der Lena) war eine neue Zementfabrik 1963 im Bau, eine zweite ist nördlich Magadan geplant (Jagodnoe?). Ziegel werden von Wladiwostok über den Seeweg bis nach Pevek und Tiksi verschifft. Die Lebensmittelversorgung ist nur in beschränktem Umfange durch Ausnutzung örtlicher Möglichkeiten sichergestellt. Zwar gibt es Frischmilch und Fische überall und die Fleischversorgung soll durch Entwicklung der lokalen Rentierzucht erfolgen, doch ist Ackerbau (Kartoffeln, Gemüse) in den meisten Bergbauorten nicht möglich (kurze Vegetationsperiode, gebirgige Umgebung); die nördlichsten Anbaugebiete liegen im Gebiet von Magadan und an der mittleren Lena.

Der Ausbau der Minen zieht die Einrichtung sekundärer Betriebe nach sich, deren Errichtung in Norilsk und im Kolyma-Indigirka-Distrikt am weitesten vorangeschritten ist; es bestehen hier Betriebe für Reifengalvanisierung, Nachfüllung von Autobatterien, für Isolatorenbau und aus Reparaturwerkstätten haben sich kleine Maschinenfabriken entwickelt. Daneben finden Verwaltung, Handel (lokale Märkte für die Umgebung) und kulturelle Einrichtungen Ansatzpunkte.

Die Planung sollte komplex sein. Mißerfolge waren z. B. der Aufbau einer Zinnindustrie im Kolymagebiet während des Krieges, der wegen der geringen Vorräte zur Stillegung führte; der Bau von Bilibino zeigte keine Koordinierung der Arbeiten der verschiedenen damit beauftragten Organisationen: Als die Mine fertig war, verging über ein Jahr, bis Kraftversorgung und Verkehrserschließung den Abbau ermöglichten. Diese Fehler sollen bei Neuplanungen vermieden werden.

In der Antarktis sind wohl eine Reihe von Bodenschätzen entdeckt worden, doch ist es noch nirgendwo zu einem Abbau gekommen. Im Victoria-Land sind die Kohlenflöze über eine Fläche von 250 000 qkm verbreitet. Im Grundgebirge wurde ebenda 1910 Kupfer nachgewiesen, Eisen in einer Konzentration von nur 4 % fand man am Horn-Bluff (King-George-V.-Land), ebenso Zinn (Kassiterit), der sich vielleicht als abbauwürdig erweist. Schwefel in gediegener Form fand man am Mount Erebus. Die Antarktische Halbinsel ist wesentlich reicher an Bodenschätzen. Nachgewiesen sind Lager von Pyriten auf der King-George-Insel (Süd-Shetland, 1821 entdeckt) und in Marie-Byrd-Land, Kupfer auf der Insel Anvers, Nickel, Kobalt und Chrom auf den Süd-Shetland-Inseln, Mangan, Molybdän, Malachit und Gold in der Marguerite-Bucht. Auch andere Erze werden sicher im Laufe der Zeit noch nachgewiesen werden.

Auf den subantarktischen Inseln gibt es Lignit an sieben Stellen der Kerguelen-Inseln, die in den 20er Jahren für lokalen Bedarf abgebaut wurden, ebenso an einer Stelle Eisen (Baie de la Fonderie). Erdölvorkommen sind im westantarktischen Trog auf der Ostseite der Antarktischen Halbinsel wahrscheinlich, ebenso das Vorkommen von Uran in Verbindung mit Pegmatiten.

31. **Der Verkehr** (Tabellen 86 bis 93)

Der Landverkehr erfolgt im Nordpolargebiet mit Hunde- oder Rentierschlitten oder Raupenfahrzeugen. Große Lastwagen, Omnibusse und sonstige Räderfahrzeuge setzen ein ausgedehntes Straßennetz voraus, das in weiten Teilen der

Polargebiete nicht vorhanden ist. In Grönland verbietet die Landesnatur die Anlage von größeren Straßen, nur in oder nahe an Ortschaften gibt es befestigte Straßendecken.

In Kanada ist der Süden des Mackenzie-Distrikts und von Yukon aus bergbaulichen Gründen seit 1924 bzw. 1959 für Motorfahrzeugverkehr erschlossen worden.

Straßen und Fahrzeuge in Yukon und den Nordwestterritorien

Straßen	1959	1960	1962	1963
mit Oberflächenausbau	2982	3286	3 905 km	.
Davon				
feste Decke	0	5	0 km	.
dehnbare Decke	13	8	27 km	.
Kies	2969	3273	3 878 km	.
Erdwege	422	412	26 km	.
Gesamt	3404	3698	3 931 km	.
Fahrzeuge				
PKW	4248	4705	5 854	6 144
LKW	2961	3844	4 440	4 821
Busse	33	48	45	50
Krafträder	17	16	30	42
Gesamt	7259	8613	10 369	11 057
Verkehrsunfälle 1960				
Unfälle mit Toten		7		
Unfälle mit Verletzten		110		
Unfälle mit Sachschaden		273		
Gesamt		390		

Eine Motorfahrstraße führt von Alberta nach Yellowknife und seit 1962 nach Tundra, durch Yukon führt der Alaska Highway nach Fairbanks und 1965 ist der Winterweg längs des Mackenzie im Ausbau (1610 km).

In Alaska ist das Verkehrsnetz im Südteil gut ausgebaut, während in Polaralaska Straßen noch fehlen.

Straßen und Fahrzeuge in Alaska 1961

Straßen 1. Ordnung	4 230 km
Davon gepflastert	ca. 2 100 km
Straßen gesamt	9 492 km
(Alaska Highway, 1942)	2 451 km
Zahl der Motorfahrzeuge	86 640 km (1963: 93 000)

In der UdSSR ist der Landverkehr im Polargebiet auf die Winterwege beschränkt, wo z. T., wie auf dem Aldan, die Flüsse als Fahrstraßen auch für Traktoren und Omnibusse benutzt werden. Die einzige befestigte Straße ist die „Kolyma-Straße", die von Magadan am Ochotskischen Meer zu den Bergbaugebieten von Zyrjanka-Jagodnoe führt. Der Anschluß weiter nach Westen nach Chandyga und

Jakutsk ist unbefestigt (auf russisch „Trakt"), ebenso die Verbindung von Jakutsk nach Verchojansk. Ein nicht befahrbarer Trakt führt von Norilsk nach Nordvik. Angaben über die Länge der Straßen, das Baualter, die Zahl der Fahrzeuge usw. sind nicht bekannt.

Eisenbahnverbindungen gibt es im Polargebiet so gut wie gar keine. In Nordamerika führt die nördlichste Bahn von Seward nach Fairbanks in Alaska (758 km), in Yukon ist Whitehorse mit Skagway verbunden (177 km) und im Mackenzie-Distrikt wurde 1962 die Great Slave Railway gebaut (695 km), die von Roma in Alberta nach Hay River führt mit einer Abzweigung nach Pine Point. In der Sowjetunion verbindet die nördlichste Bahn der Erde den Bergbauort Norilsk mit dem Kreishauptort und Hafen Dudinka am Jenissej. Diese Bahn wurde um 1935 gebaut und hat eine Länge von 112 km; ihre Erweiterung auf die normale russische Spurweite von 1524 mm erfolgte im Jahre 1942, im Jahre 1964 wurde sie um 25 km nach Talnach verlängert, dem neuen Bergbauort des Norilsker Kombinats. 1956 wurde die schon um 1939 begonnene Strecke von Vorkuta nach Labytnangi am Ob fertiggestellt, um Bunkerkohle aus dem Pečora-Becken an den nördlichen Seeweg heranführen zu können (1847 km). Auch kann man die Murmanbahn nennen, 1917 erbaut, die den Hafen Murmansk mit dem sowjetischen Bahnnetz verbindet.

Der Flußverkehr spielt in der Subarktis eine größere Rolle, vor allem auf den großen sibirischen Strömen. In Kanada sind nur der Yukon und der Mackenzie für Schiffsverkehr geeignet, ferner die großen Seen, die mit letzterem zusammenhängen (Gr. Bärensee, Gr. Sklavensee). Die Fahrzeugzahl der Binnenschiffahrt war:

Jahr	Yukon		Nordwestterritorien (und Alberta)	
	Zahl	Tonnage NRT	Zahl	Tonnage NRT
1959	8	3411	11	531
1960	8	3411	11	531
1961	6	1435	11	531
1962	6	1435	12	681
1963	6	1435	12	681

Im Jahre 1958 wurde die Schiffsregistration für die Mackenzie-Schiffahrt von Aklavik nach Edmonton verlegt, so daß in den Nordwestterritorien keine eigene Binnenschiffahrtsstatistik geführt wird. Entsprechende Zahlen für die Zahl der Schiffe auf dem Yukon in Alaska sind mir nicht bekannt geworden. In der UdSSR spielt der Flußverkehr eine sehr viel größere Rolle. Die Schiffbarkeit der Flüsse zeigt Tabelle 21. Über die Zahl der Schiffe ist nichts näheres bekannt; 1932 gab es in der gesamten sowjetischen Arktis nur 3 Dieselschiffe, 6 Dampfer, 43 Leichter und Barken, auf dem Jenissej im Jahre 1939 3 Fahrgastschiffe, 40—45 Dampfer und 50—55 Leichter mit einer durchschnittlichen Tonnage von 430 t; auf der Lena fuhren 28 Dampfer, 3 kleinere Kombischiffe für Fahrgäste und Fracht, 114 Leichter mit insgesamt 22 065 t Ladekapazität. Da nur wenige große Schlepper vorhanden waren, wurden die Schleppzüge unverhältnismäßig lang und es gab bei der Entladung großen Zeitverlust durch Abkoppelmanöver für einzelne Leichter. Seit 1949 sind jedoch über den Karischen Seeweg eine große Zahl von Flußschiffen zum Ob und Jenissej verbracht worden; 1949 waren es „einige Dutzend", 1951 stellte man die Verwaltung der Flußflotten um, 1952 kamen erstmals Wolgaschlepper in die Lena und seither haben sich die Verhältnisse auf den großen Strömen wesentlich gebessert. 1964 wurde die 17. Überführung von Flußschiffen über den nördlichen Seeweg durchgeführt, die wie die früheren unter der Leitung von *F. V. Najanov* stand. Mehr als 150 Schiffe brachte man nach Ob und Jenissej, darunter mehrere Schlepper, ein Werkzeugschiff für die Entwicklung des Ölfeldes von Igrim, ein 100-t-Schwimmkran ging zum Jenissej, Bagger zur Lena. Die für die weiter ostwärts liegenden Flüsse bestimmten Schiffe wurden mit der Bahn zum Stillen Ozean verfrachtet und von hier aus durch die Beringstraße an ihren Bestimmungsort verbracht. Die Nutzung der kleineren Flüsse als Wasserstraßen begann 1933 auf der Pjasina, auf der jetzt jährlich 30 000 t Fracht befördert werden, im gleichen Jahr auf der Kolyma. 1936 befuhren Dampfer erstmals die Jana 800 km aufwärts bis Verchojansk (150-PS-Dampfer), im gleichen Jahr kam auch ein Dampfer von 300 PS zur Indigirka, 1937 begann der Schiffsverkehr auf Olenek und Anabar. Auf Pur und Taz gab es 1949 nur zwei Schlepper, die Lebensmittel für die Nenzen geladen hatten. Für die Befahrung der Flüsse in der Vorkriegszeit sind folgende Zahlen bekannt geworden:

Zeitaufwand in % der Navigationsperiode

Jahr	Ob		Jenissej	
	Liegezeit	Fahrzeit	Liegezeit	Fahrzeit
1934	62,9	37,1	56,3	43,7
1935	56,7	43,3	48,9	51,1
1936	72,0	28,0	76,0	24,0

Nach dem Kriege wurde auf der Kolyma ein besonders lebhafter Flußverkehr festgestellt, der erst 1964 etwas zurückging.

Die auf den Flüssen transportierten Waren sind in Richtung Süden hauptsächlich bergbauliche Rohmaterialien, Halbfertigfabrikate, Ausrüstungen, Konsumwaren, nach Norden Weizen, Rohleinen, Fasern, Rohleder und Wolle sowie Lebensmittel, vor allem Butter und Käse.

Die Dampfschiffahrt in früherer Zeit war abhängig von häufigem Bunkern von Holz, das von Holzfällern einfach am Ufer gestapelt wurde. Während 24 Stunden brauchte man zwei bis drei Bunkerungen, so daß z. B. eine Fahrt von Krasnojarsk nach Igarka (Jenissej) zu einem Holzverbrauch von 120 cbm führte. Heute sind Dieselschiffe in weitem Maße eingesetzt.

Anlegekais gibt es auf dem Jenissej nur in Krasnojarsk, Enissejsk, Igarka und Dudinka. An den übrigen Orten wurde der Verkehr zwischen Dampfer und dem Ufer mittels Beibooten aufrecht erhalten. Nach dem zweiten Weltkrieg begann man mit dem Ausbau der Flußhäfen. Während bis 1939 das Beladen eines Schiffes bis 12 Tage dauern konnte, baute man nun Ladeeinrichtungen. In Igarka, wo 1927 nur drei Fischerhütten standen und das 1939 bereits 20 000 Einwohner zählte, sind heute sieben landfeste Kais mit 715 m Länge und zwei schwimmende Kais mit einer Länge von 182 m vorhanden (1956). Im Jahre 1958 legten hier bereits 45 Seeschiffe an. Igarka am Jenissej ist der einzige für ausländische Schiffe offene Flußhafen in der sowjetischen Arktis. Der Hafen für Noril'sk, Dudinka, ein Stück unterhalb von Igarka gelegen, soll in den Jahren 1965—1968 auf dreifache Ladekapazität ausgebaut werden.

Werften für Flußschiffe und Reparaturen gibt es in Tjumen für die Ob-Schiffahrt und in Ust'-Peleduj an der Lena (1933 erbaut). 1934 eröffnete eine Werft in Novyj Port am Ob für Fischereiboote ihre Arbeit, 1939 folgte der Bau einer großen Werft in Predivinsk am Jenissej für Flußdampfer und 5500-t-Leichter, 1941 eine gleiche in Kačuga an der Lena.

Der Seeverkehr wurde im Nordpolargebiet in den letzten Jahren gut entwickelt. Für Grönland gibt Tabelle 86 die Zahlen für den Verkehr, Tabelle 92 die beförderten Waren und Tabelle 93 die Länder, mit denen Grönland in Handelsbeziehungen steht. Die Seehafenanlagen werden seit 1959 ausgebaut, u. a. eine moderne Kaianlage in Holsteinsborg, wo bisher Prähme den Ladeverkehr vermittelten. In Holsteinsborg befindet sich auch die größte Werft Grönlands. Für diesen Hafenausbau wurden (1959) 57 Millionen dänische Kronen bewilligt.

In Kanada besteht nur örtlicher Seeverkehr im arktischen Bereich, da in den Nordwestterritorien die Häfen noch nicht ausgebaut sind mit Ausnahme von Frobisher Bay und Rankin Inlet in der Hudson-Bai.

Seeschiffsverkehr der Nordwestterritorien

	1959	1960
Eingelaufene Schiffe		
Fremddienst	.	2
Fremddienst, NRT	.	12 656
Küstendienst	.	40
Küstendienst, NRT	.	29 485
Beladung (t)	21 345	2 950
Entladung (t)	34 523	48 865
Gesamtumschlag (t)	55 868	51 815

In der Sowjetarktis ist der Schiffsverkehr auf dem „nördlichen Seeweg" zu einer nationalen Aufgabe geworden (vgl. Tabelle 87—89).

Aus den Tabellen geht die Entwicklung eindeutig hervor. Bereits 1875 begannen die Reisen über die Karische See (Tabelle 88) durch Engländer und Norweger. In der zaristischen Zeit unternahm man bereits regelmäßige Fahrten. 1920 gründete das Revolutionskomitee in Novosibirsk das Komseverput' (Kommissariat für den nördlichen Seeweg), das 1928 durch die Nordsibirische Handelskompanie, 1932 durch die „Hauptverwaltung des nördlichen Seeweges" (Glavsevmorput') abgelöst wurde. Das Statut dieser Organisation erließ der Oberste Sowjet im Jahre 1936. Im nächsten Jahre 1937 war ein schwerer Rückschlag zu verzeichnen, da nicht weniger als 26 Transporter und 7 Eisbrecher (von 8 insgesamt vorhandenen) auf See einfroren und überwintern mußten. Die Schuld hieran gab man Sabotage und der damalige Leiter von Glavsevmorput *O. Ju. Šmidt* wurde abgelöst und durch *I. D. Papanin* ersetzt. 1954 unterstellte man diese Organisation ganz dem Ministerium für die Seeflotte, unter der sie auch heute noch steht.

Über die Leistungen und die Entfernungen des nördlichen Seeweges unterrichten die Tabellen 87 bis 89. Daß der nördliche Seeweg eine Prestigefrage für die UdSSR bedeutet, geht aus folgenden Ausführungen hervor: 1935 wurde erstmals der gesamte Seeweg vom Atlantik bis zum Pazifischen Ozean von zwei Getreideschiffen befahren. 1936 fuhren über 100 Schiffe über das Polarmeer, 1938 erreichte die Verschiffung von den Häfen an Ob und Jenissej bereits 50 % der gesamten westsibirischen Ausfuhr. Hauptexportartikel war Holz aus Igarka. 1939 fuhren vier Schlepper und vier Leichter über den ganzen Seeweg bis zur Bering-Straße, 1940 machte der Eisbrecher „J. Stalin" erstmals die ganze Route hin und zurück in einer Saison.

Daß diese Fahrten möglich wurden, liegt an dem Einsatz von Eisbrechern (vgl. Tabelle 104) und eisverstärkten Schiffen:

Klasse	Baujahr	t Verdrängung	PS	Anzahl (1960)
Stalinklasse	1938	11 000	10 000	4
Kapitanklasse	1951	5 500	10 500	8
Atomkraftschiffe	1958	16 000	44 000	1
Ob-Klasse	1958	12 600	?	6

Auch die Eisaufklärung durch Flugzeuge, die Beratung durch meteorologische Funkstationen und der Ausbau der Häfen führte zu einer wesentlichen Verbesserung der Verhältnisse.

Hafen	Lage		Charakterisierung
Amderma	70 °N	62 °E	Ausfuhr von Flußspat. Bunkerhafen von Pečorakohle
Novyj Port	68	73	Umladeplatz für die Ob-Schiffahrt
Dikson	74	80	Seit 1938 Bunkerhafen und Reparaturwerft
Dudinka	69	86	Ausfuhrhafen für Noril'sk. Bahnanschluß. Ausbau der Ladekapazität 1965—1968
Igarka	67	87	Hauptausfuhrhafen für Holz (Igarka-Holzkombinat mit 3 Sägemühlen, 1 Holzverarbeitungsbetrieb). Freihafen für ausländische Schiffe
Nordvik	73° 30′N	113 °E	1936 erbaut. Ausfuhr von Kohle, Salz, Erdöl aus dem Chatanga-Gebiet
Tiksi	72 °N	172 °E	1933 erbaut. Umschlaghafen zum Lena-Gebiet
Ambarčik	69	160	1935 gegründet. Umschlaghafen für das Kolyma-Gebiet und Bunkerhafen
Pevek	69	171	Bunkerhafen an der Tschaun-Bucht
Providenija	64° 30′N	173 °W	Ausbau 1938—1944. Endhafen südlich der Beringstraße. Marine-Basis

In den Jahren 1930—1939 war Holz der Hauptexportartikel, von dem der größte Anteil nach England ging. Nach dem Weltkrieg (1949—1952) ging der Anteil Englands stark zurück. Tran, Fische und Rentierprodukte dienen dem einheimischen Markt oder gehen nach Sibirien. Die Kosten der Fahrten sind allerdings recht hoch. Eine Getreideladung von Leningrad nach Wladiwostok über den Seeweg kostete (1935) 275 Rubel je Tonne, auf der Bahn hätte die gleiche Tonne nur 140 Rubel Kosten verursacht. Die Ausrüstung von Noril'sk erfolgte zu 60 % auf dem Flußwege und nur zu 40 % über den nördlichen Seeweg via Dudinka. Die Goldminen von Zyrjanka, die dem Volkskommissariat für Inneres (NKWD) unterstehen, werden nicht über den Seeweg sondern durch die Kolymastraße von Wladiwostok via Magadan versorgt.

In den Nachkriegsjahren konnten nur britische Schiffe nach Igarka gelangen. Da der nördliche Seeweg als territoriale Wasserstraße gilt, sind strenge Bestimmungen gegen Spionage erlassen worden. Nichtsowjetische Schiffe haben in Murmansk anzulegen und hier zwei Eislotsen an Bord zu nehmen. Alle Photoapparate werden versiegelt, ebenso alle Feldstecher. Die einzuhaltende Route ist vorgeschrieben; sie hat über die Karische Pforte und an der Weißen Insel (Belyj Ostrov) nach Dikson zu führen, wo eine Zwischenlandung vorgeschrieben ist, um zwei Flußpiloten für den Jenissej zu übernehmen. Ein Anlegen darf nur in Igarka erfolgen. Dudinka-Norilsk ist für alle Ausländer Sperrgebiet. Die Rückreise erfolgt in umgekehrter Reihenfolge, die Entsiegelung der optischen Geräte erfolgt erst wieder in Murmansk.

Über die Nutzung des nördlichen Seeweges seien heute folgende Zahlen gegeben: 1960 wurden zwei neue Eisbrecher in Dienst gestellt, mit deren Hilfe 40 sowjetische und 32 ausländische Schiffe nach Igarka geleitet wurden. 100 Schiffe, davon 40 Flußschiffe, fuhren um Kap Čeljuskin in die Laptev-See. Im Ostteil der Route war offenes Meer bis Tiksi, 10 Schiffe machten zweimal die Reise von der Bering-Straße bis hierher. Im Jahre 1964 befanden sich etwa 250 Schiffe auf dem nördlichen Seeweg, von denen einige die Kara-Route dreimal machten. 42 Schiffe waren auf der östlichen Strecke (Bering-Straße — Tiksi) unterwegs, 100 Frachter passierten unter Eisbrechergeleit Kap Čeljuskin. 9 Eisbrecher waren hierbei im Einsatz, weitere 5 Hafen-Eisbrecher der Ledokol-Klasse (5400 PS) hielten die Häfen offen. 3 Eisbrecher und 3 Hafeneisbrecher operierten im Ostteil. Anfang Juli wurde die Mündung des Jenissej aufgebrochen, am 5. 7. erreichten die ersten Schiffe Igarka. Die Schiffe, die Kap Čeljuskin passierten, kamen am 14. 8. in Tiksi an, unterstützt von sechs Eisbrechern. Pevek wurde in den ersten Julitagen von Osten her angelaufen. In diesem Jahr wurde mehr Holz als in den Vorjahren ausgeführt, 15 nichtsowjetische Schiffe wurden in Igarka beladen. Erstmals in der Geschichte des nördlichen Seeweges wurde Holz von der Lena (Tiksi) nach Japan exportiert. Auch Verschiffungen nach Dudinka für den Ausbau von Talnach spielten in diesem Stichjahr eine größere Rolle. Seit sechs Jahren (1958—1964) sind keine Schiffe mehr durch Eisdruck verlorengegangen.

Im Jahre 1965 wurden zum Geleit für die Frachter sechs Eisbrecher im westlichen Teil, sieben Eisbrecher im östlichen Sektor eingesetzt, während der Eisbrecher Ledokol 8 für den Einsatz in Tiksi bestimmt wurde. Über die Zahl der Schiffe, die den nördlichen Seeweg befuhren, ist nichts bekannt, 116 Schiffe liefen im Laufe der Schiffahrtszeit Igarka an und exportierten Holz, wobei 10 000 t mehr als 1964 transportiert wurden (etwa 500 000 t gesamt). Die ersten Schiffe aus dem Westen erreichten Dudinka und Igarka am 8. 7. Anfang August verschwand das Eis aus der Karasee und die Karaseeroute blieb bis Oktober für den Frachtverkehr offen. Das letzte Schiff verließ den Jenissej am 3. November. Eine der Hauptfrachten für Igarka waren zwei große Rotoren, die für das Elektrizitätswerk in Krasnojarsk bestimmt waren; ihnen sollen 1966 acht weitere folgen. Im östlichen

Teil des nördlichen Seeweges waren die Eisverhältnisse außerordentlich ungünstig. Es gelang nicht, die Zufahrt zum Hafen Pevek freizuhalten, obwohl zeitweilig zehn große Eisbrecher hierzu eingesetzt worden waren. Den Hauptanteil der Fracht in diesem Sektor bildeten Minenausrüstungen für die Goldfelder des Čukotskij N. O. Auch war eine Vervierfachung der Holzverschiffungen von Tiksi nach Japan geplant, konnte aber wegen der Eisverhältnisse nicht eingehalten werden. Vom 20. 9. bis 12. 10. lag ein Konvoi im Treibeis fest (bei Kap Šalaurova), 30 weitere Schiffe, die zum Stillen Ozean fahren sollten, mußten nach Westen über die Kararoute umgeleitet werden. Der Hafen von Tiksi, der seit Mitte Juli eisfrei war, wurde am 28. 7. von Westen her erstmals angelaufen, am 16. 10. verließen diesen Hafen die letzten Schiffe und fuhren über Dikson (22. 10.) zur Kararoute. Auch in diesem Sommer konnte ein Konvoi von Flußschiffen für die sibirischen Ströme vom Weißen Meer her im September herangeführt werden. Er bestand aus über 100 Fahrzeugen. Die Ausbaggerung der Jamsale-Barre an der Mündung des Ob' nahm ihren Fortgang.

Der Luftverkehr hat sowohl örtliche wie auch internationale Bedeutung. In Grönland ist heute der wichtigste Zivilflughafen Søndre Strømfjord. Er wurde als Zwischenlandeplatz während des zweiten Weltkrieges (1942) angelegt und 1960 der moderne Ausbau beendet. Die Zahl der von und nach Grönland geflogenen Passagiere zeigt Tabelle 86. Daneben gibt es noch die Flugplätze Thule – Dundas (im Norden), Narssarssuaq (früher Bluie West) im Süden als Militärbasen sowie Landebahnen in Iqateq/Angmagssalik (im Osten) und Mesters Vig an der Ostküste. Der Flughafen Thule wurde 1947 gegründet und hat später den Namen Dundas erhalten.

Für den internen Luftverkehr in Grönland ist die Gesellschaft Grønlandsfly A. S. zuständig, die (ab 1. 6. 1965) folgende Linien unterhält:

1. Godthåb—Frederikshåb—Ivigtut—Julianehåb—Nanortalik (—Narssasuaq) (zweimal wöchentlich)
2. Søndre Strømfjord — Egedesminde — Jakobshavn — Christianshåb (zweimal wöchentlich)
3. Godthåb—Sukkertoppen—Holsteinsborg—Egedesminde (an 3 Tagen in der Woche)
4. Godthåb—Sukkertoppen—Holsteinsborg—Søndre Strømfjord (an 3 Tagen in der Woche)

Der Verkehr wird mit drei Sikorsky S-6 N-Hubschraubern durchgeführt.

Für das polare Kanada und Alaska sind die Zahlen der Flugplätze und der beförderten Personen auf Tabelle 90 zusammengestellt. Es werden sowohl Personal wie auch Güter, insbesondere zu den Minendistrikten befördert. Benutzt werden Flugzeuge des Typs DC 4. Regelmäßiger Lokalverkehr besteht zwischen Edmonton und Port Radium – Coppermine, Edmonton – Yellowknife und Edmonton – Norman Wells – Inuvik durch die Canadian Pacific Airlines. 1965 wurden jeden Wochentag folgende Anschlußstrecken beflogen:

1. Whitehorse—Vancouver
2. Whitehorse—Edmonton
3. Whitehorse—Mayo
4. Whitehorse—Dawson—Fairbanks (mit Anschluß nach Juneau)
5. Dawson—Inuvik.

Ausgebaute Landeplätze befinden sich in Fort MacMurray (Athabasca River), Fort Smith (Slave River), Fort Resolution (Hay River), Yellowknife, Fort Providence (Gr. Sklavensee), Fort Simpson, Norman Wells und Wrigley (Mackenzie), Sawmill Bay (Gr. Bärensee) im Distrikt Mackenzie, Coral Harbour und Frobisher Bay im Distrikt Franklin, Dawson und Whitehorse in Yukon. Zwischen Edmonton und Fairbanks verkehrt die Northwest Staging Line. Die Flugplätze im Osten (Frobisher, Coral Harbour, Chimo) entstanden als Luftbrückenstützpunkte während des zweiten Weltkrieges (1942). Von allen diesen Plätzen hat nur Frobisher Bay eine gewisse internationale Bedeutung erlangen können. Der lokale Verkehr wird außerdem von der Royal Canadian Mounted Police, der Hudsonbay Company und der Royal Canadian Airforce durchgeführt.

In Alaska wurden die ersten Versuchsflüge für einen zivilen Luftverkehr bereits in den zwanziger Jahren aufgenommen. Regelmäßigen Linienverkehr gibt es seit etwa 1930. Auch hier hat sich der Krieg für den Luftverkehr günstig ausgewirkt. Die Zahl der Zivilflugzeuge betrug

1940	99
1945	157
1949	582

und ist seitdem sicher im gleichen Tempo gewachsen. Hauptflugplätze sind Fairbanks und Anchorage, in Polaralaska wären Nome, Point Barrow und Umiat (am Colville River) zu erwähnen.

In der sowjetischen Arktis gibt es eine ganze Reihe von Landeplätzen für den lokalen Bedarf. Nach 1945 wurde der Flughafen Providenija ausgebaut. Die wichtigsten regelmäßig beflogenen Strecken sind Moskau — Leningrad — Archangelsk (seit 1948), Archangelsk — Narjan Mar, Igarka — Dudinka — Norilsk und seit 1930/31 werden die Linien längs der großen sibirischen Ströme beflogen. 1943 folgte die Jana-Linie von Irkutsk über Jakutsk nach Verchojansk. Allerdings dienen diese Fluglinien nicht einem normalen Personenverkehr; Passagierflüge werden nur gelegentlich mit Postflugzeugen durchgeführt. Güter sind für Flüge in südlicher Richtung vor allem Pelze, Frischfleisch, Gold, Platin (Norilsk) und Post, in der Gegenrichtung Ausrüstungen, Industriegeräte und Materialien für die Polarstationen. Die Flughäfen werden von der Hauptverwaltung des nördlichen Seeweges unterhalten, während die Aeroflot die Flüge organisiert.

Über lokale Fluglinien (Stand Oktober 1965) besitzen wir nur für die Jakutische ASSR Unterlagen. Vom Jakutischen Zweig der Aeroflot werden im Polargebiet die folgenden Linien regelmäßig beflogen:

1. Nordwesten:	Jakutsk — Žigansk — Bulun — Tiksi — Tajmylyr — Saskalach
2. Zentralteil:	Jakutsk — Verchojansk — Kasač'e — Glavnoe Ruslo Jakutsk — Batagaj — Deputatskij
3. Nordosten:	Ojmjakon — Ust' Nera — Moma — Abyj — Ožogino — Allajcha Ojmjakon — Srednekolymsk — Nižnekolymsk

In den letzten Jahren hat sich der transarktische Luftverkehr entwickelt (Tabelle 91). Als erste Gesellschaft eröffnete die SAS eine Fluglinie Kopenhagen — Los Angeles über Søndre Strømfjord nach zweijährigen Vorbereitungen. Schwierig erwies sich die Navigation wegen der Nähe des Magnetpols. Erst die Erfindung des Kreiselkompasses „Bendix Polarpath Gyro" in Verbindung mit einem Sonnenkompaß ließ eine genauere Ortung zu; auch ein neuer Periskopkompaß, der polarisiertes Sonnenlicht benützt, wurde mit Erfolg in Dienst gestellt. Die ersten Flüge unternahmen DC (Douglas-)Maschinen, welche 25 Passagiere befördern konnten. Heute werden Düsenflugzeuge des Typs DC 8 für 130 Personen benutzt, die zwischen Europa und Tokio nur einmal zum Tanken zwischenlanden müssen. Der Flugplatz Dundas (Thule) wurde für zivilen Flugverkehr nicht freigegeben, und so mußte Dänemark an den Ausbau von Søndre Strømfjord gehen, der 1960 beendet war; hier wurde gleichzeitig ein neues Hotel für 100 Gäste eröffnet. 1961 betrug die Gesamtzahl der Passagiere auf allen Polarrouten etwa 100 000. Die Flugzeit von Europa nach Tokio wird durch die Polarstrecken um $11^1/_2$ Stunden verkürzt.

32. **Verwaltung und kulturelle Verhältnisse** (Tabellen 94 bis 98)

Die Verwaltung der polaren Gebiete wird durch die angrenzenden Staaten wahrgenommen. Im Südpolargebiet gelten die Bestimmungen des antarktischen Vertrages mit Ausnahme der von verschiedenen Staaten beanspruchten Gebiete.

Grönland, das 1953 Teil des Königreichs Dänemark wurde, untersteht seit 30. 8. 1955 dem Ministerium für Grönland in Kopenhagen. Dieses verwalteten bis 1961 andere Fachminister mit; seit diesem Jahre jedoch ist der grönländische Abgeordnete für den dänischen Folketing, der Grönländer *Mikael Gam* zum Grönlandminister ernannt worden. Die Zuständigkeit des Ministeriums erstreckt sich auf alle Verwaltungsangelegenheiten wie gemeindliche und soziale Aufgaben, Personalfragen, Rechtspflege, Schul- und Kirchenverwaltung, Wohnungsbau, Handel und Schiffahrt (auch der Kongelige Grønlandske Handel ist ihm unterstellt), Forschung und technische Fragen. Die Ausgaben sind mehr als 15mal höher als die Einnahmen. Diese Ausgaben verteilen sich wie folgt (in %):

Gesundheitsdienst	28
Schule, kulturelle Angelegenheit	14,5
Verwaltung in Kopenhagen	4
Verwaltung in Grönland	4
Rundfunk, Wetterdienst	3

An Darlehen wurden 5,6 Millionen Kronen für Wohnungsbau, 0,9 Millionen für Entwicklung der Erwerbsgrundlagen bereitgestellt.

In Grönland selbst residiert ein Landeshauptmann (Sitz: Godthåb), dem ein Landesrat zur Seite steht. Dieser Landesrat wird in Westgrönland in den 13 Landesratskreisen gewählt, während Nordgrönland seit 1957 einen, Ostgrönland seit 1959 zwei Beobachter zum Landesrat abstellt. Der Landesrat ist für Angelegenheiten Gesamtgrönlands (Steuern, lokale Angelegenheiten, Anträge an das Ministerium) zuständig, für Gemeindeangelegenheiten sorgen die Gemeindevorstände (3—7 Mitglieder, Vorsitzender der „Kämmerer", der dem Landeshauptmann untersteht) in Westgrönland, die Bezirksräte (18 bzw. 9 Mitglieder in Angmagssalik und Scoresby-Sund, von denen 14 bzw. 7 gewählt werden) in Ostgrönland, der „Fängerrat" in Nordgrönland (7 Mitglieder, davon 4 gewählt).

Die nachstehende Tabelle gibt die Zahl der sonstigen Verwaltungseinheiten verschiedener Behörden, von denen einige in Tabelle 97 regional aufgeschlüsselt sind:

Verwaltungszweig	Vestgrønland	Østgrønland	Nordgrønland
Folketingswahlkreise	2	—	—
Landesratswahlkreise	13	2	1
Gemeinden	16	2	1
Gerichtsdistrikte	16	2	1
Polizeidistrikte	10	1	1
Handelsdistrikte	14	2	1
Arztdistrikte	15	2	1
Schulbezirke	11	1	1
Pastorate	10	1	1
Pfarren	15	2	1
Postbezirke	19	—	—

Die Einrichtungen des Gesundheitsdienstes zeigt Tabelle 61, die der Schulverhältnisse Tabelle 94, des Postverkehrs Tabelle 86c. Ergänzend sei mitgeteilt, daß Godthåb der Sitz eines Propstes ist, der dem Stiftsbischof in Kopenhagen untersteht. Im Landesrat sitzt seit 1959 auch eine Frau als Abgeordnete des Wahlbezirks Umanák. Die Post verfügt über 56 Einlieferungsstellen; seit 1. 6. 1958 besteht Portozwang auch für alle innergrönländischen Sendungen, die bis dahin gebührenfrei waren. Wappen Grönlands ist ein aufrecht sitzender Eisbär, der 1666 erstmals als königliches Signum Verwendung fand.

Die erste grönländische Zeitung (Atuagagdliutit, „Der Lesestoff") erschien 1861 in Godthåb. 1942 gesellte sich ihr das dänische Informationsblatt „Grønlandsposten" hinzu, das heute Amtsorgan geworden ist. Im Januar 1942 begann ein Radio-Nachrichtendienst, aus dem am 21. 7. 1958 Radio Godthåb hervorging. Die Sendungen erfolgen 8½ Stunden täglich zu 40 % in grönländischer, zu 15 % in dänischer Sprache, der Rest der Sendezeit ist der Musik vorbehalten. Das Studiogebäude besitzt einen Konzertsaal für 100 Zuhörer.

Die Territorien in Kanada wurden am 1. 1. 1920 (Order in Council vom März 1918) ins Leben gerufen. Die Nordwestterritorien unterstehen einem Commissioner in Council, dem die zivilen Aufgaben (Steuererhebung, Munizipalinstitutionen, Rechtspflege, Lizenzenerteilung, Erziehung, Gesundheitsdienst, Schutz des Eigentums und der zivilen Rechte) anvertraut sind. Ihm zur Seite steht ein Rat (Council) aus 9 Mitgliedern, von denen 5 ernannt und 4 im Distrikt Mackenzie gewählt werden. Der Sitz des Commissioners ist Ottawa, doch muß jährlich eine Sitzung mit dem Rat im Territorium abgehalten werden (meist in Fort Smith). Verwaltungsmäßig unterstehen die Nordwestterritorien der Abteilung für Territorien des Northern Administration Branch, einer Unterbehörde des Ministeriums für Hilfsquellen und Entwicklung (Department of Resources and Development, Ottawa). Die Nordwestterritorien sind unterteilt in die drei Distrikte Mackenzie (im Westen), Keewatin (Osten bis zur Küste der Hudsonbai) und Franklin (Arktischer Archipel). Distriktsämter gibt es in Fort Smith (für Mackenzie) und in Ottawa (für Keewatin und Franklin), Regionalämter in Inuvik, Yellowknife (hier auch ein Minenamt), Fort Smith (für Mackenzie), in Churchill, Manitoba (für Keewatin), Frobisher Bay (für Franklin) und in Ottawa. Örtliche Fragen regeln die Munizipalverwaltungen, die jedoch in Keewatin und Franklin erst am Anfang der Entwicklung stehen. Die Aufgaben der Standesbeamten nehmen die Leiter der Polizeistationen der Royal Canadian Mounted Police wahr, die als Distrikts-Registratoren fungieren. Angaben über die Schulverwaltung bringt Tabelle 95, über die Gesundheitseinrichtungen Tabelle 62, die Post- und Radioverhältnisse Tabelle 90. Außer dem in dieser Tabelle angegebenen offiziellen Radioverkehr unterhalten sowohl die Royal Canadian Mounted Police als auch die Hudsonbai-Gesellschaft eigene Kurzwellennetze. Sendungen in Eskimosprache strahlen die Sender Frobisher Bay und Montreal aus; eine Eskimozeitschrift „Inuktitut" erscheint in Ottawa.

Das Yukon-Territorium wird durch einen ernannten Kommissar und einen gesetzgebenden Rat (legislative council) von sieben gewählten Mitgliedern verwaltet. Der Rat wird auf drei Jahre gewählt; ihm obliegt die Aufsicht über Steuern, Erziehung, privates Eigentum, Rechtspflege, zivile Dienste sowie Munizipal- und Lokalangelegenheiten. Der Sitz der Regierung ist Whitehorse. Die Rechte des Northern Administration Branch in Ottawa beschränkt sich auf die Überwachung der Minengesetze, die Landvergabe und die Überwachung der Verwaltung. Die untere Verwaltungsebene ist durch die Munizipalverwaltung der größeren Städte vertreten.

Alaska wurde am 3. 1. 1959 ein Staat der USA. In dieser Eigenschaft entsendet es 2 Senatoren und 1 Abgeordneten in den Senat und das Repräsentantenhaus nach Washington. Im Lande selbst besteht, durch die Verfassung von 24. 4. 1956 verankert, ein Senat von 20 Mitgliedern und ein Repräsentantenhaus von 40 gewählten Abgeordneten. Wahlberechtigt sind alle Staatsbürger im Alter von über 19 Jahren. Sitz der Legislative ist Juneau (seit 1906 Hauptstadt). Die untere Verwaltungsebene ist noch nicht voll entwickelt, da 99,9 % der Landfläche sich in Bundesbesitz befindet (1961). Der Staat Alaska hat sich das Recht vorbehalten, 418 833 qkm öffentliches Land auszuwählen, um sich eine „Steuergrundlage" (taxation base) zu schaffen. Dieses Land kann Bergbauprospektoren geöffnet werden, an deren Gewinn der Staat beteiligt wird. Außerdem gibt es verschiedene große Bundesländereien zum Schutze des Wildbestandes (Wild Life Reserve), den Mount Mackinley-Nationalpark, mehrere Nationale Forsten (davon die bekanntesten Tongass und Chugach National Forests) sowie große Ländereien für Verteidigungszwecke (Naval Petroleum Reserves, Defence Reserves). Die untere Verwaltung wird vertreten durch die 38 „inkorporierten Städte", im übrigen Gebiet ist die Bevölkerung außerordentlich dünn verteilt. Die Schulverhältnisse zeigt Tabelle 95, die Zahl der Krankenhäuser beträgt 22, die Postämter zeigt Tabelle 90. Im Jahre 1922 wurde die University of Alaska in Fairbanks gegründet, die (1961) 206 Dozenten und 1280 Studierende hatte und wichtig ist für die technische Ausbildung vornehmlich von Eskimos.

Das sowjetische Polargebiet ist in „Nationale Kreise" aufgeteilt, die in kulturellen und sprachlichen Angelegenheiten Autonomie genießen. Sie unterstehen alle der Russischen Sozialistischen Föderativen Sowjetrepublik (RSFSR). Die arktischen Nationalen Kreise sind in der Tabelle 98 b zusammengestellt. Von den polaren Inseln gehören Novaja Zemlja und Franz-Josef-Land zum Oblast' Archangelsk, Severnaja Zemlja zum Tajmyr N. O., die Neusibirischen Inseln zur Jakutischen ASSR und die Wrangelinsel zum Nationalkreis der Tschuktschen (vgl. Tabelle 3). Die weitere administrative Unterteilung, die Anzahl der Rayons, der Städte und der „Siedlungen städtischen Typs" zeigt Tabelle 98 a. Die Rayons entsprechen unseren Kreisen, die Dorfräte (Selsovets) den Großgemeinden. Daneben gibt es noch die „Siedlungen städtischen Typs", Arbeitersiedlungen mit beschränkter Selbstverwaltung; es handelt sich meist um Bergbau- oder Industrieorte. Nur der Neneckij N. O. hat keine Rayonunterteilung. Die Stadt Norilsk gehört nicht zum Tajmyr-Nationalkreis, in dem sie liegt, sondern sie untersteht direkt der Kraj-(Gau-)Verwaltung in Krasnojarsk. Sie wird vom NKWD (Volkskommissariat für innere Angelegenheiten) verwaltet und ist Sperrgebiet für Ausländer. Auch die Stadt Igarka untersteht dem Vollzugsausschuß (Krajizpolkom) des Gaues Krasnojarsk direkt. In der letzten Zeit hat eine enorme Umschichtung in den Nordgebieten der UdSSR stattgefunden; zahlreiche Orte sind in den Rang von Städten oder Arbeitersiedlungen aufgerückt; für die Nationalen Kreise und die Küstenrayons der Jakutischen ASSR gibt Tabelle 98 c die Jahreszahlen für die Stadtrechtsverleihungen neben der Angabe der administrativen Stellung der jeweiligen Siedlung. Die Oblasts haben eigene selbständige Bezirksräte (Oblastnyj Sovet), die Nationalkreise senden je einen Abgeordneten in den Obersten Sovet nach Moskau. Die letzten Wahlen in der Jakutischen ASSR (1. 3. 1959) ergaben 165 Abgeordnete für den ASSR-Rat; von ihnen gehörten 124 Abgeordnete der KPdSU an und 45 waren Frauen. Die Schulverhältnisse sind sehr gut ausgebaut (Tabelle 96), Zahlen für Krankenhäuser, Postanstalten usw. sind regional nicht aufgeschlüsselt. Viele Zeitungen erscheinen in Eingeborenensprachen, in der Jakutischen ASSR erschienen 1962 insgesamt 146 Buchveröffentlichungen in jakutischer Sprache mit einer Auflagenhöhe von über 560 000 Exemplaren.

Das Territorium Svalbard, das seit 14. 8. 1925 unter norwegischer Verwaltung steht, umfaßt die Inseln Spitzbergen, Báreninsel (Bjørnøya) und Jan Mayen. Die norwegische Verwaltung wird im Lande durch den Direktor der norwegischen Kohlenminen in Longyearbyen wahrgenommen, auf Jan Mayen hat der Leiter der meteorologischen Station gleichzeitig Polizeigewalt. Über den Post- und Radioverkehr geben die nachstehenden Zahlen (Stand 1961) Auskunft:

Postämter	2
Postsachen von Svalbard	80 500 Stück
Davon:	
Postanweisungen von Svalbard	5 826 Stück
Postanweisungen nach Svalbard	223 Stück
Ausgaben für Verwaltung	56 477 Kronen
Einnahmen	38 886 Kronen

In Svalbard gibt es 3 Radiostationen: Svalbard Radio (Longyearbyen), Isfjord Radio und Radio Ny-Aalesund.

Aufgegebene Telegramme	1959/60
Von Svalbard	19 810 Stück
Nach Svalbard	13 644 Stück
Wettertelegramme	8 365 Stück
Diensttelegramme	988 Stück
Transittelegramme	21 925 Stück
Gesamt	64 732 Stück
Telephonanrufe via Radio	3 568
Ausgaben	492 497 Kronen
Einnahmen	285 940 Kronen

In der Antarktis gibt es keine eigene Verwaltung. Die Unterstellung der einzelnen Territorien zeigt Tabelle 53. Postämter gibt es auf den wissenschaftlichen Stationen; die Stationsleiter üben auch Polizeifunktionen aus. Der einzige bewohnte Ort liegt in der Subantarktis auf Südgeorgien; es ist Grytviken mit (31. 12. 1964) 499 Einwohnern, davon 5 Frauen.

33. Erforschungsgang und Organisation der Polarforschung (Tabellen 99 bis 113)

a) Ziele und Zweck der Polarforschung

Viele Leute behaupten, die Polarforschung sei überflüssig. Sie kostet sehr viel Geld und bringt keinen Nutzen; sie sei lebensgefährlich, da viele Forscher bei unglücklich verlaufenden Expeditionen umkommen (Tabelle 101); sie diene nur zu persönlichen Zwecken, um sich hervorzutun, um Kriegsmaterial auszuprobieren oder sportliche Leistungen zu demonstrieren.

Die wissenschaftliche Zusammenarbeit der letzten Jahre hat hinreichend bewiesen, daß diese Argumente nicht stichhaltig sind. Die Polargebiete, vor allem das Südpolargebiet, bilden riesige Naturlaboratorien, deren friedliche Erforschung dem wissenschaftlichen und kulturellen Fortschritt der ganzen Menschheit dient. Nicht umsonst haben sich 18 Nationen polare Institutionen geschaffen (Tabelle 112), nicht umsonst gibt es eine enge internationale Zusammenarbeit, welche die Unterstützung der Vereinten Nationen genießt (Tabelle 113, Anhang) und der Antarktische Vertrag von 1959 (Tabelle 52, 1959, 1. 12.), der von 12 Staaten unterzeichnet worden ist, sieht die friedliche internationale Zusammenarbeit aller Staaten südlich von 60 °S vor, ebenso das Verbot kriegerischer Mittel, ferner gegenseitige Hilfeleistung bei Gefahren. Er kann als Modell für die internationalen Staatenbeziehungen der Zukunft gelten. An dem Vertrag sind Staaten des Ostblocks ebenso beteiligt wie der Westen. Zahlreiche andere Nationen, welche noch keine polare Organisationen besitzen, haben sich aktiv an der Forschung beteiligt (Niederlande, Tschechoslowakei, Schweden, Polen).

Die Frage nach dem Zweck der Polarforschung wird manchen Forscher in Verlegenheit bringen, da die Freiheit eine der Grundbedingungen für die wissenschaftliche Arbeit ist. Doch nach den vorangegangenen Einwendungen muß die Frage wohl beantwortet werden. Zwischen der Forschung und dem kulturellen und industriellen Fortschritt besteht ein enger Zusammenhang; es gibt einen fruchtbaren Austausch der Erfahrungen, der schließlich der Menschheit zugute kommt. Polarforschung umfaßt sowohl die Untersuchung der Naturverhältnisse als auch geisteswissenschaftliche Probleme. Die Geographie untersucht die Verteilung von Land und Wasser und ihre Verhältnisse, die Geologie erforscht die Urgeschichte des Landes und ihre Beziehungen zu den Nachbarkontinenten, Meteorologie und Ozeanographie den Zustand und die Verhältnisse der Luft- und Wassermassen und ihre Auswirkung auf unseren eigenen Lebensraum, Geophysik und Geodäsie die Verteilung des Schwerefeldes, die Gestalt des Geoids, die Auswirkungen der kosmischen Strahlung auf magnetische und luftelektrische Vorgänge, das Verhalten der Eismassen und ihre Verbreitung heute und in geologischer Vorzeit, die Biologie Verbreitung, Zusammenwirken und Verhaltensformen von Pflanzen und Tieren. Von geisteswissenschaftlicher Bedeutung sind die ethnographischen Untersuchungen an den polaren Völkern, ihr Brauchtum und Sachgut und ihr Geistesleben von der Frühzeit bis heute. Auch für die politische Wissenschaft ergeben sich praktische Probleme (Sektorenprinzip), die zum Teil noch nicht gelöst sind. Praktisch sind alle nur erdenklichen Wissenschaftszweige an der Polarforschung interessiert und beteiligt. Für den einzelnen Forscher ergibt sich damit die Aufgabe, in Gegenden, wo er der einzige Wissenschaftler für längere Zeit sein wird, nicht nur sein Spezialgebiet zu bearbeiten, er muß auch Angaben für ihm fremde Bereiche sammeln und wird so zum Treuhänder der gesamten Wissenschaft (*J. Georgi 1948*). Dabei ist er auf sich selbst angewiesen, oft längere Zeit ohne Verbindung mit der Außenwelt, und arbeitet unter extrem schweren Bedingungen bei Kälte und Schneesturm. Diese Arbeit ist persönlichkeitsbildend und durch sie schafft der Mensch sich selbst seine Welt.

b) Forschungsgang im Nord- und Südpolargebiet (Tabellen 99—100)

An dieser Stelle soll nicht die Geschichte der einzelnen Expeditionen ausführlich dargestellt werden. Dafür muß auf die Expeditionstabellen (99, 100, 102, 105 bis 108) verwiesen werden. Hier seien nur die großen Etappen der polaren Forschung kurz herausgestellt.

Erste Ereignisse	Arktis	Antarktis
Frühgeschichtliche Fahrten	345/325 v. Chr.	650
Fahrten zu Siedlungszwecken	8. Jh. n. Chr.	—
Klassische Entdeckungsfahrten	1497	1738/39
Wissenschaftliche Fahrten	1671	1772/73
Entdeckung des südpolaren Kontinents	—	1820/21
Überwinterung auf Land	.	(1820/21) 1898/1900
Ständige wissenschaftliche Stationen	1875/77	1943/44
1. Internationales Polarjahr (wissenschaftliche Stationen)	1882/83	1882/83
Querungen von Inlandeis	1888	1903
Driftfahrten mit Schiffen	1893/96	1897/99
Ballonfahrten oder Fesselballonaufstiege	1897	1902
Einsatz von Eisbrechern	1899	1946/47
Nichtstarre Luftschiffe	1907/09	—
Erreichung der Pole	1908/09?	1911
Flugzeugeinsatz	1914	1928/29
Überfliegen der Pole (Flugzeug)	1926	1929
Luftschiffeinsatz	1926	—
Überwinterung auf Inlandeis	1929/31	1956/57
U-Boot-Einsatz	1931	1946/47
Eisdriftstationen	1937/38	—
Riesenexpeditionen	1947	1946/47
Durchquerung der Antarktis mit Flugzeug	—	1957
Durchquerung der Antarktis zu Lande	—	1957/58
Internationales Geophysikalisches Jahr	1957/58	1957/58

Die ersten Fahrten in die Polargegenden waren Handels- und Siedlerfahrten auf der Suche nach ungestörten Wohnplätzen (Normannen, Iren, Polynesier). Im frühen Mittelalter begannen rein wirtschaftlich orientierte Fahrten der Basken und Pomoren zur Ausnutzung der Naturschätze des Nordpolargebietes (Robben, Wale, Vögel und Eier, Felle, Bodenschätze). Am Anfang der Neuzeit war die

Haupttriebfeder für Forschungsfahrten die Entdeckung und Sicherung von Handelswegen von Europa nach Indien und China (Nordost- und Nordwestdurchfahrten). Dieser Periode folgten kurze Zeit später Handelsfahrten in die neuentdeckten Länder (Sibirienhandel, Hudsonbai-Kompanie), mit denen industrielle Expeditionen Hand in Hand gingen. Durch diese Fahrten mit praktischem Zweck wurden erste Expeditionen zur Erforschung der Naturverhältnisse angeregt, die dann im 19. Jahrhundert zu ausgesprochen gezielten wissenschaftlichen Unternehmungen führten, wie die Suche nach den Magnetpolen (um 1830), Beobachtung des Venusdurchganges (1874), Einrichtung ständiger wissenschaftlicher Beobachtungsstationen mit zunächst meteorologischen Aufgaben (1875/77), deren Forschungskreis sich erweiterte zu einem umfassenden wissenschaftlichen Programm während des von *J. Payer* angeregten ersten Polarjahres (1882/83). Von diesem Zeitpunkt ab erfolgten erstmalig richtige Forschungsunternehmungen mit allseitiger Zielsetzung, wie z. B. die international abgesprochenen Expeditionen 1901–1904 mit geplanter Überwinterung. Vorläufer hierfür waren die kurz vorher erfolgten Driftfahrten einzelner Expeditionsschiffe, teils geplant *(Nansen)*, teils ursprünglich nicht vorgesehen *(de Gerlache)*, während derer die Lebensbedingungen in der Polarnacht studiert worden waren. Mit dem Fortschreiten der Technik (Flugzeug, Traktoren) wurde die Reichweite der Untersuchungsgebiete stark vergrößert; für Strecken, die früher auf Skiern, zu Fuß oder mit Hundeschlitten in monatelangem Einsatz bewältigt werden mußten, benötigte man dadurch nur wenige Tage oder Stunden. Ferner wurde die logistische Technik verbessert, man lernte, polare Winterhäuser zu bauen, wodurch der Aufenthalt tief im Innern auf ständigen Stationen erst möglich wurde. Das U-Boot erschloß die Gewässer unter dem Treibeis und die Erfahrungen des 2. Weltkrieges erlaubten erstmalig den Einsatz von komplexen (vielseitigen) Riesenexpeditionen mit einer Vielzahl von Schiffen, Flugzeugen und Menschen (heute sind Einsätze von mehreren 1000 Mann keine Seltenheit). Durch die Verbesserung der Nachrichtentechnik wurde auch die Lage auf den Stationen verbessert und kontinentale Langstreckenflüge möglich, d. h. Flüge von den Südkontinenten zu den Stationen der Antarktis:

Von	Buenos Aires	Quonset, Rh. I. USA	Moskau	Malan, Südafrika	Avalon Victoria
über	Decepción	Christchurch	Neuseeland	Südpol	–
nach	San Martin und zurück	Byrd und zurück	Mirnyj	MacMurdo	Byrd
Datum	30. 1.–10. 2.	23. 3. (8. 4.–10. 4.)	15.–16. 12.	1. 10.	1.–2. 10.
Jahr	1952	1961	1961	1963	1964
Flugzeug	2 Catilinas	Hercules	Il 18	LC 130 F	Hercules
Flugweg, km	15 200	10 138 (Hin- und Rückflug Neuseeland)	25 300	7400	7113
Flugzeit	? (1 Tag in Antarktis)	48 h 20 m	44 h 36 m	14 h 30 m	15 h 19 m
Kommandeur	P. E. Iraolagoita	L. E. Newcomer	A. S. Poljakov	J. R. Reedy	F. Gallup
Staat	Argentinien	USA	UdSSR	USA	USA
Zweck	Versuchsflug	Krankentransport	Einsatzflug	Einsatzflug	Einsatzflug

Im Nordpolargebiet setzten ab 1948 ausgedehnte Flugexpeditionen (Tabellen 106, 107) und ab 1950 die Einrichtung von längere Zeit besetzten driftenden Stationen auf dem Treibeis und auf Eisinseln (Tabelle 108) ein. Durch sie wurde ein reichhaltiges Beobachtungsmaterial zusammengetragen, das jedoch zum Teil noch der Veröffentlichung harrt.

Im Jahre 1965 wurde erstmals in der Erforschungsgeschichte ein Flug von Pol zu Pol durchgeführt, der von der Rockwell-Standard Corporation finanziert worden war, um die Leistungsfähigkeit der modernen Flugzeuge zu demonstrieren. Während des Fluges wurden Messungen der kosmischen und der Erdstrahlung und des Ozon- und Kohlendioxydgehalts der Luft durchgeführt sowie alle 10 Sekunden eine Wolkenaufnahme in den Gebieten, die der Tiros-Satellit zur gleichen Zeit photographierte, um Vergleiche zu ermöglichen.

Flugroute:	Honolulu—Nordpol—London—Lissabon—Buenos Aires—Südpol—Christchurch—Honolulu
Datum:	14. 11. 1965 (19 h 44 m) — 18. 11. 1965 (10 h 25 m)
Flugzeug:	Boeing 707 Düsenmaschine
Flugweg, km:	42 212
Gesamtflugzeit:	62 Stunden 27 Minuten 35 Sekunden
Reine Flugzeit:	51 Stunden 27 Minuten
Kommandeur:	Flugkapitän *J. L. Martin*, Chefpilot der Flying Tiger Line
Personal:	4 707-Piloten, 5 Navigatoren und Ingenieure
Wissenschaftlicher Leiter:	Prof. *S. A. Korff*, Dept. of Physics, New York University, Oberst *Bernt Balchen*
Passagiere:	29

Einzeldistanzen und Geschwindigkeiten:

Strecke	Zeit	Entfernung km	Geschwindigkeit km/h
Honolulu—Nordpol—London	13 h 54 m	11 930	837
London—Buenos Aires	16 h 41 m	11 149	669
London—Lissabon	2 h 19 m	1 542	666
Lissabon—Buenos Aires	11 h 56 m	9 607	800
Buenos Aires—Südpol—Christchurch	14 h 17 m	11 322	694
Gesamtflug:	51 h 27 m	42 212	668

c) Mittel der Forschung (Tabellen 103, 104)

In früherer Zeit wurden polare Forschungsfahrten hauptsächlich von Schiffen aus durchgeführt (Tabelle 104). Auch heute hat die Bedeutung der Schiffe für ozeanographische Forschungen und Eisuntersuchungen sowie für Massentransporte noch nicht abgenommen, wie der Bau von neuen Schiffen beweist. Für Landreisen, die früher meist mit Hundeschlitten durchgeführt wurden, stehen heute vielfältige Raupenfahrzeuge zur Verfügung (Tabelle 103), die auf Kufen stehende Laboratorien ziehen können (Traktorzüge) und auch große Überlandtraversen gestatten. Das Flugzeug wird als Transportmittel und als Aufklärungs- und Kartierungsmittel gebraucht, wobei für bestimmte Einsätze sich entsprechende Flugzeugtypen durchgesetzt haben, wie Hubschrauber für punktförmige Zielfahrten für Expeditionsteilnehmer, Globemaster für schwere Transporte von Materialien. Die Station am Südpol wurde überwiegend durch Lufteinsatz eingerichtet und auch der Entsatz der Treibstationen im Nordpolargebiet erfolgt durch Flugzeuge. Auf den großen Stationen werden die Häuser aus Fertigteilen zusammengesetzt, wobei auf thermische Isolation der größte Wert gelegt wird (in Mirnyj z. B. 2 acht Millimeter dicke Sperrholzplatten mit 7 Isolierschichten dazwischen, Wandbreite 11 cm, Fenster aus vier Glasscheiben mit Luftzwischenraum, Dächer aus verzinktem Eisenblech). Die Stationsgebäude werden zentralgeheizt (Warmwasserheizung mit automatischer Regelung). Eine zentrale elektrische Anlage (in MacMurdo seit 9. 7. 1962 mit Atomkraft betrieben) sorgt für Strom und Licht. Die Station verfügt dazu über eine Funkanlage, über Werkstätten, Laboratorien, Krankenrevier, zentrale Wäscherei und Küche, Klubräume, Kino und eine Kapelle. Tunnels verbinden oft die einzelnen Hütten, um einen Verkehr während der Schneestürme zu gewährleisten.

Trotz dieser Erleichterungen ist die Arbeit auf den Stationen und im Gelände noch immer mit Risiko und Gefahren verbunden. Plötzliche Krankheiten, Unfälle, Brände auf der Station, Abgeschnittenwerden von der Außenwelt durch Versagen von Transport- und Nachrichtengeräten spielen in der Polarforschung noch heute eine große Rolle und die Einwirkung von Kälte und Sturm, auf den Hochplateaus des Inlandeises Sauerstoffmangel (Höhenkrankheit) bedrohen die Arbeit der Forscher.

Forschungen ohne Instrumente mit regelmäßigen Aufzeichnungen sind bei den physikalischen Wissenschaften nicht denkbar. Hier wurden in der letzten Zeit zahlreiche neue Apparaturen und Geräte entwickelt, die den polaren Bedingungen besonders angepaßt sind. Diese registrieren entweder selbsttätig auf elektronische Weise, so daß die Ergebnisse in den Laboratorien abgelesen werden können oder sie müssen im Freien benutzt werden. Für Einsatzfahrten hat man besondere Apparaturen für Eisdicken- und Schweremessungen entwickelt, die auch bei rauher Fahrt oder starker Kälte einwandfrei funktionieren. Auch hat man in der Meteorologie automatische Wetterstationen entwickelt, die keine Bedienung notwendig haben und zu einer bestimmten Zeit automatisch die Witterungswerte funktelegraphisch melden. Für die Einsatzfahrten wurden „Spaltenfinder" konstruiert, die vor dem ersten Fahrzeug einer Kolonne auf Grund von Radarmeßtechnik vorhandene Gletscherspalten anzeigen, so daß ein Ausweichen möglich ist.

d) Wissenschaftliche Polarstationen (Tabellen 109—111)

In den Tabellen wurde versucht, die Verteilung der arktischen und antarktischen Stationen nach dem heutigen Stande mit Angaben über Einrichtung, Lage, Dauer der Besetzung zu geben. Die Anordnung der arktischen Stationen erfolgte nach Staaten von Spitzbergen nach Osten bis Spitzbergen zurück. Tabelle 110 zeigt die Stationen des Internationalen Geophysikalischen Jahres mit Angabe der auf ihnen durchgeführten Arbeiten auf den verschiedenen Wissenschaftsgebieten. Für die Antarktis konnten alle Stationen und Hütten nach dem Stande von 1966 aufgeführt werden, ausgehend vom südlichen Weddell-Meer nach Osten bis zur Antarktischen Halbinsel und zu den subantarktischen Inseln. Die Angaben sind recht unterschiedlich, da nicht von allen Staaten und Stationen Unterlagen zur Verfügung standen, auch kann es sein, daß einzelne Hüttengründungen nicht bekannt geworden sind. Nur mit diesen Einschränkungen sind die Tabellen zu benutzen.

e) Organisationen der Polarforschung (Tabellen 112, 113)

Die Tabelle 112 versucht, alle mit Polarforschung betrauten Institute und Vereinigungen zusammenzustellen mit ihrer Adresse, dem Jahr der Einrichtung oder Gründung und Angabe ihrer Publikationen. Tabelle 113 gibt darüber hinaus auch sonstige mit Polarforschung befaßte Organisationen mit ihren amtlichen Kürzungen und dem Ort ihres Wirkens. Als Anhang wurde eine Übersicht der Weltdatenzentren beigegeben (Stand 1965), die seit dem Internationalen Geophysikalischen Jahr 1957/58 eingerichtet wurden und alle auf den Stationen gesammelten Ergebnisse jeweils für ihr Wissensgebiet zentral sammeln und zur Verfügung stellen sollen.

f)

Aus den Tabellen dürfte hinreichend hervorgehen, daß heute ein Beobachtungsmaterial vorliegt, das kaum noch von den Spezialisten überschaut werden kann, geschweige denn von einer Einzelperson. Auslassungen und unrichtige Verallgemeinerungen sind daher zu erwarten und mit dieser Einschränkung sind alle Tabellen dieses Buches auch zu werten.

Tabelle 1

Die beiden Pole

Lage, mathematisch	90° nördliche bzw. südliche Breite
Polbewegungen:	
Präzession. Umlaufszeit	26 000 Jahre
Nutation (durch Mondanziehung)	19 Jahre
Unregelmäßige Bewegungen	
Chandlersche Bewegung	20 Jahre?
Chandlersche Bewegung	10 Jahre
Änderung durch Winkelgeschwindigkeit	6,5 Jahre
Breitenschwankungen	ca. 435 und 414 Tage
Tagesschwankungen	ca. 1/200 sec./Tag

Sonnenhöhe in Graden über dem Horizont (Südpol)

Datum	21. III.	21. VI.	23. IX.	22. XII.
Polarkreis	23,5	0	23,5	47
Pol	0	—	0	23,5

Dauer von Polartag und Polarnacht mit Berücksichtigung der Refraktion (in je 24 Stunden)

Breite	Polartag		Polarnacht	
	Südhalbkugel	Nordhalbkugel	Südhalbkugel	Nordhalbkugel
66° 33′	23	23	0	0
70°	64	70	59	55
75°	102	107	98	94
80°	130	137	130	123
85°	157	163	157	151
90°	182	189	183	176

Ohne Berücksichtigung der Refraktion ergeben sich für:

Nordpol	Dauer Polartag	186 Tage 10 Stunden
	Polarnacht	178 Tage 14 Stunden
	Differenz	+ 8 Tage
Südpol	Dauer Polartag	178 Tage 14 Stunden
	Polarnacht	186 Tage 10 Stunden
	Differenz	− 8 Tage

Mathematische Lage der beiden Polarkreise:
66° 32′ 51″,74

Tabelle 2

Erdabplattung

Die Erde ist keine Kugel, sondern infolge der Erddrehung an den Polen abgeplattet. Die Pole liegen um 21,5 km näher am Erdmittelpunkt als der Äquator. Das Gewicht aller Gegenstände ist an den Polen um etwa 1 % größer als am Äquator.

Schweremessungen

Die Schwere läßt sich für alle Breiten theoretisch berechnen. Die tatsächlich gemessenen Schwerewerte weichen von den theoretischen Werten ab (Schwereanomalien). Man kann aus diesen Abweichungen die Dicke der Erdkruste bis zur Mohorovičic-Diskontinuität, der Grenze gegen die tieferen und schwereren Schichten berechnen. Die folgenden Tabellen geben die Werte für die gravimetrischen Hauptstationen in der Antarktis sowie Werte für zwei unvollständige Profile für Ost- und Westantarktis. Auf allen seismischen Traversen wurden auch die Schwerewerte bestimmt, doch ist es nicht möglich, alle gemessenen Werte hier zu geben.

Ort (Höhe in m)	Breite	Länge	Wert (gal)	Anomalie (mgal)
Äquator (Theoret. Wert)	0		978,046	–
a) Gravimetrische Hauptstationen (nach *Behrend, Wold und Laudon*) 1962				
Christchurch (.)	43° 29′ S	172° 31′ E	980,4955	
Hallett (3)	72 18	170 18	982,7049	
MacMurdo (11)	77 51	166 47	982,9919	
Scott Base (30)	77 51	166 50	982,9883	
Little Rockford (591)	79 15	147 29 W	982,8593	
Byrd (1525)	79 59	120 01	982,5960	
New Byrd	80 00	119 35	982,6054	
Südpol (2800)	90		982,3274	– 80,5
b) Profil Ostantarktis (nach *Stahl* 1954 und *Weihaupt* 1961)				
Kerguelen (3)	49 21	70 14 E	981,075	
Auckland-Insel (4)	50 32	166 14	981,195	
Macquarie (6)	54 30	158 57	981,694	
Pointe Géologie (11)	66 40	140 00	982,403	
Port Martin (21)	66 49	141 24	982,406	
Lager A (585)	66 56	141 33	982,259	
Bifurkation (830)	67 04	141 33	982,192	
Traverse (2513)	71 08	139 11	981,8889	– 13,7
(2494)	72 00	140 30	981,8746	– 81,4
(2515)	72 59	142 17	982,0205	+ 19,7
(2577)	74 00	143 47	982,0290	– 2,5
(2524)	75 02	146 16	982,0594	– 36,5
(2469)	76 00	149 02	982,1020	– 53,4
(2440)	77 00	152 14	982,1792	– 26,6
(2285)	78 00	154 02	982,2582	– 33,4
c) Profil Westantarktis (nach *Bongrain* 1909 und *Bentley-Osteno* 1960)				
Punta Arenas	53 12	70 54 W	981,349	+ 2,5
Deception (8)	62 59	60 34	982,191	+ 7,1
Port Lockroy (3)	64 49	63 31	982,275	+ 6,4
Petermann-Insel (35)	65 10	64 14	982,418	+ 14,4
Jenny-Insel	67 43	68 30	982,480	+ 3,4

Tabelle 2 (Fortsetzung)

Ort (Höhe in m)	Breite	Länge	Wert (gal)	Anomalie (mgal)
Traverse (1380)	76 19	112 45	982,5999	+ 127,0
(1233)	77 02	112 45	982,5705	— 9,1
(1505)	78 01	113 39	982,5080	— 25,2
(1728)	79 00	115 57	982,5253	+ 26,1
Byrd (1525)	79 59	120 01	982,5960	
Traverse (1308)	80 59	120 36	982,6709	— 19,2
(842)	82 00	122 29	982,8566	— 4,3
(782)	83 00	123 37	982,8554	— 47,4
(920)	84 00	125 08	982,9062	+ 25,5
(1159)	85 01	125 46	982,7458	— 78,7
Südpol (2800)	90		982,3274	— 80,5

Schweremessungen in der Arktis auf 2 Profilen: 160 ° und 140 °W. Meßjahre 1960/61. Flugtraversen amerikanischer Maschinen.

a) Profil 160° W

Breite	Länge	Höhe m	Meeres-tiefe m	Theoretischer Wert (gal)	Gemessener Wert (gal)	Bouguer-Anomalie
68°53′ N	166°09′ W	2	—	982.4654	982.4108	— 0,6
69 45	162 55	3	—	5992	5955	— 3,1
70 36	159 51	24	—	6483	6374	— 5,6
70 53	160 32	—	55	6639	6587	— 1,4
71 15	160 04	—	60	6849	6733	+ 7,5
71 43	157 13	—	64	7102	7204	+ 14,2
72 28	159 38	—	60	7500	8419	+ 96,0
72 45	160 33	—	51	7645	8010	+ 40,3
73 41	159 56	—	1620	8114	8062	+105,9
74 19	158 40	—	3213	8418	7399	+118,5
75 07	159 19	—	1384	8786	8517	+ 68,0
b) Profil 140° W						
67 34	139 49	274	—	4654	4108	— 0,6
68 12	141 03	340	—	5047	4365	— 1,2
69 36	140 07	1	—	5907	5862	— 4,3
71 14	141 30	—	2100	6838	6506	+112,9
73 22	141 20	—	3457	769	781	+222
74 47	138 40	—	3520	863	857	+235
75 53	142 10	—	3739	912	901	+245

Tabelle 3

Neue Flächenangaben für die Meere, Länder und Inseln des Nordpolargebietes. Angaben auf Grund der Statistiken der Jahre 1960—1964.

Quellen: Amtliche Statistiken, für die Inseln Berechnungen des Arktischen und Antarktischen Instituts, Leningrad, des Norsk Polarinstitutt, Oslo, des Geographical Branch, Ottawa und des Ministeriums für Grönland, Kopenhagen.

	km²
1) Meeresgebiete	
Nördliches Eismeer (innerhalb der 10 °C-Isotherme)	18 544 036
Davon: Barents-Meer	1 088 027
Karasee	852 698
Laptev-See	640 678
Ostsibirische See	849 392
Tschuktschen-See	308 343
Hudsonbai	402 330
2) Landgebiete / Politische Einheiten	
Svalbard (mit Jan Mayen)	62 421,8
Bäreninsel	178
Svalbard gesamt	62 600
Sowjetische Arktische Gebiete	
Oblast Murmansk	144 900
Neneckij N. O.	176 700
Jamalo-Neneckij N. O.	750 300
Dolgano-Neneckij N. O. (Tajmyrskij N. O.)	860 200 [1])
Jakutische ASSR	3 103 200
Čukotskij N. O.	737 700
Alaska	1 518 717
Davon Festland	1 479 001
Davon Inseln	39 716
Kanada	
Yukon (Territorium)	536 306
Davon Wasserflächen	4 481
Davon Landflächen	531 825
Nordwestterritorien gesamt	3 379 568
Davon Wasserflächen	133 289
Davon Landflächen	3 246 279
Mackenzie	1 366 146
Davon Wasserflächen	88 742
Davon Landflächen	1 277 404
Keewatin	590 912
Davon Wasserflächen	25 122
Davon Landflächen	565 790
Franklin	1 422 510
Davon Wasserflächen	19 425
Davon Landflächen	1 403 085

1) Neumessung 1965: 879 300 qkm.

Tabelle 3 (Fortsetzung)

	km²
Grönland	2 175 600
Davon bewohnt	150 000
3) Landgebiete / Natürliche Einheiten und Inseln	
Eurasiatisches Tundrengebiet gesamt	2 208 000
Davon Europäisches Tundrengebiet	224 000
Davon Westsibirisches Tundrengebiet	346 000
Davon Ostsibirisches Tundrengebiet	1 638 000
Eurasiatische polare Inselgruppen und Inseln	
Spitzbergen, Gesamtgruppe	62 050
Davon eisfrei	26 926
Davon eisbedeckt	35 124
Einzelne Inseln von Spitzbergen:	
Vestspitsbergen	39 044
Nordaustlandet	14 530
Edgeøya	5 030
Barentsøya	1 330
Prins Karls Forland	640
Storøya	35
Kvitøya	265
Andere Inseln	998
Bjørnøya (Bäreninsel)	178
Jan Mayen	380
Sowjetische Inseln insgesamt	200 101
Franz-Josef-Land	18 939
Novaja Zemlja, gesamt	81 280
Davon Nordinsel	47 222
Davon Südinsel	33 092
Davon kleinere Inseln	966
Kolguev	3 728
Vajgač	3 383
Belyj (Weiße Insel)	1 902
Uedinenija (Einsamkeitsinsel)	236,5
Severnaja Zemlja (ohne Inseln Schmidt und Tajmyr)	36 712
Komsomolec	9 244
Pioner	1 649
O. Oktjabrskoj Revolucij	13 992
Bolševik	11 527
kleinere Inseln	300
O. Šmidta (Schmidt)	727,9
O. Malyj Tajmyr	364,5
Neusibirische Inseln	35 796,8
Davon Kotelnyj	12 019
DeLong-Inseln, gesamt	789
Davon O. Benetta (Benett-Insel)	61
Davon O. Žanetta (Jeanette-Insel)	81
Davon O. Genrietta (Henriette-Insel)	28,3
Davon O. Žochov	162
Davon O. Vilkickogo (Vilkickij-Insel)	202
Wrangel	7 541,5
O. Gerald (Herald-Insel)	10

Tabelle 3, Fortsetzung

	km^2
Amerikanisches Tundrengebiet, Festlandteil, gesamt	2 731 000
Davon Tundrengebiet von Alaska	431 000
Davon Tundrengebiet von Kanada	2 300 000
Amerikanische Polarinseln (ohne Grönland)	1 760 000
Südliche Gruppe	
Banks	60 163
Victoria	212 191
Prince of Wales	33 228
King William	12 613
Somerset	24 277
Nördliche Gruppe	
Parry-Inseln	
Prince Patrick	15 749
Melville	41 804
Bathurst	15 646
Cornwallis	6 915
Sverdrup-Inseln	
Ellef Ringnes	13 309
Amund Ringnes	6 514
Axel Heiberg	40 866
Östliche Inseln	
Ellesmere	212 191
Devon	54 025
Baffin	467 050
Bylot	10 878
Inseln im Foxe-Becken	
Prince Charles	9 065
Sonstige Inseln (Spicer usw.)	4 400
Inseln in der nördlichen Hudsonbai	
Southampton	40 661
Grönland, gesamt	2 175 600
Davon Inlandeis	1 833 900
Davon Eisfrei	341 700
Davon Küstenland	296 900
Davon Küsteninseln	44 800

Entwicklung unserer Kenntnis der Flächen der Inseln des kanadischen arktischen Archipels. Größen in km^2.

Name	Encycl. Brit. 1963	*S. Zavatti* 1957/63	Canada Yearb. 1955	Canada Yearb. 1948	*L. Breitfuß* 1943	*L. Mecking* 1925
Baffin	467 050	517 980	462 815	512 183	} 611 000 (Baffin und Bylot)	} 560 000 (Baffin und Bylot)
Bylot		11 655	10 878	12 963		
Ellesmere	212 680	189 063	212 680	200 445	200 000	200 000
Victoria		204 602	212 191	208 080		} 260 000 (Victoria und Banks)
Banks		67 337	60 163	66 498		

Tabelle 3, Fortsetzung

Name	Encycl. Brit. 1963	*S. Zavatti* 1957/63	Canada Yearb. 1955	Canada Yearb. 1948	*L. Breitfuß* 1943	*L. Mecking* 1925
Devon		51 798	54 025	55 959		}
Melville		41 438	41 804	42 743		}
Prince Patrick		16 834	15 749	18 627		} 145 000
Bathurst		16 834	15 646	—		}
Cornwallis		5 500	6 915	6 889		}
Axel Heiberg		33 669	40 866	35 180		}
Ellef Ringnes		10 360	13 309	9 632		} 75 000
Amund Ringnes		—	6 514	5 251		}
Prince of Wales		36 259	33 228	35 576		}
Somerset		24 604	24 277	24 848		} 145 000
King William		12 949	12 613	12 963		}
Southampton		44 000	40 661	43 346		—
Prince Charles	9 065	—	9 065	—		—

Tabelle 4

Antarktis. Flächeninhalt

I. Nach *I. A. Suetova:* Morfometričeskie charakteristiki Antarktidy. Moskau 1963.
II. Nach *B. Giovinetto* in Bulletin of the US Antarctic Projects Officer. Vol. IV, 7. April 1963 und *B. Giovinetto, J. C. Behrendt:* The area of ice shelves in Antartica. Polar Record. Vol. 12, 77, May 1964.
III. Nach *I. A. Suyetova:* The dimensions of Antarctica. Polar Record. Vol. 13, 84, August 1966.

	I qkm	II qkm	III qkm
Kontinent ohne Schelfeistafeln und ohne Inseln	12 448 000	12 380 000	
Desgleichen mit Alexander-I.-Insel			12 393 000 ± 5 500
Kontinent nur mit Inseln und Eiskuppeln unter Schelfeis	12 611 000		12 480 000
Kontinent mit Inseln und Eiskuppeln unter Schelfeis und Inseln auf dem Kontinentalsockel	12 633 000		12 513 000
Kontinent mit Schelfeistafeln, jedoch ohne Inseln	13 991 000		13 975 000
Kontinent mit Inseln und Schelfeistafeln	14 013 000	14 000 000	13 997 000
Kontinent mit Inseln außerhalb des Kontinentalsockels	16 371 000		
Kontinent mit Kontinentalschelf			16 355 000
Schelfeis gesamt	1 547 000	1 480 000	1 582 000
Schelfeis ohne Inseln und Eiskuppeln	1 384 000		1 460 000
Inseln gesamt	2 380 000		
Inseln auf Kontinentalsockel	22 000	140 000	
Nicht vereist		200 000	
Vereist		12 180 000	
Felsuntergrund über dem Meeresspiegel			8 276 000
Inlandeis unter dem Meeresspiegel			4 204 000

Tabelle 4, Fortsetzung

Teilgebiete (nach I)	Ohne Schelfeistafeln qkm	Mit Schelfeistafeln qkm
Westantarktis	2 396 000	3 548 000
Ostantarktis	10 183 000	10 443 000

Einzelne Schelfeistafeln	I qkm	II qkm
Rosseisschelf	522 000	540 000
Filchnerschelfeis	355 000	500 000
Amery-Schelfeis	30 000	50 000
Shackleton-Schelfeis	29 800*	30 000
Westeis	26 800*	26 000
Übrige Schelfeistafeln	420 400	48 000

*nach Dobovskoj

Tabelle 5

Flächen wichtiger antarktischer Inseln

Anmerkung: Die Zahlen geben nur angenäherte Werte, da für die meisten Inseln noch keine genaueren Vermessungen vorliegen.

Name	Größe in km^2	Bemerkungen
Drygalski-Insel	204	Nach *Kotljakov* 1961
Balleny-Inseln	2 000	
Ross-Insel	2 300	Nach sowjetischer Mitteilung (April 1966) subglaziale Halbinsel
Peter I.-Insel	243	Norwegische Vermessung 1929
Charcot-Insel	2 000	Nach sowjetischer Mitteilung (April 1966) subglaziale Halbinsel
Alexander I.-Insel	43 200	
Adelaide-Insel	3 300	
Süd-Shetland-Inseln	4 662	Amtliche Statistik
Süd-Orkney-Inseln	622	Amtliche Statistik
Süd-Georgien	4 143	Amtliche Statistik
Süd-Sandwich-Inseln	337	Amtliche Statistik
Bouvet-Insel	58	Norwegische Vermessung
Prinz-Edward-Inseln	310	
Crozet-Inseln	500	
Kerguelen-Gruppe	6 200	
Heard-Insel	200	
Macquarie-Insel	119	Nach *B. W. Taylor* 1955

Tabelle 6

Entwicklung unserer Kenntnis der Flächengröße der Arktis

Jahr	Autor	Mathematisches Polargebiet in km²	Physisches Polargebiet in km²
1879	A. Supan	—	37 720 000 (0 °C-Jahres-Isotherme)
1903	A. Supan	21 240 000	20 260 000 (10 °C-Juli-Isotherme)
1908	A. Supan	21 240 000	18 550 000 (10 °C-Juli-Isotherme)
1908	H. Wagner	21 120 000	18 720 000 (10 °C-Juli-Isotherme)
1908	J. Hann	21 240 000	20 260 000 (10 °C-Juli-Isotherme)
1921	H. Wagner	—	über 23 000 000 (10 °C-Juli-Isotherme)
1926	H. Rudolphi	21 240 000	20 260 000 (10 °C-Juli-Isotherme)
1927	O. Baschin	21 000 000	über 21 000 000 (10 °C-Juli-Isotherme)
1933	E. Sorge	21 000 000	26 000 000 (10 °C-Juli-Isotherme)
1933	W. Meinardus	21 240 000	18 550 000 (10 °C-Juli-Isotherme)
1934	E. Obst	21 240 000	18 550 000 (10 °C-Juli-Isotherme)
1941	Th. Stocks	21 180 000	26 436 000 (10 °C-Juli-Isotherme)

Der letzte Wert wurde auf Grund neuer Forschungsergebnisse ausplanimetriert und wird heute als endgültig angesehen.

Tabelle 7

Entwicklung unserer Kenntnis der Flächengröße der Antarktis

Jahr	Autor	km²	Bemerkungen
1895	Sievers	657 000	ohne Inseln
		666 000	mit Inseln (nach *Supan* und *Wagner*)
1906	Bruce	14 200 000	
1909	Anonym	8 259 400	Physische Geographie
1910	Wichmann	13 599 600	
1919	Drygalski	14 000 000	(rund. „kleiner als Zahl von *Bruce*")
1923	Banse	14 000 000	
1925	Mecking	13—14 000 000	
1926	Nordenskjöld	14 000 000	± 1—2 Mill.
1926	Rudolphi	14 165 000	nach *Kossinna*
1931	Drygalski	14 000 000	mit Schelfeis
1932	Riedel	14 000 000	
1934	Isachsen	12 000 000	
1938	Kossinna	14 000 000	
1938	Meinardus	13 500 000	
1940	Taylor	13 208 000	ohne Ross-Eisschelf
1942	de Agostini	14 000 000	
1950	Kosack	14 032 064	mit Schelfeis, ohne Inseln
		14 107 637	mit Inseln
1955	Bauer	13 200 000	
1961	Suetova	13 900 000	mit Schelfeis ohne Inseln
		13 922 000	mit Schelfeis mit Inseln
1963	Suetova	13 991 000	mit Schelfeis ohne Inseln
		14 013 000	mit Schelfeis mit Inseln
1963	Giovinetto	13 860 000	mit Schelfeis ohne Inseln
		14 000 000	mit Schelfeis mit Inseln
1966	Suetova	13 975 000	mit Schelfeis ohne Inseln
		13 997 000	mit Schelfeis mit Inseln

Tabelle 8

Antarktis. Küstentypen und ihre Längen nach verschiedenen Autoren

1. Nach *K. K. Markov* 1961
2. Nach *Mellor* 1959
3. Nach *V. M. Kotljakov* 1960/1961
4. Nach *A. Cailleux* 1963
5. Nach *I. A. Suetova* 1966

1. Küstentypen im Bereich zwischen 44 und 166 °O nach *Markov*

	km	%
Inlandeisküste	4 538	45
Schelfeisküste	2 787	28
Abflußgletscher	2 051	20
Felsküsten	712	7
Gesamt	10 088	100

Tabelle 8, Fortsetzung

Gesamte Küstenlänge der Antarktis in km

	Gesamt	Inlandeisküste	Schelfeisküste	Abflußgletscher	Felsküste
Mellor 1959	22 000	11 000	7 500	1500	.
Kotljakov 1960	.	12 100	8 600	1800	.
Kotljakov 1961 (ohne Antarkt. Halbinsel)	.	7 970	12 640	2240	.
Cailleux 1963	22 000	11 000 50%	7 480 34%	1540 7%	1980 9%
Suetova 1966	30 030	11 090 37%	13 660 45,5%	2860 9,5%	2420 8%

Küstenlängen der Teilgebiete der Antarktis (nach *Cailleux* 1963)

	Ostantarktis (nach *Markov*)		Westantarktis (Differenz)	Gesamt (nach *Mellor*)	
	%	km	km	%	km
Inlandeisküste	45	(4770)	(6 230)	50	(11 000)
Schelfeisküste	26	(2796)	(4 684)	34	(7 480)
Abflußgletscher	26	(2796)	(1 256)	7	(1 540)
Felsküsten	7	(742)	(1 238)	9	(1 980)
Gesamt		10 060	(11 940)		22 000

Tabelle 9

Arktis. Höhenangaben	m
Spitzbergen, Westinsel	
Newtontoppen	1717
Hornsundtind	1430
Nordaustlandet. Inlandeis	ca. 600
Jan Mayen. Beerenberg	2277
Bäreninsel. Miseryfjellet	536
Novaja Semlja	
Nordinsel	
Pik Sedova	1070
Gora Blednaja	1052
Südinsel	
Höchster Punkt am Südufer des Matočkin Šar	960
Franz-Josef-Land	
Vilček-Insel. Gora Gullerstorf	734
Guker-Insel (Hooker)	457
George-Insel	450
Alexandra-Insel	213
Severnaja Zemlja. Inlandeiskuppel auf allen Inseln	über 500
Neusibirische Inseln	
Kotelnyj	320

Tabelle 9, Fortsetzung

DeLong-Inseln	
Benett	450
Genrietta (Henrietta)	315
Wrangel-Insel. Gora Sovetskaja	1097
Kanadischer Archipel	
Ellesmere	
United States Range	ca. 2900
Axel-Heiberg-Insel	ca. 1700
Devon	ca. 600
Bylot. Mount Thule	ca. 1000
Baffin. Penny Highland	2591
Grönland	
Gunnbjörnsfjell	3700
Petermannbjaerg	2940
Inlandeis. Höchster Punkt	3300
Subarktische Gebirge	
Alaska. Brooks Range	
Mt. Doonerak	3060
Mt. Michelson	2816
Sibirien	
Byrranga-Rücken	1146
Verchojanskij Chrebet	
im nördlichen Teil	1291
im südlichen Teil	2505
Chrebet Čerskogo, nördlicher Teil	1040
mittlerer Teil	1300
südlicher Teil	3114
Anadyrskij Chrebet	2320

Tabelle 10

Höhenmessungen und -schätzungen eines gut bekannten Berges in der Arktis
Beerenberg auf der Insel Jan Mayen. Höhenangaben nach verschiedenen Autoren.

Name	Jahr	Höhe in m	Bemerkungen
W. Scoresby jr.	1818	2094	Schätzung
Norwegische Expedition 1876/78	1877	1945	Schätzung
Österreichische Polarjahr-Expedition 1882/83	1883	2545	Triangulation
J. M. Wordie	1921	2466	Barometermessung
Finn Devold	1927	2080	Triangulation
J. Kjöllesdal	1929	2267	Triangulation
P. L. Mercanton	1929	2272,5 ± 3	Triangulation
J. Lid	1930	2269	Triangulation
N. E. Odell	1933	2337	Barometermessung
Imperial College of Science Expedition	1938	2340	Triangulation
Norsk Polarinstitutt 1949/50	1950	2277,0 ± 0,3	Triangulation

Tabelle 11

Antarktis. Mittlere Höhen und Höhenstufen

Mittlere Höhe	Gesamtantarktis m	Ostantarktis m	Westantarktis m
Meinardus (1909)	2000 ± 200		
Meinardus (1926)	2150 (ohne Schelfeis)		
Byrd (1947)	1829		
K. K. Markov (1960)	2355	2490	1690
V. Ch. Bujnickij (1960)	2400	2610	1300
I. A. Suetova (1963)			
Mit Schelfeis	2100	2530	850
Ohne Schelfeis	2330	2590	1240
I. A. Suetova (1966)			
Untergrund über d. M.	860 ± 300		
Untergrund unter d. M.	-480		
Untergrund mit Inseln	410		
Gesamter Schelf	270		
Eishöhe mit Schelfeis	2300 ± 85		
Eishöhe ohne Schelfeis	2040		

Höhenstufen (nach *I. A. Suetova* 1963)

	qkm
0— 500	2 331 000
500—1000	980 000
1000—1500	1 051 000
1500—2000	1 507 000
2000—2500	1 944 000

	qkm
2500—3000	2 487 000
3000—3500	2 262 000
3500—4000	1 360 000
über 4000	69 000

Höhenmessungen und Schätzungen eines gut bekannten Berges in der Antarktis

Mount Erebus auf der Rossinsel. Höhenangaben nach verschiedenen Autoren.

Name	Jahr	Höhe in m	Bemerkungen
J. C. Ross	1840	3779	Schätzung vom Schiff aus
R. F. Scott	1901	3998	Messung vom Fuß des Berges
R. F. Scott	1902	3939	Messung vom Fuß des Berges
D. Mawson	1908	4075	Erste Besteigung
R. E. Priestley	1912	4069	Zweite Besteigung
	1920 ff.	4023	Berichtigungen der Aneroidmessungen, bis 1960 amtliche Zahl
US. Geological Survey	1961	3743	Theodolitmessung
US. Geological Survey	1962	3795	Tellurometermessung
US. Geological Survey	1965	3794	Trimetrogonmessung

Tabelle 12

Antarktis. Wichtige Höhenangaben

1. *Berghöhen.* Vorwiegend nach dem Atlas Antarktiki, Moskau 1966, und der Karte Antarctica der Amerikanischen Geographischen Gesellschaft 1962.

   Von den einzelnen Gebirgsketten wird jeweils der höchste Punkt angegeben.

   A — Amerikanische Karte von 1962
   S — Sowjetischer Atlas 1966

Bergname	Gebirge oder Gebiet	Höhe in m	
		A	S
Vinson Massiv	Sentinel Range	5140	5140
Mount Kirkpatrick	Queen Alexandra Range	4450	4530
Mount Markham	Südl. Victorialand	4350	4350
Mount Sidley	Executive Committee Range	4181	4225
Mount Fridtjof Nansen	Queen Maud Range	4010	4070
Mount Wexler	Commonwealth Range	4060	
Mount Lister	Royal Society Range	4025	4025
Mount Jackson	Südl. Antarkt. Halbinsel	3449	4191
	Der Berg wurde 1964 erstiegen; Messung:	3960	
	Horlick Mountains	3932	3932
Mount Sabine	Admiralty Range	3850	3850
Mount Erebus	Rossinsel	3795	3794
	Crary Mountains	3501	3677
Mount Hawkes	Pensacola Mountains	3660?	3660
Mount Coman	Südl. Antarkt. Halbinsel	3657	3657
Vørterkaka	Sør Rondane	3630	3630
Mount Menzies	Prince Charles Mountains	3355	3355
Mount Siple	Marie Byrd Land	3100	3100
Gessnerspitze	Mühlig-Hofmann-Gebirge	3300	3030
Gneisskopf	Wohlthatmassiv	.	3019
Mount Stevenson	Douglas Range	2987	2981
	Arctic Institute Range	2956	2956
Lowell Thomas Mts.	Ellsworth Land	2895	2895
Herrmannberge	Neu-Schwabenland	2885	2885
Anderson Summit	Thiel Mountains	2812	2812
Ritschergipfel	Wohlthatmassiv	3010	2810
Mount Français	Anvers Island	2761	2761
Schubertspitze	Westl. Neu-Schwabenland	2710	2717
Mount Melbourne	Nördl. Victorialand	2590	2590
Mount Victor	Belgica Mountains	2500	2500
Fukushima Dake	Yamato Mountains	2470	2470
Napier Mountains	Enderby Land	2260	2300
Mount Gaudry	Adelaideinsel	2136	2136
	Shackleton Range	1460	2012
Mount Haddington	James Ross Island	1620	1620
Gora Astronomičeskaja	Queen Mary Land	.	1610
Gaussberg	Wilhelm II. Land	369	369

Tabelle 13

2. Höhen von Stationen und ausgewählten Punkten des Inlandeises

Quellen: (1) Karta issledovanij v Antarktide 1956—1959. Moskau 1959. (2) Antarctica 1 : 5 000 000. New York: American Geographical Society 1962. (3) *A. V. Nudel'man:* Sovetskie Ekspedicii v Antarktiku 1958—1960. Moskau 1960.

Bezeichnung, Name	Höhen in m (1)		(2)	(3)	Höhe des Felsuntergrundes in m
Pol der Unzugänglichkeit, höchster Punkt			**4270**		
Pol der Unzugänglichkeit, Station		3720	3720	**3720**	770
Sovetskaja, Station		3570	3570	**3570**	1740
Komsomolskaja, Station		3420	3500	**3497**	177
Vostok II, Station		3420	3500	**3420**	−280
Vostok I, Station		3140	3290	**3252**	352
Südpol, Station Amundsen-Scott		2765	**2800**	.	−10
Pionerskaja, Station		2700	2700	**2741**	691
Charcot, Station	**2403** (fr)	2400	2400	.	−490
Byrd, Station	**1515** (SCAR)	1553	1530	.	−1115
South Ice, Station		1350	1500	**1350**	690
Camp Minnesota, Station		.	558	.	−97
Sky-Hi, Station	**494**	.	.	.	.

Die **halbfetten** Zahlen sind als maßgeblich anzusehen. (fr) und (SCAR): Offizielle Angaben des Special Committee on Antarctic Research.

Tabelle 14

3. Höchste Gipfel der subantarktischen Inseln

Name	Insel	Höhe in m	Bemerkungen
Mount Paget	Südgeorgien	2934	South Georgia Survey
Mawson Peak	Heard Island	2745	ANARE 1953
Mount Foster	Smith Island, South Shetland Is.	2012	British Antarctic Survey 1963
Mont Grand Ross	Kerguelen	1960	TAAF, Karte 1961
Mount Belinda	Montagu Island, South Sandwich Is.	1372	Seekarten
Jan Smuts Peak	Marion Island, Prince Edward Is.	1280	SANAE 1962; die Aufnahme 1947 ergab 1190 m
Mount Nivea	South Orkney Islands	1266	British Antarctic Survey 1963
Olavtoppen	Bouvetøy	935	Norweg. Aufnahme 1928
Pic du Mascarin	Ile de la Possession Crozet	927	TAAF, Karte 1963. Auf der Ile de l'Est sollen Höhen von 1980 m (Antarctic Pilot) bzw. 1200 m (Seekart.) vorkommen.
Mount Hamilton	Macquarie	433	ANARE 1955

Tabelle 15

Kurze geologische Geschichte in zwei Gebieten der Antarktis

Geologische Zeitalter (in Millionen Jahren)	Viktoria-Land	Antarktische Halbinsel
Känozoikum		
Quartär (1)	Lokale Extrusionen von Basalt und Trachyt Kontinentale Vereisung ?	Vereisung. Lokale Sedimentation (Pecten-Konglomerat), junger Vulkanismus ?
Tertiär (63)	Ohne Belege	Lokale Sedimentation und Vulkanismus ?
Mesoziokum		
Kreide (135)		Orogenese und Intrusion von Gabbro, Diorit und Quarz-Diorit ?
	?	mächtige marine Ablagerungen
Jura (181)	Ablagerung von Tillit (?) Intrusion von Diabasgängen und Basalt-Vulkanismus ?	Andesit- und Rhyolit-Vulkanismus Lokale Seeablagerungen
Trias (230)		Orogenese und intensive Faltung. Schwacher Metamorphismus älterer Gesteine ?
Paläozoikum	Ablagerung von Sanden, Schlamm und Kohleflözen (Beacon-Sandstein)	Ablagerung in Geosynklinale von Grauwacke, Schiefern und Konglomerat (Serie der Trinity-Halbinsel)
Perm (280)		
Karbon (345)		?
Devon (405)	? Erosions-Phase nach Gebirgsauffaltung	Granitische Intrusionen
Silur (425)	? Faltung und schwacher Metamorphismus älterer Gesteine	
Ordovizium (500)	mit verbreiteten granitischen Intrusionen	Vulkanismus ?
Cambrium (600?)	Ablagerung von Kalken Lange Sedimentations-Phase lokal starke Metamorphose und plutonische Intrusionen	Sedimentation und Metamorphose der Basisgesteine (Mittelteil der Halbinsel)
Praecambrium 3000?		

Tabelle 15, Fortsetzung

Fossilien in der Antarktis (nach *H. J. Harrington:* Geology and morphology of Antarctica. In: Biogeography and ecology in Antarctica. The Hague 1965)

Geologische Zeitalter Perioden und Epochen (in Millionen Jahren)	Fossilien
Känozoikum	
Quartär	
Holozän 0,02	Subfossile Pinguine, viele Niststätten; subfossile Muscheln, MacMurdo-Sund usw.
Pleistozän 0,8	Muschelschichten Deception-Insel, MacMurdo-Sund und Cockburn-Insel (frühes Pl. oder spätpliozän)
Tertiär	
Pliozän 13	
Miozän 25	Pflanzen in den James-Ross-Vulkaniten, nordwestliche Antarktische Halbinsel und Süd-Shetlands Pflanzen und reiche marine Fauna auf Seymour und Cockburn-Insel (Antarktische Halbinsel) (Untermiozän oder Oberoligozän)
Oligozän 36	Pollen in Seymour-Schichten (Ober-Ol.)
Eozän 58	Sporen und Pollen (Nothofagus usw.) und marine Mikrofossilien, MacMurdo-Sund
Paläozän 63	Unterteriäre und Oberkreide-Foraminiferen, Burdwood-Bank, S.-Antillen-Bogen
Mesozoikum	
Kreide	
Maestricht	
Campan 72	Reiche Biota von marinen Invertebraten und Pflanzen des mittleren und unteren Campan, James-Ross-Archipel
Santon	
Coniac 84	
Turon 90	
Cenoman 110	Kreidepflanzen, Brachiopoden usw., Süd-Orkneys
Alb	
Apt	Apt-Pflanzen und marine Fauna, Alexander-Insel, Ammoniten und Lamellibranchen von Südgeorgien
Neokom 120	
Jura 347	Pflanzen und marine Fauna, Alexander-Insel. Holz auf Süd-Shetlands Reiche Pflanzenschichten, Hope-Bai, Antarktische Halbinsel Pflanzen in Victoria-Land mit bivalven Krustazeen (conchostracans)
Trias 230	Pflanzen des Beacon-Systems (Dicroidium)

Tabelle 15, Fortsetzung

Geologische Zeitalter Perioden und Epochen (in Millionen Jahren)	Fossilien
Paläozoikum	
Perm 280	Holz, Blätter, Mikrofossilien, Glossopterisflora und Invertebratenspuren an vielen Stellen des Beacon-Systems
Karbon 345	Vereisung im Oberkarbon
Devon 405	Mittel- und Oberdevonische Süßwasserfischreste, unterdevonische Pflanzen mit marinen Resten in Victoria-Land. Unterdevonische Sporengesellschaft und reiche marine Fauna, Horlick-Berge
Silur	
Ordovizium 500	Wahrscheinliche ordovizische Graptolithen, Süd-Orkneys, vielleicht als Pflanzenrest zu deuten
Kambrium (600)	Kambrische Archaeocyathiden, Schwämme, Trilobiten, Algen usw. in Kalkstein des Ross-Systems, Kambrische Mikrofossilien in den Sandow-Schichten
Praekambrium	

Tabelle 15, Fortsetzung

Korrelation des Beacon-Systems im Transantarktischen Gebirge
(nach *H. J. Harrington* 1965)

Fossilien	Alter	Viktoria-Land Mittlerer Teil	Viktoria-Land Südlicher Teil	Horlicks	Coats-Land
Koniferen, Otozamites Conchostracans	Jura	Jura-Sandstein			
Dicroidium, Cycadophyten ?Rhexoxylon	Trias	Pflanzen-schichten	Falla-Formation		
Glossopteris, keine Gangamopteris	Ob. Perm	Bastion-Kohle	Buckley-Kohle	Mount Gloss-opteris-Formation	Theron-Gebirge
Glossopteris und Gangamopteris	Permo-Karbon				Whichaway-Nunataks
?Sporen			Mackellar-Formation	Discovery-Ridge-Formation	
Sporen	?Ob. Karbon	?	Pagoda-Tillit	Buckeye-Tillit	
Süßwasser-Fische	Ob. Devon	Azteken-Schiefer ?			
Haplostigma und Stiele Marine Foss.	Unt. Devon	Pyramiden-Sandstein	Alexandra-Formation ?	?Erosion	
Marine Foss. und Pflanzen?		Odin-Arkose	?		
Brachiopoden, Psilophyten	Unt. Devon			Horlick-Formation	
Marine Foss.?	Früh-Devon ?	Knobhead-Formation ?			
	Silur?	Boreas-Grauwacke			

Tabelle 16

Absolutes Alter antarktischer Gesteine, bestimmt nach der Argon-Methode (nach einer Zusammenstellung im Polar Record Vol. 10, 68, 1961 und einer Karte von *A. Cailleux,* Géologie de l'Antarctique, Paris 1963).

Gestein	Lage an der Küste (Grade, östliche Länge)	Alter Millionen Jahre
Biotit Pegmatit	(10°) Nordende der Conrad-Berge	400
Feinkörniger Granit mit Biotit	(10°) Nordende der Conrad-Berge	450
Alaskit-ähnlicher Granit	(10°) Nordende der Conrad-Berge	420
Porphyroblastischer Hornblendegranit	(10°) Nordende der Conrad-Berge	460
Migmatisierter Gneis	(14°) Schirmacher-Seenplatte	390
Plagiogranit mit Muskovit	(14°) Schirmacher-Seenplatte	400
Plagiogneis	(20°) Vorposten	475
Plagiogranit	(20°) Vorposten	460
Charnockit	(63°) Mawson	535
Plagiogneis	(63°) Mawson	555
Schiefer	(63°) Mawson	490
Granit	(78°) Long-Halbinsel, Vestfold-Hügel	1070
Pegmatit	(78°) Long-Halbinsel, Vestfold-Hügel	1270
Basalt	(89°) Gaußberg	20
Geäderter Amphibolit-Granit	(93°) Mirnyj, Stroitelej-Inseln	450
Xenolith in Charnockit	(93°) Mirnyj, Moränenhügel	440
Charnockit	(93°) Haswell-Insel	455
Pegmatoid-Granit	(99°) David-Insel	525
Porphyroblastischer Granit	(99°) David-Insel	430
Biotit-Schiefer	(99°) Mount Strathcona	925
Leucogranit	(100°) Obručev-Hügel	1070
Aplit-ähnlicher Granit	(100°) Obručev-Hügel	515
Gneis	(101°) Bunger-Hügel	590
Biotit-Pyroxen-Gneis	(101°) Bunger-Hügel	940
Rapakivi-Geröll	(101°) Bunger-Hügel	760
Charnockit	(101°) Bunger-Hügel	700
Migmatit	(101°) Bunger-Hügel	730
Pegmatit	(101°) Bunger-Hügel	705
Charnockit	(111°) Grierson-Hügel	780
Leucogranit	(111°) Grierson-Hügel	1020
Charnockit	(121°) Henry-Bucht	660
Charnockit	(121°) Henry-Bucht	720
Granit	(127°) Al'bova-Fels	1020
Granitischer Gneis mit Cordierit	(140°) Pointe Géologie	1540
Granit	(147°) Ainsworth-Bucht	450
Xenolith	(147°) Ainsworth-Bucht	450
Xenolith	(147°) Ainsworth-Bucht	450
Biotit-Gneis	(147°) Ainsworth-Bucht	485
Gabbro-Dolerit	(154°) Obručev-Berg	170
Quarz-Albit-Ader	(156°) Berg-Berge	450
Phyllit	(156°) Berg-Berge	500
Geäderter Muskovit-Granit	(158°) Wilson-Hügel	460
Biotit-Gneis	(158°) Wilson-Hügel	425
Biotit-Gneis	(158°) Wilson-Hügel	445

Tabelle 16, Fortsetzung

Gestein	Lage an der Küste (Grade, östliche Länge)	Alter Millionen Jahre
Biotit-Granit	(162°) Rennick-Bucht	315
Biotit-Hornblende-Granit	(163°) Sputnik-Inseln	305
Geschieferter Phyllit	(165°) Žykov-Gletscher	410
Glimmerschiefer	(165°) Žykov-Gletscher	400
Granit	(166°) MacMurdo-Sund-Gebiet	520
Moränenmaterial aus dem Ross-Meer	(162 °W)	270

Tabelle 17

Antarktis. Verwandtschaft fossiler Floren- und Faunenarten mit fossilen Arten anderer Regionen der Erde (nach *A. Cailleux,* Géologie de l'Antarctique. Paris 1963).

Bezeichnungen der Abkürzungen:

A Auf Grund der Artenzahlen
I Indexzahlen: 1 = schwach, 2 = mittel, 3 = stark
Ar Arktis
NA Nordamerika
Af Afrika
E Europa
FO Ferner Osten
I Indien
Au Australien
NZ Neuseeland
SA Südamerika
S Seymour-Insel
Sh Süd-Shetland-Inseln
HB Hope Bay

Arten	Alter	A oder I	Ar	NA	Af	E	FO	I	Au	NZ	SA
Mollusken	Tertiär	A									4
Brachiopoden	Tertiär	A	1			2	2		6	4	6
Pinguine	Tertiär	A								2	4
Bäume	Tertiär S	I									2
Pflanzen	Tertiär Sh	I									2
Pflanzen	Tertiär S	I									2
Lamellobranch. und Gastropod.	Kreide	A, I				2		4			5
Echiniden	Kreide	I									2
Ammoniten	Kreide	I		2	1		1				2
Rotularia	Kreide	A						1		1	1
Pflanzen	Jura HB	I			2			2			
Pflanzen	Jura HB	A	3	5	1	16	6	9	1		1
Terebratula	Devon	I			3					1	2
Pflanzen	Devon/Trias	I			2				1		2
Gesamt A + I			4	7	9	20	9	16	8	8	35
Zahl der Fälle			2	2	5	3	3	4	3	4	13

Tabelle 18

Lagebestimmung des magnetischen Pols in der Antarktis (nach *Georgi*)

Jahr	Expedition; Bearbeiter	S. Br.	E. L.
1819/21	Bellingshausen; Duperrey	75°	138,3°
1838	—; Gauß	72,6°	150,5°
1840	—; Hansteen	69,5°	131,0°
1838/42	Wilkes; Duperrey	71,9°	144,0°
1837/40	d'Urville	71,8°	136,3°
1840/43	J. C. Ross	75,1°	154,1°
ca. 1870	—; Menzzer (bei G. Neumayer)	76,8°	166,1°
1872	—; Sabine (bei G. Neumayer)	73,3°	148°
1898/1900	Borchgrevink; Bernacchi	72,7°	152,5°
1901/04	Scott	72,8°	152,5°
1907/09	Shackleton; Mawson (1. Messung)	72,4°	155,2°
1912	Mawson; E. N. Webb und R. Bage (2. Messung)	71,2°	150,8°
1922	—; Dyson und Furner	71°	151°
1929/31	Mawson	70,3°	146,3°
1939	Mawson; C. C. Farr	70,0°	148,0°
1941	R. E. Byrd	70,3°	148,3°
1942	—; Spencer-Jones (1948)	70°	150°
1946/47	R. E. Byrd	68,8°	144,0°
1952	—; P. N. Mayaud	68,1°	143°
1955	—; Briesemeister	68,0°	144,0°
1958	Eisbrecher „Ob"	68,0°	144,3°
1959	P. N. Mayaud	67,7°	141,0°
1963	Antarktis-Karte der Natl. Geogr. Society	66,9°	142,6°
1964	Eisbrecher „Burton Island" (1962) A. L. Burrows und A. Hanley	67,5°	140,0°

Die Messungen der letzten Jahre zeigen eine Nordwestwanderung des Magnetpol-Gebietes um 4 bis 16 km pro Jahr.

Lagebestimmung des magnetischen Pols in der Arktis (nach *H. G. Macht* 1947)

Jahr	Expedition; Bearbeiter	N. Br.	W. L.
1831	John Ross	70°5′	96°46′
1904	Roald Amundsen	70°30′	95°30′
1947	H. Spencer Jones	73,5°	92,5°
1948	H. Spencer Jones	74°	100°
1946/47	Flugzeug Aries (Hauptpol)	76°	102°
1962	Kanadische Messung	75°6′	100°48′
1965	Kanadische Messung	75°30′	100°30′

Tabelle 18, Fortsetzung

Antarktis. Geomagnetische Hauptstationen mit ihren geomagnetischen Koordinaten und dem Grad der Inklination

Station	Geomagnetische Koordinaten		Inklination
	Breite	Länge	
Vostock	89°,2	91°,4	79°
Scott	79°,0	294°,4	83°
Amundsen-Scott	78°,5	0°,0	75°
Wilkes	77°,8	179°,0	82°
Mirnyj	77°,0	146°,8	77°
Hallett	74°,6	278°,1	85°
Little America	74°,0	312°,0	80°
Byrd	70°,6	336°,0	75°
Syowa	69°,7	77°,4	67°
General Belgrano	67°,3	15°,8	66°
Ellsworth	66°,9	14°,7	66°
Halley Bay	65°,8	24°,3	65°
Macquarie	61°,1	243°,1	79°
Campbell Island	57°,4	253°,1	75°
Hobart	51°,7	224°,6	73°
Marion	49°,2	95°,3	66°
Godley Head, N. Z.	48°,1	252°,8	68°
Canberra	43°,8	223°,7	65°
Ushuaia	43°,3	0°,8	50°
Grahamstown, S.A.U.	33°,6	87°,8	65°
Kapstadt	32°,9	79°,8	64°
Trelew, Argent.	31°,7	3°,2	40°
Concepción, Chile	25°,3	356°,5	36°
Buenos Aires	23°,3	9°,4	31°

Tabelle 19

Arktis. Gezeitenhub ausgewählter Stationen in m

Halbtägige Dauer. Springtidenhub (Differenz zwischen Hoch- und Niedrigwasser) in m (nach *L. Breitfuß* 1939).

Station	Lage	Springtiden-hub m
Bäreninsel	Europäisches Nordmeer	0,4
Kongsfjord	Spitzbergen	1,2
Kap Flora	Franz-Josef-Land	0,4
Poljarnyj	Kola-Halbinsel	3,0
Kem	Weißes Meer	1,5
Kap Želanija	Novaja Zemlja	0,4
Kolguev-Insel	Barents-Meer	1,2
Mezen	Oblast' Archangelsk	5,5
Dikson-Insel	Enisej-Mündung	0,3
Ostr. Uedinenija	Nördliches Karisches Meer	0,2
Kap Čeljuskin	Tajmyr-Halbinsel	0,3
Tiksi	Südlich der Lena-Mündung	0,4
Bennett-Insel	De Long-Inseln	1,1
Aion-Insel	Čaun-Bucht, Čukotskij N. O.	0,05
Ostr. Četyrech Stolbovoj	Medvežij-Inseln, Ostsibirisches Meer	0,03
Wrangel-Insel	Ostsibirisches Meer	0,4
Pitlekaj	Tschuktschen-Halbinsel	0,1
Uelen	Tschuktschen-Halbinsel	0,12
Penžina-Bucht	Ochotskisches Meer	2,8
Ochotsk	Ochotskisches Meer	1,2
St. Michael	Norton-Sund, Alaska	1,4
Point Barrow	Alaska	0,15
Kap Kellett	Banks Insel	0,13
Melville-Insel		1,2
Kap Sheridan	Ellesmere-Insel, Nordküste	0,7
Kap Morris Jessup	Nord-Grönland	0,13
Polaris-Bay	Nord-Grönland	0,8
Kungua Fjord	Cumberland Sund, Baffin-Insel	6,2
Fort Conger	Discovery-Bucht, Ellesmere-Insel	1,7
Godthåb	West-Grönland	3,8
Frederikshåb	West-Grönland	2,7
Angmagssalik	Ost-Grönland	3,0
Scoresby-Sund	Ost-Grönland	2,7
Port Burwell	Ungava-Bay, Labrador	5,7
Stupart Bay	Südküste Hudson-Straße, Labrador	7,5
Ashe Inlet	Big Island, Hudson-Straße	9,1

Tabelle 19, Fortsetzung

Antarktis. Gezeiten und Tidenhub ausgewählter Stationen in m
(nach *Kosack,* Antarktis, 1955).

T Tägliche Gezeit
H Halbtägliche Gezeit
M Geschmischte Gezeit

Station	Lage	Art	Springtidenhub m
Marguerite-Bucht	Antarktische Halbinsel	M	0,7
Petermann-Insel	Antarktische Halbinsel	T	1,75
Snow Hill-Insel	Antarktische Halbinsel	M	0,8
Deception-Insel	Süd-Shetland-Inseln	M	1,86
Admiralty Bay	Süd-Shetland-Inseln	M	2,1
Hermite-Insel	Kap Horn	M	1,5
Puerto Gallegos	Patagonien	H	13,72
Port Louis	Falkland-Inseln	M	1,4
Grytviken	Südgeorgien	M	0,69
Laurie	Süd-Orkney-Inseln	M	2,10
Betsy Cove	Kerguelen	H	1,36
Heard-Insel		M	1,56
Kaiser-Wilhelm-Land		M	1,50
Port Martin	Adélie-Land	M	1,21
Macquarie-Insel		M	0,71
Port Dalrymple	Tasmanien	T	3,0
Campbell-Insel			1,2
Auckland-Insel			1,1
Antipoden-Insel			1,8
Port Chalmers	Neuseeland	H	3,0
MacMurdo-Sund	Victoria-Land	T	1,0

Tabelle 20

Arktische Ströme. Länge, Einzugsbereich, Wassermenge und Niederschlag im Flußgebiet.
(Länge nach amtlichen Statistiken, Einzugsbereich, Wassermenge und Niederschlag nach *J. Heinsheimer* 1962.)

Fluß	Länge km	Einzugsbereich 1000 km²	Wassermenge 100 cbm/sek	Niederschlag mm/Jahr
Nordamerika				
Mackenzie	4241	1805	79	138,6
Yukon	3185	932	51	172,6
Nelson	644	1072 (954 nach d. kanad. Statistik)	23	66,7
Europa				
Pečora	1789	326	41	394,7
Dvina	1293	360	35	307,8
Asien				
Enisej	3807	2590	174	211,9
Lena	4264	2424	155	201,7
Ob'	4016	2484	125	202,1
Kolyma	2700	645	38	185,6
Pjasina	ca. 820	192	25	419,0
Indigirka	1800	360	18	158,8
Jana	1126	246	10	127,1

Kanadische Arktis. Einzugsbereiche und Flußlängen
(nach Canada Yearbook 1964).

Einzugsbereiche	km²
Becken der Hudson-Bai	
Nordquebec	630 016
Südwestlicher Einzugsbereich	735 524
Nelson-Becken	953 555
Westlicher Einzugsbereich	993 802
Gesamt	3 312 897
Arktisches Becken	
Arktisches Becken im engeren Sinn	1 449 505
Becken des Großen Sklavensees	960 027
Gesamt	2 499 532
Yukon-Becken (kanadischer Teil)	329 409

Tabelle 20, Fortsetzung

Kanadische Arktis. **Flußlängen** wichtiger Flüsse (nach **Canada Yearbook 1964**).

Fluß	km	Fluß	km
Yukon-Becken:		Hudson-Bai, Westseite	
Yukon (Mündung-		(ohne James-Bai):	
Nisutlin-See)	3185	Dubawnt	933
Yukon (in Kanada)	1149	Kazan	732
		Churchill	1609
Mackenzie-System:		Nelson	644
Mackenzie-Peace	4241	Hayes	483
Peace	1149	Severn	982
Slave	415	Winisk	475
Athabasca	1231		
Linke Nebenflüsse:		Hudson-Bai, Ostseite:	
Peel	684	Great Whale	370
Arctic Red	499	Whale	435
Twitya	322		
Liard	1215	Ungava-Bai	
South Nahani	563	Leaf	265
Petitot	475	Koksoak	1062
Hay	853	Kaniapiskau	925
		George	555
Sonstige arktische Flüsse:			
Anderson	692		
Horton	443		
Coppermine	845		
Back	974		

Eisaufgang kanadischer Flüsse (nach *D. K.* und *J. R. McKay* in Geograph. Bulletin [Ottawa] 1965, 1) Mittel von 1710 bis 1960.

	Eisaufbruch	Schwankung Tage	Gefrieren	Schwankung Tage	Offen Tage
Churchill	16. 6.	8	15. 11.	12	153 ± 15
Hayes	20. 5.	9	18. 11.	11	182 ± 15

Tabelle 20, Fortsetzung

Arktis. Höhe und Fläche von Seen.

See	Höhe m	Fläche km²	Abfluß	Gebiet	mündet in
Mackenzie-Becken:					
Great Bear	119	31 079	Great Bear	NWT	Mackenzie
Great Slave	151	28 939	Mackenzie	NWT	Beaufort-See
La Martre	265	1 774	Great Slave L.	NWT	Mackenzie
Arktisches Becken:					
Garry	?	2 538	Back	NWT	Cockburn Bay
Westliche Hudsonbai:					
Aberdeen	43	1 230	Thelon	NWT	Chesterfield In.
Baker	9	2 525	Baker	NWT	Chesterfield In.
Dubawnt	213	4 144	Dubawnt	NWT	Chesterfield In.
Yathkyad	146	2 227	Kazan	NWT	Chesterfield In.
Maguse	?	1 399	Maguse	NWT	Hudsonbai
Östliche Hudsonbai:					
Minto	137	1 256	Leaf	Quebec	Ungavabai
Clearwater	241	1 062	Richmond	Quebec	Hudsonbai
Sibirien:					
Tajmyr	6	7 000[1]	Nižnaja Tajmyra	Tajm. N.O.	Karisch. Meer

1) Nach Sowjet-Enzyklopädie:
4000–5000 qkm (Niederwasser und Hochwasser) oder 6000–7000 qkm.

Tabelle 21

Sowjetische Arktis. Schiffbarkeit der Flüsse

Fluß	Länge km	schiffbar km	Eisaufbruch (an den Mündungen)	Gefrieren (an den Mündungen)	Schiffahrts-periode Tage
Ob'	4 016	3 680	Anf. Juni	Ende Okt.	130—170
Pur	256	256	Anf. Juni	Mitte Okt.	
Tas	779	779	Anf. Juni	Ende Okt.	
Enisej	3 807	3 350	Mitte Juni	Ende Okt.	ca. 120
Pjasina	820	ca. 700			
Chatanga	546	?	26. 6.	28. 11.	
Anabar	924	260			
Olenek	2 162	1 120	3. 7.	3. 11.	
Lena	4 264	3 450	Anf. Juni	Anf. Okt.	ca. 120
Jana	1 126	872	4. 6.	3. 10.	
Indigirka	1 800	1 140	16. 6.	6. 11.	110—120
Kolyma	2 700	1 863	6. 6.	5. 10.	110—130
Anadyr	1 117	500	6. 6.	15. 10.	
Zum Vergleich:					
Nördl. Seeweg	11 237	11 237	Juli	September	90

Angaben nach: *C. Krypton*, 1956.

Zum Vergleich: **Sowjetische Flüsse. Länge, Einzugsbereich und Abfluß** nach Kratkaja Geografičeskaja Encyklopedija, Moskau 1966.

Fluß	Länge km	Einzugsbereich 1000 km²	Abfluß Jahr km³	Abfluß Mittel m³/sec
Dvina	1302	357	.	3 560
Pečora	1809	322	.	4 060
Ob'	5410	2575	394	12 600
Taz	1401	150	47	1 270
Enisej	4092	2580	548	19 600
Pjasina	820	178	80	2 550
Chatanga	1636	364	.	3 280
Anabar	897	82	12	370
Olenek	2270	219	35	1 800
Lena	4400	2490	488	16 400
Jana	1492	238	31	1 000
Indigirka	1977	360	57	1 810
Kolyma	2660	644	120	3 800
Anadyr	1145	191	44	1 400

Tabelle 22

Abflußvolumen sibirischer Flüsse (nach *V. S. Antonov*, 1957).
Angaben für die Mündungen der Flüsse.

Einzugsgebiet	Abfluß (km³) max.	Abfluß (km³) min	Jahresmittel
Karisches Meer	1 468,3	1 112,1	1 318,5
Ob'	564	361	451
Pur und Taz	96,1	68,1	85,7
Enisej	647	531	602
Pjasina	99,6	63,2	80,2
Nižnaja Tajmyra	49,7	31,2	39,4
Übrige Flüsse	76,1	48,3	60,2
Laptev-Meer	887,1	624,5	726,4
Chatanga	135,7	61,2	105,6
Olenek	24,4	11,1	18,4
Jana	47,8	20,6	31,6
Lena	629	440	513
Übrige Flüsse	26,1	14,2	21,6
Ostsibir. Meer	313,3	175,9	249,9
Indigirka	73,0	38,8	59,2
Kolyma	176,5	86,0	132,3
Übrige Flüsse	71,3	41,1	58,4
Tschuktschen-Meer	112,1	55,2	82,6
Flüsse des Anteils der UdSSR	38,0	18,7	28,0
Amguema	12,8	6,3	9,4
Übrige Flüsse	25,2	12,4	18,6
Gesamtsibirien	2 523,7	2 097,6	2 377,4

Herkunft des Flußwassers der großen sibirischen Ströme. Angaben für Pegel oberhalb der Mündungen (daher abweichende Abflußangaben).

Fluß	Pegel	Mittlerer Jahresabfluß km³	Herkunft aus Grundwasser in %	Herkunft aus Schnee in %	Herkunft aus Regen in %
Ob'	Salechard	414	34,3	30,0	35,7
Enisej	Igarka	568	23,2	38,1	38,7
Lena	Kjusjur	503	11,3	33,1	55,6
Jana	Džangchy	29,3	4,6	14,9	80,5
Indigirka	Voroncovo	48,8	4,5	16,9	78,6
Kolyma	Sredne-Kolymsk	74,4	6,2	30,4	63,4

Tabelle 23

Arktis. Eisbedeckte Flächen

Quellen: Für Spitzbergen Zusammenstellung des Norsk Polar Institutt 1953; für die übrigen Gebiete Zusammenstellung in der Zeitschrift „Arctic" 1956 sowie amtliche Statistiken.

Gebiet	Flächeninhalt gesamt in km²	Eisbedeckt km²	%-Anteil der Eisbedeckung an der Gesamtfläche
Spitzbergen	62 050	35 124	58
Vestspitsbergen	39 044	21 240	54,4
Nordaustlandet	14 530	11 135	76,6
Vestfonna	2 808	2 808	
Austfonna	5 590	5 590	
Sörfonna	2 366	2 366	
Edgeøya	5 030	1 880	37,4
Barentsøya	1 330	490	36,8
Prins Karls-Forland	640	109	17
Storøya	35	17	49
Kvitøya	265	258	95,5
Bjørnøya (Bären-Insel)	178	0	0
Andere Inseln	998	0	0
Jan Mayen	380	130	33
Franz-Josef-Land	18 939	17 056	93
Novaja Zemlja, Nordinsel	47 222	29 900	63
Severnaja Zemlja	36 712	16 640	30
Komsomolec	9 244	6 417	65
Pioner	1 649	390	21
Oktjabrskoj Revoljucii	13 992	5 832	45
Bolševik	11 527	3 315	24
Bennett	61	60	99
Wrangel (kleine Gletscher)	7 542	?	?
Melville	41 804	260	0
Meighen	?	91	—
Axel Heiberg	40 866	9 360	44
Ellesmere	212 191	83 200	40
Devon	54 025	16 302	30
Baffin	467 050	36 660	7
Bylot	10 878	5 200	50
Grönland	2 175 600	1 833 900	85
(Inlandeis		1 129 000)	
Island	102 819	12 220	12
Vatnajökul		7 930	
Hofsjökul		1 305	
Langjökul		1 206	
Myrdalsjökul		1 003	
Arktis		2 096 100	

Zum Vergleich: *Klebelsberg* 1949 gibt 1 953 000 qkm an. Die Eisbedeckung der ganzen Erde beträgt etwa 15 559 000 qkm.

Tabelle 24

Angaben über Gletschergrößen des arktischen und antarktischen Gebietes (nach *Kosack*, Die größten Gletscher der Erde, Geogr. Taschenbuch 1954/55).

Name	Lage	Länge km	Breite km	Höhe des Gletscher-anfangs m	Gletscher-ende m
Nordpolargebiet					
Humboldt	Grönland	ca. 115	95	1400	0
Petermann	Grönland	200	25	1000	0
Storstrøm	Grönland	130	30	900	0
Kongsvegn	Spitzbergen	29	5	700	0
Eiskappe	Nordaustlandet	135	70	ca. 800	0
Eiskappe	Novaja Zemlja	415	80	913	0
Südpolargebiet					
Richthofen	Kerguelen (Plateau-Gletscher)	38	13	1100	0
Amundsen	Queen-Maud-Gebirge	160	20	2300	60
Beardmore	Viktorialand	200	40	2200	60
Drygalski-David	Viktorialand	120	20	1300	0
Ferrar	Viktorialand	80	10	1800	0
Köttlitz	Viktorialand	72	16	1800	0
Mackay	Viktorialand	45	14	1800	0
Nimrod	Viktorialand	130	60	2700	50
Taylor	Viktorialand	45	15	1800	600
Scott	Queen-Maud-Gebirge	160	20	2400	60
(Zum Vergleich: Aletschgletscher)					
Aletsch	Berner Alpen	25,5	ca. 2		1550

Die Angaben für die Gletscher sind recht unsicher. In den meisten Fällen kommen die Gletscher aus dem Inlandeis, und der „Endpunkt" ihres Einflußbereichs ist nicht bestimmbar. Als „Gletscheranfang" wurde daher in der Liste die Höhe des Inlandeises (abgerundet) angegeben, das dem Durchflußbeginn durch die Randgebirge benachbart liegt. Entsprechend sind auch die Angaben für die Längen nur von bedingtem Wert, da sie das Einzugsgebiet nicht berücksichtigen. Als „Breite" wurde in den meisten Fällen eine mittlere Breite angegeben, bei den Eiskappen die maximale Erstreckung.

Antarktis. Eisverlust an den Küsten (nach *I. A. Suetova* 1966)

Küstentyp	Jährlicher Eisverlust cbkm Wasser	Jährlicher Eisverlust %	cbkm je km Küstenlänge
Inlandeisküste	190	16	0,017
Schelfeisküste	730	62	0,053
Abflußgletscher	260	22	0,091
Gesamt	1180	100	0,043

Antarktis. Mittlere Eismächtigkeit, Volumen und Akkumulation (Zuwachs) pro Jahr der Inlandeisdecke (nach *B. Giovinetto* 1963 und *I. A. Suetova* 1966)

	B. Giovinetto 1963	*I. A. Suetova* 1966 ohne Schelfeis	*I. A. Suetova* 1966 mit Schelfeis
Mittlere Eismächtigkeit, m	2000—2400	1880	1720
Mittleres Volumen, cbkm	25—30 Mill.	23 449 000 ± 20 %	24 031 000
Mittlere Akkumulation/Jahr, cbkm	1800—2400	2420	
Anteil des Felsuntergrundes unter 0 m	30 %	33 %	
Anteil des Felsuntergrundes über 0 m	70 %	67 %	

Grönland. Bilanz der grönländischen Eiskappe nach verschiedenen Autoren

Nach: *F. Loewe:* Höhenverhältnisse und Massenhaushalt des Grönländischen Inlandeises. Gerlands Beitr. zur Geophysik 46, 1936.

A. Bauer: Synthèse glaciologique. Expéd. Polaires Françaises. Résultats scientifiques. Paris 1954.

F. Loewe: Das Grönländische Inlandeis nach neuen Feststellungen. Erdkunde 18, 1964, 4.

B. Fristrup: Investigations of the Greenland Ice Cap. Collected Papers, Denmark. 20th Congr. Internat. de Géographie. Kopenhagen 1964.

Jahr	Autor	Zuwachsgebiet	Ablationsgebiet	Zuwachs	Abtrag	Inlandeis, Bilanz	Eisbergabbruch, Gigatonnen					Bilanz
		Mill. km²	Mill. km²	Gigatonnen		Gigatonnen	Nordküste	Westküste	Melville-B.	Ostküste	Ges.	
1936	Loewe			446	315	+ 131					120	+ 11
1954	Bauer	1,44	0,29	446	315	+ 131	9	81	18	107	215	− 100
1961	H. Bader			(367 mm)		+ 120—270						
1964	Loewe	1,47	0,25	500	280	+ 220		110		55	165	+ 55
1964	Fristrup	Bilanzberechnung nach dem heutigen Stand der Forschungen noch nicht möglich										

1 Gigatonne = 1000 Mill. t ≃ 1km³ Süßwasser

Der Abtrag ist noch nicht genau bekannt. Neue Berechnungen der Ablation ergaben:

(Werte in Wassermenge auf 1 cm² ausgedrückt)

1963	Loewe	110 cm/Jahr
1954	Bauer	110 cm/Jahr
1959	Loewe	110 cm/Jahr
1960	Benson	107 cm/Jahr
1961	(Loewe)	125 cm/Jahr (auf 70 °N)

Tabelle 26

Antarktis. Bilanz des antarktischen Inlandeises nach verschiedenen Autoren (nach einer Zusammenstellung von *A. Cailleux* in Géologie de l'Antarctique. Paris 1963. Mit Ergänzungen bis 1966).

Jahr	Autor	Zuwachs/Jahr cbkm	Schnee-verdriftung	Verdunstung	Abtrag Luftfusion	▶
1956	Kosack	2850	32			
1959	Lister	1920	1			
	Mellor	2000	20			
	Loewe	1640	54			
	Zakiev	3600	50	22	1	
1960	Kotljakov	2650	Sp.			
	Wexler	945	7			
1961	Loewe	1500	Sp.			
1962	Corbel	1675	30			
1963	Cailleux	1700	16	7	Sp.	
1966	Suetova	2420				

Sp. — Spuren von nicht ins Gewicht fallender Größe.

Die Liste zeigt die große Ungewißheit in vielen Ausgangsdaten. So betragen die Differenzen der Schätzungen für die Niederschläge (Mittel für die gesamte Antarktis) 130 mm (zwischen 70 und 200 mm, Mittel 140 mm), die Schätzungen über den Niederschlagsüberschuß schwanken zwischen 60—70 % (Corbel) und 15 % (Zakiev). Wenn man bedenkt, daß ein einziger Eisberg 1800 cbkm (Eisberg gesichtet an der Clarence-Insel am 2. 1. 1927) oder gar 2000—8000 cbkm (Eisberg gesichtet am 17. 11. 1956) Volumen hat, kann man ersehen, daß er den Überschuß von mehreren Jahren aufheben kann. Es sind also mindestens 10jährige Niederschlagsmessungen und Verdunstungsbeobachtungen aus der gesamten Antarktis notwendig, um ein annähernd sicheres Bild zu gewinnen; jedoch liegen solche noch nicht vor.

Cailleux macht mit Recht auf 3 Folgerungen aufmerksam:

1. An sehr vielen Punkten der Antarkis machen Inlandeis und Schelfeis einen ungestörten Eindruck. Größere Küstenänderungen konnten mit einigen Ausnahmen nicht beobachtet werden.
2. Wenn der Ablagerungsüberschuß über einen langen Zeitraum vorhanden wäre, müßte sich dies durch ein Absinken des Meeresspiegels bemerkbar machen. Dieser ist aber seit etwa 6000 Jahren konstant (abgesehen von Landhebungen und -senkungen).
3. Ein lange andauernder Ablagerungsüberschuß würde das isostatische Gleichgewicht des unter dem Eis liegenden Untergrundes stören. Dies ist jedoch nach den neuen Messungen nicht der Fall, da die Faye-Anomalie fast 0 ist.

Aus diesen 3 Gründen kann man schließen, daß die Bilanz des Inlandeises ausgeglichen sein muß.

◀	(in %-Anteilen) Gesamtverdunstung	Randabschmelzung	Eisberge	Abschmelzung, allgemein	Abgang cbkm	Bilanz
	54	Sp.	14		3800	— 950
	12	62	25		1094	+ 830
	14	5	60		945	+ 1045
	Sp.	Sp.	46		480	+ 1160
		27			3040	+ 560
	10	Sp.	90		1330	+ 1320
	Sp.	23	70		945	0
		87		13	1170	+ 330
	22	8	40		660	+ 1015
		11	66		?	?
		17	82	1	1450	+ 970

Tabelle 27

Eislexikon

Das Eislexikon enthält Begriffe für die verschiedenen Formen von Schnee und Eis. Es wurden nur die wichtigsten Begriffe aufgeführt, die in der Polarforschung eine Rolle spielen. Die Begriffe für die Formen des Meereises wurden 1956 von der Commission for Maritime Meteorology (CMM) der World Meteorological Organization (WMO) als offiziell anerkannt.

Schrifttum:

Armstrong, T., and *Roberts, B.*: Illustrated Ice Glossary. Part I und II. In: Polar Record, Vol. 8, Nr. 52, 1956 (Meereis); Polar Record, Vol. 9, Nr. 59, 1958 (Landeis, Schnee).

Nusser, F.: Formen des Meereises und ihre Definitionen. — In: Geograph. Taschenbuch 1958/59. S. 503—508.

Schneider, H. J.: Die Gletschertypen. Versuch im Sinne einer einheitlichen Terminologie. In: Geograph. Taschenbuch 1962/63. S. 276—283.

Schäfer, V. J., Klein, G. J. (u. a.): Entwurf einer internationalen Schneeklassifikation. In: UGGI, Association d'Hydrologie Scientifique. Assemblée Générale de Bruxelles 1951. Bd. I. S. 129—141.

Altschnee (old snow). Abgelagerter Schnee, dessen Umwandlung in → Firn so weit vorgeschritten ist, daß die ursprüngliche Form der → Eiskristalle nicht mehr erkennbar ist.

Arktisches Packeis (Arctic pack). Fast salzfreies Eis, mehr als zwei Jahre alt, mit einer Dicke von mehr als 2,5 m. Die Oberfläche ist gewellt, die Aufpressungen wurden mehr als einmal abgeschmolzen und sind daher gerundet. Die Höhe des Eises über dem Meeresspiegel kann bis etwa 2 m betragen.

Aufgepreßtes Eis, Hügeleis, Packeis (hummocked ice). Willkürlich übereinandergehäuftes Eis.

Band → Streifen.

Bergschrund. Eine → Spalte am obersten Ende eines → Kar- oder → Talgletschers, die den sich bewegenden Gletscher von der Felswand oder der → Flankenvereisung trennt. Wenn keine Flankenvereisung vorhanden ist, wird die Spalte Randkluft genannt.

Bucht (bay). Einbuchtung des Treibeisrandes durch Wind oder Strömungen.

Buchteis (bay ice). Ebenes Eis, das sich in mehr als einem Winter gebildet hat und nicht aufgepreßt worden ist. Schneeschichten auf der Oberfläche tragen zum Dickenwachstum bei. Die Höhe über dem Meeresspiegel kann bis zu etwa 2 m betragen.

Deckgletscher (cover glacier). Lokale Sonderform der zentralen → Firnhaube.

Dichter Eisrand → Eisbarre.

Durchflußgletscher (outlet glacier). Ein Gletscher, der von einem Inlandeis kommend ein sonst als Sperre wirkendes Gebirge durchfließt.

Eis (ice). Feste Form von Wasser, die sich in der Natur auf folgende Arten bilden kann; a) durch Gefrieren von Wasser auf Flüssen oder Meeren; b) durch Kondensation von Wasserdampf in der Luft zu Eiskristallen; c) durch Zusammendruck von Schnee mit oder ohne damit verbundener Gletscherbewegung; d) Durchsetzung von porösem Schnee mit Wasser, das in der Folge friert.

Eisbank (patch). Ansammlung von Treibeis mit weniger als 10 km Durchmesser. Die Grenzen sind vom Topp eines Schiffes übersehbar.

Eisbarre, dichter Eisrand (ice bar). Eisrand aus Schollen, die durch Wind, Strömungen oder Dünung zusammengepackt wurden. Schwer durchdringbar.

Tabelle 27, Fortsetzung

Eisberg (iceberg). Große Masse treibenden oder gestrandeten Eises, über 3 m über den Meeresspiegel ragend, die von Gletschern oder Schelfeis stammt.

Eisbergstück (bergy bit). Mittelgroßes Eisstück, im allgemeinen weniger als 5 m über dem Wasserspiegel, von der Größe eines kleinen Hauses. In den meisten Fällen Gletschereis, gelegentlich massives Meereis oder losgebrochenes Preßeis.

Eisblumen (hoarfrost). Eine Ablagerung von Eis, die kristalline Formen aufweist (Leitern, Nadeln, Federn, Fächer), entstanden durch Kondensation von Wasserdampf aus der Luft bei einer Temperatur unter 0 °C.

Eisbrei (sludge). Schwammartige weißliche Eisklumpen von wenigen cm Durchmesser.

Eisdecke (ice sheet). Eine kontinuierliche Masse von Eis und Schnee von beträchtlicher Mächtigkeit und großer Ausdehnung. Eisdecken können auf Felsuntergrund ruhen (→ Inlandeisdecke) oder auf Wasser (→ Schelfeis). Eisdecken, die weniger als 50000 qkm Fläche besitzen, heißen → Eiskappe.

Eisdom (ice rise). Eine Eismasse, die auf Fels ruht und entweder von Schelfeis ganz oder teilweise umgeben ist, teilweise von offenem Meer oder eisfreiem Land. Kein Fels ist an der Oberfläche bloßgelegt und der Untergrund kann unter dem Meeresspiegel liegen. Eisdome haben oft eine kuppelförmige Gestalt. Der größte bekannte Eisdom hat einen Durchmesser von etwa 100 km.

Eisfall (ice fall). Stark mit Spalten durchsetztes Gebiet in einem Gletscher über einem Steilabfall.

Eisfeld (ice field). Mit Treibeis bedecktes Gebiet. Die Schollen haben verschiedene Größe. Die Ausdehnung ist so groß, daß die Grenzen vom Topp eines Schiffes nicht gesehen werden können.

Eisfront, Eisstirn (ice front). Vertikales Kliff an der meerseitigen Stirn eines Schelfeises, das in der Höhe von 2 bis 50 m variieren kann.

Eisfuß (ice foot). Eisstufe an der Küste, die nicht von den Gezeiten bewegt wird und an der Küste bleibt, wenn das Küsteneis abgetrieben wird.

Eisgürtel (belt). Langgestrecktes Gebiet mit Treibeis von wenigen km bis über 100 km breit.

Eishaut (ice rind). Dünne elastische glänzende Eiskruste, weniger als 5 cm dick, entstanden durch Zusammenfrieren von Eisschlamm oder Eisbrei auf ruhiger Meeresoberfläche. Wird durch Wind oder Seegang leicht zerbrochen. Beim Durchfahren eines Schiffes ist klirrendes Geräusch zu hören.

Eishümpel → Growler.

Eisinsel (ice island). Von einem Schelfeis losgelöster treibender Teil.

Eiskappe (ice cap). Ein kuppelförmiger Gletscher, der gewöhnlich ein Hochlandgebiet bedeckt. Eiskappen sind beträchtlich kleiner in ihrer Ausdehnung als → Eisdecken.

Eiskristall (ice crystal). Eispartikel. Feine Nadeln oder Plättchen aus Eis, im Wasser schwebend.

Eislawine (ice avalanche). Beim Überfließen eines großen Felsabbruches abbrechendes Stück Inland- oder Gletschereis. Die Bruchstücke frieren unterhalb zu einem neuen Gletscher zusammen (Regenerierte Gletscher, reconstructed glaciers).

Eismauer (ice wall). Mehr oder weniger senkrechter Abbruch von Inlandeis an der Küste. Oft ist am Meeresspiegel Fels zu sehen.

Eisnebel (ice fog). Schweb von zahlreichen kleinen → Eiskristallen in der Luft, welche die Sichtweite herabsetzen. Die Kristalle glitzern oft in der Sonne. Eisnebel ruft optische Erscheinungen wie kleine Halos und dergleichen hervor.

Eisnieseln (freezing drizzle). Sprühregen, bei welchem die Wassertropfen gefrieren, wenn sie mit dem Boden oder mit Gegenständen am Erdboden oder in der Luft in Berührung kommen.

Eisprismen (ice prisms). Ausfall von unverzweigten Eiskristallen in der Form von Nadeln, Säulen oder Plättchen, die oft so winzig sind, daß sie in der Luft zu schweben scheinen. Sie können von einer Wolke oder vom wolkenlosen Himmel fallen. Sie sind hauptsächlich dann sichtbar, wenn sie im Sonnenschein glitzern (Diamantennebel). Sie können dann Lichtsäulen oder Halos hervorbringen. Diese Niederschlagsform ist in den Polargebieten häufig bei niedriger Temperatur und in stabilen Luftmassen.

Eisrand (ice edge). Grenze zwischen offenem Wasser und Meereis.

Eisreede (ice port). Einbuchtung in einer Eisfront, oft von vorübergehendem Charakter, in der Schiffe unmittelbar auf ein Schelfeis entladen können.

Eisregen (freezing rain). Regen, bei welchem die Wassertropfen gefrieren, wenn sie mit dem Boden oder mit Gegenständen am Erdboden oder in der Luft in Berührung kommen.

Eisschild → Eisdom.

Eisschlamm (ice slush). Anhäufung von zusammengefrorenen Eisnadeln auf der Wasseroberfläche. Sie bilden Flecken oder eine dünne zusammenhängende Schicht von grauer oder bleierner Farbe. Die mit Eisschlamm bedeckte Meeresoberfläche hat dunkle Farbe.

Eisscholle (ice floe). Einzelnes schwimmendes Meereisstück, groß oder klein, von starker oder schwacher Mächtigkeit.

- Sehr groß (vast): Durchmesser über 20 km.
- Groß (big): Durchmesser 1—10 km.
- Mittel (medium): Durchmesser 200 m — 1 km.
- Klein (small): Durchmesser 10—200 m.
- Sehr klein (ice cake): Durchmesser weniger als 10 m.

Eissporn (ram). Unter Wasser liegender Sporn eines Eisberges oder einer Scholle. Bildet sich durch stärkere Abschmelzung des Eises über Wasser.

Eisstau (ice jam). Anhäufung von zerbrochenem Fluß- oder Meereis in einem engen Kanal.

Eisstrom (ice stream). Teil einer Eisdecke, in welchem das Eis schneller fließt und nicht immer in der Richtung wie das umgebende Eis. Die Ränder sind manchmal klar erkennbar durch eine Änderung in der Richtung der Oberflächenneigung, doch können sie auch unbestimmt sein.

Eisstromnetz (reticular glaciers). Zwischenglied zwischen → Talgletscher-System und → Firnstromgletscher. Durch Anschwellen der Talgletscher treten diese über ihre Ufer und miteinander in Verbindung. Die Ernährung ist gegenseitig. Täler und Gipfel „ertrinken" allmählich, die Oberfläche zeigt keine Abhängigkeit vom Relief.

Eiszapfen (icicle). Hängender Zapfen aus klarem Eis, der durch Frieren von tropfendem Wasser gebildet wird.

Festeis (fast ice). Meereis an der ursprünglichen Entstehungsstelle. Es hat oft beträchtliche Mächtigkeit. Vorkommen entlang der Küsten mit Uferbefestigung oder über Untiefen, wo es durch Inseln, gestrandete Eisberge oder gestrandetes Packeis festgehalten wird.

Firn (firn). Altschnee, der in dichteres Material verwandelt wurde. Firn wird durch folgende Tatsache charakterisiert: Die Partikel berühren sich, die Luftzwischenräume stehen miteinander in Verbindung. Die erste Eigenschaft unterscheidet den Firn von Schnee, die zweite von Eis.

Firnflecken (névé). Lokale Ansammlung von Firn in Mulden.

Firnhaube, zentrale. Ein zentral gelegenes Nährgebiet, das seine Umgebung überragt. Von ihm strömen radial Gletscherzungen ab. Polare Untertypen sind → Inlandeis, Flächeneis, Deckgletscher, Inseleis, Eisschild.

Firnkesselgletscher. Das Nährgebiet besteht aus zahlreichen Kesseln, in welche Lawinen abstürzen. Die Firnbildung wird durch Niederschlag verstärkt.

Firnstrom. Gletscher, deren höhere Abschnitte noch dem Nährgebiet angehören. Häufig in den Polargebieten.

Flacheis (level ice). Eis mit ebener Oberfläche, das nie gepreßt wurde. Typisch für Buchten, Golfe, Sunde, Inselgruppen, flaches Wasser, wo die Eisbildung ungestört ist.

Flankenvereisung (ice apron). Dünne Masse von Schnee und Eis, die eine Felswand bedeckt.

Gezeitenriß (tide crack). Riß zwischen Küstenfesteis und Eisfuß, durch die Gezeiten hervorgerufen. Typisch für Küsten mit Festeis.

Glatteis (glaze). Im allgemeinen homogene und durchsichtige Ablagerung von Eis, das sich bildet beim Gefrieren von unterkühlten Nieseltropfen oder Regentropfen auf Gegenständen der Erdoberfläche, deren Temperatur unter oder nur wenig über 0 °C liegt. Es kann sich auch bilden, wenn die Tropfen nicht unterkühlt sind, aber auf eine Oberfläche mit einer Temperatur von weniger als 0 °C fallen.

Gletschereis (glacier ice). Jedes Eis, das von einem Gletscher stammt, sei es auf Land oder im Meere treibend.

Gletschereisberg (glacier berg). Eisberg, der von einem schwimmenden Gletscherende abgebrochen ist. Er ragt meist über 5 m über den Meeresspiegel. Schwimmend oder gestrandet.

Gletscherzunge (glacier tongue). Ausdehnung eines Gletschers seewärts und gewöhnlich schwimmend.

Growler, Eishümpel (growler). Kleiner als ein → Eisbergstück, häufig grünlich, ragt nur wenig aus dem Wasser hervor. Besteht aus Meer- oder Gletschereis.

Grundeis (anchor ice). Am Boden befestigtes oder verankertes Eis, unabhängig von seiner Entstehungsart.

Hagel (hail). Niederschlag von kleinen Kugeln oder Stücken von Eis (Hagelkörner) mit einem Durchmesser von 5 bis 50 mm, manchmal auch mehr, die entweder einzeln oder als unregelmäßige Klumpen fallen.

Hügeleis → aufgepreßtes Eis.

Inlandeisdecke (inland ice sheet). Eine → Eisdecke von beträchtlicher Mächtigkeit und mehr als 50 000 qkm Fläche, die auf Felsuntergrund liegt. Inlandeisdecken, die an der Küste liegen, können in Schelfeis übergehen.

Inseleis. Sonderform der → Firnhaube. Isoliertes Vorkommen.

Jungeis (young ice). Frisch gebildetes ebenes Eis, gewöhnlich Übergangsstadium von Eishaut oder Pfannkucheneis zu Wintereis. Dicke 5—15 cm. Kann in der Regel nicht betreten werden. Fahrten mit Hundeschlitten oder Landen von Flugzeugen ist gefährlich.

Junges Polareis (young polar ice). Eis, das im ersten Sommer des Bestehens nicht geschmolzen und in die zweite Wachstumsperiode getreten ist. Am Ende des zweiten Winters hat es eine Dicke von 2 und mehr m. Der Unterschied gegen ein Jahr altes Eis ist, daß der größere Teil über Wasser ragt und Aufpressungen gerundeter sind.

Kalben (calving). Abbrechen eines Eisberges von einer Gletscherfront oder einer Schelfeistafel.

Kargletscher (cirque glacier). Ein Gletscher, der eine gerundete Nische ausfüllt, die er an einer Felswand selbst gebildet hat.

Küstenfesteis (shore ice). Grundform des Festeises. An Küsten befestigt, in flachem Wasser bis zum Grund reichend. Bei Änderung des Meeresspiegels sind oft vertikale Schwankungen zu beobachten. Das Eis ist oft mehrere 100 km breit.

Küstenrinne (shore lead). Rinne zwischen Treibeis und Küste oder Küstenfesteis.

Lawine (avalanche). Schneemasse, die sich loslöst und einen Berghang herabrutscht. Sie vergrößert sich oft sehr stark durch frische Akkumulation während des Abstürzens.

Lawinenkesselgletscher. Bei dieser Gletscherform liegt der Ursprungskessel nicht mehr im Nährgebiet. Die Gletscherspeisung erfolgt nur durch Lawinen. Bei großen Niederschlagswerten in der Gipfelregion kommt es zur Ausbildung eines Talgletschers.

Meereis (sea ice). Alle Eisformen, die auf dem Meer schwimmen oder gestrandet sind, insbesondere Scholleneis und Eisberge.

Moräne (moraine). Rücken oder Ablagerungen von Geröllen, die auf oder am Rande von Gletschern entstehen und aus Felstrümmern bestehen, die vom Eis transportiert sind. Die wichtigsten Formen sind: Grundmoräne, gebildet unter einer Eisdecke; Seitenmoräne längs den Seiten eines Gletschers; Mittelmoräne in der Mitte eines Gletschers; Endmoräne am Gletscherende. Wenn der Gletscher zurückweicht, bleiben die Moränen liegen; aus ihnen kann auf frühere Gletscherstände geschlossen werden.

Neueis (new ice). Allgemeine Bezeichnungen für neu gebildetes Eis, welche Kristalle, Eisschlamm, Eisbrei, Pfannkucheneis und Eishaut einschließt.

Neuschnee (new snow). Eine junge Schneeablagerung bei der die originale Form der Eiskristalle erhalten ist. Meteorologisch: der tägliche Schneefall, der morgens gemessen wird. → auch Pulverschnee.

Nunatak (nunatak). Eine Felsspitze oder kleiner Berg, der durch einen Gletscher oder eine Eisdecke hindurchragt und von Eis umgeben ist.

Offener Eisrand (open ice edge). Nicht scharf ausgeprägter Rand eines Meeresgebietes lockeren Eises. In den meisten Fällen liegt er in Lee des Eisfeldes.

Packeis → Aufgepreßtes Eis.

Pfannkucheneis, Tellereis (pancake ice). Neugebildete Eisstücke, gewöhnlich fast kreisförmig mit einem Durchmesser von etwa 30 cm — 3 m. Als Folge des Aneinanderstoßens der einzelnen Schollen durch Wind und Seegang ist der Rand erhöht.

Piedmontgletscher → Vorlandgletscher.

Polareis (polar ice). Außerordentlich starkes Meereis, 3 oder mehr m dick, in mehr als einem Winter gebildet, stark aufgepreßt. Durch Verwitterung oft ebene Oberfläche. Unterteilung in „junges" und „arktisches" Polareis.

Polares Küstenfesteis (polar fast ice). Festeis, entstanden durch Stranden und Zusammenfrieren von Polareis. Reicht gegen Winterende oft mehrere Zehner von km in das Meer hinaus.

Polynya (polynya). Gebiet offenen Wassers von Treibeis oder Festeis umschlossen, meist beständig und von länglicher Form.

Preßeis (pressure ice). Allgemeine Bezeichnung für ein gepreßtes oder aufgeschobenes Eis. Unterformen sind „Schiebeeis", „Aufgepreßtes Eis", „Preßrücken".

Preßeishügel (hummock). Übereinandergehäufte Eisblöcke auf sonst verhältnismäßig ebener Eisoberfläche.

Preßrücken (pressure ridge). Rücken von aufgepreßtem Eis, in dem die Schollen übereinandergehäuft wurden.

Tabelle 27, Fortsetzung

Pulverschnee (powder snow). Eine dünne trockene Schneeoberfläche, die aus lockeren frischen Eiskristallen zusammengesetzt ist. Vgl. auch → Neuschnee.

Randkluft → Bergschrund.

Randspalte (strand crack). Eine Spalte an der Vereinigung von einer Inlandeisdecke, einem Eispiedmont oder einem Eisdom und einem Schelfeis, die entsteht, weil das letztere den Gezeiten ausgesetzt ist.

Rauhreif (rime). Eine Ablagerung von Eis, das aus Körnern besteht, die mehr oder weniger durch eingeschlossene Luft getrennt sind, manchmal mit kristallenen Abzweigungen, die durch schnelles Gefrieren von winzigen unterkühlten Tröpfchen entstehen.

Regenerierter Gletscher (reconstructed glacier) → Eislawine.

Rinne, Wake (lead, lane). Befahrbare offene Wasserrinne im Treibeis.

Rippelmarken (ripple marks). Eine Schneeoberfläche, die durch den Wind gewellt worden ist (wie auf Sand).

Riß, Spalte (crack). Riß im Meereis, der kleiner ist als eine Rinne. Ein Riß ist überspringbar.

Sastrug (pl. Sastrugi) (skavler). Scharfe unregelmäßige Rücken, die auf einer Schneeoberfläche durch Winderosion und Ablagerungen gebildet werden.

Schelfeis (ice shelf). Eis mit ebener Oberfläche, das mehr als 2 m über den Meeresspiegel ragt. Es bildet sich durch jährlichen Zuwachs von Firnschnee auf Bucht- oder schwimmendem Gletschereis.

Schiebeeis (rafted ice). Preßeis, gebildet durch Aufschieben einer Scholle auf eine andere.

Schnee (snow). Niederschlag von Eiskristallen, von denen die meisten verzweigt sind (oft sternförmig). Manchmal sind verzweigte mit unverzweigten Kristallen gemischt. Bei Temperaturen von über − 5 °C sind die Kristalle meist zu Schneeflocken zusammengeballt.

Schneebarchan (snow barchan). Sichelförmige Schneedüne, deren Enden leewärts liegen.

Schneebrücke (snow bridge). Ein Schneebogen, der über eine Spalte geweht worden ist. Er bildet zunächst eine Wächte und schließlich eine Decke, die die Spaltenöffnung ganz verhüllen kann.

Schneedecke (snow cover). Zustand des Bodens, der teilweise (über 50 %) oder ganz von Schnee bedeckt ist.

Schneedrift, Schneefegen (drifting snow). Eine Anzahl von Schneepartikeln, die durch den Wind zu geringen Höhen über Grund aufgewirbelt werden. Die Sichtweite ist im allgemeinen nicht verringert. Die Bewegung der Schneepartikel ist mehr oder weniger parallel zur Oberfläche.

Schneeflecken (snow patch). Ein isoliertes Schneeareal, das über oder unter der regionalen Schneegrenze liegen kann und den Sommer überdauert, meist in Gestalt von Firn.

Schneeflocke (snow flake) → Schnee.

Schneegrenze (snow line). Die Linie oder Zone auf Land, welche die Region, in der der gefallene Schnee im Sommer nicht gänzlich abtaut, von derjenigen trennt, in welcher der Schnee im Sommer verschwindet. Die Höhe der Schneegrenze ist abhängig von der Temperatur und der gefallenen Schneemenge.

Schneekruste (snow crust). Eine harte Schneeoberfläche, die auf einer weichen Schicht liegt. Die Kruste bildet sich durch Sonne, Regen oder Wind und ist entweder durchbrechbar oder nicht durchbrechbar.

Tabelle 27, Fortsetzung

Schneeschlamm (snow slush). Zähe Masse, die bei starkem Schneefall im abgekühlten Wasser entsteht.

Schneetiefe (depth of snow). Der vertikale Abstand zwischen der Oberfläche einer Schneeschicht und dem Boden darunter unter der Annahme, daß die Schicht gleichmäßig verteilt ist, d. h. die mittlere (repräsentative) Schneetiefe für das Gebiet.

Schneetreiben (blowing snow). Eine Anzahl von Schneepartikeln, die durch den Wind zu mittleren oder großen Höhen aufgewirbelt werden. Die horizontale Sichtweite ist im allgemeinen nur gering. Die Schneepartikel werden fast stets durch den Wind stark durcheinandergewirbelt.

Schneewehe (snow drift). Eine Ansammlung von windverwehtem Schnee, die in Lee von Hindernissen aufgehäuft oder durch Windwirbel zusammengetragen wurde.

Spalte → Riß (Meereis).

Spalte (crevasse). Eine Spalte in einem Gletscher. Transversale Spalten entstehen, wenn der Gletscher über eine Stufe fließt, longitudinale Spalten entstehen dort, wo das Eis sich seitlich ausdehnen kann. Spalten werden oft durch → Schneebrücken verdeckt.

Streifen, Band (stream, strip, string). Langes schmales Gebiet mit Treibeis, bis etwa 1 km breit, gewöhnlich aus Bruchstücken zusammengesetzt, die sich von der Hauptmasse losgelöst haben und durch Wind, Strömung oder Seegang zusammengetrieben wurden.

Tafeleisberg (tabular berg). Oben flacher Eisberg mit horizontaler Firnschichtung, gewöhnlich von Schelfeis stammend.

Talgletscher (valley glacier). Ein Gletscher, der ein Tal herabfließt.

Treibeis, Packeis (drift ice, pack ice). Allgemeine Bezeichnungen für auf dem Meere schwimmendem Eis. Hinsichtlich der Dichte des Treibeises unterscheidet man:

Sehr dicht (very close). Eisbedeckung etwa 10/10 (8/8 der Achterskala). Wenig offenes Wasser.

Dicht (close). Schollen berühren sich meist. Bedeckung 7 bis 9/10 (6 bis 7/8). Locker (open). Schollen berühren sich selten, viele Rinnen und Stellen offenen Wassers. Bedeckung 4 bis 6/10 (3 bis 5/8).

Sehr locker (very open). Mehr Wasser als Eis. Eisbedeckung 1 bis 3/10 (1 bis 2/8).

Trümmereis (brash ice). Anhäufung von kleinen Bruchstücken mit weniger als 2 m Durchmesser. Trümmerform anderer Eisformen.

Tümpel (pool). Von Treibeis umschlossenes kleines Gebiet offenen Wassers.

Vereisung (icing). Die Akkumulation einer Eisablagerung auf exponierten Objekten, z. B. Flugzeugen, Schiffen, Instrumenten, Antennen und dergleichen; das Eis kann entweder dicht und klar (transparent), oder weiß und undurchsichtig, oder aber in Formen dazwischen sein. Die Vereisung entsteht entweder durch Ablagerung von Wasserdampf bei Frost (in diesem Falle sind die Mengen gewöhnlich nur gering und nur bei Flugzeugen von Bedeutung), oder durch Gefrieren von Wassertropfen, die in der Luft verteilt sind, beim Auffallen (z. B. unterkühlte Nebel, Wolkentröpfchen, unterkühltes Nieseln oder Regen, oder bei Schiffen Sprühtröpfchen von sich brechenden Wellen).

Verwittertes Eis (weathered ice). Aufgepreßtes Eis, das der Verwitterung unterliegt. Die Verwitterung bringt abgerundete Formen hervor. Bei länger anhaltender Verwitterung kann die Oberfläche eben werden.

Vorlandgletscher (piedmont glacier). Ein lobusförmiger Gletscher, der gebildet wird durch Zusammenfluß der unteren Enden von Talgletschern, die sich über niedrig liegendes Gelände am Gebirgsfuß ausbreiten. Eine Unterform ist der Eispiedmont (ice piedmont), eine Eismasse, die ein niedriges Küstenstück bedeckt, hinter welchem sich Gebirge erheben. Die Oberfläche eines Eispiedmonts senkt sich allmählich seewärts und kann zwischen etwa 50 m bis 50 km breit sein. An der Küste befinden sich Eiskliffs oder der Eispiedmont geht in Schelfeis über.

Wächte (cornice). Überhängende Anhäufung von Eis oder Windschnee am Rande eines Grates oder eines Kliffs.

Wake → Rinne.

Wandvergletscherung → Flankenvereisung.

Whiteout. Ein Zustand, bei dem das Tageslicht durch mehrfache Reflexion zwischen einer Schneefläche und einer geschlossenen Wolkendecke zerstreut wird. Kontraste verschwinden, der Horizont und Schneebildungen werden unsichtbar.

Windloch (blow hole). Öffnung in einer → Schneebrücke in eine Gletscherspalte oder ein Spaltensystem. Der Luftstrom, der aus dem Loch durch den Oberflächenwind gezogen wird, verursacht leeseitig eine Schneewehe.

Wintereis (winter ice). Ungebrochenes ebenes Eis, das im Winter aus Jungeis entstanden ist. Dicke 15 cm — 2 m. Sicher für Schlittenreisen. Unterteilung: mittelstarkes W. (15—30 cm), starkes W. (über 30 cm).

Winterfesteis (winter fast ice). Festeis in Fjorden, Buchten und Meeresstraßen, mit Wachstum hauptsächlich von den Küsten aus, aber auch durch Zusammenfrieren von Treibeis entstanden. Hebt und senkt sich mit den Gezeiten.

Zunge (tongue). Bis mehrere km langer Vorsprung des Eisrandes von Meereis durch Wind oder Strömung entstanden.

Tabelle 27 a

Antarktis. Systematik der Kleinreliefformen von Eis und Schnee
(nach *Ju. A. Kručinin* 1964)

Formen	Periode der Bildung	%-Anteil der Fläche	Länge m	▶
I. Akkumulationsformen				
A. Freie Formen				
Schneeflecken	Anfang Winter, Anfang Frühling	10—12	8—16	
Schneereihen	Ganzjährig	25—30	30—60	
Schneerippel	Anfang Winter	unter 1	0,01	
Schneebarchane	Ende Winter, Anfang Frühling	bis 10	3—4	
B. Gebundene Formen				
Schleppenbarchane	Ende Winter, Anfang Frühling	3—5	10—20	
Schneewehen	Winter, Frühling	5—8	0,3—1	
Schneezungen	Winter, Frühling	2—3	2—6	
II. Deflationsformen				
neu gebildete Sastrugi	Ende Winter, Frühling	10—40	0,1—0,2	
Korrasionsfurchen und -rillen	Herbst, Anfang Winter	5—50	0.7—1,5	
Querliegende Sastrugi	Winter, Frühling	70—80	0,5—1	
Längsliegende Sastrugi	Winter, Frühling	vereinzelt	2—4	
Sastrugi in Parallelstreifen („Mähnen-Sastrugi")	Winter	1—3	0,7—1,3	

◄ Breite m	Höhe cm	Gewicht g/cm³ Neuform	Gewicht g/cm³ Altform	Härte kg/cm² Neuform	Härte kg/cm² Altform
5—11	7—15	0,36	0,42	1—1,5	5—7
6—8	10—20	0,30—0,33	0,38—0,40	1—1,5	4—6
0,1—0,2	0,3—0,4	—	—	—	—
6—8	18—22	0,45—0,47	0,45—0,50	3—5	20—30
5—6	15—20	0,30—0,33	0,38—0,40	1—1,5	5—7
0,5—2	8—10	0,28—0,30	0,40—0,42	0,5—1,5	5—7
0,3—0,8	8—12	0,28—0,30	0,40—0,42	0,5—1,5	5—7
0,05—0,08	0,5—1	0,30	0,34	1—2	2—4
0,2—0,3	20—30	0,30—0,33	—	1—2	—
0,2—0,5	5—15	0,30—0,35	0,41—0,44	3—5	17—25
0,7—1,5	30—40	0,30—0,35	0,40—0,42	2—3	15—20
0,3—0,4	10—15	—	0,37—0,40	—	6—10

Tabelle 27, Fortsetzung

Antarktis. Eis- und Firnklassifikation (nach *V. M. Kotljakov* 1961)

Schneeform	Volumengewicht g/cm³	Mittlere Korngröße mm	Höhe der kapillaren Hebung cm
Jungschnee			
frisch gefallen	0,20—0,24	0,40—0,60	4,0— 6,0
abgelagert			
bei Schneesturm	0,34—0,42	0,25—0,40	6,0— 8,0
lagernd	0,38—0,44	0,25—0,35	7,0— 9,0
bei Schneefegen	0,44—0,50	0,20—0,25	8,0—10,0
Altschnee			
keinkörnig verdichtet	0,44—0,55	0,40—0,80	4,0— 5,0
mittelkörnig verdichtet	0,47—0,57	0,80—1,50	3,0— 4,0
mittelkörnig aufgelockert	0,41—0,49	1,00—1,80	2,5— 3,5
Schneeschlamm	0,34—0,43	1,00—3,00	1,5— 3,0
Firn			
Infiltrationsfirn			
mittelkörnig	0,50—0,60	2,00—3,00	1,5— 2,0
grobkörnig	0,50—0,60	über 3,00	1,0— 1,5
Rekristallisationsfirn			
mittelkörnig	0,53—0,61	1,50—3,00	2,0— 3,0
grobkörnig	0,51—0,60	über 3,00	1,5— 2,0

Tabelle 28

Die kältesten Stellen der Erde

Nach einer Notiz in „Weather" 16, 1961, 3. S. 144 ff. und einer Tabelle von *J. Blüthgen* in: Allgemeine Klimageographie. Berlin 1964.

Erdteil	Station	Breite	Länge	Höhe m	Temperatur in °C	Datum
Asien	Werchojansk	67° 33′ N	133° 24′ E	122	–67,8	5. und 7. 2. 1892
	Ojmjakon	63 16	143 15	800	–77,8	Winter 1938
					–68	6. 2. 1933
Grönland	Eismitte	71 12	39 56 W	3 000	–64,8	20. 3. 1931
	Station Centrale	70 55	40 38	2 994	–66,1	6. 12. 1949
	Northice	78 04	38 29	2 345	–66	9. 1. 1954
Nordamerika	Snag	62 23	140 23	646	–62,8	3. 2. 1947
	Eagle	64 46	141 12	245	–59,4	
	Fort Yukon	66 34	145 16	125	–61,1	14. 1. 1934 inoffiziell
Antarktis	Südpol	90 00 S	–	2 800	–80,5	Juli 1965
	Sovetskaja	76 24	87 35 E	3 570	–86,6	17. 8. 1958
					–71,8	Tiefstes Monatsmittel der Erde (8, 1958)
	Vostok	78 27	106 52	3 420	–88,3	24. 8. 1960
					–71,6	Mittel (8, 1958)
	Komsomolskaja	74 05	97 29	3 497	–80,7	Winter 1958
					–31,4	Tiefstes Mittel des wärmsten Monats (1, 1958)
Kälteste Höhentemperaturen						
Antarktis	Maudheim	71 03	10 56 W	13 400	–91,2	11. 8. 1950
	Südpol	90 00	–	21 000	–93	17. 7. 1958
	Halley Bay	75 31	26 36 W	23 000	–97	9. 8. 1959
Asien	Batavia	6 12	106 48 E	17 330	–91,9	5. 11. 1913

Tabelle 29

Typische Jahresgänge der Temperatur in der Arktis

Die Temperaturangaben (°C) wurden aufgerundet. In einigen Fällen wurden mehrere dicht beisammen liegende Stationen mit verschiedenen Jahresreihen zu einer Reihe zusammengefaßt (Viscount Melville-Sund, Simpson-Straße, Barrow-Straße, Foxe-Kanal, Kane-Becken, Robeson-Kanal). Die Reihen beziehen sich auf verschiedene Jahre, deren Zahl jeweils in (. .) hinter den Stationsnamen angegeben ist. Ein * vor dem Namen bedeutet „ältere Jahresreihen" (meist von vor 1900).

Name	I	II	III	IV	V ▶
a) Subarktisches Gebiet					
Berezovo (35)	—24	—18	—13	— 5	3
Jakutsk (94)	—43	—36	—23	— 9	5
Werchojansk (45)	—50	—44	—30	—13	2
Abyj (3)	—44	—37	—29	—14	— 1
Rodčevo (10)	—40	—35	—27	—13	1
Sredne Kolymsk (31)	—41	—36	—27	—15	— 1
Anadyr (14)	—23	—22	—20	—13	— 4
Markovo (17)	—29	—26	—23	—15	— 2
Novo Mariinsk (30)	—23	—21	—20	—15	— 4
Dawson (28)	—30	—24	—16	— 2	8
Norman (20)	—28	—25	—19	— 7	5
*Fort Good Hope (20)	—31	—28	—23	—10	3
Fort Good Hope (5)	—34	—24	—23	— 6	5
b) Subarktisches Gebiet — Hudson-Bai					
Chesterfield Inlet (11)	—32	—32	—27	—17	— 6
Churchill (.)	—29	—27	—19	— 8	— 1
Port Nelson (14)	—27	—26	—19	— 8	1
Fort George (.)	—24	—23	—17	— 6	3
Great Whale River (6)	—24	—23	—15	— 9	1
Port Harrison (.)	—28	—28	—21	—11	— 2
Rama (17)	—21	—21	—16	— 7	— 0
Hebron (19)	—21	—19	—14	— 7	— 0
c) Arktische Küstenstationen — Sowjetische Arktis					
Kanin Nos (9)	— 9	— 9	— 9	— 4	— 1
Jugorskij Šar (8)	—15	—15	—16	—11	— 4
Mare Sale (34)	—23	—23	—19	—14	— 5
Salechard (33)	—26	—22	—18	—11	— 2
Dickson Insel (8)	—28	—26	—26	—18	— 9
Dudinka (18)	—30	—26	—23	—16	— 7
Chatanga (3)	—35	—31	—28	—19	— 7
Bulun (11)	—41	—36	—26	—15	— 4
*Sagastyr (3)	—37	—38	—34	—22	—10
Tiksi (14)	—31	—30	—27	—18	— 6
Ustjansk (20)	—39	—36	—28	—18	— 4
Nižne Kolymsk (12)	—38	—35	—26	—16	— 2
Russkoje Ust'e (8)	—38	—38	—31	—20	— 7
Pitlekaj (1)	—25	—25	—22	—19	— 7

◄	VI	VII	VIII	IX	X	XI	XII	Jahr
	10	16	13	6	— 3	—15	—21	— 4,2
	15	19	15	6	— 9	—29	—40	—10,7
	13	15	11	2	—15	—37	—47	—16,1
	10	12	10	4	—13	—30	—40	—14,4
	13	14	10	4	—10	—28	—37	—12,3
	11	14	9	3	—11	—29	—37	—13,2
	5	11	10	4	— 5	—14	—21	— 7,7
	10	14	10	3	— 9	—20	—26	— 9,4
	5	10	9	4	— 5	—15	—22	— 8,1
	14	15	13	6	— 4	—17	—26	— 5,1
	12	15	12	5	— 4	—18	—26	— 6,6
	12	15	12	4	— 6	—21	—29	— 8,5
	13	15	13	5	— 5	—19	—28	— 8,0
	3	9	8	3	— 5	—18	—29	—11,7
	7	12	11	5	— 3	—14	—24	— 7,6
	7	13	12	7	— 1	—12	—23	— 6,2
	9	12	11	8	2	— 5	—15	— 3,8
	6	8	10	7	2	— 6	—15	— 4,9
	4	8	8	5	— 1	— 8	—18	— 7,6
	4	8	8	4	— 1	— 7	—16	— 5,2
	5	8	8	4	— 1	— 7	—16	— 5,0
	5	8	8	6	1	— 2	— 6	— 1,1
	1	5	5	3	— 2	— 8	—14	— 6,0
	2	8	7	2	— 5	—15	—20	— 8,8
	7	14	11	5	— 5	—17	—22	— 7,0
	— 1	3	4	0	— 8	—20	—24	—12,7
	4	13	10	2	—10	—22	—27	—10,9
	5	12	9	1	—13	—27	—29	—13,5
	7	12	9	2	—12	—30	—37	—14,2
	0	5	4	0	—15	—27	—34	—17,2
	2	7	8	2	—10	—23	—29	—12,8
	7	11	7	2	—12	—28	—35	—14,3
	10	12	8	2	—11	—26	—33	—13,0
	4	9	6	1	—12	—27	—34	—15,7
	— 1	3	—	—	— 5	—17	—23	—

Name	I	II	III	IV	V	▶
d) Arktische Küstenstationen — Alaska und Kanadischer Archipel						
Barrow (19)	—26	—28	—26	—18	— 7	
MacPherson (18)	—29	—26	—21	—12	1	
*Coppermine (3)	—29	—30	—23	—18	— 6	
Coppermine (3)	—31	—28	—23	—13	— 4	
*Simpson-Straße (13)	—34	—35	—31	—19	— 9	
*Foxe Channel (4)	—31	—32	—28	—17	— 5	
Mould Bay (4)	—36	—35	—29	—23	—11	
*Viscount Melville Sund (5)	—36	—33	—31	—19	— 9	
*Barrow-Straße (6)	—35	—34	—30	—20	— 9	
*Lady-Franklin-Bai (6)	—37	—38	—33	—24	— 9	
*Kane-Becken (8)	—33	—32	—32	—22	— 8	
Ellesmere-Land, Südküste (2)	—37	—29	—32	—24	—11	
Ponds Inlet (3)	—35	—38	—29	—22	— 6	
Pangnirtung (3)	—28	—26	—20	—13	1	
*Kungua Fjord (2)	—29	—32	—23	—13	— 2	
Resolution-Insel (3)	—19	—20	—14	— 9	— 2	
Hopes Advance (3)	—24	—24	—16	—11	— 3	
Lake Harbour (43)	—26	—24	—21	—13	— 2	
Nottingham-Insel (?)	—26	—27	—20	—13	— 4	
e) Grönland, Westküste						
*Robeson-Kanal (5)	—36	—38	—35	—24	—10	
Thule (2)	—29	—29	—26	—17	— 5	
*Upernavik (49)	—22	—23	—21	—14	— 4	
Upernavik (29)	—21	—22	—20	—13	— 3	
*Ikarasak Satut (15)	—19	—21	—17	—11	— 1	
Jakobshavn (49)	—18	—19	—16	—10	— 0	
Egedesminde (3)	—14	—16	—16	—10	— 1	
Holsteinsborg (36)	—18	—17	—14	— 8	1	
Godhavn (2)	—17	—19	—16	—10	— 1	
*Sukkertoppen (5)	—17	—11	— 8	— 3	3	
Kornok (49)	—11	—10	— 8	— 4	2	
*Godthåb (49)	—10	—10	— 8	— 4	1	
Godthåb (29)	—10	— 9	— 7	— 4	1	
*Fiskenaesset (9)	—11	—10	— 8	— 4	2	
Ivigtut (45)	— 7	— 7	— 5	— 1	5	
Julianehåb (44)	— 8	— 8	— 5	— 1	4	
Nanortalik (41)	— 5	— 5	— 3	— 1	3	
f) Grönland, Ostküste						
Prins Christians Sund (3)	— 5	— 4	— 2	0	2	
Angmagssalik (35)	— 8	— 9	— 7	— 4	1	
*Scoresby Sund (5)	—17	—19	—17	—12	— 4	
Scoresby Sund (3)	—16	—17	—14	—12	— 4	
Myggbukta (10)	—20	—21	—21	—16	— 7	
Danmarkshavn (2)	—22	—27	—22	—20	— 7	

◀	VI	VII	VIII	IX	X	XI	XII	Jahr
	1	5	4	— 1	— 8	—18	—23	—12,2
	12	15	12	3	— 8	—22	—27	— 8,4
	5	12	9	4	— 5	—18	—25	—10,1
	4	10	10	4	— 5	—18	—26	—10,2
	2	6	5	— 2	—12	—20	—31	—15,0
	1	4	2	— 2	—11	—22	—29	—14,1
	— 1	3	2	— 7	—18	—26	—34	—18
	1	4	2	— 5	—17	—25	—30	—16,7
	1	3	2	— 6	—14	—22	—32	—16,3
	0	3	2	—10	—23	—30	—33	—19,3
	1	4	1	— 8	—17	—25	—29	—16,6
	1	3	1	— 7	—19	—26	—31	—17,5
	3	6	5	1	— 8	—18	—21	—14,1
	4	8	7	4	— 3	—11	—20	— 8,1
	2	6	6	2	— 6	—15	—23	—10,7
	1	4	5	3	— 1	— 6	—14	— 6,1
	2	5	6	2	— 2	— 9	—19	— 7,7
	3	7	5	2	— 4	—11	—20	— 8,7
	2	6	6	2	— 3	—12	—21	— 9,2
	1	3	1	— 8	—22	—28	—31	—18,8
	2	5	4	— 2	—10	—18	—25	—12,7
	2	5	5	1	— 4	—10	—17	— 8,6
	2	5	5	1	— 4	— 9	—15	— 7,8
	5	8	7	2	— 4	— 8	—14	— 6,0
	6	8	7	2	— 4	— 9	—13	— 5,6
	4	7	6	3	— 2	— 6	—10	— 4,6
	5	8	7	3	— 3	— 8	—14	— 4,8
	5	8	7	3	— 2	— 6	—11	— 5,0
	7	9	9	4	— 1	— 5	— 9	— 1,3
	6	9	8	3	— 1	— 5	— 9	— 1,7
	4	7	6	3	— 1	— 5	— 8	— 1,9
	5	7	7	4	— 1	— 4	— 7	— 1,4
	6	7	7	3	— 2	— 6	— 9	— 2,0
	8	10	9	5	1	— 3	— 6	0,8
	6	7	7	5	1	— 4	— 7	0,0
	5	6	6	4	1	— 2	— 4	0,5
	6	7	8	5	3	— 1	— 3	0,9
	5	7	6	3	— 1	— 5	— 7	— 1,6
	2	5	3	— 0	— 7	—13	—16	— 8,0
	0	3	3	1	— 5	—11	—14	— 7,3
	0	4	3	— 3	— 8	—16	—19	—10,5
	1	4	2	— 4	—14	—20	—21	—12,6

Tabelle 29, Fortsetzung

Name	I	II	III	IV	V	▶
g) Inneres Grönland						
Weststation (1)	—17	—24	—22	—16	— 4	
Eismitte (1)	—42	—47	—39	—31	—20	
Station Centrale (2)	—37	—40	—38	—36	—19	
Mittel beider:	—38	—42	—38	—34	—20	
h) Europäisches Nordmeer						
*Jan Mayen (1)	— 5	— 7	— 7	— 4	— 1	
Jan Mayen (29)	— 5	— 6	— 6	— 4	— 1	
*Bäreninsel (14)	— 9	—11	—11	— 8	— 2	
Bäreninsel (11)	— 8	— 8	—10	— 7	— 2	
Karskie Vorota (7)	—20	—20	—17	—13	— 4	
Malye Karmakuly (46)	—17	—16	—15	—10	— 4	
i) Spitzbergen und benachbarte Inseln						
Quade Hook (14)	—14	—16	—15	—11	— 4	
Green Harbour (18)	—16	—18	—20	—14	— 5	
*Isfjord Radio (18)	—14	—14	—16	—11	— 5	
Isfjord Radio (3)	—11	—13	—11	— 8	— 2	
*Südkap (1)	—18	—22	—18	—14	— 5	
*Kap Lee (1)	—22	—20	—16	—10	— 4	
*Mosselbai (1)	—16	—22	—18	—18	— 8	
k) Franz-Josef-Land						
Mittel der Expeditionen 1873—1925	—27	—27	—24	—18	— 9	
Guker-Station (16)	—19	—19	—22	—17	— 8	
l) Inneres Polarbecken						
*Framdrift	—36	—36	—30	—23	—11	
*Maud-Drift	—33	—30	—31	—22	—12	
Sedov-Drift	—31	—30	—37	—25	—13	

◀	VI	VII	VIII	IX	X	XI	XII	Jahr
	1	3	2	— 3	—13	—18	—20	—11,0
	—15	—11	—18	—22	—36	—43	—39	—30,3
	—13	—13	—16	—25	—30	—34	—39	—28,3
	—14	—12	—17	—24	—32	—37	—39	—28,9
	3	5	5	3	— 0	— 3	— 5	— 1,2
	2	5	5	3	— 0	— 3	— 5	— 1,1
	2	4	4	2	— 2	— 6	— 8	— 3,8
	2	5	4	2	— 1	— 5	— 7	— 3,0
	1	5	6	2	— 3	—11	—17	— 7,6
	2	7	6	2	— 3	—11	—14	— 6,2
	2	5	4	— 1	— 6	—11	—12	— 6,7
	2	5	5	0	— 6	—11	—14	— 7,6
	2	4	4	1	— 5	—10	—11	— 6,2
	2	5	5	2	— 3	— 5	—10	— 4,0
	1	3	1	0	— 3	—12	—15	—
	2	3	5	— 1	— 5	—17	—20	— 7,4
	1	5	2	— 7	—13	— 8	—14	— 8,9
	— 1	1	1	— 5	—15	—22	—24	—14,1
	— 1	1	1	— 3	—10	—14	—17	—
	— 2	0	— 2	— 9	—22	—29	—32	—19,2
	— 2	0	— 0	— 6	—14	—25	—30	—17,0
	— 2	— 0	— 2	— 6	—15	—22	—22	—17,1

Tabelle 30

Typische Jahresgänge der Temperatur in der Antarktis

Die Temperaturangaben (°C) wurden aufgerundet. In einigen Fällen wurden mehrere dicht beisammen liegende Stationen mit verschiedenen Jahresreihen zu einer Reihe zusammengefaßt (MacMurdo, Deception, Hopebucht, Kerguelen). Die Reihen beziehen sich auf verschiedene Jahre, deren Zahl jeweils in (..) hinter den Stationsnamen angegeben ist.

Name	I	II	III	IV	V	VI	▶
a) Subantarktische Inseln							
Grytviken (52)	4	5	5	3	0	−1	
Laurie (54)	0	0	−1	−3	−7	−10	
Marion (6)	6	7	7	6	5	4	
Kerguelen (4)	7	8	6	4	3	2	
Heard (7)	4	4	3	3	2	0	
Macquarie (8)	7	7	6	5	4	3	
b) Küstenstationen am Rande der Ostantarktis							
Maudheim (2)	−4	−8	−15	−19	−24	−27	
Lasarev (2)	−4	−10	−12	−17	−19	−21	
Roi Baudouin (1)			−10	−14	−19	−18	
Syowa (1)	−1	−5	−8	−10	−16	−20	
Mawson (2)	0	−7	−10	−16	−16	−16	
*Gauß (1)	−1	−3	−8	−16	−14	−18	
Mirnyj (3)	−3	−6	−10	−14	−14	−18	
*Shackleton (1)	−5	·	−15	−19	−22	−26	
Dumont d'Urville (2)	−1	−5	−8	−11	−14	−19	
Port Martin (2)	−2	−5	−11	−16	−16	−19	
*Kap Denison (2)	−1	−4	−11	−17	−18	−20	
Kap Adare (2)	0	−3	−7	−13	−19	−26	
c) Stationen an der Küste und auf Inseln der Westantarktis							
Marguerite-Bucht (14)	1	−1	−4	−6	−9	−14	
Argentinische Inseln (12)	0	0	−1	−4	−7	−9	
*Petermann-Inseln (1)	1	1	1	−5	−5	−7	
*Wandel-Insel (1)	1	0	−1	−5	−10	−11	
Almir. Brown (6)	2	1	0	−2	−4	−6	
Melchior (9)	1	0	−1	−2	−5	−7	
Deception (13)	1	1	0	−2	−4	−6	
Admiralty Bucht (10)	1	1	0	−2	−4	−6	
Hope-Bucht (12)	0	−1	−4	−7	−10	−11	
*Snow Hill-Insel (2)	−1	−4	−10	−14	−18	−20	
d) Stationen an den Südküsten von Ross- und Weddell-Meer							
*MacMurdo (5)	−5	−9	−15	−23	−24	−24	
Little America (4)	−6	−13	−22	−31	−33	−34	
General Belgrano (4)	−7	−12	−21	−24	−33	−30	
e) Inlandeisstationen							
Charcot (2)	−23	−31	−36	−40	−41	−48	
Pionerskaja (3)	−23	−33	−39	−39	−43	−46	
Komsomolskaja (1)	−31	−45	−53	−57	−59	−65	
Sovetskaja (1)	−33	−48	−54	−59	−67	−70	
Vostok (3)	−34	−44	−57	−65	−65	−68	
Südpol (4)	−29	−38	−55	−58	−56	−59	
Byrd (4)	−13	−20	−29	−30	−33	−33	

◀	VII	VIII	IX	X	XI	XII	Jahr	Min.	Max.
	−1	−2	0	2	3	4	1,7	−13,9	23,9
	−11	−10	−7	−4	−2	−1	−4,5	−40,1	12,2
	4	3	3	4	5	6	5,4	−5,8	19,6
	2	2	2	3	4	5	3,9	−8,6	22,1
	0	0	−1	0	1	3	1,6	−8,9	14,4
	3	3	4	4	5	6	4,8	−8,9	11,5
	−27	−26	−24	−18	−11	−5	−17,4		
	−22	−24	−28	−16	−12	−6	−15,7	−46,5	2,5
	−21	−21	−25	−16	−13			−41,6	−1,4
	−19	−19	−22	−14	−7	−2	−11,9	−40,0	6,5
	−18	−18	−18	−13	−4	0	−10,9	−30,0	7,2
	−18	−22	−18	−13	−7	−1	−11,5	−40,8	4,9
	−18	−18	−20	−13	−8	−3	−11,9	−40,3	6,0
	−19	−20	−17	−13	−8	−4	−14,2		
	−18	−18	−19	−13	−7	−2	−10,7	−36,5	5,0
	−19	−18	−19	−13	−6	−3	−12,2		
	−20	−18	−18	−15	−8	−3	−12,8	−33,2	5,2
	−24	−25	−22	−18	−8	−1	−13,9	−41,9	9,3
	−13	−12	−10	−7	−3	0	−6,5	−39,4	8,3
	−11	−12	−9	−5	−3	−1	−5,1	−38,9	8,3
	−7	−6	−6	−2	−1	1	−2,8	−23,9	8,6
	−19	−6	−4	−7	0	0	−5,4	−34,0	6,0
	−7	−6	−5	−2	−1	1	−2,4	−21,6	10,0
	−8	−8	−7	−3	−2	0	−3,4	−29,6	9,2
	−8	−7	−5	−2	−2	1	−2,8	−30,0	10,0
	−8	−7	−4	−2	−1	1	−2,7	−27,2	8,3
	−11	−10	−8	−5	−2	−1	−5,5	−32,2	14,6
	−21	−20	−19	−10	−8	−2	−11,8	−38,6	8,6
	−26	−26	−24	−19	−10	−4	−17,4	−50,3	8,3
	−37	−37	−34	−26	−13	−4	−25	−58,0	1,6
	−32	−32	−31	−23	−10	−5	−21,6	−53,9	3,0
	−46	−45	−48	−43	−30	−22	−37	−62,0	−9,8
	−47	−48	−45	−39	−31	−23	−38,1	−66,8	
	−62	−66	−62	−55	−42	−34	−52,6	−81	−16,9
	−69	−72	−66	−60	−44	−34	−56	−87	
	−67	−71	−67	−58	−44	−33	−56,1	−88,3	−21,0
	−59	−61	−60	−51	−39	−29	−50,3	−78,8	−14,7
	−38	−37	−33	−30	−23	−15	−28,5	−63,2	−8,5

Tabelle 31

Mittel-, Maximum- und Minimumtemperaturen weiterer Stationen in der Antarktis nach Angaben des SCAR 1959.

Name	Mittlere Jahrestemperatur in °C	Maximum °C	Minimum °C
a) Subantarktische Inseln			
Tristan da Cunha	14,5	16,8	12,3
Gough-Insel	11,8	13,9	9,6
Signy-Insel	− 4	10,5	−34,0
Neu-Amsterdam	14,1	24,3	2,8
b) Küstenstationen am Rande der Ostantarktis			
Norge	−16,4	2,3	−44,6
Davis	− 9	6	−32
Oasis	− 9,0	12,0	−43
Wilkes	− 9	8	−33
Hallett	−15,1	5,7	−42,2
c) Stationen an der Küste und auf Inseln der Westantarktis			
Horseshoe-Insel	− 3	7	−29
Detaille-Insel	− 5	4	−25
Port Lockroy	− 3	8	−25
Pres. Gonzales Videla	.	.	−20,8
Teniente Camara	− 2,4	9	−30
Arturo Pratt	− 5	2,6	−16
d) Stationen an den Südküsten von Ross- und Weddell-Meer			
Scott	−20,1	5,0	−52,7
Ellsworth	−15,1	1,8	−55,6

Tabelle 32

Arktis. Meteorologische Stationen. Lage, Höhe und weitere meteorologische Angaben.

Station	Koordinaten	Höhe m	Beobachtungsjahre	Niederschläge mm	Bewölkung min.	Bewölkung max.
Berezovo	63° 56′ N 65° 4′ E	40	1881/1915	351	56 Mz	72 S
Jakutsk	62° 0 N 129° 42′ E	106	1829/1923	300	37 Mz	73 O
Werchojansk	67° 33′ N 133° 24′ E	122	1884/1929	128	27 F	68 Au
Abyj	68° 33′ N 145° 26′ E	18	1914/17	213	29 Mz	74 S
Rodčevo	66° 4′ N 151° 53′ E	60	1892/1902	249	44 Mz	75 Au
Sredne Kolymsk	67° 28′ N 154° 49′ E	30	1887/1917	172	32 Mz	72 Au

Tabelle 32, Fortsetzung

Station	Koordinaten	Höhe m	Beobachtungs-jahre	Nieder-schläge mm	Bewölkung min.	max.
Markovo	64° 45′ N 170° 56′ E	26	1894/1911	200	50 Mz	72 O
Novo Mariinsk	64° 45′ N 177° 22′ E	5	1889/1919	189	53 Jr	74 Au
Dawson	64° 4′ N 139° 29′ W	324	1902/30	350	37 Mz	55 O
Norman	64° 54′ N 125° 30′ W	91	1908/28	272		
Fort Good Hope	66° 15′ N 128° 38′ W	65	1908/28	260		
Chesterfield Inlet	63° 45′ N 91° 50′ W	4	1922/32	316		
Churchill	58° 51′ N 94° 10′ W	11		428	38 Mz	68 O
Pt. Nelson	57° 6′ N 92° 51′ W	15	1915/29	350		
Ft. George	53° 50′ N 79° 5′ W	98		449		
Great Whale R.	55° 17′ N 78° 20′ W	15	1925/31			
Pt. Harrison	58° 25′ N 78° 21′ W	4		219		
Rama	58° 53′ N 63° 21′ W	3	1872/89	609		
Hebron	58° 12′ N 62° 37′ W	15	1883/1902	481	49 F	69 Ma
Kanin Nos	68° 39′ N 43° 18′ E	48	1918/27	209		
Jugorskij Šar	69° 49′ N 60° 45′ E	13	1913/21	211		
Mare Sale	69° 43′ N 66° 48′ E	14	1881/1915			
Salechard	66° 31′ N 66° 35′ E	24	1882/1915	256	59 Mz	80 O
Dickson	73° 30′ N 80° 23′ E	13	1916/24	166		
Dudinka	69° 24′ N 86° 4′ E	20	1906/24	213	59 Mz	85 S
Chatanga	72° 0′ N 102° 9′ E	50	1906/09	230	42 Jr	81 S
Bulun	70° 45′ N 127° 25′ E	35	1909/28	221	49 F	90 O
Sagastyr	72° 23′ N 124° 5′ E	5	1882/84	86	32 Mz	86 S
Ustjansk	70° 55′ N 136° 27′ E	17	1885/1905	158	41 Jr	79 Au
Nižne Kolymsk	68° 32′ N 160° 59′ E	5	1893/1905	172	40 Mz	73 S

Tabelle 32, Fortsetzung

Station	Koordinaten	Höhe m	Beobachtungsjahre	Niederschläge mm	Bewölkung min.	Bewölkung max.
Russkoje Ust'e	71° 1′ N 149° 26′ E	6	1895/1903	151	33 Mz	85 S
Pitlekaj	67° 5′ N 186° 37′ E		1 Jahr	—	—	—
Barrow	71° 24′ N 156° 18′ W	4	1923/40		33 Jr	82 Au
McPherson	67° 26′ N 134° 53′ W	46	1909/27	261	41 Jr	74 Au
Coppermine	67° 49′ N 115° 10′ W	5	1930/32 1932/51	320		
Simpson Strait	69° 24′ N 96° 48′ W		Mittel von 6 Exp. 1830—1932	111	25 F	83 S
Foxe Channel	67° 12′ N 84° 7′ W		Mittel von 3 Exp. 1820/54			
Mould Bay	76° 17′ N 119° 28′ W	16	1948/52	66		
Viscount Melville Sound	73° 48′ N 114° 54′ W		Mittel von 5 Exp. 1819/53			
Barrow Strait	74° 6′ N 92° 24′ W		Mittel von 8 Exp. 1824/59			
Lady Franklin Bay	82° 0′ N 63° 6′ W		Mittel von 5 Exp. 1871—1909	100	28 F	78 Au
Kane-Bekken	78° 42′ N 73° 48′ W		Mittel von 6 Exp. 1853—1932		27 Jr	80 Au
Ellesmere-Land	76° 11′ N 83° W		Mittel von 2 Exp. 1899/1902		29 Jr	81 S
Ponds Inl.	72° 37′ N 77° 48′ W	5	1930/32			
Pangnirtung	66° 9′ N 65° 30′ W	15	1930/33	422		
Kungua Fjord	66° 30′ N 67° 6′ W		Mittel von 2 Exp. 1877/1883	348	50 Jr	84 S
Resolution	61° 18′ N 64° 53′ W	39	1928/31	457		
Hopes Advance	61° 5′ N 69° 33′ W	73		394		
Lake Harbour	62° 50′ N 69° 55′ W	113	1884—1927			
Nottingham I.	63° 7′ N 77° 56′ W	17		325		
Robeson-Kanal	82° 0′ N 63° 7′ W		Mittel von 5 Exp.			
Thule	76° 30′ N 68° 55′ W	7	1916, 1920			
Upernavik	72° 47′ N 56° 7′ W	18	1876/1925 1901/30	233 260	43 F	71 S-N
Ikarasak Satut	70° 30′ N 51° 15′ W	20	1882/97			

Tabelle 32, Fortsetzung

Station	Koordinaten	Höhe m	Beobachtungsjahre	Niederschläge mm	Bewölkung min.	Bewölkung max.
Jakobshavn	69° 13′ N 51° 2′ W	31	1876/1925	231	39 F	51 S-O
Egedesminde	68° 42′ N 52° 52′ W		1957/1959	323		
Holsteinsborg	66° 56′ N 53° 39′ W	27	1889/1925	270		
Godhavn	69° 14′ N 53° 31′ W	11	1929/30	391		
Sukkertoppen	65° 25′ N 52° 54′ W		1875/80			
Kornok	64° 26′ N 50° 58′ W	3	1876/1925	369	61 Jl	68 Jr
Godthåb	64° 11′ N 51° 44′ W	20	1876/1925 1907/30	596	66 AuS	73 Jr
Fiskenaesset	63° 4′ N 50° 45′ W	6	1877/86			
Ivigtut	61° 12′ N 48° 10′ W	30	1880/1925	1128	54 F	62 AuS
Julianehåb	60° 44′ N 45° 58′ W	8	1881/1925			
Nanortalik	60° 8′ N 45° 11′ W	7	1884/1925		63 O/D	68 Jn
Prins Christians Sd.	60° 3′ N 43° 12′ W		1957/59	2413		
Angmagssalik	65° 37′ N 37° 34′ W	29	1895/1930	872	54 Au	68 O
Scoresby Sd.	70° 30′ N 22° 0′ W	17	1925/30 1957/59	317 426	51 S	71 F
Myggbukta	73° 30′ N 21° 30′ W	2	1922/32	78		
Danmarkshavn	76° 46′ N 18° 45′ W	6	1906/08	146	32 Ap	63 Jr
Weststation	71° 11′ N 51° 7′ W	954 940	1930/31		42 Jl	75 Au
Eismitte	71° 11′ N 39° 56′ W	3000	1930/31			
Stat. Centrale	70° 55′ N 40° 38′ W	2994	1949/51			
Jan Mayen	70° 58′ N 8° 35′ W	23	1882/83 1921/29	398	79 Mz	90 Jl
Bäreninsel	74° 30′ N 19° E	29	1912/26	318	76 F	90 S
Karskie Vorota	70° 24′ N 58° 48′ E	11	1914/21	169		
Malye Karmakuly	72° 23′ N 52° 43′ E	15	1876/1922	261	64 Mz	83 O

Tabelle 32, Fortsetzung

Station	Koordinaten	Höhe m	Beobachtungsjahre	Niederschläge mm	Bewölkung min.	Bewölkung max.
Quade Hook	78° 58′ N 11° 20′ E	10	1912/26	314		
Green Harbour	78° 2′ N 14° 14′ E	7	1912/26	300	55 Ap	75 S
Isfjord R.	78° 28′ N 15° 38′ E	54	1912/30 1959/61	279		
Südkap	76° 34′ N 16° 35′ E		1911/12			
Kap Lee	78° 4′ N 20° 50′ E		1904/05			
Mosselbai	79° 53′ N 16° 0′ E		1872/73			
Hooker-Insel (O. Guker)	80° 19′ N 52° 45′ E		1920/36	250		
Framdrift Mittelposition	82° 42′ N 89° 36′ E	0	1893/96		36 D/Jr	91 Jl/S
Mauddrift Mittelposition	74° 36′ N 164° 0′ E	0	1922/24	98	34 Mz	88 Jl/Au
Sedowdirft Nordpunkt	85° 39′ N 47° 55′ E	0	1938/39			

Tabelle 33

Weitere meteorologische Angaben für antarktische Stationen

Wind — Windgeschwindigkeit in m/s; WM — Windgeschwindigkeitsextrem in m/sec; Bew. — Bewölkung in Zehnteln; Nied. — Niederschlag in mm Wassersäule; Dr. — Luftdruck in mbar; R. F. — Relative Feuchte in %. Alle Angaben beziehen sich auf Jahresmittel.

Name	Wind	WM	Bew.	Nied.	Dr.	R. F.
a) Subantarktische Inseln						
*Grytviken	7,5		6,8	1509	970	75
Grytviken			5,6	1596		
Tristan da Cunha	6,1		6,0	1673		
Gough-Insel			6,6	3225		
Laurie	5,1		7,2	409	923	85
Signy-Insel	7,0		6,5	331		
Marion	6,3	53,5	6,0	2215	1007	85
Neu-Amsterdam		50		1153		
Kerguelen	10,2	70	6,1	1251		75
Macquarie	7,3		7,0	1335		

Tabelle 33, Fortsetzung

Name	Wind	WM	Bew.	Nied.	Dr.	R. F.
b) Küstenstationen am Rande der Ostantarktis						
Norge	7,4	42				
Lasarev	15,3	60				
Syowa	7,1	32,9	6,6		984	74
Mawson	12,3	50		70		55
Davis	5	45		120		65
Gauß	5,7		7,3	800	987	87
Mirnyj	11,7	56	6,3	300		
Oasis	7,1	56				56
Wilkes	5	47,5		120		65
Dumont d'Urville	11,6	70	4,7	180		
*Kap Adare	2,6		6,4	360	988	82
Hallett	4,3	52	6,1			
c) Stationen an der Küste und auf Inseln der Westantarktis						
General San Martin	4,8			433	893	
Horseshoe-Insel			6,3			
Detaille-Insel	7,7		6,5			
Argentin-Inseln	7		6,7	433	901	
*Petermann-Insel	4,9		8,2	260	987	84
*Wandel-Insel			7,5	378	995	86
Port Lockroy	5		6,5	393		
Almirante Brown	2		6,4	899		80
Melchior	3,3		6,1	1189	902	85
Deception (B. A. S.)	6,7			433	914	
Decepción (arg. St.)	6		6,8	407	909	90
Teniente Camara	4,7		6,5	899		80
Admiralty-Bucht	5,3		6,4	396	920	
Hope Bay	6		5,7		917	
Bahia Esperanza	9		6		911	82
Snow Hill	8,3		7,3	315		68
d) Stationen an den Südküsten von Ross- und Weddell-Meer						
MacMurdo	6	43,0	6,2	(230)	959	
Scott	4,7	41,1	4,7			
Little America	5,6		6,1	600	952	83
General Belgrano	5,7		4,6		940	
Ellsworth	5,9	28,0	6,1	250		
e) Inlandeisstationen						
Vostok	5,0	25,0		100		
Südpol	6,7	24,0	4	75		
Byrd	8,7	42,3	6	180		

Tabelle 34

Antarktis. Monatsmittelwerte der Windgeschwindigkeit in m/sec
(nach *G. Skeib* 1964)

Gebiet	Station	Zeitraum	I	II	III	IV	V	▶
Küste								
Schelfeis	Ellsworth	1957/58	4,1	5,4	6,9	7,2	5,1	
	Little America	1929/30, 1934/35, 1956/59	5,4	5,5	6,4	5,8	5,9	
Fels	Mawson	1955/57	10,7	12,7	10,7	10,9	14,5	
	Mirny	1956/60	7,8	9,4	11,5	13,9	14,3	
Hang	Pionerskaja	1956/58	10,6	11,0	11,0	12,5	9,6	
	Charcot	1957	—	—	—	9,1	10,2	
Hochplateau	Vostok	1958/60	5,1	4,4	5,7	4,8	5,2	
	Südpol	1957/58	5,8	4,5	6,4	7,0	8,8	
	Byrd	1957/58	6,9	9,9	7,4	9,0	9,5	

Antarktis. Mittlere Intensität der direkten Sonnenstrahlung in cal/qcm je min in verschiedenen Breiten.

Breite °S	Höhe m	Station	Höhe der Sonne über dem Horizont 5°	10°	15°	20°	▶
66,5	35	Mirny	0,75	1,02	1,19	1,31	
69,7	2700	Pionerskaja	0,90	1,17	1,35	1,47	
71,1	37	Maudheim	0,74	1,01	1,19	1,30	
78,2	44	Little America	0,83	1,04	1,19	1,28	
78,4	3570	Sovetskaja	0,98	1,30	1,46	1,58	
90	2800	Südpol	0,80	1,25	1,40	1,50	

Antarktis. Monatssummen der Globularstrahlung in kcal

Station	Zeitraum	I	II	III	IV	V	▶
Mirny	1956 58	19,6	13,8	7,8	2,3	0,5	
Pionerskaja	1956/58	22,9	14,6	6,1	1,6	0,2	
Maudheim	1949/52	18,1	11,5	6,3	1,6	0,1	
Little America	1957/58	17,1	8,4	4,3	0,3	0	
Vostok	1959	31,8	14,6	5,1	0,4	0	
Südpol	1958	23,9	13,3	3,5	0	0	

Antarktis. Mittlere Monatssummen der Strahlungsbilanz in kcal

Station	I	II	III	IV	V	VI	▶
Bunger-Oase	+10,5	+6,8	+2,7	−1,4	−1,8	−2,0	
Mirny	+2,0	+1,2	−1,4	−1,5	−1,7	−2,3	
Pionerskaja	+1,5	−0,4	−1,1	−1,5	−1,5	−1,6	
Maudheim	+0,3	−0,5	−0,8	−1,3	−1,5	−1,4	
Little America	+1,3	+0,1	−0,7	−1,0	−1,5	−3,9	
Vostok	+0,6	−0,1	−1,0	−1,1	−0,6	−0,8	

◀	VI	VII	VIII	IX	X	XI	XII	Jahr
	7,2	6,6	6,0	7,3	6,3	4,9	3,8	5,9
	6,0	6,0	5,6	5,7	5,8	3,9	5,2	5,6
	13,3	15,2	11,7	12,4	13,2	12,7	9,4	12,3
	12,5	14,1	14,1	13,5	10,8	9,8	8,2	11,7
	9,6	10,5	11,0	11,5	10,4	9,9	9,4	10,6
	9,8	9,3	10,2	10,4	10,7	10,1	8,4	—
	4,9	4,8	5,1	5,8	4,8	4,9	4,6	5,0
	8,3	8,5	7,4	6,8	7,2	4,7	4,7	6,7
	7,2	9,2	10,6	10,6	8,7	8,4	7,0	8,7

◀	25°	30°	35°	40°	45°
	1,39	1,44	1,47	1,50	1,53
	1,55	1,60	1,63	1,66	1,67
	1,38	1,43	1,47	1,49	—
	1,35	1,41	—	—	—
	1,64	1,68	1,71	—	—
	1,52	—	—	—	—

◀	VI	VII	VIII	IX	X	XI	XII	Jahr
	0,1	0,2	1,6	5,3	12,0	19,2	21,6	104,0
	0	0	0,8	5,1	11,3	20,3	25,1	108,0
	0	0	0,7	4,2	11,0	18,4	21,8	93,7
	0	0	0,1	2,3	8,3	17,5	19,7	78,0
	0	0	0	2,3	10,6	23,5	31,5	119,8
	0	0	0	0,3	8,4	20,9	28,4	98,7

◀	VII	VIII	IX	X	XI	XII	Jahresbilanz
	−1,8	−1,8	+1,3	+4,8	+7,8	+11,8	+36,9
	−1,9	−1,8	−1,5	−0,3	+1,5	+2,7	−5,0
	−1,6	−1,6	−1,5	−0,5	+0,7	+1,7	−7,4
	−1,4	−1,4	−1,1	−0,5	−0,1	+0,7	−9,0
	−1,4	−1,2	−0,8	−0,8	+1,2	+1,9	−6,8
	−1,0	−1,2	−0,9	−0,3	+0,4	+0,8	−5,2

Tabelle 35

Arktis. Zahl der Pflanzen- und Tierarten

(nach *Breitfuß* 1943, *Tolmačev, Komarov* u. a.)

A. Zahl der Pflanzenarten (Anordnung der Gebiete entsprechend Tabelle 3)

Spitzbergen	125	
Nordaustlandet	64	
Bjørnøya	50	
Jan Mayen	40	
Franz-Josef-Land	25	
Novaja Zemlja	208	
Südinsel	202	
Nordinsel	166	
Vajgač	188	
Tajmyr-Halbinsel	194	
Kotelnyj	36	
Jakutien		1190 Blütenpflanzen
Kanadische Arktis		750 „
King William	65	
Axel Heiberg	34	
Ellesmere	115	
Baffin	100	
Grönland		375 „
(Vergleich: Süddeutschland		2700 „)

B. Zirkumpolare Verbreitung von Pflanzenarten am Beispiel der Insel Vajgač
Von den 188 auf Vajgač vorkommenden Arten kommen ebenfalls vor in

Nord-Sibirien	179	Nordskandinavien	150
Novaja Zemlja	162	Grönland	129
Arkt. Amerika	157	Spitzbergen	108
Nordrußland	154		

C. Gesamtzahl der mehrzelligen Tierarten (nach *W. Arndt*, Fauna Arctica, 1933)

Insgesamt	8191		
Davon		Landtiere	50 %
		Meerestiere	40 %
		Süßwassertiere	10 %
Säuger	76		
Vögel	239		
Reptilien	2		
Amphibien	6		
Fische	186		
Insekten	3013		
Insekten, Käfer	627		
Insekten, Schmetterlinge	702		
Insekten, Fliegen	325		
Krebse	1174		
Mollusken	487		
Sonstige niedere Tiere	3000 ca.		

Tabelle 35, Fortsetzung

D. Verhältnis der Landarten zu den marinen Arten (Vergleich)

Geamte Erde	4 : 1
Deutschland	3 : 1
Arktis	1 : 1
Grönland	1 : 2,8

E. Regionale Einzelangaben

Gebiet	Arten	Land	Süßwasser	Land- und Süßwasser	Marin
Grönland	3600	1000	400	200	2400
Novaja Zemlja		350	200		

F. Zahl der Arten in Novaja Zemlja

Säuger	5
Vögel	40
Insekten	260
Zweiflügler	140
Käfer	30
Schmetterlinge	20
Spinnen und Milben	45
Würmer	35

G. Zahl der Insektenarten. Die Abnahme der Artenzahl mit Zunahme der geographischen Breite.

Nordskandinavien	2596
Grönland	437
Novaja Zemlja	260
Spitzbergen	94

Tabelle 36

Antarktis. Zahl der Algenarten (nach *Skottsberg* 1964)

Gebiet	Chlorophyceae		Phaeophyceae		Rhodophyceae	
	Gesamt	endem.	Gesamt	endem.	Gesamt	endem.
Westantarktis gesamt	14		18		48	
Nur in der Westantarktis	12	3	11	7	41	16
Ostantarktis gesamt	4		8		20	
Nur in der Ostantarktis	2	1	1		13	7
West- und Ostantarktis	2		7	1	7	3
Gesamt	16	4	19	8	61	26
Südgeorgien	7	1	30	4	50	12+ 1 genus
Falkland-Inseln	31	1	51	10+ 1 genus	99	7

Antarktis. Entwicklung unserer Kenntnis der Moosarten (nach *S. W. Greene* 1964). Die Forschungen über die Verbreitung der Moose sind noch nicht abgeschlossen. Die Sammlung von mehreren 1000 Exemplaren 1960/61 von Südgeorgien und aus der Antarktischen Halbinsel sind noch nicht untersucht.

Gebiet	Autor (Jahr)	Artenzahl	endem.
Antarktische Halbinsel	Hooker (1844/47)	5	
Südgeorgien	H. Will (1882/83)	52	36
Südgeorgien (nur Lebermoose)	Gottschee (1890)	11	7
Antarktis gesamt	L. Gain (1928)	63	27
Viktorialand (78 °S)	L. Gain (1928)	8	6
Antarktis südlich 60°	Steve (1961)	72	—
Antarktis südlich 60° Lebermoose	Steve (1961)	6	5

Antarktis. Kleinklimatische Bedeutung der Moospolster. Temperaturmessungen auf der Signy-Insel (Süd-Orkney-Inseln) durch *M. W. Holdgate* 1962.

Biotop	Temperatur in °C	
Luft	+1,4	(Mittel von 75 Tagen. 16. 1. — 31. 3.)
Felsboden	+3,0	
Bryum-Matte	+5,0	
Drepanocladus-Matte	+5,25	
Dicranum-Polytrichium-Matte	+7,5	
Flechten-Matte	+5,75	

Luftanteile und Wasseranteile von Moosmatten

Biotop	Luft in %	Wasser in %
Dicranus-Matte	38	31
Polytrichium-Matte	30	47
Drepanocladus-Matte	17	55
Bryum-Matte	12	63

Tabelle 36, Fortsetzung

Artenzahl von Pflanzen in der **Antarktis** (nach *J. van Mieghem* und *P. van Oye:* Biogeography and ecology in Antarctica. The Hague 1965)

1. Süßwasseralgen
2. Schneealgen
3. Flechten
4. Moose
5. Lebermoose
6. Blütenpflanzen (endemisch)
7. Blütenpflanzen (eingeschleppt)

Gebiet	1	2	3	4	5	6	7
Antarktische Halbinsel	30	17	93	5	.	2	3
Ostantarktis			70				
Victoria-Land	91	33	43			0	0
Kaiser-Wilhelm-Land	16	0	.			0	0
Antarktis, gesamt	107	50	160	72	6	2	3
Inseln:							
Süd-Shetlands	16	.	21	.	.	2	0
Süd-Orkneys	61	.	21	.	.	.	.
Südgeorgien	71	.	.	.	.	13	.
Kerguelen	300	.	.	.	.	17	.
Marion	.	.	.	.	.	10	.
Macquarie	.	.	.	.	.	19	.

Vergleich: Artenzahl der Süßwasseralgen in der Arktis

Gebiet	Artenzahl
Ostgrönland	387
Westgrönland	697
Spitzbergen	539
Franz-Josef-Land	148
Novaja Zemlja	173
Jan Mayen	47
Bjørnøya	75

Tabelle 37

Antarktis. Verbreitung der Tiefseemollusken (nach *R. K. Dell* 1964)

Zoogeographische Regionen	Benthische Mollusken		
	Familien	Gattungen	Arten
Antarktis	91	154	309
Magellanische Region	114	280	667
Neuseeland	160	552	1759
		Bivalven	
Antarktis	25	36	66
Magellanische Region	39	89	175
Neuseeland	44	142	400
(Arktis	31	51	118)

Antarktis. Plankton-Menge (Pigmente je cbm) im südlichen Ozean. Monatsverteilung (nach *P. Foxton* 1964)

1. Region 530 km südlich der antarktischen Konvergenz.
2. Region auf etwa 60 °S (Zwischengebiet).

Region	I	II	III	IV	V	VI	VII	VIII	IX	X	XI	XII
1	1200	900	600	800	250	100	100	100	150	500	(400)	1700
2	1300	1100	900	400	450	200	100	100	100	100	200	600

In den Wintermonaten zieht sich das Plankton auf eine Meerestiefe von (250—) 500 bis 700 m zurück.

Antarktis. Dekapoden- und Copepodenarten im Plankton (nach *J. C. Yaldwyn* und *W. Vervoort* 1965)

Zahl der Familien (Zahl der Arten)

	Neritisch	subantarktisch	antarktisch	abyssal	Gesamt
Copepoden	1 (1)	2 (29)	2 (71)	2 (49)	2 (126)
Dekapoden		26 (45)	(3)	(5)	

Regionale Verteilung der Dekapoden:

	Familien	(Arten)
Patagonien	36	(45)
Falkland-Inseln	10	(11)
Gough-Insel	2	(2)
Marion-Insel	7	
Crozet-Inseln	0	(0)
Kerguelen	1	(1)
Macquarie	2	(2)

Tabelle 37, Fortsetzung

Antarktis. Zahl der endemischen Moostierchen (Bryozoen) nach *M. D. Rogigk:* Bryozoa of Antarctica and subantarctic Seas. The Hague 1965)

Gebiet	Zahl der Arten
Neu-Schwabenland	2
Enderby-Land	0
Kaiser-Wilhelm-II.-Land	77
Wilkes-Land	28
Victoria-Land	81
Ross-Meer	13
Amundsen-Meer	1
Bellingshausen-Meer	104
Weddell-Meer	20
Inseln:	
Süd-Shetland-Inseln	3
Süd-Orkney-Inseln	8
Süd-Sandwich-Inseln	8
Südgeorgien	19
Shag Rocks	7
Bouvet-Insel	5
Heard-Insel	2
Gesamt	179 in 5 Familien

Antarktis. Zahl der Arten von niederen Landtieren (nach *J. L. Gressit:* Biogeography and ecology of land arthropods of Antarctica. The Hague 1965)

1. Milben (Acarinae)
2. Springschwänze (Collembolen)
3. Fliegen (Diptera)
4. Fliegen, flügellos (Diptera)
5. Flöhe (Siphonaptera)
6. Läuse, beißend (Mallophaga)
7. Gesamt

Gebiet	1	2	3	4	5	6	7
Danco-Küste	10	6	0	1			20
Süd-Shetlands	10	6	1	0			20
Ostantarktische Küste	+	?	0	0	1		
Hallett	4	4	0	0			
Neu-Schwaben-Land	1	?	0	0			
Ross-Insel	3	1	0	0			
Mount Discovery	1	0	0	0			
Hood-Gletscher (83° 55′)	1	2	0	0			
Gesamt	50	10	1	1	1	8	21

Anmerkung: Bei den Gesamtzahlen ist bei Milben auch die Zahl der marinen und Parasiten-Arten enthalten.

Bei Flöhen und Läusen als Parasiten ist das Vorkommen überall möglich.

Tabelle 37, Fortsetzung

Antarktische Inseln. Verbreitung der Insektenarten (nach *J. L. Gressit* 1965)

1. Zahl der Springschwänze, Flöhe, Heuschrecken und Spinnenarten

Gebiet (Inseln)	Spring-schwänze	Flöhe	Heu-schrecken	Spinnen
Süd-Orkneys	3	—	—	—
Südgeorgien	8	1	0	4
Falkland	4	4	1	6
Marion	1	1	0	0
Crozet	2	?	1	7
Kerguelen	10	3	0	2
Heard	5	2	0	1
Macquarie	8	5	0	2
Campbell	33	3	2	11

2. Verbreitung der Insektenarten allgemein (Zahl der Arten)

	Antarktis	Subantarkt. Inseln	Insel-gruppen	Vorkommen [1])
Springschwänze	10	34	37	alle
Blattläuse	0	3?	3	F, C
Frischwasser-Läuse	0	4	3	F, C
Borkenläuse	0	3?	5	M, Ma, C
Läuse, beißend	8	10?	22	alle
Läuse, saugend	0	3	5	G, K, Ma, C
Heuschrecken	0	4	4	C
Motten	0	22	16	F, Cr, K, H, M, C
Käfer	0	81	48	alle
Fliegen, Mücken	2	79	88	alle
Flöhe	1	6	15	alle außer C
Wespen	0	12	5	F, Cr, M, C

Antarktis. Verbreitung von Fischarten (nach *A. P. Andriashev* 1965)

A. Regional

Gebiet	Familien	Arten
Ostantarktis	9	56
Westantarktis	6	31
Südgeorgien	9	21
Kerguelen	7	18
Gesamt	10	94

B. Nach Wassertiefe

Tiefe in m	Arten
50	12
100	17
200	22
300	26
400	31
500	27
600	19
700	11
800	5
900	4
1000 und mehr	2

Eine Fischart (Lycenchelis) wurde in einer Tiefe von 3248 m gefangen.

[1]) Es bedeutet F—Falkland, G—Südgeorgien, M—Marion, Cr—Crozet, K—Kerguelen, H—Heard, Ma—Macquarie, C—Campbell.

Tabelle 38

Antarktis. Die Bedeutung von Moosmatten als Lebensraum von Kleinlebewesen (Arthropoden). Zahl der Einzeltiere von verschiedenen Proben einer Polytrichium-Dicranum-Matte. Signy-Insel, Süd-Orkney-Inseln (nach *M. W. Holdgate* 1964)

Arten	Tiefe bis 2,5 m	2,5–5 cm	Gesamtstücke A	Gesamtstücke B
Springschwänze (Collembolen)	232	**3**	188	**308**
Davon:				
Cryptopygus sp.	95%	100%	**95%**	
Isotoma	+		**5%**	
„Isotomide"	+			
Friesia	+			
Milben	264	**51**	39	**93**
Davon:				
Oribatei:				
Petorgunia			+	
Parasitiformes:	5%			
Gamasellus	+			
Gamasellus racovitsi	+		+	
Prostigmata	95%			
Chromtydeus	+		+	
Nanorchestes	+		+	
Protoereuntes	+	+	+	
Opsereynetes	+	+	+	

Tabelle 39

Antarktis. Arten, Verbreitung und Biotope von Arthropoden (nach *J. L. Gressit* 1964)

Art	Vorkommen	Biologische Bemerkungen
Tardigrada (Bärentierchen)	Antarktis	Sehr klein. Leben in Mooswurzeln, in feuchten Frischböden, in Süßwasser. Oft große Anzahl.
Acarina (Milben und Zecken)	Antarktis bis 83° 55′ S	An Zahl der Arten am zahlreichsten. Große Verbreitung nach dem Innern zu und nach der Meereshöhe. Kältebeständig.
Klassen:		
a) Mesostigmata (8 Familien)	Antarktische Halbinsel	Kleiner als 1 mm. Freilebend. Parasiten, oft Aasfresser oder Räuber. Halarachnidae in Nasen von Robben.
b) Ixodidae (Zecken)	Antarktische Halbinsel und Subantarktis	Bis 1 cm. Leben auf Pinguinen als Parasiten. Eiablage in Moospolstern.
c) Trombidiformae (4 Familien)	Antarktische Halbinsel	Freilebend. Sehr bewegliche Räuber.
Darunter: Rhagidiidae		Schnellbeweglich. Fressen Collemboleneier und junge Springschwänze.
Penthalodidae		Schwarz mit roten Flecken. Leben in Moos und Schutt.
Eupodidae	Antarktis bis 83° 55′ S	Rot-schwarz. Leben unter Felsbrocken. Sehr weit südliches Vorkommen.
d) Sarcoptiformes (5 Familien)		Aasfresser
Darunter: Eremaeidae	Antarktische Halbinsel, Subantarktis	Leben in Moospolstern, Flechten, Vogelkolonien.
Pertorgunia	Antarktische Halbinsel, Subantarktis	Leben in Moospolstern, Flechten, Vogelkolonien.
Oribatulidae	Dronning Maud-Land, Süd-Shetland-Inseln, Falkland, Feuerland	Meist Aasfresser
Proctophyllodidae und Analgesidae		Federmilben im Gefieder von Sturmvögeln

Tabelle 39, Fortsetzung

Art	Vorkommen	Biologische Bemerkungen
Collembolen (Springschwänze) (etwa 12 Arten bekannt)		Flügellos. Etwa 1 mm groß. Leben zwischen Flechten und losem Geröll, oft in großer Zahl (bis 100 unter einem kleinen Stein). Bei Wärme auch auf der Oberfläche. In Moospolstern. Fressen Mikropilze.
Darunter: Biscoia sudpolaris	Viktorialand bei 83° 55′ S	Nur hier gefunden.
Anuro sudpolaris	Viktorialand	Endemisch
Goniocephalus	Mittleres Viktorialand und Ross-Insel	Hier endemisch
Isotoma	Umgebung von Hallett, Antarktische Halbinsel, Süd-Shetland-Inseln	
Diptera (Fliegen) 2 Arten:		
Belgica antarctica	Westküste der Antarktischen Halbinsel zwischen 64 und 65° 30′ (und Südamerika)	Lebt in schmelzwasserfeuchter Löchern nahe Pinguin-Kolonien, wo die Larven leben. Erwachsene Tiere schwarz, flügellos, 6 mm lang.
Parochlus steineni	Süd-Shetland-Inseln, Südgeorgien, südl. Südamerika, Neuseeland	Auf Süd-Shetland-Inseln geflügelt, doch gibt es eine flügellose Abart. Brütet in Brackwasser. Lebt von Algen, Mikroorganismen.
Siphonaptera (Flöhe)	Subantarktische Inseln	Parasiten, blutsaugend. 7 Arten auf Pinguinen, 15 Arten auf Sturmvögeln und Raubmöwen.
Glaciopsyllus	Umgebung von Wilkes und Davis	Erste Beobachtung von der antarktischen Küste. Neue Art.

Tabelle 40

Novaja Zemlja. Zahl der Vogelbasare, der Lummen, Dreizehenmöwen, Taucher und Bürgermeistermöwen, sowie Angaben über den industriellen Vogelfang
(nach *S. M. Uspenskij* 1956)

Zahl der Dickschnäbligen Lummen (Uria lomvia)

Jahr	Bezimjannoj-Bucht	Puchovo-Bucht	Malye Karmakuly	Kap Morozov
1930				8000
1933	1 644 503			
1936		120 000		
1938				4000
1942	600 000			
1948	290 000			
1949				ca. 300
1950	371 000	14 000	65 000	ca. 50

Zahl der Dreizehenmöwen (Rissa tridactyla), Taucher, Bürgermeister

	Bezimjannoj-Bucht		
1948	20 000		
1950	7 660 (Dreizehen-Möwen)	46 (Taucher)	292 (Bürgermeister)

Insgesamt in Novaja Zemlja 1950 (Zahl der Tiere)

Dickschnäblige Lummen, gezählt	über 1 882 400
Dickschnäblige Lummen, geschätzt	2 000 000
Dreizehenmöwen, gezählt	30 368
Zahl der Brutstätten (Basare)	47

Angaben über die Vogelindustrie

Jahr	Bemerkungen	Zahl der gesammelten Eier	Zahl der erbeuteten Lummen
Um 1500	Erste Eiersammelexpeditionen russischer Pomoren		
1814	Erste Nachricht industrieller Nutzung		
Um 1850	Industrielle Nutzung wird regelmäßig		
1872	50 Pud Eiweiß und Eigelb nach Archangelsk ausgeführt	ca. 10 000	
1896	Regelmäßige lokale Ausbeutung. „Massen" von Eiern, Tausende von Lummen für Hundefutter verbraucht		
1910	Norweger beteiligen sich am Vogelfang		
1922	Industrielle Nutzung durch Gubispolkom von Archangelsk geplant		
1928	Erste Sammler-Genossenschaft (Artel) in Bezimjannoj-Bucht gegründet		

Tabelle 40, Fortsetzung

Jahr	Bemerkungen	Zahl der gesammelten Eier	Zahl der erbeuteten Lummen
1930	In Bezimjannoj-Bucht allein	250 000	
1932	Industrielle Nutzung dem Sevgostorg in Archangelsk unterstellt		
1932	26,7 % der Gesamtproduktion von Novaja Zemlja besteht aus Eiern und Lummenöl		
1933	In Bezimjannoj-Bucht allein	342 500	12 000
1933	34,8 % der Gesamtproduktion von Novaja Zemlja besteht aus Eiern und Lummenöl		
1934	In Bezimjannoj-Bucht	200 250	
1935	„Sevzvermorprom" (Industrie für die nördlichen Meerestiere) in Archangelsk gegründet		
1936	In Puchovo-Bucht	120 000	
1942/45	Zahlreiche „Industrie-Expeditionen" von Murmansk und Archangelsk aus auf Novaja Zemlja tätig		
1947	Bezimjannoj-Bucht wird zum Schutzgebiet erklärt		
1950	In Puchovo-Bucht	14 000	
	In Malye Karmakuli	40 000	
1930/50	Gesamtproduktion unbekannt Schätzung:	3 000 000	500 000 (Ölgewinnung)

Tabelle 41

Antarktis. Liste der Brutvögel

(Nach *B. Stonehouse* 1964. Ergänzt nach *R. Carrick* 1958, *K. Keith* / *M. P. Hines* 1958 u. a. Quellen.)

Erklärung der Abkürzungen und Zeichen:

A	Antarktische Küste
AHI	Antarktische Halbinsel nördlich 69 °S
SO	Süd-Shetland-, Süd-Orkney- und Süd-Sandwich-Inseln
SG	Südgeorgien
B	Bouvet-Insel
H	Heard-Insel
K	Kerguelen
M	Macquarie
P	Peter I-Insel
×	Nistplätze von Arten, die auf dem Lande leben
+	Nistplätze von den übrigen Arten
0	Nistplatzvorkommen wahrscheinlich
?	Nistplatzvorkommen fraglich
–	Keine Nistplatzvorkommen

Art	A	AHI	SO	SG	B	H	K	M	P
1. Pinguine									
Königspinguin	–	–	+	+	–	+	+	+	–
Kaiserpinguin	+	+	–	–	–	–	–	–	–
Eselspinguin (Papuapinguin)	–	+	+	+	–	+	+	+	–
Adeliepinguin	+	+	+	–	+	–	–	–	+
Zügelpinguin (Streifenpinguin, Steinbrecher)	–	+	+	+	+	+	–	–	+
Haubenpinguin (Schopfpinguin, Goldschopfpinguin Goldtaucher)	–	–	–	–	–	+	+	+	–
Felsenpinguin (Makaronipinguin)	–	–	+	+	+	+	+	+	–
2. Sturmvögel									
Wandernder Albatros (gemeiner Albatros, Kapschaf)	–	–	–	+	–	–	+	+	–
Schwarzweißer Albatros	–	–	–	+	–	+	+	+	–
Grauköpfiger Albatros (Grauköpfiger Mollyhauk)	–	–	–	+	–	–	0	+	–
Rauchgrauer Albatros	–	–	–	+	–	+	+	+	
Riesensturmvogel	+	+	+	+	+?	+	+	+	
Kaptaube	+	+	+	+	+	+	+	+	
Eissturmvogel (Fulmar)	+	0	+?	0	+	–	0	+	+
Blauer Sturmvogel	–	–	+	–	–	–?	+	+	
Walvogel	+	0	+	+	0	+	+	+	
Feensturmvogel	–	–	–	–	–	–	+	+	
Dünnschnäbliger Sturmvogel	–	–	–	–?	–	–	+	?	
Dickschnäbliger Fulmar	–	–	–	–	–	+	0	?	

Tabelle 41, Fortsetzung

Art	A	AHI	SO	SG	B	H	K	M	P
Antarktischer Petrel (Antarkt. Sturmvogel)	+	–	–	–	–	–	–	–	
Schwarzschwänziger Sturmvogel	–	–	–	–	–	–	+	–	–
Schuhmacher	–	–	–	+	–	–	+	0	–
Großflügeliger Petrel	–	–	–	–	–	–	+	–	–
Weißköpfiger Petrel	–	–	–	–	–	–	+	+	–
Kerguelen-Petrel	–	–	–	–	–	–	+	–	–
Sanftflügeliger Petrel	–	–	–	–	–	–	0	–	–
Grauer Petrel	–	–	–	?	–	?	?	+	–
Schneesturmvogel	+	+	+	+?	+	–	–	–	–
Petersvogel (Sturmschwalbe, Petersläufer)	+	+	+	+	+	+	+	?	?
Schwarzbäuchiger Sturmvogel (Fregattvogel	–	–	+	+	+	–	+	–	–
Graurückiger Sturmvogel	–	–	–	+	–	–	+	0	–
Südgeorgischer Sturmtaucher	–	–	–	+	–	+	+	0	–
Australischer Sturmtaucher	–	–	–	–	–	+	+	0	–
3. Kormorane									
Kerguelen-Kormoran	–	–	–	–	–	–	+	+	–
Blauäugiger Kormoran	–	+	+	+	–	+	–	?	–
4. Enten									
Kerguelen-Ente	–	–	–	–	–	–	×	–	–
Südgeorgien-Ente	–	–	–	×	–	–	–	–	–
Grauente								0	
5. Möwen									
Braune Skua-(Möwe)	–	×	×	×	×	×	×	0	?
McCormick-Möwe	+	+	–	–	–	–	–	–	–
Dominikaner-Möwe	+	+	+	+	–	+	+	+	–
Antarktische Seeschwalbe	+	+	+	+	–	+	+	+	–
Kerguelen-Seeschwalbe	–	–	–	–	–	–	×	–	–
Scheidenschnabel	–	×	×	×	–	–	–	–	–
Kleiner Scheidenschnabel	–	–	–	–	–	×	×	0	–
Südgeorgischer Strandläufer	–	–	–	×	–	–	–	–	–
Gesamtzahl der Arten	12	16	18	25	11	18	33	30	?

Tabelle 42

Antarktis. Beringungen und Wiederkehr von Adelie-Pinguinen in einer typischen Pinguin-Kolonie (bei Wilkes) in den Jahren 1958—1961. Beringt wurden 1223 Vögel von insgesamt 3000.

	1958 *Beringt*	1959/60 *Beringt*	1959/60 Rückkehr		1960/61 Rückkehr	
			Zahl	%	Zahl	%
Brütend	62		50	81	34	68
Wiederkommend	86		66	77	52	79
Mausernd	174		71	41	61	86
Brütend		844			614	73
Wiederkommend		50			45	90
Mausernd		7			4	57
Gesamt	322	901	187		810	
	1223		1088			

19 Tiere (1,5 %) tauchten in anderen Kolonien der Umgebung wieder auf.

Adelie-Pinguine. Treue zum Nest und zum Partner. Rückkehr von 1959/60 beringten Tieren im Jahre 1960/61. Gleiche Pinguin-Kolonie wie vorige Tabelle. (Beide nach *R. L. Penney* 1964.)

Pärchen	Rückkehr Paare	gesamt %	Gleiches Nest wie Vorjahr		Nest mehr als 1 m vom alten entfernt	
			Männchen	Weibchen	Männchen	Weibchen
Wiedervereinigt	139	83	135	135	4	4
Ein Gatte kehrte nicht zurück	100	35	37	17	5	41
Getrennte Paare	29	17	23	2	6	27
Beide kehrten nicht zurück	14	5	—	—	—	—
Pärchen gesamt	282	100	195	154	15	72
			349		87	

Antarktis. Zahl der Adelie-Pinguine 1964/65 auf dem Küstenstreifen um die Hallett-Station. (Nach Zählungen und Schätzungen von *H. J. Cranfield.* In: Antarctic Vol. 4, 1966, 6, S. 316.)

Nistplatz	Lage		Ersterwähnung	Zahl der Brutpaare 1964 S – Schätzung LS – Schätzung vom Flugzeug aus Z – Zählung
	Länge	Breite		
Possession I.	171° 10′ E	71° 59′ S	1847 (Ross)	110 000—150 000 (S)
Svend Foyn I.	171 10	72 00	1964	25 000—30 000 (S)
K. Hallett	170 55	72 25	1896 (Bull)	52 430 (Z)
K. Cotter	170 45	72 40	1964	40 000—50 000 (S)
K. Wheatstone	170 48	72 42	1964	1517 (Z)
K. Jones	169 40	73 08	1907 (Wilson)	839 (Z)
Coulman I.				
Nordplatz	170 00	73 20	1905 (Scott)	1000—2000 (LS)
Mittelplatz	170 00	73 24	1964	4000—5000 (LS)
Südplatz	170 00	73 30	1964	8000—10 000 (S)
Gesamt auf 200 km Küstenlänge				240 000—300 000

Antarktis. Zahl der Kaiserpinguine und Brutplätze. (Nach *H. J. Cranfield:* Emperor penguin rookeries of Victoria Land (Antarctic Vol. 4, 1966, 7); *R. L. Willing:* Australian discoveries of emperor penguin rookeries in Antarctica during 1954—1957 (Nature, Vol. 182, 1958); Prévost u. Sapin-Jaloustre (1964) und anderen Quellen).

Nistplatz	Lage Länge	Lage Breite	Entdeckung	Zahl	davon Küken	Beobachtungsjahr
K. Crozier	77° 25′ S	169° 20′ E	1902	4 850	1 250	1963
				1 000		1965
Gaußberg	66 48	89 12	1902	einige		1902
				keine		1957
Haswell I.	66 33	92 59	1912	20 000		1963
Halley B.	75 31	26 42 W	1916			
Dion Is.	67 52	68 43	1948	100		1948
Pte Géologie	66 40	140 01 E	1950	13 000	200	1952
				6 200		1952, Inkubationszeit
Taylor Gl.	67 28	60 53	1954	5 000		1957
Fold I.	67 20	59 23	1956	2 000		1957
Robinson Is.	67 25	64 00	1957	12 000		1957
Kloa Pt.	66 37	57 10	1957	5 000		1957
Lichen I.	69 14	76 53	1957	1 000—2 000		1957
Bowman I.	65 12	103 00	1957			
K. Pingvin	65 45	81 52	1957			
Karelina-B.	66 21	85 30	1957			
Davis Sea	66 10	89 30	1957/58			
Davis Sea	64 50	98 10	1957/58			
K. Darnley	68 00	69 45	1958	5 000		1958
Coulman I.	73 19	170 00	1958	66 000	50 000	1958
				61 000	21 000	1964
Okuma B.	77 45	158 40 W	1958			
K. Emperor	77 37	47 50	1958			
Lazarev-Sch.	69 30	15 40 E	1960			
Beaufort I.	76 55	166 55	1963	einige		1963
K. Roget	71 38	170 30	1964	31 900	11 700	1964
K. Washington	74 40	166 00	1965	12 000—18 000	4 000—6 000	1965

Tabelle 43

Arktis, Antarktis. Größe (Nase – Schwanz) von Robbenarten (Phocidae, Otariidae und Walroß) nach Lebensaltern. Mittleres Reifealter und mittleres Lebensalter (nach *R. M. Laws:* Accelerated Growth in seals with special reference to the Phocidae. Norsk Hvalfangst Tidende 1959, 9). M = Männchen, W = Weibchen.

Art Geschlecht	Ringel-robbe W	Grönland-robbe W	Gem. Seehund W	Kegel-robbe W	Bartrobbe M + W	Klapp-mütze W	▶
Größe in cm:							
Jahre							
0	65	92	87	91	120	100	
1	92	117	104	c. 124	160	140	
2	100	130	—	—	177	157,5	
3	106	138	—	—	189	170	
4	111	145	—	—	199	178	
5	114,5	150	—	—	208	180	
6	117,5	154	—	—	215	183	
7	120,5	—	—	—	221	185	
8	122,5	—	—	—	226	187	
9	124,5	—	—	—	229	188,5	
10	126	—	—	—	230	190	
Mittlere Länge	133,5	161	152	188	230	200	
Mittlere Länge bei Reife	117,5	152	133,5	—	210	c. 180	
Mittleres Reifealter, Jahre	6	5,5		4–5	6	6	
Mittleres Lebensalter	43?	28	—	—	—	25	

◄	Seeleopard	Krabbenfresser	Weddellrobbe	See-Elefant		Walroß	Bärenrobbe (Seebär)		Pelzrobbe	
	W	M + W	M + W	M	W	W	M	W	M	W
	127	114	119	127	127	122	66	63	68	68
	211	196	206	234	234	170	95	87	127	117
	244	203	226	254	246	206	104	99	158	134
	267	211	239	272	256	219	114	107	170	145
	284	216	244	315	265	229	125	112	187	152
	297	220	249	371	272	232	136	116	205?	156?
	302	222	251	406	277	233	146	118	217?	159?
	305	224	254	424	282	241	164	120	220?	160?
	307	225	254	437	284	245	187	122	220?	161?
	310	225	254	450	287	248	194	123	220?	161?
	312	226	254	460	289	251	196	124	220?	161?
	315	226	254	470	295	262	198	125	220	162
	267	206	229	315	246	244	125	112	158	134
	3,1	2,3	2,3	4	2	7	4	4	2	2
	c. 20	19	16	20	18			25?		

Tabelle 44

Arktis. Bestand und Fang der Grönlandrobbe und der Klappmütze
(nach *D. E. Sergeant* 1965)

Grönlandrobbe (Pagophilus groenlandicus; Phoca groenlandica):
Herden: Weißes Meer
Jan Mayen (Packeis nördlich davon; größte Herde)
Neufundland — St.-Lorenz-Golf

Klappmütze (Cystophora cristata):
Herden: Ostgrönländisches Packeis
Neufundland
St.-Lorenz-Golf

Bestand

Jahr	Weißes Meer (nur Grönlandrobbe)	Ostgrönland	Neufundland/Labrador	St. Lorenz-Golf
1926	3 000 000	unbekannt		
1950	1 000 000	"		
1951		"	430 000	215 000
1960		"	215 000	150 000
1962	750 000	"		
1964		"	200 000	150 000

Fang

1. Weißes Meer

Jahr	russischer Fang (Stück)	norwegischer Fang (Stück)	Gesamt (Stück)
10. Jh.	Küstenfang schon vorhanden		
1898	Beginn des Fangs mit Schiffen		
1900		erste Schiffe	
1918		100 000	
1925	100 000 + 24 000 lokal. Fang	343 000	467 000
1935	200 000		
1945			226 000
1960			ca. 100 000
1962 (Quote)			80 000
1965			Fangverbot für 5 Jahre

Tabelle 44, Fortsetzung

2. Ostgrönland

18. Jh.	deutsche, dänische, schottische Schiffe		
um 1850	erste norwegische Schiffe		
1954	erste sowjetische Schiffe		
1961	norwegische Fänge:	Grönlandrobbe	Klappmütze
		19 000	73 000
1962	Ende des norwegischen Fanges in der Dänemarkstraße Fangzeitbegrenzung 20. 3. — 5. 8.		

3. Neufundland — St.-Lorenz-Golf

Ende 18. Jh.	Beginn der Küstenjagd		
1945/1962	jährlich ⌀	250 000 Grönlandrobben	5000 Klappmützen
Küstenfang:	⌀	50 000 Robben jährlich	
1963		60 000 (Neufundland)	
1964		60 000 (Neufundland)	15 000 (St.-Lorenz-Golf)

Arktis. Fang von Grönlandrobben im Gebiet von Jan Mayen durch Norwegen in den Jahrfünften 1851—1955 (nach *B. Rasmussen* 1957).

Jahrfünft	Stück in 1000
1851—55	99
1856—60	67
1861—65	290
1866—70	344
1871—75	345
1876—80	0
1881—85	267
1886—90	172
1891—95	231
1896—1900	125
1901—05	76
1906—10	69
1911—15	85
1916—20	95
1921—25	96
1926—30	136
1931—35	149
1936—40	180
1941—45	0
1946—50	189
1951—55	198
Gesamt	3 213 000 Robben

Tabelle 44, Fortsetzung

Norwegischer Robbenfang im Nordatlantik 1954 nach Arten und Gebieten (nach *J. Sellaeg* 1955).

Zahl der Schiffe: 64
Tranertrag 1954: 52 307 t

Arten	Neufundland	Westeis (östlich Grönland)	Nordeis (südlich Spitzbergen)	Osteis (Barents-Meer)	Grönland-Straße
Grönlandrobbe	127 696	29 116	570	11 648	
Klappmütze	2 499	66 001	55		18 292
Bartrobbe	1	2	1 288	1 804	
Ringelrobbe			125		
Gesamt	130 146	95 119	2 038	13 452	18 292
dazu Eisbären	1	1	123	22	

Arktis. Grönland. Robbenfang nach Kommunen. Mittel der Jahre 1954/61. (Nach Fanglisten 1954—61, zitiert nach *W. Dege:* Die Westküste Grönlands. Bevölkerung, Wirtschaft und Siedlung im Strukturwandel. Deutsche Geographische Blätter 1965, 1—2.)

Kommune	Ringelrobbe	Sattelrobbe	Klappmütze
Upernavik	12 363	2 135	65
Umanak	6 555	1 753	36
Godhavn	1 347	590	21
Vaigat	1 435	2 417	9
Jakobshavn	782	1 209	16
Christianshåb	897	499	10
Egedesminde	1 862	733	58
Kangâtsiak	3 653	1 081	20
Holsteinsborg	688	731	7
Sukkertoppen	515	338	12
Godthåb	275	449	3
Frederikshåb	183	699	50
Narssaq	59	200	9
Julianehåb	336	830	115
Nanortalik	804	417	430
Angmagssalik	7 831	263	486
Scoresbysund	4 397	26	3
Nördliches Westgrönland	29 181	10 422	238
Südliches Westgrönland	3 006	3 804	626
Ostgrönland	12 256	288	489
Nordgrönland	.	.	.
Grönland	44 443	14 514	1 353

Tabelle 45

Arktis. Bering-Meer. Robbenbestand und Robbenschlag (nach *Tichomirov*, TINRO, 1964 u. a. Quellen)

Robbenart	Bestand 1962	Fang
Hafenrobbe (Phoca vitulina largha)	ca. 1 250 000	
Bandrobbe (Histriophoca fasciata)	ca. 1 250 000	ca. 15 000 / Jahr
Bartrobbe (Erignathus barbatus)	ca. 376 000	
Stellers Seelöwe (Eumotopis jubata)	250 000	
davon Küste von Alaska	170 000	
südliches Beringmeer,	40 000	
Kurilen und Ochotskisches Meer	20 000	
Ringelrobbe (Pusa hispida)	wenig	
Walroß (Odobaenus rosmarus)	einige	
Bärenrobbe (Pelzrobbe, Arctocephalus ursinus)	ca. 3 456 500	
davon auf Pribiloff-Inseln:		
1910	130 000	
1911	125 000	
1935		ca. 50—60 000
1941	2 338 000	
1942	127	
1943	2 720 780	117 000
1945	3 155 000	
1955		65 638
1956		122 826
1958		78 919
1960/61		Wert: 2 839 682 Dollar

Tabelle 46

Antarktis. Fang und Bestand von Pelzrobben (Arctocephalus spp.) (hauptsächlich nach *W. N. Bonner* 1964)

Zeichen in der Tabelle:
Z Zahl
F Zahl der geschlagenen Robben

(..) Jungtiere
\+ Sichtungen
— ausgestorben

Jahr	Südgeorgien		Süd-Shetland I.	Süd-Sandwich-I.		▶
	Z	F	F	Z	F	
1790		Beginn				
1810						
1813 (ab 1810)						
1819			Beginn			
1820						
1822 (ab 1790)		1 200 000				
1822 (ab 1821)			250 000			
(ab 1819)			320 000			
1823			—			
1829		250				
1838/39		600				
1871/72			8 000			
1872/73			10 000			
1874		1 400				
1875		600				
1876		110			2000	
1877					4000	
1878					ca. 95	
1880				0+	—	
1888 (ab 1871)			45 000			
1888			35			
1892		135	—		400	
1907		170				
1915	1 +					
1919	5 +					
1927						
1928						
1930						
1933	60 + (29)					
1936	29 + (56)					
1950						
1955						
1956	Entdeckung Kolonie Bird-Insel (3250)					
1957	(5350)					
1958	(6800)					
1959	(8300)					
1960	(9400)			600+		
1961	(9900)					
1962				600+		
1963				Kolonie auf Saunders +		

◄	Süd-Orkneys	Bouvet-Insel		Kerguelen	Macquarie	
	Z	Z	F	Z	Z	F
						Beginn 180 000
						—
			einige			
		1000				
					? 174 (1)	
				Kolonie entdeckt		
	123 (1)					
					461	

Tabelle 47

Antarktis. Bestand an See-Elefanten 1960 (nach *R. M. Laws*)

Land	Zahl	Bemerkungen
Südgeorgien	310 000	
Falkland-Inseln	ca. 3 200	
Patagonien	ca. 1 000	
Süd-Orkney-Inseln	300	(Zählung von Jungen × 3,2)
Süd-Shetland-Inseln	ca. 300	
Süd-Sandwich-Inseln	?	
Gough-Insel	ca. 300	
Bouvet-Insel	?	
Südatlantische Gruppe	± 315 000	
Kerguelen	ca. 100 000	
Heard-Insel	74 000	
Marion-Insel	ca. 10 000	(Zählung von Jungen × 3,2)
Prince-Edward-Insel	?	
Crozet-Inseln	?	
Neu-Amsterdam	+	(1 Geburt beobachtet)
Südafrika	+	(1 Geburt beobachtet)
Kerguelen-Gruppe	± 184 000	
Macquarie-Insel	95 000	(Zählung von Jungen × 3,2)
Campbell-Insel	640	
Auckland-Insel	+	(sehr wenige)
Antipoden-Insel	+	(sehr wenige)
Tasmanien	+	(1 Geburt beobachtet)
Südpazifische Gruppe	± 95 640	
Gesamtbestand	± 594 740	

Antarktis. See-Elefanten.
Beziehung zwischen Ankunftszeiten und geographischer Breite

Ort	südliche Breite	Ankunftszeit von Bullen	Ankunftszeit von Kühen	Mittlere Geburtszeit
Macquarie	55°	2. 8.	26. 8.	4. 9.
Kerguelen	49°	20. 8.	9. 9.	20. 9.
Heard-Insel	53°	?	28. 8.	19. 9.
Südgeorgien	54°	16. 9.	20. 9.	2. 10.
Südgeorgien, Schutzgebiet		5. 9.	10. 9.	20. 9.
Süd-Orkney-Inseln	61°	18. 9.	29. 9.	2. 10.
Süd-Orkney-Inseln (bei Küstenvereisung)		20. 9.	30. 9.	4. 10.

Tabelle 48

Antarktis. Robbenschlag auf Südgeorgien 1910 (Beginn) — 1958 (nach R. M. *Laws*, 1960)

Periode	Zahl See-Elefanten	Ölertrag Faß	Mittlerer Ölertrag je Robbe
1910—15	17 527	28 228	1,60
1916—20	11 653	20 686	1,69
1921—25	14 524	27 447	1,84
1926—30	26 096	46 735	1,75
1931—35	27 364	54 487	1,99
1936—40	29 437	59 498	2,02
1941—45	27 129	51 847	1,89
1946—50	25 726	61 555	1,93
1951—55	31 877	60 383	1,89
1956—58	17 262	35 291	2,07
1910—58	228 595	446 127	1,87

See-Elefanten auf Südgeorgien. Natürliche Lebensdauer und Dezimierung durch den Fang (Mittelwerte für die Jahre 1955—58)

Alter	Männchen		Fangquote für Männchen		Weibchen	
	Zahl	% überlebend	Zahl	Überlebend	Zahl	%
0	55 080	100			46 920	100
1	23 846	43,30			28 152	60
2	16 692	30,31			22 522	48
3	13 855	25,15			19 594	41,76
4	11 500	20,38	5	11 495	17 047	36,33
5	9 545	17,33	169	9 372	14 831	31,61
6	7 922	14,38	992	6 787	12 903	27,50
7	6 575	11,94	2083	3 550	11 226	23,92
8	5 457	9,90	1538	1 409	9 767	20,81
9	4 529	8,22	675	494	8 497	18,11
10	3 759	6,82	233	177	7 392	15,76
11	3 120	5,66	79	68	6 431	13,71
12	2 402	4,36	30	22	5 017	10,69
13	1 826	3,31	10	7	3 863	8,23
14	1 351	2,45	4	1	2 897	6,17
15	946	1,72		0	2 028	4,32
16	549	1,0			1 176	2,51
17	275	0,50			612	1,31
18	110	0,20			293	0,63
19	22	0,04			117	0,25
20	2	0,004			23	0,05

Tabelle 49

Antarktis. Zahl der gefangenen Wale 1904—1966 nach Walarten und Weltfang 1904 bis 1939 und 1951 bis 1965. Zusammengestellt nach Norsk Hvalfangst Tidende 1960, 8; 1965, 7 und 8; 1966, 7, ergänzt nach *N. A. Macintosh* 1948.

Jahre (Perioden)	Blauwal	Finnwal	Buckelwal	Seiwal	►
1904—20	51 847	64 399	33 205	3 261	
1920—25	9 717	10 866	554	2	
1925—30	40 491	22 044	1 180	1 795	
1930—35	85 756	31 314	3 555	142	
1935—40	70 760	86 170	10 505	31	
1940—45	6 161	8 289	2 675	24	
1945—50	32 820	74 867	2 133	134	
1950—55	20 803	110 055	5 217	919	
1955—60	7 221	128 463	6 239	8 009	
1960—65	3 937	93 658	1 299	42 722	
1966	1	2 536	1	17 587	
Antarktis ges.	329 514	632 661	66 563	74 626	
Übrige Welt:					
1904—39	15 216	19 652	53 201	5 020	
1951—65	4 483	64 209	29 528	46 563	
Insgesamt	349 213	716 522	149 292	126 209	

Der früher beim pelagischen Fang wichtigste Wal, der Blauwal, ist so selten geworden, daß die Zahl der Fänge von den Finnwalen seit 1936 überflügelt wurde. Aber auch die Abnahme der Finnwalbestände gibt zu Besorgnissen Anlaß (vgl. FAO-Bericht, Fisheries Division, IWC Doc. 16/10 und 16/20, 1965; siehe auch Tabelle 50: Walbestand).

Dabei ist darauf hinzuweisen, daß nicht die Zahl der gefangenen Wale allein von Wichtigkeit ist, sondern die Tatsache, daß die Länge der gefangenen Wale in den letzten Jahren ständig abnahm (Tabelle 49 b), d. h. daß die geschlechtsreifen Tiere kein hohes Alter erreichen und damit die Regeneration des Bestandes in Frage gestellt wird. Bedauerlich ist es auch, daß in den letzten Jahren der versehentliche Fang von Jungtieren oder tragenden weiblichen Walen zugenommen hat. Sowohl Blauwal wie auch Finnwal sind in ihrem Bestand bedroht, der Seiwal wird es ab 1967 sein, wenn der Fang nicht rigoros eingeschränkt wird. *A. Jongsgård* und *J. T. Ruud* haben 1964 vorgeschlagen, den Blauwal ganz unter Schutz zu stellen und die Fangquote bei Finnwalen auf 10 000 Stück zu beschränken; der FAO-Bericht 1965 schlägt Gesamtquoten für Finnwale von 4000, für Seiwale von 3000 bis 4000 Exemplaren für die nächsten Jahre vor.

◄	Spermwal (Pottwal)	Südlicher Glattwal	Zwergwal	Andere	Gesamt
	711	546		5 857	159 826
	56	12			21 207
	124	26			65 660
	1 352	1			122 120
	6 397	3		703	174 569
	778				17 927
	10 443				120 397
	20 679		12	1	157 686
	27 111		888		177 931
	25 042	3		191	166 661
	6 121				26 246
	98 814	591	900	6 752	1 210 418
	20 646	167		10 851	124 753
	208 131			1 370	361 664
	327 591	758	900	18 973	1 696 835

Tabelle 49a

Antarktis. Größe von Walarten mit industrieller Bedeutung (nach *N. A. Mackintosh* 1948)

Art	Ungefähre Länge bei Geburt	Mittlere Länge		Ungefähre Maximallänge
		Männchen	Weibchen	
	m	m	m	m
Blauwal	7,0	22,6	23,5	30,4
Finnwal	6,4	19,2	19,8	25,9
Seiwal	4,6	13,4	14,6	18,3
Zwergfinnwal (Minkwal)				9,2
Buckelwal	4,9	11,9	12,5	15,3
Pottwal	4,0	11,9	8,8	18,3

Antarktis. Mittlere Größe von Walen, die in der Antarktis gefangen wurden. Zeitlicher Vergleich 1955—1966. (Nach Hvalfangst Tidende 1966, Nr. 8.)

Walart	1955/56	1957/58	1959/60	1961/62	1962/63	1963/64	1964/65	1965/66
	m	m	m	m	m	m	m	m
Blauwale								
Männchen	23,0	22,9	22,7	22,5	22,2	21,3	20,2	—
Weibchen	24,1	24,1	23,5	23,4	22,4	21,7	21,2	26,2
Gesamt Mittel	23,6	23,5	23,2	22,9	22,3	21,5	20,7	26,2
Finnwale								
Männchen	19,9	19,7	19,8	19,6	19,5	19,7	19,4	19,5
Weibchen	20,8	20,6	20,8	20,8	20,6	20,9	20,5	20,5
Gesamt Mittel	20,3	20,2	20,3	20,3	20,2	20,5	19,9	20,0
Buckelwale								
Männchen	11,9	12,4	12,1	12,3	12,2	—	—	13,1
Weibchen	12,4	12,8	12,7	12,7	13,0	12,2	—	—
Gesamt Mittel	12,2	12,6	12,4	12,5	12,6	12,2	—	13,1
Seiwale								
Männchen	14,8	14,7	14,8	14,8	14,7	14,8	14,7	14,4
Weibchen	15,6	15,6	15,6	15,6	15,5	15,5	15,4	14,9
Gesamt Mittel	15,3	15,2	15,3	15,3	15,2	15,1	15,0	14,6
Spermwale (Pottwale)								
Männchen	14,7	14,5	14,4	14,1	14,2	13,9	14,0	14,1
Weibchen	—	11,1	11,9	12,4	11,8	11,8	11,7	11,5
Gesamt Mittel	14,7	14,5	14,4	14,1	14,1	13,8	13,9	13,7

Tabelle 50

Arktis und Antarktis. Bestand (Populationen) an wichtigen wildlebenden Tieren

I. Arktis. Für den arktischen Bereich hauptsächlich Schätzungen für das arktische Gebiet der UdSSR (nach Polar Record 1962, Nr. 71).

Tierart	Jahr	Zahl	Bemerkungen
Walroß	1860	200 000	Nach V. I. Krylov 1964
	1959	40 000	Nach Uspenskij 1961
	1960	46 000	Nach V. I. Krylov 1964. Von den drei ursprünglichen Herden ist die in der Barents- und Karasee fast ausgerottet, diejenige in der Laptevsee und Ostsibirischen See nur klein. Die dritte Herde lebt in der Tschuktschensee
Grönlandrobbe	1928	3 000 000	In starker Abnahme
	1952/53	1 000 000	
	1962/64	ca. 1 200 000	Nach D. Sergeant; vgl. Tabelle 44
Hafenrobbe	1962	ca. 1 250 000	Nur Beringmeer; vgl. Tabelle 45
Bandrobbe	1962	ca. 1 250 000	Nur Beringmeer; vgl. Tabelle 45
Bartrobbe	1962	376 000	Nur Beringmeer; vgl. Tabelle 45
Stellers Seelöwe	1962	250 000	Nur Beringmeer; vgl. Tabelle 45
Bärenrobbe	1962	3 456 500	Gesamt. Nach Tichomirov 1964
Eisbär	1959	17 000 – 19 000	Nach R. F. Scott, K. W. Kenyon u. a.
	1959/60	5000 – 8000	Im sowjetischen Gebiet allein; auf der Wrangelinsel 1958/60 wurden 200 Eisbären gezählt
	1965	ca. 10 000	Nach Harrington 1965
Wildrentier	1959	200 000	Im sowjetischen Gebiet; durch Luftbeobachtungen wurden auf der Tajmyrhalbinsel 90 000 Tiere festgestellt
	1960	ca. 300 000	In Kanada allein. Tabelle 68
Polarrind	1964	9 500	Vgl. S. 51
Eiderente	1959	1 500	An der Murmanküste allein
		10 000	Im Gebiet des Weißen Meeres (Zahl der Nester). Die Vogelart ist stark in Abnahme begriffen
Schneegans	1959	200 000	Zahl der Brutpaare. Nur sowjetische Arktis. Heute nur noch auf der Wrangelinsel
Rotbrustgans	1959		Nur noch in der sowjetischen Arktis in geringer Zahl
Weißer Kranich	1959	wenige 100	im Aussterben
Dickschnäblige Lummen	1950	2 000 000	Nur in Novaja Zemlja. Tabelle 40

Tabelle 50, Fortsetzung

Tierart	Jahr	Zahl	Bemerkungen
II. Antarktis			
Robben:			
Krabbenfresser	1958	2—5 Mill.	Nach Scheffer
	1964	4 962 000—8 081 000	Nach Eklund
Weddellrobbe	1958	200 000—500 000	Nach Scheffer
See-Elefant	1958	380 000—660 000	Nach Scheffer
	1960	± 594 740	Nach Laws, Tabelle 47
Seeleopard	1958	100 000	Nach Scheffer
	1964	152 000	Nach Eklund
Rossrobbe	1958	20 000—50 000	Nach Scheffer
Pelzrobbe	1964	51 400	Nach Eklund, vgl. Tabelle 46
Vögel			
Kaiserpinguin	1962	120 000	Erwachsene Paare. Nach Budd 1962
MacCormickmöwe	1962	25 000	
Wale			
Finnwale	1956	170 000	Nach J. T. Ruud
	1965/66	34 000—35 000	Nach FAO-Report 1965
Blauwale	1956	ca. 36 000	Bestimmt nach der Häufigkeitsratio Finn-, Blau-, Buckelwal 75 : 15 : 10 von N. A. Macintosh
Buckelwale	1956	ca. 23 000	
Seiwale	1957	80 000	Nach FAO-Report 1965
	1965	20 000—70 000	Nach FAO-Report 1965

Tabelle 51

Politische Ereignisse in der Arktis

Datum	Ereignis
9.—8. Jh. v. Chr.	Erste Eskimo-Einwanderung nach Grönland. Sarqaq-Kultur. Steinzeitgeräte.
100—500	Dorset-Kultur in Grönland. Rentierjägerkultur.
985/86	Beginn der normannischen Besiedlung von Grönland. *Erik Rauda* landet mit 14 Schiffen und rund 700 Isländern an der Westküste. Gründung von Vestribygd (um Godthåb) und Eystribygd (im Süden). Hauptort wird Brattahlid (am nördlichen Sermilik-Fjord).
1124	Erster Bischof in Grönland.
1126	Der Hof Gardar wird Sitz des Bischofs.
1153	Das Bistum Gardar wird dem norwegischen Bistum Nidaros (Trondheim) unterstellt.
Um 1250	Gardar wird auch weltlicher Verwaltungsmittelpunkt für Grönland.
Um 1250	Erste nachweisbare neue Einwanderungswelle von Eskimos. Thule-Kultur, auf Seetierfang gegründet. Wird im 13.-14. Jahrhundert durch die Inugsuk-Kultur abgelöst, eine Robben-Monokultur.
1261	Die grönländischen Siedler unterstellen sich dem norwegischen König. 2000 bis 3000 Siedler auf rund 300 Höfen.
1350—60	Vestribygd im Norden geht an die Eskimos verloren.
1379	Angriff der Eskimos auf Eystribygd. Mehrere Höfe verbrannt, 18 Männer getötet, 2 Knaben verschleppt.
1380	Norwegisch-dänische Union.
1385	Die Bischöfe residieren nicht mehr in Grönland.
Um 1385	Ein Nachtschwärmer (Agrotis occulta) vernichtet die gesamten Viehweiden in Südwestgrönland, wodurch die weitere Viehzucht unmöglich wird.
1400— um 1480	Die Eskimos besetzen allmählich ganz Grönland. Die letzten Normannen verhungern in Herolfsnes (Südspitze von Grönland).
1493, 4. 5.	Papst *Alexander VI.* spricht alles Land zwischen Nord- und Südpol 100 Leguas westlich der Azoren der spanischen Krone zu.
16. Jh.	Erste Einwanderung von Russen nach Novaja Zemlja.
Ende 16. Jh.	Gründung des Marktes Mangazeja an der Taz-Bucht, der von russischen Händlern über die Jamal-Halbinsel und die Ob-Bucht besucht wird: Einfuhr von Mehl, Metallwaren und Kleidung, Ausfuhr von Pelzen (Zobel, Biber, Polarfuchs). Vgl. Tabelle 72.
1616	Verbot von Fahrten von ausländischen Kaufleuten nach Mangazeja durch Zar *Michaïl Fedorovič*, da sie sich weigern, Abgaben zu zahlen.
Um 1620	Gründung der Sommerstadt Smeerenburg auf Spitzbergen durch die Holländer als Walfangstützpunkt. In manchen Sommern bis 15000 Besucher. Mit Aufhören des Walfanges ab 1640 wurde die Stadt aufgegeben.
Um 1650	Der europäische Walfang verlagert sich in die Grönländischen Gewässer.
1670, 2. 5.	Erlaß der Hudson Bay Charter. Die Hudson Bay Company erhält das Privileg, im Gebiet der Hudsonbai Handelsstationen zu errichten. Vgl. Tabelle 69.
1721	Erste Gründung einer norwegisch-dänischen Siedlung durch *Hans Egede* auf Håbets øy vor dem Godthåbfjord.

Tabelle 51, Fortsetzung

Datum	Ereignis
1724	*Hans Egede* gründet bei dem holländischen Walfängerort Sydbay die Kolonie Nipisat.
1725	Nipisat wird von den Holländern verbrannt. Die Kolonie wird 1731 endgültig aufgegeben.
1728	Die erste Kolonie wird von Håbetsøy nach Godthåb verlegt.
1733	Drei Herrnhuter Missionare gründen „Ny Herrnhut" bei Godthåb.
1733/34	Eine Pockenepidemie vernichtet die Bevölkerung in der Umgebung von Godthåb.
1734	Der Reeder der Grönlandfahrt *Jakob Severin* gründet Christianshåb.
1741	Jakobshavn und Claushavn (Diskobucht) gegründet.
1742	Frederikshåb gegründet.
1752	Schwere Pockenepidemie in der Diskobucht.
1754	Sukkertoppen gegründet.
1756	Eine norwegisch-dänische neue Siedlung entsteht an der ehemaligen holländischen Walfangstation Sydbay, die später nach Holsteinsborg verlegt wird.
1758	Gründung von Umanák. Die Herrnhuter gründen die neue Missionsstation Lichtenfels.
1759	*Niels Egede* gründet Egedesminde. Der Ort wird 1763 an den heutigen Platz verlegt.
1769	Gründung von Upernavik.
1773	Gründung von Godhavn als Walfangstation.
1774	Gründung von Julianehåb durch *Anders Olsen*. Die Herrnhuter erbauen eine neue Missionsstation in Lichtenau.
1776, 18. 3.	Königlich norwegischer Erlaß über Verbot illegalen Handels in Grönland. Gründung der staatlichen Handelsorganisation „Det Kongelige Grønlandske Handel".
1777	100 Walfangschiffe werden im Packeis festgehalten. 25 Schiffe gehen verloren (in grönländischen Gewässern).
1780	Die Kolonie Igaliko als erste Landwirtschaftskolonie durch *A. Olsen* im Julianehåbsfjord gegründet.
1784	Erste Siedlung auf Kodiak, Alaska.
1787	Englische Walfangschiffe (60) erstmals in der Diskobucht, Westgrönland.
1797	Als Handelsstation wird Nanortalik gegründet.
1800	Erneute schwere Pockenepidemie im Gebiet der Diskobucht, Grönland.
1802	Einführung der Pockenschutzimpfung in Grönland.
1806	Sitka wird Hauptstadt von Alaska.
1814, Jan.	Friede von Kiel. Norwegen verzichtet auf Grönland zugunsten Dänemarks. Nach norwegischer Auffassung betraf dieser Vertrag nur den bewohnten Teil an der Westküste von Grönland.
1814/19/21	Dänemark versucht, Besitz von der Ostküste von Grönland zu nehmen.
Ab 1818	Gründung von Zweigniederlassungen durch die Dänen in Grönland (udsteder).
1824	Gründung von Friedrichstal durch die Herrnhuter Missionare.

Tabelle 51, Fortsetzung

Datum	Ereignis
1825	Vertrag zwischen Rußland und Großbritannien. Die Grenze zwischen Kanada und Alaska soll der 141 °W bilden „jusqu'à la Mer Glacial".
1826, 2. 11.	Dänisch-norwegischer Handelsvertrag. In Artikel V des Vertrages werden Grönland, Island und die Faeröer „dänische Kolonien" genannt.
1829	Lt. *W. A. Graah* nimmt Besitz von der Südostküste von Grönland für den dänischen König.
1830	In den westgrönländischen Gewässern gehen 22 Walfangschiffe verloren.
1847	Beginn des norwegischen Robbenfanges in Ostgrönland.
1865	Die norwegischen Robbenfänger *Nils Fredrik Rønnbeck* und *Aidjärvi* entdecken Franz-Josef-Land (Rønnbeck's Land) und nehmen es für Norwegen in Besitz.
1867, 30. 3.	Vertrag zwischen Rußland und den USA. Ankauf von Alaska. Kaufsumme 7,2 Mill. Dollar. Die Grenze in der Beringstraße wird auf den Meridian 168° 49′ 30″ W festgelegt als „gerade Linie, bis sie in der Arktis verschwindet" (... se perde dans la Mer Glacial).
1869	Ankauf von Ruppert's Land der Hudson Bay Company durch die britische Regierung (Ruppert's Land Act 1863, 31—32 Vict. c. 105).
1870, 15. 7.	Bildung des Gebietes „Northwest Territories" in Kanada (Act of Imperial Parliament, Imperial Order in Council vom 23. 6. 1870).
1875	Ernennung eines Resident Lieutnant Governors für die Nordwestterritorien mit Sitz in Battleford.
1875	Handelsfahrten des Engländers *J. Wiggins* zur Obmündung und des Norwegers *A. E. Nordenskjöld* mit dem Segler „Pröven" zur Jenissejmündung.
1876	Zweite Fahrt *A. E. Nordenskjölds* mit dem Dampfer „Ymer" nach Galčicha und zurück nach Tromsö in 58 Tagen. Beginn der modernen Handelsfahrten auf dem nördlichen Seeweg.
1876	Ein Teil der Nordwestterritorien wird zu einem eigenen Distrikt Keewatin abgetrennt.
1877	Annexion von Novaja Zemlja an Rußland.
1880, 31. 7.	Durch Imperial Order in Council wird das Gebiet der Nordwestterritorien festgelegt. Zu ihnen gehören alle Länder und Inseln nördlich von Kanada außer Neufundland.
1882	Bildung der Distrikte Assiniboia, Saskatchewan, Alberta, Athabasca aus Gebieten der Nordwestterritorien.
1883	Verlegung des Sitzes des Gouverneurs der Nordwestterritorien nach Regina.
1884	Lt. *Gustav Holm* nimmt von der Insel Erik Rauda (Südostküste von Grönland) Besitz für den König von Dänemark.
1884	Alaska wird Bundesdistrikt der USA.
1892, 26. 5.	Lt. *Carl Ryder* nimmt Besitz vom Gebiet um den Scoresbysund (Ostgrönland) für den König von Dänemark.
1894	Angmagssalik wird dänische Kolonie.
1894	Erste Ansiedlung von Samojeden auf Novaja Zemlja.
1895, 2. 10.	Bildung der Distrikte Ungava, Franklin, Mackenzie und Yukon aus den Nordwestterritorien.

Tabelle 51, Fortsetzung

Datum	Ereignis
1896	Privileg für Einfuhr von chinesischem Ziegeltee auf dem Wege über London und den nördlichen Seeweg nach Krasnojarsk und Tobolsk.
1897, 18. 12.	Festlegung der Grenzen zwischen den einzelnen Distrikten der Nordwestterritorien.
1898, 13. 6.	Bildung des Territoriums Yukon (Yukon Territory Act, 61 Vict. c. 6).
1900	Lt. *G. Andrup* nimmt Besitz von der Küste nördlich Angmagssalik für den König von Dänemark.
1900	*Otto Sverdrup* nimmt von den Sverdrupinseln (77° 30'—81° 15' N, 86°—107° W) für Norwegen Besitz.
1900	Errichtung der ersten festen Stationen auf Novaja Zemlja durch Rußland.
1905	Der dänische Teil der Westküste Grönlands wird von 73° nach 74° 30' N erweitert.
1905	Aufleben des nördlichen Seeweges, da die sibirischen Bahnen durch Militärtransporte gesperrt werden. Verschiffung von 18 000 t durch 22 Schiffe.
1905, 1. 9.	Die Distrikte Assiniboia, Saskatchewan, Alberta und Athabasca werden aus den Nordwestterritorien ausgegliedert, der Distrikt Keewatin dafür wieder den NWT angeschlossen.
1905	Für die Nordwestterritorien wird ein Commissioner mit einem Rat von vier Mitgliedern ernannt. Der Sitz der Verwaltung der NWT wird nach Ottawa verlegt (North West Territories Amendment Act).
1906	Juneau wird Hauptstadt von Alaska.
1908	*Mylius Erichsen* nimmt für den König von Dänemark Besitz von Kong Frederik den VIII's Land (Ostgrönland).
1908/09	Expedition von Kapt. *Bernier.* Alle Inseln zwischen 60° und 141° W bis zum Nordpol werden als kanadischer Besitz erklärt (Kupferplatte auf der Markhaminsel).
1911	Vertrag über die Pelzrobben-Industrie im nördlichen Pazifischen Ozean zwischen den USA, Großbritannien, Japan und Rußland.
1912	Angliederung von „Ruppert's Land" südlich der Hudson-Straße (Ungava) an Quebec und von allen Gebieten der Nordwestterritorien südlich 60° an Ontario und Manitoba.
1912, 24. 8.	Alaska wird Territorium der USA.
1913	Das Territorium von Alaska erhält eine Verfassung. Frauenstimmrecht.
1914	Russische Flaggenhissung auf Kap Flora, Northbrook-Insel, Franz-Josef-Land.
1916	Im Vertrag über den Verkauf der Westindischen Inseln von Dänemark an die USA erklären die USA die Anerkennung der dänischen Ansprüche auf ganz Grönland.
1916, 29. 9.	Ein russischer Erlaß erklärt alle Inseln nördlich der sibirischen Küste, die auf dem sibirischen Schelf liegen, als russisches Hoheitsgebiet.
1919	Gründung der Østgrønlandsk Kompagni. Diese ging 1924 in Konkurs, der dänische Staat übernahm ihre Handelsstationen.
1920, 1. 1.	Bildung und Abgrenzung der Distrikte Franklin, Mackenzie und Keewatin (Order in Council vom 16. 3. 1918).

Tabelle 51, Fortsetzung

Datum	Ereignis
1920	Frankreich, Japan und Großbritannien erkennen den Anspruch Dänemarks über ganz Grönland an.
1920	Gründung des „Komseverput'" (Kommerzieller nördlicher Seeweg) mit Sitz in Novosibirsk durch das sibirische Revolutionskomitee.
1920, 9. 2.	Durch den Vertrag von Paris erhält Norwegen die Souveränität über alle Inseln „zwischen 10° und 35° E und 74°—81° N". Alle Signatarmächte erhalten gleiches Recht zur wirtschaftlichen Ausnutzung des Gebietes. Unterzeichnerstaaten sind: USA, Dänemark, Frankreich, Italien, Japan, Niederlande, Großbritannien, Kanada, Neuseeland, Südafrika, Indien und Schweden (London, Treaty Series No 18, 1924, Cmd. 2092).
1920, 11. 11.	Norwegen verzichtet auf alle seine Ansprüche auf den Sverdruparchipel zugunsten von Kanada.
1921	Norwegen errichtet eine meteorologische Station auf Jan Mayen.
1921	Hissung der britischen Flagge durch eine kanadische Expedition auf der Wrangelinsel.
1921	Änderung der Verwaltung der Nordwestterritorien. Vergrößerung des Rates auf 6 Mitglieder (1927 auf 8 Mitglieder) (North West Territories Act. Amendment).
1921, 18. 1.	Dänische Note an Norwegen. Bitte um offizielle Anerkennung des Besitzrechtes Dänemarks auf ganz Grönland. Norwegen erteilt nur mündliche Antwort.
1921, 10. 5.	Dänemark erklärt ganz Grönland als dänischen Besitz.
1922	Gründung einer dänischen Station in Myggbukta, Ostgrönland.
1922	Kanadische Regierungsexpedition zu den arktischen Inseln. Gründung der Polizeistation Craig Harbour (Ellesmere-Insel) und Pond Inlet (Baffininsel).
1922, 27. 4.	Gründung der Jakutischen Autonomen Sowjetrepublik, zu der die Neusibirischen Inseln fallen.
1923	Erste offizielle kanadische Karte, auf der die arktischen Inseln als kanadischer Besitz erscheinen.
1923	Unterstellung des „Komseverput'" unter das Volkskommissariat für Außenhandel der UdSSR.
1923, 24. 5. und 29. 5.	Proteste der UdSSR bei der britischen Regierung gegen die Errichtung der kanadischen Station auf der Wrangelinsel.
1924	Errichtung einer kanadischen Stationshütte am Westufer des Kanebeckens.
1924	Entfernung der britischen Hoheitszeichen auf der Wrangelinsel und Evakuierung der kanadischen Station durch den sowjetischen Eisbrecher „Krasnyj Oktjabr".
1924, 19. 1.	Der amerikanische Marineminister *Denby* erklärt, daß unbekanntes Land, das nördlich von Alaska im Eismeer liegt, durch die Expedition des Luftschiffes „Shenandoah" für die USA in Besitz genommen werden kann. Damit lehnen die USA indirekt das Sektorenprinzip ab (A hearing on House Resolution 149. House of Representatives 1924, S. 452 f.).
1924, 15. 2.	Die Sowjetunion erkennt die Angliederung Spitzbergens an Norwegen an.

Tabelle 51, Fortsetzung

Datum	Ereignis
1924, 9. 7.	Ostgrönland-Konvention zwischen Norwegen und Dänemark. Als Grenzen des strittigen Gebietes werden festgesetzt: 60° 27′ N (Lindenow's Fjord) bis 81 °N (Nordostrundingen) mit Ausnahme von Angmagssalik. Die Frage des Besitzstandes wird offengelassen (Leage of Nations Treaty Series Vol. 27, No 684).
1924, 4. 11.	Memorandum der Regierung der UdSSR über die Zugehörigkeit der sibirischen arktischen Inseln zur Sowjetunion in Bestätigung des Erlasses vom 29. 9. 1916.
1925	Das Deutsche Reich ratifiziert den Vertrag von Paris vom 9. 2. 1920 und erkennt die Souveränität Norwegens über Spitzbergen an.
1925	Gründung der dänischen Eskimosiedlung Scoresby Sund.
1925, 1. 6.	Kanadisches Gesetz über Zulassung wissenschaftlicher Forschungen in den Nordwestterritorien. Wissenschaftliche Arbeiten werden genehmigungspflichtig.
1925, 10. 6.	Der kanadische Minister des Innern *Stewart* definiert das Gebiet des kanadischen „arktischen Territoriums": Alle Gebiete zwischen 60° und 142° (sic! Es soll heißen 141°) W ohne das Gebiet in Grönland westlich 60 °W (4—5 Edw. VII, c. 27).
1925, 17. 7.	Norwegische Rechtsregelung für Svalbard erlassen. Svalbard wird ein Teil des Königreichs Norwegen (Norsk Lovtidende 33, 1925).
1925, 7. 8.	Erlaß der Bergwerksordnung für Svalbard (Norsk Lovtidende 36, 1925. S. 515—28).
1925, 14. 8.	Norwegen nimmt offiziell Besitz von Svalbard.
1926	Kanada richtet weitere Polizeistationen ein in der Flagler Bay (79° 4′ N, 76° 18′ W), in Dundas Harbour auf der Devoninsel, der Cambridge Bay (Victoriainsel) und zwei weitere im südlichen Teil der Baffininsel.
1926	Gründung einer Kolonie von 60 Personen (Eskimo- und Tschuktschenfamilien) auf der Wrangelinsel durch die UdSSR.
1926, 15. 4.	Die Sowjetunion erklärt alle Gebiete zwischen der Nordküste der UdSSR und dem Nordpol zwischen den Meridianen 32° 4′ 35″ E und 168° 49′ 30″ W einschließlich der Seegebiete für sowjetisches Hoheitsgebiet (Dekret des Präsidiums des Zentralen Exekutivkomitees).
1926, 19. 7.	Einrichtung der „Arctis Islands Preserve", die identisch ist mit dem Distrikt Franklin. In diesem Schutzgebiet ist Fischerei und Jagd den Eskimos und Indianern vorbehalten.
1927	Verwaltungsänderung im Yukon-Territorium. Einsetzung eines Controller und eines Beirates von 3 Mitgliedern.
1927	Erlaß des North West Territories Act. Verwaltungsregelung für die NWT (u. a. hinsichtlich der Steuern, öffentl. Dienste, Justizverwaltung, Lizenzen, Gesundheitswesen). (R.S.C. 1927, Chapter 142).
1927, 1. 8.	Bildung des Oblast' Leningrad mit Einschluß der Kolahalbinsel als Okrug Murmansk (vgl. 1938).
1928	Der sowjetische Eisbrecher „Krassin" landet auf Kap Neale, Prinz-George-Insel, Franz-Josef-Land und nimmt die Inselgruppe für die Sowjetunion in Besitz. Diese Meldung der Izvestija vom 14. 7. 1929 wird von Expeditionsteilnehmern dementiert.

Datum	Ereignis
1928	Ablösung des „Komseverput'" durch die Nordsibirische Handelskompagnie. Dezentralisation der Verwaltung. Bau der Basen an den sibirischen Strömen: Ob' (Kameń, Novosibirsk, Tomsk, Mogučin), Irtiš (Omsk, Tara, Ust'-Išim), Jenissej (Krasnojarsk, Maklakovo).
1929	Die Norweger errichten zwischen 1922 und 1929 in Ostgrönland 22 Hütten.
1929, 14. 1.	Bildung des Severnyj Kraj mit dem Gebiet des Neneckij (Samojeden-)-Stammes.
1929, 7. 5.	Dekret des Rates der Volkskommissare über die Errichtung der Station „Guker" auf der Hookerinsel, Franz-Josef-Land.
1929, April	Gründung der Østgrønlandsk Fangst Kompagni Nanok A/S in Kopenhagen zur Ausbeutung von Ostgrönland.
1929, 8. 5.	Jan Mayen wird Norwegen einverleibt.
1929, 15. 5.	Gesetz über die Jagd- und Fischereirechte in der „Arctic Islands Preserve", Kanada.
1929, 24. 6.	Gründung der Arktisk Naeringsdrift A/S Oslo zur Ausbeutung von Ostgrönland.
1929, 15. 7.	Bildung des Neneckij Nacionalnyj Okrug (Neneckij N.O.) im Rahmen des Severnyj Kraj.
1929, 29. 7.	Der Eisbrecher „Sedov" nimmt die Hookerinsel in Besitz für die Sowjetunion.
1929, 31. 7.	Hissung der sowjetischen Flagge auf Kap Flora, Franz-Josef-Land.
1929, 18. 11.	Erlaß des Zentralen Exekutivkomitees und des Rates der Volkskomissare über die Verwaltung der arktischen Inseln der UdSSR, die dem Exekutivkomitee für die Nordgebiete unterstellt werden.
1930	Sowjetische Kriegsschiffe weisen norwegische Fangschiffe aus dem Gebiet von Franz-Josef-Land fort.
1930	Britisch-sowjetisches Fischereiabkommen über britischen Fischfang in der Barentssee. Der Vertrag endete 1955.
1930, 27. 2.	Jan Mayen wird ein Teil des Norwegischen Königreiches.
1930, 8. 8.	Norwegen erkennt erneut die britische Souveränität über die Sverdrupinseln an.
1930, 10. 12.	Bildung der folgenden Nationalkreise in der Sowjetunion: Jamalo-Neneckij N.O. im Rahmen des Ural Oblast' (der seit 3. 11. 1923 bestand); Tajmyr N.O. und Evenkijskij N.O. im Rahmen des Vostočno-Sibirskij Kraj (der seit 30. 7. 1930 bestand); Čukotskij N.O. im Rahmen des Dalne-Vostočnij Kraj (der seit 4. 1. 1926 bestand), dem die Wrangelinsel angegliedert ist.
1931	Norwegen okkupiert Teile der Ostküste von Grönland zwischen 60° 30' bis 63° 40' N und 71° 30' bis 75° 40' N.
1932	Die UdSSR nimmt Besitz von der Victoriainsel zwischen Spitzbergen und Franz-Josef-Land.
1932	Bildung der Hauptverwaltung des Nördlichen Seeweges (Glavsevmorput, GUSMP) in Leningrad.
1932, 20. 10.	Bildung des Oblast' Kamčatka als Teil des Dalne-Vostočnyj Kraj.

Tabelle 51, Fortsetzung

Datum	Ereignis
1933, 5. 4.	Urteil im dänisch-norwegischen Streit um Ostgrönland durch den Ständigen Internationalen Gerichtshof im Haag. Ostgrönland wird Dänemark zugesprochen. Die norwegischen Fischereirechte sollen bis 1944 bestehen bleiben. Das Abstimmungsergebnis erbrachte 12 : 2 Stimmen für Dänemark (Permanent Court of International Justice, Series A/B, No. 53).
1934, 17. 1.	Zuteilung des Jamalo-Neneckij N.O. zum Oblast' Ob'-Irtyš (bis 7. 12.).
1934, 7. 12.	Bildung des Oblast' Omsk mit dem Jamalo-Neneckij N.O.; Bildung des Krasnojarskij Kraj mit dem Tajmyrskij N.O. und dem Evenkijskij N.O.; zu ersterem wird das Nordland (Severnaja Zemlja) zugeteilt.
1935	Die UdSSR unterschreibt den Vertrag von Paris vom 9. 2. 1920 (vgl. 1920 und 1924).
1936	Erweiterung der Zuständigkeit von Glavsevmorput' für alle Angelegenheiten der sowjetischen Arktis nördlich 62° (5,75 Mill. qkm).
1936, 5. 12.	Umwandlung des Severnyj Kraj in die Severnaja Oblast' nach Abtrennung der Komi ASSR.
1937	Einrichtung des Yellowknife Administrative District als Selbstverwaltungskörperschaft innerhalb des Distrikts Mackenzie. Später wurde eine andere lokale Selbstverwaltung in Hay River eingerichtet.
1937, 23. 9.	Auflösung der Severnaja Oblast'. Bildung des Oblast' Archangelsk unter Übernahme des Neneckij N.O., von Novaja Zemlja und Franz-Josef-Land.
1938	Wieder Einengung der Zuständigkeiten von Glavsevmorput', die auf den Nördlichen Seeweg beschränkt bleiben.
1938, 29. 5.	Bildung des Oblast' Murmansk. Anschluß des Rajon Kandalakša an den Oblast aus der Karelo-Finnischen ASSR.
1938, 20. 10.	Bildung des Chabarovskij Kraj mit dem Oblast' Kamčatka und dem Čukotskij N.O. Angliederung der Wrangelinsel.
1939	In Spitzbergen sind noch eine norwegische und 2 sowjetische Kohlengruben in Betrieb.

Der zweite Weltkrieg in der Arktis

1940	Grönland wird von Dänemark abgeschnitten.
1940, 10. 6.	Bis zu diesem Tage fuhren norwegische Kohlenschiffe von Spitzbergen ungestört nach Norwegen. Auch nach diesem Tage wurde der Bergbau fortgesetzt. Im Sommer wurden die Kohlengruben von 3 deutschen Experten besucht.
1940, 13. 8.—5. 9.	Fahrt des deutschen Hilfskreuzers „Komet" unter Führung von Konteradmiral *Robert Eyssen* mit russischer Unterstützung von Matočkin Šar bis zur Beringstraße.
1940, 3. 9.	Die norwegische Station auf Jan Mayen wird durch das Schiff „Fridtjof Nansen" nach Island evakuiert.
1940, 16. 11.	Das deutsche Schiff „Heinrich Freese" versucht, die Station auf Jan Mayen wieder zu besetzen und wird dabei versenkt.

Tabelle 51, Fortsetzung

Datum	Ereignis
1941/44	Die USA übergeben der UdSSR im Pacht-Leih-Verfahren 3 Eisbrecher der Northwind-Klasse. Auf dem Ostteil des nördlichen Seeweges werden im Verlauf des Krieges etwa 500 000 t Fracht nach Sibirien gebracht, hauptsächlich Lebensmittel, Treiböl, Flugplatz- und Industrieausrüstungen sowie LKWs.
1941, März	Mit britischer Unterstützung wird auf Jan Mayen eine norwegisch-britische Station eingerichtet.
1941, 9. 4.	Vertrag zwischen *Cordell Hull*, Staatssekretär der USA und *Henrik de Kauffmann*, Dänischer Botschafter in Washington, über die gemeinsame Verteidigung von Grönland. Die USA erhalten das Recht, auf Grönland Verteidigungsanlagen einzurichten.
1941, 20. 4.	Erste Landung eines deutschen Flugzeuges in Longyearbyen auf Spitzbergen.
1941, 19. 5.	Deutscher Fliegerangriff auf die Station von Jan Mayen.
1941, Mai	Die Kohlengrube in Ny Alesund arbeitet ungestört weiter.
1941, Ende Mai	8 Norweger kapern das norwegische Schiff „Isbjørn" und versuchen es nach Island zu bringen. Der Kapitän gewinnt jedoch die Gewalt über das Schiff zurück und führt es nach Norwegen, wo die 8 Mann später erschossen werden.
1941, 30. 7.	Besuch eines britischen Geschwaders (Kreuzer „Nigeria" und „Aurora", 2 Zerstörer) in Longyearbyen und bei den sowjetischen Kohlengruben.
1941, 2. 8.	Die meteorologische Station und die Anlagen der Kohlengruben auf der Büreninsel (Bjørnøya) werden von dem britischen Geschwader zerstört.
1941, 25. 8.	Erneuter Besuch eines britischen Geschwaders (die gleichen Kreuzer und 3 Zerstörer) in Spitzbergen. Gegen norwegischen Protest (Direktor *Einar Sverdrup*) werden die Kohlengruben zerstört. Die 2175 sowjetischen Bergleute werden durch den Truppentransporter „Empress of Canada" nach Archangelsk gebracht.
1941, 2. 9.	Die norwegische Bevölkerung von Spitzbergen, die in Longyearbyen gesammelt wurde (900 Personen) wird durch die „Empress of Canada" nach Greenock (Schottland) evakuiert. Bis Ende August wurden folgende Kohlenmengen gefördert: Förderung, t — Verschiffung, t Longyearbyen: 145 000 — 24 091 (nach Norwegen) Ny Alesund: 1 160 — – Sowjetische Gruben: 203 000 — 109 414 (nach UdSSR) Am 25. 8. wurden verbrannt: 200 000 t.
1941, 25. 9.	Deutsche Flugzeuge landen in Adventdalen und untersuchen die Kohlengruben. Errichtung der deutschen meteorologischen Station „Bansø".
1941, 8. 10.	Die Station „Bansø" arbeitet bis 9. 7. 1942.
1941, 15. 10.	Einrichtung der deutschen Wetterdienststation „Knospe" im Lilliehöök-Fjord, Spitzbergen (bis 23. 8. 1942).
1941, 19. 10.	Besuch von 4 britischen Minensuchbooten in Longyearbyen, Spitzbergen.
1942/45	Errichtung einer norwegisch-britischen Garnison auf Jan Mayen, die mit Artillerie und Flakgeschützen ausgerüstet wird.

Tabelle 51, Fortsetzung

Datum	Ereignis
1942	Der schwere Kreuzer „Admiral Scheer" und 2 deutsche U-Boote fahren um Kap Želanie in die Karasee. Aktion von 12 Tagen. Beschießung der Station Diksoninsel.
1942, 13. 5.	Versuch der Landung eines britisch-norwegischen Expeditionskorps (Operation „Frithamn") in Spitzbergen. Durch deutschen Fliegerangriff werden die beiden Transportschiffe versenkt. Die Überlebenden besetzen Barentsburg.
1942, 2. 7.	Ein britischer Kreuzer bringt Verstärkungen nach Barentsburg.
1942, 9. 7.	Die deutsche Station „Bansø" in Adventdalen wird durch Flugzeuge evakuiert.
1942, August	Einrichtung der deutschen meteorologischen Station „Holzauge" auf der Sabine-Insel, Ostgrönland (bis Frühjahr 1943). Im März 1943 erstmals Kampfhandlungen mit der dänischen Ostgrönland-Polizei.
1942, 17. 9. und 16. 10.	Weitere britisch-norwegische Verstärkungen in Barentsburg gelandet.
1942, 16. 10.	Einrichtung der deutschen Wetterdienststation „Nußbaum" im Lilliehöök-Fjord, Spitzbergen (bis 20. 6. 1943).
1943	Deutsche U-Boote operieren vor der Jenissejmündung und versenken mehrere sowjetische Dampfer. Bei Operationen in der Karasee werden versenkt: ein Forschungsschiff, ein Schlepper, 2 Leichter östlich der Diksoninsel sowie ein Geleitschiff an der Westküste von Novaja Zemlja.
1943, 10. 6.	2 britische Kreuzer und 2 Zerstörer bringen Nachschub nach Barentsburg, wo ein Teil der Besatzung ausgewechselt wird.
1943, Sept.	Angriff deutscher U-Boote auf einen Konvoi in der Karasee. Versenkung eines Geleitschiffes und von 5 Frachtern.
1943, 8. 9.	Das Schlachtschiff „Tirpitz" und der Kreuzer „Scharnhorst" sowie 9 Zerstörer greifen die britisch-norwegischen Stellungen in Barentsburg und Longyearbyen an. 41 Mann der Garnison werden gefangen, der Rest entkommt in die Berge. Die Anlagen werden durch Artilleriebeschuß zerstört, ebenso die britischen Batterien.
1943, 25. 9.	Britische U-Boot-Aktion in Spitzbergen. Verstärkung der Garnison, die sich nach Van Mijen-Fjord zurückgezogen hatte. Erneute Besetzung des Adventfjordes.
1943, 8. 10.	Errichtung der deutschen Wetterdienststation „Kreuzritter" im Liefdefjord, Spitzbergen (bis 30. 6. 1944).
1943, 16. 10.	Errichtung der deutschen Station „Baßgeiger" an der Shannoninsel, Ostgrönland (bis 3. 6. 1944). Am 22. 4. 1944 erfolgte ein amerikanischer Angriff auf die Station.
1943, 19. 10.	Erneute britische Kreuzer-Operation in Spitzbergen.
1943, Okt.	Errichtung der Wetterstation der Luftwaffe „Svartisen" auf der Hopeninsel, Spitzbergen (bis Juli 1944).
1943, 1. 11.	Errichtung der Wetterdienststation „Schatzgräber" auf der Alexandrainsel, Franz-Josef-Land. Die Station wird wegen Erkrankung sämtlicher Mitglieder vorzeitig im Frühjahr 1944 evakuiert.

Tabelle 51, Fortsetzung

Datum	Ereignis
1944	Ein Versuch von 6 U-Booten, um Kap Čeljuskin in die Laptevsee zu gelangen, scheitert. Es werden mehrere Geleitschiffe und 2 Frachter in der Karasee versenkt. Die Station Sterlegova an der Küste östlich der Diksoninsel wird von Deutschen überraschend besetzt und es werden Geheimpläne erbeutet. Insgesamt werden während des Krieges auf dem nördlichen Seewege 42 000 t versenkt, darunter 1 Zerstörer, 5 Geleitschiffe, 1 Schlepper.
1944, 22. 4.	Amerikanischer Fliegerangriff auf die deutsche Station „Baßgeiger" in Ostgrönland.
1944, 25. 6.	Eine britische Feuerlöschgruppe wird in Sverdrupbyen ausgesetzt, um den sich ausdehnenden Brand in der Kohlengrube zu bekämpfen.
1944, August	Ein deutsches U-Boot beschießt Sveagruva in Spitzbergen und zerstört die Anlagen.
1944, 14. 8.	Bildung des Oblast' Tjumen; Angliederung der Nationalen Kreise Jamalo-Neneckij und Chanty-Mansijskij.
1944, Sept.	Errichtung einer deutschen automatischen Wetterstation auf Jan Mayen durch ein U-Boot. Diese Station wird erst im März 1945 entdeckt und zerstört.
1944, 13. 9.	Errichtung der deutschen Wetterdienststation „Haudegen" auf Nordaustlandet, Spitzbergen. Diese blieb auch nach der Kapitulation tätig und wurde erst am 3. 9. 1945 durch das norwegische Schiff „Blåsel" evakuiert.
1944, 1. 9.	Der Wetterdiensttrupp „Edelweiß", der nach Ostgrönland gehen sollte, gerät in amerikanische Gefangenschaft.
1944, 4. 10.	Ebenfalls in Gefangenschaft gerät das Ersatzunternehmen „Edelweiß II" auf der Koldeweyinsel, Ostgrönland.
1944, 10. 10.	Errichtung der deutschen Luftwaffen-Wetterstation „Helhus" auf Hopen, Spitzbergen, die auch nach der Kapitulation tätig bleibt und am 5. 8. 1945 von dem norwegischen Schiff „Skandfer" evakuiert wird.
1945, Mai	Schweden schickt neue Bergbauausrüstungen nach Spitzbergen. Wiederaufbau der Kohlengruben.
1945, 1. 8., 2. 9. und 18. 11.	Gesetze der UdSSR, welche die Privilegien von Arbeitern im „Extremen Norden" regeln sowie die Abgrenzung der Gebiete des „Extremen Nordens" und von „fernliegenden Gebieten" festlegen.
1945, 24. 8.	Unterzeichnung des Ostgrönland-Protokolls, das den Ostgrönland-Vertrag mit Norwegen vom 9. 7. 1924 aufhebt, zwischen Dänemark und Norwegen. Doch werden die Bestimmungen hinsichtlich der norwegischen Privilegien in diesem Gebiet bis 10. 7. 1948 verlängert.
1945, 26. 10.	Angliederung des Petsamo-Gebietes an den Oblast' Murmansk, UdSSR. Hierdurch wird die sowjetische arktische Sektorengrenze nach 31 °E verschoben.
1946	Erste Fischereikonvention für das Gebiet des Nordwestatlantik (vgl. 24. 1. 1959).
1947, 10. 1.	Die UdSSR überreicht Norwegen eine Note, daß sie in Spitzbergen besondere Privilegien beansprucht.
1947, 2. 9.	Vertrag von Rio de Janeiro über gemeinsame Verteidigung der westlichen Hemisphäre. In der Arktis bezieht sich der Vertrag auf den Sektor 74 °N 10 °W — 90 °N — 65° 30′ N 168° 58′ 5″ W (Dept. of State Publ. 3016).

Datum	Ereignis
1948, 20. 5.	Gesetz zur Regelung von Reisen von und nach Grönland.
1948, Nov.	Gründung der Grönland-Kommission. Diese empfiehlt verwaltungsmäßige Verbesserungen.
1949	Erste Überführung eines Flußschiffe-Konvois auf dem nördlichen Seewege nach Salechard und Igarka.
1949	Die UdSSR gibt einen der geliehenen Eisbrecher an die USA zurück.
1949, 17. 2.	Gesetz zum Schutz von archäologischen Stätten in den kanadischen Nordwestterritorien.
1949, 28. 3.	Neue Regelungen für wissenschaftliche Arbeiten in Grönland.
1949, 21. 4.	Dekret, das wissenschaftliche Forschungen in den kanadischen Nordwestterritorien regelt.
1949, 1. 7.	Gesetz über Tierschutz in den Nordwestterritorien (North West Game Act).
1950, Mai	Errichtung der drei Provinzen West-, Nord- und Ostgrönland anstelle der bisherigen Provinzen Süd, Ost- und Nordgrönland. Die ersten Wahlen in Grönland finden im Juni 1950 statt.
1950, Juni	Errichtung des Grönland-Departements beim Ministerpräsidenten in Dänemark.
1950, 3. 7.	Internationale Konvention für die nordwestatlantische Fischerei in Washington unterzeichnet. Signatarmächte sind Kanada, Dänemark, Frankreich, Island, Italien, Norwegen, Portugal, Spanien, Großbritannien und die USA.
1951	Die UdSSR gibt die beiden letzten der geliehenen Eisbrecher an die USA zurück.
1951, 27. 4.	Änderung des Verteidigungspaktes für Grönland mit Rücksicht auf die Bestimmungen des NATO-Vertrages. Festsetzung der Rechte für die Verteidigungsgebiete (Defense Areas).
1951, 14. 12.	Pazifische Fischerei-Konferenz in Tokio (im Mai 1952 unterzeichnet). Bildung einer Fischerei-Kommission. Erlaubnis für japanischen Fischfang in bestimmten Teilen des Beringmeeres, nachdem die Fangplätze der sowjetischen Territorialgewässer und der Kurilen 1945 für japanische Fischerei gesperrt wurden. Signatarmächte: Japan, Kanada, USA.
1952	Representation Act. Ein Vertreter des Distrikts Mackenzie darf in das House of Commons von Kanada gewählt werden.
1952, 7. 6.	Gesetz über Reisen von Ausländern nach Grönland (Gesetz Nr. 224), ergänzt durch Gesetz über Visa und Aufenthaltserlaubnisse von 22. 12. 1952 (Gesetz Nr. 438).
1952, Sommer	König *Frederik IX* und Königin *Ingrid von Dänemark* besuchen zum ersten Male Grönland. Aufenthalte waren auf dieser Reise Färingerhavn (9. 7.), Godthåb (12. 7.), Qorqut und Häfen bis Umanak (nördlichster Punkt) und Narssarssuaq (südlichster Punkt). Rückkehr am 10. 8. 1952.
1953	Unterstellung des Glavsevmorput' unter das Ministerium für die See- und Flußflotte.
1953	Neue dänische Verfassung. Grönland erhält gleichen Status mit Dänemark. Erste Wahlen nach der neuen Verfassung in Grönland im August 1953. 2 Vertreter Grönlands kommen in den Folketing.

Datum	Ereignis
1953, 3. 12.	Bildung des Magadanskij Oblast' und Angliederung des Čukotskij N.O. an diesen.
1953, 8. 12.	Errichtung des Department of Northern Affairs and National Resources für die Verwaltung der Nordwestterritorien und von Yukon in Kanada. Dieses Gesetz tritt am 16. 12. 1953 in Kraft.
1954	Bau der ersten Radar-Warnlinie längs der Grenze der USA in Kanada (Pine Tree Line).
1954	Unterstellung des Glavsevmorput' unter das Ministerium für die Seeflotte.
1954, Nov.	Die Generalversammlung der Vereinten Nationen erkennt die Umwandlung Grönlands von einer Kolonie zu einem sich selbst verwaltenden Teil Dänemarks an.
1954, 15. 11.	Beginn der zivilen Polarflüge von SAS auf der Route Kopenhagen—Søndre Strømfjord—Winnipeg—Los Angeles. 1954 wurden 264 Passagiere befördert. Am 15. 2. 1957 erfolgte die Eröffnung der Linie Kopenhagen—Anchorage—Tokio. An diesem zivilen Luftverkehr beteiligen sich ferner die CPA (seit Juni 1955), PAA (seit September 1957), Air France (seit 10. April 1958), KLM (seit 1. November 1958), Japan Air Lines (seit 6. Juni 1961) und Lufthansa (seit Mai 1964).
1955, 5. 5.	Vertrag zwischen den USA und Kanada über den gemeinsamen Ausbau von Radar-Warnlinien, die Mid Canada Linie soll von Kanada, die DEW-Linie durch die USA erbaut und unterhalten werden (vgl. 1957, 1958).
1955, 30. 8.	Grönland wird dem Grönland-Ministerium unterstellt, desgleichen der Kongelige Grønlandske Handel. Einsetzung eines Landeshauptmannes mit Sitz in Godthåb. Der Landesteil Westgrönland bildet 2 Wahlkreise für den Folketing, 13 Landratskreise für die innere Verwaltung und 16 Gemeinden. Erster Minister: *Eske Brun.*
1956, 24. 4.	Abstimmung über die Verfassung des zukünftigen Staates Alaska.
1956, 25. 5.	Fischereiabkommen zwischen Großbritannien und der UdSSR über die britische Fischerei in der Barentssee. In gewissen Gebieten dürfen britische Fahrzeuge in den sowjetischen Hoheitsgewässern in der 12-Meilen-Zone Fischfang ausführen.
1957	Nord- und Ostgrönland dürfen keine eigenen Wahlen durchführen. Nordgrönland schickt einen, Ostgrönland zwei Beobachter zum grönländischen Landesrat.
1957	Bau der Radar-Warnlinie Mid Canada Line längs des 55 °N durch Kanada.
1957, 21. 2.	Beendigung der in Washington am 28. 11. 1955 eröffneten Konferenz zur Erhaltung der nordpazifischen Pelzrobben. Teilnehmerstaaten: Kanada, Japan, UdSSR und USA. Es wird eine Schutzkonvention vereinbart.
1957, 2. 8.	Vorschlag der Westmächte (Kanada, Frankreich, Großbritannien, USA) vor den Vereinten Nationen zur Bildung einer Inspektionszone in der Arktis. Vorgeschlagen werden Luftinspektionen, Bodenbeobachter in Häfen und auf Stationen, Straßen, Bahnhöfen und motorisierte Patrouillen. Inspektionszone soll das Gebiet nördlich des Polarkreises werden sowie ein Sektor östlich 140 °W und westlich 160 °E nördlich 50 °N sowie in Europa das Gebiet zwischen 10 °W und 60 °E nördlich 40°. Dieser Vorschlag wird abgelehnt. (Yearbook of U.N. 1957, S.4—5.)

Tabelle 51, Fortsetzung

Datum	Ereignis
1957/58	Fahrten des U-Boots „Nautilus" über das Polarmeer.
1958	Bau der Radar-Warnlinie „Distant Early Warning Line" (DEW) längs des 70 °N von der Baffininsel bis Point Barrow durch die USA.
1958, 23. 1.	Der Kamčatskij Oblast', der bisher zum Chabarovskij Kraj gehört hatte, wird selbständiger Oblast'. Ihm angeschlossen ist der Korjakskij N.O.
1958, 18. 4.	Klage der UdSSR vor den Vereinten Nationen über Militärflüge der USA mit Atom- und Wasserstoffbomben in der Arktis. Diese Klage wurde als unwahr von den USA zwischen dem 21. 4. und 2. 5. zurückgewiesen und erneut der Vorschlag einer arktischen Inspektionszone (2. 8. 1957) vorgebracht. Die Resolution der USA wurde durch Veto der UdSSR bei 10 : 1 Stimmen abgelehnt, die sowjetische Resolution wurde ebenfalls abgelehnt mit einem Stimmenverhältnis von 9 : 1 mit einer Stimmenthaltung (Schweden). (Yearbook of U. N. 1958, S. 16—18.)
1958, 3. 6.—7. 7.	Gesetz über die Erhebung Alaskas zum 49. Staat der USA beschlossen. Abstimmung in Alaska im August erbrachte überwältigende Mehrheit für das Gesetz.
1958, 22. 11.	Vertrag zwischen Norwegen und der UdSSR über die Regelung des Robbenfangs im Nordosten des Atlantischen Ozeans (Grönlandsee, Norwegische See, Dänemarkstraße und Barentssee).
1958, 1959, 1962	Fahrten des amerikanischen U-Boots „Skate" unter dem Nordpolarmeer.
1959, 3. 1.	Alaska wird 49. Staat der USA.
1959, 24. 1.	Nordwestatlantische Fischerei-Konvention in London. Signatarmächte: Belgien, Dänemark, Frankreich, Bundesrepublik Deutschland, Irland, Island, Niederlande, Norwegen, Polen, Portugal, Schweden, Spanien, UdSSR und Großbritannien. Das Gebiet des Vertrages ist das Meeresgebiet in folgenden Grenzen: 36 °N 42 °W—36° 51′ E mit Ausnahme der Ostsee und der Sunde, das Mittelmeer bis zum Schnittpunkt 36 °N 5 ° 36′ W sowie der Atlantische Ozean nördlich 59° zwischen 44° und 42 °W. Regelung des Fanges zur Erhaltung des Fischbestandes (Größe der gefangenen Fische, Netzgrößen, Fang- und Schonzeiten). Das Gebiet wird in Regionen geteilt: Region 1: 59 °N 44 °W—59 °N 42 °W—48 °N 42 °W—48 °N 18 °W—60 °N 18 °W—60°N 5 °W—60° 30′ N 5 °W—60° 30′ N 4 °W—62 °N 4 °W — Küste von Norwegen — Küste der UdSSR bis 51 °E; Region 2: Alles Gebiet der Konvention nördlich 48 °N; Region 3: Der Atlantik zwischen 36° und 48 °N.
1959, 1. 3.	Wahl des Nationalen Sovet (Rat) der Jakutischen ASSR. 165 Abgeordnete, davon 124 Kommunisten und 45 Frauen.
1960	Beginn sowjetischer Kernwaffenversuche in Novaja Zemlja.
1960	Fahrten der U-Boote „Sargo" und „Seadragon" durch das Nordpolarmeer.
1961, 30. 10.	Entzündung einer Atombombe von über 50 Megatonnen in Novaja Zemlja. Größte Atombombenexplosion, jedoch nur geringer Fallout.
1962	Fahrten der U-Boote „Skate" und „Seadragon" durch das Nordpolarmeer.
1962, 26. 12.	Bildung des selbständigen Oblast'-Sovet (Bezirksrat) im Oblast' Magadan.
1963, 1. 1.	Einführung der Kommunalordnung in Ost- und Nordgrönland. Einführung der Meldepflicht für Grönländer in Grönland.

Tabelle 51, Fortsetzung

Datum	Ereignis
1963	Nördlicher Seeweg. Von 250 Schiffen befahren, davon gingen 95 (darunter 31 ausländische) nach Igarka. 13 Eisbrecher eingesetzt. Igarka war für Flußschiffahrt am 7. 6. offen, für Seeschiffahrt am 8. 7., Pevek wurde am 9. 7. für Schiffe aus der Beringstraße zugänglich. Die Tajmyrstraße konnte am 20. 8. befahren werden. Ende der Schiffahrt in Tiksi am 15. 10., in Pevek am 6. 11., in Igarka am 6. 11. 1963.
1964	Gründung der „Northwest Passage Co.", Ottawa. Fahrt des Frachters „Northland Princess" von Vancouver nach Frobisher Bay über die Bellotstraße.
1964	Nördlicher Seeweg. Von etwa 250 Schiffen befahren, 72 Schiffe (darunter 32 ausländische) gingen nach Igarka. 14 Eisbrecher eingesetzt. 100 Frachter umfuhren Kap Čeljuskin nach Osten. Igarka war für Seeschiffahrt am 5. 7. offen, Pevek in den ersten Julitagen, Tiksi am 14. 8. Erstmalig Exporte von Holz von der Lenamündung nach Japan durch die Beringstraße.
1964, 29. 10.	Erlaß der kanadischen Regierung über den Schutz von Robben zur Erhaltung des Robbenbestandes.
1964, 25. 11.	Abkommen USA-Japan über die Regelung der Königskrabbenfischerei im östlichen Beringmeer.
1965, Jan.	Bau einer Satelliten-Ortungsstation auf Spitzbergen durch die USA und Norwegen.
1965, 25. 3.	Protestnote der UdSSR an Norwegen wegen des Baues der internationalen Satelliten-Ortungsstation auf Spitzbergen.
1965, Juli	Die dänische Regierung teilt der norwegischen Regierung mit, daß der dänisch-norwegische Vertrag vom 9. 7. 1924 über die Nutzung Ostgrönlands durch Norwegen mit dem 9. 7. 1967 auslaufen wird. Eine Verlängerung ist nicht vorgesehen.
1965, 6.—10. 9.	Erste Internationale Konferenz über den Eisbären in der Universität von Alaska, Fairbanks. Die Konferenz wurde durch die Regierung der USA einberufen. Teilnehmerstaaten: Kanada, Dänemark, Norwegen, UdSSR, USA, ferner Vertreter der Internationalen Union für die Erhaltung der Natur und der Nationalen Hilfsquellen (IUCN) und des Arctic Institute of North America. Vereinbarung über den Austausch wissenschaftlicher Forschungsergebnisse über das Leben der Eisbären, um zu einem späteren Zeitpunkt wirksame Schutzbestimmungen zur Erhaltung der Art erlassen zu können.

Tabelle 52

Politische Ereignisse in der Antarktis

Datum	Ereignis
1539, 24. 1.	*Karl V.* verleiht *Pedro Sancho de Hoz* die Regierungsgewalt über die Gebiete „desde el Estrecho hasta el Polo inclusive" (von der Magellan-Straße bis einschließlich zum Pol), und die westlich des Meridians 40 °W liegen.
1540, 12. 8.	*Sancho de Hoz* verzichtet auf seine Rechte zugunsten von *Pedro de Valdivia.* Die „Terra Australis" wird verwaltungsmäßig dem Generalkapitanat von Chile unterstellt.
1772, 24. 1.	*Marion Dufresne* nimmt von der Crozet-Gruppe Besitz im Namen von König *Louis XV.* Landung auf der Ile de Possession.
1772, 12. 2.	*Yves Joseph de Kerguelen-Trémarec* landet auf Kerguelen in der Anse du Gros-Ventre und nimmt Besitz für *Louis XV.*
1774, 6. 1.	*Yves Joseph de Kerguelen-Trémarec* nimmt zum zweiten Male die Inselgruppe Kerguelen in der Baie de l'Oiseau für Frankreich in Besitz.
1775, 17. 1.	*James Cook* landet in der Possession-Bucht auf der Insel Südgeorgien und nimmt sie für *Georg III.* in Besitz.
1778	Königlich spanisches Dekret, das den Walfang im Südlichen Eismeer den Spaniern vorbehält.
1786	Erneutes spanisches Dekret gleichen Inhalts.
1819, 16. 10.	*William Smith* landet auf der Insel King George (Süd-Shetland-Inseln) und nimmt von ihr für König *Georg III.* Besitz.
1820, 22. 1.	*Edward Bransfield* wiederholt die Besitzergreifung der King-George-Insel für König *Georg IV.*
1820, 4. 2.	*Edward Bransfield* landet auf der Clarence-Insel (Süd-Shetland-Inseln) und nimmt sie für König *Georg IV.* in Besitz.
1820	Landung der Fregatte „Heroica" auf den Falkland-Inseln und offizielle Besitzergreifung für die Vereinigten Provinzen des Rio de la Plata.
1821, 7. 12.	*George Powell* nimmt die Coronation-Insel (Süd-Orkney-Inseln) für König *Georg IV.* in Besitz.
1825	„Van Diemens Land" (heute Tasmanien) wird durch die Britische Regierung zu einer Kolonie erhoben und die Insel Macquarie unter seine Verwaltung gestellt.
1825, 16. 12.	*George Norris* landet auf der Bouvet-Insel, die er „Liverpool Island" nennt, und nimmt sie für König *Georg IV.* in Besitz.
1828	Gründung einer argentinischen Siedlung im Hafen La Soledad auf den Falkland-Inseln.
1829, 7. 1.	*Henry Foster* nimmt die Hoseason-Insel für König *Georg IV.* in Besitz.
1831	Aufhebung der argentinischen Siedlung La Soledad durch das Kriegsschiff „Lexington" der USA wegen der von Argentinien für den Robbenschlag erhobenen Abgaben. Gleichzeitige Erklärung der Vereinigten Staaten, daß sie die Falkland-Inseln als Niemandsland betrachten.
1832, 21. 2.	*John Biscoe* landet an der Westküste der antarktischen Halbinsel, die er „Grahamland" nennt, und nimmt sie für König *William IV.* in Besitz.

Datum	Ereignis
1832, 10. 9.	Der britische Außenminister *Fox* erläßt ein Dekret, das die Falkland-Inseln zum britischen Besitz erklärt. Dieses Dekret wird am 3. 1. 1833 durch die Gründung von Port Stanley untermauert.
1833, 14. 2.	Protest der argentinischen Regierung wegen der britischen Besetzung der Falkland-Inseln, der in den Jahren 1844, 1852, 1884 und in den Jahren nach der Gründung der Falkland-Dependenz häufiger wiederholt wurde. Argentinien erkennt die britischen Ansprüche auf die Falkland-Inseln und deren Dependenzen nicht an.
1837/39	Französische Marine-Expedition unter *M. Cécile* mit dem Schiff „Héroine", um die französischen Walfang-Interessen zu schützen. Es wurden die Prinz-Edward-Inseln und die Crozet-Gruppe besucht.
1840, 31. 1.	Besitzergreifung des Adelie-Landes für Frankreich durch *J.-S.-C. Dumont d'Urville.*
1841, 12. 1.	*J. C. Ross* landet auf der Possession-Insel an der Nordküste von Viktorialand und ergreift von letzterem für die britische Krone Besitz.
1841, 27. 1.	Landung von *J. C. Ross* auf der Franklin-Insel im Ross-Meer und Besitzergreifung für die britische Krone.
1843, 6. 1.	Landung von *J. C. Ross* auf der Cockburn-Insel an der Nordwestseite der antarktischen Halbinsel und Besitzergreifung für die britische Krone.
1843, 23. 6.	Britisches Dekret (Letters Patent), das die Regierung der Falkland-Inseln und ihrer Dependenzen regelt. Das Dekret wurde am 28. 3. 1876, 25. 2. 1892 und 21. 7. 1908 erweitert und berichtigt.
1844	Erneuter Protest der argentinischen Regierung gegen die Besetzung der Falkland-Inseln durch Großbritannien.
1852	Wiederholung des Protestes der argentinischen Regierung.
1876, 28. 3.	Revision des britischen Dekrets vom 23. 6. 1843.
1891, 21. 4.	Die Regierung von Tasmanien regelt durch Gesetz den Robbenschlag auf der Insel Macquarie. Verbot, ohne Erlaubnis Robben zu schlagen. Eine Lizenz wird *Joseph Hatch* aus Invercargill (Neuseeland) erteilt, auf der Macquarie-Insel Robben- und Pinguin-Öl zu gewinnen (später bis 1918 verlängert).
1892, 25. 2.	Erneuerung der britischen Dekrets vom 23. 6. 1843.
1893, 2. 1.	Hissung der französischen Flagge durch Kommandant *Lieutard* (Schiff „Eure") im Weihnachtshafen, Kerguelen. Erneuerung der französischen Besitzergreifung.
1893, 4. 2.	Hissung der französischen Flagge im Gazelle-Hafen durch die gleiche französische Marine-Expedition.
1893	Die französische Regierung erteilt an die Brüder *René* und *Henri Bossière* eine 50jährige Lizenz für Wal- und Robbenfang auf den Kerguelen-Inseln (erst 1909 realisiert).
1900, 29. 10.	Dekret (Letters Patent) der Königin *Victoria* für die Einsetzung eines britischen Gouverneurs für Tasmanien, in welchem die Macquarie-Insel als Dependenz von Tasmanien anerkannt wird.
1904, Febr.	Übergabe der meteorologischen Station auf der Insel Laurie (Süd-Orkney-Inseln) durch die Expedition von *W. S. Bruce* an die Oficina Meteorologica Argentina. Diese hat seither alljährlich die Station unterhalten.

Datum	Ereignis
1904	Die Compania Argentina de Pesca, Buenos Aires, errichtet in Grytviken, Südgeorgien, die erste Walfangstation durch *Carl Anton Larsen.*
1906, März	Die Regierung der Falkland-Inseln erteilt eine Lizenz an die Compania Argentina de Pesca, in Grytviken eine Walstation zu unterhalten. Gleichzeitig wird ein Gesetz (Ordinance Nr. 3) erlassen, das den Walfang in den Gewässern der Dependenzen kontrolliert.
1907	Die Oficina Meteorologica Argentina eröffnet eine meteorologische Station in Grytviken, die bis 1950 unterhalten wurde.
1908, 21. 7.	Britische Proklamation (Letters Patent), welche die britischen Ansprüche, die seit 1775 erhoben wurden, bekräftigt und die Dependenzen der Falkland-Inseln festlegt. Zu den Dependenzen sollen Südgeorgien, die Süd-Orkneys, Süd-Shetlands und die Süd-Sandwich-Inseln gehören (erstmals veröffentlicht in der Falkland Islands Gazette am 1. 9. 1908).
1908	Annektierung der Prinz-Edward-Inseln durch die Britische Regierung.
1908, Nov.	*Henri Bossière* gründet in Port Jeanne d'Arc, Kerguelen, eine Wal- und Robbenfang-Station, die 1908—1914 und 1921—1929 besetzt war.
1909	Der erste britische Resident (Stipendiary Magistrate) wird in Südgeorgien eingesetzt.
1909, 9. 1.	*Ernest H. Shackleton* ergreift vom Polarplateau für König Edward VII. Besitz.
1909, 16. 1.	E. *David* hißt die britische Flagge am magnetischen Pol und nimmt von dem Gebiet für Großbritannien Besitz.
1909, 17. 10.	E. *David* hißt am Kap Bernacchi die britische Flagge und nimmt Besitz für Großbritannien.
1910	Beginn des lizenzierten Robbenschlags auf Südgeorgien durch die Compania Argentina de Pesca unter Beachtung der britischen Gesetze zur Erhaltung der Elefanten-Robben.
1910	Erteilung einer britischen Regierungslizenz an die Firma Sandefjord Whaling Company, auf der Heard-Insel einen Stützpunkt einzurichten und die Insel zu nutzen. Die norwegische Firma trifft ein privates Übereinkommen mit der South African Whaling Company, Durban, mit letzterer die Lizenz zu teilen.
1910, 25. 3.	Hissung der britischen Flagge auf der Heard-Insel durch *Anton Evensen* (Schiff „Mangaro") von der South African Whaling Company, Durban.
1910, Nov.?	Erster britischer Resident auf der Deception-Insel eingesetzt. Dieser hielt sich alljährlich bis 1931 im Südsommer auf der Insel auf (Stipendiary Magistrate).
1911, 7. 12.	Besitzergreifung von König Edward VII.-Land durch *K. Prestrud* für König *Haakon VII.*
1912, März	Besitzergreifung von König George V.-Land durch *Douglas Mawson* in Kap Denison.
1912, 25. 12.	Besitzergreifung von Königin-Mary-Land durch *F. Wild* bei den Possession Rocks.
1912, Dez.	Die norwegische Walfang-Gesellschaft Hektor Hvalfangst Sälsskap richtet mit britischer Lizenz eine ständige Küstenstation auf Deception ein, die bis 1931 unterhalten wurde.

Datum	Ereignis
1912	*René Bossière* gründet die Compagnie Générale des Iles Kerguelen. Diese arbeitet von der Station Jeanne d'Arc aus bis 1914 und 1921—1929 (vgl. 1908, Nov.)
1917, 28. 3.	Britischer Erlaß (Letters Patent) zur Ergänzung des Erlasses von 1908. Festsetzung der genaueren Begrenzung der Dependenzen der Falkland-Inseln. Diese werden wie folgt festgelegt: zwischen 20 °W und 50 °W südlich 50 °S, zwischen 50 °W und 80 °W südlich 58° bis zum Pol einschließlich aller Inseln, die hier liegen (veröffentlicht in Falkland Islands Gazette am 2. 7. 1917).
1917	Das Britische Kolonial-Amt setzt ein interministerielles Komitee für Forschung und Entwicklung in den Dependenzen der Falkland-Inseln ein, um die Walindustrie zu erhalten und um wissenschaftliche Forschungen in der Antarktis durchzuführen. Die Arbeit des Komitees führte 1923 zur Einrichtung des Discovery-Komitees und zur Aufnahme der Forschungsarbeiten in der Antarktis im Jahre 1925.
1922	Eine Walfang- und Robbenfang-Station wird durch Frankreich in Port Couvreux, Kerguelen, durch die Compagnie Générale des Iles Kerguelen eingerichtet. Sie bleibt bis 1931 in Betrieb.
1923, 30. 7.	Britischer Erlaß (Order in Council) bildet die Ross-Dependenz zwischen 160 °E und 150 °W, die unter die Regierung von Neuseeland gestellt wird (veröffentlicht in New Zealand Gazette am 16. 8. 1923).
1923, 14. 11.	Ergänzung des Dekrets vom 30. 7. hinsichtlich des Walfanges in den Territorialgewässern der Ross-Dependenz.
1924, 27. 3.	Erlaß der französischen Regierung. Hierdurch werden alle Rechte für Bergbau, Jagd und Fischerei in Adelieland und auf den Crozet-Inseln Frankreich vorbehalten. Weitere Erlasse vom 2. 4. und 21. 11. bestätigen die französischen Ansprüche auf die Crozet-Inseln, Kerguelen, St. Paul und Amsterdam und Adelie-Land, und sehen ihre Verwaltung durch Madagaskar als Dependenzen vor. Ein Erlaß vom 30. 12. regelt den Wal- und Robbenfang in diesen Gebieten und erklärt den größten Teil der Kerguelen-Gruppe zum „Nationalpark" zum Schutz des Wildtierlebens (Veröffentlichung im Journal Officiel vom 27. 11. 1924).
1924, 24. 12.	Ein Erlaß der Falkland-Inseln (Falkland Islands Ordinance Nr. 6) schafft einen Fonds für Forschung und Entwicklung (Dependencies Research and Development Fund), der vorsieht, daß Einkünfte aus Lizenzen und Walfang-Beleihungen und anderen örtlichen Steuern für Forschungen, insbesondere Walforschungen, zur Verfügung gestellt werden sollen.
1925, Jan.	Das Laboratorium für marine Biologie des Discovery-Komitees wird in Grytviken, Südgeorgien, eröffnet. Die Arbeit begann unter Leitung von *N. A. Mackintosh* und wurde mit wechselndem Stab bis 1931 weitergeführt.
1925	Die argentinische Regierung erhebt formale Ansprüche auf die Süd-Orkney-Inseln.
1926, Nov.	Ein Bericht der Britischen Empire-Konferenz, die im Oktober-November in London stattfand, bestimmte die Gebiete in der Antarktis, auf welche Großbritannien einen festen Anspruch auf Grund der Entdeckung erheben kann.

Tabelle 52, Fortsetzung

Datum	Ereignis
1926, 9. 10.	Die Regierung des Vereinigten Königreichs verpachtet auf 10 Jahre die Rechte, die Heard- und Macdonald-Gruppe auszubeuten, an die Kerguelen Sealing und Whaling Company, eine Tochtergesellschaft der Firma Irvin und Johnson Ltd., Kapstadt. Die Pacht endete 1934.
1926, 23. 10. und 1. 11.	Weitere Erlasse zur Regelung des Walfanges in der Ross-Dependenz durch die Regierung von Neuseeland.
1927	Die argentinische Regierung erhebt Anspruch auf die Insel Südgeorgien.
1927	Die französische Regierung versucht ohne Erfolg, eine internationale Vereinbarung zur Regelung des Walfanges herbeizuführen.
1927, 1. 12.	Landung der „Norvegia"-Expedition auf der Bouvet-Insel unter *Haakon Mosby*. Besitzergreifung der Bouvet-Insel für Norwegen.
1928, 13. 1.	Königlich Norwegische Resolution zur Annektierung der Bouvet-Insel, am 23. 1. veröffentlicht in: Justis- og Politidepartement Ot. prp. nr. 5, 1933. Im Lagting als Gesetz bestätigt am 24. 3. 1933.
1929, 2. 2.	Landung und Besitzergreifung der Peter I.-Insel durch die norwegische „Norvegia"-Expedition II unter *Ola Olstad*.
1929, 24. 10.	Erneute Regelung der Vorschriften für Walfang in der Ross-Dependenz (vgl. 30. 7. 1923).
1929	Der Internationale Rat für die Erforschung des Meeres ernennt ein Walfang-Komitee, um den Einfluß des Walfanges auf den Walbestand zu erforschen. Das Wirtschafts-Komitee des Völkerbundes beschließt, daß internationale Vereinbarungen zum Schutz der Wale unerläßlich seien. Die Regierung von Norwegen unternimmt die ersten Schritte, um den pelagischen Walfang zu kontrollieren und errichtet in Oslo das Internationale Büro für Walfangstatistik.
1929, 21. 12.	Annektierung des Marie-Byrd-Landes östlich 150 °W durch *L. M. Gould* für die USA. Diese Annektierung wird jedoch durch den Kongreß nicht anerkannt.
1929, 22. 12.	Hissung der norwegischen Flagge bei Kap Ann, Enderby-Land, durch *Hjalmar Riiser-Larsen*. Diese Annexion wird von der norwegischen Regierung nicht anerkannt.
1930, 14. 1.	*Douglas Mawson* (BANZARE-Expedition) und *Hjalmar Riiser-Larsen* (Norvegia-Expedition) treffen sich bei Kap Ann, Enderby-Land. Die Expeditionsführer treffen die Vereinbarung, daß der 45 °E die Grenze zwischen den norwegischen und australischen Forschungsgebieten sein soll.
1930	Im weiteren Verlauf der BANZARE-Expedition landet *D. Mawson* an fünf Stellen in MacRobertson-Land, Enderby-Land, Prinzessin-Elizabeth-Land und nimmt das gesamte Gebiet für König *George V.* in Besitz.
1930, 27. 2.	Das norwegische Gesetz über die Annektierung der Bouvet-Insel tritt in Kraft. Eine Königliche Resolution vom 19. 9. 1930 gibt nähere Bestimmungen für ihre Verwaltung.
1931, 17. 1.	Kapt. *Perot* (Schiff „Antarès") hißt die französische Flagge auf der Ile aux Cochons und der Ile de la Possession, Crozet-Inseln. Der französische Anspruch wird bekräftigt.
1931, 17. 2.	*Gunnar Isachsen* entdeckt die Prinzession-Ragnhild-Küste, die für Norwegen annektiert wird.

Tabelle 52, Fortsetzung

Datum	Ereignis
1931, 1. 5.	Annektierung der Peter I.-Insel durch Norwegen. Königliche Resolution vom 6. 3. 1931. Das endgültige Gesetz über die Einverleibung der Peter I.-Insel und der Bouvet-Insel erfolgte durch das Lagting am 23. 3. 1933. (Veröffentlicht in Justis- og Politidepartement Ot. prp. nr. 5, 1933.)
1931, Sept.	Die internationale Walfang-Konvention wird in Genf von 26 Nationen unterzeichnet. Es unterzeichneten nicht Argentinien, Chile, die UdSSR und Japan. Die Konvention trat in Kraft im Juni 1932.
1933, 7. 2.	Ein britischer Erlaß (Order in Council) erklärt den Sektor zwischen 45 °E und 160 °E als britisches Gebiet, außer Adelie-Land, und unterstellt ihn der Verwaltung des Commonwealth of Australia. Dieses Gesetz wurde durch australische Proklamation vom 24. 8. 1936 rechtsgültig (Australian Antarctic Territory Acceptance Act). (Vgl. London Gazette vom 14. 2. 1933 und Commonwealth Gazette vom 16. 3. 1933.) Letzterer bestimmt als Nordgrenze den 60 °S. Das Territorium wird der Bundesregierung direkt unterstellt.
1933, 13. 6.	Australian Antarctic Territory Acceptance Act. (vgl. 7. 2. 1933).
1933, 24. 3.	Norwegisches Gesetz, das die Verwaltung der Peter I.-Insel regelt.
1933	Der stellvertretende Gouverneur (Lieutenant Governor) von Tasmanien erklärt die Insel Macquarie zum Tierschutzgebiet.
1935, 20. 2.	*Klarius Mikkelsen* hißt die norwegische Flagge in den Vestfold-Hügeln.
1935, 29. 3.	Eine königlich norwegische Resolution verbietet den Robbenfang auf den Inseln Bouvet und Peter I.
1935, 23. 11.	*Lincoln Ellsworth* nimmt vom James Ellsworth-Hochland Besitz für die USA. Auch diese Annexion wird vom Kongreß nicht anerkannt.
1936, 24. 8.	Der Australian Antarctic Territory Acceptance Act vom 13. 6. 1933 tritt in Kraft.
1937, 4. 2.	Die Prinz-Harald-Küste wird von *Lars Christensen* (Schiff „Thorshavn") für Norwegen beansprucht.
1937	Argentinien erhebt erneut Anspruch auf alle britischen Gebiete der Falkland-Inseln und ihrer Territorien.
1937, Juni	Erste Internationale Walfang-Konferenz in London. Es wurden Vereinbarungen getroffen über die zulässige Größe von einzelnen Arten, Begrenzung der Fangperiode und Verbot des Fanges überhaupt in bestimmten Gebieten.
1938, 1. 4.	Formelle Einverleibung von Adelie-Land südlich 60 °S bis zum Pol und zwischen 136 und 142 °E durch Frankreich. Die Angliederung als Dependenz von Madagaskar erfolgte bereits 1924 (Veröffentlicht im Journal Officiell vom 6. 4. 1938).
1938, Juni	Zweite Internationale Walfang-Konferenz in London. Die Unterzeichnermächte erklären ihre Einwilligung zur Zulassung internationaler Kontrolle des Walfangs.
1938, 25. 10.	Übereinkommen zwischen den Regierungen von Frankreich und Großbritannien über freien Luftverkehr über Adelie-Land und den Territorien des Britischen Commonwealth in der Antarktis.

Tabelle 52, Fortsetzung

Datum	Ereignis
1939, 11. 1.	*Lincoln Ellsworth* entdeckt das American Highland südlich Prinzessin-Elizabeth-Land und nimmt es für die USA in Besitz. Die Annexion wurde vom Kongreß ebenfalls nicht anerkannt.
1939, 14. 1.	Annektierung aller Gebiete zwischen 20 °W und 45 °E südlich 60° als Atlantensektor durch Norwegen (Königliche Resolution, am 20. 1. 1939 durch das norwegische Utenriksdepartement zum Gesetz erklärt, veröffentlicht in Stortingsmeddelse 1939, Nr. 19, 28. 1. 1939).
1939, Nov.	Britische U-Boot-Operation (H. M. S. „Olympus") in den Gewässern der Inselgruppen Crozet und Prinz Edward. (Leiter: Kapt. *King*).
1940, 30. 4.	Ein Erlaß des Präsidenten der Argentinischen Republik errichtet eine Comisión Nacional del Antártico, die alle die argentinische Antarktis betreffenden Fragen behandeln soll.
1940	Britische Marineoperation (H. M. S. „Neptune") in den Gewässern der Prinz-Edward-Inseln und von Kerguelen. Suche nach geheimen deutschen Stützpunkten. (Leiter: Kapt. *R. C. O'Connor*.)
1940, 6. 11.	Erlaß des Präsidenten der Republik Chile. Annektierung des Sektors zwischen 53° und 90 °W. (Decreto Statal no. 1747, veröffentlicht im Staatsbulletin für Gesetze und Erlasse 1940, 6. 11.) Das Gebiet erhält den Namen Territorio Antártico Chileno.
1940/41	Fahrt des deutschen Hilfkreuzers 16 „Atlantis" unter Kapt. *Rogge*. Treffpunkt mit dem Hilfsschiff „Alstertor" in einer Bucht der Kerguelen-Gruppe.
1940/41	Fahrt des deutschen Hilfskreuzers 45 „Komet" unter Kapt. *Robert Eyssen* über den nördlichen Seeweg. Folgte der antarktischen Küste von Kap Adare bis zum Shackleton-Schelfeis. Die Vorräte wurden auf der Kerguelen-Gruppe ergänzt.
1940/41	Operation des deutschen Hilfskreuzers 33 „Pinguin" unter Kapt. *Ernst-Felix Krüder*. Aufbringung der norwegischen Walfangflotte (Faktoreischiffe „Ole Wegger" und „Pelagos", Vorratsschiff „Solglimt" und 11 Fangboote) auf 59 °S, 2° 30′ W, die nach Frankreich gebracht wurde (Januar 1941). Ankerplätze auf der Kerguelen-Gruppe dienten als Treffpunkt mit dem Versorgungsschiff „Alstertor". Der Hilfskreuzer „Pinguin" wurde im Mai 1941 durch den britischen Kreuzer „Cornwall" versenkt.
1941, März	Britische Marine-Operation mit dem Kreuzer „Queen of Bermuda", Kapt. *A. T. G. C. Peachey*. Es wurden die Tankanlagen auf der Insel Deception zerstört, um deren Gebrauch durch feindliche Schiffe zu verhindern.
1941, Nov.	Australische Marine-Operation des Kreuzers „Australia" in den Gewässern der Kerguelen und Crozet-Inseln auf der Suche nach deutschen Stützpunkten.
1941	Die britische Marine-Meteorologie (Naval Meteorological Branch) errichtet ein Wetteramt in Stanley, Falkland-Inseln, dessen Aufgaben ab 1947 vom Luft-Ministerium (Air Ministry) übernommen wurden. 1950 wurde hier die Zentralstelle des Meteorologischen Dienstes der Falkland-Inseln und ihrer Dependenzen eingerichtet.

Tabelle 52, Fortsetzung

Datum	Ereignis
1942, 8. 2.	Die argentinische Expedition „Primero de Mayo", Kapt. *Alberto J. Oddera,* besucht die Insel Deception und nimmt formalen Besitz durch Anbringung von Bronzetafeln auf Deception, der Melchior-Gruppe und der Wiencke-Insel. Die Annexion erstreckt sich auf alle Gebiete zwischen den Meridianen 25 °W und 68° 34′ W, südlich von 60°. Die Regierung von Argentinien informierte offiziell die britische Regierung von diesem Schritt am 15. 2. 1943.
1942, 27. 3.	Regierungs-Dekret von Chile, das die Einsetzung der Comisión Chilena Antártica bekanntgibt, deren Aufgabe es ist, alle Chile betreffenden antarktischen Probleme zu behandeln.
1943, Januar	Britische Marine-Operation in den Gewässern der antarktischen Halbinsel. Die argentinischen Bronzetafeln werden entfernt. Die britische Flagge wird auf folgenden Inseln gehißt: Deception, Signy (Süd-Orkneys). Kreuzer „Carnarvon Castle" unter Kapt. *E. W. Kitson.*
1943, 11. 2.	Die Britische Botschaft in Buenos Aires gibt einige der entfernten Bronzetafeln der argentinischen Regierung zurück. Seitdem Notenaustausch bis 1959.
1943, 2. 3.	Die argentinische Expedition von *Silvano Harriague* (Schiff „Primero de Mayo") hinterlegt in Port Lockroy, Wiencke-Insel, einen Zylinder, durch den der argentinische Sektor erneut bestätigt wird. Auf der Insel Deception werden die britischen Hoheitszeichen entfernt und die argentinischen Zeichen erneuert.
1944, 6. 2. und 11. 2.	Die britische Operation „Tabarin" (Leitung *K. A. J. Pitt, J. W. S. Marr*) errichtet ständige meteorologische Stationen auf der Deception-Insel und in Port Lockroy. Die argentinischen Hoheitszeichen werden hier sowie auf den Melchior-Inseln entfernt. Die britische Flagge wurde auf Kap Renard gehißt.
1944, Febr.	Internationale Walfang-Konferenz in London. Vorschläge für eine Beschränkung des jährlichen Walfanges, um die Wale nicht auszurotten.
1945, Mai	Zu Ende des Krieges wurde die Betreuung der britischen Stationen von der Admiralität an das Kolonialamt übertragen unter dem neuen Namen „Falkland Islands Dependencies Survey".
1946, 2. 9.	Dekret der Argentinischen Regierung, wodurch die westliche Grenze des argentinischen Sektors von 68° 34′ W auf 74 °W verlegt wird.
1946, Dez.	Internationale Walfang-Konvention von Washington. Es wird eine Internationale Walfang-Kommission eingesetzt, welche seitdem alljährlich tagte, um neue Maßnahmen zum Schutz des Walbestandes zu treffen.
1947, 12. 7.	Vertrag von Buenos Aires zwischen Argentinien und Chile zur Wahrung der gemeinsamen Interessen in der Antarktis im Sektor zwischen 25° und 90 °W gegenüber allen nichtamerikanischen Staaten und Vertagung der Grenzfrage zwischen dem argentinischen und chilenischen Sektor. (Abdruck in *H. Christie* und *W. Hunter:* The Antarctic Problem. London 1951.)
1947, Aug.	Die Australische Regierung beschließt für fünf Jahre die Einrichtung wissenschaftlicher Stationen auf den Inseln Heard und Macquarie und die Aufnahme wissenschaftlicher Forschungen im Australischen Antarktischen Territorium. Gründung der Australian National Antarctic Research Expedition (ANARE).

Tabelle 52, Fortsetzung

Datum	Ereignis
1947, 2. 9.	Vertrag von Rio de Janeiro zwischen allen amerikanischen Staaten. Festlegung der Interamerikanischen Verteidigungssphäre, die im Südpolargebiet auf 24 °W zum Südpol, von diesem auf 90 °W nach Norden bis 30 °S verläuft (vgl. Department of State Publ. 3016, Washington 1948).
1947, Dez.	Die Regierung von Großbritannien schlägt den Regierungen von Argentinien und Chile vor, den Streit über die antarktischen Gebiete dem Internationalen Gerichtshof in den Haag zu unterbreiten. Dieser Vorschlag wird von Argentinien und Chile abgelehnt.
1947, Dez.	Die Abtretung der Heard-Insel von Großbritannien an Australien wird bestätigt und tritt in Kraft.
1947, 29. 12.	Hissung der südafrikanischen Flagge und Besitzergreifung der Marion-Insel durch die Südafrikanische Union (Leiter: *John Fairbirn*, Schiff „Transvaal").
1948, 4. 1.	Hissung der südafrikanischen Flagge und Besitzergreifung der Prinz-Edward-Insel durch die gleiche Expedition.
1948, 24. 1.	Proklamation der Südafrikanischen Union. Durch Übereinkommen mit der Regierung von Großbritannien wird die britische Oberhoheit über die Prinz-Edward-Inseln in Zukunft von der Südafrikanischen Union wahrgenommen.
1948, Febr.	Argentinische Marine-Manöver in den Gewässern der Süd-Shetland-Inseln unter dem Kommando von Konter-Admiral *Harald Cappus*. Beteiligt sind die Kreuzer „Veinticinto de Mayo", „Almirante Brown", die Zerstörer „Entre Rios", „San Luis", „Misiones", „Santa Cruz", „Mendoza", „Cervantes", die Transportschiffe „Patagonia", „Ushuaia" und fünf kleinere Schiffe.
1948, Febr.	Besuch des chilenischen Präsidenten *Gabriel González Videla* in der Antarktis. Feierliche Eröffnung der chilenischen Station auf Kap Legoupil.
1948	Übertragung der Forschungen in der Falkland-Dependenz auf den Gouverneur der Falkland-Inseln.
1948	Britische Marine-Expedition unter Leitung von *J. G. Forbes* und den Schiffen „Snipe" und „Nigeria" besucht die britischen Stationen in Südgeorgien, den Süd-Orkneys und den Süd-Shetland-Inseln. An Bord befindet sich der Gouverneur der Falkland-Inseln.
1949, 18. 1.	Einigung zwischen Großbritannien, Argentinien und Chile, keine Kriegsschiffe südlich des 60° zu verwenden (Foreign Office Statement 18. 1. 1949). Dieses Abkommen wurde alljährlich erneuert.
1949, Jan.	Reorganisierung der Verwaltung von ANARE. Einrichtung der Antarctic Division beim Australischen Department of External Affairs zu Behandlung aller australischen antarktischen Fragen.
1949, März	Übernahme der Verantwortlichkeit für die Discovery Investigation von der Verwaltung der Dependenzen der Falkland-Inseln durch das British National Institute of Oceanography.
1949, Dez.	Die französische Expedition unter *Pierre Sicaud* (Schiff „La Pérouse" und „Commandant Charcot") bestätigt durch eine Plakette den französischen Besitz der Crozet-Inseln an der Baie de Marin, Ile de la Possession.
1949/50	Besuch des Gouverneurs der Falkland-Inseln auf der Deception-Insel an Bord der Fregatte „Bigbury Bay".

Tabelle 52, Fortsetzung

Datum	Ereignis
1950, 1. 1.	Die neue britische Station Grytviken, Südgeorgien, übernimmt die meteorologische Station der Oficina Meteorologica Argentina.
1950, Jan.	Der Gouverneur der Falkland-Inseln besucht an Bord des Schiffes „John Biscoe" die britischen Stationen auf der antarktischen Halbinsel.
1950	Einrichtung des „Falkland Islands and Dependencies Meteorological Service" mit Sitz in Stanley. Vorhersagegebiet ab Dezember 1950 das Gebiet zwischen 0 und 60 °W und 50—65 °S.
1950, 7. 6.	Memorandum der Regierung der Sowjetunion betr. Teilnahme an sämtlichen Verhandlungen über die politischen Verhältnisse in der Antarktis. Diese Note wurde den Regierungen von Großbritannien, den USA, Frankreich, Norwegen, Australien, Argentinien und Neuseeland überreicht (Abdruck in Izvest. Vses. Geogr. Obščestva 1950, 4, S. 337).
1951, April	Einrichtung des Instituto Antártico Argentino durch die argentinische Regierung, um alle argentinischen antarktischen Forschungen zu koordinieren.
1952, Jan.	Besuch des Maritimen Gouverneurs von Tierra del Fuego an Bord des Schiffes „Bahia Buen Suceso" bei den argentinischen Stationen.
1952, Febr.	Bei der Landung britischer Matrosen in der Hope-Bucht kommt es zu einem Feuerwechsel mit der bereits anwesenden Besatzung der argentinischen Station Bahia Esperanza.
1952, Febr.	Der Gouverneur der Falkland-Inseln besucht die Hope-Bucht an Bord der Fregatte „Brughead Bay", um den Zwischenfall zu untersuchen. Besuch Südgeorgiens.
1952, Mai	Der Internationale Rat der Wissenschaftlichen Unionen (International Council of Scientific Unions) setzt ein Komitee ein zur Organisation des Internationalen Geophysikalischen Jahres (I. G. J.) 1957/58. Besondere Aufmerksamkeit wird der antarktischen Forschung geschenkt.
1952, März	Feierliche Eröffnung der argentinischen Station Bahia Luna durch den Maritimen Gouverneur von Tierra del Fuego.
1953, Febr.	Die Besatzung der Schaluppe „Snipe" (Kommandant *D. G. D. Hall-Wright*) hilft der Besatzung der britischen Station Deception, je eine argentinische und chilenische Hütte in Whalers Bay, Deception-Insel zu zerstören. Zwei Bewohner der argentinischen Hütte werden nach Südgeorgien deportiert. Die Fregatte „Bigbury Bay" bleibt in den Gewässern der Deception-Insel bis Mitte April auf Patrouille.
1953, 27. 3.	Ein australisches Gesetz gibt nähere Bestimmungen für die Verwaltung der Heard- und MacDonald-Inseln.
1953/54, Dez.—Jan.	Die britische Fregatte „Nereide" (Kapt. *P. R. H. Harrison*) besucht mit dem Gouverneur der Falkland-Inseln an Bord die Walfangstationen auf Südgeorgien und die britischen, argentinischen und chilenischen Stationen auf den Süd-Orkney- und Süd-Shetland-Inseln.
1954, März	Der argentinische Marineminister besucht an Bord des Schiffes „Les Eclaireurs" die argentinischen Stationen auf den Süd-Shetland-Inseln und auf der nördlichen antarktischen Halbinsel. Das argentinische Schiff wird begleitet durch die britische Fregatte „St. Austell Bay". Der Maritime Gouverneur von Tierra del Fuego besucht ebenfalls die argentinischen Stationen.

Tabelle 52, Fortsetzung

Datum	Ereignis
1954, 1. 11.	Australischer „Antarctic Territory Act" führt die australischen Gesetze auf, die in diesem Gebiet Wirksamkeit haben.
1955, Jan.	Der Maritime Gouverneur von Tierra del Fuego besucht erneut die argentinischen Stationen.
1955, Anf.	Der Gouverneur der Falkland-Inseln besucht an Bord der Fregatte „Veryan Bay" die britischen und fremden Stationen der Süd-Orkney- und Süd-Shetland-Inseln.
1955, Mai	Die Regierung von Großbritannien erhebt vor dem Internationalen Gerichtshof Klage gegen Argentinien und Chile wegen ihres Eindringens in die Dependenzen der Falkland-Inseln. Argentinien und Chile erkennen die Zuständigkeit dieses Gerichtes in dem Streitfall nicht an.
1955, 23. 5.	Ein Dekret der Regierung von Argentinien unterstellt die Verwaltung der argentinischen Antarktis dem Maritimen Gouverneur von Tierra del Fuego.
1955, 17. 6.	Ein chilenisches Gesetz unterstellt die Verwaltung der chilenischen Antarktis der Provinz Magallanes.
1955, 6. 8.	Ein französisches Gesetz bildet ein neues französisches Überseegebiet, die „Terres Australes et Antarctiques Françaises", die aus den Inseln St. Paul, Amsterdam, Crozet, Kerguelen und Adelie-Land bestehen. Die verwaltungsmäßige Unterstellung unter Madagaskar wird aufgehoben, die Verwaltung nach Paris verlegt.
1955, 28. 6.	Argentinien bildet eine neue Provinz, die von 46 °S bis zum Pol reicht und die Falkland-Inseln und ihre Dependenzen zwischen 25° und 74 °W umfaßt.
1955, Okt.	Die Regierung der Vereinigten Staaten veröffentlicht das „United States Antarctic Program", um alle Forschungen in der Antarktis zu koordinieren und die Regierung in politischen Fragen zu beraten.
1956, 13. 1.	Französisches Dekret, das die Verwaltung der „Terres Australes et Antarctiques Françaises" regelt.
1956, 17. 7.	Chile gibt der neu gebildeten Provinz Magallanes ein Verwaltungsstatut.
1956, 18. 9.	Neues französisches Dekret, welches weitere Punkte der Verwaltung der „Terres Australes" regelt.
1956, 22. 12.	Ein Flugzeug DC 6 B der zivilen chilenischen Luftfahrtgesellschaft LAN führt einen Nonstop-Flug von Chabunco zu den chilenischen antarktischen Stationen und zurück aus, der erste Touristenflug in der Antarktis.
1957, Jan.	*Prinz Philip*, Herzog von Edinburgh, besucht in Begleitung des Gouverneurs der Falkland-Inseln an Bord der königlichen Yacht „Britannia" die britischen Stationen auf den Süd-Shetland-Inseln und in der westlichen antarktischen Halbinsel. Ein Teil der Fahrt wurde an Bord des Schiffes „John Biscoe" durchgeführt.
1957, Jan.	Konter-Admiral *Rojas*, Chef der Marine-Operationen der Republik Argentinien, besucht die argentinischen Stationen auf den Süd-Shetland-Inseln und auf der antarktischen Halbinsel.
1957, 28. 2.	Wiedereinrichtung des argentinischen Territoriums Tierra del Fuego (das am 28. 6. 1956 an Santa Cruz angeschlossen worden war) einschließlich der atlantischen Inseln und des antarktischen Sektors. (Gesetz Nr. 2191, am 1. 3. 1957 in Kraft getreten.)

Tabelle 52, Fortsetzung

Datum	Ereignis
1957, April	IGJ-Tagung in Brüssel. Beschlossen wird die Einrichtung von Weltdatenzentren (A: USA; B: UdSSR; C: verschiedene Länder).
1957, 21. 6.	Für die norwegischen Gebiete Bouvet-Insel, Peter I. - Insel und Dronning-Maud-Land werden die norwegischen Zivilgesetze in Kraft gesetzt (veröffentlicht in Norsk Lovtidende Nr. 25, S. 692).
1957, 24.—28. 6.	9. Sitzung der Internationalen Walfang-Kommission, die aus 17 Mitgliedsstaaten besteht. Festlegung der Quoten für den pelagischen Walfang 1957/58. Begrenzung des Fanges auf 14 500 Blauwaleinheiten (BWE).
1957, 30. 6.	Um Mitternacht beginnt offiziell das Internationale Geophysikalische Jahr (IGJ), an welchem 60 Nationen teilnehmen, davon 12 in der Antarktis.
1957, 9.—11. 9.	Kongreß des Internationalen Rates der Wissenschaftlichen Unionen (ICSU) in Stockholm. Bildung eines „Special Committee on Antarctic Research (SCAR)". Mitglieder sind die 12 Nationen, die in der Antarktis wissenschaftliche Forschungen ausführen, sowie Delegierte von fünf wissenschaftlichen Unionen (IUGG, IGU, IUBS, IUPAP, URSI).
1958, 3.—5. 2.	1. SCAR-Sitzung in den Haag. Einigung über weitere Forschungen in der Antarktis über das IGJ hinaus. Als Begrenzung der „Antarktis" wird die antarktische Konvergenz und einige subantarktische Inseln nördlich davon festgelegt.
1958, 3. 5.	Einladung des Präsidenten der USA an die 11 interessierten Staaten zu einer internationalen Konferenz über die Antarktis.
1958, 23.—27. 6.	10. Sitzung der Internationalen Walfang-Kommission in den Haag. Die Quote für 1958/59 wird auf 14 500 BWE festgesetzt.
1958, 30. 7.—9. 8.	5. Generalversammlung des Spezialkomitees für das IGJ in Moskau. Es wird der Beschluß gefaßt, das IGJ 1959 weiter zu führen unter dem Namen „Internationale Geophysikalische Kooperation" (IGC).
1958, 4.—11. 8.	2. SCAR-Sitzung in Moskau. Beratung der Forschungspläne für 1959. Bildung von Arbeitsgruppen.
1958, 27. 11.	Sitzung der fünf antarktischen Walfangnationen (Japan, Niederlande, Norwegen, Großbritannien und UdSSR) in London. Vorschlag eines jeweils sieben Jahre geltenden Schemas für die Verteilung der Fangquoten.
1958, 31. 12.	Ende des IGJ. Beginn der IGC.
1959, 10.—25. 2.	2. Symposium des SCAR über antarktische Meteorologie in Melbourne.
1959, 2.—6. 3.	3. SCAR-Sitzung in Canberra. Vortrag der vorläufigen Pläne für 1960. Vorschlag der UdSSR, Polen als 13. Nation aufzunehmen.
1959, 22. 6.—1. 7.	11. Sitzung der Internationalen Walfang-Kommission in London. Diskussion über die Quoten der einzelnen Länder. Für 1959/60 15 000 BWE freigegeben.
1959, 1. 7.	Austritt von Norwegen und den Niederlanden aus der Internationalen Walfang-Konvention.
1959, 30. 9.—3. 10.	Die Internationale Union für Geodäsie und Geophysik wird ermächtigt, ein Unterkomitee für Geophysik (CIG) zu bilden.
1959, 4.—6. 11.	Das CIG hält seine erste Sitzung in den Haag ab. Gegenstand der Sitzung: Sammlung und Veröffentlichung der Ergebnisse des IGJ und der IGC, die am 31. 7. 1959 zu Ende ging.

Tabelle 52, Fortsetzung

Datum	Ereignis
1959, 17.–25. 11.	Antarktisches Symposium des SCAR in Buenos Aires. Teilnahme von Delegierten aller 12 interessierten Nationen und von 5 wissenschaftlichen Unionen. Vorträge von 188 Wissenschaftlern.
1959, 1. 12.	Abschluß des antarktischen Vertrages durch die Delegierten folgender Staaten: Argentinien, Australien, Belgien, Chile, Frankreich, Großbritannien, Japan, Neuseeland, Norwegen, Union von Südafrika, UdSSR und USA. Die wichtigsten Bestimmungen des Vertrages (im Auszug) sind: 1. Die Antarktis darf nur für friedliche Zwecke genutzt werden. Verboten sind militärische Anlagen, Manöver, Waffentests. 2. Die Freiheit der Forschung in der Antarktis soll in Zukunft bestehen bleiben. 3. Austausch der Arbeitspläne und der Forschungsergebnisse, ggf. durch Vermittlung von UNO-Institutionen wird vorgesehen. 4. Die politischen Rechte der beteiligten Staaten sind nicht aufgehoben. Jedoch sind neue Annexionen sowie Dispute über die früheren Annexionen verboten. 5. Atomversuche sind verboten. 6. Der Geltungsbereich des Vertrages ist alles Gebiet südlich von 60 °S. 7. Jeder Unterzeichnerstaat hat das Recht, zu jeder Zeit Beobachter in jeden beliebigen Teil der Antarktis zu senden. Alle Anlagen, Stationen usw. sind für solche Beobachter von anderen Ländern offen. Luftverkehr ist zu jeder Zeit und über jedem Gebiet gestattet. Wissenschaftliche Projekte sind allen Unterzeichnerstaaten mitzuteilen. 8. Beobachter und Wissenschaftler unterstehen den Gesetzen ihres Heimatlandes. 9. Nach Inkrafttreten des Vertrages sollen die Unterzeichnerstaaten nach zwei Monaten und dann in geeigneten Abständen zusammenkommen, um Erfahrungen auszutauschen. 10. Keiner der Unterzeichnerstaaten darf dem Vertrag und seinen Prinzipien zuwiderhandeln. 11. Zur Beilegung von Streitfällen dürfen nur friedliche Mittel angewendet werden (Befragung, Beratung, zweiseitige Vereinbarung, internationales Gericht). 12. Änderungen des Vertrages bedürfen der Zustimmung aller Unterzeichnerstaaten. 13. Die Beitrittsurkunden der einzelnen Staaten sind bei der Regierung der USA zu hinterlegen.
1960, 20.–24. 6.	12. Sitzung der Internationalen Walfang-Kommission in London. Es wurden keine Quoten vereinbart, jedoch wird empfohlen, die Quoten für 1959 beizubehalten.
1960, 29. 8.–2. 9.	4. SCAR-Sitzung in Cambridge. Der Antrag für Aufnahme von Polen wird abgelehnt, da es keine Überwinterungsgruppe in die Antarktis gesandt hat. Delegationsberichte, daß die Regierungen der beteiligten Länder die SCAR-Arbeit begrüßen, da diese mit Artikel 3 des Vertrages von Washington übereinstimmen. Die sechs Arbeitsgruppen berichten

Tabelle 52, Fortsetzung

Datum	Ereignis
	über ihre Forschungen (Geologie, Meteorologie, Biologie, Transport, Kartographie, Verkehr). Erste Verhandlungen über allgemeinen Naturschutz.
1960, 25. 9.	Norwegen tritt wieder der Internationalen Walfang-Konvention bei.
1960, 21. 10.	Neuseeländisches Gesetz für die Ross-Dependenz im Einklang mit Artikel 8 des Washingtoner Vertrages (New Zealand Antarctica Act. Act no. 47).
1960, 2. 11.	Australisches Gesetz zur Anerkennung von Artikel 8 des Vertrages von Washington (Australian Antarctic Treaty Act. Act no. 48).
1961, 16. 6.	Das „Antarctic Research Programme" der National Science Foundation, USA, wird abgelöst durch das Amt für antarktische Programme (Office of Antarctic Programs; Leiter: *T. O. Jones*).
1961, 19.—23. 6.	13. Sitzung der Internationalen Walfang-Kommission in London. Empfehlung, die Quoten für 1959 beizubehalten. Keine neue Quote festgesetzt.
1961, 10.—24. 7.	1. Beratende Konferenz über den Antarktischen Vertrag (Antarctic Treaty Consultative Meeting) in Canberra. Die Fortsetzung der SCAR-Arbeit wird empfohlen.
1961, 9.—14. 10.	5. SCAR-Sitzung in Wellington. Der Name wird geändert in „Scientific Committee on Antarctic Research (SCAR)". 11 Arbeitsgruppen werden bestätigt (außer den am 29. 8. 1960 genannten: Geomagnetismus, Glaziologie, Ozeanographie, Geophysik des Festlandes, Physik der hohen Atmosphäre. Die Gruppe Kartographie wird erweitert zur Gruppe Geodäsie und Kartographie).
1962, 1. 1.	Änderung des Namens „Falkland Islands Dependencies Survey (FIDS)" in „British Antarctic Survey (BAS)".
1962, 26. 2.	Großbritannien löst die Gebiete südlich 60° aus der Verwaltung der Falklandinseln. Sie bilden fortab eine eigene Kolonie „British Antarctic Territory". Die Inselgruppen Südsandwich und Südgeorgien bleiben Dependenzen der Falklandinseln. Das neue Territorium wird einem Hochkommissar unterstellt (Ernennung des Gouverneurs der Falklandinseln Sir *Edwin Arrowsmith*). (British Antarctic Territory Order in Council, in Kraft seit 3. 3. 1962.)
1962, 3. 3.	Britisches Gesetz zur Anerkennung von Artikel 8 des Vertrages von Washington (British Antarctic Treaty Order in Council, veröffentlicht in Falkland Islands Gazette 71, 1962, 8).
1962, 4. 3.	Die erste Atomkraftstation in der Antarktis in MacMurdo in Betrieb genommen. Nettoerzeugung 1500 kW für die Dauer von 20 Jahren.
1962, 4. 5.	Die Niederlande tritt der Internationalen Walfang-Konvention wieder bei.
1962, 21. 5.	Gesetz von Südafrika zur Anerkennung von Artikel 8 des Vertrages von Washington (South African Citizens in Antarctica Act 1962).
1962, 2.—6. 7.	14. Sitzung der Internationalen Walfang-Kommission in London. Für 1962/63 werden wieder 1500 BWE vereinbart. Das frühere Walschutzgebiet im pazifischen Sektor wird „bis auf weiteres" für den Fang freigegeben.

Datum	Ereignis
1962, 18.—28. 7.	2. beratende Konferenz über den Antarktischen Vertrag in Buenos Aires. Die Forschungsergebnisse sollen für die Zeit bis 1959 einschließlich an die Datenzentren bis 1. 7. 1963 eingereicht werden. Die weitere Arbeit soll erleichtert werden, besonders während des „Jahres der ruhigen Sonne" (IQSY) 1964/65.
1962, 13.—17. 8.	SCAR-Symposium über antarktischen Transport (Logistics) in Boulder, USA.
1962, 20.—24. 8.	6. SCAR-Sitzung in Boulder, USA. Festlegung der Arbeiten für 1962/63 und die folgende Zeit.
1962, 2.—8. 9.	SCAR-Symposium über antarktische Biologie in Paris.
1962, 14.—21. 9.	Treffen der SCAR-Arbeitsgruppe für Glaziologie in Obergurgl.
1963, 24.—28. 6.	Sitzung über den Radioverkehr in der Antarktis (Antarktischer Vertrag) in Washington. Festlegung von dringenden Funkverbindungen in der Antarktis und einer Zeittafel hierfür.
1963, 1.—5. 7.	15. Sitzung der Internationalen Walfang-Kommission in London. 16 Staaten vertreten, ferner Beobachter von 3 Staaten und 4 internationalen Organisationen. Schutz der Blauwale südlich 40 °S.
1963, 16.—21. 9.	SCAR-Symposium über antarktische Geologie in Kapstadt.
1963, 23.—27. 9.	7. SCAR-Sitzung in Kapstadt. Festlegung des Programms für das Jahr der ruhigen Sonne (IQSY).
1964, 12. 5.	Note (Reference Nr. 235) der UdSSR an die Vereinten Nationen (Generalsekretariat), daß sie keine territorialen Ansprüche anderer Staaten in der Antarktis anerkennt.
1964, 27. 5.	Erlaß der „Ordinance Nr. 8" über die Einrichtung und Kontrolle von Naturreservaten auf den Falklandinseln und ihren Dependenzen.
1964, 2. 6.	3. beratende Konferenz über den Antarktischen Vertrag in Brüssel. 12 Staaten sind vertreten. Beratungen über gemeinsame Benutzung von Luftlandeplätzen, von unbesetzten Hütten und Depots in Notfällen und Vereinbarungen über Naturschutz.
1964, 22.—26. 6.	16. Sitzung der Internationalen Walfang-Kommission in Sandefjord. 16 Staaten sind vertreten sowie Beobachter von 2 Staaten und 3 Organisationen. Keine Einigung über die Begrenzung der Finnwalquote, jedoch wurde der absolute Schutz der Blauwale beschlossen. Auch die gesamte Fangquote blieb offen, da die vier Walindustrieländer — Japan, UdSSR, Norwegen, Niederlande — die von Biologen vorgeschlagene Quote von 6000 BWE ablehnten. Provisorische Einigung der Walfangländer auf 8000 BWE.
1964, 24.—28. 8.	8. SCAR-Sitzung in Paris. Berichte und Empfehlungen der Arbeitsgruppen. Eine Entschließung über Naturschutzgesetze für die Antarktis wird angenommen.
1964, 30. 10.	Erlaß der „Ordinance 15" über den Schutz von Wildtieren und Vögeln auf den Falklandinseln und ihren Dependenzen. Mit Nachtrag über den Schutz von Pinguinen und deren Gelegen vom 30. 12. 1964.

Tabelle 52, Fortsetzung

Datum	Ereignis
1965, 1. 5.	Bildung der „Antarctic Policy Group“ zur Koordinierung der Arbeiten in der Antarktis nach Abschaffung des Antarctic Project Officer (24. 4. 1965).
1965, 3.—9. 5.	Sonderkonferenz der Internationalen Walfang-Kommission in London. 17 Staaten sind vertreten. Japan schlägt vor, die Fangquote auf 5000 BWE zu beschränken, jedoch beschließt die Konferenz, für die Saison 1965/66 die Quote auf 4500 BWE zu begrenzen. Von wissenschaftlicher Seite wird vorgeschlagen, den Fang von „blauen Finnwalen“ (gemeint sind Blauwale) für eine Reihe von Jahren ganz zu verbieten. Den Regierungen wird vorgeschlagen, in den kommenden Jahren von sich aus den Fang noch weiter einzuschränken.
1965, 20. 5.	Dänemark unterzeichnet als 14. Staat den Antarktischen Vertrag von 1959 wegen des Einsatzes dänischer Schiffe als Charterschiffe für viele wissenschaftliche Expeditionen. Außer den am 1. 12. 1959 anwesenden Staaten (s. dort) haben inzwischen noch die nachstehenden Staaten den Vertrag ratifiziert: Tschechoslowakei (Teilnahme tschechischer Wissenschaftler seit 1958 an sowjetischen Expeditionen) und Polen (1958/59 Übernahme der Station Oasis durch eine polnische Gruppe).
1965, 28. 5.	Gründung des Conseil Scientifique des Terres Australes et Antarctiques Françaises in Paris.
1965, 4. 6.	Norwegischer Erlaß über das Verbot des Fanges von See-Elefanten und Pelzrobben auf Bouvet und der Peter I.-Insel.
1965, 28. 6.	Gründung des Mawson Institute for Antarctic Research an der University of Adelaide (Leiter *F. Jacka*). Ein eigenes Institutsgebäude ist für 1967/68 geplant.
1965, 23. 6.—2. 7.	17. Tagung der Internationalen Walfang-Kommission in London. 14 Staaten sind vertreten sowie Beobachter von drei internationalen Organisationen und verschiedenen Tierschutzvereinigungen. Bestätigung einer Fangquote für 1965/66 von 4500 BWE. Verbot des Fanges von Spermwalen zwischen 40 °N und 40 °S. Verbot des Blauwalfanges ab 1966 im Stillen Ozean nördlich des Äquators. Vorschlag zur Gründung einer Sonderkommission für die Regelung des Fanges von Landstationen aus.
1965, 27. 9.	Sitzung des Executive Committee des SCAR in New York. Berichte der Arbeitsgruppen und Vereinbarungen für die Abhaltung von künftigen Tagungen.
1966, 23. 2.—3. 3.	1. Sitzung der Executive Committee Working Group on Antarctic Meteorology der World Meteorological Organization in Melbourne. Anwesend waren Vertreter von Australien, Frankreich, Chile, Neuseeland, Japan, Großbritannien, USA, UdSSR, des SCAR und der WMO. Einigung über Zusammenarbeit antarktischer Stationen mit dem Satellitenprogramm (Automatic Picture Transmissions, APT), über Verbesserung des Datenaustauschs zwischen den Stationen und dem Weltnetz und über die Notwendigkeit der Einrichtung eines weiteren meteorologischen Regionalzentrums (außer Mirnyj und MacMurdo) auf der Antarktischen Halbinsel.
1966, 27. 6.—1. 7.	18. Tagung der Internationalen Walfang-Kommission in London. 14 Staaten und Beobachter von 3 Staaten und 6 internationalen Organisationen sind vertreten. Vorschlag weiterer Restriktionen für den Fang von Blau-

Tabelle 52, Fortsetzung

Datum	Ereignis
	und Buckelwalen, während Sei- und Spermwale im nördlichen Stillen Ozean weiter ungeschützt bleiben. Die Arbeiten der FAO-IWC — wissenschaftliche Arbeitsgruppe zur Bestimmung des Walbestandes — sollen weiter unterstützt werden.
1966, 5.—9. 9.	Symposium über polare Meteorologie in Genf, veranstaltet gemeinsam von WMO, SCAR und IAMAP.
1966, 13.—16. 9.	Symposium über antarktische Ozeanographie in Santiago, Chile, gemeinsam veranstaltet von SCAR, SCOR, IAPO und IUBS (für die Bedeutung der Kürzungen vgl. Tabelle 113). Bildung von sechs Sektionen: Oberflächenwasser, Tiefenwasser, Ozeanboden, Küstenwasser, Packeisregime und Produktivität.
1966, 20.—24. 9.	9. SCAR-Sitzung in Santiago. Bildung einer neuen Arbeitsgruppe „Gebrauch von Raumfahrzeugen in der antarktischen Forschung" und einer weiteren über „Probleme des drahtlosen Fernverkehrs".
1966, 3. 11.	4. Beratende Konferenz über den Antarktischen Vertrag in Santiago de Chile.
1967, 17.—22. 7.	4. IQSY-Sitzung und Symposium in London. Vorgesehen sind Referate über die Ergebnisse des Jahres der ruhigen Sonne, soweit sie zu diesem Zeitpunkt bereits vorliegen. Sie sollen 1968 in mehreren Bänden der „Annals of the IQSY" veröffentlicht werden.
1967/68	Symposium der Arbeitsgruppe für Glaziologie des SCAR in Hannover, N. H., USA. Der genaue Termin wird noch mit der Internationalen Kommission für Schnee und Eis vereinbart.
1968, Mai/Juni	10. SCAR-Sitzung in Tokio. Vorgesehen sind Berichte der Arbeitsgruppen.

Tabelle 53

Die politischen Ansprüche in der Antarktis

Land	Name	Verwaltungsstellung	Dekret	Besitznahme
Argentinien	Antártida Argentina	Alle Inseln und Länder zwischen 25° und 74 °W, südlich 60°. Teil des Territoriums Tierra del Fuego	2. 9. 1946	1820 ff.
Chile	Antártida Chilena	Alle Inseln und Länder zwischen 53° und 90 °W, südlich 60°. Teil der Provinz Magallanes	6. 11. 1940	1540 ff.
Australien	Australien Antarctic Territory	Alle Inseln und Gebiete außer Adelieland südlich 60° zwischen 45° und 160 °E. Territorium des Australischen Bundes	24. 8. 1936	1909 ff.
	Heard- und MacDonald-Inseln	Territorium des Australischen Bundes	26. 12. 1947	1908 britisch
Norwegen	Dronning Maud Land	Teil des Antarktischen Kontinents zwischen 20 °W und 45 °E. Territorium	14. 1. 1939	1927 ff.
	Bouvet-Insel	Territorium	23. 1. 1928	
	Peter I.-Insel	Territorium	1. 5. 1931	
Groß-britannien	British Antarctic Territory	Alle Inseln und Gebiete zwischen 20° und 50 °W südlich 60°. Kronkolonie	26. 2. 1962	1775 ff.
	Falkland Islands Dependencies	Inselgruppen Südgeorgien und Süd-Sandwich Dependenz der Falkland-inseln	21. 7. 1908	1775 ff.
Neuseeland	Ross Dependency	Alle Inseln und Gebiete südlich 60° zwischen 160 °E und 150 °W. Dependenz	30. 7. 1923	1841 ff.
Frankreich	Terre Adélie	Alle Inseln und Gebiete südlich 60° zwischen 136° und 142 °E. Teil der „Terres Australes et Antarctiques Françaises"	27. 3. 1924 (6. 8. 1955)	1840 ff.
	Iles Crozet und Iles Kerguelen	Teil der Terres Australes et Antarctiques Françaises	27. 3. 1924	1772 ff.

Tabelle 53, Fortsetzung

Land	Name	Verwaltungsstellung	Dekret	Besitznahme
Süd-afrikanische Union	Prince Edward Islands	Territorium	24. 12. 1947 4. 1. 1948	1908 ff.
Australien Tasmanien	Macquarie Island	Teil von Tasmanien	1825	1825
	Der Sektor zwischen 90° und 120 °W wird z. Z. von keinem Staat beansprucht.			

Tabelle 54

Arktis und Subarktis. Politische Einheiten. Bevölkerungszahlen um 1960

Einheit	Datum der Volks-zählung	Einwohner	Einw./km²	Zahl der Eingeborenen oder Fremdgruppen	
Spitzbergen	1961	2 961	0	Russen:	2 054
Obl. Murmansk	1959	567 700	3,9	Lappen:	1 800
Neneckij N. O.	1959	36 900	0,2	Samojeden:	23 000
Jamalo-Neneckij N. O.	1959	62 300	0,1		
Dolgano-Neneckij N. O.	1959	33 400	0,04	Nganasany:	750
				(1926:	
				Dolganen:	1 445
				Enzen:	378)
Jakutische ASSR	1959	487 300	0,2	Jakuten:	236 700
Čukotskij N. O.	1959	46 700	0,1	Tschuktschen:	11 700
				Eskimo:	1 100
				(Jukagiren u. a.:	1 600)
Alaska	1960	226 167	0	Eskimo,	
				Indianer,	
				Aleuten:	38 332
				Neger:	6 771
				Asiaten:	1 769
				(1950:	
				Eskimo:	15 882)
Yukon	1961	14 628	0,1	Eskimo:	0 %
				Indianer:	14 %
				(1951:	
				Eskimo:	30
				Indianer:	1 533)
Nordwest-Territorien	1961	22 998	0,01	Eskimo:	11 500
				(1951:	
				Eskimo:	6 857
				Indianer:	3 803)
Grönland	1960	33 140	0	Grönländer:	30 378

Tabelle 55

Antarktis. Bewohner im Südwinter (südlich 60°) und Einwohner von Grytviken, Südgeorgien im Südsommer

1945 nach Polar Record, Vol. 4, 32, 1946
1955 und 1957/58 nach *Ph. Law* 1959
1961 nach *G. Skeib* 1964
1964 nach Antarctic, Vol. 3, 12, 1964
1965 nach Polar News (Tokyo), Vol. 1, 1, 1965 und Antarctic, Vol. 4, 4, 1965

Einwohner von Grytviken nach Statesman' Yearbook 1915—1964/65

Zu den Tabellen: **St** **Zahl der Stationen**
P **Zahl der Personen**

Land	1945		1955		1957/58		▶
	St	P	St	P	St	P	
Argentinien			7	78	8	105	
Australien			1	15	2	32	
Belgien/Niederlande					1	17	
Chile			4	29	4	56	
Frankreich					2	23	
Japan					1	11	
Neuseeland [1])					1	23	
Neuseeland/USA							
Norwegen					1	14	
Südafrika							
USA [1])					9	339	
UdSSR					8	183	
U. K. (Großbritannien)	2	14	8	57	14	127	
	2	14	20	179	51	930	

[1]) Für 1957/58 ist die Station Hallett, die gemeinsam von Neuseeland und den USA betreut wurde, in der Zahl für das Personal der USA-Stationen mit enthalten.
Bevölkerungsdichte etwa 1 Person je 20 000 qkm.

Entwicklung des Personals (Winter) auf den drei größten Stationen der Antarktis 1956—1965 (nach Polar News 1, 1, 1965 und Antarctic 4, 4, 1965)

Jahr	Little America	MacMurdo	Mirny
1956	109	87	92
1957	109	87	138
1958	107	96	145
1959	aufgelöst	135	97
1960		139	106
1961		145	88
1962		220	55
1963		227	67
1964		215	90
1965		220	70

◀	1961		1964		1965		In Subantarktis 1965	
	St	P	St	P	St	P	St	P
	7	100	5	89	5	95		
	3	70	3	62	2	51	1	19
			1	14	1	16		
	4	31	4	39	3	28		
	1	17	1	20	1	20	2	69
	1	13	1	13	1	14		
	1	18	1	13				
	1	10	1	13	1	14	2	14
	3	184	4	274	5	288		
	3	112	4	87	4	143		
	8	90	7	98	6	100	1	7
	33	661	32	722	29	769	6	109

Fluktuation der Bevölkerung von Grytviken, Südgeorgien (jeweils zum 31. 12.). Grytviken ist der einzige ständig bewohnte Ort in der Subantarktis. Die Zahl der Überwinterer beträgt etwa die Hälfte der angegebenen Zahlen.

Jahr	Gesamt	davon Frauen	davon Kinder
1905	Gegründet		
1925	1337	3	.
1926	1895	7	.
1932	562	2	,
1946	360	7	.
1951	360	4	.
1952	365	5	
1953	1449	6	2
1954	1371	6	3
1956	1285	6	3
1958	1265	7	5
1959	1271	8	9
1960	1271	8	9
1962	93	9	.
1963	430	9	.
1964	499	5	.

Tabelle 56

Arktis. Bevölkerungswachstum für Stichjahre nach statistischen Angaben.
Bemerkung: Die Nordwestterritorien in Kanada umfaßten bis 1897 Yukon, bis 1905 Teile von Quebec, Ontario, Manitoba sowie Alberta und Saskatchewan

Jahr	Spitzbergen	Grönland	Nordwest-Territorien	Yukon	Alaska	►
1871			48 000			
1880		10 000			33 426	
1881			56 446			
1891			98 967			
1900					63 592	
1901		11 893	20 129	27 219		
1907	130					
1910					64 356	
1911			6 507	8 512		
1920	927					
1921		14 855	8 143	4 157		
1926						
1930	922	16 901			59 270	
1931			9 316	4 230		
1938	2 316	18 708				
1939						
1940					72 528	
1941			12 028	4 914		
1946			16 000	8 000		
1947	2 429					
1950	3 570	23 642			128 643	
1951			16 004	9 096		
1955	3 585	27 101			209 000	
1956			19 313	12 190		
1958		30 621				
1959	3 654					
1960		33 140			226 167	
1961	2 961	34 312	22 998	14 628		
1962	2 781	35 499			246 000	
1963		36 967			248 000	
1964						
1965			25 000	16 000	250 000	

◄	Čukotskij N.O.	Jakutische ASSR	Dolgano-Neneckij N.O.	Jamalo-Neneckij N.O.	Neneckij N.O.	Obl. Murmansk
	13 000	287 000	7 000	19 000	14 000	
	19 100	400 544	8 000	29 500	16 700	291 188
		483 000				
	46 700	487 300	33 400	62 300	36 900	567 700
	66 000	577 000	33 500	65 000	38 000	649 000
		597 000				
	78 000	612 000	36 000	68 000	38 000	696 000

Tabelle 57

Grönland. Wachstum der Bevölkerung 1805—1963

Jahr	Südgrönland			„Nordgrönland"			(seit 1950): Westgrönland	
	Europ.	Grönl.	Gesamt	Europ.	Grönl.	Gesamt	Europ.	Grönl.
12. Jahrh.								
1805								6 046
1820								6 286
1840							251	7 877
1860							232	9 648
1880							280	9 720
1901	183	6 052	6 235	79	5138	5217	262	11 190
1911	280	6 652	6 932	102	5858	5960	382	12 510
1921	205	7 386	7 591	61	6265	6326	266	13 651
1930	285	8 487	8 772	114	7129	7243	399	15 616
1938	227	9 361	9 588	162	7879	8041	383	16 969
1945	370	10 512	10 882	192	8966	9158	451	19 267
1949	507	11 231	11 738	316	9377	9693	823	20 608
1950							907	20 754
1951							1071	20 989
1952							1265	21 400
1953							1301	21 824
1954							1516	22 392
1955							1640	23 020
1956							1854	23 941
1957							1961	24 909
1958								
1960							2407	27 702
1961							3008	28 504
1962							2828	29 422
1963							3162	30 528

▶

◄ Gesamt	Ostgrönland Europ.	Grönl.	Gesamt	Nordgrönland Europ.	Grönl.	Gesamt	Gesamt Europ.	Grönl.	Gesamt
							4000 Siedler		
8 128									
9 880									
10 000									
11 452	10	431	441	.	.	.	272	11 621	11 893
12 892	2	565	567	.	.	.	384	13 075	13 459
13 917	8	680	688	0	250	250	274	14 331	14 605
16 015	9	877	886	5	271	276	408	16 493	16 901
17 352	8	1071	1079	6	271	277	397	18 311	18 708
19 718	16	1356	1372	6	316	322	580	20 832	21 412
21 431	118	1470	1588				941	22 078	23 019
21 661	118	1489	1607	36	338	374	1061	22 581	23 642
22 060	163	1534	1697	35	367	402	1269	22 890	24 159
22 665	115	1588	1703	28	372	400	1408	23 360	24 768
23 125	120	1660	1780	22	375	397	1443	23 859	25 302
23 908	146	1717	1863	32	389	421	1694	24 498	26 192
24 660	195	1818	2013	32	396	428	1867	25 234	27 101
25 795	197	1849	2046	63	394	457	2121	26 177	28 298
26 870	225	1931	2156	92	406	498	2278	27 246	29 524
									30 621
30 109	268	2203	2471	87	473	560	2767	30 378	33 140
31 142	278	2310	2588	92	490	582	3378	31 304	34 312
32 250	277	2369	2646	106	497	603	3211	32 288	35 499
33 690	292	2377	2669	107	501	608	3557	33 406	36 967

Tabelle 58

Grönland. Bevölkerung nach Gemeinden 1957, 1961 und 1963 und Zahl der Grönländer

Gemeinde	Bevölkerung Gesamt			Bevölkerung in Städten		
	1957	1961	1963	1957	1961	1963
Nanortalik	2 130	2 549	2 730	630	835	992
Julianehåb	2 262	2 481	2 673	1 677	1 821	1 994
Narssaq	1 200	1 628	1 742	905	1 173	1 306
Ivigtut	112	117	79	112	117	79
Frederikshåb	1 597	1 793	1 898	862	1 034	1 193
Godthåb	3 794	4 489	5 000	2 746	3 322	3 908
Sukkertoppen	2 436	2 745	3 069	1 488	1 690	1 990
Holsteinsborg	2 087	2 376	2 734	1 493	1 754	2 260
Kangâtsiak	1 146	1 356	1 314	205	256	265
Egedesminde	2 266	2 650	2 796	1 639	1 997	2 221
Christianshåb	857	1 065	1 239	425	641	922
Jakobshavn	1 452	1 638	2 142	1 208	1 459	1 600
Vajgat	1 523	1 688	1 410	1 135	1 275	1 381
Godhavn	828	885	956	532	582	670
Umának	1 788	2 068	2 138	737	841	879
Upernavik	1 392	1 614	1 770	508	596	670
Westgrönland	26 870	31 142	33 690	16 297	19 393	22 330
Thule	498	582	586	175	213	228
Nordgrönland	498	582	608	175	213	228
Angmagssalik	1 707	2 096	2 130	498	659	728
Scoresbysund	449	492	452	217	248	271
Ostgrönland	2 156	2 588	2 669	715	907	999

Grönland gesamt		in Städten
1956	28 298	16 097
1957	29 524	17 187
1960	33 140	19 541
1961	34 312	20 513
1962	35 499	21 888
1963	36 967	23 557

Tabelle 58, Fortsetzung

Grönland. Zahl der Grönländer gesamt und in Städten 1957, 1961 und 1963 nach Gemeinden

Gemeinde	Grönländer Gesamt			in Städten		
	1957	1961	1963	1957	1961	1963
Nanortalik	2 053	2 380	2 541	589	835	894
Julianehåb	2 025	2 234	2 360	1 443	1 581	1 689
Narssaq	1 112	1 375	1 497	818	1 030	1 157
Ivigtut	33	21	27	33	21	27
Frederikshåb	1 486	1 655	1 732	762	905	1 037
Godthåb	3 203	3 726	4 077	2 183	2 582	3 015
Sukkertoppen	2 333	2 595	2 843	1 393	1 550	1 772
Holsteinsborg	1 954	2 214	2 480	1 361	1 592	2 006
Kangâtsiak	1 142	1 356	1 312	201	256	264
Egedesminde	2 093	2 445	2 557	1 466	1 793	1 983
Christianshåb	833	993	1 137	401	570	821
Jakobshavn	1 373	1 522	2 011	1 129	1 343	1 471
Vajgat	1 439	1 609	1 313	1 051	1 198	1 284
Godhavn	743	804	862	473	526	599
Umának	1 740	2 017	2 079	687	792	824
Upernavik	1 347	1 558	1 700	465	541	601
Westgrönland	24 909	28 504	30 528	14 455	17 013	19 444
Thule	406	490	501	151	187	198
Nordgrönland	406	490	501	151	187	198
Angmagssalik	1 599	1 916	1 976	405	544	579
Scoresbysund	332	394	401	199	233	248
Ostgrönland	1 931	2 310	2 377	604	777	827

Grönland gesamt	Grönländer	in Städten
1956	26 177	14 235
1957	27 246	15 210
1960	30 378	17 254
1961	31 304	17 977
1962	32 288	19 143
1963	33 406	20 469

Tabelle 59

Sowjetische Arktis. Grad der Verstädterung 1926—1965

Gebiet	Bevölkerung in 1000 städtisch	ländlich	gesamt
Neneckij N. O.			
1926	0	14	14
1959	26	20	46
1963	18 [1])	20	38
1965	18	20	38
Jamolo-Neneckij N. O.			
1926	0	19	19
1959	22	40	62
1963	26	39	65
1965	29	39	68
Chanty-Mansijskij N. O.			
1926	3	36	39
1959	33	91	124
1963	55	106	161
1965	113	81	194
Tajmyrskij N. O.			
1926	0	7	7
1959	20	13	33
1963	20	13	33
1965	22	14	36
Evenkijskij N. O.			
1926	0	5	5
1959	2	8	10
1963	3	8	11
1965	3	8	11
Jakutische ASSR			
1926	15	272	287
1959	240	248	488
1963	303	274	577
1965	339	273	612
Čukotskij N. O.			
1926	0	13	13
1959	27	20	47
1963	50	16	66
1965	60	18	78
Korjakskij N. O.			
1926	0	10	10
1959	6	22	28
1963	10	25	35
1965	11	24	35

1) Abtretung von zwei Arbeitersiedlungen an die Komi-ASSR.

Tabelle 59, Fortsetzung

Grönland. Grad der Verstädterung 1946—1961

Von der Gesamtbevölkerung wohnten ... % in Städten (by), Handelsposten (usted) und Wohnplätzen (boplads)

	1946	1953	1958	1961
Städte	43,8	54,5	60,7	62,3
Handelsposten	33,0	31,0	29,7	28,8
Wohnplätze	23,2	14,5	9,6	8,9

Kanada. Grad der Verstädterung in den arktischen Territorien 1951/61

	Yukon		Nordwestterritorien	
	1951	1961	1951	1961
Zahl der Bewohner auf Farmen	44	47	28	18
Sonstige ländliche Bevölkerung	6 458	9 550	13 252	14 042
Ländliche Bevölkerung, gesamt	6 502	9 597	13 280	14 060
In Städten über 1000 Einwohner	2 594	5 031	2 724	8 938

Tabelle 60

Kanada. Territorien. Bevölkerungsbewegungen 1941—1964

Jahr	Yukon			Nordwest-Territorien		
	Geburten	Heiraten	Sterbefälle	Geburten	Heiraten	Sterbefälle
1941	72	36	67	314	82	306
1942	96	36	108	369	109	222
1943	99	67	120	403	94	304
1944	136	94	100	316	66	349
1945	123	69	87	511	122	478
1946	146	66	80	593	177	347
1947	224	61	77	625	111	376
1948	274	77	112	645	117	370
1949	309	76	86	644	134	434
1950	316	84	99	622	154	332
1951	342	68	85	649	110	284
1952	390	73	94	642	100	341
....						
1956	481	112	85	785	146	291
1957	494	110	93	901	162	325
1958	473	109	92	945	148	333
1959	537	109	89	990	130	289
1960	538	107	97	1094	191	312
1961	558	128	94	1117	145	266
1962	547	109	75	1134	174	309
1964	514	94	87	1266	173	216
(je 1000 Einwohn.)						
1962	36,5	7,3	5,0	47,3	7,3	12,9
1964	32,1	5,9	5,4	50,6	6,9	8,6

Ethnische Gruppen in Yukon und den Nordwestterritorien 1961.

Briten	7 924	Ukrainer	374	Italiener	57
Franzosen	1 599	Polen	256	Juden	13
Skandinavier	921	Holländer	241	Sonstige Europäer	431
Deutsche	532	Russen	93	Asiaten	87

Eingeborene 12 572, davon 11 900 Eskimos (1964: 13 600 Eskimos).

Eingeborene nach den Volkszählungen:

Zahl der Eingeborenen in den Nordwestterritorien

	1941	1950	1951	1956	1961
Weiße	2 270		5 344	7 404	ca. 7 660
Indianer	4 025	3 838	3 803	4 232	15 330 (Indianer und Eskimos)
Eskimos	5 404	9 607	6 857	7 677	
Mischlinge	282				
Andere	20				

Tabelle 60, Fortsetzung

Verteilung der Eskimos 1941:

Nordwestterritorien	5 404
Baffin-Insel	1 600
Melville-Halbinsel	235
Southampton-Insel	145
Coats, Mansel u. a. Inseln	425
Somerset und Devon	35
Quebec	1 590
Yukon	85
Manitoba	62
Alberta	3

Zahl der Eingeborenen in Yukon

	1951	1956	1961
Weiße	7 533	83 %	85 %
Indianer	1 533	16 %	14 %
Eskimos	30	unter 1 %	1 %

Kanada. Yukon und Nordwestterritorien. Geburts- und Sterbefälle 1951—1962

	1951/55 Ø	1956	1957	1958	1959	1960	1961	1962
Yukon								
Geburten	.	481	494	437	537	538	558	544
unehelich	53	60	63	75	76	84	94	91
% der Geburten	12,9	12,5	12,8	15,9	14,2	15,6	16,8	16,7
Totgeburten	19	.	27	20	14	26	.	.
% der Geburten	5,6	.	5,4	4,2	2,6	4,8	.	.
Geburtenüberschuß	323	396	401	381	448	441	.	.
je 1000 der Bevölkerung	33,6	33,0	33,4	29,3	34,5	31,5	.	.
Zuwachsrate								
Männer	25,2	29,0	28,7	25,2	26,2	26,9	.	.
Frauen	45,6	37,0	39,5	34,6	45,1	37,1	.	.
Nordwestterritorien								
Geburten	.	785	901	945	990	1094	1117	1134
unehelich	50	75	87	108	117	123	141	135
% der Geburten	7,5	9,6	9,7	11,4	11,8	11,2	12,6	11,9
Totgeburten	70	.	123	143	128	158	.	.
% der Geburten	10,9	.	14,4	14,6	12,9	14,4	.	.
Geburtenüberschuß	382	494	575	612	701	782	.	.
je 1000 der Bevölkerung	23,0	26,0	30,3	30,6	33,3	35,5	.	.
Zuwachsrate								
Männer	20,8	21,1	23,5	26,8	28,5	30,9	.	.
Frauen	25,9	31,9	39,6	35,8	39,9	41,7	.	.

Tabelle 60, Fortsetzung

Kanada. Bevölkerungszunahme 1961—1964 in Yukon und den Nordwestterritorien zusammen

Bevölkerung 1961	37 626
Geburten 1961/64	5 012
Einwanderung 1961/64	248
Zuwanderungsüberschuß der Binnenwanderung	100
Zunahme 1961/64 auf	42 986
Sterbefälle	1 127
Fortgeschriebene Bevölkerung 1964	41 859

Alaska. Bevölkerungsbewegung 1963/64

	1963		1964		
	Zahl	‰	Zahl	‰	
Geburten	7 611	30,7	7 266	30,9	
Sterbefälle	1 294	5,2	1 438	5,4	
Säuglingssterblichkeit	238	31,2	215	31,1	(der Lebendgeburten)
Heiraten	2 084	8,4	2 178	8,5	
Scheidungen (1962)	907	.	966	4,1	

Tabelle 61

Grönland. Heiraten, Geburten und Sterbefälle während des Jahres 1963 nach Landesteilen

	Vestgrønland	Nordgrønland	Østgrønland	Gesamt
Heiraten	227	3	10	240
Lebendgeburten				
männlich	765	10	53	828
weiblich	765	18	60	843
Gesamt	1 530	28	113	1 671
davon unehelich				
männlich	283	1	10	294
weiblich	253	5	13	271
Gesamt	536	6	23	565
Totgeburten				
männlich	14	1	1	16
weiblich	10	—	—	10
Gesamt	24	1	1	26
davon unehelich				
männlich	5	—	—	5
weiblich	3	—	—	3
Gesamt	8	—	—	8
Todesfälle				
männlich	150	2	19	171
weiblich	101	2	18	121
Gesamt	251	4	37	292
Auf 1000 Einwohner				
Heiraten	6,9	5,0	3,8	6,6
Lebendgeburten	46,4	46,2	42,5	46,1
Totgeburten	0,7	1,7	0,4	0,7
Sterbefälle	7,6	6,6	13,9	8,1

Grönland. Krankenversorgung 1963

	Vestgrønland	Davon: Krankenhaus Godthåb u. Röntgenschiff „Misigssut"	Nordgrønland	Østgrønland	Gesamt
Ärzte	33	8	1	3	37
Krankenhausbetten, gesamt	618	211	13	34	665
desgleichen auf 1000 Einwohner	18,3		21,4	12,7	18,0
Patienten	8 486	1 576	121	515	9 122
Krankentage	200 435	71 422	2 146	11 083	213 664
Schwestern	93	46	1	4	98
Gemeindeschwestern	1	—	—	1	2
Zahnärzte	10	—	—	—	10
Zahntechniker	3	—	—	—	3
Hebammen mit Ausbildung in Dänemark	14	1	—	1	15
Hebammen-Assistentinnen mit Ausbildung in Grönland	158	23	4	13	175

Tabelle 62

Amerikanisches arktisches Gebiet. Gesundheitswesen

1. Nordwestterritorien (1964)

Missionshospitäler	7
Hospitäler der Minengesellschaften	1
Gemeindehospitäler	1
Bundeshospitäler	2
Pflegestationen (Nursing Stations)	16
Hospitalschiff der Regierung mit Röntgeneinrichtung	1

2. Alaska

	1963	1964
Hospitäler, gesamt	22	30
Bettenzahl	1 594	1875

Für Eskimos bestehen im nördlichen Teil der Nordwestterritorien die folgenden Einrichtungen:

Missionshospitäler:	Aklavik, Chesterfield Inlet, Pangnirtung
Pflegestationen:	Coppermine, Fort Chimo, Coral Harbour, Port Harrison, Cape Dorset, Lake Harbour
Altersheime:	Chesterfield Inlet, Pangnirtung

Eine Reihenuntersuchung in Ungava 1950 zeigte, daß 6,7 % der Eskimobevölkerung an Tuberkulose leidet. Bei einer großen Geburtsrate von im Mittel 35 ‰ ist bei den Eskimos auch die Säuglingssterblichkeit groß (17 % der Neugeborenen sterben im ersten Lebensjahr). Daher wurden die Behandlungsmöglichkeiten verbessert. Das im Jahre 1944 in Kanada allgemein eingeführte Kindergeld (5—8 Dollar je nach Alter und Kinderzahl) wird für die Eskimos durch die Handelsstationen der Hudson Bay Company in Form von Gutschriften als Waren (Lebensmittel, Kleidung usw. bis zur Höhe des Kindergeldes) bereitgestellt.

Zu 2. Eingeborenen-Gesundheitsdienst Alaska 1962.

Der Gesundheitsdienst für Indianer, Eskimos und Aleuten untersteht dem Alaska Native Health Area Office, Anchorage. Dieses unterhält 7 Gesundheitszentren in Anchorage, Mount Edgecombe, Barrow, Bethel, Kanakanak, Kotzebue und Tanana.

Eingeborenenhospitäler	7	
davon mit Tuberkuloseabteilung	2	
davon Feldhospitäler	5	
Bettenzahl	900	
davon für Tuberkulosefälle	300	
Patienten, täglich, Mittel	650	
Patienten, jährlich, Mittel	7 000	
Geburten, jährlich, Mittel	über 800	
Untersuchungen, jährlich	68 000	
Dorfpraxen, Außendienst	175	(in 100 Dörfern, u. a. um Nome)
Dorfpraxen, Untersuchungen	15 000	
Kleine Hospitäler für Aleuten	2	(St. Paul und St. George)

Tabelle 63

Sowjetunion. Zahl der polaren Völker 1926 und 1959 (nach Polar Record Vol. 10, 1960, Nr. 65, und Narodnoe Chozjastvo SSSR v 1962 g. Statističeskij Ežegodnik, Moskau 1963).

Nationalität (ältere Namen) und ihr Verbreitungsgebiet	1926	1959	Anteil mit jeweiliger Muttersprache in %
Uralische Gruppe			
Saamen (Lappen) (Kola-Halbinsel)	1 720	1 800	69,9
Komi (Syrjänen und Permjacken) (Komi-ASSR)	375 871	431 000	88,7
davon: Komi i. e. S.		287 000	89,3
Komi-Permjaken		144 000	87,6
Chanten (Ostjaken) (beiderseits der unteren Irtyš)	17 800	19 400	77,0
Mansen (Vogulen) (westlich unterer Ob bis Ural)	5 700	6 450	59,2
Nenzen (Samojeden) (Tundren von Astrachan bis Pjasina-Fluß im Osten)	16 375	23 000	84,7
Nganasanen (Tavgis-Samojeden) (westliche Tajmyr-Halbinsel)	867	750	93,5
Enzen (Jenissej-Samojeden) (Ostufer des Jenissej nördlich Igarka)	378	.	.
Sel'kupen (Ostjaken-Samojeden) (Oberer Tas-Lauf)	6 000	3 800	50,6
Altaier-Gruppe			
Jakuten (Jakutische ASSR, Flußgebiete von Chatanga und Lena)	235 926	237 000	97,5
Dolganen (Chatanga-Gebiet)	1 445	.	.
Evenken (Tungusen) (Raum zwischen Jenissej und Lena)	38 804	24 700	55,9
Evenen (Lamuten) (Lena- bis Kolyma-Gebiet)	7 000	9 100	81,4
Nanajzen (Golden) (Amur-Ussuri-Gebiet)	5 757	8 000	86,3
Ultschen (Oltschen, Mangunen) (Südlich Fernost)	758	2 100	84,9
Paläoasiatische Gruppe			
Negidalzen (östlich der mittleren Kolyma)	450	.	.
Nivtschen (Giljaken) (Insel Sachalin)	4 076	3 700	76,3
Odulen (Jukagiren) (untere Indigirka)	443	400	52,5
Luorovetlanen (Tschuktschen) (Tschuktschen-Halbinsel)	12 364	11 700	93,9
Nymljanen (Korjaken) (Korjaken-Gebiet und Kamtschatka)	7 434	6 300	90,5
Itel'men (Kamtschadalen) (Westküste Kamtschatka)	814	1 100	36,0

Tabelle 63, Fortsetzung

Nationalität (ältere Namen) und ihr Verbreitungsgebiet	1926	1959	Anteil mit jeweiliger Muttersprache in %
Eskimos (Juiten, Innuit) (Halbinsel Uellen)	1 357	1 100	84,0
Unanganen (Aleuten) (Kommandeur-Inseln)	345	400	22,3
Keten (Jenissej-Ostjaken) (Ostufer des Jenissej nördlich Turuchansk)	1 225	1 000	77,1
Udegejzen (Amur-Gebiet)	1 357	1 400	73,7

Tabelle 64

Arktis. Eskimos. Gruppen, Stämme, Verbreitung und Kulturverhältnisse (nach *S. Zavatti:* Gli Eschimesi. L'Universo 45, 1965, 3, ergänzt nach Statistiken u. a. Quellen)

Westgrönländer

1. Stämme:	—	
2. Wohngebiet:	Grönland. Melville-Bucht bis Kap Farwell	
3. Zahl:	Um 1700	ca. 10 000
	1805	6 046
	1860	9 648
	1901	11 190
	1950	20 754
	1961	31 304
4. Kulturverhältnisse:	zivilisiert	

Ostgrönländer

1. Stämme:	—	
2. Wohngebiet:	Grönland. Angmagssalik, Scoresby-Sund (seit 1925)	
3. Zahl:	1830	436
	1901	431
	1950	1489
	1961	2310
4. Kulturverhältnisse:	zivilisiert	

Polareskimos

1. Stämme:	—	
2. Wohngebiet:	Nordwestgrönland um Thule	
3. Zahl:	1818	ca. 200
	1921	250
	1950	338
	1961	490
4. Kulturverhältnisse:	Ursprünglich Walbein-Kultur. Nomaden. Winter: Iglus; Sommer: Fellzelte. Heute zivilisiert.	

Labradoreskimos

1. Stämme:	Seqinermiut	(Atlantische Küste)
	Tarrarmiut	(Südküste der Hudsonstraße)
	Itivermiut	(Ostküste der Hudsonbai)
2. Wohngebiet:	Siehe 1	
3. Zahl:	1771	ca. 3000
	1900	ca. 1500
	1921	ca. 1800
	1925	ca. 2000
	1941	1590
	1960	ca. 800 reine Eskimos
4. Kulturverhältnisse:	1711 Mährische Mission. Pelzhandel und Fischfang; 1922 Raubwirtschaft durch Handelsgesellschaften; 1942 Regierungshandel. Zivilisation nach grönländischem Muster in Modernisierung. Bildung im Fortschreiten, Änderung der Lebensverhältnisse.	

Tabelle 64, Fortsetzung

Eskimos der südlichen Baffin-Insel

1. Stämme: 3
2. Wohngebiet: Um Hoare- und Cumerbland Bay, Frobisher Bay, Nordküste der Hudsonstraße.
3. Zahl:

1900	ca. 1100
1925	ca. 1000
1941	1600

4. Kulturverhältnisse: Ursprünglich ohne Holz, nur Knochen- und Steinwerkzeuge. Heute zivilisiert besonders in der Umgebung des Flugplatzes Frobisher Bay, Pangnirtung und Lake Harbour.

Iglulik

1. Stämme: Aivilliks (um die Repulse Bay)
   Saglernmiut (früher auf Southampton) u. a.
2. Wohngebiet: Nordwestküste der Hudson Bay, Melville-Halbinsel, Fury- und Hecla-Straße, nördliches Baffinland bis Pond Inlet.
3. Zahl:

um 1925	ca. 150 (Melville-Halbinsel)
1941	380 (Melville-Halbinsel)
um 1925	400 (Pond Inlet)
1890	70 (Southampton)
1902/03	ausgestorben
1951	238

4. Kulturverhältnisse: Fischer und Jäger. Fang von Robben, Fischen, Caribous (Wildren).

Caribou-Eskimos

1. Stämme: Qaernermiut (Baker Lake und Chesterfield Inlet)
   Hauneqtôrmiut (Rankin Inlet; heute ausgestorben)
   Harvaqtôrmiut (Unterlauf des Kazan River)
   Pâdlimiut (südlich der Baumgrenze)
2. Wohngebiet: Westküste der Hudson Bay und im Innern
3. Zahl: ca. 1000
4. Kulturverhältnisse: Älteste und primitivste Kulturform, von einigen Forschern als Urkultur der Eskimos betrachtet. Kein Robben- oder Fischfang im Meer, Geräte allein vom Caribou (Wildren) bestimmt.

Netsilik

1. Stämme: Ilivilermiut (Halbinsel Adelaide)
   Utkuhigjalingmiut (Unterlauf des Back River)
   Netsilingmiut (Boothia-Halbinsel)
   Qeqertarmiut (King William-Insel)
   Arvertôrmiut (Bellot-Straße)
   Arviligjarmiut (Pelly Bay)
2. Wohngebiet: Halbinsel Boothia und umliegende Inseln und Gebiete
3. Zahl: Nicht bekannt
4. Kulturverhältnisse: Ursprünglich Nomaden. Keine Schlitten, sondern Schleifen der Gegenstände auf Eisbärfellen. Jagd auf Caribou, Weißfuchs und vor allem Robben. Sommers Zelte aus Robben- oder Cariboufell, winters Bau von Iglus. Tauschhandel bringt Eisengeräte, sonst Rentierhorn verwendet.

Tabelle 64, Fortsetzung

Kupfer-Eskimos

1. Stämme: Etwa 10 Gruppen
2. Wohngebiet: Victoria-Insel und Mündung des Coppermine River
3. Zahl: 1912 ca. 2000
   1925 100—150 (nur auf Victoria-Insel; „Blonde Eskimos")
   1916 700—800
   heute ca. 400
4. Kulturverhältnisse: Gebrauch von kalt bearbeiteten Kupfergegenständen. Nomaden. Sommers Caribou-Jagd, winters Robbenfang.

Mackenzie-Eskimos

1. Stämme: —
2. Wohngebiet: Mackenzie-Mündung
3. Zahl: um 1850 2000
   1911 140
   1920 20 reine Eskimos
   1961 1500
4. Kulturverhältnisse: Verwendung von Holz (Treibholz des Mackenzie). Durch enge Berührung mit Indianern und Weißen heute Verlust der originalen Charakteristika. Seit 1935 Rentierzucht.

Nordalaska-Küsteneskimos

1. Stämme: ?
2. Wohngebiet: Küste von Nordalaska, besonders um Point Barrow, westlich bis Norton-Sund.
3. Zahl: Siehe Zahlen für ganz Alaska.
4. Kulturverhältnisse: Früher Jäger und Fischer (besonders Robbenfang), heute Rentierzucht verbreitet.

Nunamiut

1. Stämme: Zahlreiche Untergruppen (13—15 Stämme).
2. Wohngebiete: Nordausläufer der Brooks Range, im Westen Flußgebiete der Flüsse Kobuk, Noatak, Colville, Otukak. Binnenland-Eskimos.
3. Zahl: Heute ca. 700
4. Kulturverhältnisse: Halbnomaden mit Saison-Wanderungen. Jagd auf Caribou. Zelte aus Caribou-Fellen. Von größerer Gestalt als die Küsten-Eskimos.

Bering-Eskimos

1. Stämme: ?
2. Wohngebiet: Ostküste des Bering-Meeres; Bristol Bay, Unterlauf des Kuskokwim, Nunivak-Insel, Unterlauf des Yukon, Norton-Sund.
3. Zahl: Siehe Zahlen für ganz Alaska.
4. Kulturverhältnisse: Fischerei und Robbenfang. Heute zivilisiert.

Ugalakmiut

1. Stämme: —
2. Wohngebiet: Um den Prince William Sound (Pazifische Eskimos!)
3. Zahl: 1760 ca. 6800
   1890 ca. 1800

Tabelle 64, Fortsetzung

4. Kulturverhältnisse: Ursprünglich Fischer. Im Winter Erdhütten, im Sommer Fellzelte. Somatisch und sprachlich von den übrigen Eskimogruppen so verschieden, daß sie von einigen Forschern zu den pazifischen Indianerstämmen (Thlinkit) gerechnet wurden.

Asiatische Eskimos

1. Stämme: Juit (Küste der Tschuktschen-Halbinsel)
   Eiwhuélit (St.-Lawrence-Insel)
2. Wohngebiet: Ostküste der Tschuktschen-Halbinsel um Kap Dežneva und Kap Čukotskij, Zentrum: Uelen; Diomede-Inseln, St.-Lawrence-Insel.
3. Zahl:

Juit	1887	1099
	1926	1357
	1959	1100

4. Kulturverhältnisse: Fischerei und Robbenfang. Heute zivilisiert.

(Alaska-Eskimos gesamt)

Zahl:

Vor der russischen Besetzung	ca. 1 000
1880	ca. 2 000—3 000
1890	1 400?
1909	ca. 1 000 reine Eskimos
1930	ca. 3 000
1940	15 600
1950	15 882

Aleuten

1. Stämme: Eigentliche Aleuten (Aleuten)
   Unganen (asiatische Aleuten)
2. Wohngebiete: Aleuten-Gruppe, Kodiak-Insel, Komandorskie-Inseln, Sibirische Küste des Bering-Meeres.
3. Zahl: Gesamt und eigentliche Aleuten:

Vor der russischen Besetzung	ca. 25 000
1884	ca. 2 250
1890	1 730
1940	ca. 5 600
Unganen	
1926	354
1959	400

4. Kulturverhältnisse: Fischer. In russischer Zeit gewaltsame Umsiedlungen und Arbeitszwang unter ungewohnten Bedingungen. Heute weitgehend zivilisiert. Von manchen Forschern nicht zu den Eskimos gerechnet.

Gesamtzahl der Eskimos:

Da viele Eskimo-Stämme zahlenmäßig nicht erfaßt sind und die Abgrenzung von reinen Eskimos zu Mischlingen schwankend ist, ist es nicht möglich, zuverlässige Zahlen zu geben. In der Literatur und den Statistiken werden folgende Zahlen gebracht:

Tabelle 64, Fortsetzung

Jahr	Grönland	Kanada und Alaska	Asien	Gesamt
Vor Europäern	ca. 10 000	ca. 23 000	ca. 1500	ca. 34 000
um 1920	13 000	10 000		
um 1930	16 500	9 000	1300	ca. 26 000
um 1940	18 500	23 000		ca. 42 600
um 1950	22 600	9 607 [1])		
um 1960	30 378	27 382 [2])	1100	ca. 60 000

[1]) Nur Nordwestterritorien
[2]) Nur Nordwestterritorien und Yukon

Der Name „Eskimo" entstammt der Algonkinsprache. „Wiyaskimowok" = Rohfleischesser. Die Eskimos nennen sich selbst „Innuit" = die Überlegenen. Einzahl: „Inuk".

Tabelle 65

Grönland. Erwerbsverhältnisse am 31. 12. 1960

Berufsstellung	Selbständige			Regierungsangestellte			▶
	Männer	Frauen	Gesamt	Männer	Frauen	Gesamt	
Fischerei, Jagd, Schafzucht	3 876	8	3 884	10	—	10	
Bergbau	—	—	—	44	4	48	
Handwerk	19	2	21	90	23	113	
Bauwirtschaft	58	—	58	148	28	176	
Versorgungsbetriebe	—	—	—	26	1	27	
Handel	27	13	40	680	181	861	
Verkehr	9	1	10	380	12	392	
Verwaltung	17	7	24	1 098	594	1 192	
Eigenes Vermögen, Rentner, Pensionäre	.	.	.	.	.	.	
Insgesamt	4 006	31	4 037	2 476	843	3 319	

Grönland. Altersstufen und Zivilstand am 31. 12. 1960 nach Landesteilen

Altersstufen	Vestgrønland			Nordgrønland			▶
	Männer	Frauen	Gesamt	Männer	Frauen	Gesamt	
Unter 5 Jahren	3 011	2 818	5 829	61	52	113	
5— 9 Jahre	2 165	2 077	4 242	39	32	71	
10—14 „	1 639	1 567	3 206	28	24	52	
15—19 „	1 333	1 445	2 778	16	20	36	
20—24 „	1 252	1 202	2 454	21	28	49	
25—29 „	1 312	1 193	2 505	33	26	59	
30—34 „	1 157	1 093	2 250	32	18	50	
35—39 „	785	739	1 524	14	11	25	
40—44 „	671	630	1 301	12	14	26	
45—49 „	570	567	1 137	12	9	21	
50—54 „	425	498	923	14	11	25	
55—59 „	360	384	744	10	6	16	
60—64 „	246	303	549	8	—	8	
65—69 „	168	201	369	1	4	5	
70—74 „	60	110	170	2	1	3	
75—79 „	36	60	96	—	—	—	
Über 80 Jahre	8	23	31	1	—	1	
Gesamt	15 198	14 910	30 108	304	256	560	
Unverheiratet	10 338	9 682	20 020	186	142	328	
Verheiratet	4 429	4 341	8 770	110	104	214	
Verwitwet, geschieden	431	887	1 318	8	10	18	

◄	Arbeiter			Gesamtbevölkerung (einschließlich Kinder usw.)		
	Männer	Frauen	Gesamt	Männer	Frauen	Gesamt
	164	3	167	6 841	4 910	11 751
	298	17	315	468	318	786
	730	259	989	961	923	1 884
	763	27	790	1 424	1 059	2 483
	109	—	109	233	158	391
	492	45	537	1 720	1 581	3 301
	539	50	589	1 389	954	2 343
	962	682	1 644	1 624	2 680	4 304
	.	.	.	2 120	3 777	5 897
	4 057	1 083	5 140	16 780	16 360	33 140

◄	Østgrønland			Gesamtgrönland		
	Männer	Frauen	Gesamt	Männer	Frauen	Gesamt
	249	275	524	3 321	3 145	6 466
	187	202	389	2 391	2 311	4 702
	118	120	238	1 785	1 711	3 496
	128	104	232	1 477	1 569	3 046
	149	109	258	1 422	1 339	2 761
	127	105	232	1 472	1 324	2 796
	109	71	180	1 298	1 182	2 480
	65	61	126	864	811	1 675
	45	44	89	728	688	1 416
	34	30	64	616	606	1 222
	28	29	57	467	538	1 005
	13	26	39	383	416	799
	14	10	24	268	313	581
	7	5	12	176	210	386
	4	1	5	66	112	178
	1	1	2	37	61	98
	—	1	1	9	24	33
	1 278	1 194	2 472	16 780	16 360	33 140
	862	777	1 639	11 386	10 601	
	394	365	759	4 933	4 810	
	22	52	74	461	949	

Tabelle 66

Grönland. Transportmittel und Geräte für Jagd und Fischerei. Stand 1. 12. 1958

	Westgrönland		Nordgrönland	Ostgrönland
	1959	1958	1950:	
Kleine Motorboote	392	352	1	—
Große Motorboote	323	324	1	—
Ruderboote	2 571	2 412	7	10
Umiaks	4	6	—	28
Kajaks	1 127	1 149	78	188
Hundeschlitten	1 831	1 706	105	121
Schlittenhunde über 9 Monate	12 520	11 794	814	738
Gewehre	5 423	4 861	184	281
Büchsen (Schrot)	3 642	3 439	144	148
Zelte	1 287	1 089	58	66

Grönland. Viehhaltung. Bestand in Stück. Die Zahlenangaben beziehen sich auf die Gemeinden Nanortalik, Julianehåb, Narssak, Frederikshåb und Godthåb. In den andern Gemeinden ist nur Geflügel in geringer Anzahl vertreten. Zahlen beziehen sich jeweils auf den 1. 11., für 1958 auf den 1. 1.

	1953	1954	1955	1956	1957	1958
Schafe	18 879	21 258	20 757	23 997	17 349	19 000
Rentiere	311	461	645	868	1 316	1 700
Ziegen	20	14	12	6	—	—
Rinder	58	61	57	58	52	52
Pferde (Islandponys)	143	144	157	171	167	167
Schäferhunde	113	147	153	157	125	126
Hühner	2 500	2 274	2 386	1 716	1 215	1 281

Tabelle 66, Fortsetzung

Grönland. Wohnverhältnisse 1. 10. 1955

	Vest-grønland	Nord-grønland	Øst-grønland	Gesamt
Wohnhäuser, bewohnt	3891	80	254	4225
Personen je Wohnung	5,4	4,4	6,5	5,5
Personen je Raum	3,1	3,7	5,1	3,2
Wohnhäuser gesamt	3920	85	254	4259
Wohnhäuser, Baujahr vor 1951	2711	23	160	2894
Wohnhäuser, Baujahr nach 1951	1209	62	94	1365
Baumaterial:				
aus Holz	3355	55	113	3523
Holz und Torf	447	28	120	595
Torfsoden	12	2	20	35
Beton, Ziegel usw.	91	—	—	91
Zahl der Räume:				
1 Raum	2039	70	202	2311
2 Räume	1091	3	37	1131
3 Räume	535	7	11	553
4 Räume	160	—	3	163
5 Räume	47	—	—	47
6 Räume und mehr	14	—	—	14
Ausstattung mit:				
Küche	2252	21	77	2350
Keller	193	—	6	199
Waschhaus	210	1	10	221
Klosett	777	7	21	805

Tabelle 67

Grönland. Zahl der Schafe und der Schafschlachtungen (nach amtlicher Statistik und Angaben von *Aa. H. Kampp:* Fåreavl i Grønland. Geograf. Tidskrift 63, 1964, H. 1)

Jahr	Zahl der Schafe (abgerundet, + = Statist. Angabe)	Zahl der Schlachtungen (abgerundet)
1906	Schafhaltung begonnen	
1915	200	
1917	250	
1918	750	
1919	645+	
1922	1 000	
1923	1 250	
1925	1 500	
1927	3 000	
1928	3 750	
1929	4 500	Schlachthaus in Julianehåb eröffnet
1930	5 500	
1931	6 250	
1932	8 000	
1933	6 000	
1934	5 750	
1935	6 500	
1936	10 000	
1937	9 000	
1938	7 500	
1939	9 200	4 200
1940	7 500	4 000
1941	11 500	5 200
1942	14 800	7 000
1943	13 800	6 750
1944	14 250	6 500
1945	16 250	7 500
1946	17 250	6 800
1947	21 000	9 800
1948	22 500	9 800
1949	11 000	7 500
1950	13 000	6 000
1951	14 750	5 000
1952	16 500	7 250 Neues Schlachthaus in Narssaq
1953	18 879+	8 500
1954	21 258+	8 250
1955	20 757+	8 000
1956	23 997+	12 000
1957	17 349+	7 500
1958	19 000+	9 250
1959	20 000	9 500
1960	21 000	13 000

Tabelle 67, Fortsetzung

Jahr	Zahl der Schafe (abgerundet, + = Statist. Angabe)	Zahl der Schlachtungen (abgerundet)
1961	27 000	15 300
1962	31 000	16 250
1963	32 853+	17 000
1964	36 500+	ca. 20 000

Davon im Julianehåb-Distrikt:

Zahl	rund 29 000	Gesamt	15 000 im Besitz von Grönländern
Herden	175	Gesamt	26 im Besitz von Grönländern

Im Distrikt Frederikshåb:

Zahl	1 050	
Herden	.	(in 2 Orten: Arsuk und Avigait)

Tabelle 68

Zahl der Rentiere in der Arktis (ohne Nordeuropa)

1. UdSSR

Jahr	Zahl
1933	1 456 500
1936	1 676 600
1937	1 770 400
1938	1 970 000
1940	2 000 000 (Plan)
1954	2 152 200
1956	1 987 600
1957	2 062 700
1958	1 907 300

1958 war die Verteilung wie folgt:

Gebiet	Tundra	Waldtundra	Wald	Gesamt	%
Westsibirien und Nordeuropa	19 800	728 600	38 200	786 600	41,3
Ostsibirien	181 900	203 900	63 000	448 800	23,5
Fernost	283 600	321 800	66 900	671 900	35,2
Gesamt	485 000	1 254 300	168 000	1 907 300	
oder	25%	65,8%	8,8%		

Wilde Rentiere gab es 1959 etwa 200 000
davon allein im Tajmyr N. O. „ 90 000

weitere Herden im Lena-Delta, auf den Neusibirischen Inseln und im Jana-Indigirkagebiet.

2. Alaska

Jahr	Zahl gesamt	Regierungsbesitz	Im Besitz von Eskimos
1891 (eingeführt)	50		
1900	1 200		
1914	505 000		
1932	650 000		
1940	252 550	83 600	168 950
1941	205 000	44 000	161 000
1956	30 636		
1958	49 000	7 000	42 000
1960	49 000	7 000	42 000
1964	38 540	13 200	25 340

Tabelle 68, Fortsetzung

Regional verteilten sich die Herden 1940 wie folgt:

Gebiet	Herden	Gesamt	Regierungs-besitz	Im Besitz von Eskimos
Nordwesten	5	22 800	—	22 800
Arktis	7	10 625	1 375	9 250
Bering	15	74 425	23 425	51 000
Norton-Sund	8	26 600	12 800	13 800
Kuskokwim	10	104 600	37 400	67 200
Südwesten	6	12 500	7 600	4 900
St. Paul	1	1 000	—	1 000
		252 550	83 600	168 950

3. Kanada

Jahr	Bemerkung	Herden	Zahl
1921	Einführung aus Norwegen nach der Baffin-Insel	1	500
1929	Beginn der Überführung von Rentieren vom Kotzebuesund zum Mackenzie-Delta	1	3000
1935	Ankunft der Herde im Mackenzie-Delta	1	2370

Jahr	Regierungs-herden	Davon		Privat-herden	Gesamt	Zahl
		Lehrherden	Eskimoherden			
1955	4	1	3	1	5	6000
1956	3	1	2	1	4	
1957	2	1	1	—	2	6000
1960	1		1 (2000)	1	2	7000
1962			1 (2000)	1	2	6000
1963			1 (2000)	1	2	über 7000

Der Bestand an wilden Rentieren (Caribou) wurde in folgenden Jahren festgestellt:

Jahr	Zahl in verschiedenen Bezirken	Gesamtzahl
1900		1 080 000
1948/50		
(Mackenzie und Keewatin)	670 000	710 000 (1948/50 und 1953 zusammen)
1953		
(Yukon)	30 000	
(Baffin-Insel)	5 000	
(Ungava)	5 000	
1955		
(Mackenzie und Keewatin)	277 000	ca. 290 000

Seither ist ein leichtes Ansteigen beobachtet worden dank der Bekämpfung der Wolfsplage.

17

Tabelle 68, Fortsetzung

4. Grönland

Jahr	Zahl der Rentiere	Zahl der geborenen Kälber (abgerundet)	Zahl der geschlachteten Rentiere (abgerundet)
1841	ca. 100 000 (Caribou)		
1952	263 (eingeführt)	–	–
1953	311	50	–
1954	461	180	–
1955	645	200	25
1956	868	400	150
1957	1 316	600	–
1958	1 700	550	200
1959	2 200	750	250
1960	2 600	800	350
1961	3 000	900	500
1962	3 200	.	.
1963	3 600	.	.
1964	3 600	.	.

5. Spitzbergen

In Spitzbergen kommt eine Sonderform des Rentiers, das Spitzbergenren vor. Die Zahl ist nicht bekannt, jedoch wurden um 1870 jährlich 3000 Tiere erlegt. Zahl der erlegten Tiere:

Jahr	Zahl	Jahr	Zahl
1915	159	1920	293
1916	499	1921	61
1917	535	1922	115
1918	993	1923	55
1919	268	1924	68
		1925	90

Diese Zahlen beziehen sich nur auf solche Tiere, die über das Zollamt Tromsö nach Norwegen eingeführt wurden.

In der Zeit 1925 bis 1934 war der Abschuß von Rentieren ganz verboten. Von 1934 bis 1940 waren jährlich 240 Tiere zum Abschuß freigegeben. Während des zweiten Weltkrieges wurde durch die militärische Besetzung der Bestand dezimiert, insbesondere durch wildernde Hunde; nach deren Ausrottung hat er sich wieder erholt.

Tabelle 69

Kanadische Arktis. Daten zur Geschichte der Hudson Bay Company (nach The History of the Hudson's Bay Company, Polar Record 1935 u. a. Quellen).

Jahr	Ereignis
1668	Erste Fahrt mit 2 Schiffen. Leiter: die Franzosen *Radisson* und *Groseilliers.*
1668, 29. 9.	Gründung von Fort Charles, Westküste der Hudson Bay (später Fort Prince of Wales).
1670, 2. 5.	Charles II. von England erläßt die Hudson's Bay Charter. Gründung der „Adventurers of England trading into Hudson's Bay".
1676	Beginn des britischen Pelzhandels. Für Tauschwaren von 650 Pf. St. werden Pelze für 19 500 Pf. St. eingetauscht.
1682	Beginn der Feindseligkeiten mit Frankreich.
1713	Durch den Frieden von Utrecht wird das Gebiet um die Hudson Bay britisch.
1714	Die Franzosen räumen das von ihnen eroberte Fort York.
1717	Gründung von Churchill.
Um 1760	Gründung von Cumberland House.
1771	*S. Hearne* bereist von Churchill aus die Barren Grounds und folgt dem Coppermine River bis an seine Mündung in das Eismeer.
1782	Gründung von Hopedal, Labrador, durch die Herrenhuter Missionsgesellschaft.
1783	Gründung der North West Company, einer Pelzhandelsgesellschaft in Kanada.
1789	Der Pelzhändler *A. Mackenzie* befährt den nach ihm benannten Strom von Fort Chipewyan, Athabascasee, bis zu seiner Mündung in das Eismeer.
1821	Die Hudson Bay Company und die North West Company schließen sich zusammen.
1830	Gründung von Fort Chimo, Ungava Bay, Labrador.
1840	Gründung von Fort Pelly.
1847	Gründung von Yukon im Yukon Territory.
1848	Gründung von Fort Selkirk am Yukon, an der Einmündung des Lewes-Flusses.
1848	Gründung des Fort MacPherson nördlich des Polarkreises am Peel River.
1856	Ende des Pelzhandelsmonopols der H. B. C.
1868	Verkauf des „Ruppert's Lands" an die Krone von England.
1870	Abtretung von Ruppert's Land und der Nordwestterritorien von der englischen Krone an Kanada.

Pelztierfang durch die H. B. C. (Zahl der Pelze)

	Biber	Nerze	Bären	Bisamratten	Luchse
1888	103 000	83 000	9 800	345 000	79 000
1909	31 000	12 000	5 000	542 000	2 900

1930	Gründung von Radium City (Gr. Bärensee).
1938	Gründung von Yellowknife (Gr. Sklavensee).
1955	Gründung von Inuvik, Mackenzie-Delta.

Tabelle 70

Arktisches Amerika. Pelztierfang, Binnenfischerei

Jahr	Nordwestterritorien		Yukon	Alaska	
	Fischfang (Gr. Sklavensee) 1000 t	Pelze	Pelze	Pelze	Pelzrobben (Bärenrobben)
16jähriges Mittel					376 000
1945	Beginn				
1948	3540			223 000	
1949	4128		151 969		70 147
1950	3568				
1952	3194	382 104	246 233		
1955	3354	477 611	213 515		65 638
1956	2994	366 000	109 576		122 826
1957	2926	256 887	108 102		
1958	2614	257 183	110 512		78 919
1959	2527	236 123	103 604		
1960	2602	238 539	94 014		
1961	2575	316 340	182 982	(0,7 Mill.	(2,839 Mill.
1962	2968	337 146	116 787	Dollar)	Dollar)
1963	2878	259 138	45 131		
1964	2705	218 695	70 904		

Relative Wichtigkeit der einzelnen Pelzarten im arktischen Amerika. Die Zahlen bedeuten die Wichtigkeit, nach der Zahl der gewonnenen Pelze abgestuft.

	Nordwestterritorien	Yukon	Alaska
Bären		10	
Biber	5	3	4
Bisamratte	1	2	1
Blaufuchs			6
Eichhörnchen	2	1	
Fuchs	9	8	
Hermelin			5
Kreuzfuchs			11
Luchs	8	7	9
Marder	7	4	8
Nerz	6	6	2
Otter	11	9	10
Rotfuchs			3
Silberfuchs			12
Vielfraß	12		
Weißfuchs			7
Wiesel	4	5	
Wolf	10		

Tabelle 70, Fortsetzung

Kanada. Pelztierfang 1960/61. Zahl der gefangenen Tiere:

Eichhörnchen	2 099 046	Luchs	42 016
Bisamratte	1 745 576	Marder	39 009
Biber	399 459	Waschbär	25 266
Wiesel und Hermelin	197 948	Sonstige	15 233
Kaninchen	186 318	(Dachs, Bär, Präriewolf, Otter,	
Nerz	178 784	Stinktier, Wildkatze, Wolf,	
Weißfuchs	51 995	Vielfraß)	
Sonstige Füchse	28 612		

Arktis. Kommerzieller Fischfang der Eskimos in Kanada (nach Polar Record 1961, 67, und 1966, 84)

1. Ereignisse

1958 Beginn des Fanges der arktischen Forelle in Frobisher Bay.

1959 Bau einer Gefrieranlage in Frobisher Bay. Der Fangplatz Sylvia Grinnell River bietet eine Kapazität von 21 800 kg Fisch/Jahr. Am 8. 8. 1959 wird eine Fischfangkooperative in George River gegründet und ein Kühlhaus gebaut.

1960 Gründung einer dritten Kooperative in Port Burwell. Fangzeit in George River 24 Tage, in Frobisher Bay 10 Tage.

1961 Übernahme der Anlagen in Frobisher Bay durch eine Eskimo-Kooperative. In Port Burwell wird der Fang vorübergehend eingestellt, um die Anlagen zu modernisieren. Das neue Kühlhaus soll 1966 die Wiederaufnahme des Fanges ermöglichen. Gründung neuer Kooperativen in Cambridge Bay und Fort Chimo, letztere nur mit Frischfischproduktion beschäftigt.

1962 Gründung der Kooperative in Rankin Inlet als Ersatz für die Stillegung der Nickelmine. Bau eines Kühlhauses.

1963 Gründung einer weiteren Kooperative in Payne Bay mit Kühlhaus.

1964 Gründung der Kooperative in Daly Bay. Erbauung einer Fischkonservenfabrik hier, die 1965 insgesamt 17 000 Büchsen zu je 8 Unzen (226,8 g) produzierte, davon 14 000 für den Verkauf durch die Direktion des Department of Northern Affairs and National Resources, 3000 für lokalen Verbrauch.

1965 Verlegung der Konservenfabrik von Daly Bay nach Rankin Inlet, da die Erträge in Daly Bay hinter den Erwartungen zurückblieben. Die Fabrik soll 1967 der Eskimo-Kooperative in Rankin Inlet übergeben werden.

2 Erträge in kg 1958—1965

FB — Frobisher Bay	CB — Cambridge Bay	PaB — Payne Bay
GR — George River	FCh — Fort Chimo	DB — Daly Bay
PB — Port Burwell	RI Rankin Inlet	

Gründung	FB 1958	GR 1959	PB 1960	CB 1961	FCh 1961	RI 1962	PaB 1963	DB 1964
Ertrag								
1958	680	—	—	—	—	—	—	—
1959	5 443	8 165	—	—	—	—	—	—
1960		20 865	—	—	—	—	—	—
1961		16 231		6 365	1 153	—	—	—
1962		16 465		5 716	14 909	4 309	—	—
1963		12 360	—	9 979	15 959	11 340	14 515	—
1964		10 192	—	14 309	7 282	3 629	13 786	—
1965		9 072	—	15 876	.	.	9 072	39 688

Tabelle 71

Grönland. Wichtigste Produkte 1964

Produkt	Maßeinheit	West-grönland	Nord-Grönland	Ost-Grönland	1964	▶
A) Produkte des Kgl. Grönland-Handels						
1. Fischerei						
Dorsch, eingesalzen	t	7 671	—	443	8 114	
Dorsch, getrocknet, Filets usw.	t	6 570	—	672	7 247	
Spöken	t	1 799	—	—	1 799	
Heilbutt	t	1 914	—	16	1 930	
Lachs	t	1 009	—	—	1 009	
Haifischhäute	Stück	2 446	—	—	2 446	
Hai- und Dorschleber	t	—	—	—	—	
Krabben	t	3 579	—	—	3 579	
2. Schafprodukte						
Wolle	t	37	—	—	37	
Lebende Tiere	t	726	—	—	726	
Schafhäute	t	17	—	—	17	
3. Anderes						
Federn und Daunen	t	10	—	—	10	
Speck und Tran	t	9	—	—	9	
Walroßhäute	Stück	1	4	—	5	
Robbenhäute	Stück	42 294	4 660	14 407	61 361	
Blaufuchsfelle	Stück	1 947	1 319	5	3 271	
Weißfuchsfelle	Stück	871	772	43	1 686	
Bärenhäute	Stück	3	—	46	49	
B) Andere Produkte						
Walfang	Stück	.	.	.	.	
Kryolith verschifft	1000 t	51	—	—	51	
nach Dänemark	1000 t	.	.	.	.	
nach USA	1000 t	.	.	.	.	
Bleierz	t	—	—	—	—	
Zinkerz	t	—	—	—	—	
Kohle aus Qutdligssat	t	23 716	—	—	23 716	

◀	1963	1962	1961	1960	1959	1958	1957	1956
	14 861	25 560	25 700	21 131	22 616	22 676	21 389	16 250
	9 142	10 616	9 463	7 528	6 599	3 987	3 799	5 033
	2 300	1 700	2 012	2 279	2 319	3 330	3 861	3 327
	1 906	1 300	1 446	1 742	1 362	1 190	1 012	834
	120	222	380	283	216	90	58	54
	2	.	9 151	8 973	7 258	7 598	3 903	3 399
	21	.	2 298	1 856	1 428	1 493	1 360	1 117
	3 095	3 362	2 599	1 789	949	746	673	528
	29	.	30	24	18	16	13	20
	492	556	.	.	.	.	.	.
	16	.	15	13	52	51	45	52
	13	.	11	16	16	15	15	14
	234	.	859	903	862	.	727	932
	5	.	6	—	55	49	40	42
	41 260	.	45 935	44 431	45 565	44 182	37 946	34 704
	3 165	.	3 917	3 935	4 085	3 292	2 761	3 059
	1 406	.	2 432	1 692	2 313	1 766	1 220	1 347
	1	.	2	4	21	86	58	42
	.	.	.	.	.	37	51	44
	67	41	42	42	42	17	49	38
	.	.	.	.	29	12	34	27
	.	.	.	.	13	5	15	11
	—	2 327	12 769	10 772	10 825	7 732	8 461	3 663
	—	10 377	10 411	17 849	9 817	1 660	12 896	4 837
	29 685	26 436	30 139	28 415	26 995	31 639	16 879	15 644

Tabelle 71, Fortsetzung

Grönland. Erträge des Fischfanges der Grönländer 1955—1963 (1964). Für 1955—1962 und 1964 Aufkäufe des Königlich Grönländischen Handels (Kongelige Grønlandske Handel), für 1963 Aufkäufe des K. G. H. und privater grönländischer Fischereiindustriebetriebe (nach *W. Dege:* Die Westküste Grönlands. Bevölkerung, Wirtschaft und Siedlung im Strukturwandel. Deutsche Geogr. Blätter 1965, 1—2).

Fang in t	1955	1960	1961	1962	1963	1964
Dorsch	12 900	17 700	21 700	22 397	15 100	9 028
Sonstige Ankäufe					6 118	
Schwarzer Heilbutt	765	1 742	1 400	1 300	1 869	
Heilbutt	52	11	16	12	16	
Lachs	52	55	115	222	464	
Katfisch	3 530	2 740	2 300	1 700	2 522	
Sonstige Ankäufe					235	
Garnelen	564	1 789	2 545	3 362	3 342	
Lachsforelle Priv. Industrie					28	
Sonst. Fische Priv. Industrie					6	
Zahl der Fischer	1 840	2 483	2 506	2 535	2 295	
Ruderboote	1 355	1 228	1 349	1 333	1 384	
Motorboote	471	522	534	558	597	

Tabelle 72

Sowjetische Arktis. Frühe Handelsbeziehungen. Handelsbedeutung von Mangazeja (Taz-Bucht), Handelswaren von Mangazeja. Kola- und Murmanfahrten von Archangelsk. Schiffsverkehr von Archangelsk. Gründung der russischen Handelsstationen, Forts und Stützpunkte in der russischen Arktis (nach *M. I. Belov*, 1956).

I. Früheste Handels- und politische Beziehungen des russischen europäischen Nordgebiets

Jahr	Ereignis
11. Jahrh.	Russische Nordgebiete unter der Herrschaft von Novgorod.
1032	Handelsexpedition von Pomoren erreicht die Karische Pforte.
12. Jahrh.	Beginn der Reisen nach Kola, Murman und Nord-Norwegen.
13. Jahrh.	Erste Reisen nach Novaja Zemlja.
1200	Kriegszug von Pomoren nach Nord-Norwegen (Halogaland).
1251	Vertrag zwischen Novgorod und Norwegen. Festlegung der noch heute gültigen Grenze.
1264	Vertrag zwischen Novgorod und dem Fürsten von Tver. Anerkennung der Zugehörigkeit der Nordgebiete zu Novgorod.
1271	Kriegszug über See nach Finnmarken.
1279	Neuer Kriegszug.
1302	Neuer Kriegszug.
1303	Neuer Kriegszug.
1307	Gründung von Vardö.
1316	Kriegszug nach Finnmarken.
1320	Erste urkundlich belegte Handelsfahrt von der Dvina aus nach Nord-Norwegen.
1323	Kriegszug nach Finnmarken.
1326	Friedensschluß mit Norwegen.
15. Jahrh.	Beginn von Handelsfahrten nach Sibirien.
1411	Kriegszug nach Nord-Norwegen über See (J. Stepanovič).
1425	Erste Erwähnung von Spitzbergen („Grumant“).
1491	Erneuter Kriegszug nach Nord-Norwegen (J. Ljapun).
1491	Erste staatliche Bergbau-Expedition nach Novaja Zemlja.
16. Jahrh.	Häufige Expeditionen nach Novaja Zemlja und Spitzbergen, meist von Mezen aus.
1530	Gründung des Klosters Petsamo (Pečenga).
1532	Gründung von Kola („Malmus“).
Um 1550	Erste Besuche von Handelsexpeditionen in der Taz-Bucht.
1552	Erstmals britische Schiffe in der Mündung der Dvina.
1584	Gründung von Archangelsk (Novocholmogorskij Gorod).
Um 1595	Gründung einer Garnison und Handelsstation an der Ob-Mündung an der Einmündung des Sob (Sobskaja).
Um 1600	Größte Handelsstation an der Ob-Mündung ist Nadym an der Mündung des gleichnamigen Flusses in den Ob.
1600	Gründung des Forts Mangazeja am Taz-Fluß, um das sich eine Handelsstation ansiedelt. Bau von 500 Häusern, Kirche, Bank, Verwaltungsbauten. Mangazeja wird Kreishauptstadt.
1607	Erstmals Erwähnung des Turuchanskij Ostrog am Jenissej, der über den Flußweg erreicht wird.
1612	Gründung des Chantajskoe Zimov'e am unteren Jenissej (in der Gegend von Dudinka).

Tabelle 72, Fortsetzung

Jahr	Ereignis
1619	Erstmals Handelsschiffe über den Karischen Seeweg an der Ob-Mündung.
1626	Gründung des Pjasinskoe Zimov'e am Mittellauf der Cheta (Nebenfluß der Chatanga).
Um 1629	Erste Handelsexpedition an der Chatanga von Mangazeja aus.
1632	Gründung von Jakutsk.
1633	Gründung von Žigansk am Unterlauf der Lena.
1635	Gründung von Oleneksk am mittleren Olenek.
1635	Gründung von Verchojansk (Stadtrecht 1638).
1635	Blütezeit von Mangazeja. Die Stadt hat mehrere 1000 Einwohner.
1636	Gründung des Butalskoe Zimov'e am unteren Aldan.
1637/38	Erste Fahrten von der Lenamündung nach Osten über die Laptev- und Ostsibirische See.
1638	Gründung von Ustjansk an der Mündung der Jana.
1640	Gründung von Ujandinsk am Mittellauf der Indigirka.
1642	Gründung des Alazejskoe Zimov'e am Unterlauf der Alazeja.
1642	Erste Befahrung des Laptev-Meeres von der Chatanga-Mündung aus.
1643	Gründung von Anabarskoe am oberen Anabar.
1643	Erste Befahrung der Pjasina, Tajmyr-Halbinsel.
1643	Gründung von Nižnekolymsk an der Kolyma.
1644	Gründung von Srednekolymsk.
1645	Brand in Mangazeja. Das Archiv wird zerstört.
1647	Gründung von Verchnekolymsk.
1648	Erstmalige Befahrung des Anabar.
1648	Erforschung der nordsibirischen Küste von Osten her. Befahrung von Kap Dežnev bis zur Čaun-Bucht durch *Dežnev*.
1649	Gründung des Anadyrskij Ostrog am Anadyr (in der Gegend von Markovo, Tschuktschen-Halbinsel).
1660	Gründung von Penžinskoe am Penžina-Golf, Ochotskisches Meer.
1672	Auflassung von Mangazeja. Die Garnison wird nach Turuchansk verlegt („Novaja Mangazeja"). Die Ruinen der Stadt wurden erst 1946 wiedergefunden.

II. Handelsbedeutung von Mangazeja

Jahr	Zahl der Kaufleute	Im Zollamt angemeldete Pelze	Ausfuhr von Pelzen	Wert in Rubeln
1629	(5			5 293)
1630	2 350	78 989		(24 534 für Brot)
1632			46 010	
1633			70 080	
1634	982	48 760		
1635		52 420		
1636			76 000	
(Turuchansk:)				
1637		46 380		
Kreis Mangazeja:				
1637		87 210		

Tabelle 72, Fortsetzung

III. Handelsbeziehungen von der Dvina-Mündung nach Kola und Murman

Jahr	Nach Murman Zahl der Schiffe	Nach Murman Zahl der Personen	Nach Kola Zahl der Schiffe	Nach Kola Zahl der Personen	Fangergebnisse
1710	262	517			701 947 Stück Dorsch 4 803 Pud Öl
1711	41				
1712	47		209	550	
1713	355				
1714	247				
1715	144				
1716	152				
1717	unbekannt				
1718	164				
1719	281				
1720	246				
1721	240				
1722	186				
1723	177				
1724	233				
1725	115				
1726	117				
1727	142				
1728	66				

IV. Zeittafel für den polaren Robben- und Fischfang Rußlands (Organisation)

Jahr	Ereignis
Um 1700	Monopol für Fischfang wird der Kolskaja Kompanija Knjaza *Meńšikova* (Kola-Kompanie des Fürsten Menschïkov) erteilt.
1721	Auflösung der Kola-Kompanie.
1725	Gründung der Walfang-Kompanie des Barons *Šafarov* und *Benizobers* für die Spitzbergenfahrt.
1739	Das Monopol für den Walfang geht in die Hände des General-Berg-Direktors *Schemberg* über.
1742	Das Monopol für den Walfang wird wieder *Benizober* übertragen.
1748	Das Fischfangmonopol wird der Kompanija grafa *P. I. Šuvalova* (Kompanie des Grafen Schuwalow) übertragen.
1761	Die Schuwalow-Gesellschaft liefert nur 3168 Pud Dorsche an die Armee. Unterschleife und persönliche Bereicherungen werden aufgedeckt.
1766	Die Schuwalow-Gesellschaft wird aufgelöst. Der Fischfang wird allgemein freigegeben.
1778, 17. 8.	Gründung der privaten Walfanggesellschaft (*Semen Višnjakov, Ivan Čarkin, Semen Dolgov*) in Petersburg.

Tabelle 72, Fortsetzung

V. Schiffs- und Personenverkehr im Hafen von Archangelsk in den Jahren 1787—1789

S Zahl der Schiffe
P Zahl der Personen (Passagiere)

Ziel oder Herkunft	Ankunft						Abfahrt					
	1787		1788		1789		1787		1788		1789	
	S	P	S	P	S	P	S	P	S	P	S	P
Petersburg							2	39	—	—	—	—
Kola	7	31	7	40	2	9	10	56	10	141	7	35
Onega	1	3	1	2	8	45	8	72	9	92	19	110
Mezeń	3	18	5	34	6	33	3	17	5	36	6	30
Pustozersk	—	—	—	—	1	13						
Pomor'e: Kem, Sumu	116	477	129	532	113	518	251	1488	135	1581	206	1020
Murman-Küste	204	1955	164	1573	194	1715	63	261	64	955	92	1520
Solovedkij	—	—	—	—	—	—	3	31	4	40	4	43
Spitzbergen	3	50	3	55	9	119	3	51	4	68	4	69
Novaja Zemlja	5	68	3	31	4	46	1	16	6	65	7	88
Gesamt	339	2602	312	2267	357	2498	344	2031	237	2978	345	2915

VI. Einfuhr von Waren nach Archangelsk (Polarhandel von der Murmanküste und aus Pomor'e) in den Jahren 1787—1789.

Mengenangaben in Stück bzw. metrischen Tonnen (t).

Da die Größenordnung der alten russischen Maße Faß, Kübel und Sack nicht genau bekannt ist, wurden diese Maße in der originalen Angabe beibehalten.

Ware	Menge	1787	1788	1789
Dorschköpfe	t	68,6	101,6	116,7
Walroßzähne	Stück	1 305	360	2 290
Pelze von:				
Biber	Stück	239	19	13
Eichhorn	Stück	2 324	1 860	3 740
Weißfuchs	Stück	4	3	303
Hasen	Stück	14 709	12 746	3 609
Marder	Stück	96	150	45
Eisbär	Stück	64	83	21
Rotfuchs	Stück	1 933	2 580	64
Luchs	Stück	—	—	966
Robben	Stück	310	291	720
Rentier	Stück	1 798	1 804	4 097
Otter	Stück	—	—	181
Blaufuchs	Stück	905	1 037	599
Sonstige	Stück	34 466	5 213	6 509
Häute von:				
Rindern	Stück	55	74	88
Laftaken (Walroßart)	Stück	2 979	438	410
Walroß	Stück	1 769	866	2 756

Tabelle 72, Fortsetzung

Ware	Menge	1787	1788	1789
Walroßöl	Faß (Kübel)	46	(244)	(131)
Steinbutt	t	—	23,6	47,7
Schellfisch	t	—	23,6	47,7
Eiderdaunen	t	—	0,5	3 Sack
Fischtran	t	327	978	51
Dorschtran	t	96,1	108,8	988,2
Russischer Lachs	Faß	3 377	33 585	2 161
Salm	t	21,4	146,8	208,2
Gesalzener Dorsch	t	1 271	1 817	1 958
Getrockneter Dorsch	t	155,6	119,7	177,8
Weißfisch	t	58,6	37,0	32,5
Erbsen	t	5,2	7,5	6,2
Bretter	Stück	59 281	136 716	100 306
Mehl	t	2 120	1 976	1 559

Tabelle 73

Arktis. Fischfang und Seetierfang in der sowjetischen Arktis bis 1950

1. Seefischerei

Vor 1917 ohne Bedeutung.

a) Barentsmeer

Mittlerer jährlicher Fang vor dem 2. Weltkrieg

Dorsch	200 000 t
Hering	100 000 t

Konzentrierung im Oblast Murmansk (20 % des Gesamtfischfangs der UdSSR)

Anteil an der Gesamtproduktion

Jahr	Obl. Murmansk	Stadt Murmansk
1940		64,1 %
1951		80,1 %
1952	55 %	

b) Kara-See bis Tschuktschen-See

Jahr	Zahl der Fischereidistrikte	Fang t
1933	7	4295
1934	9	4960
1935	18	4245
1936	20	4485
1937	42	5030

Mittlerer jährlicher Anteil (1933—37)

Gewässer um Novaja Zemlja	200 t
Unterer Enisej	900—1250 t

c) Bering-Meer und Ochotskisches Meer

Anteil am Gesamtfang der UdSSR (vor 1941)

Lachs	83,3 %
Schollen	60,4 %
Navaga	69,3 %
Hering	44,9 %

Krabbenfang (mittlerer jährlicher Durchschnitt vor 1941)

Bering-Meer	190 t
Ochotskisches Meer	8295 t

Tabelle 73, Fortsetzung

Fischfang von Kamtschatka aus

Jahr	Fang t	Fischkonserven (Büchsen)
1940	45 000— 48 000	425 000
1949	112 000—120 000	1 062 500

d) Flußfischerei in den sibirischen Strömen. Mittlerer jährlicher Fang (vor 1941) (in t)

Fischart	Ob	Enisej	Lena
Stör	575	90	15
Lachs	335	55	45
Weißfisch	4 305	695	875
Karpfen	5 245	30	60
Barsch	615	15	0
Hecht	2 835	130	950
Aal	675	110	0
Stint	25	55	25
Andere	2 845	440	75
Gesamt	17 455	1620	2045

2. Robben- und Walfang in der sowjetischen Arktis

Durchschnittlicher Fang vor 1941 für den Eigenbedarf der Eingeborenen (überwiegend Čukotskij N. O.)

Robben	40 000—70 000
Walrosse	4 000— 6 000

Durchschnittlicher Fang vor 1941 (Mittel 1936/39) jährlich

	Robben	Wale
Barentsmeer	1 300	—
Weißes Meer	30 900	—
Bering-Meer	9 800	113 100
Ochotskisches Meer	5 600	—

3. Pelztierfang in der sowjetischen Arktis

Fangtiere: Weißfuchs 92 % des Pelztierfangs der Tundra
Eichhörnchen 98 % des Pelztierfangs der Taiga

Zahl der Jäger (1941)	40 000
Zahl der Jagdstationen (1941)	15
Davon:	
Archangelsk Oblast	2
Komi ASSR	1
Ob-Gebiet	6
Obl. Novosibirsk	3
Krasnojarskij Kraj	2
Jakutische ASSR	1

Zahl der Pelztierfarmen (1941)

Kolchose	22
Sovchose	1
Kooperativen	4

Tabelle 73, Fortsetzung

4. Arbeitsverhältnisse. Beispiel: Jamalo-Neneckij N. O. (1935)

Unternehmen	Lokale Arbeiter	Angesiedelte Arbeiter	Saison-arbeiter	Gesamt
Glavsevmorput'	36	—	58	94
Fischerei-Trust	920	1483	1326	3729
Kooperativen	709	—	—	709
Gesamt	1665	1483	1384	4532
Tschuktschen-Fischerei			600	

Die Saison-Arbeiter sind oft 3—4 Monate unterwegs, um 2—3 Monate fischen zu können.

Tabelle 74

Arktis. Fischfang in den Gewässern der UdSSR 1954/55 (neuere Zahlen liegen nicht vor)

Gewässer	Fang in t	Fischarten
Kara-See (1954)		
Taz-Bucht	1 190	
Taz und Pur	3 400	Renke (Felchen), sibirischer Stör, Nelma
Gydan und Gydan-Bucht	400	(sibirischer Weißlachs)
Ob-Bucht	3 080	
Unterer Ob	8 450	
Enisej-Bucht,		
Igarka, Ust'Port	2 160	
Dudinka	350	
Igarka	590	65 % Renke (Felchen), 8 % sibir. Stör
Pjasina-Bucht	80	
Pjasina und Nebenflüsse	200	
Seen bei Norilsk	160	
Kara-See gesamt	20 060	
Laptev-See (1955)		
Nördliche Lena		
(Bykovo, Ust'Oleneck, Tit Ary)	1 810	26 % Muksun, sibirische kleine Maräne, Omul
Jana	500	Sibirische kleine Maräne
Chatanga	1 340	Sibirische kleine Maräne
Laptev-See gesamt	3 650	
Ostsibirien (1954)		
Kolyma	1 260	Sibirische kleine Maräne, Tschir
Indigirka	1 000	Sibirische kleine Maräne, Omul, Tschir
Laptev-See gesamt	2 260	

Tabelle 74 a

Arktis. Jagd auf Eisbären (nach Ergebnissen der Konferenz über Eisbären vom 6. bis 10. 9. 1965 in Fairbanks, Alaska. Polar Record. **13,** 1966, 84)

1. Durchschnittliche Ergebnisse des Fanges von Eisbären 1965

Land	Zahl
Alaska	300
Kanada	600
Grönland	150
Svalbard	300
UdSSR	0 (ab 1956 völliger Schutz)
Gesamt	1350

2. Eisbärenjagd in Alaska

Jagdgebiete: Küsten- und See-Eis der Tschuktschensee und der Beringstraße, südlich bis St. Lawrence Island, nördlich bis Point Barrow.

Jagdform: bis etwa 1953 Jagd durch Eskimos zur Ernährung, heute durch Sportjäger mittels Flugzeugaufklärung.

Jagdzeit: März bis 20. April. Vom 20. 4. bis 15. 10. allgemeines Jagdverbot.

Jagdertrag:

1925—1953	117/Jahr
1953—1965	Zunahme
1965	292

davon 75 % Männchen.

Schutzbestimmungen: Erlaubnis wird je Jäger nur für einen Bären erteilt. Schutz von Weibchen mit Jungen und Jungtieren bis zu zwei Jahren. Meldepflicht für den Jagdertrag.

3. Eisbärenjagd in Kanada

Jagdgebiete: Bei Southampton Island, Resolute Bay, Clyde River, Sachs Harbour.

Jagdform: Überwiegend Jagd der Eskimos mit Hundeschlitten.

Jagdzeit: März—Mai.

Jagdertrag: 1965: 600
davon 50 % Männchen, 20 % Jungtiere bis zu zwei Jahren. 20 % der Eisbärfelle dienen den Eskimos zum Eigenverbrauch, der Rest wird verkauft.

Schutzbestimmungen: Jagd grundsätzlich nur den Eskimos erlaubt. Schutz von Weibchen mit Jungen und von Jungtieren unter 1 Jahr.

4. Eisbärenjagd in Grönland

Jagdgebiete: Besonders Nordostgrönland, Kanebecken, Melvillebucht. Vereinzelt in ganz Grönland.

Jagdform: Überwiegend durch Grönländer. Besonders wichtig für die Bevölkerung in Thule, Scoresbysund und Angmagssalik.

Jagdzeit: Jagd erlaubt vom 1. 11. bis 31. 5. in Nordgrönland; im übrigen Grönland keine Beschränkungen, da Bären sehr selten sind.

Tabelle 74a, Fortsetzung

Jagdertrag: Handelsstatistik seit 1793 vorhanden.

Um 1920	200 gesamt
1965	ca. 150

Ablieferung von Eisbärfellen an den Grönländischen Handel:

1956	42
1957	58
1958	86
1959	21
1960	4
1961	2
1962	0
1963	1
1964	49

Die Verringerung des Jagdertrages ist nicht auf Ausrottung zurückzuführen sondern auf die für die Bären verschlechterten Eisbedingungen.

Schutzbestimmungen: In Südgrönland keine. Nur Verbot der Jagd durch Nichtgrönländer sowie Jagd von Schiffen aus. In Nordgrönland (nördlich Petermannsgletscher und Scoresbysund) Schutz von Muttertieren in Begleitung von Jungen (seit 1956). Verbot von Gift, Fallen und Maschinenpistolen sowie der Jagd von Flugzeugen aus.

5. Eisbärenjagd in Svalbard

Jagdgebiet: Ganz Spitzbergen.

Jagdform: Überwiegend durch Winterjäger, Besatzungen der Stationen und von Robbenschlägern im Sommer mit Gewehren.

Jagdzeit: Bisher keine Vorschriften.

Jagdertrag:

1915	173	1922	188
1916	201	1923	507
1917	160	1924	714
1918	310	1925	625
1919	560	....	.
1920	499	1946—1965	324 ⌀, gesamt
1921	130		6608

Schutzbestimmungen: Vollständiger Schutz in Kong Karls Land (Ostspitzbergen); Verbot des Fanges von Jungtieren; Beschränkung der Jagderlaubnis für Trophäenjäger.

6. Eisbärenjagd in der UdSSR

Jagdgebiete: Gesamte sowjetische Arktis, besonders ergiebig auf der Wrangelinsel.

Jagdform: Früher Jagd durch Eingeborene.

Jagdzeit: Siehe Schutzbestimmungen.

Jagdertrag: Vor 1956 etwa 120 Bären je Jahr.

Schutzbestimmungen: Seit 1956 absolutes Verbot der Eisbärenjagd.

7. Internationale Regelung der Eisbärenjagd

Schutz von Muttertieren und Jungtieren das ganze Jahr über; Austausch von ökologischen Forschungsergebnissen. Der Vorschlag der UdSSR für einen absoluten Schutz für den Zeitraum 1966—1971 konnte nicht angenommen werden, da ein großer Teil der Polarvölker von der Eisbärenjagd für ihre Existenz abhängig ist.

Tabelle 75

Die Entwicklung des antarktischen Walfanges

1 Faß Walöl entspricht 170 kg oder 170,3 l

Jahr	Zahl der Wale	Walöl Faß	Land-stationen	Kochereien	Fang-boote
1904/05	195	5 302	1	—	1
1905/06	582	16 202	1	1	4
1906/07	1 112	27 728	1	2	8
1907/08	2 312	60 760	1	5	15
1908/09	3 983	90 506	5	6	21
1909/10	6 099	157 592	6	7	37
1910/11	10 230	291 169	6	14	48
1911/12	11 727	371 455	5	17	58
1912/13	10 760	428 573	6	21	62
1913/14	9 408	432 061	7	17	63
1914/15	9 864	498 843	7	15	61
1915/16	11 792	558 806	7	11	57
1916/17	6 474	363 827	6	6	44
1917/18	4 304	258 476	6	6	48
1918/19	4 787	245 692	5	6	50
1919/20	5 441	272 817	6	6	44
1920/21	8 448	390 627	6	8	47
1921/22	7 023	452 517	6	8	46
1922/23	9 910	614 547	6	13	60
1923/24	7 271	464 678	6	14	66
1924/25	10 488	697 091	6	13	65
1925/26	14 219	783 307	6	15	70
1926/27	12 665	872 362	6	17	80
1927/28	13 775	1 037 392	6	18	84
1928/29	20 466	1 640 640	6	27	113
1929/30	30 655	2 546 759	6	38	194
1930/31	40 201	3 608 348	6	41	232
1931/32	9 572	808 560	2	5	45
1932/33	24 327	2 456 462	1	17	118
1933/34	26 087	2 395 544	2	19	126
1934/35	31 808	2 453 999	2	23	153
1935/36	30 991	2 436 338	2	24	175
1936/37	34 579	2 658 108	2	30	196
1937/38	46 039	3 340 330	2	31	256
1938/39	38 356	2 820 771	2	34	281
1939/40	32 900	2 544 253	2	28	240
1940/41	16 363	1 100 008	1	11	93
1941/42	1 425	77 819	2	0	12
1942/43	998	50 960	1	0	6
1943/44	1 799	132 001	1	1	15
1944/45	2 891	223 540	1	1	15
1945/46	13 387	818 652	3	9	93
1946/47	25 593	1 939 742	3	15	147

Tabelle 75, Fortsetzung

Jahr	Zahl der Wale	Walöl Faß	Land-stationen	Kochereien	Fang-boote
1947/48	31 318	2 104 051	3	17	183
1948/49	31 435	2 219 621	3	18	212
1949/50	32 396	2 166 489	3	18	237
1950/51	33 997	2 303 690	3	19	260
1951/52	35 237	2 479 180	3	20	289
1952/53	30 653	2 118 097	3	16	251
1953/54	34 831	2 285 526	3	17	227
1954/55	37 654	2 237 560	3	19	254
1955/56	38 538	2 306 679	3	19	278
1956/57	36 069	2 245 435	3	20	246
1957/58	39 403	2 315 160	2	20	257
1958/59	38 789	2 152 661	3	20	256
1959/60	36 559	2 050 892	2	20	235
1960/61	38 972	2 123 157	2	20	220
1961/62	37 361	2 001 961	1	21	269
1962/63	30 182	1 495 779	1	17	201
1963/64	28 921	1 299 476	2	16	194
1964/65	31 413	1 017 611	2	15	172
1965/66	26 246	689 244	1	10	128
1966/67			1	9	121

Tabelle 75 a

Walfang in Fanggewässern außerhalb der Antarktis 1965 und in der Antarktis 1964/65

Bl Blauwale
F Finnwale
Bu Buckelwale
Sei Seiwale
Sp Spermwale
A Andere Arten (meist Bryde's Wal)

Fanggewässer	Bl	F	Bu	Sei	Sp	▶
Afrika (Natal, Kap)	9	380	—	1 223	3 606	
Brasilien (Paraiba)	—	—	—	149	13	
Nordatlantik	—	—	—	—	694	
Norwegen	—	106	—	—	27	
Faeröer	1	10	—	—	6	
Island	—	288	—	74	70	
Neuschottland, Neufundland	—	141	1	2	—	
Kalifornien, Oregon	4	114	4	22	97	
Britisch Columbia	9	83	18	604	151	
Beringmeer, Nordpazifik	49	1 406	40	1 398	2 460	
Kamtschatka	72	1 492	243	695	8 196	
Kurilen	—	—	—	—	—	
Japan	—	71	3	465	1 800	
Peru	78	150	137	2	922	
Chile	371	265	6	439	267	
Australien	—	—	—	—	668	
Neuseeland	—	—	—	—	—	
Südl. Atlantik (Südl. 40°)	—	—	—	—	51	
Südl. Indischer Ozean (Südl. 40 °)	—	—	—	—	1 768	
Südl. Pazifik (Südl. 40°)	—	—	—	—	400	
Gesamt	593	4 506	452	5 073	21 196	
Südgeorgien	—	503	—	506	141	
Antarktis pelagisch	20	7 308	—	19 874	4 211	
Gesamte Erde	613	12 317	452	25 453	25 548	

◄ A	Wale gesamt	Erträge in Faß: Walöl	Spermöl	Öl gesamt	Land-stationen	Fabrik-schiffe	Fangboote
180	5 398	31 908	74 096	106 004	2	—	17
—	162	3 326	251	3 577	1	—	1
116	810	6 058	18 921	24 979	2	—	3
—	133	3 845	1 040	4 885	2	—	4
—	17	260	299	559	1	—	1
—	432	12 995	4 278	17 273	1	—	4
—	144	2 663	—	2 663	2	—	4
—	241	4 256	2 788	7 044	3	—	6
—	865	11 203	3 819	15 022	1	—	3
—	5 353	85 559	114 847	200 406	—	3	25
—	10 698	68 555	270 506	339 061	—	4	49
—	—	—	—	—	—	—	—
1	2 340	5 322	39 595	44 917	8	—	17
—	1 289	8 664	22 214	30 878	1	—	5
—	1 348	35 473	4 627	40 100	2	—	10
—	668	—	26 508	26 508	1	—	3
—	—	—	—	—	—	—	—
—	51	—	1 814	1 814	—	(4) [1]	.
—	1 768	—	53 032	53 032	—	(7) [1]	.
—	400	—	14 045	14 045	—	(1) [1]	.
297	32 117	280 091	652 680	932 771	27	7	154
—	1 150	39 029	6 776	45 805	2	—	} 177
—	31 413	844 457	173 154	1 017 611	—	15	
297	64 680	1 163 577	832 610	1 996 187	29	22	331

[1]) Fabrikschiffe auf Fahrt.

Pelagischer Walfang in der Antarktis

Pelagischer Fang der 7 Fangperioden 1958/59 bis 1965/66

Walarten	1958/59	1959/60	1960/61	1961/62	1962/63	1963/64	1964/65	1965/66
Blauwale	1 191	1 230	1 740	1 118	947	112	20	1
Finnwale	25 837	26 415	27 374	26 438	18 668	13 870	7 308	2 318
Buckelwale	2 394	1 338	718	309	270	2	0	1
Seiwale	1 402	3 234	4 310	4 749	5 503	8 286	19 874	17 583
Spermwale	5 437	4 138	4 666	4 743	4 771	6 651	4 211	6 104
Andere	103	204	164	4	23	0	0	0
Gesamt	36 364	36 559	38 972	37 361	30 182	28 921	31 413	26 007
Ertrag Öl (Faß)	2 050 241	2 050 892	2 123 157	2 001 961	1 495 779	1 299 476	1 017 611	679 260
Expeditionen	20	20	21	21	17	16	15	10
Fangboote	235	220	252	261	201	194	172	128
Wale je Boot	155	166	155	143	150	153	183	203

Tabelle 76, Fortsetzung

Walfangstationen in Südgeorgien 1904—1963

Sitz	Gesellschaft	Tätigkeit	Bemerkungen
Grytviken	Compania Argentina de Pesca	16. 11. 1904 bis 1961/62	Küstenstation. In den Jahren 1927/28 bis 1930/31 auch ein Fabrikschiff. Seit 1960 umgeändert in „Albion Star Ltd."
	Gyogyo Kabushiki Kaisha Ltd.	1. 10. 1963 bis 31. 11. 1963	Operierte in Verbindung mit Taiyo Gyogyo Co. und Kyokuyo Hogei Co. vor der pelagischen Fangperiode.
Stromness	Sandefjord Whaling Co.	20. 12. 1907 bis 1916/17	Anfangs nur Fabrikschiff; Bau einer Station 1912 bis März 1913. Nach Verlust des Fabrikschiffes Küstenstation 1916/17.
	Southern Whaling and Sealing Co.	1917/18 und 1918/19	Küstenstation nur für zwei Fangperioden gepachtet.
	Vestfold Whaling Co.	1920/21 bis 1930/31	Küstenstation durch Zusammenschluß der Sandefjord Whaling Co. und Ocean Whaling Co.
	South Georgia Co.	1931 bis 1963	Ab 1931 wurde die Station als Reparaturwerft der South Georgia Co. benutzt.
Husvik	Tønsbergs Hvalfangeri	24. 12. 1907 bis 1931, 1945/46 bis 1956/57, 1958/59 bis 1959/60	Anfangs nur Fabrikschiff. 1910 bis 1913 Kombination mit Küstenstation. Ab 1913 nur Küstenstation.
	Albion Star Ltd.	1960/61	Für eine Fangperiode Benutzung als Gefrieranlage.
Godthul	Messrs Bryde and Dahl	8. 1. 1908 bis 1928/29	Keine Küstenstation.
Leith Harbour	South Georgia Co.	13. 9. 1909 bis 1941/42, 1945/46 bis 1960/61	Küstenstation. Von 1911—16 auch Fabrikschiff.
	Nippon Suisan Kaisha Ltd.	1. 10. 1963 bis März 1964	
Ocean Harbour (New Fortuna Bay)	Ocean Whaling Co.	26. 10. 1909 bis 1919/20	Küstenstation
Prince Olav Harbour	Southern Whaling and Sealing Co.	Nov. 1912 bis 1916/17, 1919/20 bis 1931/32	Anfangs Fabrikschiff. Küstenstation: Baubeginn 1917. Nicht vollendet, da die Gesellschaft die Station Stromness pachtete (1931).

Tabelle 77

Antarktis. Walfang-Saison 1964/65. Technische Daten der 1964/65 eingesetzten Kochereischiffe (nach CRESUS 1965)

Schiffsname	Land	Baujahr	Bruttoregistertonnen	Werft
Kyokuyo Maru 2	Japan	1943	16 433	Kaiser Company Inc., Portland
Kyokuyo Maru 3	Japan	1946	20 475	Harland and Wolff Ltd., Belfast
Nisshin Maru	Japan	1951	16 811	Kawasaki Dockyard Ltd., Kobe
Nisshin Maru 2	Japan	1937	27 035	Deutsche Schiff- und Maschinenbau-AG., Bremen
Nisshin Maru 3	Japan	1947	23 406	A. B. Götaverken, Göteborg
Tonan Maru	Japan	1938	19 308	Osaka Iron Works Ltd., Osaka
Tonan Maru 2	Japan	1951	13 792	Hitachi Shipyard, Osaka
Slava	UdSSR	1929	14 772	Swam, Hunter and Wigham Richardson, Wallsend
Sovetskaja Ukraina	UdSSR	1959	32 024	Nosenko Verf, Nikolaev
Juri Dolgorukij	UdSSR	1926 (1960 Umbau als Kochereischiff)	25 376	Blohm und Voss AG., Hamburg
Sovetskaja Rossija	UdSSR	1961	32 024	Nosenko Verf, Nikolaev
Sir James Clark Ross	Norwegen	1930	18 448	Furness' Shipbuilding Co. Ltd., Haverton Hill on Tees
Kosmos IV	Norwegen	1937	14 869	Deutsche Werft AG., Hamburg
Thorshavet	Norwegen	1947	19 168	Harland and Wolff Ltd., Belfast
Thorshovdi	Norwegen	1948	18 361	Burmeister og Wain, Kopenhagen

Tonnage der 1964/65 eingesetzten Kocherei- und Fangschiffe (Gesamt und Mittel)

	Japan BRT	Norwegen BRT	UdSSR BRT
Kochereischiffe gesamt	137 260	70 846	104 196
Kochereischiffe Mittel je Schiff	19 609	17 712	26 049
Fangboote Gesamt	43 696	24 541	54 795
Fangboote Mittel	615	681	843
Aufteilung der Blauwaleinheiten 1964/65 (8000)	4160 (52 %)	2240 (28 %)	1600 (20 %)

Tabelle 78

Die in der Antarktis tätigen Walfang-Expeditionen von 1938/39 bis 1966/67

Es bedeuten im Tabellenkopf:

USA Vereinigte Staaten von Amerika
UdSSR Union der Sozialistischen Sowjetrepubliken
SAU Südafrikanische Union
Pa Panama
No Norwegen
Ni Niederlande
J Japan
GB Großbritannien
D Deutschland
A Argentinien

Zahl vor dem / ist die Zahl der Expeditionen, hinter dem / die Zahl der Fangboote. Das Zeichen + bedeutet zusätzlich unterhaltene Landstationen.

Fangjahre	USA	UdSSR	SAU	Pa	No	Ni	J	GB	D	A
1938/39	1/8	—	—	1/8	12/90	—	6/49	9/79	5/41	+/6
1939/40	1/9	—	—	1/8	10/79	—	6/49	10/87	—	+/6
1946/47	—	1/8	1/?	—	7/62	1/?	2/12	3/?	Fang-	+/6
1947/48	—	1/8	1/?	—	8/88	1/?	2/12	4/52	ver-	+/6
1948/49	—	1/8	1/?	—	10/100	1/?	2/12	3/45	bot	+/6
1949/50	—	1/8	1/15	—	+ 9/110	1/?	2/12	+3/45		+1/15
1950/51	—	1/15	1/15	—	+10/124	1/12	2/18	+3/45		+/7
1951/52	—	1/15	1/16	—	+10/132	1/12	3/32	+3/47		+/7
1952/53	—	1/15	1/16	—	+ 7/95	1/12	2/30	+3/46		+/7
1953/54	—	1/15	1/13	—	+ 9/100	1/12	2/26	+4/53		+/7
1954/55	—	1/15	1/13	1/16	+ 9/108	1/12	3/36	+3/47		+/7
1955/56	—	1/15	1/16	1/15	+ 9/117	1/18	3/40	+3/51		+/7
1956/57	—	1/18	1/10	—	+ 9/101	1/14	5/54	+3/42		+/7
1957/58	—	1/24	—	—	9/94	1/14	6/68	+3/45		+/12
1958/59	—	1/24	—	—	+ 9/100	1/12	6/69	+3/44		+/7
1959/60	—	2/37	—	—	+ 8/77	1/13	6/69	+3/38		+/7
1960/61	—	3/52	—	—	8/70	1/15	7/86	2/22		+/7
1961/62	—	4/67	—	—	7/70	1/15	7/80	2/22		+/7
1962/63	—	4/70	—	—	4/32	1/11	7/79	1/9		—
1963/64	—	4/68	—	—	4/33	1/11	+7/80	—		—
1964/65	—	4/65	—	—	4/36	—	+7/71	—		—
1965/66	—	3/55	—	—	2/21	—	+5/62	—		—
1966/67	—	3/55	—	—	2/21	—	+4/52	—		—

Tabelle 79

Sowjetische Arktis. Wirtschaftsentwicklung 1958—1962

Gegenstand	Neneckij N. O.		Jamalo-Neneckij N. O.		Chanty-Mansijskij N. O.		▶
	1958	1962	1958	1962	1958	1962	
Wert der Produktion 1958 = 100	100	128	100	115	100	153	
Elektroenergie Mill. kWh	8,3	13,4	11,2	20,7	16,2	20,7	
Elektroenergie kWh je Einwohner	187	353	179	317	132	254	
Kohlenförderung 1000 t	—	—	—	—	—	—	
Holzabfuhr 1000 Festmeter	—	—	—	—	1215	2449	
Schnittholz 1000 cbm	53	77	—	—	—	—	
Bauziegel 1000 Stück	395	329	—	—	—	—	
Lederschuhe 1000 Paar	—	—	—	—	—	—	
Fischfang 1000 t	3,5	3,2	16,5	17,4	18,8	23,4	
Fischkonserven Mill. Büchsen	—	—	13,0	15,2	16,2	20,7	
Tierische Fette 1000 t	—	—	—	—	—	—	

◄	Tajmyrskij N. O.		Evenkijskij N. O.		Jakutische ASSR		Čukotskij N. O.		Korjakskij N. O.	
	1958	1962	1958	1962	1958	1962	1958	1962	1958	1962
	.	.	100	114	100	175	100	196	100	171
	1,4	8,6	0,4	1,7	235	393	82	142	3,4	10,1
	41	258	37	158	493	692	1802	2264	123	297
	23,5	26,9	1,7	2,0	718	1077	231	244	—	—
	—	—	0,6	5,3	1379	1647	—	—	—	—
	—	—	—	—	301	513	—	—	—	—
	—	—	—	—	—	—	—	—	—	
	—	—	—	—	130	161	—	—	—	—
	—	—	—	—	6,4	7,1	6,9	10,7	40,3	92,8
	—	—	—	—	—	—	—	—	—	—
	—	—	—	—	3,3	3,3	—	—	—	—

Tabelle 80

Spitzbergen (Svalbard). Kohlenproduktion und Kohlenausfuhr 1900 bis 1964 und Zahl der Beschäftigten in den Kohlengruben

Jahr	Spitzbergen gesamt			Norwegische Gruben			▶
	Produktion t	Ausfuhr t	Beschäftigte	Produktion t	Ausfuhr t	Beschäftigte	
1900		40 (Erster Transport)					
1907	(Abbaubeginn)		130				
1908		4 000					
1910		4 500					
1912			200				
1914			300				
1915							
1916				(s. 1933) 1 Ges.			
1917				(s. 1929) 5 Ges.			
1918							
1919			715				
1920	110 743		927				
1921	152 906		922				
1922	297 000		1200				
1923	400 000						
1924	335 000	430 000					
1925	413 000						
1926							
1928		289 673					
1929		239 700	439	1 024 623 (seit 1917)			
1930		195 530					
1931		206 345					
1932		255 000					
1933				2 375 300 (seit 1916)			
1934		453 841	2260		304 841	474	
1935	708 808	634 819	2555		315 951	605	
1936		707 117	2427		300 947	615	
1937	766 135	740 000	2609		290 000	622	
1938	626 518	606 000	2316	298 740	287 425	587	
1939		625 000					
1941	350 000	Die Kohlengruben wurden am 9. 9. 1941 evakuiert					
1945	6 007	294					
1946		62 732					
1947	336 499	281 192	2429	336 499	281 192	1012	
1948	515 000	420 324	2836	436 130	420 324	1162	
1949	580 000	531 319	3412	456 546	425 867	1223	
1950		513 656	3570	363 905	327 003	976	
1951		719 236	3618	469 994	470 445	1026	
1952		713 930	3031	453 403	460 027	1011	
1953		666 712	2942	427 500	403 817	990	

◀	Sowjetische Gruben Produktion t	Ausfuhr t	Beschäftigte	Andere Gruben Produktion t
				(siehe 1915). Arctic Coal
				146 690 (1907—1915)
				(siehe 1925) Schwedische Grube
				(siehe 1926) Anglo Russian Co.
				(siehe 1925) Niederländische Grube
				444 722 (Schwedische Grube) (1918—1925) 192 200 (Niederländische Grube) (1921—1925)
				62 200 (Anglo Russian Co.) (1920—1926)
	(siehe 1933)			
	87 660 (1931/33)			
		149 000	1786	
		318 868	1950	
		406 170	1812	
		450 000	1987	
		318 575		
		500 000		
			1417	
		94 676	1674	
		105 752	2189	
		186 653	2594	
		248 791	2592	
		253 903	2020	
		262 895	1952	

Tabelle 80, Fortsetzung

Jahr	Spitzbergen gesamt Produktion t	Spitzbergen gesamt Ausfuhr t	Spitzbergen gesamt Beschäftigte	Norwegische Gruben Produktion t	Norwegische Gruben Ausfuhr t	Norwegische Gruben Beschäftigte	►
1954		615 433	3378	340 521	333 894	842	
1955		618 558	3585	322 147	308 445	907	
1956		691 707	3858	390 024	341 884	1064	
1957		733 090	3971	384 168	338 962	1198	
1958		696 071	3290	287 962	310 226	899	
1959		666 744	3654	251 679	208 818	737	
1960		796 734	3200	403 615	316 339	650	
1961		716 295	2600	369 053	318 368	649	
1962		695 882	2781	430 000	329 082	727	
1963		811 201		400 000	440 868		
1964			2638		401 324	960	

◄	Sowjetische Gruben			Andere Gruben
	Produktion t	Ausfuhr t	Beschäftigte	Produktion t
		281 539	2536	
		310 113	2678	
		249 823	2794	
		394 128	2773	
		385 845	2391	
		457 926	2917	
		480 395	2550	
		397 927	1951	
		366 800	2054	
		370 333		
			1678	

Tabelle 81

Spitzbergen (Svalbard). Erdöl-Mutungen und -Bohrungen (nach *Jenö Nagy*, 1965)

Flächen der Mutungen (eine Mutung = 10 qkm)

Jahr	Fläche in qkm Gesamt	Fläche in qkm Einzelne Gesellschaften	Gesellschaft	Nationalität
1961	2660	2010	American Overseas Petroleum Ltd.	USA
		90	Norsk Polar Navigasjon A/S	Norwegen
1962		350	American Overseas Petroleum Ltd.	USA
		210	Norsk Polar Navigasjon A/S	Norwegen
1963		710	Arktik Ugol	UdSSR

Erdölbohrungen

Jahr	Gesellschaft	Ort	Tiefe	Bemerkung
1961	Norsk Polar Navigasjon A/S	Westlich Kongsfjorden	80	unergiebig
1963	Norsk Polar Navigasjon A/S	Grønfjorden	1965 noch nicht abgeschlossen	
1965	Caltex (USA)	Van Mijenfjord	1965	begonnen

Tabelle 82

Bergbau in der sowjetischen Arktis (nach *C. Krypton* 1956 und *T. Armstrong* 1960)

Insgesamt sind bisher etwa 1600 Lagerstätten nachgewiesen, darunter 50 Goldlager, 14 Zinnlager, Lagerstätten von Nickel, Silber, Zink, Blei, Kupfer, Mangan. Auf der Jugor-Halbinsel gibt es 350 Erzvorkommen, im Verchojanischen Gebirge Hunderte von Lagerstätten. Förderzahlen wurden in der Nachkriegszeit nicht oder nur unzureichend veröffentlicht.

1. Kupfer:		Noril'sk	
	1940	Produktion begonnen	
	1947	3000 t	
2. Platin, Uran:		Noril'sk	
	1946	Polymetall-Kombinat errichtet (Sperrzone; Förderung geheim)	
3. Gold:		Jakutische ASSR	Kolyma-Becken
	1956	20 % der gesamten Gewinnung der UdSSR	ca. 60 % der gesamten Gewinnung der UdSSR
4. Zinn:		Ese-Chaja (Jana-Gebiet) Orotukan (Kolyma-Gebiet)	Pyrkakaj Jul'tin (Čukotskij N. O.)
		1940 begonnen	1959 begonnen
		Die 4 Vorkommen liefern etwa die Hälfte der Gesamtförderung der UdSSR	
5. Glimmer:		Tommot (Aldan-Gebiet)	Nach Erschöpfung der Mine Sljudjanka 1941 ist dieses Vorkommen das einzige in der UdSSR
	1941	Abbaubeginn	
	1954	11 200 t	
6. Graphit:		Kurejka (bei Igarka)	(Größte Lagerstätte der UdSSR)
	1912	Abbaubeginn	
	1941	Abbau eingestellt	
7. Fluorit:		Amderma	
	1933	Abbaubeginn	
	1940	20 000 t	
	1946	Abbau wahrscheinlich eingestellt	
8. Diamanten:		Mirnyj bei Viljučan	
	1958	Produktionsbeginn	
9. Kohle:		Abbaureserven (Schätzungen)	
		Vorkuta-Feld	60 Billionen t
		Tunguska-Feld	440 Billionen t
		Lena-Feld	807 Tausend t
		Zyrjanka-Feld (Kolyma)	150 Millionen t
		Tschuktschen-Feld	30 Millionen t
		Vorkuta	Noril'sk
	1938	Produktionsbeginn	Nur Verschiffung
	1939	ca. 150 000 t	von Bunkerkohle von
	1940	225 000 t	Dudinka nach Dikson
	1941	265 000 t	1939 ca. 50 000 t
	1942	609 000 t	1942 ca. 160 000 t

Tabelle 82, Fortsetzung

Vorkuta, Fortsetzung

1943	1 356 000 t
1944	1 959 000 t
1945	2 497 000 t
1950	7 700 000 t
1957	16 000 000 t

Nordvik

1938	8 150 t
1942	Eröffnung einer neuen Grube

Lena-Gebiet
(Bunkerkohle für Tiksi)

Jahr	Sangar	Kangalarskie
1933	11 600 t	8 700 t
1934	9 000 t	9 500 t
1935	17 700 t	19 000 t
1936	22 800 t	13 000 t
1937	22 100 t	10 400 t
1940	40 000 t	.
1945	120 000 t (Plan)	

Zyrjanka
(Kolyma-Gebiet)
(Bunkerkohle
für Ambarčik)

1939	Abbau nur lokal
1944	ca. 40 000 t
nach 1945	Erweiterung
1963	ca. 100 000 t

Ugol'naja (Beringovskij seit 1957)
(Čukotskij N. O.)

Bis 1941	7 000 — 8 000 t
Ab 1943	Ausweitung

Čul'man
(Aldan-Gebiet)

1960	Produktion projektiert

10. Erdöl:

Uchta
(Pečora-Becken)

1935	Produktionsbeginn
1939	ca. 100 000 t
1944	ca. 1 200 000 t
1950	800 000 t

11. Erdgas:

Uchta
(Pečora-Becken)

1958	3000 Mill. m^3

In den letzten Jahren wurden neue Erdöl- und Erdgasfelder in Nordsibirien entdeckt und ihre Ausbeutung in Angriff genommen. Zahlen für die Förderung sind nicht bekannt.

Erdöl: Nordvik (seit 1957). Förderung 10 t/Tag.

Ust'-Enisejsk-Ermakovo. 1959—62 durch „Minusinneftegazrazvedka" untersucht.

Untere Lena. 1961 Untersuchungen begonnen.

Tabelle 82, Fortsetzung

Erdgas: Berezovo-Igrim. (Seit 1953.) Ausbeutung durch „Tjumeňneftegeologija". Vorrat 60 Bill. m^3.

Tazovskoe. (Seit 1964.) Größtes Feld der Sowjetarktis. Vorrat 200 Milliarden m^3.

Tas-Tumus (Mittlere Lena). (Seit 1958?)

Novyj Port (Jamalhalbinsel). Seit 26. 12. 1964 erschürft, 4 Horizonte; 4000 km^2 Ausdehnung.

Erdgasleitungen:

Von ... nach ...	Baujahr	Länge	Durchmesser	Fördermenge
Igrim-Serov	1963/65	525 km	1 m	6 Bill. cbm/Jahr
Tazovskoe-Norilsk	1964/67	640 km		3,5 Bill. cbm/Jahr
Tas-Tumus-Jakutsk	1963/66	300 km		?

1965 begann die Errichtung einer neuen Kupfer-Nickel-Platin-Mine in Talnach, 25 km von Norilsk entfernt (Minen Majak I und II). Die Bahn Dudinka—Norilsk wurde 1964 nach Talnach weitergeführt.

Tabelle 83

Alaska. Bergbau. Förderung

Jahre	Kohle t	Erdöl Faß	Erdgas Mill. m^3
1935	110 000		
1938	145 000		
1944	320 000		
1945	334 000		
1949		Versuchs-bohrungen	Entdeckung
1956	697 773		
1958	759 000		
1959	669 000	600 000	
1960	750 000	6 326 000	0,0
1962	737 000	10 260 000	61,8
1963	853 000	10 740 000	127,4
1964	676 000	11 030 000	169,4
1965	780 000	11 128 000	175,1

Jahre	Gold kg	Silber kg	Quecksilber Flaschen (zu je 34,4 kg)
1938	26 600	13 500	
1940	28 216		
1945	13 500	1 300	
1956	7 625	994	
1957	7 043	1 077	
1958	6 958	987	3 380
1959		797	4 450
1960	6 718		
1961	4 255	597	4 350
1962	6 169	.	3 759
1963	3 086	.	.
1964	1 803	217	303
1965	1 493	155	180

Sonstige Bergbauerzeugnisse:

Jahr	Kupfer t	Jahr	Blei t	Jahr	Wolfram t	Jahr	Antimon t	Jahr	Sand und Kies Mill. t
1916	50 000	1938	1000	1946	17,2	1964	12,7	1958	4,255
1938	13 500	1946	104					1959	5,892
1946	1,8							1962	5,730
1964	10							1963	15,331
								1964	23,668
								1965	27,178

Sonstige Lagerstätten: Eisen 1954 entdeckt

Zinn: 1916: 150 t

1938: 24 t

Tabelle 84

Yukon-Territorium. Bergbau
(nach Canada Yearbook, Statesman's Yearbook u. a. Quellen)

Jahr	Gold kg	Silber kg	Zink t	Blei t	Wolfram t	Cadmium t	Kohle t	Kupfer t	Platin g
1944	741	1 028	.	.	.	.		—	.
1945	987	728	.	.	.	.		—	.
1946	1 426	971	.	.	.	.		—	.
1947	1 485	11 572	.	.	.	.	Beginn	—	.
1948	1 885	53 454	.	.	.	.	3 484	—	.
1949	2 550	48 606	.	.	.	.	3 363	—	.
1950	2 903	99 616	.	.	.	.	.	—	.
1951	2 411	107 081	.	.	.	.	.	—	.
1952	2 226	114 205	.	.	.	.	7 658	—	.
1953	1 873	188 213	.	14 329	7,7	108	9 626	—	.
1954	2 331	198 224	.	.	.	.	12 803	—	.
1955	2 047	161 935	.	11 685	.	.	6 387	—	.
1956	2 041	175 557	.	11 693	.	.	8 502	—	.
1957	1 996	183 820	.	11 383	.	.	7 013	—	.
1958	1 920	181 875	.	9 793	.	.	3 941	—	.
1959	1 898	199 985	.	9 952	.	.	3 519	—	.
1960	2 214	204 597	4 684	9 202	.	65	5 869	—	538
1961	1 921	201 168	.	.	.	.	6 983	399	.
1962	1 705	188 765	5 392	7 389	1,6	61,0	7 649	195	.
1963	1 652	190 201	.	2 978	.	63,8	8 584	.	.
1964	1 684	173 694	6 483	8 585	.	87,3	6 792	.	.

Nordwestterritorien. Bergbau

Jahr	Gold kg	Silber kg	Kupfer t	Zink t	Nickel t	Uran t	Erdöl, Faß (zu je 158,8 l)	Erdgas Mill. cbm
1920							Versuchsbohrungen	
1937						Beginn		
1938	Beginn		.	.	.			
1943							ca. 400 000	
1944	646	425	.	.	.	.	1 223 675	425
1945	270	63	.	.	.	.	345 171	425
1946	728	190	.	.	.	.	177 282	425
1947	1 944	1 411	.	.	.	.	227 474	.
1948	3 160	786	.	.	.	.	350 541	42 500
1949	5 521	2 193	.	.	.	.	155 528	18 471
1950	6 241	1 932	.	.	.	.	186 726	9 439
1951	6 600	1 998	.	.	.	.	227 499	5 475
1952	7 019	1 680	3	.	.	.	314 217	7 095
1953	8 482	1 802	—	.	.	.	316 689	7 393
1954	8 747	1 674	—	.	.	.	369 887	8 235
1955	9 109	1 658	—	.	.	.	404 219	5 287

Tabelle 84, Fortsetzung

Jahr	Gold kg	Silber kg	Kupfer t	Zink t	Nickel t	Uran t	Erdöl, Faß (zu je 158,8 l)	Erdgas Mill. cbm
1956	9 998	1 982	—	.	.	396	449 409	6 006
1957	9 639	1 959	150	.	Beginn	380	420 844	5 447
1958	9 746	2 063	394	.	.	413	457 086	6 824
1959	11 507	2 000	448	.	.	417	430 319	19 025
1960	11 853	2 253	472	6 079	1 730	489	468 545	11 266
1961	11 413	2 142	441	.	.	190	502 500	9 911
1962	12 450	2 065	285	.	816	Ab 1960	572 004	1 606
1963	11 773	2 165	.	.	.	eingestellt	705 689	1 396

Polarkanada. Bergbaugesellschaften (nach Resources Division, Dept. of Northern Affairs and National Resources 1964, Mineral Resources Division, Dept. of Mines and Technical Surveys 1965 und *A. Dubnie* und *W. Keith Buck*, 1965).

Yukon. Bergbaugesellschaften

Gesellschaft	Mine	Ort	▶
United Keno Hill Mines Ltd.	Galena Hill and Keno Properties	Mayo	
The Yukon Consolidated Gold Corporation Ltd.	Granville Lower Sulphur Upper Sulphur Middle Dominion Lower Hunker Dominion Benches	Dawson	
Lamontagne and Schink	Gold Run Creek	Dawson	
Ballarat Mines Ltd.	Dominion Creek Benches Eldorado Creek Benches Quartz Creek Benches	Dawson	
The Burwash Mining Co. Ltd.	Burwash Creek	Kluane Lake	
Spruce Creek Placers Ltd.	Haggard Creek	Mayo	
Northern Yukon Services	Spruce Creek	Dawson	
K and S Placers	Gold Creek	Dawson	
23 kleine Unternehmen			
Yukon Coal Co. Ltd.	Tantalus Butte	Carmacks	

Nordwestterritorien. Bergbaugesellschaften

Giant Yellowknife Mines Ltd.		Yellowknife
The Consolidated Mining and Smelting Company of Canada Ltd.	Con and Rycon	Yellowknife
Discovery Mines Ltd.		Giauque Lake
Tundra Gold Mines Ltd.		Matthews Lake
Canada Tungsten Mining Corporation		Flat River
Imperial Oil Ltd.		Norman Wells

◄	Erze	Förderung	Abbaubeginn
	Silber, Blei, Zink, Cadmium	500 t/Tag	1947
	Gold	43 500 Unzen/Jahr	1923 (Jahr des Zusammenschlusses kleiner Betriebe)
	Gold	1 100 Unzen/Jahr	
	Gold	3 100 Unzen/Jahr	
	Gold	800 Unzen/Jahr	
	Gold	900 Unzen/Jahr	
	Gold	800 Unzen/Jahr	
	Gold	1 100 Unzen/Jahr	
	Kohle	8 200 t/Jahr	1900
	Gold	1 000 t/Tag	1948
	Gold	500 t/Tag	1938
	Gold	200 t/Tag	1950
	Gold	125 t/Tag	1964
	Wolfram	300 t/Tag	1964
	Erdöl	1 900 Faß/Tag	1921

Tabelle 84, Fortsetzung

Kanadische Arktis. Zusätzliche Angaben über Geschichte und Planungen des Bergbaus (nach *A. Dubnie* und *W. Keith Buck*, 1965)

Gold

1896 Entdeckung der Dawson-Goldfelder am Bonanza Creek.
Bis 1964: 11 Mill. Unzen Gold gefördert.

1966 wird die Yukon Consolidated Gold Corporation Ltd. ihre Produktion einstellen.

Silber

1906 Entdeckung der Silbervorkommen von Mayo. Bis 1921 nur geringe Produktion.
Konzentration: 34,6 Unzen je t, vergesellschaftet mit 6,5 % Blei und 5,5 % Zink.

Wolfram

1959 Entdeckung der Vorkommen am Flat River.

1964 Die Reserven werden auf 1,5 Mill. t geschätzt. Konzentration: 2,4 % WO_2.

Kohle

Außer dem Vorkommen von Carmacks, Yukon, wird eine schwach bitumöse Braunkohle für örtlichen Verbrauch in Pond Inlet, Baffin-Insel, abgebaut.

Abbauplanungen:

Mineral	Gesellschaft	Ort	Entdeckt	Bemerkungen
Zink-Blei	Pine Point Mines Ltd.	Pine Point[1])	1961	1964 Abbaubeginn
Eisen	Crest Exploration Ltd.	Snake River	1961	Vorrat 2 Bill. t
Eisen	Baffinland Iron Mines Ltd.	Baffin-Insel, Milne Inlet	1962	Vorrat 100 Mill. t
Nickel-Kupfer	Asbestos Corporation Ltd.	Ungava, Deception Bay	1962	In Erforschung

1) Zur Ausbeutung der Pine Point-Mine wurde 1962 mit dem Bau der 695 km langen Great Slave Lake Railway von Roma, Alberta zum Großen Sklavensee begonnen. Vorgesehen ist eine Zweiglinie von 89 km nach Pine Point. Die Bahn wird 1966 betriebsfertig sein.

Für Bergbauzwecke wurden in letzter Zeit auch neue Straßen für Motorzwecke gebaut.

1959: Von Hay River nach Yellowknife (Mackenzie Highway).

1962: Von Yellowknife nach Tundra (298 km); von Watson Lake nach Ross River und Flat River (Wolfram-Mine).

1965: Von Fort Providence nach Inuvik (1610 km) (Winterweg).

Tabelle 84, Fortsetzung

Erdöl-Mutungen

Jahr	Fläche	Zahl der Bohrungen
1959	20 000 000 ha	
1963		6
1964	24 000 000 ha auf dem Festland	15
	20 000 000 ha auf den arktischen Inseln	3
1965	20 000 000 ha in der Hudson Bay	

Erdölbohrungen auf den arktischen Inseln

Jahr	Gesellschaft	Ort	Tiefe	Bemerkungen
1961	Peter Bawden Drilling	Melville-Insel	3810 m	nicht fündig
1963	Private Gesellschaft	Cornwallis-Insel	1463 m	„ „
1964	Private Gesellschaft	Bathurst-Insel	3048 m	„ „

Tabelle 85

Grönland. Bergbau (nach Statistik Årbog, Danmark [ab 1950] u. a. Quellen)

1. Kryolith-Gewinnung in Ivigtut 1865—1964

Jahr	Verschiffung gesamt in t	Verschiffung nach Dänemark in t	Verschiffung nach USA in t
1856/1914	ca. 500 000		
1913	10 415		
1915/20	63 800	43 400	20 400
1923	18 582		
1930	36 010		
1934	15 000		
1935	25 000		
1936	25 000		
1939	56 078	40 577	15 501
1940	42 970	—	42 970
1941	59 053	—	59 053
1942	85 903	—	85 903
1943	47 244	—	47 244
1944	15 774	—	15 774
1945	24 115	9 249	15 866
1946	30 210	20 031	10 179
1949	46 000	28 140	18 860
1951	66 000	34 000	32 000
1952	71 000	39 000	32 000
1953	46 000	29 000	17 000
1954	53 000	41 000	12 000
1955	43 000	34 000	9 000
1956	38 000	27 000	11 000
1957	49 000	34 000	15 000
1958	17 000	12 000	5 000
1959	42 000	29 000	13 000
1960	42 000	.	.
1961	42 000	.	.
1962	41 000	.	.
1963	67 136	.	.
1964	50 882	.	.

2. Kohleabbau bei Qutligssat, Disko-Insel (t)

1908	Abbaubeginn	1955/56	16 054
1914	1 600	1956/57	15 644
1934	6 000	1957/58	16 879
1935	6 000	1959	26 995
1949/50	4 935	1960	28 415
1950/51	5 566	1961	30 139
1951/52	4 507	1962	26 436
1952/53	5 890	1963	29 685
1953/54	5 522	1964	23 716
1954/55	11 500	1980	Ende des Abbaus (Erschöpfung)

Tabelle 85, Fortsetzung

3. Blei-Zink-Abbau bei Mestersvig, Ostgrönland

Jahr	Blei t	Zink t
1954	Ausbau der Mine begonnen	
1955	1	–
1956	3 663	4 837
1957	8 461	12 896
1958	7 732	1 660
1959	10 825	9 817
1960	10 772	17 849
1961	12 768	10 411
1962	2 327	10 377
1963	Abbau eingestellt	

4. Sonstige Bergbaue

a) Graphit in Amitsok

1845 100 t
1911/25 Erneute Abbauversuche

b) Kupfer, Josvagrube

1852/1914 50 t

c) Marmor auf Agpat-Insel

1934 70 t
1935 400 t

Tabelle 86

Grönland. Schiffsverkehr mit Dänemark 1957—1964

Schiffe	1957	1958	1960	1961	▶
Ausgehend nach Dänemark					
Beladen					
Zahl	65	76	79	76	
NRT	33 512	45 410	54 320	55 014	
Güter (t)	46 325	49 909	45 548	47 740	
Leerschiffe					
Zahl	1	1	—	2	
NRT	236	2 096	—	1 831	
Passagierschiffe					
Zahl	.	.	.	.	
NRT	.	.	.	.	
Güter (t)	.	.	.	.	
Eingehend nach Grönland					
Beladen					
Zahl	77	97	87	88	
NRT	43 054	67 374	62 338	62 962	
Güter (t)	51 946	68 392	54 932	62 277	
Leerschiffe					
Zahl	1	1	3	2	
NRT	218	48	2 185	271	
Passagierschiffe					
Zahl	.	.	.	.	
NRT	.	.	.	.	
Güter (t)	.	.	.	.	

Grönland. Reiseverkehr von und nach Grönland 1953—1964. Zahl der Passagiere

	1953	1954	1955	1956	1957	▶
Reisen nach Grönland	2 482	3 079	2 617	2 919	2 133	
Mit Schiffen d. grönländ. Handels	1 065	1 139	1 229	1 182	1 425	
Mit Charterschiffen	935	1 319	1 048	1 073	1 177	
Mit Flugzeugen	482	621	340	664	531	
Reisen von Grönland	2 531	3 002	2 516	2 606	2 883	
Mit Schiffen d. grönländ. Handels	907	1 071	1 239	1 147	1 319	
Mit Charterschiffen	985	1 135	940	926	1 040	
Mit Flugzeugen	639	796	337	533	524	

◄	1963	1964	Davon	
			Dänische Schiffe	Norwegische Schiffe
	83	83	72	11
	69 555	59 505	56 631	2 874
	57 891	58 030	56 085	1 945
	4	2	2	—
	2 193	1 297	1 297	—
	.	20	.	.
	.	22 671	.	.
	.	5 132	.	.
	97	97	87	10
	78 896	75 398	66 740	8 658
	70 154	69 745	66 953	2 792
	—	1	1	—
	—	2 096	2 096	—
	.	20	.	.
	.	22 671	.	.
	.	11 426	.	.

◄	1958	1959	1960	1961	1962	1963	1964
	3 285	4 039	4 153	4 849	5 565	5 846	6 594
	1 227	1 334	905	691	805	681	492
	1 120	731	427	530	215	224	213
	938	1 974	2 821	3 628	4 545	4 941	5 889
	3 335	3 834	4 210	5 091	5 797	6 113	7 154
	1 216	1 195	946	729	925	731	399
	1 195	946	447	523	219	234	222
	924	1 693	2 817	3 839	4 653	5 148	6 533

Tabelle 86, Fortsetzung

Grönland. Postverkehr 1956—1964

<table>
<tr><th>Jahr</th><th>Richtung</th><th>Briefe</th><th>Einschreiben</th><th>Postkarten</th><th>Drucksachen</th><th>▶</th></tr>
<tr><td>1956</td><td>Nach Grönland</td><td>178 000</td><td>2 199</td><td>6 368</td><td>113 000</td><td></td></tr>
<tr><td></td><td>Von Grönland</td><td>205 000</td><td>5 346</td><td>32 279</td><td>7 000</td><td></td></tr>
<tr><td>1957</td><td>Nach Grönland</td><td>192 000</td><td>2 836</td><td>4 528</td><td>132 000</td><td></td></tr>
<tr><td></td><td>Von Grönland</td><td>226 000</td><td>5 399</td><td>25 518</td><td>4 000</td><td></td></tr>
<tr><td>1958</td><td>Nach Grönland</td><td>260 000</td><td>3 234</td><td>3 014</td><td>163 000</td><td></td></tr>
<tr><td></td><td>Von Grönland</td><td>287 000</td><td>10 818</td><td>25 447</td><td>212 000</td><td></td></tr>
<tr><td>1959</td><td>Nach Grönland</td><td>366 000</td><td>4 184</td><td>1 649</td><td>181 000</td><td></td></tr>
<tr><td></td><td>Von Grönland</td><td>358 000</td><td>6 646</td><td>—</td><td>350 000</td><td></td></tr>
<tr><td>1960</td><td>Nach Grönland</td><td>420 000</td><td>3 980</td><td>12 408</td><td>193 000</td><td></td></tr>
<tr><td></td><td>Von Grönland</td><td>485 000</td><td>11 064</td><td>—</td><td>195 000</td><td></td></tr>
<tr><td>1961</td><td>Nach Grönland</td><td>460 000</td><td>5 209</td><td>13 942</td><td>244 000</td><td></td></tr>
<tr><td></td><td>Von Grönland</td><td>372 000</td><td>4 362</td><td>60 437</td><td>12 000</td><td></td></tr>
<tr><td>1962</td><td>Nach Grönland</td><td colspan="4">825 000</td><td></td></tr>
<tr><td></td><td>Von Grönland</td><td colspan="4">550 000</td><td></td></tr>
<tr><td>1963</td><td>Nach Grönland</td><td colspan="4">850 000</td><td></td></tr>
<tr><td></td><td>Von Grönland</td><td colspan="4">590 000</td><td></td></tr>
<tr><td>1964</td><td>Nach Grönland</td><td colspan="4">830 000</td><td></td></tr>
<tr><td></td><td>Von Grönland</td><td colspan="4">631 000</td><td></td></tr>
</table>

◄	Postanweisungen	Pakete	Pakete, Nachnahme	Zeitungen	Telegramme	Zahlkarten
	21 442	43 257	.	3 396	42 686	.
	2	8 875	.	—	65 508	.
	22 871	45 897	.	3 823	47 294	.
	6	9 639	.	—	71 110	.
	24 470	53 382	.	4 665	53 735	.
	—	11 374	.	—	78 593	.
	25 457	58 578	.	7 799	.	.
	3	12 693	.	—	.	.
	23 768	60 777	.	37 142	.	.
	14	13 902	.	571	.	.
	31 787	76 206	27 522	48 855	.	.
	6	17 889	17	1 507	.	29 500
	3 200	81 472	30 835	65 399	.	.
	18 800	18 744	22	1 596	.	36 500
	3 300	86 000	33 000	75 000	.	.
	21 100	20 000	—	1 500	.	39 600
	5 040	100 818	38 865	47 200	.	.
	16 900	24 281	91	1 895	.	52 922

Tabelle 87

Sowjetische Arktis. Der nördliche Seeweg

1. Längen in km

Strecke	über	Länge km
Archangelsk-Dikson	Matočkin Šar	1 994
" "	Jugorskij Šar	2 128
	Kap Želanie	2 319
Dikson-Igarka		873
Dikson-Nordvik	Vil'kickij-Straße	1 431
Nordvik-Tiksi		839
Tiksi-Ambarčik		1 361
Ambarčik-Buchta Providenija	Bering-Straße	1 595
Buchta Providenija-Petropavlosk		2 096
Petropavlovsk-Vladivostok		2 467
Gesamtlänge (ohne Zwischenstationen)		11 783

2. Vergleiche von Weglängen über den nördlichen Seeweg und den Landweg
Beispiel Moskau—Tiksi (Lenamündung)

Nördlicher Seeweg			Landweg		
Strecke	Verkehrsweg	km	Strecke	Verkehrsweg	km
Moskau—Archangelsk	Bahn	1 133	Moskau—Ust'Kut	Bahn	5 285
Archangelsk—Tiksi	Seeweg	4 158	Ust'Kut—Tiksi	Flußweg	4 136
Gesamt über Seeweg		5 291	über Landweg		9 421

3. Reisedauer von Mittelsibirien zu arktischen Orten (1956)

Verkehrsmittel	Krasnojarsk-Igarka	Irkutsk-Tiksi
Sommer, Schiff, stromab	9—11 Tage	10—12 Tage
Sommer, Schiff, stromauf	15—18 Tage	16—19 Tage
Winter, Pferd oder Rentierschlitten	50—60 Tage	nicht möglich
Flugzeug, gutes Wetter	10—12 Stunden	12—14 Stunden
Flugzeug, schlechtes Wetter	48 Stunden	48—64 Stunden

Tabelle 87, Fortsetzung

4. Preise für Bunkerkohle in Häfen des nördlichen Seeweges (1935)

Murmansk	65 Rubel je t	Tiksi	190 Rubel je t
Spitzbergen	50 „ „ „	Pevek	190 „ „ „
Dikson	126 „ „ „	Buchta Providenija	100 „ „ „
Igarka	80 „ „ „	Petropavlovsk	80 „ „ „
Novyj Port	80 „ „ „	Vladivostok	50 „ „ „

5. Vergleich des Volumens für Warentransporte 1940 über den nördlichen Seeweg und die Lena

	Total t	Fracht zur Arktis t	Fracht von der Arktis t
Nördlicher Seeweg	197 600	70 600	80 600
Lena	173 400	161 200	12 200

(Die sibirischen Ströme dienen nicht als Wege für den Weitertransport von über den Seeweg herangeführten Waren nach Sibirien!)

Tabelle 88

Arktis. Zahl der Seefahrten auf der Karischen Route (Mündungen von Ob und Jenissej) in den Jahren 1874—1935. Ohne Expeditions- und Vermessungsschiffe (nach *L. Breitfuß*, 1939)

	Zeitabschnitte			
	1847-1913	1914-1919	1920-1935	Gesamt
A. Nach Ob-Jenissej				
Ausgefahren	116	31	320	467
Ziel erreicht	76	30	320	426
Ziel nicht erreicht				
durch Eisverhältnisse	31	—	—	31
durch Havarie	9	1	—	10
B. Von Ob-Jenissej				
Ausgefahren	65	20	294	379
Ziel erreicht	57	19	291	367
Ziel nicht erreicht				
durch Eisverhältnisse	—	—	—	—
durch Havarie	8	1	3	12
C. In Sibirien geblieben	11	10	26	47

Tabelle 89

Sowjetische Arktis. Verschiffungen auf dem nördlichen Seeweg (Zusammenstellung nach C. *Krypton*, 1956, Angaben von Glavsevmorput' Sowjet-Enzyklopädie, Polar Record und anderen Quellen)

Jahre	Fahrzeuge Zahl	Fracht t (nach Sowjet-Enz.)	Fracht t (nach GSMP)	Von arktischen Häfen t	Nach arktischen Häfen t	Küstenverkehr t	▶
1876—1919		55 182					
1920—28		98 400	} 538 000				
1929—32		440 000					
1920	12						
1921							
1922							
1923							
1924							
1925							
1926	5						
1927	6						
1928	8						
1929	26						
1930	48						
1931	16						
1932	28						
1933—37		897 000					
1933—38			1 188 000				
1933	30						
1934	28						
1935	37	271 000					
1936							
1938—42		1 150 000					
1938		256 000					
1939		222 100					
1940		197 600		80 600	70 600	46 400	
1941	21 Ch	240 400		77 300	88 700	74 400	
1942—45		500 000					
1945		355 800					
1947	(1 brit. Sch.)						
1949	(8 brit. Sch.)						
1954		790 000					
1956	70 I						
1957		1 300 000					
1958	45						
1960	110						
1961	über 300, 85 I,						
1962	183, +200 F						
1963	250 (95 I, 30 F)						
1964							
1965		5 000 000					

I = Igarka
F = Flußschiffe
Ch = Charter

◄	Kara-See-Gebiet			Häfen am Ob			Häfen am Jenissej		
	Von Sibirien t	Nach Sibirien t	Gesamt t	Von Sibirien t	Nach Sibirien t	Gesamt t	Von Sibirien t	Nach Sibirien t	Gesamt t
		}	538 000						
	10 311	—	10 311	9 589	—	9 589	722	—	722
	13 714	10 363	24 077	10 561	5 581	16 142	3 153	4 782	7 935
	5 837	7 790	13 627	5 837	7 790	13 627	—	—	—
	24	1 076	1 100	—	—	—	24	1 076	1 100
	4 148	6 573	10 721	2 102	5 368	7 470	2 046	1 205	3 251
	5 582	7 602	13 184	3 122	5 868	8 990	2 460	1 734	4 194
	10 070	9 097	19 167	5 981	6 453	12 434	4 089	2 644	6 733
	11 114	13 314	24 428	6 188	9 050	15 238	4 926	4 264	9 190
	17 107	12 271	29 378	6 613	7 706	14 319	10 494	4 565	15 059
	60 060	13 142	73 202	26 299	8 185	34 484	33 761	4 957	38 718
	133 341	22 676	155 012	44 497	11 928	56 425	87 844	10 743	98 587
	49 014	18 103	67 117	10 851	8 572	19 423	38 163	9 531	47 694
	80 106	17 164	97 270	8 486	6 497	14 983	71 620	10 667	82 287
	79 900	9 500	89 400						
	104 562	7 775	112 337						
	126 000	17 900	143 900						
							94 000		
							160 000		
							490 000		
					200 000		500 000		

Tabelle 90

Amerikanisches arktisches Gebiet. Postämter, Radiostationen, Flugplätze

1. Postämter

Jahr	Yukon	Nordwestterritorien	Alaska
1955	15	32	230
1956	16	36	235
1957	16	37	227
1958	16	36	222 (33 227 Telephone)
1959	19	37	
1960	20	39	
1961	20	41	
1962	20	40	
1963	20	43	
1964	20	43	
1965	20	45	

2. Radiostationen der CBC (1962)

CBC Radio, Trans Canada Supplementary
Northern Canada Network

Name	Rufzeichen	Frequenz	Watt	Einrichtung
Yukon				
Whitehorse	CFWH	1240	250	10. 11. 1958
Ferner Relaisstationen:				
Dawson				
Hays				
Elsa				
Watson Lake				
Nordwestterritorien				
Yellowknife	CFYK	1340	250	13. 12. 1958
Fort Smith	CBXH	860	40	29. 5. 1959
Hay River	CFHR	1490	40	7. 9. 1959
Inuvik	CHAK	860	1000	26. 11. 1960
Frobisher Bay	CFFB	1200	40	5. 2. 1961
Sonstige Sender des nordkanadischen Netzes				
Goose Bay (Labrador)	CFGB	1340	1000	23. 2. 1959
Fort Churchill (Man.)	CHFC	1230	250	13. 9. 1959

Tabelle 90, Fortsetzung

3. Zahl der Flugplätze 1961

Art	Yukon		Nordwestterritorien[1])		Alaska
	Land	Wasser	Land	Wasser	
Lizensiert					
Dept. of Transport	5	—	11 (13)	— (1)	
Städtisch	2	1	—	—	
Privat	1	4	— (2)	11 (27)	
Unlizensiert					
Dept. of Transport	4	—	5	1	
Städtisch	3	—	—	1	
Privat	1	—	7	26	
Aufgegeben	3	6	—	19	

[1]) Zahlen für 1965 in Klammern

Art	Yukon	Nordwest-territorien	Alaska	
			1961	1962
Militärbasen				
RCAF	2	21		
US Navy	—	1		
Gesamt:				
Landplätze	19	23	228 (Land- und Wasserplätze)	
Wasserplätze	11	58		
Militärbasen	22	22	145	144
Zusammen	32	103	373	375
Beförderte Passagiere	.	.	211 383	.

Tabelle 91

Zahl der auf arktischen Fluglinien 1954—1961 beförderten Fahrgäste
(nach *J. Grierson*, 1962)

SAS: Route 1. Kopenhagen — Søndre Strømfjord — Winnipeg — Los Angeles (seit 15. 11. 1954).
Route 2. Kopenhagen — Anchorage — Tokio (seit 24. 2. 1957).

CPA: Vancouver — Calgary — Edmonton — Amsterdam (seit Juni 1958).

PAA: Los Angeles — Frobisher Bay — London (seit Sept. 1957).
(Keine Angaben der Passagiere-Zahl erhältlich.)

Air France: Paris — Hamburg — Anchorage — Tokio (seit 10. 4. 1958).

KLM: Amsterdam — Anchorage — Tokio (seit 1. 11. 1958).

Japanese Airlines: Tokio — Anchorage — Kopenhagen seit (6. 6. 1961).

Deutsche Lufthansa: Kopenhagen — Fairbanks — Tokio (seit Mai 1964).

Jahr	SAS, 1	SAS, 2	CPA	Air France	KLM	Japanese Airlines
1954	264	—	—	—	—	—
1955	6 398	—	—	—	—	—
1956	14 776	—	—	—	—	—
1957	21 154	5 332	?	—	—	—
1958	24 688	6 825	?	1 684	Ohne	—
1959	27 248	5 411	17 270	3 898	Angaben	—
1960	29 164	7 104	18 848	8 889		—
1961	29 964	8 979	22 358	9 764		4 987

Die SAS beförderte in den ersten 10 Jahren über ihre Polarrouten (1954—1964) insgesamt 230 000 Passagiere und 5 400 t Fracht und Post.

Tabelle 92

Grönland. Ausfuhrwaren (Mengen) in den Jahren 1957—1964
Alle Angaben in Tonnen

Waren	1957	1960	1963	1964
Schaf- und Lammfleisch	22	58	131	137
Sonstiges Gefrierfleisch	153	—	—	—
Getrocknetes oder gesalzenes Fleisch	2	2	—	—
Sonstiges Fleisch	—	—	17	19
Fleischkonserven	4	—	—	—
Fleischextrakt und Därme	5	—	—	—
Fisch, frisch oder gefroren	1 997	1 966	5 610	5 840
nach Dänemark	899	188	724	1 714
Schweden	25	—	—	—
Benelux	—	—	104	—
Großbritannien	16	—	96	986
USA	1 058	1 778	4 686	3 140

Tabelle 92, Fortsetzung

Waren	1957	1960	1963	1964
Fische, gesalzen oder getrocknet	8 536	7 080	7 454	4 183
nach Dänemark	2 207	1 746	3 144	1 175
Norwegen	419	—	—	—
Griechenland	2 829	2 699	2 710	1 807
Italien	1 750	600	550	—
Spanien	1 330	1 835	1 050	1 175
Großbritannien	—	200	—	—
USA	—	—	—	26
Krebse, frisch oder gesalzen	—	16	—	—
Fischkonserven und -produkte	173	—	858	1 040
Krebskonserven	—	423	—	—
Fleisch- und Fischmehl	353	493	1 108	1 266
Fleischabfälle (Viehfutter)	2	64	—	—
Federn, Daunen	—	24	—	—
Schmalz und andere Fette	—	11	—	—
Sonstige Lebensmittel	—	3	—	—
Tierhäute	0	52	0	44
Schaf- und Lammfelle	54	—	106	—
Sonstige Häute und Felle	12	26	23	36
Pelze	49	0	26	44
Schafwolle, roh	0	23	23	36
Desgleichen, gewaschen	—	—	6	—
Salz	—	—	30	—
Quarz, Glimmer, Spat, Kryolith	49 293	42 456	67 136	50 882
Schrotteisen	97	—	—	323
Bleierz	8 461	10 772	—	—
nach Benelux	6 711	4 610	—	—
Bundesrepublik Deutschland	1 750	6 162	—	—
Zinkerz	12 896	17 849	—	—
nach Benelux	10 538	11 598	—	—
Bundesrepublik Deutschland	2 358	5 558	—	—
Niederlande	—	693	—	—
Steinkohle	—	6 274	4 687	—
Metallabfälle	1	—	—	0
Knochen, Horn	2	—	—	0
Sonstige tierische Erzeugnisse	15	—	45	109
Wal- und Fischöl	1 156	1 050	799	406
Sonstige Öle und Fette	—	—	22	21
Lederwaren	0	—	0	—
Pelze gegerbt	—	—	0	0
Webwaren	—	0	—	0
Bezüge, Kissen	0	—	—	—
Elektrogeräte	0	—	—	—

Tabelle 92, Fortsetzung

Waren	1957	1960	1963	1964
Bekleidung	—	—	0	—
Handtaschen	0	—	—	—
Optische Teile	—	—	0	—
Kinoapparate	—	—	—	0
Lebende Tiere	0	—	—	—
Kunstgegenstände	—	—	—	0
LKW, gebraucht	6	—	—	—
Flugzeugmotoren	—	—	0	0
Andere Motoren	—	—	—	0
Nahrungsmittelmaschinen	—	—	—	1
Pumpen und Zentrifugen	—	—	—	2
Flugzeuge und Flugzeugteile	—	—	3	—

Tabelle 93

Grönland. Außenhandel (Ein- und Ausfuhr) mit Dänemark und anderen Ländern 1957—1964 in 1000 Kronen

1. Einfuhr

Land	1957	1960	1963	1964
Dänemark	77 903	96 450	158 104	181 448
Island	—	18	—	—
Norwegen	719	10	—	—
Schweden	115	278	—	—
Belgien-Luxemburg	130	—	—	—
Frankreich	201	—	—	—
Holland	6	—	283	—
Spanien	1 066	1 213	567	248
Großbritannien	3 719	3 260	2 543	1 576
Bundesrepublik Deutschland	128	29	—	—
Niederländische Antillen	—	4 645	10 542	8 261
USA	6 974	—	—	—
Venezuela	—	1 645	2 010	5 508
Gesamt	107 961	107 548	174 049	197 041

Tabelle 93, Fortsetzung

2. Ausfuhr

Land	1957	1960	1963	1964
Dänemark	24 813	27 799	45 252	47 027
Norwegen	419	—	—	—
Schweden	123	—	—	—
Belgien-Luxemburg	13 179	6 775	359	—
Griechenland	5 053	4 966	5 775	4 665
Holland	—	225	—	—
Italien	2 816	1 106	1 382	—
Spanien	2 943	3 912	2 398	3 366
Großbritannien	56	320	244	2 849
Bundesrepublik Deutschland	3 282	5 824	606	477
USA	9 976	7 413	19 557	14 102
Gesamt	62 660	58 340	75 573	72 486

Tabelle 94

Grönland. Schulwesen 1963/64

	Vestgrønland	Nordgrønland	Østgrønland	Gesamt
1. Volksschulen				
Zahl	92	5	15	112
Mit 1—10 Schülern	14	3	5	22
Mit 11—20 Schülern	21	1	1	23
Mit 21 Schülern und mehr	57	1	9	67
Zahl der Schüler	6 083	98	551	6 732
Zahl der Lehrer	351	7	31	389
Mit dänischer Ausbildung	189	4	10	203
Mit Seminarausbildung	73	1	4	78
Mit sonstiger Ausbildung	72	2	13	87
Ohne Ausbildung	17	—	4	21
Zahl der Schulklassen	293	6	22	321
Mittlere Zahl der Unterrichtstage	212	184	198	209
2. Examensschulen				
Zahl der Studenten in				
Höheren Schulen	133	—	—	133
Realschulen	293	—	—	293
Seminarien	6	—	—	6
Grönländer zur höheren Ausbildung in Dänemark				ca. 100

Tabelle 95

Arktis (außer Grönland). Schulverhältnisse

	1956	1957	1958	1959	1960	1961	1962	1963	1964	1965
1. *Alaska*										
Landschulen			72	99	111	117				88
Schülerzahl			3 773	5 438	5 626	6 468				4 949
Distriktsschulen			28	28	29	29				30
Schülerzahl			22 928	30 216	30 789	32 043				47 028
Schulen an Militärbasen			8	8	8	8				8
Schülerzahl			6 588	7 387	7 973	8 550				10 288
Johnson O'Malley-Schulen			22	22	(in Landschulen enthalten)					
Schülerzahl			627	627	(in Landschulen enthalten)					
Internate			2	2	2	2				
Schülerzahl			1 036	1 036	924	934				
Eingeborenenschulen			80	76	78	79				
Schüler			5 114	5 119	4 579	5 552				1 439
Universität von Alaska						1				1
Dozenten						206				301
Studenten						1 280				1 416
2. *Nordwestterritorien*										
Schulen	20	29	46		43		55	55	56	56
Davon Eskimoschulen			19							
Missionsschulen			9		3					
Sommerschulen					1					
Lehrer	86	126	158	198	232		254		288	
Schüler	2 044	2 680	3 929	4 166	4 458	(4 800)	5 968	(5 800)	6 213	5 911
davon Eskimos (ca.)	300	300	700	900	1 414	1 400	2 390		2 491	1 967
Indianer	450	500	600	650	1 097	1 000	1 224		1 199	1 243
3. *Yukon*										
Schulen	16	16	16	16	18				22	22
Lehrer	79		82	82	96				147	156
Schüler	1 828		1 877	2 029	2 409				3 090	3 200
Regierungsschulen für Indianer	4		3	3	1				1	1
Schüler	480		446	446	152				158	125
Berufsschulen										1
Lehrer										14
Schüler										104
4. *Jakutische ASSR*										
Schulen		565		575	575					
Davon Höhere Schulen		70		70	70					
Lehrer		4 000								
Schüler		70 000		82 700	97 400					
Technische Kollegs										17
Schüler										8 500

Tabelle 95, Fortsetzung

	1956	1957	1958	1959	1960	1961	1962	1963	1964	1965
Universitäten										1
Pädagogien										1
Studenten										4 000
5. *Čukotskij N. O.* (1949)										
Schulen für Tschuktschen, Eskimos und Tschuwanen						74				
Landwirtschaftsschule in Anadyr						1				

Tabelle 96

Sowjetische Arktis. Schulverhältnisse 1958/59—1962/63
(nach Statitičeskij Ežegodnik 1962, Moskau 1963)

Gebiet	Jahr	Zahl der Schüler in 1000		
		Allgemeine Schulen	Spezialschulen und Mittelschulen	Höhere Lehr-anstalten und Hoch-schulen
Neneckij N. O.	1958/59	6,7	0,1	—
	1961/62	7,3	0,3	—
	1962/63	8,4	0,4	—
Jamalo-Neneckij N. O.	1958/59	8,1	0,6	—
	1961/62	11,1	0,7	—
	1962/63	13,0	0,8	—
Chanty-Mansijskij N. O.	1958/59	19,7	0,4	—
	1961/62	25,4	0,6	—
	1962/63	29,9	0,7	—
Tajmyrskij N. O.	1958/59	4,6	—	—
	1961/62	5,6	0,06	—
	1962/63	6,5	0,1	—
Evenkijskij N. O.	1958/59	1,6	0,06	—
	1961/62	1,7	0,07	—
	1962/63	2,1	0,1	—
Jakutische ASSR	1958/59	82,9	4,5	2,4
	1961/62	107,8	5,3	2,7
	1962/63	118,4	6,2	3,2
Čukotskij N. O.	1958/59	4,6	0,1	—
	1961/62	6,0	0,2	—
	1962/63	9,6	0,2	—
Korjakskij N. O.	1958/59	4,7	—	—
	1961/62	5,1	—	—
	1962/63	5,6	—	—

Tabelle 96, Fortsetzung

Zahl der in der UdSSR in jakutischer Sprache veröffentlichten Bücher

	Zahl der Titel	Auflagenhöhe
1952	71	366 000
1962	146	561 000

Tabelle 97

Grönland. Verwaltungseinteilung. Stand: 31. 12. 1963. Zahlen in (...) geben den Stand von 1957. Wo diese fehlen, sind die Angaben für beide Daten identisch.

Gemeinde	Wohnplätze	Kirchengemeinden	Gesundheitsdistrikte	Wahldistrikte	Gerichtsbezirke
Vestgrønland	121 (133)	15	15	13	16
Nanortalik	20 (18)	2	1	1	1
Julianehåb	13 (14)	1	1	1	1
Narssaq	10 (7)	1	1	1	1
Ivigtut	1	} 1	1	} 1	1
Frederikshåb	6 (7)		1		1
Godthåb	10 (12)	2	1	1	1
Sukkertoppen	4 (6)	1	1	1	1
Holsteinsborg	4 (6)	1	1	1	1
Kangâtsiak	11	} 1	} 1	1	1
Egedesminde	5 (6)			1	1
Christianshåb	3 (5)	} 1	1	} 1	1
Jakobshavn	4		1		1
Vajgat	2 (5)	1	1	} 1	1
Godhavn	5	1	1		1
Umának	10	1	1	1	1
Upernavik	13 (16)	1	1	1	1
Nordgrønland					
Thule	10	1	1	1 (0)	1 (0)
Østgrønland	23 (21)	2	2	2 (0)	2 (0)
Angmagssalik	17 (15)	1	1	1 (0)	1 (0)
Scoresbysund	6	1	1	1 (0)	1 (0)
Grönland gesamt	154 (164)	18	18	16 (13)	19 (16)

Tabelle 98

Sowjetische Arktis. Verwaltungseinheiten 1. 4. 1963; 1. 5. 1964; 1. 5. 1965

Gebiet	Jahr	Rayons	Dorfräte (Selvovets)	Städte	Verwaltungshauptorte	Siedlungen städt. Typs
Obl. Murmansk	1963	4	28	8	5	24
	1964	4	28	8	7	24
	1965	4	21	8	8	24
Neneckij N. O.	1963	—	15	1	1	1
	1964	—	15	1	1	1
	1965	—	15	1	1	1
Jamalo-Neneckij N. O.	1963	7	34	1	1	1
	1964	7	34	1	1	1
	1965	7	33	1	1	2
Chanty-Mansijskij N.O.	1963	6	53	1	1	8
	1964	6	52	1	1	9
	1965	6	48	1	1	15
Tajmyrskij N. O.	1963	4	20	1	1	2
	1964	4	19	1	1	2
	1965	3	19	1	1	2
Evenkijskij N. O.	1963	3	16	—	—	1
	1964	3	17	—	—	1
	1965	3	17	—	—	1
Jakutische ASSR	1963	25	281	8	2	45
	1964	25	281	9	7	45
	1965	31	283	9	9	47
Čukotskij N. O.	1963	7	39	—	—	15
	1964	7	40	—	—	15
	1965	7	40	1	1	14
Obl. Magadan	1963	14	66	1	1	43
	1964	14	65	1	1	43
	1965	14	65	3	3	43
Korjakskij N. O.	1963	4	39	—	—	4
	1964	4	38	—	—	4
	1965	4	34	—	—	4

Tabelle 98, Fortsetzung

Sowjetische Arktis. Administrative Angaben über die Nationalkreise und ihre Unterteilung. Stand: 1. 5. 1965 (nach Administrativno-territorialnoe delenie RSFSR. Moskva: Izdat. „Izvestija" 1965)

Gebiet Rayon	Gründungsdatum	Unterstellung	Größe 1965 km²	Einwohner (1000) 1965	▶
1 Arktische Gebiete:					
Neneckij N. O.	15. 7. 1929	Obl. Archangelsk	176,7	38	
Jamalo-Neneckij N. O.	10. 12. 1930	Obl. Tjumen	750,3	68	
Jamal					
Krasnoselkupy					
Nadym					
Priural					
Pur					
Šuryškar					
Taz					
Tajmyrskij N. O.	10. 12. 1930	Kraj Krasnojarsk	879,3	36	
Chatanga					
Dikson					
Ust' Enisejsk					
Stadt Norilsk	**1931**	Kraj Krasnojarsk	—	120	
Jakutische ASSR (nur arkt. Rayons)	27. 4. 1922	RSFSR	3 103,2	612	
Anabar					
Bulun					
Jana					
Allaicha					
Abyj					
Nižnekolymsk					
Olenek					
Srednekolymsk					
Verchnekolymsk					
Čukotskij N. O.	10. 12. 1930	Obl. Magadan	737,7	66	
Anadyr					
Beringovskij					
Bilibinksij					
Čaunskij					
Čukotskij					
Iul'tinskij					
Providenskij					
2. Subarktische Gebiete (ohne Rayons)					
Obl. Murmansk	28. 5. 1938	RSFSR	144,9	691	
Obl. Archangelsk	23. 9. 1937	RSFSR	587,4	1 398	
Chanty-Mansijskij N. O.	10. 12. 1930	Obl. Tjumen	523,1	194	
Igarka	1931	Kraj Krasnojarsk	—	ca. 20	
Evenkijskij N. O.	10. 12. 1930	Kraj Krasnojarsk	767,6	11	
Korjakskij N. O.	10. 12. 1930	Obl. Kamčatka	301,5	35	

◀	Hauptort	Gründung (Stadtrecht)	Administrative Stellung	Einwohner (1000) 1965
	Narjan Mar	1935	Stadt unter Kreisverwaltung	15
	Salechard	1938	Stadt unter Kreisverwaltung	19
	Jar Sale		Dorf	
	Krasnoselkupy		"	
	Nyda		"	
	Aksarka		"	
	Tarko Sale		"	
	Muži		"	
	Tazovskij	1964	Arbeitersiedlung	
	Dudinka	1951	Stadt unter Kreisverwaltung	18
	Chatanga		Dorf	
	Dikson	1956	Arbeitersiedlung	
	Karaul		Dorf	
		1953	Stadt unter Krajverwaltung	124
	Jakutsk	1632	Stadt unter ASSR-Verwaltung	89
	Saskylach		Dorf	
	Tiksi	1939	Arbeitersiedlung	
	Batagaj	1945	" "	
	Čokurdach		Dorf	
	Družina	1947	Arbeitersiedlung	
	Čerskij	1963	" "	
	Olenek		Dorf	
	Srednekolymsk	1644	Stadt	
	Zyrjanka	1940	Arbeitersiedlung	
	Anadyr	1965	Stadt unter Rayonverwaltung	5
	Šachterskij	1960	Arbeitersiedlung	
	Beringovskij	1946	" "	
	Bilibino	1958	" "	
	Pevek	1950	" "	
	Lavrentija		Dorf	
	Ĕgvekinot	1954	Arbeitersiedlung	
	Providenija	1946	" "	
	Murmansk	1915	Stadt	272
	Archangelsk	1584	"	309
	Chanty-Mansijsk	1950	"	24
	Tura	1938	Arbeitersiedlung	3
	Palana	1962	" "	2

Tabelle 98, Fortsetzung

Sowjetische Arktis. Städte und Arbeitersiedlungen. Stand 1. 5. 1965
Verwaltungsstellung

Name	Gründung (Stadtrecht)	Rayon	Bemerkungen St. – Stadt R. – Rayon A. S. – Arbeitersiedlung	
1. Neneckij N. O.				
Narjan Mar	1935		St.	unter Kreisverwaltung
Amderma	1940		A. S.	unter Kreisverwaltung
2. Jamalo-Neneckij N. O.				
Salechard	1938		St.	unter Kreisverwaltung
Labytnangi	1952		A. S.	unter St.-Sovet Salechard
Tazovskij	1964	Taz	A. S.	Erdölfeld
3. Tajmyr N. O.				
Dudinka	1951		St.	unter Kreisverwaltung
Dikson	1956		A. S.	unter Rayonverwaltung
Nordvik	1943	Chatanga	A. S.	unter Rayonverwaltung
4. Norilsk	1931		St.	unter Krajverwaltung Kraj Krasnojarsk
5. Igarka	1953		St.	unter Kreisverwaltung Kraj Krasnojarsk
6. Jakutische ASSR				
Verchojansk	1638	Jana	St.	unter R.-Verwaltung
Srednekolymsk	1644	Sr. Kolymsk	St.	unter R.-Verwaltung
Artyk	1957	Ojmjakon	A. S.	
Batagaj	1945	Jana	A. S.	
Bykovskij	1943	Bulun	A. S.	
Čerskij	1963	Niž Kolymsk	A. S.	
Deputatskij	1958	Jana	A. S.	
Družina	1947	Abyj	A. S.	
Ĕlginskij	1958	Ojmjakon	A. S.	
Ĕgĕ-Chaja	1942	Jana	A. S.	
Kular	1965	Jana	A. S.	
Nel'kan	1964	Ojmjakon	A. S.	
Nižnejansk	1958	Jana	A. S.	
Predporožnyj	1961	Ojmjakon	A. S.	
Tiksi	1939	Bulun	A. S.	
Tit Ary	1943	Bulun	A. S.	
Ust' Nera	1950	Ojmjakon	A. S.	
Zyrjanka	1940	Verchn. Kolym.	A. S.	
7. Čukotskij N. O.				
Anadyr	1965	Anadyr	St.	unter Rayonverwaltung
Aliskerovo	1962	Bilibino	A. S.	
Baranicha	1962	Bilibino	A. S.	
Beringovskij	1946	Beringovskij	A. S.	
Bilibino	1958	Bilibino	A. S.	
Ĕgvekinot	1954	Iul'tinskij	A. S.	

Tabelle 98, Fortsetzung

Name	Gründung (Stadtrecht)	Rayon	Bemerkungen St. – Stadt R. – Rayon A. S. – Arbeitersiedlung
Iul'tin	1954	Iul'tinskij	A. S.
Komsomolskij	1959	Čaunskij	A. S.
Krasnoarmejsk	1953	Čaunskij	A. S.
Markovo	1961	Anadyr	A. S.
Mys Šmidta	1962	Iul'tinskij	A. S.
Pevek	1950	Čaunskij	A. S.
Providenija	1946	Providenija	A. S.
Šachterskij	1960	Anadyr	A. S.
Valkumej	1959	Čaunskij	A. S.

Tabelle 99

Chronologische Liste der Nordpolarexpeditionen

Die folgende Liste gibt die wichtigsten Expeditionen im Nordpolargebiet bis zum Jahre 1950. In der späteren Zeit erfolgten zahlreiche kleinere Einzelexpeditionen, deren Erwähnung und Aufzählung zu weit führen würde. Durch die Einrichtung von wissenschaftlichen Stationen wurde zudem die Expeditionstechnik völlig geändert. So fanden z. B. zahlreiche Flugeinsätze (1956: 6700 Flugstunden in der sowjetischen Arktis) statt, welche Hunderte von Landungen mit wissenschaftlichen Beobachtungen durchführten, 88 automatische Wetterstationen wurden allein von der Sowjetunion in den Jahren 1952—1957 ausgesetzt, so daß einzelne Ergänzungstabellen über diese Tätigkeit, die Stationen usw. am Schluß der Zusammenstellung beigefügt sind (Tab. 102, 105—108) (nach *J. Georgi*, 1950; *Kurt Hassert*, 1956. Polar Record, Problemy Arktiki und anderen Zeitschriften).

Jahr	Land Leiter „Schiffe"	Ergebnisse
345/325 v. Chr.	*Pytheas von Marseille*	Erreichung von „Thule", d. h. die Shetland-Inseln oder Mittel-Norwegen.
6. Jh. n. Chr.	Irland	Irische Mönche besiedeln Island, vielleicht auch Jan Mayen („St. Brandanus-Insel").
867	Normannen, *Naddod*	*Naddod* wird nach Island verschlagen.
870/90	Normannen, *Ottar*	Umsegelung von Norwegen. Erstmals die Dwina-Mündung erreicht.
874		Beginn der Masseneinwanderung nach Island durch Normannen. Die irischen Mönche werden erschlagen oder flüchten.
920	Normannen, *Gunbjörn*	Grönland wird entdeckt.
985	Normannen, *Erik Rauda*	Besiedlung von Westgrönland durch 700 Isländer auf 14 Schiffen (Siedlung Brattahlid). In den Folgejahren werden die Baffin-Insel und Labrador entdeckt.
1040	Friesen	Raubzug nach den Faeröer und Island bis zum Rande des Treibeises.
1194	Normannen	Von Grönland aus wird „Svalbard" entdeckt (vielleicht Jan Mayen, Spitzbergen oder Ostgrönland um den Scoresby-Sund).
1473	*Pining* und *Pothorst*	Erneute Entdeckung von Grönland in dänischen Diensten.
1497	*Giovanni Caboto*	(*John Cabot*) Entdeckung von Labrador in englischen Diensten.
1501/03	Portugal, *Gaspar* und *Miguel Cortereal*	3 Reisen nach Neuengland, Labrador und der Baffin-Insel. Erstmals Name Labrador = Terra de Lavradores (Sklavenland).
1527	England, *Robert Thorne*	Erreichung des Treibeisrandes bei Spitzbergen.

Tabelle 99, Fortsetzung

Jahr	Land Leiter „Schiffe"	Ergebnisse
1553	England, *Hough Willoughby,* *Richard Chancellor,* *Stephan Burrough*	Erster Versuch, von Norden her Rußland zu erreichen. *Willoughby* entdeckt Novaja Zemlja, wo er russische Fangschiffe trifft; er kommt auf der Rückreise um (erste Überwinterung). Die beiden anderen Schiffe erreichen die Dwina-Mündung.
1576/78	England, *Martin Frobisher*	Auf der Suche nach der Nordwestdurchfahrt wird die Baffin-Insel erreicht und die Hudson-Straße entdeckt.
1585/87	England, *John Davis*	Auf drei Reisen wird in der Davis-Straße der Breitengrad 72 °N überschritten. Erste Begegnung mit Eskimos, Erreichung der Hudson-Bai.
1594/97	Holland, *Willem Barents,* *Heemskerk* u. a.	Erreichung der Jamal-Halbinsel, Westküste von Novaja Zemlja befahren. 1596 Entdeckung der Bären-Insel und von Spitzbergen. Überwinterung auf Novaja Zemlja; in offenen Booten wird die russische Küste erreicht.
1607/11	England, *Henri Hudson*	Entdeckt die Ostküste Grönlands bis 73 °N, erreicht Spitzbergen und erforscht auf der letzten Reise die Hudson-Bai; von meuternden Matrosen wird er ausgesetzt und ist seitdem verschollen.
1616	England, *Robert Bylot,* *William Baffin*	Erforschung der Hudson-Bai, dringen im Smith-Sund bis 78 °N vor.
Ab 1633	Rußland, *Dežnev, Alekseev* u. a.	Sibirische Kosaken erforschen den Norden Sibiriens. 1647/54 erreicht *Dežnev* die Beringstraße.
1670	England	Gründung der Hudsonbay Company.
1671	Hamburg, *Friedrich Mertens*	Erstmals wissenschaftliche Forschungen im Spitzbergen-Meer.
Ab 1721	Norwegen, *Hans Egede* u. a.	Westgrönland wird von *Hans* und *Paul Egede, David Cranz, Kleinschmidt* u. a. erforscht und besiedelt.
1725/30	Rußland, *Vitus Bering*	Erforschung von Kamčatka und des Beringmeeres.
1730	Rußland, *Gvozdov, Fedorov*	Erforschung der Nordküste von Alaska.
1734/43	Rußland, *Vitus Bering* u. a.	„Große Nordische Expedition" unter Teilnahme von *G. F. Müller, Gmelin, Steller, Delisle* u. a. Erforscht werden die sibirische Nordküste, die Beringstraße, Alaska, die Aleuten und Kurilen.
1742	England, *Middleton*	Reise im Auftrag der Hudsonbai-Kompanie zur Hudson-Bai. Entdeckung der Repulse Bay.

Jahr	Land Leiter „Schiffe"	Ergebnisse
1743	England	Die britische Admiralität setzt 400 000 Mark aus für die Entdeckung der Nordwestpassage.
1771/72	England, *Samuel Hearne*	Entdeckung des Coppermine-Flusses.
1773	England, *John Phipps*	Der spätere Admiral Nelson besucht Spitzbergen.
1778	England, *James Cook*	Befahrung der Nordostküste von Sibirien von der Beringstraße aus.
1789	England, *Alexander Mackenzie*	Erforschung des Mackenzie-Flusses in Kanada bis zur Mündung.
1806/13	Dänemark, *K. L. Giesecke*	Der deutsche Mineraloge erforscht in dänischem Auftrage Grönland in geologischer Hinsicht.
1810/22	England, *William Scoresby, Vater* und *Sohn*	Auf 17 Walfangreisen wird die Grönlandsee erforscht. Entdeckung des Scoresby-Sundes.
1816/17	Rußland, *v. Kotzebue*	Unter Teilnahme der Deutschen *A. von Chamisso* und *Eschholz* wird die Küste von Alaska erforscht.
1818	England	Der Preis für die Entdeckung der Nordwestpassage wird erneuert, eine Belohnung von 100 000 Mark wird für die Erreichung des 110 °W ausgesetzt.
1818	England, *John Ross*	Befahrung des Smith- und Lancaster-Sundes.
1819/20	England, *Edward Parry*	Entdeckung der Barrow-Straße bis zur Melville-Insel. Überwinterung in Winter Harbour. Im nächsten Jahr wurde Banks-Land erreicht.
1819/22	England, *John Franklin*	Fußreise zur kanadischen Nordküste.
1821/23	England, *Edward Parry* „Fury", „Hecla"	Entdeckung der Fury und Hecla-Straße zwischen der Baffin-Insel und dem Festland.
1825/27	England, *John Franklin*	Kartierung der kanadischen Küste von einem Punkt 260 km östlich Point Barrow bis zum Coppermine-Fluß. Entdeckung der Victoriainsel.
1827	England, *Edward Parry*	Erreichung von 82° 45′ im Norden von Spitzbergen.
1827	Deutschland, *Barto v. Löwenigh, B. M. Keilhau*	Wissenschaftliche Forschungen auf Spitzbergen und der Bären-Insel.
1828	England	Die britische Regierung zieht ihre Belohnung für die Entdeckung der Nordwestpassage zurück.
1828/31	Dänemark, *W. A. Graah*	Erforschung der grönländischen Ostküste bis 65 °N in Eskimoboot.
1829/33	England, *John Ross*	Entdeckung der Halbinsel Boothia Felix, der Insel King William und des magnetischen Pols auf 70 ° 5′ N 96° 46′ W.

Tabelle 99, Fortsetzung

Jahr	Land Leiter „Schiffe"	Ergebnisse
1837	Rußland, *Karl Ernst von Baer*	Wissenschaftliche Erforschung von Novaja Zemlja.
1837/39	England, *Thomas Simpson,* *Peter Warren*	Kartierung der gesamten kanadischen Nordküste auf einer Bootsfahrt von 2400 km.
1843/44	Rußland, *A. Th. v. Middendorff*	Wissenschaftliche Erforschung der Tajmyr-Halbinsel.
1845/48	England, *John Franklin* „Erebus", „Terror"	Fahrt im Auftrage der britischen Admiralität zur Erzwingung der nordwestlichen Durchfahrt. Die gesamte Expedition kommt um (131 Mann).
1848/70	England	Über 40 Rettungsexpeditionen suchen nach *J. Franklin.* Die Leiter der wichtigsten sind *Robert McClure, James Clark Ross, John Rae, R. Collinson, Edward Belcher, Leopold McClintock, Fr. Schwatka.* Hierbei Entschleierung des südlichen Teiles der kanadischen arktischen Archipels.
1852	England, *Edward Belcher*	Entdeckung des Parry-Archipels.
1852	England, *E. Inglefield*	Erforschung des Smith-Sundes bis 78,5 °N und der Küsten von Ellesmere-Land und Nordgrönland.
1853	England	Die von der Beringstraße kommende Expedition unter *McClure* trifft die von der Davis-Straße ausgegangene Expedition unter Leutnant *Pim* in der Barrow-Straße.
1853/55	USA *Elisha Kane, I. J. Hayes,* *A. Sonntag*	Forschungen im Smith-Sund. Eine Schlittenreise dringt bis über 80 °N vor. Entdeckung des Humboldt-Gletschers.
1858/1908	Schweden	24 schwedische Expeditionen durchforschen Spitzbergen. Besonders wichtig sind die Expeditionen von *Torell, Nordenskjöld, Palander, de Geer, Nathorst.*
1858	England, *Leopold McClintock*	Die ersten Überreste der Franklin-Expedition werden gefunden (King-William-Insel).
1860/61	USA, *Isaac J. Hayes* u. a.	Im Smith-Sund werden mit Schlitten 81,5 °N erreicht. Erster Vorstoß auf das grönländische Inlandeis.
1869/70	Deutschland, *Carl Koldewey* „Germania", „Hansa"	2. Deutsche Nordpolarexpedition nach Nordost-Grönland, wo mit Schlitten 77 °N erreicht werden. Die „Hansa" wird von Eis zerdrückt, die Besatzung treibt mit Eisscholle bis nach Friedrichstal, Süd-Grönland.

Tabelle 99, Fortsetzung

Jahr	Land Leiter „Schiffe"	Ergebnisse
1871/73	USA, *Ch. F. Hall* „Polaris"	Erreicht im Robeson-Kanal 82,5 °N mittels Schlitten. Ein Teil der Besatzung des Schiffes wird auf einer Eisscholle abgetrieben und driftet bis Labrador.
1872/74	Österreich, *C. Weyprecht*, *Julius Payer* „Tegetthoff"	Erforschung von Franz-Josef-Land, dessen Existenz zwar in Norwegen schon bekannt gewesen war, jedoch zur Wahrung der Fangrechte geheim gehalten wurde.
1875/76	England, *G. Nares*, *A. Markham* „Alert", „Discovery"	Erforschung des Robeson-Kanals bis zu seinem Nordende und Vorstoß mit Schlitten bis 83,5 °N.
1878/80	Schweden, *A. E. Nordenskjöld* „Vega"	Erfolgreiche Durchfahrung der Nordostpassage mit einer Überwinterung.
1879/82	USA, *G. W. de Long* „Jeannette"	Suchexpedition nach der für verschollen gehaltenen schwedischen Expedition. Bei der Herald-Insel gerät das Schiff ins Packeis und driftet 21 Monate bis zu seinem Untergang. Nur 13 Mann können sich zur Lena-Mündung in Sicherheit bringen.
1882/83		*Carl Weyprecht* regt das 1. Internationale Polarjahr an. Insgesamt werden 15 Überwinterungsstationen eingerichtet, von Deutschland 2 Stationen (Kungua-Fjord, Baffin-Insel und Süd-Georgien), die USA 2 (Lady-Franklin-Bai, Point Barrow), England 1 (Fort Rae), Rußland 2 (Karmakuli-Bucht, Lena-Mündung), Finnland 1 (Sodankylä), Schweden 1 (Kap Thordsen, Spitzbergen), Norwegen 1 (Bossekop), Österreich 1 (Jan Mayen), Dänemark 1 (Godhavn), Frankreich 1 (Kap Hoorn).
1882	USA, *A. W. Greely*	Leutnant *Lookwood* erreicht nördlich von Ellesmere-Land 83° 30′ N.
1888	Norwegen, *Fridtjof Nansen*	Erste Durchquerung des grönländischen Inlandeises auf Skiern.
1891/92	USA, *R. E. Peary*	Durchquerung Grönlands im äußersten Norden.
1893/96	Norwegen, *Fridtjof Nansen* „Fram"	Erste Durchquerung des Polarmeeres auf dem driftenden Schiff. Mit Schlitten wurden 86 ° 4′ N erreicht.
1897	Schweden, *S. A. Andrée*	Fahrt mit Freiballon „Örnen" über das Polarmeer. Ballon verunglückt, die Besatzung kommt um.
1898/1902	Norwegen, *Otto Sverdrup* „Fram"	Erforschung des Sverdrup-Archipels in der kanadischen Arktis.

Tabelle 99, Fortsetzung

Jahr	Land Leiter „Schiffe"	Ergebnisse
1898/1902	USA, *R. E. Peary* „Windward"	Vorstoß vom Robeson-Kanal mit Schlitten bis 84,5 °N.
1899/1900	Italien, *Herzog der Abruzzen* „Stella Polare"	Besuch von Franz-Josef-Land. Leutnant *Cagni* erreicht mit Schlitten 86° 34′ N.
1899	Rußland, *S. Makarov* „Ermak"	Erste Fahrt mit Eisbrecher nördlich von Spitzbergen. Es werden 81° 30′ N erreicht.
1903/06	Norwegen, *Roald Amundsen* „Gjöa"	Bezwingung der nordwestlichen Durchfahrt. Neuvermessung des magnetischen Pols (70° 30′ N 90° 30′ W). Überwinterung an der Herschel-Insel.
1906/07	Dänemark/USA, *Ejnar Mikkelsen* „Duchess of Bedford"	Versuch eines Vorstoßes in die Beaufort-See. Schiff wird zerstört.
1905/06	USA, *R. E. Peary* „Roosevelt"	Vorstoß vom Robeson-Kanal in Richtung zum Pol bis auf 87 °N.
1906/08	Dänemark, *Mylius Erichsen*, *Lauge Koch* u. a.	Geophysikalische Erforschung der Nordostküste von Grönland bis 83 °N. Teilnahme von *Alfred Wegener*.
1908	USA, *Frederick Cook*	Behauptet, am 21. 4. 1908 den Nordpol erreicht zu haben. Rückkehr über Ellef-Ringnes-Land. 2200 km in 85 Tagen.
1908/09	USA, *Robert E. Peary* „Roosevelt"	Behauptet, am 7. 4. 1909 den Nordpol erreicht zu haben. Marschleistung angeblich auf dem Hinweg 35 km/Tag, auf dem Rückweg 48 km/Tag (1532 km in 36 Tagen). Beide Angaben sind anzuzweifeln, zumal im April die Sonne so niedrig steht, daß exakte astronomische Bestimmungen kaum möglich sind (*Breitfuß*). Es kam zu einem jahrelangen Prozeß zwischen *Peary* und *Cook*.
1909/12	Dänemark, *Ejnar Mikkelsen*	Durchquerung des Inlandeises von Nordostgrönland.
1912/13	Dänemark, *I. P. Koch, A. Wegener*	Erste Überwinterung auf einem Gletscher. Durchquerung Grönlands von Ost nach West auf einer Strecke von 1300 km.
1912/13	Deutschland, *Schröder-Stranz*	Das Schiff friert an der Nordküste von Spitzbergen ein. Kapitän *Ritscher* durchquert Spitzbergen im Winter zu Fuß.
1912	Schweiz, *A. de Quervain*	Erste Durchquerung Grönlands von West nach Ost.
1913/17	England, *D. B. MacMillan*	Erforschung von Ellesmere-Land.

Tabelle 99, Fortsetzung

Jahr	Leiter Land „Schiffe"	Ergebnisse
1913/18	Kanada, *Vilhjalmur Steffansson* 4 Schiffe	Erforschung des westlichen Parry-Archipels. Vorstoß in die Beaufort-See. Schlittenreise von Kap Barrow bis Banks-Land.
1912/24	Rußland	In dieser Zeit fanden 130 russische (sowjetische) Expeditionen in die russische Arktis statt; die wichtigsten sind die Hilfsexpeditionen für *Amundsen, Sedow, Brussilov, Russanov* und den Eisbrecher „Malygin" (*Leonid Breitfuß*). Erste erfolgreiche Arktisflüge über Novaja Zemlja und das Barents-Meer.
1916/18	Dänemark, *Knud Rasmussen*	In Begleitung von *Lauge Koch, Th. Wulff, Peter Freuchen* erste erfolgreiche Schlittenreise längs der Nordküste von Grönland.
1918/25	Norwegen, *Roald Amundsen* „Maud"	In Begleitung von *H. U. Sverdrup* Versuch einer Wiederholung der „Fram"-Drift. Das Schiff wird jedoch in der Nähe der sibirischen Küste festgehalten.
1921/24	Dänemark, *Knud Rasmussen*	Durchquerung der ganzen amerikanischen Arktis von Grönland bis Alaska. Erforschung der Reste ursprünglicher Eskimo-Kulturen.
1925	Norwegen, *Roald Amundsen,* *Lincoln Ellsworth*	Versuch eines Polfluges mit einem Dornier-Wal von Spitzbergen aus. Notlandung bei 88 °N.
1926	USA, *Richard Evelyn Byrd*	Flug von Spitzbergen zum Nordpol und zurück.
1926	Norwegen, *R. Amundsen*	Flug des Luftschiffes „Norge" von Spitzbergen über den Nordpol nach Alaska. Teilnehmer sind *Lincoln Ellsworth, Umberto Nobile.*
1928	England, *Hubert Wilkins*	Flug von Alaska über den kanadischen Archipel und Grönland nach Spitzbergen.
1928	Italien, *Umberto Nobile*	Flüge mit dem Luftschiff „Italia" von Spitzbergen nach Nordgrönland und dem Nordpol. Auf dem Rückflug wird das Luftschiff zerstört. Zahlreiche internationale Hilfsexpeditionen, auf einer davon kommt *Roald Amundsen* um.
1928	Rußland, *Krassinskyj* u. *Volynskij*	Erster Flug von Vladivostok zur nordsibirischen Küste. Beginn zahlreicher arktischer Flüge seitens der Sowjetunion.
1929/31	Deutschland, *Alfred Wegener*	Erste geophysikalische Grönlandexpedition mit drei Überwinterungsstationen 1930/31 an der Ostküste, am Westrand in 1000 m Höhe und in der Mitte des Inlandeises (Eismitte) in 3000 m.
1930/31	England *H. G. Watkins* u. a.	Nordgrönlandexpedition, auf der *A. Courtauld* allein fünf Wintermonate auf dem Inlandeis verbringt.

Tabelle 99, Fortsetzung

Jahr	Land Leiter „Schiffe"	Ergebnisse
1931	Deutschland, Sowjetunion *Hugo Eckener*	Unter Teilnahme von Prof. *Weickmann*, *L. Ellsworth*, *R. Samoilovič*, Prof. *Molčanov* Flug des Luftschiffes „Graf Zeppelin" nach Franz-Josef-Land, Severnaja Zemlja, Novaja Zemlja.
1931	England, *Hubert Wilkins*, *H. U. Sverdrup*	Erster Vorstoß eines U-Bootes („Nautilus") über Wasser bis 82°, Tauchversuche unter dem Treibeis.
1932/33		Zweites Internationales Polarjahr, von *J. Georgi*, Hamburg, angeregt. Beteiligung von 44 Ländern. Erforschung des polaren Wettergeschehens und des Geomagnetismus.
1932	Sowjetunion, *O. Schmidt* „Sibirjakov"	Erste Durchfahrung der nordöstlichen Durchfahrt in einem Sommer. Beginn des Ausbaues des „nördlichen sibirischen Seeweges" durch Wetterstationen. Eiserkundung durch Flugzeuge.
1933/34	Sowjetunion, *O. Schmidt*, *V. Voronin* „Čeljuskin"	Gescheiterter Versuch der nordöstlichen Durchfahrt. Eisbrecher wird durch Packeis zum Sinken gebracht. Rettung der Teilnehmer durch Flugzeuge.
1936	Sowjetunion, *S. Levanevskij*	Flug von Los Angeles nach Moskau über die Polarroute mit verschiedenen Zwischenlandungen.
1937/38	Sowjetunion, *I. Papanin*	Vier Transportflugzeuge unter Leitung von *O. Schmidt*, *M. Vodopjanov*, *Molokov*, *Alekseev* und *Mazuruk* bringen die vier Expeditionsteilnehmer zu einem Punkt auf 89° 26', von wo die Station auf einer Eisscholle bis 71° an der grönländischen Ostküste treibt. Die Station arbeitete vom 21. 5. 1937 bis 19. 2. 1938. Wichtige geophysikalische Ergebnisse.
1937	Sowjetunion, *V. Čkalov*, *M. Gromov*, *S. Levanevskij*	Nonstopflüge von Moskau über die Arktis nach Portland (USA), 9000 km und nach Kalifornien 10 000 km. *Levanevski* ist über Alaska verschollen. Zahlreiche Suchexpeditionen.
1937/40	Sowjetunion, *K. Badigin* „Sedov"	Der als wissenschaftliche Station eingerichtete beschädigte Eisbrecher driftet von den Neusibirischen Inseln bis nach Grönland (Oktober 1937 bis Januar 1940).
1940/42	Kanada, *H. A. Larsen* „St. Roch"	Das kanadische Polizeiboot unternimmt zum zweiten Male die Nordwestpassage.
1941	Sowjetunion, *Šerevišnyj*	Flugzeuglandung nahe dem „Pol der Unzugänglichkeit" auf 81 °N 178 °E. Eisbeobachtungen.

Tabelle 99, Fortsetzung

Jahr	Land Leiter „Schiffe"	Ergebnisse
1945	England, *D. C. McKinley*	Flug am 17. 5. 1945 von Island zum Nordpol und zurück, am 26. 5. Flug von Ottawa zum Magnetpol, der auf der Bathurst-Insel festgestellt wird. Er ist seit 1904 um 400 km nach Nordwesten gewandert.
1946	USA, *Irvine* u. a.	Flug von Honolulu über die kanadische Arktis nach Kairo (15 200 km). Bestätigung der Wanderung des magnetischen Pols.
1949/51	Frankreich, *P. E. Victor*	Großangelegte Grönland-Expedition. Überwinterung in der Station Centrale nahe der Station Eismitte. Seismische Erforschung des Innern von Grönland.

Tabelle 100

Chronologische Liste der Südpolarexpeditionen

Die folgende Liste gibt die wichtigsten Expeditionen im Südpolargebiet. (Nach *B. Roberts, J. Georgi*, 1950, *Hassert*, Polar Record u. a.)

Aufgeführt sind die wichtigsten Expeditionen, das Ausgangsland, die Leiter, die wichtigsten Ergebnisse.

Jahr	Land Leiter „Schiffe"	Ergebnisse
Um 650	Polynesier, *Ui-te-Rangiora* „Te-Ivi-o-Atea"	Nach Legenden von Rarotonga erreichten die Polynesier erstmals den Nordrand des Treibeises.
1675	England, *Antonio de la Roche* Hamburger Schiff	Entdeckte wahrscheinlich Südgeorgien.
1738/39	Frankreich, *Jean François Bouvet de Lozier* „Aigle, Marie"	Entdeckung der Bouvet-Insel (Januar 1739).
1771/72	Frankreich, *Yves Joseph de Kerguelen-Tremarec* „Fortune, Gros Ventre"	Entdeckung der Kerguelen-Inseln (12. 2. 1772).
1771/72	Frankreich, *Marion-Dufresne* „Mascarin, Marquis de Castries"	Entdeckung der Prinz-Edward-Inseln (13.1.1772) und der Crozet-Inseln (28. 1. 1772).
1772/75	England, *James Cook* (2. Reise) „Resolution, Adventure"	Erste Weltumseglung in hoher südlicher Breite. Entdeckung der Süd-Sandwich-Inseln (30. 1. 1775).
1776/80	England, *James Cook* (3. Reise) „Resolution, Discovery"	Besuchte Prinz-Edward-Inseln und Kerguelen.
1810	Australien, *Frederick Hasselberg* „Perseverence"	Entdeckte die Macquarie-Insel (11. 7. 1810).
1819	England, *William Smith* „Williams"	Entdeckte die Süd-Shetland-Inseln (18. 2. 1819).
1819/20	England, *Edward Bransfield* „Williams"	Kartierte die Süd-Shetland-Gruppe, entdeckte die Nordwestküste der antarktischen Halbinsel (Trinity-Land).
1819/ 21	Rußland, *Thaddaeus Bellingshausen* „Vostok, Mirnyj"	Umsegelte den Südpolarkontinent, entdeckte Land an der Kronprinzessin-Märtha-Küste, ohne es als solches zu erkennen, entdeckte die Insel Peter I. (22. 1. 1821) und Alexander-I.-Insel (29. 1. 1821).
1820/21	USA, *Benjamin Pendleton* „Frederick, Hersilia, Hero" u. a.	Entdeckte Palmer-Land und Palmer-Inseln (16. 11. 1820 durch *Nathanael Palmer*).

Tabelle 100, Fortsetzung

Jahr	Land Leiter „Schiffe"	Ergebnisse
1820/21	England, Kapt. *Clark* „Lord Melville"	Erste unfreiwillige Überwinterung in der Antarktis auf der König-George-Insel.
1820/22	USA, *John Davis* „Huron, Huntress, Cecilia"	Erste erfolgreiche Landung auf dem antarktischen Festland.
1821/22	USA, *George Powell* „Dove, Eliza"	Entdeckung der Süd-Orkney-Inseln (6.12.1821).
1822/24	England, *James Weddell* „Jane, Beaufoy"	Fahrt in das eisfreie Weddellmeer bis 74° 15′ S.
1828/31	England, *Henry Foster* „Chanticleer"	Erste wissenschaftliche Messungen in der Süd-Shetlandgruppe (Pendelmessungen, magnetische Beobachtungen).
1829/31	USA, *Benjamin Pendleton* „Seraph, Annawan, Penguin"	Erste wissenschaftliche Regierungsexpedition der USA mit Wissenschaftlern an Bord. Beobachtungen in der Süd-Shetland-Gruppe.
1830/32	England, *John Biscoe* „Tula, Lively"	Entdeckte Enderby-Land (28. 2. 1831), die Adelaide-Insel (15. 2. 1832) und Grahamland (21. 2. 1832).
1831	Australien, *Samuel Harvey* „Venus"	Erste Fahrt in das Ross-Meer bis 72 °S.
1833/34	England, *Peter Kemp* „Magnet"	Entdeckte die Heard-Inseln (27. 11. 1833) und Kemp-Land (26. 12. 1833).
1837/40	Frankreich, *J. S. C. Dumont d'Urville* „Astrolabe, Zelée"	Machte Entdeckungen im Gebiet der antarktischen Halbinsel und entdeckte Adelie-Land (22. 1. 1840) und die Clarie-Küste (31. 1. 1840).
1838/39	England, *John Balleny* „Eliza Scott, Sabrina"	Entdeckte die Balleny-Inseln (9. 2. 1839) und Sabrinaland.
1838/42	USA, *Charles Wilkes* „Vincennes, Peacock, Porpoise, Sea Gull, Flying Fish"	Entdeckte Wilkes-Land zwischen 160° und 98° Ost.
1839/43	England, *James Clark Ross* „Erebus, Terror"	Umsegelte den antarktischen Kontinent. Entdeckte 800 km neue Küste in Victorialand und landete auf der Possession-Insel (12. 1. 1841), entdeckte das Ross-Schelfeis und die Ross-Insel mit dem Vulkan Erebus sowie die James-Ross-Insel (6. 1. 1843).
1873/74	Deutschland, *Eduard Dallmann* „Grönland"	Entdeckte die Bismarck-Straße im Westen der antarktischen Halbinsel und die umgebenden Küsten.
1874	Deutschland, Kapt. *v. Reibnitz* „Arkona"	Besuchte die Kerguelen-Inseln und die Heard-Insel; Vorexpedition für die Beobachtung des Venus-Durchganges 1874/76.

Tabelle 100, Fortsetzung

Jahr	Land Leiter „Schiffe"	Ergebnisse
1874/75	USA, *G. P. Ryan* „Swatara, Monongahela"	Beobachtung des Venus-Durchganges Dezember 1874 auf Pointe Molloy, Kerguelen.
1874/75	England, *S. J. Perry* „Volage, Supply"	Beobachtung des Venus-Durchganges in der Observation-Bucht, Kerguelen.
1874/76	Deutschland, *Dr. Weineck* „Gazelle"	Beobachtung des Venus-Durchganges in der Anse Betsy, Kerguelen.
1882/83	Deutschland, *K. Schrader* „Moltke, Marie"	Internationale Polarjahr-Expedition. Überwinterung in der Royal-Bucht, Süd-Georgien.
1892/93	Frankreich, *Cdt. Lieutard* „Eure"	Nahm am 2. und 4. 1. 1893 die Kerguelen für Frankreich in Besitz.
1892/93	Norwegen/Deutschland, *Carl Anton Larsen* „Jason"	Entdeckte die ersten Fossilien auf der Seymour-Insel, entdeckte die Foyn-Küste.
1893/94	Norwegen/Deutschland, *Morten Pedersen* „Castor, Hertha"	Entdeckte die Kanäle zwischen Biscoe-Inseln und Graham-Land.
1893/94	Norwegen/Deutschland, *C. A. Larsen* „Jason"	Entdeckte die König-Oskar-Küste und die Robertson-Insel an der Ostseite der antarktischen Halbinsel.
1894/95	Norwegen/England, *Henrik J. Bull* „Antarctic"	Erste Landung in Victoria-Land bei Kap Adare (24. 1. 1895).
1897/99	Belgien, *Adrien de Gerlache de Gomery* „Belgica"	Erforschung der Westküste der antarktischen Halbinsel. Erste Überwinterung auf einem Schiff in der Antarktis.
1898/1900	England/Norwegen, *C. E. Borchgrevink* „Southern Cross"	Überwinterung auf Kap Adare. Erforschung des Nordteils von Victoria-Land, erste Schlittenreise auf dem Ross-Schelfeis.
1901/03	Deutschland, *Erich v. Drygalski* „Gauß"	Überwinterung vor der Küste. Entdeckung von Kaiser-Wilhelm-II.-Land. Erforschung von Kerguelen.
1901/04	Schweden, *Otto Nordenskjöld* „Antarctic"	Überwinterung auf der Snow-Hill-Insel, Ostküste der antarktischen Halbinsel, Erforschung der weiteren Umgebung, Entdeckung des Kronprinz-Gustav-Kanals.
1901/04	England, *Robert Falcon Scott* „Discovery"	Überwinterung in Hut Point. Genauere Durchforschung der Umgebung. Schlittenreise über das Ross-Schelfeis bis 77° 58′ S.
1902/04	Schottland, *William S. Bruce* „Scotia"	Entdeckte Coats-Land, Überwinterung auf der Laurie-Insel. Einrichtung der ersten permanenten meteorologischen Station im Jahre 1903, die 1904 an Argentinien übergeben wurde und bis heute beobachtet hat.

Tabelle 100, Fortsetzung

Jahr	Land Leiter „Schiffe"	Ergebnisse
1903/05	Frankreich, *J. B. Charcot* „Français"	Überwinterung auf der Wandel-Insel, Westküste der antarktischen Halbinsel, kartierte die Loubet-Küste und den Nordteil der Alexander-I.-Insel.
1907/09	England, *Ernest H. Shackleton* „Nimrod"	Überwinterung in Kap Royds, Ross-Insel. Vorstoß zum Südpol, doch mußte die Schlittenreise in 150 km Entfernung vom Pol abgebrochen werden. Entdeckung neuer Gebirge und des Beardmore-Gletschers. Magnetpol erreicht am 16. 1. 1909.
1908/10	Frankreich, *J. B. Charcot* „Pourquoi-Pas?"	Überwinterung auf der Petermann-Insel, Westseite der antarktischen Halbinsel. Entdeckte die Marguerite-Bucht und die Charcot-Insel.
1910/12	Deutschland, *Wilhelm Filchner* „Deutschland"	Entdeckte Prinzregent Luitpold-Land und das Filchner-Schelfeis an der Südküste des Weddell-Meeres. Das Schiff wurde von Eis eingeschlossen und driftete 9 Monate durch das Weddell-Meer.
1910/13	England, *R. F. Scott* „Terra Nova"	Erreichte Südpol am 17. 1. 1912. Scott kam mit seinen Begleitern auf dem Rückmarsch um. Entdeckung von Oates-Land. Reiche wissenschaftliche Ergebnisse.
1911/12	Japan, *Choku Shirase* „Kainan Maru"	Entdeckung der Kainan-Bucht an der Küste des Ross-Schelfeises. Schlittenreise auf dem Ross-Schelfeis.
1910/12	Norwegen, *Roald Amundsen* „Fram"	Überwinterung an der Walbucht. Fünf Mann erreichen als erste den Südpol am 14. 12. 1912. Entdeckte das Königin-Maud-Gebirge und erforschte Edward-VII.-Land.
1911/14	Australien, *Douglas Mawson* „Aurora"	Überwinterung auf Kap Denison. Erforschung von König-George-V.-Land und Königin-Mary-Land sowie des Shackleton-Schelfeises. Eine Abteilung verbrachte 25 Monate auf Macquarie.
1914/16	England, *Ernest Shackleton* „Endurance, Aurora"	Britische Transantarktische Expedition. Eine Gruppe versuchte, vom Filchner-Schelfeis zum Pol zu kommen, jedoch wurde das Schiff („Endurance") von Eis eingeschlossen und ging unter. Die Besatzung überwinterte auf der Elephant-Insel (Süd-Shetland-Inseln). Die andere Gruppe legte Depots bis zum Beardmore-Gletscher.
1921/22	England, *E. Shackleton* „Quest"	Nach dem Tode von Shackleton von *Frank Wild* zu Ende geführt. Versuch, zum Enderby-Land vorzudringen, scheiterte.

Jahr	Land Leiter „Schiffe"	Ergebnisse
1925 ff.	England, *S. Kemp* „Discovery"	Erstmalige Durchführung der „Discovery-Investigations". Ozeanographische Arbeiten im gesamten Südpolargebiet. Weitere Expeditionen 1926/27, 1927/30, 1929/31, 1930/32, 1931/32, 1933/35, 1935/36, 1935/37, 1937/39 mit den Schiffen „Discovery II" und „William Scoresby".
1925/27	Deutschland, *A. Merz* „Meteor"	Ozeanographische Forschungen im Südatlantik. Entdeckung des Süd-Sandwich-Tiefs mit 8264 m.
1927/28	Norwegen, *Haakon Mosby* „Norvegia"	Erste Forschungsfahrt der „Norvegia". Erforschung der Bouvet-Insel. Weitere Norvegia-Expeditionen 1928/29. Landungen auf der Bouvet- und Peter-I.-Insel. 1929/30 Entdeckung von Kronprinz-Olav-Küste und Kronprinzessin-Märtha-Küste; 1930/31 Entdeckung der Prinzessin-Ragnhild-Küste. Umfahrung der Antarktis.
1928/29	USA, *Hubert Wilkins* „Hektoria"	Flug an der Ostküste der antarktischen Halbinsel bis etwa 71° 20′ S. Entdeckung von „Hearst-Land", das sich später als Insel erwies.
1928/30	USA, *Richard E. Byrd* „City of New York, Eleanor Bolling"	1. Byrd-Expedition. Entdeckung der Edsel-Ford-Kette und von Marie-Byrd-Land. Erster Flug über den Südpol (29. 11. 1929).
1929/30	England, *Hubert Wilkins* „William Scoresby"	Charcot-Land als Insel erkannt. Flüge über der antarktischen Halbinsel.
1929/31	England, Australien, Neuseeland, *Douglas Mawson* „Discovery"	BANZARE-Expedition. Entdeckung von Mac-Robertson-Land und der BANZARE-Küste in Wilkes-Land, von Prinzessin-Elizabeth-Land. Landungen an fünf Stellen.
1932/33	Norwegen, *Hjalmar Riiser-Larsen* 3 Walfänger	Fehlgeschlagener Versuch einer Schlittenreise von Enderby-Land bis zum Weddell-Meer.
1933/34	Norwegen, *Lars Christensen* „Thorshavn"	Entdeckung von Prinzessin-Astrid-Land und der Lars-Christensen-Küste. Besuch des Schelfeises an der Nordküste von Marie-Byrd-Land.
1933/35	USA, *R. E. Byrd* „Bear of Oakland, Jacob Ruppert"	Überwinterung in der Walbucht. Durchforschung des Marie-Byrd-Landes und der Südostküste des Ross-Schelfeises. Erste Einrichtung der Inlandstation „Bolling" 160 km von der Küste auf dem Ross-Eisschelf.
1934/35	Norwegen, *Klarius Mikkelsen* „Thorshavn"	Entdeckte die Ingrid-Christensen-Küste. Expedition im Auftrag von *Lars Christensen.*
1934/37	England, *John Rymill* „Penola"	Britische Grahamland-Expedition. Entdeckte den König-George-VI.-Sund zwischen Alexander-I.-Insel und der antarktischen Halbinsel. Ausgedehntes wissenschaftliches Programm.

Tabelle 100, Fortsetzung

Jahr	Land Leiter „Schiffe"	Ergebnisse
1935/36	USA, *Lincoln Ellsworth* „Wyatt Earp"	Erster Flug quer über den antarktischen Kontinent von der Dundee-Insel (Nordostspitze der antarktischen Halbinsel) bis zur Walbucht (Ross-Meer). Entdeckung der Sentinel-Kette und des Ellsworth-Hochlandes.
1936/37	Norwegen, *Bravold* „Thorshammer"	Expedition von Lars Christensen. Entdeckte im Februar 1937 die König-Leopold- und Königin-Astrid-Küste.
1936/37	Norwegen, *Lars Christensen* „Thorshavn, Firern"	Entdeckte die Prinz-Harald-Küste. Die ganze Küste von Enderby-Land wurde aus der Luft photographiert und später kartiert.
1938/39	Deutschland, *Alfred Ritscher* „Schwabenland"	Entdeckte Neu-Schwabenland. Etwa 350 000 qkm photographiert.
1938/39	USA, *Lincoln Ellsworth* „Wyatt Earp"	Entdeckte im Hinterland von Prinzessin-Elizabeth-Land das „Amerikanische Hochland".
1939/41	USA, *R. E. Byrd* „North Star, Bear"	Überwinterung in zwei Gruppen. Von der Walbucht aus Erforschung von Marie-Byrd-Land, von Stonington (Antarktische Halbinsel) aus Erforschung der Gebiete im König-George-VI.-Sund und der unbekannten Ostseite der antarktischen Halbinsel (Black-Küste).
1942	Argentinien, *Alberto J. Oddera* „Primero de Mayo"	Forschte in den Süd-Shetland-Inseln. Nahm offiziell Besitz vom Argentinischen Sektor.
1943/44	England, *J. W. S. Marr* „Fitzroy, William Scoresby"	Operation Tabarin. Richtete permanente wissenschaftliche Stationen ein in Port Lockroy und auf der Deception-Insel. Weitere Expeditionen der Falkland Islands Dependencies Survey werden nur erwähnt, soweit sie neue Stationen eingerichet haben.
1944/45	England, *A. Reece* „Fitzroy, William Scoresby, Eagle"	Operation Tabarin II. Einrichtung der Station Hope-Bucht.
1945/46	England, *E. W. Bingham* „Fitzroy, William Scoresby, Trepassey"	Einrichtung der neuen Stationen Kap Geddes und Stonington.
1946/47	USA, *R. E. Byrd* 12 Schiffe. Hauptschiff „Mount Olympus". Erstmals U-Boot in der Antarktis	Operation Highjump. Größte seitherige Antarktisexpedition. 4000 Mann nahmen daran teil. Ausgedehnte Forschungen in Marie-Byrd-Land. 2. Flug zum Südpol (15. 2. 1947). Entdeckung der Küste des pazifischen Sektors der Antarktis. Luftaufnahmen der Küsten der Ostantarktis. Flüge ins Innere.

Tabelle 100, Fortsetzung

Jahr	Land Leiter „Schiffe"	Ergebnisse
1947	Argentinien, *Luis Miguel Garcia* 7 Schiffe, Hauptschiff „Patagonia"	Einrichtung ständiger wissenschaftlicher Stationen Melchior und Orcadas (Laurie).
1947	Chile, *Federigo Guesalaga Toro* „Iquique, Angamos"	Einrichtung einer ständigen wissenschaftlichen Station auf der Greenwich-Insel (Arturo Prat).
1947/48	Australien, *S. A. C. Campbell* „L. S. T. 3501"	Einrichtung einer wissenschaftlichen Station auf der Heard-Insel (Dezember 1947). Zweite Reise (Februar-April). Einrichtung der Station Macquarie.
1947/48	Argentinien, *Ricardo Hermelo* 14 Schiffe	Einrichtung einer neuen wissenschaftlichen Station Decepción (Primero de Mayo) auf der Deception-Insel.
1947/48	Norwegen, *Holger Holgersen* „Brategg"	Ozeanographische Expedition im Südlichen Stillen Ozean. Landung auf der Peter-I.-Insel.
1947/48	USA, *Gerald L. Ketchum* „Burton Island, Edisto"	Bestimmung von Festpunkten längs der Küsten von Ost- und Westantarktis zur Auswertung der Luftbilder der Operation Highjump.
1947/48	Chile, *Ernesto Gonzales Navarrete* „Covadonga, Rancagua"	Einrichtung einer ständigen wissenschaftlichen Station auf Kap Legoupil, antarktische Halbinsel (General Bernardo O'Higgins).
1947/48	England, *V. E. Fuchs* „John Biscoe, Fitzroy"	Einrichtung der neuen permanenten wissenschaftlichen Station Admiralty Bay auf der König-George-Insel, Süd-Shetland-Inseln.
1947/48	USA, *Finn Ronne* „Port of Beaumont"	Entdeckung des Jörg-Plateaus südlich der antarktischen Halbinsel, ausgedehnte Flüge zur Charcotinsel, Feststellung des Verlaufs des Filchner-Schelfeises (Lassiter Ice Shelf).
1947/48	Südafrika, *John Fairbairn* „Transvaal"	Einrichtung der ständigen meteorologischen Station Marion.
1948/53	Frankreich, *André F. Liotard* „Commandant Charcot, Tottan"	Einrichtung einer wissenschaftlichen Station in Port Martin, Adelie-Land (Januar 1950). Erforschung von Adelie-Land begonnen.
1949/52	Norwegen/England/ Schweden, *John Giaever* „Norsel"	Erste internationale Expedition in die Antarktis. Von Maudheim aus Erforschung des Westteils von Neu-Schwabenland (Dronning-Maud-Land). Erste seismische Eisdickenmessungen in der Antarktis.
1950/51	Chile, *Diego Munita* „Angamos, Lientur, Lautaro"	Einrichtung einer neuen wissenschaftlichen Station im Paradise Hafen, Westküste der antarktischen Halbinsel (Gabriel Gonzales Videla).

Tabelle 100, Fortsetzung

Jahr	Land Leiter „Schiffe"	Ergebnisse
1950/51	Argentinien, *Rodolfo N. Panzarini* 5 Schiffe	Einrichtung zweier permanenter wissenschaftlicher Stationen im Paradise Hafen (Almirante Brown) und auf der Barry-Insel (General San Martin).
1950 ff.	Frankreich, *Pierre Sicaud* „Italio Marsano"	Einrichtung einer ständigen wissenschaftlichen Station auf Kerguelen (Port-aux-Français), die 1957 für das Internationale Geophysikalische Jahr erweitert wurde.
1951/52	Argentinien, *Emilio L. Diaz* 5 Schiffe	Einrichtung einer neuen Station in der Hope-Bucht.
1952/53	Argentinien, *Rodolfo N. Panzarini* 6 Schiffe	Einrichtung einer wissenschaftlichen Station auf der Half-Moon-Insel.
1953/54	England, *W. Turner* „John Biscoe"	Bau einer neuen Station auf der Galindez-Insel (Argentinische Inseln).
1953/54	Australien, *P. G. Law* „Kista Dan"	Einrichtung einer ständigen wissenschaftlichen Station in MacRobertson-Land (Mawson). Entdeckung der Prinz-Charles-Kette.
1954/55	Chile, *Jorge Gandara Bofil* 4 Schiffe	Einrichtung einer neuen wissenschaftlichen Station auf der Deception-Insel (Pedro Aguirre Cerda).
1954/55	Argentinien, *Alicio E. Ogara* 7 Schiffe	Eine neue wissenschaftliche Station wurde durch den Eisbrecher „General San Martin" auf dem Filchner-Schelfeis eingerichtet (General Belgrano).
1954/55	England, *W. E. Anderson* u. a. „John Biscoe, Norsel"	Einrichtung neuer Stationen auf der Anvers-Insel und auf der Horseshoe-Insel, Marguerite-Bucht.
1955/56	USA, *R. E. Byrd* 7 Schiffe	Amerikanische IGJ-Expedition. Operation Deep Freeze I. Einrichtung der Stationen Little America V (Kainan-Bucht, Ross-Schelfeis) und MacMurdo-Sund (William Air Operations Facility). Neun weite Flüge in das Innere des Kontinents.
1955/56	England, *R. F. Worswick* u. a. „John Biscoe, Shackleton"	Neue wissenschaftliche Station eingerichtet auf der Detaille-Insel und an der Danco-Küste.
1955/56	UdSSR, *M. M. Somov* „Ob, Lena"	Russische IGJ-Expedition. Einrichtung der Hauptstation Mirny. Im Mai 1956 Errichtung der Hilfsstation Pionerskaja, im Oktober die Nebenstation Oasis errichtet.
1955/56	England, *David Dalgliesh* „Tottan"	Errichtung der britischen IGJ-Station Halley Bay an der Küste von Coats-Land. Expedition der British Royal Society.

Jahr	Land Leiter „Schiffe"	Ergebnisse
1955/58	England, *V. E. Fuchs, Edmund Hillary* „Theron, Magga Dan, Endeavour"	British Commonwealth Antarctic Expedition. Erste Querung des antarktischen Kontinents. Abmarsch von Shackleton auf dem Filchner-Schelfeis am 24. 10. 1957, Ankunft am Pol 20. 1. 1958, Ankunft auf der Scott-Station am 2. 3. 1958. Vom Ross-Schelfeis legte Hillary bis zum Pol Depots, wobei er am 5. 1. 1958 den Pol erreichte.
1955 ff.	Frankreich, *Bertrand Imbert* „Norsel"	Französische IGJ-Expedition. Errichtung der Station Dumont d'Urville (Januar 1956) und der Inlandstation Charcot (Januar 1957).
1956/57	Chile, *Alejandro Navarrete Torres* 5 Schiffe	Chilenische IGJ-Expedition. Ausbau aller vier chilenischen Stationen für das IGJ-Programm.
1956/57	Argentinien, *Helvio N. Guozden* 8 Schiffe	Argentinische IGJ-Expedition. Alle acht argentinischen Stationen nahmen ihre Arbeiten für das IGJ auf.
1956/57	USA, *George J. Dufek* 11 Schiffe	Operation Deep Freeze II. Einrichtung von vier neuen amerikanischen IGJ-Stationen; Amundsen-Scott (auf dem Südpol, Einrichtung durch Flugzeuge), Byrd (in Marie-Byrd-Land), Wilkes an der Knox-Küste und Ellsworth auf dem Filchner-Schelfeis. Aufnahme der IGJ-Arbeiten.
1956/57	England, *L. Rice* „John Biscoe, Shackleton"	Aufnahme der Arbeiten der 11 bestehenden britischen Stationen für das IGJ-Programm. Einrichtung einer neuen Station auf Prospect Point, Antarktische Halbinsel.
1956/57	Australien, *P. G. Law* „Kista Dan"	Einrichtung einer neuen Station an der Küste der Vestfold-Hügel, Prinzessin-Elizabeth-Land (Davis).
1956/57	UdSSR, *A. F. Treschnikov* „Ob, Lena, Kooperacija"	2. Sowjetische Komplexe Antarktische Expedition. Einrichtung der Hilfsstation Komsomolskaja und der IGJ-Station Vostok und Sovjetskaja.
1956/57	Norwegen, *Sigurd Helle* „Polarsirkel, Polarbjörn"	Einrichtung der norwegischen IGJ-Station Norge an der Kronprinzessin-Märtha-Küste.
1956/57	Japan, *Takeshi Nagata* „Soya, Umitaka Maru"	Einrichtung der japanischen IGJ-Station auf der Ongul-Insel in der Lützow-Holm-Bucht (Syowa).
1957	USA/Neuseeland, *J. A. Shear* „Northwind, Arneb"	Einrichtung der IGJ-Station Hallett an der Küste von Victoria-Land.
1957/58	Belgien, *Gaston de Gerlache-de Gomery* „Polarhav, Polarsirkel"	Einrichtung der IGJ-Station Roi Baudouin an der Breidvika, Prinzessin-Ragnhild-Küste.

Jahr	Land Leiter „Schiffe"	Ergebnisse
1957/58	Australien, *Phillip G. Law* „Thala Dan"	Ablösung der Stationen Mawson und Davis. Einrichtung einer automatischen Wetterstation auf der Lewis-Insel.
1957/58	Frankreich, *G. Rouillon* „Norsel"	Ablösung der Stationen Dumont d'Urville und Charcot. Seismische Traverse in Adelieland bis 70° 47′ S.
1957/58	Japan, Y. *Nagata* „Soya"	Ablösung der japanischen Station Syowa.
1957/58	Neuseeland, *L. H. Martin* „Endeavour"	Ablösung der Station Scott.
1957/58	Neuseeland/USA, *K. J. Salmon* „Arneb, J. R. Towle"	Ablösung der IGJ-Station Hallett.
1957/58	Norwegen, *S. Helle* „Tottan"	Ablösung der Station Norge. Erforschung der Gebirge von Neu-Schwabenland östlich 3 °E.
1957/58	England, *J. MacDowall* „Tottan"	Schiff gemeinsam mit der norwegischen Expedition gechartert. Ablösung der IGJ-Station Halley Bay.
1957/58	USA, *A. P. Crary,* *G. R. Toney, P. A. Siple,* *F. Ronne, C. R. Eklund* 5 Schiffe und Flugzeuge	Durchführung der ersten großen seismischen Traversen, von Little America aus Ross-Schelfeis-Traverse (*A. P. Crary*), von Byrd aus Sentinel-Traverse (*V. Anderson*), von Ellsworth aus Filchner-Schelfeis-Traverse (*E. T. Thiel*).
1957/58	UdSSR, *E. I. Tolstikov* „Ob, Kooperacija"	Ablösung der Station Mirny.
1957/58	England, *F. I. D. S.* „John Biscoe, Shackleton"	Ablösung der 11 britischen Stationen. Forschungen von den Stationen aus.
1957/58	Argentinien, *A. Patron Laplacette* „General San Martin, Bahia Aguirre, Chiriguano"	Ablösung der acht argentinischen Stationen.
1958/59	Australien, *D. F. Styles,* *Ph. Law* „Thala Dan, Magga Dan"	Ablösung der Stationen. Übernahme der amerikanischen Station Wilkes am 4. 2. 1959.
1958/59	Belgien, *F. E. Bastin* „Polarhav"	Ablösung der belgischen Station. Erforschung der Belgica-Berge und der Sør Rondane.
1958/59	Frankreich, *R. Merle* „Norsel"	Ablösung der Stationen.
1958/59	Japan, *M. Murayama* „Soya"	Ablösung der japanischen Station.
1958/59	Norwegen, *S. Helle* „Polarbjörn"	Ablösung der norwegischen Station Norge. Luftphotogrammetrische Kartierungsarbeiten in Neu-Schwabenland (*B. Lucke*).

Tabelle 100, Fortsetzung

Jahr	Land Leiter „Schiffe"	Ergebnisse
1958/59	England, „Tottan"	Übergabe der IGJ.-Station Halley Bay an die Falkland Islands Dependencies Survey (15. 1. 1959).
1958/59	USA, *G. Dufek* und (seit Sept. 58) *D. M. Tyree* 9 Schiffe, 34 Flugzeuge	Operation Deep Freeze IV. Ablösung der amerikanischen Stationen. Little America, Wilkes und Ellsworth wurden aufgegeben. Traversen: Ellsworth-Byrd, Viktorialand-Traverse, verschiedene Flugtraversen in Marie-Byrd-Land.
1958/59	UdSSR, *A. G. Dralkin* „Ob, Michail Kalinin"	Ablösung der Stationen. Im Dezember 1958 Traverse zum Pol der Unzugänglichkeit (*E. Tolstikov*), insgesamt 4300 km. Schließung der Stationen Sovetskaja und Pionerskaja. Übergabe von Oasis an Polen (*W. Krzeminski*) am 23. 1. 1959. Diese Station wurde am 30. 1. geschlossen. Einrichtung der Station Lasarev.
1958/59	Argentinien, *A. A. Schulze* „General San Martin, Bahia Aguirre, Chiriguano"	Ablösung der argentinischen Stationen. Übernahme der Station Ellsworth am 15. 1. 1959.
1959/60	Frankreich, *Alfred Faure* „Norsel"	Ablösung der französischen Stationen. Charcot wurde aufgegeben.
1959	Italien, *Silvio Zavatti* „CM IV"	Besuch der Bouvet-Insel mit drei Landungen.
1959/60	Neuseeland, *B. M. Gunn* u. a. „Endeavour"	Mehrere Expeditionen erforschen Victoria-Land. Topographisch-geologische Erforschung der Gebirge zwischen Barne Inlet und Beardmore-Gletscher, in den eisfreien Tälern des mittleren Victoria-Lands. Bodenkundliche Untersuchungen.
1959/60	UdSSR, *E. S. Korotkevič* „Ob, Kooperacija"	Traverse von Mirnyj zum Südpol (*A. G. Dralkin*) (27. 9. bis 26. 12. 1959). Forschungen von Lazarev aus, Entdeckung neuer Gebirge östlich des Wohlthat-Massivs (Russkie Gory).
1959/60	USA, *D. M. Tyree* 9 Schiffe	Operation Deep Freeze 60. Ablösung der Stationen. Victoria-Land-Traverse (F. G. van der Hoeven), Flugtraversen in Marie-Byrd-Land, Byrd-Traverse zum Getz-Schelfeis. Kartierung der Nordküsten von Marie-Byrd-Land.
1958/59	England, *F. I. D. S.* „Shackleton, John, Biscoe, Tottan"	Ablösung der elf britischen Stationen. Geologische und topographische Aufnahmen.
1959/60	Australien, *Donald Styles, P. Law* „Thala Dan, Magga Dan"	Ablösung der australischen Stationen.
1959/60	Frankreich, *H. W. Tilman* „Mischief"	Erste wissenschaftliche Erforschung von Crozet. Landung auf der Ile de la Possession.

Tabelle 100, Fortsetzung

Jahr	Land Leiter „Schiffe"	Ergebnisse
1959/60	Argentinien, *J. A. Boffi* „General San Martin, Bahia Aguirre, Chiriguano"	Ablösung der neun Stationen. Die Station General San Martin (Marguerite-Bucht) wurde aufgegeben.
1959/60	England, *F. I. D. S.* „Shackleton, John Biscoe, Kista Dan"	Neun Stationen waren in Tätigkeit. Topographische, geologische und glaziologische Forschungen.
1959/60	Südafrika, *H. la Grange* „Polarbjörn"	Erste Südafrikanische Nationale Antarktische Expedition (SANAE). Übernahme der norwegischen Station Norge.
1960/61	Argentinien, *Luis M. Iriart* „General San Martin, Bahia Aguirre, Punta Ninfas"	Ablösung der fünf argentinischen Stationen. Errichtung einer neuen Station auf dem Larsen-Schelfeis (Teniente Matienzo).
1960/61	Belgien, *G. Derom* „Erika Dan"	Ablösung der Station. Topographische Aufnahme von etwa 8000 qkm in den Sør Rondane.
1960/61	Frankreich, *F. E. Digeon* „Norsel"	Ablösung der Station Dumont d'Urville.
1960/61	England, *F. I. D. S.* „John Biscoe, Shackleton"	Beendigung der Dreiecksvermessung der Trinity-Halbinsel. Geologische und topographische Aufnahmen. 1961 waren neun Stationen besetzt.
1960/61	Neuseeland, *J. Lennox-King* „Endeavour"	Mehrere geologische und topographische Expeditionen waren in Victoria-Land tätig. Wiederherstellung der Hütten von Scott und Shackleton auf der Ross-Insel *(L. B. Quartermain).*
1960/61	Südafrika *J. J. La Grange* „Polarhav"	Topographische Aufnahmen im Gebiet von Boreas und Passat (Neu-Schwabenland).
1960/61	USA, *D. M. Tyree* 9 Schiffe, Flugzeuge	Ablösung der drei permanenten Stationen. Einrichtung der Station New Byrd. Traversen von MacMurdo zum Südpol *(A. Crary)* über 1970 km, von Byrd zur Eights-Küste *(C. R. Bentley)* über 1960 km und Byrd-Südpol *(A. Havola)* über 1290 km. Ausgedehnte wissenschaftliche Beobachtungen.
1960/61	Australien, *Ph. Law,* *H. C. Petersen* „Magga Dan, Thala Dan"	Ablösung der vier Stationen. Küstenvermessungen zwischen Enderby- und Oates-Land. Traverse zu den Prinz-Charles-Bergen.
1960/61	UdSSR, *V. M. Driatsky* „Ob, Kooperacija"	Ablösung der drei Stationen. Einrichtung der Station Novolazarevskaja. Traverse nach Vostok. Kartierungsarbeiten in Neu-Schwabenland über 50 000 qkm und an der Küste der Davis-See über 19 000 qkm.

Tabelle 100, Fortsetzung

Jahr	Land Leiter „Schiffe"	Ergebnisse
1961 /62	Argentinien, Instituto Antártico 5 Schiffe	Ablösung der sieben Stationen. Traverse von der Hope-Bucht bis zur Station General San Martin (Marguerite-Bucht) über 1000 km. Flug von der Robertson-Insel zum Südpol (*H. J. Quijada*) am 6. 1. 1962.
1961/62	England, *B. A. S.* „John Biscoe, Shackleton, Kista Dan"	Ablösung der fünf ständigen Stationen. Topographische, geologische, ozeanographische Forschungen („Protector"). Erster Besuch der Tottan-Berge von Halley aus.
1961/62	Neuseeland, *V. E. Donnelly* US-Schiffe	Verschiedene geologische und topographische Gruppen arbeiten in Victoria-Land. Aufnahme des Gebietes zwischen Beardmore und Fridtjof-Nansen-Berg, letzterer erstmals erstiegen.
1961/62	UdSSR „Ob, Kooperacija"	Traverse im Dreieck Komsomolskaja-Sovetskaja-Vostok (November—Januar 1961/62). Flug im Dezember 1961 von Moskau nach Mirnyj und im Januar zurück. Topographische Aufnahmen in Enderby-Land. Einrichtung der neuen Station Molodežnaja.
1961/62	USA, *D. M. Tyree* 10 Schiffe, 34 Flugzeuge	Ablösung der drei amerikanischen Stationen. Errichtung der neuen Station Sky-Hi, später Eights-Station. Traverse Kainan-Bucht-Byrd (*W. Martin*), Ellsworth-Hochland-Traverse über 1680 km. Ausgedehnte wissenschaftliche Forschungen, besonders Biologie und Geophysik.
1961/62	Chile, „Piloto Pardo, Yelcho, Lauritano"	Ablösung der vier chilenischen Stationen.
1961/62	Frankreich, *Paul-Emile Victor* „Magga Dan"	Glaziologische Arbeiten, topographische Aufnahme zwischen Port Martin und Janet-Felsen.
1961/62	Südafrika, *J. P. van der Westhuisen* „Polarhav"	Ablösung der südafrikanischen Station. Bau der neuen Station SANAE. Topographische Aufnahmen in Neu-Schwabenland (Steinkumpengebiet).
1961/62	Frankreich, *A. Faure* „Gallieni"	Einrichtung einer zeitweiligen meteorologischen Station auf der Insel de la Possession, die vom 30. 12. 1961 bis 3. 2. 1962 tätig war. Im Januar wurde eine automatische Wetterstation in Betrieb genommen.
1961/62	Australien, *P. G. Law* „Thala Dan"	Photogrammetrische Aufnahme der Küste zwischen König-George-V.-Land bzw. Oates-Land und Wilkes: 1600 km Küste. Acht Landungen. Ablösung der australischen Stationen. Traverse von Wilkes 560 km in das Innere.

Jahr	Land Leiter „Schiffe"	Ergebnisse
1962/63	Australien, *P. G. Law, D. Styles* „Thala Dan, Nella Dan"	Küstenaufnahmen in Wilkes-Land und Amery-Schelfeis. Traverse Wilkes-Vostok und zurück über 2880 km (*R. B. Thomson*). Ablösung der australischen Stationen.
1963	Australien, *G. M. Budd* „Nella Dan"	Versuch, den Big Ben auf der Heard-Insel zu besteigen, fehlgeschlagen. Topographische Vermessungen auf der Insel.
1962/63	Frankreich, *R. Guillard* „Magga Dan"	Erweiterung der Station Dumont d'Urville.
1962/63	Neuseeland, *A. R. Roberts* „Endeavour"	Vier neuseeländische Einzelexpeditionen waren wieder in Victoria-Land mit topographischen und geologischen Arbeiten beschäftigt.
1962/63	USA, *J. R. Reedy* 11 Schiffe, 32 Flugzeuge	Ablösung der drei wissenschaftlichen Stationen. Einrichtung einer neuen Station Eights. Zwei Dreiecks-Traversen vom Südpol aus. Biologische, geologische glaziologische und ozeanographische Forschungen.
1962/63	UdSSR, *M. M. Somov* „Ob, Estonija"	Ablösung der zwei wissenschaftlichen Stationen. Ausbau von Molodežnaja. Geologische und glaziologische Forschungen besonders im Gebiet von Enderby-Land. Teilnahme von vier Deutschen und zwei Tschechen.
1962/63	Argentinien, *J. Iriart* „General San Martin, Bahia Aguirre, Punta Médanos"	Ablösung der argentinischen Stationen. Schließung von Ellsworth 30. 12. 1962. Weiterer Ausbau von Teniente Matienzo.
1962/63	Chile, *V. W. Amenabar* „Piloto Pardo, Yelcho, Lautaro, Lientur"	Geologische und glaziologische Studien von den vier chilenischen Stationen aus.
1963/64	Neuseeland, *R. E. Rawle* „Endeavour"	Vier Teilexpeditionen. Die Südgruppe forschte im Gebiet zwischen Beardmore und Scott-Gletschern, die Nordgruppe in Nord-Victoria-Land, die andern Gruppen führten geochemische und glaziologische Forschungen aus.
1963/64	Frankreich, *Jean Morin* „Thala Dan"	Glaziologische und biologische Arbeiten.
1963/64	USA, *J. R. Reedy* 11 Schiffe, 30 Flugzeuge	Deep Freeze 63/64. Ablösung der amerikanischen Stationen. Flug am 1.10.1963 von Kapstadt über den Südpol nach MacMurdo. Filchner-Schelfeis-Traverse (Wisconsin-Universität). Östlich der Shackleton-Kette wurde ein neues Gebirge entdeckt.

Tabelle 100, Fortsetzung

Jahr	Land Leiter „Schiffe"	Ergebnisse
1963/64	England, *B. A. S.* „John Biscoe, Shackleton, Kista Dan, Protector"	Forschungen im südlichen Teil der antarktischen Halbinsel und im Gebiet des George-VI.-Sundes. Erste Reise zur Tottan-Kette östlich Halley. Die Station Hope-Bucht wurde geschlossen.
1963/64	Belgien/Niederlande, *Luc Cabes* „Magga Dan"	Ausbau einer neuen Station bei Roi Baudouin als IQSY-Station. Drei neue Hütten wurden errichtet.
1963/64	Australien, *Jones, D. F. Styles* „Nella Dan"	Ablösung der australischen Stationen. Traversen zum Amery-Schelfeis und Lambert-Gletscher (*R. MacMahon*) und von Wilkes aus 1100 km südwärts (*Saxton*).
1963/64	Südafrika, *W. R. van Zyl* „RSA"	Arbeiten im Istind-Gebiet, Neu-Schwabenland.
1963/64	UdSSR/Frankreich, *B. A. Šumskij* „Estonija"	Glaziologische Traverse Vostok-Mirnyj über 2630 km. Gemeinschaftsexpedition.
1963/64	UdSSR, *M. Somov* „Ob, Estonija"	Ablösung der sowjetischen Stationen. Vostok wurde wieder besetzt. Traverse von Vostok über den Pol der Unzugänglichkeit und den „Weißen Fleck" (78 °S, 25 °E) nach Molodežnaja (*A. Kapitza*) über 3000 km.
1963/64	Argentinien, *Federico W. Muller* „General San Martin, Bahia Aguirre"	Ablösung der Stationen. Glaziologische und biologische Arbeiten auf der König-George-Insel (Isla 25 de Mayo).
1963/64	Chile, Kapt. *Tobar* „Piloto Pardo, Lientur, Angamos"	18. chilenische Expedition. Lokale Messungen und Untersuchungen auf den Stationen.
1963/64	Chile, *Carlos Barra von Ketychmann* „Yelcho"	„Operación Mar Chile". Ozeanographische Forschungen in der Drake-Straße.
1964/65	Im „Internationalen Jahr der ruhigen Sonne" (International Year of the Quiet Sun, IQSY) wird das Hauptgewicht auf Meßreihen über das Polarlicht, Meteorologie, Ionosphäre und Geomagnetismus gelegt. Folgende Stationen der einzelnen Länder waren für diese Bestimmungen vorgesehen (A Polarlicht; M Meteorologie; I Ionosphäre; G Geomagnetismus):	
	Argentinien:	Orcadas (A, M, G) Esperanza (A, M) Teniente Matienzo (A) Almirante Brown (G) General Belgrano (A, I)

Tabelle 100, Fortsetzung

Jahr	Land Leiter „Schiffe"	Ergebnisse
	Australien:	Mawson (A, I, G) Davis (A, M, I) Wilkes (A, M, I, G)
	Belgien/Niederlande:	Roi Baudouin (A, M, I, G)
	Großbritannien:	Signy (A) Argentine Islands (A, M, I, G) Adelaide Island (A) Halley Bay (A, I, G) Deception (A, I)
	Frankreich:	Dumont d'Urville (A, M, I, G)
	Neuseeland:	Scott (A, M, I, G) Hallett (1/2) (A, M, I, G)
	Südafrika:	SANAE (A, M, I, G)
	UdSSR:	Mirnyj (A, M, I, G) Vostok (A, M, I, G) Novolazarevskaja (A, M, I, G) Molodežnaja (M, G)
	USA:	Eights (A, M, I, G) Byrd (A, M, I, G) Amundsen-Scott (Pol) (A, M, I, G) Hallett (s. Neuseeland)
	Chile:	Capitan Arturo Prat Presidente Pedro Aguirre Cerda General Bernardo O'Higgins
1964/65	Argentinien, *G. D. Bustamente* „General San Martin, Bahia Aguirre, La Argentinia", 19 Flugzeuge	Ablösung der sechs Stationen. Geophysikalische und biologische Arbeiten.
1964/65	Australien, *P. G. Law, D. F. Styles* „Nella Dan, Thala Dan"	Ablösung der Stationen. Davis aufgegeben. Arbeiten auf dem Amery-Schelfeis und in der Nachbarschaft der Stationen.
1964/65	Belgien/Niederlande, *G. de Gerlache,* *W. Bogaerts* „Magga Dan"	Routinearbeiten auf der Station. Traverse und geologische Arbeiten in den Sør Rondane.
1964/65	Chile, *A. Geiger Stahr* „Piloto Pardo, Lientur, Covadonga"	Ablösung der drei Stationen. Ozeanographische Arbeiten, morphologische Arbeiten in den Süd-Shetlandinseln.
1964/65	Frankreich, *P. E. Victor, P. Rolland* „Thala Dan"	Ausbau von Dumont d'Urville. Arbeiten in der Umgebung der Station.

Tabelle 100, Fortsetzung

Jahr	Land Leiter „Schiffe"	Ergebnisse
1964/65	Frankreich, *R. Bost* „Gallieni"	Topographische Aufnahme der Hauptinsel Kerguelen. Anlage einer Hilfsstation in Port Christmas. Besteigungsversuch des Mont Ross. Auf Crozet Beginn der Arbeiten am 20.1.1964.
1964/65	Australien, *W. M. Deakock* „Pantanela"	Wissenschaftliche Arbeiten auf Heard. Besteigung des Big Ben (2745 m).
1964/65	Großbritannien, *M. K. Burley* „Protector"	Militärexpedition nach Südgeorgien.
1964/65	Großbritannien, *C. D. Walter, M. J. Cousins, R. J. Tidey* u. a. „John Biscoe, Shackleton, Kista Dan"	BAS 22, Ablösung der sechs Stationen. Vermessungs- und geologische Aufnahmen im Süden der Antarktischen Halbinsel und in den Tottanfjella.
1964/65	Japan, *Y. Sasaki* „Umitaka Maru"	Ozeanographische Forschungen im Ross-Meer.
1964/65	Neuseeland/USA/ Australien, *E. W. Dawson* „Glacier"	Untersuchung der Balleny-Inseln und der Inseln im Ross-Meer.
1964/65	Neuseeland, *R. E. Rawle* „Endeavour"	Sechs Teilexpeditionen. Geologische und topographische Aufnahmen im Süden (Nimrod-Gletscher) und Norden (Mackay-Gletscher). Biologische Arbeiten in den Trockentälern von Victoria-Land.
1964/65	Südafrika, *W. R. van Zyl,* *T. C. von Ludwig* „RSA, Protector"	Geomagnetische Traverse. Fortführung der Stationsarbeiten. Erste Hubschrauberlandung auf Bouvet.
1964/65	UdSSR, *I. G. Petrov* „Ob, Estonija"	10. Sowjetische Expedition. Ablösung der Stationen. Traverse Mirnyj-Vostok.
1964/65	USA, *J. R. Reedy, F. E. Bakutis* 4 Eisbrecher, 3 Frachter, 1 Tanker, 1 Forschungsschiff	Deep Freeze 65. Ablösung der Stationen. Einrichtung der Station Palmer. Luftphotogrammetrische Aufnahme von 472700 qkm in der Westantarktis. Traverse im Zickzack-Kurs vom Südpol bis 82 °S 55 °E (Leiter: *C. R. Bentley*).

Im Südwinter besetzte Stationen (1965):

Argentinien:	Decepcion General Belgrano Esperanza Orcadas Teniente Matienzo Almirante Brown

Tabelle 100, Fortsetzung

Jahr	Land Leiter „Schiffe"	Ergebnisse
	Australien:	Macquarie Mawson Wilkes
	Belgien/Niederlande:	Roi Baudouin
	Chile:	Capitan Arturo Prat Presidente Aguirre Cerda General Bernardo O'Higgins
	Frankreich:	Port Alfred Ile Amsterdam Port-aux-Français Dumont d'Urville
	Neuseeland:	Scott
	Südafrika:	Marion Island Gough Island SANAE
	Großbritannien:	Deception Island Stonington Island Argentine Islands Signy Island Adelaide Halley Bay Grytviken
	USA:	Amundsen-Scott (Südpol) New Byrd MacMurdo Eights Palmer
	UdSSR:	Mirnyj Novolazarevskaja Molodežnaja Vostok

(Angaben nach SCAR)

Für 1965/66 liegen noch nicht alle Angaben vor (Stand September 1966):

1965/66	Argentinien, „General San Martin, Bahia Aguirre"	Entsatz der Stationen. Filchner-Schelfeis-Traverse. Am 4. 11. 1965 Flug zum Pol mit drei Flugzeugen (Leiter: *M. Clegg, G. Muños*). Traverse General-Belgrano-Sobral-Südpol über 1320 km vom 26. 10. bis 10. 12. 1965 (Leiter: *J. Leal*). Biologische und geophysikalische Arbeiten.
1965/66	Australien, *P. G. Law, F. P. MacMahon* „Nella Dan, Thala Dan"	800-km-Traverse von Wilkes aus mit 32 seismischen Stationen. Topographische Arbeiten in den Prince-Charles-Mountains.

Tabelle 100, Fortsetzung

Jahr	Land Leiter „Schiffe"	Ergebnisse
1965/66	Belgien/Niederlande, *T. van Autenboer* „Magga Dan"	Zweitkartierung der Küste zwischen 24 und 28 °E. Geologische Forschungen in den Sør Rondane und Belgicafjella. Luftelektrische Messungen.
1965/66	Chile, *Don Mario Poblete* „Piloto Pardo, Covadonga, Lientur, Yelcho"	Ablösung der vier Stationen. Geologische und morphologische Forschungen. Flug von Quintero (Chile) nach Pedro Aguirre Cerda im Januar 1966.
1965/66	Frankreich, *P. E. Victor, René Merle* „Thala Dan, Gallieni"	TA 16. Inlandeistraverse. Routinearbeiten, besonders Geophysik. Ausbau der Stationen. Vollendung der Luftaufnahme des gesamten Archipels der Kerguelen.
1965/66	Großbritannien, „Shackleton, John Biscoe, Kista Dan, Protector"	Geologische Arbeiten in den Heimfrontfjella und auf der Antarktischen Halbinsel.
1965/66	Japan, *Akira Muto* „Fuji"	JARE VII. Traverse bis 75 °S. Geologische und geophysikalische Forschungen.
1965/66	Neuseeland, *M. M. Prebble* „Endeavour"	Geologische Arbeiten in Victoria-Land (Beardmore- und Taylor-Gletscher). Routinearbeiten in Scott. Biologische Forschungen.
1965/66	Südafrika, „RSA"	SANAE VII. Aus technischen Gründen mußte der Feldeinsatz abgebrochen werden. Geophysikalische Beobachtungen. Bau einer Nothütte auf Bouvet.
1965/66	UdSSR, *L. Dubrovin, D. Maksutov* „Ob, Friedrich Engels" (Tanker)	11. Sowjetische Expedition. Ablösung der vier Stationen. Geologische Arbeiten in Enderby- und MacRobertson Land. Flüge nach Vostok und Oazis. Traverse nach Vostok.
1965/66	USA, *F. E. Bakutis* 7 Hauptschiffe, zahlreiche Flugzeuge	Deep Freeze 66. Einrichtung der neuen Station Plateau. Kartierungsarbeiten von 38 850 qkm in der Pensacola Range. Traverse vom Pol der Unzugänglichkeit (82 °S, 55 °E) über 1336 km zur Plateaustation (Leiter: *E. Picciotto*).

Im Südwinter 1966 besetzte Stationen (nach SCAR):

Argentinien:	Decepcion General Belgrano Alfarez de Navio Sobral Esperanza Orcadas Teniente Matienzo Almirante Brown
Australien:	Macquarie Mawson Wilkes
Belgien/Niederlande:	Roi Baudouin

Tabelle 100, Fortsetzung

Jahr	Land Leiter „Schiffe"	Ergebnisse
	Chile:	Capitan Arturo Prat Presidente Pedro Aguirre Cerda General Bernardo O'Higgins
	Frankreich:	Port Alfred Ile Amsterdam Port-aux-Français Dumont d'Urville
	Japan:	Syowa
	Neuseeland:	Scott
	Südafrika:	Marion Island Gough Island SANAE
	Großbritannien:	Deception Island Stonington Island Argentine Islands Signy Island Adelaide Halley Bay Grytviken
	USA:	Amundsen-Scott (Südpol) New Byrd MacMurdo Palmer Plateau
	UdSSR:	Mirnyj Novolazarevskaja Molodežnaja Vostok
Planungen für 1966/67:		
1966/67	Japan, *T. Torii*	JARE VIII. 24 Überwinterer vorgesehen. Bau einer vorgeschobenen Außenstation Syowa II im Innern geplant.
1966/67	Neuseeland, *Colin Clark* „Endeavour"	Forschungen im Norden von Victoria-Land. Vulkanologische Untersuchungen auf der Ross-Insel. Abschluß der kartographischen Arbeiten der Ross-Dependenz.
1966/67	UdSSR	12. Sowjetische Expedition. Geologische Aufnahme von Dronning Maud Land.

Tabelle 101

Arktis. Menschenopfer von Forschungsexpeditionen in der Zeit von 1900 bis 1938
(nach *L. Breitfuß*, 1939)

Expeditionen	Jahre	Zahl der Todesopfer
Herzog von Abruzzen	1899—1900	3
von Toll	1900—1903	5
I. P. Koch	1906—1908	3
Peary	1908—1909	2
Hantzsch	1909—1911	1
Schröder-Stranz	1912—1913	7
Sedow	1912—1914	2
Brussilow	1912—1914	22
Russanow	1912—1913	12
B. Wilkitzki	1913—1915	3
Stefansson	1913—1918	14
Rasmussen	1916—1918	1
Amundsen-Sverdrup	1918—1925	3
Wrangel-Insel-Abenteuer	1921—1926	5
Nobile	1928	8
Hilfsaktionen für Nobile	1928	9
Krueger	1929—1930	3
Eielson	1929	2
Kalwitz	1930?	3
A. Wegener	1930—1931	2
Molodyč	1931	2
Watkins	1932—1933	1
Schmidt	1932—1938	1
Charcot	1936	41
Vermessungsschiff „Toros"	1936	11
Luftschiff W 6	1937	13
Lewanewski	1937	6
Babuschkin	1938	4

Dazu einige nicht bekannt gewordene Fälle. Gesamtzahl 1900—1938: etwa 200 Tote.

Antarktis. Menschenopfer von Expeditionen, Stationen und Sommereinsätzen 1898—1964
(nach *J. C. Beltramino*, Mortality in Antarctica since the end of the 19th century. Antarctic Journal, 1966, Nov.-Dec., S. 268).

Unternehmen	Zeit	Gesamt-personal	Todesfälle	Sterberate ‰
Expeditionen	1898/1958	749	20	26,7
Stationen	1904—1964	7 645	41	5,36
Walfangstation	1912/13—1915/16			
auf Deception	1920/21—1930/31	3 150	16	5,0
Sommereinsätze	1951/52—1963/64	47 500	35	0,73

Tabelle 101, Fortsetzung

Todesfälle in der Antarktis 1951—1964

Jahre	Überwinterer			Stationen			Sommereinsätze		
	Teilnehmer	Tote	Rate ‰	Teilnehmer	Tote	Rate ‰	Teilnehmer	Tote	Rate ‰
1951, 1951/52	18	3	166,6	102	0	0	1050	0	0
1952, 1952/53				121	0	0	1000	0	0
1953, 1953/54				130	1	7,7	1020	0	0
1954, 1954/55				142	0	0	1490	3	2
1955, 1955/56				197	0	0	3450	3	0,86
1956, 1956/57	8	0	0	502	2	3,9	5130	7	1,36
1957, 1957/58	16	0	0	860	4	4,6	5000	3	0,6
1958, 1958/59				896	5	5,5	5180	9	1,93
1959, 1959/60				668	6	8,9	4820	2	0,41
1960, 1960/61				676	10	14,8	4790	1	0,2
1961, 1961/62				641	1	1,5	4930	5	1
1962, 1962/63				691	1	1,4	4830	1	0,2
1963, 1963/64				713	1	1,4	4810	1	0,2
1964				755	0	0			

Tabelle 102

Besuche des Nordpols (nach *D. Karelin*, 1946)

Datum	Name	Bemerkungen
21. 4. 1908	*Frederick Cook*	Zu Fuß über das Packeis von Axel-Heiberg-Land (zweifelhaft).
6. 4. 1909	*Robert Peary*	Zu Fuß über das Packeis von der Nordküste der Ellesmere-Insel (zweifelhaft).
9. 5. 1926	*Richard E. Byrd*	Mittels Flugzeug von Spitzbergen aus.
13. 5. 1926	*Roald Amundsen*	Mittels Luftschiffs von Spitzbergen aus.
24. 5. 1928	*Umberto Nobile*	Mittels Luftschiffs von Spitzbergen aus.
5. 5. 1937	*P. Golovin*	Mittels Flugzeug von Franz-Josef-Land aus.
21. 5. 1937	*M. Vodopjanov*	Mittels Transportflugzeug von Franz-Josef-Land aus. Landung der Station Papanin.
26. 5. 1937	*I. Mazuruk*	Zweimalige Landung auf dem Packeis. Flug von Franz-Josef-Land aus.
26. 5. 1937	*V. Molokov*	Landung auf dem Eis. Flug von Franz-Josef-Land aus.
28. 5. 1937	*A. Alekseev*	Zweimalige Landung auf dem Packeis. Flug von Franz-Josef-Land aus.
19. 6. 1937	*V. Čkalov*	Überfliegung auf dem transarktischen Flug von Moskau nach den USA.
13. 7. 1937	*M. Gromov*	Überfliegung auf dem transarktischen Flug von Moskau nach den USA.
13. 8. 1937	*S. Levanevskij*	Überfliegung auf dem transarktischen Flug von Moskau nach Alaska. Das Flugzeug ist verschollen.
7. 10. 1937	*M. Vodopjanov*	Überfliegung von Franz-Josef-Land aus auf der Suche nach Levanevskij.
4. 4. 1938	*Ja. Moškovskij*	Überfliegung von Franz-Josef-Land aus auf der Suche nach Levanevskij.
17. 5. 1945	*D. C. McKinley*	Überfliegung von Island aus.
2. 10. 1945	*M. Titlov*	Überfliegung von der Tajmyr-Halbinsel aus.
Frühling 1946		US AAF Flugzeug B-29. Überfliegung von Fairbanks aus.
3. 5. 1952	*W. F. Benedict*	Landung auf dem Eis. Flug von der Eisinsel T 3 (Fletcher-Insel).

Tabelle 103

Polare Raupenfahrzeuge für Transport und Einsatzfahrten (nach Polar Record Vol. 12, 1965, Nr. 79, und Angaben von *V. Fuchs* für amerikanische Typen)

Typ	Erster Gebrauch	Gewicht	Leistung	Maximale Geschwindigkeit	Ladekapazität	▶
		t	PS	km/h	t	
A. Sowjetische Fahrzeuge						
Kombinierte Typen (Raupen und Räder)						
NATI-2	1934	2,8	50	30	1,2	
NATI-3	1935	2,8	50	30	1,2	
GAZ-60	1940	2,8	50	35	1,3	
ZIS-42	1945	5,25	76	45	2,25	
Raupenfahrzeuge						
GAZ-47	1947	3,65	74	25	1,5	
ChTZ-3	1939	5,1	52	8	—	
STZ-3	1939	5,1	52	8	—	
STZ-5 — 2 TB	1938	5,3	52	20,8	1,5	
DT-54	1951	5,4	54	7,9	—	
ČTZ — S-60	1934	9,6	60	5,9	—	
S-65	1938	11,2	65	6,9	—	
S-80	1948	11,5	90	9,6	—	
S-100	1958	11,4	100	10,1	—	
S-100 B	1958	13,5	100	5,4	—	
T-140	1958	14,6	140	10,9	—	
Traktor	1952	20	400	20	5	
DET-250	1961	25	300	19	—	
Pingvin	.	.	240	12	—	
Charkovčanka	1958	32	500	—	—	
Propellerschlitten	—	—	—	45	1	
B. Amerikanische Typen						
Snow-Cat 743	.	3,175	200	25,6	1	
Weasel M-29	1939	2,179	75	16	0,5	
C. Kanadische Typen						
Muskeg	.	2,088	115	40	1	
D. Britische Typen						
Ferguson TE-20	.	1,53	28,2	16	—	
E. Luftkissenfahrzeuge						
Westland SRN 5	1965	6,3	900	129,6	1,5	

◀	Zug-kapazität t	Geschwindigkeit beladen km/h	Bemerkungen
	—	10	arbeitet schlecht bei Kälte und tiefem Schnee
	—	10	arbeitet schlecht bei Kälte und tiefem Schnee
	—	11	arbeitet schlecht bei Kälte und tiefem Schnee
	—	12	arbeitet schlecht bei Kälte und tiefem Schnee
	2	8	Amphibienfahrzeug
	3	4	Kleiner Aktionsradius
	3	4	Kleiner Aktionsradius
	5	8	Für lange Tundrafahrten im Winter
	5	5	Kleiner Aktionsradius
	10—15	4	
	10—15	4,2	Springt bei Kälte nicht an
	10—20	5,1	wird auch für größere Ladungen gebaut
	15—25	5,8	wird auch für größere Ladungen gebaut
	20—30	4,2	
	25—40	5	Auch für Sumpfgebiete benutzbar
	25—30		Raupenbreite 50 cm
	30—60	5	
	11—12	—	
	—	—	Raupenbreite 1 m
	—	—	Aktionsradius 300 km bei —50 °C
	5	3,2	Auf ebenem Schnee bis 12,6 km/h Reisegeschwindigkeit
	1	12,8	
	1	16	Reisegeschwindigkeit
	2	ca. 13	Nicht für sehr tiefe Temperaturen
	—	ca. 105	Hindernisse von 1,5 Höhe Steigfähigkeit an Hängen 1 : 6 Reichweite 445 km

Tabelle 104

Technische Daten von polaren Expeditionsschiffen (nach einer Aufstellung von *S. Zavatti*, 1953, für die älteren Expeditionsschiffe, nach Angaben im „Polar Record" und einer Liste von *G. Skeib*, 1964, für die modernen Schiffe und Eisbrecher).

Schiffsname	Land	Baujahr	Länge	Breite	Größe bzw. Wasserverdrängung	Leistung
			m	m	t	PS
Ältere Expeditionsschiffe						
Challenger	England	?	60	11,6	2 300	–
Germania	Deutschland	1869	27,4	7	143	–
Vega	Schweden	1873	43,4	8,4	357	60
Terra Nova	England	1884	57	9,5	?	–
Fram	Norwegen	1892	39	11	402	220
Belgica	Belgien	1896	30	6,5	244	35
Gauß	Deutschland	1901	51,25	11,1	1 442	325
Discovery	England	1903	52,5	10	1 570	450
Deutschland	Deutschland	1905	44,15	9,02	598	300
Penola	England	1908	34,1	7,3	138	100
Schwabenland	Deutschland	1925/34	142,7	18,4	?	3 600
Commandant Charcot	Frankreich	1933	55	11	1 460	1 800
Neuere eisverstärkte Schiffe						
Pourquoi-Pas?	Frankreich	1908	40	9,2	450	450
Soya	Japan	1933/56	83,3	15,8	4 235	4 800
Endeavour	Neuseeland	1944	94	14,6	4 335	3 300
C. D. Howe	Kanada	1949	82,5	26	2 615	2 000
Theron	England	1950	55	10,1	849	1 310
Kista Dan	Dänemark	1952	65	11,2	1 239	1 200
RRS Shackleton	England	1954	61	11	1 102	785
Magga Dan	Dänemark	1956	74,7	13,7	2 100	2 060
John Biscoe	England	1956	67,1	12,2	2 250	1 450
Eltanin	USA	1957	81	15,6	3 800	2 700
Piloto Pardo	Chile	1959	81,6	11,9	1 200	2 310
RSA	Südafrikanische Union	1961	62	12,8	1 572	1 560
Nella Dan	Dänemark	1961	75,2	14,3	3 675	2 240
Discovery (III)	England	1963	80	14	2 665	2 000
Fuji	Japan	1965	100	22	7 760	11 900
Eisbrecher						
Jermak	Rußland	1898	.	–	10 000	10 000
Čeljuskin	UdSSR	1933	96	16	3 600	2 400
d'Iberville	Kanada	1953	94,5	20,1	4 310	5 400
General S. Martin	Argentinien	1954	85	19	5 000	7 100
Ob	UdSSR	1954	130	19	12 500	8 200
Glacier	USA	1955	94	22	8 300	21 000
Camsel	Kanada	1959	68	14,6	2 022	4 250
Lenin	UdSSR	1959	134	28	16 000	38 000
Moskva	UdSSR	1960	122	24,5	15 340	22 000
Hudson	Kanada	1963	90,2	15,2	4 660	7 500

Tabelle 105

Arktis. Forschungsfahrten von U-Booten der USA im Polarmeer 1947—1960
(nach *N. A. Ostenso*, 1962, und Polar Record)

Jahr	Schiff	Bemerkungen
1931	0.12 „Nautilus"	16. 8. Abfahrt von Longyearbyen, Spitzbergen. Tauchversuch auf 82 °N. Nach Beschädigung des Tiefensteuers Rückkehr am 20. 9. nach Bergen. Leiter: *H. Wilkins.*
1942	Deutsches U-Boot	Evakuierung der Wetterstation „Knospe" im Lilliehöök-Fjord. Umfahrung von Nord-Spitzbergen.
1942/45		Britische und deutsche U-Boot-Operationen im Gebiet von Spitzbergen, an der Nordküste von Sibirien (Kara-See) und an der Ostküste von Grönland.
1947, Sommer	„Boarfish" (SS-327)	Legte getaucht erstmals insgesamt 30 Seemeilen (ca. 54 km) bei drei längeren Tauchversuchen im Tschuktschen-Meer zurück. Kapt. *H. Turner.*
1948, Sommer	„Carp" (SS-338)	Versuche mit Tauchmethoden im Tschuktschen-Meer. Kapt. *J. M. Palmer.*
1952, Aug.-Sept.	„Redfish" (SS-395)	Erforschung gemeinsam mit Kanada im Gebiet des Beaufort-Meeres.
1957, Aug.-Sept.	„Nautilus" (SSN-571)	Erstmals Operationen unter dem Packeis in der Grönland-See und im Polarmeer. In $5^1/_2$ Tagen werden 2489 km unter Packeis zurückgelegt (bis 320 km vom Nordpol).
	„Trigger"	Tauchfahrt unter dem Packeisrand bei Grönland.
1958, August	„Nautilus"	Erste Tauchfahrt quer über das Polarmeer von der Beringstraße nach Island über den Nordpol. Kapt. *W. R. Anderson.*
	„Skate"	Versuchsfahrt zum Nordpol etwa parallel zur Route des U-Boots „Nautilus".
1959, März	„Skate"	Versuchsfahrt unter winterlichen Bedingungen. Auftauchen durch Wintereis erweist sich als möglich.
	„Harder", „Trout"	Die beiden Boote dringen in das Winterpackeis bei Neufundland ein und fahren 520 km getaucht; um die Batterien aufzuladen, wurde mehrmals in Waken aufgetaucht. Längste Untereisfahrt von nicht atomgetriebenen U-Booten.

Tabelle 105. Fortsetzung

Jahr	Schiff	Bemerkungen
1960, Februar	„Sargo"	Fahrt von und nach den westlichen Einfahrten zum Arktischen Ozean. 1620 km Untereisfahrt. Kapt. *J. H. Nicholson.*
1960, August	„Seadragon"	Fahrt vom Atlantik zum Pazifik über die Nordwest-Durchfahrt und den Nordpol.
1962, Juli-Aug.	„Skate", „Seadragon"	Das Boot „Skate" läuft von New London, das Boot „Seadragon" von Hawaii aus. Beide Boote treffen sich unter dem Eis an einer vorher festgesetzten Stelle.

Tabelle 106

Arktis. Wichtige Flugexpeditionen 1927—1961 (nach *N. A. Ostenso*, 1962)

Wissenschaftliches Programm:
L Lotungen
M Meteorologie
O Ozeanographie
G Geophysik

Jahr	Leiter	Staat	Wissenschaftliches Programm				Zahl der Stationen
			L	M	O	G	
1927	*H. G. Wilkins*	USA	x				1
1937	*Ju. O. Šmidt*	UdSSR		x			7
1941	*Ja. S. Libin*	UdSSR	x	x	x	x	3
1948	*Ja. Ja. Gakkel'*	UdSSR	x	x	x	x	8
1949	*Ja. Ja. Gakkel'*	UdSSR	x	x	x	x	33
1950	*M. E. Ostrekin*	UdSSR	x	x	x	x	39
1951	*A. P. Crary*	USA	x		x	x	6
1951	*L. V. Worthington*	USA	x (2)		x		12
1952	*L. V. Worthington*	USA	x (1)		x		8
1954	*V. F. Burchanov*	UdSSR	x	x	x	x	103
1955	*V. F. Burchanov*	UdSSR	x	x	x	x	136
1956	*E. I. Tolstikov*	UdSSR	x	x	x	x	208
1957	*M. M. Nikitin*	UdSSR	x	x	x	x	12
1958	*M. M. Nikitin*	UdSSR	x	x	x	x	16
1959	*M. M. Nikitin*	UdSSR	x	x	x	x	?
1960	*M. M. Nikitin*	UdSSR	x	x	x	x	?
1960	*R. W. Patenaude*	USA				x	38
1961	*P. A. Gordienko*	UdSSR	x	x	x	x	?
1961	*N. A. Ostenso*	USA	x			x	71

Arktis. Anzahl der wissenschaftlichen Beobachtungen auf sowjetischen Nordpolarexpeditionen 1936—1961 (nach *P. Gordijenko*, Die Polarforschung der Sowjetunion. Düsseldorf 1967)

Forschungsgegenstand	Anzahl der Beobachtungen
Meerestiefenmessungen	11 235
Messungen der Wassertemperatur	21 995
Messungen der Strömungsgeschwindigkeit und -richtung (einschließlich Messungen mit automatischen Schreibern)	200 000
Probeentnahmen vom Meeresgrund	371
Radiosondenstarts	10 218
Meteorologische Ablesungen zu den Hauptzeiten	46 000
Messungen der Komponenten des magnetischen Feldes	22 400
Hydrobiologische Probeentnahmen	187
Astronomische Standortbestimmungen	4 921
Polarlichtbeobachtungen	8 890

Tabelle 107

Sowjetische Polarflüge 1933—1956 (nach *A. F. Laktionov* und *V. A. Šamont'ev*, 1957)

Jahr	Zahl der Flüge	Geflogene Stunden (abgerundet)	Flugstrecken km
1933	3	200	—
1934	6	300	—
1935	7	600	—
1936	10	500	—
1937	9	400	—
1938	19	1 300	—
1939	23	1 400	—
1940	24	2 100	—
1941	23	1 800	—
1942	11	2 800	—
1943	9	2 100	—
1944	9	2 900	—
1945	15	2 600	—
1946	15	3 300	—
1947	21	2 900	—
1948	21	2 400	—
1949	27	4 800	—
1950	35	5 200	—
1951	49	5 500	1 650 000
1952	48	5 400	1 240 000
1953	31	6 000	1 340 000
1954	27	6 100	1 360 000
1955	22	5 500	1 250 000
1956	59	6 700	1 665 000

Antarktis. Turbinen-Hubschraubereinsätze der USA 1961—1966

Jahr	Gebiete	Flug-stunden	▶
1961/62	Transantarktisches Gebirge: Hallet bis Beardmoregletscher	240	
1962/63	Nördliches Victoria-Land; Transantarktisches Gebirge: Beardmore Gletscher — Horlick Mountains — Südpol	217	
1963/64	Ellsworth Mountains (Sentinel und Heritage Ranges)	270	
1964/65	Davidgletscher-Gebiet, nördliches Victoria-Land; Transantarktisches Gebirge: Shackletongletscher und westliche Horlick Mountains	360	
1965/66	Pensacola und Patuxent Mountains	450	

◄	Programm	Wissen-schaftler	Hub-schrauber	Personal	Leiter
	Geodätische Aufnahme	3	2	10	Lt. J. H. Green
	Geodäsie, Geologie	9	3	10	Cpt. F. H. Radspinner
	Geodäsie, Geologie, Schwere, Entomologie	8	3	12	Mr. P. M. Cagle
	Geodäsie, Geologie, Entomologie	21	3	12	Mr. W. C. Hampton
	Geodäsie, Geologie, Seismik, Schwere, Entomologie	20	3	13	Mr. W. C. Hampton

Tabelle 108

Driftexpeditionen im arktischen Becken 1879–1966 (nach Zusammenstellungen von *M. M. Nikitin*, 1961, *P. Gordijenko*, 1967, *N. A. Ostenso*, 1962, sowie Angaben in Polar Record)

Stationsname	Leiter	Beginn der Drift Datum	Breite	Länge	▶
„Jeanette"	G. W. de Long	6. 9. 1879	71° 35′ N	175° 06′ W	
„Fram"	F. Nansen	22. 8. 1894	78 40	132 45 E	
„St. Anna"	G. A. Brusilov	15. 10. 1912	71 35	68 10	
„Karluk"	R. A. Bartlett	20. 9. 1913	71 30	148 30 W	
„Maud"	R. Amundsen	8. 8. 1922	71 10	175 00	
„Sedov"	Badigin	23. 10. 1937	75 35	131 10 E	
	S. T. Storkerson	8. 4. 1918	72 30	146 00 W	
Sowjetische Stationen (SP = Severnyj Poljus)					
SP 1	I. D. Papanin	21. 5. 1937	89 25	78 40 W	
SP 2	M. M. Somov	2. 4. 1950	76 03	166 36	
SP 3	A. F. Trešnikov	9. 4. 1954	85 58	178 00	
SP 4	E. I. Tolstikov	8. 4. 1954	75 48	178 25	
	P. A. Gordienko	17. 4. 1955	80 50	175 35	
	A. G. Dralkin	18. 4. 1956	87 24	177 46	
SP 5	N. A. Volkov	21. 4. 1955	82 10	156 51 E	
	A. A. Sokolov	20. 4. 1956	86 18	88 57	
SP 6	K. A. Syčev	19. 4. 1956	74 24	177 04 W	
(Eis-Insel)	V. M. Drjatskij	19. 4. 1957	75 59	171 45 E	
	S. T. Serlapov	8. 4. 1958	80 56	150 15	
	V. S. Antonov	12. 4. 1959	86 18	39 37	
SP 7	V. A. Vedernikov	23. 4. 1957	82 06	164 11 W	
	N. A. Belov	11. 4. 1958	86 21	149 38	
SP 8	V. M. Rogačev	27. 4. 1959	76 11	164 24	
	N. I. Blinov	3. 4. 1960	79 07	179 29 E	
	I. P. Romanov	15. 4. 1961	82 55	149 08 W	
SP 9	V. A. Šamontov	28. 4. 1960	77 23	163 00 E	
SP 10	N. A. Kornilov	17. 10. 1961	75 27	177 10	
	V. A. Archipov	23. 10. 1962	78 53	161 41	
	V. F. Zacharov	1. 10. 1963	84 02	141 50	
SP 11	N. N. Brjagin	16. 4. 1962	77 10	165 58 W	
SP 12	N. L. Beljakov	30. 4. 1963	76 50	165 34	
	N. F. Kudrjacev	11. 4. 1964	81 08	166 21	
SP 13	A. J. Buzaev	22. 4. 1964	73 53	166 43	
	V. P. Dobrovcev	7. 4. 1965	78 03	167 20 E	
	E. L. Nazincev	22. 4. 1966	82 15	133 07	
SP 14	Ju. B. Konstantinov	1. 5. 1965	74 42	77 25 W	
SP 15	V. V. Panov	15. 4. 1966	78 49	168 17 E	

◄ Ende der Drift Datum	Breite	Länge	Drift-dauer Tage		Driftlänge (km) Wirkliche		Anfangs- bis Endpunkt		Geschwindigkeit km/Tag	
12. 6. 1886	77° 15′ N	154° 59′ E	638							
13. 8. 1896	80 00	11 45	1055							
23. 4. 1914	83 17	60	555							
11. 1. 1914	79 30	174	112							
9. 8. 1924	76 10	144	731							
13. 1. 1940	76	2 45	812							
9. 10. 1918	73 45	145 10 W	184							
19. 2. 1938	70 46	19 16 W	274		2050		1750		7,48	
11. 4. 1951	81 45	163 48	374		2600		635		6,95	
20. 4. 1955	86 00	24 00	376		1863		825		4,95	
17. 4. 1955	80 50	175 35	374		2532		585		6,77	
18. 4. 1956	87 24	177 46	367	1107	2500	6969	770	2111	6,81	6,30
19. 4. 1957	85 53	00 00	366		1937		756		5,29	
20. 4. 1956	86 18	88 57 E	365	536	2650	3779	800	1080	7,26	7,05
8. 10. 1956	84 18	63 20	171		1129		280		6,60	
19. 4. 1957	75 59	171 42	365		2588		360		7,09	
8. 4. 1958	80 56	150 15	354	1243	2560	8650	743	2913	7,23	6,96
12. 4. 1959	86 18	39 37	369		2537		1220		6,87	
14. 9. 1959	82 06	3 56	155		965		590		6,23	
11. 4. 1958	86 21	149 38 W	353	718	1920	3520	450	1240	5,44	4,90
11. 4. 1959	85 14	33 03	365		1600		790		4,38	
4. 4. 1960	79 07	179 29 E	342		2590		574		7,28	
15. 4. 1961	82 55	149 08 W	377	1057	2100	6090	690	1964	5,60	5,80
19. 3. 1962	83 15	132 30	338		1400		400		3,00	
28. 3. 1961	86 36	176 00 E	335		2660		1340		8,00	
23. 10. 1962	78 53	161 41	371		1990		520		3,50	
1. 10. 1963	84 02	141 45	342	925	1350	5340	675	1765	4,00	4,20
30. 4. 1964	88 42	86 12	212		2000		520		5,00	
20. 4. 1963	81 09	139 34 W	370		2400		675		6,6	
1. 3. 1964	80 58	169 30	305	684	1320	3604	465	795	4,0	5,0
25. 4. 1965	80 59	145 59	379		2284		380		6,0	
7. 4. 1965	78 03	167 20 E	351		2478		740		7,1	
22. 4. 1966	82 15	133 07	380		1560		300		4,2	
Drift	dauert an									
11. 2. 1966	77 00	154 49	287		1574		825		5,5	
Drift	dauert an									

Tabelle 108, Fortsetzung

Stationsname	Leiter	Beginn der Drift			▶
		Datum	Breite	Länge	
Amerikanische Stationen					
T-3 (Eisinsel) „Bravo" (T-3)	J. Fletcher u. a. A. P. Crary LeBlanc u. a.	3. 4. 1952 1. 5. 1955 7. 3. 1957	87° 54 N 83 37 82 50	156° 30 W 88 00 99 00	
Alpha	N. Untersteiner u. a.	8. 6. 1957	80 51	160 17	
Charlie (Alpha 2)	K. O. Bennington u. a.	8. 6. 1959	76 42	161 12	
Arlis I	K. O. Bennington	25. 9. 1960	74 40	141 06	
Arlis II	J. Beck u. a.	23. 5. 1961	73 10	156 05	

Standorte der Eisinseln		Datum	Breite	Länge	▶
Arlis II	(Arctic Research Laboratory, Point Barrow)	23. 5. 1961 1. 1. 1962 16. 9. 1962 31. 12. 1962 ? ? 25. 5. 1963	73° 10′ N 77 22 82 22 84 42 86 35 88 40 87 57	156° 05′ W 179 36 E 110 08 173 54 170 30 142 117 06 W	
T-3 (Fletcher- Island)	(„ „ „)	17. 2. 1962 31. 12. 1962 Jan. 1963 1. 12. 1963	73 24 81 12 81 10 81 01	161 18 161 45 161 30 147 17	
WH 5	Wood Hole Laboratory) D. C. Nutt	Febr. 1963	Kennedy Canal		

◀ Ende der Drift Datum	Breite	Länge	Driftdauer Tage	Driftlänge (km) Wirkliche	Anfangs- bis Endpunkt	Geschwindigkeit km/Tag
14. 5. 1954	84° 31′ N	80° 40 W	771			
21. 9. 1955	82 19	98	144			2,25
14. 5. 1960	71 51	159 45	1163			
3. 11. 1958	86 12	113 08	512	3134		6,31
7. 1. 1960	76 55	169 04	287			8,53
18. 3. 1961	74 59	169 50	174			2,23

◀

Die angegebenen Positionen bezeichnen den Weg der Eisinseln

Wiederbesetzung

Zeitweilige Besetzung

Tabelle 109

Verzeichnis der ständigen wissenschaftlichen Stationen in der Arktis

(UdSSR nach *M. I. Zotin*, 1956; übrige Stationen nach Angaben in Polar Record 37/38, 31, 54, 56 und *S. Zavatti* 1963.)

Name	Lage	Jahr der Einrichtung	Breite	Länge	Bemerkungen
Sowjetische Stationen:					
Barentsburg	Isfjord, Spitzbergen	1932	78° 04′ N	14° 13′ E	1941/46 geschlossen
Pyramiden	Isfjord, Spitzbergen	1950	78 11	15 08	
Nagurskaja	Alexander-Insel Franz-Josef-Land	1952	80 46	46 39	
Buchta Tichaja	Hooker-Insel, Franz-Josef-Land	1929	80 19	52 48	
Malye Karmakuly	Novaja Zemlja	1877	72 23	52 44	1920/21 geschlossen
Mys Stolbovoj	Novaja Zemlja	1934	73 18	53 56	
Mys Vychodnoj	Novaja Zemlja	1934	73 14	56 43	
Mys Menšikova	Novaja Zemlja	1953	70 42	57 36	
O. Rudolfa	Franz-Josef-Land	1932	81 44	58 00	1933/36 und 1942/47 geschlossen
Bolvanskij Nos	Vajgač-Insel	1914	70 27	59 04	Bis 1950 Polarstation
Chabarovo	Jugorskij Šar	1939	69 39	60 25	Bis 1942 auf Mys Belyj Nos
Jugorskij Šar	Karisches Meer	1913	69 49	60 45	
Anderma	Karisches Meer	1933	69 46	61 41	1936 um 1 km nach E verlegt
Russkaja Gavań	Novaja Zemlja	1932	76 14	62 39	
Ust' Kara	Karisches Meer	1933	69 15	64 31	
Mare Sale	Halbinsel Jamal	1914	69 43	66 49	1918/20, 1925/27 geschlossen
Mys Charasovoj	Halbinsel Jamal	1953	71 06	65 45	
Mys Želanija	Novaja Zemlja	1931	76 57	68 35	
O. Belyj		1933	73 20	70 02	
Mys Drovjanoj	Ob-Bucht	1932	72 39	72 58	1934/36 geschlossen
Mys Kamennyj	Ob-Bucht	1950	68 28	73 36	1947/50 Station von „Arktik-proekt“
O. Vil'kickogo	Karisches Meer	1954	73 31	75 46	
Tadibe-Jaga	Ob-Bucht	1950	70 22	74 08	
O. Vize (Wiese-Insel)	Karisches Meer	1945	79 30	76 59	
Gyda-Jamo	Gydanskij-Bucht	1931	70 55	78 31	Bis 1936 an Mündung des Flusses Jurebej

Name	Lage	Jahr der Einrichtung	Breite	Länge	Bemerkungen
Mys Leskina	Jenissej-Bucht	1934	72° 21′ N	79° 33′ E	
O. Ušakova	Karisches Meer	1954	80 48	79 15	
O. Dikson	Karisches Meer	1915	73 30	80 24	
O. Uedinenija	Karisches Meer	1934	77 30	82 14	
Spočnaja Karga	Jenissej-Bucht	1939	71 53	82 41	
O. Izvestij CIK	Karisches Meer	1953	75 55	83 00	
Karaul	Jenissej	1946	70 04	83 13	Bis 1953 auf Tol'styj Nos
Port Ust-Enisejskij	Jenissej	1920	69 39	84 24	
Dudinka	Jenissej	1906	69 24	86 10	
Igarka	Jenissej	1929	67 28	86 34	
Mys Sterlegova	Küste Charitona Lapteva	1934	75 25	88 54	1944/45 geschlossen
O. Isačenko	Sergej-Kirov-Insel	1953	77 13	89 15	
Ust-Tareja	Pjasina-Fluß	1952	73 13	88 47	
Kresty Tajmyrskie	Pjasina-Fluß	1939	70 52	89 53	
O. Golomjannyj	Sedov-Inseln	1930	79 33	90 25	Bis 1954 auf der Insel Domašnem mit Unterbrechungen
Buchta Eklips	Küste Charitona Lapteva	1948	76 37	91 15	Bis 1949 in der Lomonosov-Bucht
O. Pravdy	Nordenskjöld-Inseln	1940	76 16	94 46	1943/45 geschlossen
Voločanka	Cheta-Fluß	1932	70 58	94 30	
O. Russkij	Nordenskjöld-Inseln	1935	77 10	96 25	
O. Tyrtova	Nordenskjöld-Inseln	1940	76 35	97 31	
O. Krasnoflotskie	Karisches Meer	1953	78 34	98 41	
Ust-Tajmyra	Tajmyr-Bucht	1935	76 12	99 04	Bis 1939 auf Mys Osten-Saken
Ozero Tajmyr	Tajmyr-Halbinsel	1943	74 37	101 25	
O. Gejberga	Vil'kickij-Bucht	1951	77 35	101 34	Ab 1939 als schwimmende Station
Chatanga	Chatanga-Bucht	1932	71 59	102 28	
Buchta Solnečnaja	Insel Bol'ševik	1951	77 48	104 15	
Mys Čeljuskin	Tajmyr-Halbinsel	1932	77 43	104 17	
Buchta Zimovočnaja	Faddej-Bucht, Laptev-Meer	1953	76 45	106 30	
O. Malyj Tajmyr	Severnaja Zemlja	1943	78 05	106 49	Ab 1942 Navigationsstation
Mys Kosistyj	Chatanga-Bucht	1939	73 40	109 44	
O. Andreja	Laptev-Meer	1942	76 49	111 10	
Buchta Prončiševoj Marin	Laptev-Meer	1935	75 34	113 25	1937/47 geschlossen

Tabelle 109, Fortsetzung

Name	Lage	Jahr der Einrichtung	Breite	Länge	Bemerkungen
O. Preobraženija	Laptev-Meer	1934	74° 39′ N	112° 47′ E	1937/38 geschlossen
Ust-Olenek	Olenek-Bucht	1938	72 59	119 49	
Tajmylyr	Olenek-Fluß	1946	72 36	121 55	
O. Dunaj	Laptev-Meer	1953	73 55	124 30	ab 1945 Navigations-station
O. Stolb	Lena-Delta	1953	72 24	126 48	Ab 1950 Station der „Exp. des Arkt. Inst."
Buchta Tiksi	Buor-Chaja-Bucht	1932	71 35	128 55	
Tiksi Flughafen	Buor-Chaja-Bucht	1955	71 39	128 52	
O. Mostach	Buor-Chaja-Bucht	1936	71 33	131 02	Ab 1935 Navigations-station
Mys Buor Chaja	Laptev-Meer	1953	71 57	132 46	Ab 1942 mit Unter-brechungen Navigations-station
Juèdej	Jana-Fluß	1955	71 31	136 25	Ab 1952 Basis der Expedition „Gipro-arktika"
Ust-Jansk	Jana-Fluß	1942	70 54	136 20	
Buchta Temp	Insel Kotelnyj	1949	75 48	137 33	
O. Kotelnyj	Neusibir. Inseln	1933	76 00	137 54	1934/35 unterbrochen
Proliv Sannikova	Kotelnyj-Insel	1942	74 40	138 55	
Mys Kigiljach	Insel Groß-Ljachov	1934	73 21	139 52	
Svjatoj Nos	Laptev-Straße	1952	72 48	140 46	
Zemlja Bunge	Neusibir. Inseln	1953	74 49	142 36	
Mys Šalaurova	Insel Groß-Ljachov	1928	73 11	143 14	
Mys Rožina	Insel Novaja Sibir	1953	75 03	147 00	
Čokurdach	Indigirka-Fluß	1940	70 37	147 53	
Tabor	Indigirka-Fluß	1954	71 15	150 18	
O. Žochova	De Long-Inseln	1955	76 06	153 55	
Alazeja	Alazeja-Fluß	1945	70 40	154 00	1947 vom Nebenfluß Logaškinij verlegt
O. Genrietty	De Long-Inseln	1937	77 07	156 35	
Kresty Kolymskie	Kolyma	1940	68 48	161 17	
Ambarčik	Ostsibir. Meer	1935	69 34	162 18	Ab 1939 am Mys Medvežyj
Četyrechstol-bovyj	Medvež'i-Inseln	1933	70 38	162 24	

Name	Lage	Jahr der Einrichtung	Breite	Länge	Bemerkungen
Raučua	Ostsibir. Meer	1940	69° 30′	166° 35′ E	
O. Ajon	Ostsibir. Meer	1941	69 55	167 58	Ab 1939 Navigations-station
Pevek	Čaun-Bucht	1934	69 42	170 16	
Apappel'chin	Čaun-Bucht	1948	69 48	170 50	
Mys Valkarkaj	Ostsibir. Meer	1934	70 05	170 57	Bis 1941 auf Mys Šelagskij
Mys Billingsa	Long-Bucht	1935	69 53	175 46	
Buchta Gavriila	Bering-Meer	1935	62 25	179 08 W	Bis 1954 auf Mys Navarin
Buchta Ugol'naja	Bering-Meer	1935	63 03	179 19	
Mys Šmidta	Long-Bucht	1932	68 55	179 29	
Buchta Somnitel'naja	Vrangel-Insel	1954	70 55	179 18	
Buchta Olovjannaja	Krest-Bucht	1935	66 11	179 00	
O. Vrangelja	(Buchta Rodžers)	1926	70 58	178 32	
Mys Vankarem	Tschuktschen-Meer	1934	67 50	175 36	
O. Koljučin	Tschuktschen-Meer	1934	67 28	174 38	Bis 1943 auf Mys Dženretlen
Providenija	Bering-Meer	1934	64 26	173 14	
Mys Čaplina	Bering-Meer	1937	64 24	172 14	
Mys Nettan	Bering-Meer	1934	66 57	171 49	Bis 1955 auf Mys Serdce-Kameń, 1939/43 geschlossen
Uelen	Beringstraße	1933	66 10	169 50 W	
O. Ratmanova	Beringstraße	1940	65 47	169 05	
UdSSR. Navigationsstationen					
Terpjaj-Tumus	Olenek-Bucht	1953	73 35	118 40 E	
Chromskaja Guba	Ostsibir. Meer	1945	72 16	147 06	
O. Šalaurova	Ostsibir. Meer	1941	69 58	172 34	
Mys Blossom	Vrangel-Insel	1952	70 47	179 51	
Kanada. Polarstationen im Arktischen Archipel					
Alert	Ellesmere-Insel	1950	82 33	62 35 W	
Eureka	Ellesmere-Insel	1947	80 13	86 11	
Isachsen	Ellef-Ringnes-Insel	1948	78 47	103 32	
Mould Bay	Prince-Patrick-Insel	1948	76 17	119 28	
Resolute	Cornwallis-Insel	1947	74 43	94 59	
Arctic Bay	Baffin-Insel	1937	73 00	85 18	
Clyde	Baffin-Insel	1942	70 27	68 33	
Frobisher	Baffin-Insel	1942	63 45	68 33	
Nottingham	Nottingham-Insel	1928	63 07	77 56	

Tabelle 109, Fortsetzung

Name	Lage	Jahr der Einrichtung	Breite	Länge	Bemerkungen
Coral Harbour	Southampton-Insel	1933	64° 11′	83° 17′ W	
Resolution	Resolution-Insel	1928	61 18	64 53	
Cambridge Bay	Victoria-Insel	1928	69 07	105 01	
Holman Isl.	Victoria-Insel	1940	70 30	117 38	
Spence Bay	Boothia-Halbinsel	1951	69 31	93 27	
Grönland. Dänische Polarstationen (Stand 1948)					
Ostküste:					
Prins Christians Sund		1942	60 03	43 12 W	
Kap Adelaer			61 52	42 25	
Skjoldungen			63 11	41 20	
Angmagssalik		1895	65 36	37 34	
Kangerdlugssuak			68 09	31 45	
Hvalrosbugten			70 30	21 58	
Sandodden			74 11	20 13	
Danmarkshavn		1948	76 46	18 46	
Westküste:					
Narsak			60 54	46 00	
Narsarssuak			61 11	45 25	
Ivigtut		1880	61 13	48 12	
Frederikshaab			61 59	49 42	
Godthaab		1876	64 10	51 45	
Sukkertoppen		1875	65 24	52 51	
Holsteinsborg		1889	66 55	53 40	
Søndrestrømfjord		1945	67 00	50 48	
Egedesminde			68 42	52 52	
Upernavik		1876	72 47	56 10	
Thule		1942	76 33	68 49	
Norwegische Polarstationen					
Jan Mayen		1941	70° 58′	8° 35′ W	Erste Station 1921
Bjørnøya (Bäreninsel)		1945	74 31	19 01 E	Frühere Station 1912/41
Hopen		1945	76 41	25 40	Als deutsche Wetterstation seit 1943
Isfjord Radio Spitzbergen		1946	78 28	15 38	Ab 1912 in Green-harbour, 1935/41 frühere Station
Longyearbyen	Spitzbergen	1945/46	78 15	14 30	Vorübergehend
Ny Ålesund	Spitzbergen	1950/53	78 56	11 56	Vorübergehend
Myggbukta	Ostgrönland	1922	73 30	21 30 W	1940/46 geschlossen

Tabelle 110

Verzeichnis der IGJ-Stationen 1957/58 in der Arktis

(Nach CSAGI Arctic Conference Stockholm Mai 1956 und Meždunarodnyj Geofizičeskij God. Informacionnyj Bjuleteń 1. Moskau 1956.)

Aufgeführt sind alle Stationen nördlich des Polarkreises.

Schlüssel zur Angabe der beobachteten Wissenschaftszweige:

1	Meteorologie	7	Längen- und Breitenbeobachtung
2	Geomagnetismus	8	Glaziologie
3a	Polarlicht	9	Ozeanographie
3b	Himmelsleuchten	10	Raketen und Satelliten
4	Ionosphäre	11	Erdbeben
5	Sonnenaktivität	12	Schweremessung
6	Kosmische Strahlung		

Land	Station	Breite	Länge	Disziplin
Kanada	Hazen Lake	82° N	70° W	8
	Arctic Bay	73	85° 18′	1
	Clyde	70° 27′	68° 33′	1
	Aklavik	68 14	135	1
	Hall Lake	68	82	1
	Coppermine	67 47	115 15	1
	Padloping	67	62 8	9
Kanada/USA	Alert	82 33	62 35	1, 2, 3a, 4, 12
	Eureka	80 13	86 11	1, 12
	Isachsen	78 47	103 32	1
	Mould Bay	76 17	119 28	1, 12
	Resolute	74 43	94 59	1, 2, 3, 4, 6, 9, 11, 12
	Sachs Harbour	72	122	1
Dänemark	Nord	81 36	16 40	1, 3a, 11
	Thule	77 29	69 10	2
	Danmarks Havn	76 46	18 46	1, 3a
	Kap Tobin	70 25	21 58	1, 3a
	Godhavn	69 15	53 31	2, 3a, 4, 6
	Egedesminde	68 42	52 52	1
Dänemark/USA	Grönland, Inlandeis	77	64	8
Norwegen	Ny Ålesund	78 56	11 56 E	11, 12
	Isfjord	78 04	13 38	1
	Longyearbyen	78 15	14 30	3a, 4
	Bjørnøya	74 31	19 01	1, 2
	Jan Mayen	71 01	8 38 W	1
	Skattora	69 42	19 01 E	1
	Tromsø	69 40	18 57	1, 2, 3, 4, 6
	Karasjok	69 28	25 31	1
Schweden	Abisko	68 21	18 49	2, 3a
	Kebnekaise	67 55	18 35	8
	Kiruna 1.	67 52	20 40	2, 3a, 4, 6, 11
	Kiruna 2.	67 50	20 26	2, 3a, 4, 6, 11

Land	Station	Breite	Länge		Disziplin
Schweden/USA	Kiruna 3.	67° 50′ N	20° 15′ E		11
Finnland	Sodankylä	67 22	26 39		1, 2, 3a, 4, 11
USA	Point Barrow	71 20	156 46 W		1, 2, 3a, 4, 8, 9, 11, 12
	Barter Islands	70 08	143 40		1, 2, 9, 12
	Brooks Range	69	144		8
	Thule Flugbasis	76 33	68 50		1, 2, 3, 4, 6, 11, 12
	Davis-Straße	67	58	(Schiff)	2, 3, 4, 9, 10, 11
	„Alpha"	78	160	(Drift)	1, 2, 3a, 4, 8, 9, 12
	„Bravo"	85	100	(Drift)	1, 8, 9, 12
UdSSR	Buchta Tichaja	80 20	52 48 E		1, 2, 3, 4, 11
	O. Vize (Wiese)	79 50	76 59		1, 3a, 6
	Barentsburg	78 04	14 13		1, 6, 11
	M. Čeljuskin	77 43	104 17		2, 3a, 6, 9
	O. Uedinenija	77 30	82 14		1, 6
	Russkaja Gavań	76 11	62 57		8, 9
	O. Žochov	76 07	153 55		1, 6
	O. Kotel'nyj	76 00	137 54		1, 3a, 6
	Buchta Preobraženija	74 40	112 50		1, 6
	O. Mostach	71 33	130 02		3a
	Mys Šalaurova	73 11	143 13		Aerologie
	O. Dikson	73 30	80 24		1, 2, 3a, 4, 6
	Mys Vychodnoj	73 16	56 42		2, 3a, 11
	Chatanga	71 59	102 28		3a
	Buchta Tiksi	71 33	128 54		2, 3, 4, 6, 11
	O. Vrangelja	70 58	178 32 W		1, 3a, 6
	Mys Šmidta	68 55	179 29 W		6, 3, 9
	O. Četyrech-stolbobyj	70 37	162 24 E		3a, 6
	Dudinka	69 24	86 10		1, 3a
	Murmansk	68 58	33 05		1, 2, 3, 4, 9
	Lovozero	68 01	34 01		1, 2, 11
	Loparskaja	68 15	33 15		3
	Chibiny	67 43	33 15		8
	Apatity	67 33	33 23		3a, 11
	Narjan Mar	67 39	53 01		3a
	Mys Kamennyj	68 28	73 36		Aerologie
	Igarka	67 30	86 34		3a
	Olenek	68 30	112 26		3a, 6
	Verchojansk	67 33	133 23		1, 6
	Mys Uelen	66 10	169 53 W		1, 2, 3a, 6
	(1. Severnyj Poljus)	(85–90°)		(Drift)	1, 2, 3a, 4, 6, 9
	(2. Severnyj Poljus)	(83°)		(Drift)	1, 2, 3a, 4, 9
Schweden/ Finnland/ Schweiz	Nordaustlandet	(Angaben fehlen)			
Polen	Hornsund	77 00	15 30 E		8

Tabelle 111

Antarktis. Stations- und Hüttenliste 1966. Nach SCAR-Bulletins.

Die Liste enthält folgende Angaben:

1. Offizieller Name. Fettdruck: Station im Südwinter 1966 besetzt. In Klammern: Wahrscheinlich zerstörte Stationen.
2. Charakter der Station oder Hütte.
3. Lage. Geographische Beschreibung, geographische Koordinaten, Höhe über dem Meeresspiegel.
4. Staat, der die Station gründete oder heute unterhält.
5. Technische Angaben.
6. Datum der Gründung. Jahre der Besetzung. ../.. bedeutet Besetzung nur im Südsommer. Die Personenzahl bezeichnet die Kapazität (Unterbringungsmöglichkeit), nicht die Zahl der tatsächlich anwesenden Personen.

A. Auf dem Filchnerschelfeis (von W nach E)

1. Ellsworth
   2. IGJ-Station.
   3. An der Küste, Ostseite der Bahia Chica. Auf Schelfeis. 77° 43′ S, 41° 07′ W. 40 m.
   4. USA. Von Argentinien im Januar 1959 übernommen.
   5. 17 Hütten. 166 kW. Funkbake RBn Ellsworth.
   6. 24. 1. 1957. Besetzt 1957—1959; 1959—1960, 1961 — 30. 12. 1962, 1965—1966, 7 Personen.

1. **Alferez de Navio Sobral**
   2. Permanente Station.
   3. Auf Schelfeis. Am Südrande des Filchnerschelfeises. 81° 04′ S, 40° 36′ W. ca. 100 m.
   4. Argentinien.
   5. 1 Hütte.
   6. 4. 4. 1965. 4 Personen.

1. Virgen de las Nieves
   2. Hütte für Sommereinsatz.
   3. Auf Schelfeis. 79° 10′ S, 38° 53′ W. ca. 85 m.
   4. Argentinien.
   5. 1 Hütte.
   6. 2. 12. 1958.

1. **General Belgrano**
   2. IGJ- und IQSY-Station.
   3. An Schelfeisküste. 77° 58′ S, 38° 48′ W. 37 m.
   4. Argentinien.
   5. 4 Hütten.
   6. 18. 1. 1956. 1956—1966. 30 Personen.

1. Shackleton
   2. Stützpunkt der Transantarktischen Expedition von V. E. Fuchs.
   3. An Schelfeisküste. 77° 59′ S, 37° 09′ W. 30 m.
   4. Großbritannien.
   5. 5 Hütten.
   6. 30. 1. 1956. 1956 — Dezember 1957.

Tabelle 111, Fortsetzung

1. Santa Barbara
   2. Hütte für Sommereinsatz.
   3. Auf Schelfeis. 80° 17′ S, 36° 30′ W. ca. 80 m.
   4. Argentinien.
   5. 1 Hütte.
   6. 25. 10. 1963.

1. Salta
   2. Hütte für Sommereinsatz.
   3. An Schelfeisküste nahe Vahselbucht. 78° 01′ S, 35° 48′ W. 30 m.
   4. Argentinien.
   5. 1 Hütte.
   6. 12. 11. 1957. 1957/58.

B. *Küstenstationen an der Tafelantarktis* (Ostantarktis) von W nach E

1. Corrientes
   2. Hütte für Sommereinsatz.
   3. Auf Schelfeis, südl. der Halley Bay. 75° 34′ S, 26° 36′ W.
   4. Argentinien.
   5. 1 Hütte.
   6. 10. 1. 1961.

1. **Halley Bay.** Base Z
   2. IGJ- und IQSY-Station.
   3. Auf Schelfeis an der Halley Bay. 75° 31′ S, 26° 38′ W. 35 m.
   4. British Antarctic Survey.
   5. 5 Hütten. 2×27,5 kW. Jan. 1966: Ballonhütte gebaut.
   6. 6. 1. 1956. 1956—1966. 20 Personen.

1. Maudheim
   2. Station der norweg.-brit.-schwed. Expedition.
   3. Auf Schelfeis an der Norselbukt, Prinsesse Märtha kyst. 71° 02′ S, 10° 55′ W. 36 m.
   4. Norwegen.
   5. 5 Hütten. 1955 verschwunden.
   6. 15. 2. 1950. 1950—1952.

1. Norge/Norway
   2. IGJ-Station.
   3. Nahe der Küste auf subglazialer Halbinsel, Prinsesse Märtha kyst. 70° 30′ S, 2° 32′ W. 557 m.
   4. Norwegen. Am 12. 1. 1960 an die Südafrikanische Union übergeben.
   5. Zwei große, mehrere kleine Hütten. 2×14 kW.
   6. 20. 1. 1957. 1957—1960, 1960—1962. 9 Personen.

1. **SANAE**
   2. IGJ- und IQSY-Station.
   3. Nördlich von Norge. Auf Schelfeis. 70° 20′ S, 2° 25′ W. ca. 40 m.
   4. Südafrikanische Union.
   5. 11 Hütten.
   6. 11. 2. 1962. 1962—1966. 15 Personen.

1. Gornyj Lager III (Mountain Camp III)
   2. Wetterstation.
   3. Am Fuß des Mühlig-Hofmann-Gebirges. 72° 33′ S, 1° 16′ E. 1510 m.

Tabelle 111, Fortsetzung

4. UdSSR.
5. Nicht bekannt.
6. November 1960 — 1. 1. 1961.

1. Gornyj Lager II (Mountain Camp II)
   2. Wetterstation.
   3. Auf Inlandeis. Am Fuße des Mühlig-Hofmann-Gebirges. 71° 47′ S, 5° 49′ E. 1640 m.
   4. UdSSR.
   5. Nicht bekannt.
   6. Januar—November 1961.

1. Gornyj Lager I (Mountain Camp I)
   2. Wetterstation.
   3. Auf Inlandeis am Fuße der Conradberge. 71° 40′ S, 9° 32′ E. 1820 m.
   4. UdSSR.
   5. Nicht bekannt.
   6. Juni 1959 — Januar 1960.

1. **Novolazarevskaja**
   2. IQSY-Station. Ersatz für Lazarev (s. d.).
   3. An der Schirmacher-Seenplatte, Prinsesse Astrid kyst, auf Fels. 70° 46′ S, 11° 50′ E. 102 m.
   4. UdSSR.
   5. 16 Hütten.
   6. Februar 1961. 1961—1966.

1. Lazarev
   2. IGJ-Station.
   3. Prinsesse Astrid kyst, auf Schelfeis. 69° 58′ S, 12° 55′ E. ca. 30 m.
   4. UdSSR.
   5. Nicht bekannt.
   6. 10. 3. 1959. 1959—1961. Aufgabe zugunsten von Novolazarevskaja.

1. **Roi Baudouin**
   2. IGJ- und IQSY-Station.
   3. An der Breidvika, Prinsesse Ragnhild kyst, auf Schelfeis. 70° 26′ S, 24° 19′ E. 50 m.
   4. Belgien. 1965 gemeinsame belgisch-niederländische Expedition.
   5. 3 Hütten. 3×20 kW.
   6. 9. 1. 1958. 1958—31. 1. 1961. 12. 1. 1965—1966. Januar 1967 geschlossen. 22 Personen.

1. **Syowa**
   2. IGJ- und IQSY-Station.
   3. Auf der Ongulinsel, westl. der Prins Olav kyst, auf Fels. 69° 00′ S, 39° 35′ E. 15 m.
   4. Japan.
   5. 16 Hütten. 2 × 45 kW.
   6. 29. 1. 1957. 1957—1958, 1959—1962. 15. 1. 1966. 25 Personen.

1. **Molodežnaja**
   2. IQSY-Station.
   3. Auf Fels an der Alaševa-Bucht, Enderbyland. 67° 40′ S, 45° 51′ E. 32 m.
   4. UdSSR.
   5. 13 Hütten. Weiterer Ausbau 1966.
   6. 8. 1. 1962. Januar 1963—1966. Ab 1967 als sowjetische Hauptstation vorgesehen als Ersatz für Mirnyj.

Tabelle 111, Fortsetzung

1. **Mawson**
   2. IGJ- und IQSY-Station.
   3. Auf Felsdurchragung an der Küste von MacRobertsonland. 67° 36′ S, 62° 53′ E. 6 m.
   4. Australien.
   5. 29 Hütten. Flugzeugstartbahn. 70 kW + 6 Hilfsaggregate.
   6. 13. 2. 1954. 1954—1966. 30 Personen.

1. Davis
   2. IGJ-Station.
   3. Nahe der Küste auf der Broad Peninsula, Vestfold Hills, Ingrid Christensen Coast, auf Fels. 68° 35′ S, 77° 58′ E. 12 m.
   4. Australien.
   5. 14 Hütten. 2 Aggregate zu 30 + 15 kW.
   6. 20. 1. 1957. 1957 — Februar 1965. 8 Personen.

1. Družba
   2. Wetterstation.
   3. Auf der Zavodovskij-Eiskuppel, Westeis. 64° 39′ S, 98° 54′ E. 191 m.
   4. UdSSR.
   5. Nicht bekannt.
   6. Mai — August 1960.

1. Mir
   2. Wetterstation.
   3. Auf Eiskuppel, Drygalskiinsel. 65° 45′ S, 92° 20′ E. 327 m.
   4. UdSSR.
   5. Nicht bekannt.
   6. Mai — August 1960.

1. **Mirnyj**
   2. IGJ- und IQSY-Station.
   3. Auf Felsdurchragung, Kap Mabuse, Pravda-Küste. 66° 33′ S, 93° 01′ E. 33 m.
   4. UdSSR.
   5. 43 Hütten. 2 Flugzeugstartbahnen. 6000 kW.
   6. 13. 2. 1956. 1956—1966. 114 Personen.

1. Pobeda
   2. Wetterstation.
   3. Auf Eisinsel Pobeda. 64° 39′ S, 98° 54′ E. 27 m.
   4. UdSSR.
   5. Nicht bekannt.
   6. Mai — August 1960.

1. Oazis (ab Februar 1959: Dobrowolski)
   2. IGJ-Station
   3. Am Zentralsee der Bunger Hills, Queen Mary Land. 60° 16′ S, 100° 45′ E. 13 m.
   4. UdSSR. Ab Februar 1959 Polen.
   5. 2 Hütten.
   6. 15. 10. 1956. 1956—1959; 1959—1960. 8 Personen.

1. **Wilkes**
   2. IGJ- und IQSY-Station.
   3. Auf der Clarke Peninsula, Vincennes Bay, Knox Coast. 66° 15′ S, 110° 31′ E. 9 m.
   4. USA. Ab 2. 2. 1959 Australien.

Tabelle 111, Fortsetzung

5. 18 Hütten. 2×60 kW.
6. 29. 1. 1957. 1957—1959; 1959—1966. 30 Personen.

1. New Wilkes („Repstat“)
   2. Wissenschaftliche Station.
   3. Auf Fels, Nordseite der Bailey Peninsula, Knox Coast. 66° 17′ S, 110° 32′ E. ca. 15 m.
   4. Australien.
   5. Mehrere Hütten.
   6. Baubeginn Februar 1965, voraussichtlich fertig 1969.

1. Chick Island
   2. Automatische Wetterstation.
   3. Auf Fels, Chick Island, vor der Sabrina Coast. 66° 47′ S, 121° 00′ E. 20 m.
   4. Australien.
   5. Nicht bekannt.
   6. Februar 1961 (bis August 1961 in Betrieb; 1962 repariert).

1. Lewis
   2. Automatische Wetterstation.
   3. Auf der Lewis-Insel, Clarie Coast, auf Fels. 66° 06′ S, 134° 22′ E. 20 m.
   4. Australien.
   5. 1 Gebäude (Notunterkunft). Frequenzen 6016 und 9815.
   6. 1959.

1. **Dumont d'Urville**
   2. IGJ- und IQSY-Station.
   3. Auf Ile Petrel, Archipel Géologie, Adélieland, auf Fels. 66° 40′ S, 140° 01′ E. 40 m.
   4. Frankreich.
   5. 26 Gebäude. 60 kW. Raketenrampe 1966.
   6. 1952 (Nothütte). 12. 1. 1956 (Station). 1952—1953. 1956—1966. Weiterer Ausbau im Januar 1966. 30 Personen.

1. (Port Martin)
   2. Wissenschaftliche Station.
   3. Port Martin, Adélieland, auf Fels. 66° 40′ S, 141° 23′ E. ca. 20 m.
   4. Frankreich.
   5. 1 Hütte, am 21. 1. 1952 verbrannt.
   6. 9. 4. 1950. 1950—1952.

1. Cape Denison
   2. Stützpunkt der Australischen Expedition unter D. Mawson.
   3. Cape Denison, King George V. Land, auf Fels. 67° 00′ S, 142° 40′ E. 6 m.
   4. Australien.
   5. 1 Hütte.
   6. 30. 1. 1912. 1912 — 12. 12. 1913.

1. Cape Adare
   2. Stützpunkt der Expeditionen von Borchgrevink und Scott.
   3. Ridley-Strand an der Robertson-Bucht, Victorialand, auf Kies. 71° 14′ S, 170° 15′ E. 6 m.
   4. Großbritannien.
   5. 3 Hütten, davon 2 in Ruinen (1961).
   6. 2. 3. 1899, 1899—1900, 1911—1912.

Tabelle 111, Fortsetzung

1. Cape Hallett
   2. IGJ- und IQSY-Station.
   3. Cape Hallett, Victorialand, auf Kies. 71° 14′ S, 170° 13′ E. 5 m.
   4. Gemeinsam von USA und Neuseeland unterhalten.
   5. 12 Hütten. Funkbake RBn Cape Hallett. Wohnhaus März 1964 verbrannt.
   6. 10. 1. 1957. 1957—1965, 1965/66. 16 Personen.

C. *Inlandstationen in der Tafelantarktis* (Ostantarktis) (von N nach S)

1. Satellite Station 2 (S-2)
   2. Glaziologische Hilfsstation.
   3. Auf Inlandeis nahe der Budd Coast. 66° 28′ S, 112° 17′ E. 1166 m.
   4. USA; ab 1959 Australien.
   5. 1 Segeltuchhütte unter Firn und Schneehöhlen.
   6. April 1957. Zeitweilig bis 1966 besetzt.

1. Charcot
   2. IGJ-Station.
   3. Adélieland, auf Inlandeis. 69° 22′ S, 139° 02′ E. 2403 m.
   4. Frankreich.
   5. Nicht bekannt.
   6. 1. 2. 1957. 1957—1958.

1. Depot I.
   2. Hütte für Sommereinsatz.
   3. Prins Harald kyst, auf Inlandeis. 69° 30′ S, 41° 28′ E. 1470 m.
   4. Japan.
   5. 1 Hütte.
   6. 21. 4. 1959.

1. Pionerskaja
   2. IGJ-Hilfsstation.
   3. Queen Mary Land, auf Inlandeis. 69° 44′ S, 95° 30′ E. 2741 m.
   4. UdSSR.
   5. Nicht bekannt.
   6. 27. 5. 1956. 1956—1959.

1. Vostok I.
   2. IGJ-Hilfsstation
   3. Auf Inlandeis. 72° 08′ S, 96° 35′ E. 3252 m.
   4. UdSSR.
   5. Nicht bekannt.
   6. 12. 3. 1957. Bis November 1957 besetzt. Später Zwischenstation für Traversen.

1. Komsomlskaja
   2. IGJ-Hilfsstation.
   3. Auf Inlandeis. 74° 05′ S, 97° 29′ E. 3497 m.
   4. UdSSR.
   5. Nicht bekannt.
   6. 6. 11. 1957. 1957—1959, 1962/63, 1965/66.

1. Sovetskaja
   2. IGJ-Station.
   3. Auf Inlandeis. 76° 24′ S, 87° 35′ E. 3570 m.

4. UdSSR.
5. Nicht bekannnt.
6. 16. 2. 1958. 1958—1959.

1. **Vostok**
   2. IGJ- und IQSY-Station.
   3. Auf Inlandeis. 78° 28′ S, 106° 48′ E. 3420 m.
   4. UdSSR.
   5. 7 Gebäude. 24 kW.
   6. 16. 12. 1957. 1957 — März 1962. Wiedereröffnung 25. 1. 1963. 1963—1966.

1. **Plateau**
   2. Hilfsstation für die Maudland-Traverse.
   3. Auf Inlandeis. 79° 28′ S, 40° 35′ E. 3505 m.
   4. USA.
   5. 5 vorgefertigte Hütten. 2 × 75 kW Dieselgenerator.
   6. 30. 1. 1966. 1966—1967. 8 Personen.

1. South Ice
   2. Hilfsstation der Britischen Transantarktischen Expedition, zugleich IGJ-Station.
   3. Prinzregent-Luitpold-Land, auf Inlandeis. 81° 57′ S, 28° 52′ W. 1350 m.
   4. Großbritannien.
   5. 1 Hütte.
   6. 4. 2. 1957. 1957 — 6. 1. 1958. 3 Personen.

1. Poljus Nedostupnosti (Pol der Unzugänglichkeit)
   2. IGJ-Station.
   3. Auf Inlandeis, Plateau Sovetskoe. 82° 06′ S, 54° 58′ E. 3720 m.
   4. UdSSR.
   5. Kleine Schutzhütte. Die Beobachtungen erfolgten von Laborfahrzeugen aus.
   6. 14. 12. 1958. 1958/59.

1. **Amundsen-Scott**
   2. IGJ- und IQSY-Station.
   3. Am Südpol auf Inlandeis. 90 °S. 2800 m.
   4. USA.
   5. 12 Gebäude. 90 kW. Funkbake RBn Pole. Startbahn.
   6. 24. 1. 1957. 1957—1966. 22 Personen.

D. Rossinsel und Ross-Schelfeis (von N nach S)

1. Cape Royds
   2. Stützpunkt der Expedition Shackleton.
   3. Cape Royds, MacMurdo-Sund, Rossinsel, auf Fels. 77° 34′ S, 166° 08′ E. 8 m.
   4. Großbritannien. Seit 1960 Neuseeland (N. Z. Antarctic Society).
   5. 1 Hütte.
   6. 4. 3. 1908. 1908—1909. Restauration 28. 12. 1960 — 17. 1. 1961.

1. Cape Royds
   2. Hütte für Sommereinsatz.
   3. Cape Royds, auf Fels. 77° 34′ S, 166° 08′ E. 8 m.
   4. Neuseeland.

5. 2 Hütten.
6. 1962 erbaut.

1. Cape Evans
   2. Stützpunkt von Scott's zweiter Expedition.
   3. Cape Evans, MacMurdo-Sund, Rossinsel, auf Fels. 77° 37′ S, 166° 20′ E. 20 m.
   4. Großbritannien. Seit 1960 Neuseeland (N. Z. Antarctic Society).
   5. 1 Hütte.
   6. 12. 1. 1911. 1911—1913, 1915—1917. Restauration 5. 12. — 27. 12. 1960 und 17. 1. — Anfang Februar 1961.

1. Cape Armitage
   2. Stützpunkt von Scott's erster Expedition.
   3. Cape Armitage, MacMurdo-Sund, Rossinsel, auf Fels (Hut Point). 77° 50′ S, 166° 36′ E. 18 m.
   4. Großbritannien.
   5. 1 Hütte.
   6. Februar 1902. 1902—1904. (Die Überwinterung erfolgte auf dem Schiff Discovery; die Hütte wurde als Depot benutzt.)

1. **Scott Base**
   2. IGJ- und IQSY-Station.
   3. Pram Point, MacMurdo-Sund, Rossinsel, auf Fels. 77° 51′ S, 166° 46′ E. 15 m.
   4. Neuseeland.
   5. 9 Gebäude. 96 kW. Ab 1967 192 kW.
   6. 14. 1. 1957. 1957—1966. 22 Personen.

1. **Williams Air Operation Facility (Airopfac) MacMurdo**
   2. IGJ- und IQSY-Station. Verteilerstation für die amerikanischen Stationen.
   3. Hut Point, MacMurdo-Sund, Rossinsel, auf vulkan. Asche. 77° 51′ S, 166° 40′ E. 24 m.
   4. USA.
   5. 56 Gebäude. Seit 9. 7. 1962 Atomkraftwerk von 1500 kW. Funkbake RBn DF ACAN MacMurdo. Flugstartbahn.
   6. 20. 12. 1955. 1955—1966. 220 Personen.

1. (Framheim)
   2. Standquartier der Expedition von Amundsen.
   3. An der Walbucht auf dem Ross-Schelfeis. 78° 38′ S, 164° 40′ W. 11 m.
   4. Norwegen.
   5. 1 Hütte. 1928 verschwunden, vermutlich mit Eisberg abgetrieben.
   6. 21. 1. 1911. 1911—1912.

1. Little America I bis IV
   2. Stützpunkt der Byrd-Expeditionen.
   3. An der Walbucht auf dem Ross-Schelfeis. 78° 30′ S, 164° 00′ W. 10 m.
   4. USA.
   5. 2 Hauptgebäude, 4 Baracken (Little America I).
      8 Gebäude (Little America II).
      Mehrere Gebäude (Little America III).
      (Little America IV war ein Zeltlager.)
   6. 1928, 1933, 1941. 1928—1930, 1933—1935, 1941 (1947/48).

Tabelle 111, Fortsetzung

1. Little America V
   2. IGJ-Station.
   3. An der Kainanbucht auf dem Ross-Schelfeis. 78° 16′ S, 162° 28′ W. 44 m.
   4. USA.
   5. 26 Gebäude.
   6. 29. 12. 1955. 1955 — 19. 1. 1959. 107 Personen.

1. Little Jeana
   2. Hilfsstation.
   3. Auf Schelfeis, 430 km südl. Cape Crozier, Ross-Schelfeis. 80° 23′ S, 170° 45′ E. ca. 54 m.
   4. USA.
   5. 3 Laborfahrzeuge; nur im Sommer besetzt. Ersetzt die aufgegebene Station Beardmore II.
   6. 6. 10. 1964, 2. 10. 1965 (nur Sommer). 3 Personen.

1. Beardmore I
   2. Hilfsstation.
   3. Nahe dem Beardmoregletscher auf dem Ross-Schelfeis. 83° 30′ S, 175° 00′ E. 50 m.
   4. USA.
   5. Depot, nur Sommer.
   6. 29. 10. 1956. 1956/57.

1. Beardmore II
   2. Hilfsstation.
   3. Nahe dem Beardmoregletscher auf dem Ross-Schelfeis. 83° 17′ S, 175° 45′ E. 57 m.
   4. USA.
   5. 1 Hütte, nur im Sommer besetzt. Funkbake RBn Beardmore.
   6. 1960. 1960/61, 1961/62, 1962/63, 1963/64.

1. Refuge Hut
   2. Hilfsstation.
   3. Auf dem Ross-Schelfeis. 84° 56′ S, 159° 59′ W. ca. 90 m.
   4. USA.
   5. 1 Hütte.
   6. Anfang 1958?

E. *Faltenantarktis* (Westantarktis) (von W nach E)

1. Rockford
   2. IGJ-Hilfsstation
   3. An der Küste von Marie-Byrd-Land, auf Schelfeis. 79° 35′ S, 152° 56′ W. 70 m.
   4. USA.
   5. Depot.
   6. Januar 1959.

1. Little Rockford
   2. Hilfsstation.
   3. Im westlichen Marie-Byrd-Land auf Inlandeis. 79° 15′ S, 147° 29′ W. 591 m.
   4. USA.
   5. Hütte. Automatische Funk- und Wetterstation. Funkbake RBn Little Rockford.
   6. Januar 1961. 1961/62.

Tabelle 111, Fortsetzung

1. Byrd
   2. IGJ-Station.
   3. In Marie-Byrd-Land, auf Inlandeis. 79° 59′ S, 120° 01′ W. 1515 m.
   4. USA.
   5. 12 Hütten. 90 kW. Funkbake RBn Racon Byrd.
   6. 2. 2. 1957. 1957—1962.

1. **New Byrd**
   2. IQSY-Station.
   3. In Marie Byrd Land, auf Inlandeis. 80° 01′ S, 119° 32′ W. 1530 m.
   4. USA.
   3. In Marie-Byrd-Land, auf Inlandeis. 80° 01′ S, 119° 32′ W. 1530 m. (Januar 1966) für Erforschung der höheren Atmosphäre.
   6. Mitte Februar 1962. 1962—1966.

1. Camp Minnesota
   2. Stützpunkt der Forschungsgruppe der Minnesota University.
   3. Auf Inlandeis an der Walgreen Coast am Fuße der Jones Mountains. 73° 30′ S, 94° 24′ W. 558 m.
   4. USA.
   5. 1 Hütte.
   6. Januar 1961. 1961, 1961/62.

1. Sky Hi
   2. Stützpunkt der Forschungsgruppe Ellsworth Land.
   3. Auf Inlandeis in der Nähe des Mount Rex. 75° 15′ S, 77° 06′ E. 494 m.
   4. USA.
   5. 1 Hütte.
   6. Ende November 1961. 1961 — 8. 2. 1962.

1. Eights
   2. IQSY-Station.
   3. Auf Inlandeis in der Nähe des Mount Rex. 75° 15′ S, 77° 06′ E. 494 m.
   4. USA.
   5. 11 Hütten.
   6. Januar 1963. 1963—1965.

F. *Südliches Grahamland und vorgelagerte Inseln* (von S nach N)

1. Fossil Bluff
   2. Wissenschaftliche Station.
   3. Auf Felsdurchragung, Ostküste der Alexander-I.-Insel. 71° 20′ S, 68° 17′ W. ca. 40 m.
   4. British Antarctic Survey.
   5. Nicht bekannt.
   6. Februar 1961. 1961 — Februar 1962.

1. Nogal de Saldan
   2. Schutzhütte
   3. 16 km südl. des Mount Edgell. 69° 35′ S, 68° 13′ W.
   4. Argentinien.
   5. 1 Hütte für Sommereinsatz.
   6. 16. 9. 1958.

Tabelle 111, Fortsetzung

1. Granaderos
   2. Schutzhütte.
   3. Auf der Hayrick-Insel, Tierra Firma-Inseln. 68° 42′ S, 67° 42′ W.
   4. Argentinien.
   5. 1 Hütte für Sommereinsatz.
   6. 17. 10. 1957.

1. Plumerillo
   2. Schutzhütte.
   3. Auf Felsdurchragung der Refuge-Inseln. 68° 20′ S, 67° 02′ E.
   4. Argentinien.
   5. 1 Hütte für Sommereinsatz.
   6. 28. 4. 1953.

1. Stonington
   2. Stützpunkt der amerikanischen Ronne-Expedition.
   3. Auf Felsen. Stonington-Insel. 68° 11′ S, 67° 00′ W. 10 m.
   4. USA.
   5. 1 Hütte.
   6. 11. 3. 1940. 1940 – März 1941, 12. 3. 1947/20. 2. 1948.

1. **Base E. Stonington**
   2. Wissenschaftliche und IQSY-Station.
   3. Auf Felsen. Stonington-Insel. 68° 11′ S, 67° 00′ W. 9 m.
   4. British Antarctic Survey.
   5. 2 Gebäude.
   6. 24. 2. 1946. 1946 – 12. 2. 1950, 1958/59, 1960–1962, 1963–1966. 11 Personen.

1. Stonington
   2. Schutzhütte.
   3. Auf Felsen. Stonington-Insel. 68° 11′ S, 67° 00′ W.
   4. Chile.
   5. Kleine Hütte.
   6. Januar 1956.

1. 17 de Agosto
   2. Schutzhütte.
   3. Auf Felsen. Millerand-Insel. 68° 09′ S, 67° 09′ W.
   4. Argentinien.
   5. 1 Hütte.
   6. 17. 8. 1957.

1. (Barry Island)
   2. Stützpunkt der Brit. Grahamland-Expedition.
   3. Auf Felsen, Barry-Insel, Debenham-Gruppe. 68° 08′ S, 67° 08′ W. 5 m.
   4. Großbritannien.
   5. 1 Hütte (1951 zerstört).
   6. 20. 3. 1936. 1936–1937.

1. General San Martin
   2. IGJ-Station.
   3. Auf Fels, Barry-Insel, Debenham-Gruppe. 68° 08′ S, 67° 08′ W. 5 m.

4. Argentinien.
5. 13 Gebäude.
6. 8. 3. 1951. 1951—1955. 1959/60. 11 Personen.

1. Chacabuco
   2. Schutzhütte.
   3. Auf Inlandeis im Innern von Grahamland, nahe dem Amphitheatre. 68° 06′ S, 67° 10′ W. ca. 150 m.
   4. Argentinien.
   5. 1 Hütte.
   6. 21. 11. 1956.

1. Maipú
   2. Schutzhütte.
   3. Auf Schelfeis am Bills Gulch, Ostküste der Antarktischen Halbinsel. 68° 06′ S, 65° 58′ W.
   4. Argentinien.
   5. 1 Hütte.
   6. 14. 12. 1956.

1. Yapeyú
   2. Schutzhütte.
   3. Auf Gletschereis am Rande des Nordost-Gletschers. 68° 05′ S, 66° 41′ W. ca. 350 m.
   4. Argentinien.
   5. 1 Hütte.
   6. 4. 11. 1955. 1955/1956.

1. Base Y. Horseshoe Island
   2. IGJ-Station.
   3. Auf Felsen, Horseshoe-Insel. 67° 49′ S, 67° 17′ W. 9 m.
   4. British Antarctic Survey.
   5. 1 Hütte.
   6. 26. 10. 1957. 1957/58.

1. Paso de los Andes
   2. Schutzhütte.
   3. Auf Felsen, Avian-Insel, Henke-Gruppe. 67° 49′ S, 68° 40′ W. ca. 6 m.
   4. Argentinien.
   5. 1 Hütte.
   6. 26. 10. 1957. 1957/58.

1. **Base T. Adelaide Island**
   2. IQSY-Station.
   3. Auf Felsdurchragung an der Südküste der Adelaide-Insel. 67° 46′ S, 68° 54′ W. 5 m.
   4. British Antarctic Survey.
   5. 3 Hütten. Startbahn für Flugzeuge im Sommer 1962/63 fertiggestellt.
   6. 2. 2. 1961. 1961—1966. 6 Personen.

1. Guezalaga
   2. Sommerhütte.
   3. Auf Felsdurchragung an der Südküste der Adelaide-Insel. 67° 46′ S, 68° 54′ W.

Tabelle 111, Fortsetzung

4. Chile.
5. 1 Hütte.
6. 1963 im Sommer, 1964/65, 1965/66 besetzt.

1. Blaiklock
   2. Schutzhütte.
   3. Auf Fels, Nordwestseite der Blaiklock-Insel. 67° 32′ S, 67° 13′ W. 9 m.
   4. British Antarctic Survey.
   5. Sommerhütte.
   6. März 1957. 1957/58.

G. *Inseln nordwestlich der Antarktischen Halbinsel* (Biscoe- und Palmer-Archipele) (von S nach N)

1. Base W. Detaille Island
   2. IGJ-Station.
   3. Auf Fels, Detaille-Insel, Lallemand-Fjord. 66° 52′ S, 66° 48′ W. 7 m.
   4. British Antarctic Survey.
   5. 4 Hütten. 2×6,25 kW.
   6. 24. 2. 1956. 1956 — 1. 4. 1959. 9 Personen.

1. Capitan Estivariz
   2. Schutzhütte.
   3. Auf Felsinselchen an der Westküste der Watkininsel, Biscoe-Inseln. 66° 26′ S, 67° 12′ W.
   4. Argentinien.
   5. Sommerhütte.
   6. 29. 2. 1956. 1956/57.

1. Cadete Guillochón
   2. Schutzhütte.
   3. Auf Felsdurchragung an der Westküste der Rabot-Insel, Biscoe-Inseln. 65° 59′ S, 65° 58′ W.
   4. Argentinien.
   5. 1 Hütte.
   6. 24. 2. 1957. Februar — März 1957.

1. Winter Island
   2. Stützpunkt der Brit. Grahamland-Expedition.
   3. Auf Fels, Winter Island, Argentinische Inseln. 65° 19′ S, 64° 16′ W. 10 m.
   4. Großbritannien.
   5. 1 Hütte (1946 zerstört, im gleichen Jahr Neubau).
   6. 14. 2. 1935. 1935/36, 1947—1953. 5 Personen.

1. **Base F. Argentine Islands**
   2. IGJ- und IQSY-Station.
   3. Auf Fels, Galindezinsel, Argentinische Inseln. 65° 15′ S, 64° 15′ W. 11 m.
   4. British Antarctic Survey.
   5. 3 Gebäude. 15 kW.
   6. Anfang 1954. 1954—1966. 14 Personen.

1. Groussac
   2. Sommerhütte.
   3. Auf Fels, Port Circoncision, Petermann-Insel. 65° 11′ S, 64° 10′ W. ca. 35 m.

4. Argentinien.
5. 1 Hütte.
6. 8. 2. 1955. 1955, 1956/57, 1957/58.

1. Base A. Port Lockroy
   2. IGJ-Station.
   3. Auf Fels, Goudier-Insel in Port Lockroy, Wiencke-Insel. 64° 49′ S, 63° 36′ W. 3 m.
   4. British Antarctic Survey.
   5. 5 Gebäude. 2×7,5 kW.
   6. 11. 2. 1944. 1944 — 8. 4. 1947, 28. 1. 1948 — 15. 2. 1949, 1950/51, 1951—1962 (Schließung der Station). 5 Personen.

1. Bahia Dorian
   2. Schutzhütte.
   3. Auf Fels, Dorian-Bucht, Wiencke-Insel. 64° 49′ S, 63° 30′ W.
   4. Argentinien.
   5. 1 Hütte.
   6. 23. 2. 1953. 1953/54.

1. Base N. Anvers Island
   2. IGJ-Station.
   3. Auf Fels, Arthur-Hafen, Anvers-Insel. 64° 46′ S, 64° 05′ W. 5 m.
   4. British Antarctic Survey.
   5. 1 Hütte.
   6. 28. 2. 1955. 1955 — 10. 1. 1958. 6 Personen.

1. **Palmer**
   2. Biologische und glaziologische Station.
   3. Auf Fels, Arthur-Hafen, Anvers-Insel. 64° 46′ S, 64° 04′ W. 5 m.
   4. USA.
   5. 2 Hütten (davon eine neu erbaut).
   6. Januar 1965. 1965—1966. 9 Personen.

1. Melchior
   2. IGJ-Station.
   3. Auf Fels, Gamma-Insel, Melchior-Archipel. 64° 20′ S, 62° 59′ W. 8 m.
   4. Argentinien.
   5. 6 Gebäude. 12 kW.
   6. 31. 1. 1947. 1947—1961, 1964/65. 9 Personen.

H. *Nordwestküste der Antarktischen Halbinsel* (von S nach N)

1. Orford Cliff
   2. Schutzhütte.
   3. Auf Fels, westl. des Orford Cliffs, Loubet Coast. 66° 54′ S, 66° 30′ W.
   4. British Antarctic Survey.
   5. 1 Hütte.
   6. Februar 1957. 1957, 1958 (nur Sommer).

1. Base J. Prospect Point
   2. IGJ-Station.
   3. Auf Fels, Prospect Point. 66° 00′ S, 65° 20′ W. ca. 10 m.
   4. British Antarctic Survey.

Tabelle 111, Fortsetzung

5. 1 Hütte.
6. 2. 2. 1957. 1957—1959. 6 Personen.

1. (Conscripto Ortiz)
   2. Schutzhütte.
   3. Auf Fels, Sturm Cove, Danco Coast. 64° 54′ S, 62° 57′ W.
   4. Argentinien.
   5. 1 Hütte (1958 als zerfallen gemeldet).
   6. 1957.

1. (Islote Ricardo)
   2. Schutzhütte.
   3. Auf Fels, Ricardo-Insel an der Westküste der Byrde-Insel, Danco Coast. 64° 53′ S, 62° 56′ W.
   4. Argentinien.
   5. 1 Hütte (1958 in Ruinen).
   6. 12. 11. 1953. 1953/54.

1. **Almirante Brown**
   2. IGJ-Station.
   3. Auf Fels, Coughtrey-Halbinsel, Danco Coast. 64° 53′ S, 62° 53′ W. 7 m.
   4. Argentinien.
   5. 10 Gebäude. 10 kW.
   6. Anfang 1950. 1951—1959. 1959/60, 17. 2. 1965 — 1966. 15 Personen.

1. Capitan Fliess
   2. Hilfsstation.
   3. Auf Fels, Neko-Hafen, Andvord-Bucht, Danco Coast. 64° 51′ S, 62° 33′ W.
   4. Argentinien.
   5. 1 Hütte, 1951 verbrannt, 1952 neu errichtet.
   6. 9. 3. 1949. 1949/50, 1953/54, 1954/55.

1. (Waterboat Point)
   2. Stützpunkt der Expedition Bagshawe-Lester.
   3. Auf Fels, Waterboat Point, Danco Coast. 64° 49′ S, 62° 52′ W.
   4. Großbritannien.
   5. Primitive, heute zerstörte Hütte.
   6. Januar 1921, 1921/22.

1. Presidente Gonzales Videla
   2. IGJ- und IQSY-Station.
   3. Auf Fels, Waterboat Point, Danco Coast. 64° 49′ S, 62° 52′ W.
   4. Chile.
   5. 1 Hütte.
   6. Januar 1951. 1951—1965, 1965/66. Für 1967 Neubesetzung vorgesehen. 8 Personen.

1. Base O. Danco Coast
   2. IGJ-Station.
   3. Auf Fels, Danco-Insel, Danco Coast. 64° 43′ S, 62° 35′ W.
   4. British Antarctic Survey.
   5. 1 Hütte.
   6. 2. 3. 1956. 1956 — 22. 2. 1959. 6 Personen.

Tabelle 111, Fortsetzung

1. (Rada Lote)
   2. Schutzhütte.
   3. Auf Fels, Selvick Cove, Danco Coast. 64° 39′ S, 62° 34′ W.
   4. Argentinien.
   5. 1 Hütte, am 25. 12. 1953 durch Sturm zerstört.
   6. 23. 12. 1953.

1. Portal Point
   2. Schutzhütte.
   3. Auf Fels, Reclus-Halbinsel, Danco Coast. 64° 30′ S, 61° 46′ W.
   4. British Antarctic Survey.
   5. 1 Hütte.
   6. 7. 12. 1956. 1957, 1958 (nur Sommer).

1. Capitan Cobbet
   2. Schutzhütte.
   3. Auf Fels, Südkap von Cierva Cove, Hughes Bay. 64° 10′ S, 60° 57′ W.
   4. Argentinien.
   5. 1 Hütte.
   6. 23. 1. 1954. 1954/55, 1955/56, 1956/57, 1957/58, 1961/62 (nur Sommer).

I. Nordküste der Antarktischen Halbinsel (von W nach E)

1. Capitan Caillet Bois
   2. Schutzhütte.
   3. Auf Fels, Mikkelsen-Hafen, Trinity Island. 63° 54′ S, 60° 47′ W.
   4. Argentinien.
   5. 1 Hütte.
   6. 10. 12. 1954. 1954/55, 1956/57, 1958/59 (nur Sommer).

1. **General Bernardo O'Higgins**
   2. IGJ- und IQSY-Station.
   3. Auf Fels, Cape Legoupil, Trinty Peninsula. 63° 19′ S, 57° 54′ W.
   4. Chile.
   5. 4 Gebäude.
   6. Februar 1948. 1948—1966. 10 Personen.

1. (Luis Risopatron)
   2. IGJ-Station.
   3. Auf Fels, Cape Legoupil, Trinity Peninsula. 63° 19′ S, 57° 55′ W.
   4. Chile.
   5. 4 Gebäude. März 1958 Wohngebäude abgebrannt; Besatzung übersiedelte nach General Bernardo O'Higgins.
   6. Februar 1957. 1957 — März 1958.

K. Ostküste der Antarktischen Halbinsel (von N und S)

1. **Esperanza**
   2. IGJ- und IQSY-Station.
   3. Auf Fels, Hope Bay, Trinity Peninsula. 63° 24′ S, 56° 59′ W. 7 m.
   4. Argentinien.
   5. 6 Hütten.
   6. 14. 1. 1952. Anbau November 1958. 1952—1966. 25 Personen.

Tabelle 111, Fortsetzung

1. Base D. Hope Bay
   2. IGJ-Station.
   3. Auf Fels, Hope Bay, Trinity Peninsula. 63° 24′ S, 56° 59′ W. 82 m.
   4. British Antarctic Survey.
   5. 1 Gebäude. 2×6,25 kW.
   6. 12. 2. 1945. Neubau 4. 2. 1952. 1945—1964. 14 Personen.

1. Theodolite
   2. Schutzhütte.
   3. Auf Inlandeis, 10 km nordöstl. des Theodolite Hill, Trinity Peninsula. 63° 25′ S, 57° 26′ W.
   4. Chile.
   5. 1 Hütte.
   6. 1957.

1. Islas Malvinas
   2. Schutzhütte.
   3. Auf Fels, Nobby Nunatak, Tabarin Peninsula. 63° 25′ S, 56° 59′ W.
   4. Argentinien.
   5. 1 Hütte (1958 wurde durch Sturm das Dach abgedeckt).
   6. Anfang 1958. 1958 (Sommer).

1. Antonio Moro
   2. Schutzhütte.
   3. Auf Fels, Summit Hill, Tabarin Peninsula. 63° 27′ S, 57° 02′ W.
   4. Argentinien.
   5. 1 Hütte. 1959 durch Sturm zerstört, im gleichen Jahr neu errichtet.
   6. 20. 6. 1955.

1. Petrel
   2. Schutzhütte.
   3. Auf Fels, Welchness, Dundee Island. 63° 28′ S, 56° 17′ W.
   4. Argentinien.
   5. 1 Hütte.
   6. Anfang 1952. 1952/53, 1959/60, 1961/62.

1. (Martin Güemes)
   2. Schutzhütte.
   3. Auf Fels, Duse Bay. 63° 30′ S, 57° 10′ W. 2 m.
   4. Argentinien.
   5. 1 Hütte (1960 durch Eis zerstört).
   6. 23. 10. 1953. 1954, 1955 (Sommer).

1. Christo Redentor
   2. Schutzhütte.
   3. Auf Fels, View Point, Duse Bay. 63° 32′ S, 57° 24′ W.
   4. Argentinien.
   5. 1 Hütte.
   6. 25. 5. 1955. 1956 (Sommer).

1. Base V. View Point
   2. IGJ-Station.
   3. Auf Fels, View Point, Duse Bay. 63° 32′ S, 57° 23′ W.

Tabelle 111, Fortsetzung

4. British Antarctic Survey.
5. 1 Hütte.
6. 11. 5. 1953. 1953 (Sommer), 1954/55, 1. 3. 1956 — Anfang 1962.

1. San Nicolas
   2. Schutzhütte.
   3. Nordküste des Einganges zum Prince Gustav Channel. 63° 39′ S, 57° 50′ W.
   4. Argentinien.
   5. 1 Hütte.
   6. August 1964.

1. San Carlos
   2. Schutzhütte.
   3. Auf Fels, Brandy Bay, James Ross Island. 63° 49′ S, 57° 59′ W.
   4. Argentinien.
   5. 1 Hütte.
   6. 4. 10. 1959.

1. Sarjento Cabral
   2. Schutzhütte.
   3. Auf Fels, Westküste des Prince Gustav Channel, Pitt Point. 63° 51′ S, 58° 22′ W.
   4. Argentinien.
   5. 1 Hütte.
   6. April 1964.

1. San Juan
   2. Schutzhütte.
   3. Auf Fels, Hidden Lake, James Ross Island. 64° 04′ S, 58° 21′ W.
   4. Argentinien.
   5. 1 Hütte.
   6. 9. 10. 1959.

1. Libertador General San Martin
   2. Schutzhütte.
   3. Auf Fels, Persson Island, Südküste von James Ross Island. 64° 11′ S, 58° 21′ W.
   4. Argentinien.
   5. 1 Hütte.
   6. 17. 8. 1955.

1. Betbeder
   2. Schutzhütte.
   3. Auf Fels, Snow Hill Island, Nordostkap. 64° 20′ S, 56° 56′ W.
   4. Argentinien.
   5. 1 Hütte.
   6. 1. 1. 1954. 1954/55.

1. Snow Hill
   2. Stützpunkt der Expedition von Nordenskjöld.
   3. Auf Fels, Snow Hill Island. 64° 22′ S, 57° 00′ W. 12 m.
   4. Schweden.
   5. 1 Hütte.
   6. 17. 2. 1902. 1902—1905.

Tabelle 111, Fortsetzung

1. Guaraní
   2. Schutzhütte.
   3. Auf Fels, Cabo Sobral, Nordenskjöld Coast. 64° 30' S, 59° 40' W.
   4. Argentinien.
   5. 1 Hütte.
   6. 25. 6. 1959.

1. **Teniente Matienzo**
   2. IQSY-Station.
   3. Auf Fels, Larsen Nunatak, Seal Nunataks. 64° 58' S, 60° 02' W.
   4. Argentinien.
   5. 2 Gebäude.
   6. 15. 3. 1961. 1961—1966. 20 Personen.

1. (San Antonio)
   2. Schutzhütte.
   3. Larsen Nunatak, Seal Nunataks. 64° 58' S, 60° 02' W.
   4. Argentinien.
   5. 1 Hütte.
   6. 20. 3. 1959. (Durch Teniente Matienzo ersetzt.)

1. Capitan Campbell
   2. Schutzhütte.
   3. Auf Eis, Robertson Island. 65° 02' S, 59° 39' W.
   4. Argentinien.
   5. 1 Hütte.
   6. 1961. 1961/62.

1. San Roque
   2. Schutzhütte.
   3. Auf Fels, Selvick Cove. 65° 17' S, 59° 18' W.
   4. Argentinien.
   5. 1 Hütte.
   6. 25. 1. 1956.

1. Virgen de Loreto
   2. Schutzhütte.
   3. Auf Schelfeis, Larsen-Schelfeis. 65° 33' S, 61° 30' W. ca. 60 m.
   4. Argentinien.
   5. 1 Hütte.
   6. Ende September 1963.

1. Mayor Arcondo
   2. Schutzhütte.
   3. Auf Schelfeis an der Nordküste der Jason Peninsula. 66° 09' S, 61° 44' W. ca. 80 m.
   4. Argentinien.
   5. 1 Hütte.
   6. Ende September 1963.

1. Santa Teresita
   2. Schutzhütte.
   3. Auf Schelfeis, Adie Inlet. 66° 22' S, 62° 55' W.
   4. Argentinien.

5. 1 Hütte.
6. Ende September 1963.

L. *Südshetlandinseln* (von W nach E)

1. Primero de Mayo, Decepción

2. IGJ- und IQSY-Station.
3. Auf Fels an Fumarole Bay, Deception Island. 62° 59′ S, 60° 43′ W. 7 m.
4. Argentinien.
5. 5 Gebäude. 30 kW.
6. 20. 11. 1947. 1947—1966. 20 Personen.

1. Thorne

2. Schutzküste.
3. Auf Vulkanasche, an Telephon Bay, Deception Island. 62° 55′ S, 60° 42′ W.
4. Argentinien.
5. 1 Hütte, 1952 zerstört, jedoch wieder erbaut.
6. 23. 3. 1949. 1952, 1952/53, 1953/54, 1954/55, 1955/56 (nur Sommer).

1. Presidente Pedro Aguirre Cerda

2. IGJ- und IQSY-Station.
3. Auf Vulkanasche, Pendulum Cove, Deception Island. 62° 56′ S, 60° 36′ W.
4. Chile.
5. 3 Gebäude.
6. Januar 1955. 1955—1966. 16 Personen.

1. Teniente Lasala

2. Schutzhütte.
3. Auf Vulkanasche, Pendulum Cove, Deception Island. 62° 58′ S, 60° 36′ W.
4. Argentinien.
5. 1 Hütte.
6. 4. 4. 1950. 1952 neu erbaut. 1953, 1954/55, 1955/56 (nur Sommer).

1. (Teniente Candido de la Sala)

2. Schutzhütte.
3. Auf Fels, Whalers Bay, Deception Island. 62° 56′ S, 60° 36′ W.
4. Argentinien.
5. 1 Hütte. 1953 zerstört.
6. 14. 1. 1953. Februar 1953.

1. (Whalers Bay)

2. Schutzhütte.
3. Auf Fels, Whalers Bay, Deception Island. 62° 59′ S, 60° 35′ W.
4. Chile.
5. 1 Hütte, 15. 2. 1953 zerstört.
6. Januar 1953.

1. Yelcho

2. Schutzhütte.
3. Auf Vulkanasche, Whalers Bay, Deception Island. 62° 54′ S, 60° 35′ W.
4. Chile.
5. 1 Hütte.
6. Sommer 1963, 1964/65, 1965/66.

Tabelle 111, Fortsetzung

1. **Base B. Deception**
   2. IGJ- und IQSY-Station.
   3. Auf Fels, Whalers Bay, Deception Island. 62° 59′ S, 60° 34′ W. 8 m.
   4. British Antarctic Survey.
   5. 4 Gebäude. 2×6,5 kW. Funkbake Rbn Deception Island. Flugzeugstartbahn.
   6. 6. 2. 1944. Ausbau 1947. 1944—1966.

1. Teniente Camara. Bahia Luna.
   2. IGJ-Station.
   3. Auf Fels, Half Moon Island, Moon Bay, Livingston Islands. 62° 36′ S, 59° 54′ W. 22 m.
   4. Argentinien.
   5. 6 Gebäude, 14 kW.
   6. März 1952. 1953 — Anfang 1960, 1965/66. 7 Personen.

1. Puerto Yankee
   2. Schutzhütte.
   3. Auf Fels, Greenwich Island. 62° 32′ S, 59° 46′ W.
   4. Chile.
   5. 1 Hütte.
   6. Januar 1953.

1. Caleta Mina de Cobre
   2. Schutzhütte.
   3. Auf Fels, Coppermine Cove, Roberts Island. 62° 23′ S, 59° 41′ W.
   4. Chile
   5. 1 Hütte.
   6. Anfang 1950.

1. **Arturo Prat**
   2. IGJ- und IQSY-Station.
   3. Auf Fels, Discovery Bay, Greenwich Island. 62° 29′ S, 59° 38′ W. 5 m.
   4. Chile.
   5. 2 Gebäude. 20 kW.
   6. 6. 2. 1947. 1947—1966. 18 Personen.

1. Gurruchaga
   2. Schutzhütte.
   3. Auf Fels, Harmony Cove, Nelson Island. 62° 18′ S, 59° 10′ W.
   4. Argentinien.
   5. 1 Hütte.
   6. 15. 12. 1953. 1953/54, 1954/55, 1955/56, 1956/57, 1957/58 (nur Sommer).

1. Ballvé
   2. Schutzhütte.
   3. Auf Fels, Ardley Island an der Südwestküste von King George Island. 62° 12′ S, 58° 54′ W.
   4. Argentinien.
   5. 1 Hütte.
   6. Dezember 1953. 1953/54, 1958/59.

1. Jubany
   2. Schutzhütte.
   3. Auf Fels, Potter Cove, King George Island. 62° 14′ S, 58° 38′ W.

4. Argentinien.
5. 1 Hütte.
6. 27. 1. 1948. 1953/54, 1954/55, 1955/56, 1956/57, 1957/58, 1958/59, 1959/60, 1961/62 (nur Sommer).

1. (Bahia Almirantazgo)
   2. Schutzhütte.
   3. Auf Fels, Admiralty Bay, King George Island. 62° 05′ S, 58° 25′ W.
   4. Argentinien.
   5. 1 Hütte (heute abgebrochen).
   6. Januar 1946. 1948 (nur Sommer).

1. Base G. Admiralty Bay
   2. IGJ-Station.
   3. Auf Fels, Admiralty Bay, King George Island. 62° 05′ S, 58° 25′ W. 17 m.
   4. British Antarctic Survey.
   5. 2 Gebäude. 2×6,5 kW. (Wohnhaus 1966 stark beschädigt.)
   6. 25. 1. 1947. 1947 (Sommer), 1948 — 19. 1. 1961. 6 Personen.

M. *Südorkneyinseln* (von W nach E)

1. (Sandefjord Bay)
   2. Schutzhütte.
   3. Auf Kies, Sandefjord Bay, Westspitze von Coronation Island. 60° 37′ S, 46° 02′ W.
   4. British Antarctic Survey.
   5. 1 Hütte, 1956 abgebrochen.
   6. 12. 2. 1945.

1. **Base H. Signy**
   2. IGJ- und IQSY-Station.
   3. Auf Fels, Signy Island. 60° 43′ S, 45° 36′ W. 7 m.
   4. British Antarctic Survey.
   5. 2 Gebäude. 2×6,25 kW.
   6. 14. 3. 1947. 1947—1966. 6 Personen.

1. **Orcadas**
   2. IGJ- und IQSY-Station
   3. Auf Fels, an Scotia Bay, Laurie Island. 60° 45′ S, 44° 43′ W. 7 m.
   4. Argentinien.
   5. 9 Gebäude. 17 kW.
   6. 1. 11. 1903 (Omond House, Schottische Nationale Antarktische Expedition), am 21. 2. 1904 von Argentinien übernommen. 1903—1966. 15 Personen.

1. Base C. Cape Geddes
   2. Schutzhütte, zeitweilig Station.
   3. Auf Fels, Cape Geddes, Laurie Island. 60° 42′ S, 44° 34′ W. 9 m.
   4. British Antarctic Survey.
   5. 1 Hütte.
   6. 22. 1. 1946. 1946 — 17. 3. 1947. 4 Personen.

Tabelle 111, Fortsetzung

N. *Subantarktische Inseln* (von W nach E). Nur wissenschaftliche Stationen

1. Bird Island
   2. Sommerstation.
   3. Auf Fels, Bird Island, Freshwater Bay, Nordwestküste von Südgeorgien. 54° 00′ S, 38° 05′ W.
   4. British Antarctic Survey.
   5. 3 Gebäude.
   6. 1961 errichtet. 1961/62, 1963—1964 besetzt.

1. **Base M. South Georgia**
   2. IGJ- und IQSY-Station.
   3. Auf Fels, Grytviken, Südgeorgien, Ostküste. 54° 17′ S, 36° 30′ W. 3 m.
   4. British Antarctic Survey.
   5. 2 Gebäude. 175 kW.
   6. 1925 als Discovery-Stützpunkt errichtet. Übernahme durch die Falkland Islands Dependencies Survey 1950. 1950—1966. 5 Personen.

1. Teniente Esquivel
   2. Sommerstation.
   3. Auf Fels, Ferguson Bay, Thule Islands, Südsandwichinseln. 59° 27′ S, 27° 16′ W.
   4. Argentinien.
   5. 1 Hütte.
   6. 25. 1. 1955. 1955 (Sommer), 1955/56 (Sommer).

1. **Tristan da Cunha**
   2. IGJ- und IQSY-Station.
   3. Auf Fels, Tristan da Cunha. 37° 03′ S, 12° 19′ W. 23 m.
   4. Südafrikanische Union.
   5. 4 Gebäude. 5 kW.
   6. 1956. 1956—1966. 2 Personen.

1. Gough Island
   2. IGJ- und IQSY-Station.
   3. Auf Fels, Ostküste der Goughinsel. 40° 19′ S, 9° 51′ W. 7 m.
   4. Südafrikanische Union.
   5. 4 Gebäude. 2 kW.
   6. 1956, 1956—1964. 9 Personen.

1. **Gough Island** (II)
   2. IQSY-Station.
   3. Auf Fels. Transvaal Bay, Ostküste der Goughinsel. 40° 19′ S, 9° 51′ W.
   4. Südafrikanische Union.
   5. 4 Gebäude. 2 kW. Die Station wurde 1964 (Mai) auf die neue Stelle verlegt.
   6. Mai 1964. 1964—1966. 9 Personen.

1. **Marion Island**
   2. IGJ- und IQSY-Station.
   3. Auf Sumpfboden über Fels, Marion Island. 46° 53′ S, 37° 52′ E. 26 m.
   4. Südafrikanische Union.
   5. 12 Gebäude. 27 kW.
   6. 1947. 1947—1966. 11 Personen.

Tabelle 111, Fortsetzung

1. **Port Alfred**
   2. IQSY-Station.
   3. Auf Fels, Plateau Jeannel, Ile de la Possession, Crozet. 46° 25′ S, 51° 52′ E. ca. 55 m.
   4. Frankreich.
   5. 7 Gebäude.
   6. April 1964. 1964—1966. 22 Personen. (In den kommenden Jahren soll die Besatzung 15 Personen betragen).

1. Pointe Molloy
   2. Wissenschaftliche Station.
   3. Auf Fels, Pointe Molloy, Iles de Kerguelen. 49° 21′ S, 70° 04′ E.
   4. Frankreich.
   5. 2 Gebäude.
   6. 1953 (?). 1959 besetzt. 4 Personen.

1. **Port-aux-Français**
   2. IGJ- und IQSY-Station.
   3. Auf Fels, Ile de Kerguelen. 49° 21′ S, 70° 12′ E. 10 m.
   4. Frankreich.
   5. 41 Gebäude. 3 Aggregate zu 50, 60 und 120 kW.
   6. 1951. 1951—1966. 120 Personen.

1. Heard
   2. Wissenschaftliche Station.
   3. Auf Fels, Atlas Cove, Heard Island. 53° 01′ S, 73° 23′ E. 5 m.
   4. Australien.
   5. 25 Gebäude.
   6. 11. 12. 1947. 1947 — 25. 1. 1955. 28. 1. — 9. 3. 1963.

1. **Camp Heurtin**
   2. IGJ- und IQSY-Station.
   3. Auf Fels, Ile Amsterdam. 37° 50′ S, 77° 34′ E.
   4. Frankreich.
   5. 14 Gebäude. 50 kW.
   6. 1957. 1957—1966. 30 Personen.

1. **Macquarie**
   2. IGJ- und IQSY-Station.
   3. Auf Fels, Buckles Bay, Macquarie Island. 54° 30′ S, 158° 57′ E. 6 m.
   4. Australien.
   5. 14 Gebäude. 47 kW. Radar von 17 KNA.
   6. 1912 erste Hütte. 7. 3. 1948. 1912/13. 1948—1966. 17 Personen.

1. **Campbell**
   2. IGJ- und IQSY-Station.
   3. Auf Fels, Preseverance Fjord, Campbell Island. 52° 53′ S, 169° 09′ E. ca. 20 m.
   4. Neuseeland.
   5. 9 Gebäude.
   6. 1941. 1941—1966. 7 Personen (Besetzung).

Tabelle 112

Verzeichnis wichtiger Polarinstitute, Kommissionen und Gesellschaften
(Nach Polar Record und anderen Unterlagen)

Die folgende Liste ist nach Ländern geordnet, innerhalb der Länder nach dem Jahr der Gründung. Die Aufstellung enthält:

Name der Institution; Adresse; Gründungsjahr, Jahr der Namensänderung oder der Auflösung; juristische Unterstellung; Veröffentlichungen in in „. . . "

A. Internationale Gesellschaften, Kommissionen und Vereinigungen

A 1. Commission Internationale Polaire. Sitz in Brüssel. 1906 gegründet unter dem Namen Association internationale pour l'étude des régions polaires, 1908 umbenannt, um 1914 eingegangen. „Rapports", „Procès-Verbaux".

A 2. Aeroarktik, Internationale Studiengesellschaft zur Erforschung der Arktis mit dem Luftschiff. Sitz in Berlin. 1924. Auflösung 1937. „Arktis".

A 3. Bureau of International Whaling Statistics. Sandefjord, Norwegen. 1930 in Oslo gegründet, nach dem Kriege nach Sandefjord verlegt. International von den Walfangstaaten getragen. „International Whaling Statistics" (jährlich).

A 4. Societas Arctica Scandinavica. Sitz: Kopenhagen, Zoologisches Museum der Universität. 1940. Um 1945 eingegangen. „Acta Arctica".

A 5. Scientific Committee on Antarctic Research (SCAR). Sekretariat 1965: Scott Polar Research Institute, Cambridge. 1957 gegründet unter dem Namen Special Committee on Antarctic Research, 1961 jetziger Name angenommen; „SCAR Bulletin".

B. Argentinien

B 1. Instituto Antártico Argentino („Hernan Pujato"). Buenos Aires, Cerrito 1248. 1951. Ab 1956 dem Ministerio de la Marina unterstellt. „Bolletino", „Publicaciones .

C. Australien

C 1. Australian Polar Club. Sitz wahrscheinlich Melbourne. 1938? Nähere Angaben nicht bekannt, wahrscheinlich eingegangen.

C 2. Australian National Antarctic Research Expedition (ANARE). Antarctic Division, Department of External Affairs. Melbourne SC 3, 568 St. Kilda Road. 1947. Abteilung des Department of External Affairs. „Reports".

C 3. National Committee for Antarctic Research. Canberry City, ACT, Gordon Street. 1958. Komitee der Australian Academy of Science.

C 4. Antarctic Wives' Association. Melbourne (President Mrs. *Philip G. Law*). 1965. Private Vereinigung der Frauen von Teilnehmern der ANARE (C 2).

C 5. Mawson Institute for Antarctic Research. University of Adelaide, Adelaide/S. A. 1965. Universitäts-Institut mit koordinierenden Aufgaben zum Gedenken an Sir Douglas Mawson errichtet.

D. Belgien

D 1. Centre National de Recherches Polaires de Belgique. Bruxelles 4, 29 rue Vautier. 1958. Unterstellt dem Ministère de l'Instruction Publique. „Publications", „Bulletin d'information".

D 2. Comité spécial belge de la recherche scientifique dans l'Antarctique. Bruxelles 18, 3 Avenue Circulaire. 1958.

Tabelle 112, Fortsetzung

E. Chile

E 1. Comite Nacional de Investigaciones Antárticas. Santiago de Chile, Casilla 13 518, Correo 15. 1947, 1958 erneuert. „Publicaciones".

E 2. Instituto Antarctico Chileno. Santiago de Chile, Morandé 71, Correo 8. 29.5.1964. Unterstellt dem Ministerio de Relaciones Exteriores.

F. Dänemark

F 1. Grønlands Styrelse. Kopenhagen. Gegründet im 19. Jahrhundert, 1955 aufgegangen im Ministeriet for Grønland (F 6).

F 2. Kommissionen for videnskapelige undersøkelser i Grønland. Kopenhagen. 1878. 1955 dem Ministeriet for Grønland angegliedert. „Beretninger verdrørende Grønland".

F 3. Det Grønland Selskab. Kopenhagen. 1905. Private Gesellschaft. „Grønlandske Selskabs Aarskrift".

F 4. Scoresby Sund Komitet. Kopenhagen. 1924. Aufgelöst 1934. Privates Komitee.

F 5. Arktisk Institut. Charlottenlund, L. E. Bruunsveg 10. 1954. Privates Institut mit staatlicher Unterstützung.

F 6. Ministeriet for Grønland. København, Hausergade 3. 1955.

G. Deutschland

G 1. Deutsches Archiv für Polarforschung. Kiel, Eckernförder Str. 1. 1932. Privates Institut. „Polarforschung".

G 2. Deutsche Gesellschaft für Polarforschung. Kiel, Eckernförder Str. 1. 1931 gegründet unter dem Namen Vereinigung zur Förderung des Archivs für Polarforschung, Neuer Name seit 1959 (1960).

H. Frankreich

H 1. Expéditions Polaires Françaises, Missions Paul-Émile Victor. Paris 16e, 47 Avenue du Maréchal Fayolle. 1947. Privates Unternehmen mit staatlicher Unterstützung. „Publications".

H 2. Centre d'Études arctiques et antarctiques. Paris 6e, 9 rue Huysmans, École Pratique des Hautes Études. 1958. „Publications".

H 3. Comité National Français de Recherches Antarctiques. Paris 5e, 39ter rue Gay-Lussac. 1958.

H 4. Fondation française d'études nordiques. Rouen, Palais du Consuls. 11. 5. 1964.

H 5. Conseil Scientifique des Terres Australes et Antarctiques Françaises. Paris, Administrateur Supérieur des TAAF, Ministre de la France d'Outremer, Paris 7e, 27 rue Oudinot. 1955 gegründet unter dem Namen Conseil consultatif; neu errichtet 28. 5. 1965. „Terres australes et antarctiques françaises."

I. Großbritannien

I 1. Scott Polar Research Institute. Cambridge, Lensfield Road. 26. 11. 1920. „The Polar Record".

I 2. Antarctic Club. London (Meetings im Café Royal). 1929. Um 1940 eingegangen. Private Vereinigung von Polarforschern.

Tabelle 112, Fortsetzung

I 3. Arctic Club. Oxford und Cambridge Universities. 1932. Private Vereinigung von Mitgliedern der Expeditionen der beiden Universitäten in das Nordpolgebiet.

I 4. British Antarctic Survey. London SW 1, 4 Millbank. 1943 gegründet als „Operation Tabarin", 1945 Änderung auf den Namen „Falkland Islands Dependencies Survey", 1962 (1. 1.) jetziger Name angenommen. Offizielle Organisation. „Scientific Reports", „BAS Bulletin".

I 5. Friends of the Polar Institute. Cambridge, Lensfield Road. 1946. „Annual Report".

I 6. Royal Society. London W 1, Picadilly, Burlington House. Britisches Nationalkomitee für SCAR (A 5).

I 7. Trans-Antarctic Association, British Committee. London SW 1, 30 Gillingham Street. 1959? Private Vereinigung zur Unterstützung von Forschungen in der Antarktis.

J. Italien

J 1. Istituto geografico polare. Civitanova Marche (Macerata), Via Omero 21. 1944. Privates Institut mit staatlicher Unterstützung. „Il Polo".

K. Japan

K 1. Antarctic Office. Tokyo, Kasumisageki Chiyodaku. 1955. Unterstellt dem Ministry of Education. „Antarctic Record".

K 2. National Antarctic Committee. Polar Section, Natural Science Museum. Ueno Park, Tokyo. 1958. Dem Science Council of Japan unterstellt, reorganisiert 1.4.1966. Name geändert in: Department of Polar Research (Kyokuchi-kenkyubu).

K 3. Japan Polar Research Association. Shoko-kaikan. No. 1, Sannen-cho, Chiyoda-ku, Tokyo. 11. 11. 1964. Private Gesellschaft. „Polar News (Kyokuchi)".

L. Kanada

L 1. Arctic Associates Institute of Montreal. Montreal. 1935?, 1948 im Arctic Institute of North America (L 2) aufgegangen. „Arctic Newsletter".

L 2. Arctic Institute of North America. Montreal, 3484 University Street und Washington (vgl. S. 3) 1945. „Arctic".

L 3. The Arctic Circle. Ottawa. 1948. Privater Verein. „Arctic Circular".

M. Neuseeland

M 1. New Zealand Antarctic Society. Wellington, PO. Box 2110. 2. 11. 1933. Private Vereinigung. „Antarctic".

M 2. National Committee on Antarctic Research. Wellington, PO. Box 8018. 1958. Körperschaft der Royal Society of New Zealand.

M 3. Ross Dependency Research Committee, Antarctic Division. Wellington, PO. Box 6022. 1958/59. Dem Department of Scientific and Industrial Research (DSIR) unterstellt.

M 4. Transantarctic Association, New Zealand Committee. The Secretary, 37 Worcester Street, Wellington. 1959? (vgl. I. 7).

N. Norwegen

N 1. Norsk Polarinstitutt. Oslo 3, Middelthungst. 27 B, Postboks 5054 Majorstua; 1928 gegründet unter dem Namen Norges Svalbard og Ishavs Undersøkelser. 1948 der jetzige Name angenommen. Untersteht dem Ministerium für Industrie, Handel und Schiffahrt. „Skrifter", „Meddelelser", „Årbok".

Tabelle 112, Fortsetzung

N 2. Polarclub. Oslo, Norsk Polarinstitutt (siehe N 1). 21. 2. 1933. „Polar Årboken".

N 3. Arktisk Forening. Tromsø. 1960? „Polar Posten".

O. Österreich

O 1. Archiv für Polarforschung. Wien, Naturhistorisches Museum. 1937. 1944? eingegangen. „Jahresberichte".

P. Schweiz

P 1. Société des Polaires et des Explorateurs suisses. Lausanne. 1962. Private Vereinigung. „Bulletin".

Q. Südafrikanische Union

Q 1. South African Scientific Committee for Antarctic Research. Pretoria, PO. Box 395. 1958. Dem CSIR unterstellt.

Q 2. South African Antarctic Association. Pretoria, Brooklyn, 16 Anderson Street. September 1961. „Antarktiese Bulletin".

R. UdSSR

R 1. Arktičeskij i antarktičeskij naučno-issledovatel'skij Institut. Leningrad, Fontanka 34. 1920 unter dem Namen Institut für Studien des Nordens gegründet; 1930 neuer Name Arktičeskij naučno-issledovatel'skij Institut; 1958 jetziger Name. Unterstellt der Hauptverwaltung des Nördlichen Seeweges (Glavnoe Upravlenie Severnogo Morskogo Puti Ministerstva Morskogo Flota SSSR, Glavsevmorput'.) „Informacionnyj Bjuleteń", „Trudy", „Problemy Arktiki".

R 2. Arktičeskij Muzej. Leningrad, Fontanka 34. 1937. Dependenz des Arktischen und Antarktischen Forschungsinstituts (R 1).

R 3. Murmanskoe gosudarstvenoe morskoe arktičeskoe parochodstvo Ministerstva morskogo flota SSSR. Murmansk. 1938?

R 4. Kommissija po problemam severa. Moskva B-333, ulica Vavilova 30a. 1954 als reine Forschungskommission bei der Akademie der Wissenschaften der UdSSR gegründet, seit 1962 dem Gosplan angegliedert. In ihr sind über 60 wissenschaftliche Institute vereinigt. „Problemy Severa".

R 5. Naučno-issledovatel'skij Institut Geologii Arktiki. Leningrad. 1955. Dem Ministerstvo Geologii i Ochrany unterstellt. „Trudy".

R 6. Sovetskij Komitet po issledovanija Antarktiki. Moskva B-333, ulica Vavilova 30a. 1958. Der Akademija Nauk SSSR angegliedert.

R 7. Naučno-issledovatel'skij Institut Sel'skogo Chozjajstva Krajnego Severa. Moskau. Nähere Angaben nicht bekannt.

R 8. Vserossijskaja komissija po literaturam narodov Krajnego Severa. Leningrad. Abteilung des Leningradskij Otdel Sojuza Pisatelej SSSR. Nähere Angaben fehlen.

S. USA

S 1. American Polar Society. New York, N. Y., 98—62 Drive (Apt. 7 H, Rego Park 74) 19. 11. 1934. Private Vereinigung. „The Polar Times".

S 2. United States Antarctic Service. Washington. 1939. 1958 wurden seine Aufgaben vom Committee on Antarctic Research (S 4) übernommen.

Tabelle 112, Fortsetzung

S 3. Arctic Institute of North America. Washington, D.C. 5, 1530 P Street N.W. (und Montreal, siehe L 2), 1945. „Arctic".

S 4. Committee on Polar Research. Washington 25, D.C., 2101 Constitution Ave. 1958. Der National Academy of Sciences angegliedert. Unterstellt seit 1961 das Office of Antarctic Programs.

S 5. Antarctic Policy Group. Washington D.C., The Chairman, Assistant Secretary of State for International Organization Affairs. 1. 5. 1965. Zusammenarbeit mit dem Assistant Secretary of Defence for International Security Affairs und dem Direktor der National Science Foundation. Diese Institution ersetzt den am 24. 4. 1965 aufgelösten US Antarctic Projects Officer. „Bulletin".

S 6. Geophysical and Polar Research Center. The University of Wisconsin, 6021 South Highland Road, The Highlands, Madison 5. Gründungsjahr nicht bekannt. Universitäts-Institut. „Research Report Series".

S 7. Ohio State University Institute of Polar Studies. Mendenhall Laboratory, Ohio State University, Columbus 10. Februar 1960. Als reines Forschungsinstitut dem Office of Research der Ohio State University unterstellt. „Reports", „Report Series".

S 8. Antarctican Society. c/o President Dr. A. P. Crary, Office of Antarctic Programs, National Science Foundation, Washington D. C., 20550. 1959. Gegründet „um den Austausch freundschaftlicher und informierender Ansichten über die Antarktis zu erleichtern". „Antarctic Report."

Tabelle 113

Verzeichnis der Abkürzungen von Institutionen und Gesellschaften, die sich mit polaren Forschungen beschäftigen und sonstige internationale Abkürzungen.

Lit.:	Abbreviations for organizations connected with polar research. (Polar Record Vol. II, Nr. 72, 1962, und Nr. 81, 1965.)
AANI	Arktičeskij i Antarktičeskij Naučno-Issledovatelskij Institut, Leningrad (Arktisches und Antarktisches wissenschaftliches Forschungsinstitut).
AAT	Australian Antarctic Territory (Australisches Antarktisches Territorium).
ACAN	Advisory Committee on Antarctic Names (des Board on Geographical Names), Washington (Beratendes Komitee für antarktische Namen).
ACFEL	Arctic Construction and Frost Effects Laboratory (der Armee der USA) (Laboratorium für arktische Konstruktionen und Frostwirkungen).
ACIC	Aeronautical Chart and Information Center (der US-Luftwaffe) (Zentrale für Luftfahrtkarten und Informationen).
ACDN	Advisory Committee on Northern Development, Canada (Beratendes Komitee für Entwicklung des Nordens).
AGI	Année géophysique internationale 1957/58 (vgl. IGJ).
AGS	American Geographical Society, New York (Amerikanische geographische Gesellschaft).
AGU	American Geophysical Union, Washington (Amerikanische Geophysikalische Union).
AIBS	American Institute of Biological Sciences (Amerikanisches Institut für biologische Wissenschaften; vgl. IAG).
AINA	Arctic Institute of North America, Montreal—Washington (Arktisches Institut von Nordamerika).
AISC	Année Internationale du Soleil Calme (vgl. IQSY).
AMNH	American Museum of Natural History, New York (Amerikanisches Museum für Naturgeschichte).
ANARE	Australian National Antarctic Research Expedition, Melbourne (Australische nationale antarktische Forschungsexpedition).
ANCA	Antarctic Names Committee of Australia (Komitee für antarktische Namen von Australien).
AN SSSR	Akademija Nauk SSSR, Moskau (Akademie der Wissenschaften).
APC	Antarctic Place Names Committee, London (Komitee für antarktische Namen).
BAS	British Antarctic Survey (Britische Antarktische Landesaufnahme).
BAT	British Antarctic Territory (Britisches antarktisches Territorium).
BGS	British Glaciological Society (Britische glaziologische Gesellschaft).
BICS	Bureau Central International de Seismologie (Internationales Zentralbureau für Seismologie).
BIWS	Bureau of International Whaling Statistics. Kontoret for Internasjonal Hvalfangststatistikk, Sandefjord (Bureau für internationale Walfangstatistik).
BM	British Museum, London.
CEA	Commission de l'Energie Atomique, Paris (Kommission für Atomenergie).
CEGRAA	Centre d'Etudes glaciologiques des régions arctiques et antarctiques, Paris (Zentrale für glaziologische Forschungen der arktischen und antarktischen Regionen).
CIG	Comité International de Géophysique (der ICSU). (Internationales Komitee für Geophysik.)
CNFRA	Comité National Français pour les Recherches Antarctiques (Französisches Nationalkomitee für antarktische Forschungen).

CNRS	Comité National de la Recherche Scientifique, Paris (Nationales Komitee für wissenschaftliche Forschung).
COSPAR	Committee on Space Research (der ICSU) (Komitee für Weltraumforschung).
CPR	Committee on Polar Research (der NAS) (Komitee für Polarforschung).
CRREL	Cold Regions Research and Engineering Laboratory (der US-Armee); vor 1. 2. 1961: SPIRE (Laboratorium für Erforschung und Ingenieurwesen der kalten Regionen).
CSAGI	Comité Spécial de l'Année Géophysique Internationale (der ICSU) (Spezialkomitee für das Internationale Geophysikalische Jahr).
CSIR	Council for Industrial Research, Südafrikanische Union (Rat für Industrieforschung).
CSIRO	Commonwealth Scientific and Industrial Research Organization, Australien (Organisation für wissenschaftliche und industrielle Forschung des Commonwealth).
DCS	Directorate of Colonial Surveys (jetzt: Directorate of Overseas Surveys, London (Direktorat für koloniale Landesaufnahme).
DHI	Deutsches Hydrographisches Institut, Hamburg.
DOS	Directorate of Overseas Surveys, London (Direktorat für Landesvermessung in Übersee).
DRB	Defence Research Board, Kanada (Amt für Verteidigungsforschung).
DSIR	Department of Scientific and Industrial Research, London—Wellington (Ministerium für wissenschaftliche und industrielle Forschung).
ELRDL	Electronics Research and Development Laboratory (der US-Armee), San Diego (Laboratorium für Elektronenforschung und Entwicklung).
EPF	Expéditions polaires françaises, Paris (Französische Polarexpeditionen).
FAGS	Federation of Astronomical and Geophysical Sciences (der ICSU) (Vereinigung der astronomischen und geophysikalischen Wissenschaften).
FAO	Food and Agriculture Organization, Rom (Organisation für Nahrungsmittel und Ackerbau der Vereinten Nationen).
FID	Fédération Internationale de Documentation, den Haag (Internationale Vereinigung für Dokumentation).
FIDS	Falkland Islands Dependencies Survey (jetzt: British Antarctic Survey) (Landesaufnahme der Dependenzen der Falkland-Inseln).
GOIN	Gosudarstvennyj Okeanografičeskij Institut, Moskau (Staatliches Ozeanographisches Institut).
GS	Glaciological Society, Cambridge (Früher: British Glaciological Society) (Glaziologische Gesellschaft).
GUGMS	Glavnoe Upravlenie Gidrometeorologičeskoj Služby, Moskau (Hauptverwaltung des Hydrometeorologischen Dienstes).
IAA	Instituto Antártico Argentino, Buenos Aires (Argentinisches antarktisches Institut).
IAAC	International Antarctic Analysis Center, Melbourne (Internationales antarktisches Analysen-Zentrum; vgl. Tabelle am Schluß des Verzeichnisses).
IAC	International Advisory Committee on Research in the Natural Sciences (der UNESCO) (Internationales beratendes Komitee für Naturwissenschaften).
IACOMS	International Advisory Committee on Marine Sciences (der ICSU) (Internationales beratendes Komitee für Meereswissenschaften).

Tabelle 113, Fortsetzung

IAEA	International Atomic Energy Agency (Internationale Agentur für Atomenergie).
IAG	International Association of Geodesy (der ICSU) (Internationale Vereinigung für Geodäsie).
IAGA	International Association of Geomagnetism and Aeronomy (der ICSU) (Internationale Vereinigung für Geomagnetismus und Aeronomie).
IAM	International Association of Meteorology (Internationale Vereinigung für Meteorologie).
IAMAP	International Association of Meteorology and Atmospheric Physics (der IUGG). Auch: AIMPA (Internationale Vereinigung für Meteorologie and atmosphärische Physik).
IAPO	International Association of Physical Oceanography (der ICSU). Auch: AIOP (Internationale Vereinigung für physikalische Ozeanographie).
IASH	International Association of Scientific Hydrology (der IUGG). Auch: AIHS (Internationale Vereinigung für wissenschaftliche Hydrologie).
IASPEI	International Association of Seismology and Physics of the Earth's Interior (der UGGI). Auch: AISPIT (Internationale Vereinigung für Seismologie und Physik des Erdinnern).
IAU	International Astronomical Union (der ICSU) (Internationale Union für Astronomie).
IAV	International Association of Volcanology (der ICSU) (Internationale Vereinigung für Vulkanologie).
ICAO	International Civil Aviation Organization, Montreal (Internationale Organisation für zivile Luftfahrt).
ICBP	International Council for Bird Preservation (Internationaler Rat für Erhaltung der Vögel).
ICES	International Council for the Exploration of the Seas (der ICSU) (Internationaler Rat für die Erforschung des Meeres).
ICNAF	International Council for the North Atlantic Fisheries (der ICSU) (Internationaler Rat für die Nordatlantische Fischerei).
ICSI	International Commission on Snow and Ice (Internationale Kommission für Schnee und Eis).
ICSU	International Council of Scientific Unions (Internationaler Rat der wissenschaftlichen Unionen).
IFRB	International Frequency Registration Board (der ITU) (Internationales Amt für Frequenzregistrierung).
IGC	International Geophysical Coöperation 1959/60 (Internationale Geophysikalische Kooperation).
IGJ	Internationales Geophysikalisches Jahr 1957/58 (siehe auch AGI).
IGN	Institut Géographique National, Paris (Nationales Geographisches Institut).
IGU	International Geographical Union (der ICSU) (Internationale Geographische Union).
IGY	International Geophysical Year 1957/58 (Internationales geophysikalisches Jahr).
IHB	International Hydrographic Bureau, Monaco (Internationales Hydrographisches Bureau).
IMCO	Intergovernmental Maritime Consultative Organization (Zwischenstaatliche maritime beratende Organisation).
INPFC	International North Pacific Fisheries Commission (Internationale Kommission für Fischerei im Nord-Pazifik).
INQUA	International Association on Quaternary Research (der ICSU) (Internationale Quartär-Vereinigung).

Tabelle 113, Fortsetzung

IOC	Intergovernmental Oceanographic Commission (der ICSU) (Zwischenstaatliche ozeanographische Kommission).
IOF	International Oceanographic Foundation (Internationale ozeanographische Stiftung).
IPG	Institut de Physique du Globe, Paris (Institut für Erdphysik).
IPHC	International Pacific Halibut Commission (Internationale pazifische Heilbutt-Kommission).
IPMS	International Polar Motion Service (der ICSU) (Internationaler polarer Antragsdienst).
IPQ	Institut de Physique du Globe, Straßburg (Institut für Erdphysik).
IPSFC	International Pacific Salmon Fisheries Commission. (Internationale Kommission für pazifische Lachsfischerei.)
IQSY	International Quiet Sun Year 1964/65 (Internationales Jahr der ruhigen Sonne).
IRC	International Radio Commission (Internationale Radio-Kommission).
IRC	International Radiation Commission (der IUGG) (Internationale Kommission für Strahlung).
ISO	International Standards Organization (Internationale Organisation für Standards).
ITU	International Telecommunication Union (der ICSU), Genf (Internationale Union für drahtlosen Verkehr).
IUB	International Union of Biochemistry der (ICSU) (Internationale Union für Biochemie).
IUBS	International Union of Biological Sciences (der ICSU) (Internationale Union für biologische Wissenschaften).
IUCAF	Inter-Union Committee on Frequency Allocations for Radio Astronomy and Space Sciences (der ICSU) (Interunionskomitee für Frequenzenzuweisung für Radioastronomie und Weltraumwissenschaften).
IUCI	Inter-Union Committee on the Ionosphere (der ICSU) (Interunionskomitee für die Ionosphäre).
IUCN	International Union für Conservation of Nature (Internationale Union für die Erhaltung der Natur).
IUCRM	Inter-Union Commission on Radio Meteorology (der ICSU) (Interunionskommission für Radiometeorologie).
IUCSTR	Inter-Union Commission on Solar and Terrestrial Relationships (der ICSU) (Interunionskommission für solar-terrestrische Beziehungen).
IUGG	International Union of Geodesy and Geophysics (der ICSU) (Internationale Union für Geodäsie und Geophysik).
IUGS	International Union of Geological Sciences (der ICSU) (Internationale Union für geologische Wissenschaften).
IUPAC	International Union of Pure and Applied Chemistry (der ICSU) (Internationale Union für reine und angewandte Chemie).
IUPAP	International Union of Pure and Applied Physics (der ICSU) (Internationale Union für reine und angewandte Physik).
IUPS	International Union of Physiological Sciences (der ICSU) (Internationale Union der physiologischen Wissenschaften).
IWC	International Whaling Commission (Internationale Walfangkommission).
MMF	Ministerstvo Morskogo Flota, Moskau (Ministerium der Seeflotte).
MO	Meteorological Office, Bracknell, England (Meteorologisches Amt).
NAS	National Academy of Sciences, USA (Nationale Akademie der Wissenschaften).

NASA	National Aeronautics and Space Administration, USA (Nationale Verwaltung für Luftfahrt und Weltraumfahrt).
NASCO	National Academy of Sciences Committee on Oceanography, USA (Komitee für Ozeanographie der Nationalen Akademie der Wissenschaften).
NGS	National Geographic Society, Washington (Nationale Geographische Gesellschaft).
NIO	National Institute of Oceanography, Wormley, England (Nationales Institut für Ozeanographie).
NODC	National Oceanographical Data Center, Washington (Nationales Zentrum für Ozeanographische Daten).
NPFSC	North Pacific Fur Seal Commission (Nordpazifische Kommission für Pelzrobben).
NRC	US National Research Council (Nationaler Forschungsrat).
NSF	National Science Foundation, USA (Nationale Forschungsstiftung).
NSIU	Norges Svalbard og Ishavs Undersøkelser, Oslo, jetzt: Norsk Polarinstitutt (Norwegische Forschungen in Spitzbergen und dem Eismeer).
NWPFC	Northwest Pacific Fisheries Commission (Kommission für Fischerei im Nordwestpazifik).
NZOI	New Zealand Oceanographic Institute, Wellington (Ozeanographisches Institut von Neuseeland).
OAP	Office of Antarctic Programs (der NSF), Washington (Amt für antarktische Programme).
ONR	Office of Naval Research (des Navy Department), Washington (Amt für Marineforschung).
ORSOM	Office de la Recherche Scientifique et Technique d'Outre-Mer, Paris (Amt für wissenschaftliche und technische Forschung in Übersee).
PINRO	Poljarnyj Naučno-Issledovatelskij i Proektnyj Institut Morskogo Rybnogo Chozjajstva i Okeanografii imeni N.M. Knipoviča, Murmansk (Polares wissenschaftliches Forschungs- und Planungsinstitut der Fischwirtschaft und für Ozeanographie namens N.M. Knipowitsch).
PR and DC	Polar Research and Development Center of United States Army (Polares Forschungs- und Entwicklungsinstitut der US-Armee).
RDRC	Ross Dependency Research Committee, Wellington (Forschungskomitee für die Ross-Dependenz).
RGS	Royal Geographical Society, London (Kgl. Geographische Gesellschaft).
SANAE	South African National Antarctic Expedition (Südafrikanische Nationale Antarktische Expedition).
SANCAR	South African National Council for Antarctic Research (Südafrikanischer Nationaler Rat für antarktische Forschung).
SAPMER	Société Anonyme des Pêches Maritimes et de Ravitaillement (Aktiengesellschaft für Seefischerei und Verpflegung).
SCAR	Scientific Committee on Antarctic Research (der ICSU) (Wissenschaftliches Komitee für antarktische Forschung).
SCIBP	Special Committee for the International Biological Programme (Spezielles Komitee für das Internationale biologische Programm).
SCIQSY	Scientific Committee for the International Quiet Sun Year (der ICSU) (Wissenschaftliches Komitee für das Jahr der ruhigen Sonne).
SCOR	Special Committee on Oceanic Research der (ICSU) (Spezialkomitee für Ozeanforschung).

Tabelle 113, Fortsetzung

SIO	Scripps Institution of Oceanography, La Jolla, USA (Scripps Institution für Ozeanographie).
SIPRE	Snow, Ice and Permafrost Research Establishment (der Armee der USA; seit 1. 2. 1961: CRREL). (Forschungseinrichtung für Schnee, Eis und Permafrost.)
SITAAF	Société Industrielle des Terres Australes et Antarctiques Françaises, Paris (vor 1964: Société Industrielle des Abattoirs Parisiens, SIDAP).
SOAN	Sibirskoe Otdelenie Akademii Nauk, Novosibirsk (Sibirische Abteilung der Akademie der Wissenschaften).
SPRI	Scott Polar Research Institute, Cambridge (Scott-Polarforschungsinstitut).
SSB	Space Science Board, USA (Amt für Weltraum-Wissenschaft).
TAAF	Terres Australes et Antarctiques Françaises (Südliche und antarktische französische Gebiete).
TACAM	Technical Advisory Committee on Antarctic Mapping (der Regierung der USA) (Technisches Beratungskomitee für Kartierung in der Antarktis).
TINRO	Tichookeanskij Naučno-Issledovatelskij Institut Morskogo Rybnogo Chozjajstva i Okeanografii, Vladivostok (Wissenschaftliches Forschungsinstitut für Seefischereiwirtschaft und Ozeanographie des Stillen Ozeans).
UGGI	Siehe IUGG.
UNESCO	United Nations Educational, Scientific and Cultural Organization, Paris (Erziehung, Wissenschafts- und Kulturorganisation der Vereinten Nationen).
UN	United Nations (Vereinte Nationen).
UPU	Universal Postal Union (Universale Post-Union).
URSI	Union Radio Scientifique Internationale (der ICSU) (Internationale Union für Radiowissenschaft).
USAEL	United States Army Electronics Laboratories (Laboratorien für Elektronik (der US-Armee).
USARP	United States Antarctic Research Program (der NSF) (US Antarktisches Forschungsprogramm).
USARSG	United States Army Research Support Group, TUTO, Grönland (Forschungshilfsgruppe der US-Armee).
USBGN	United States Board on Geographical Names, Washington (US-Amt für geographische Namen).
USFWS	United Staates Fish and Wildlife Service (US-Dienst für Fisch- und Tierschutz).
USGS	United States Geological Survey, Washington (Geologische Landesaufnahme).
USHO	United States Hydrographic Office (des Marine-Ministeriums), Washington (Hydrographisches Amt).
VGO	Vsesojuznoe Geografičeskoe Obščestvo, Leningrad, Moskau (All-Unions-Geographische Gesellschaft).
VNIRO	Vsesojuznyj Naučno-Issledovatelskij Institut Morskogo Rybnogo Chozjajstva i Okeanografii (All-Unions wissenschaftliches Forschungsinstitut für Seefischereiwirtschaft und Ozeanographie).
WDC	World Data Center (von IGJ und IGC) (Weltdaten-Zentrum).
WHO	World Health Organization (Weltgesundheitsorganisation).
WMO	World Meteorological Organization (auch: OMM). (Weltorganisation für Meteorologie).

Tabelle 113, Fortsetzung

Anhang.

Lage der WDC (Weltdaten-Zentren) des IGJ

CSAGI-Gruppe	Fachgebiet	Weltdatenzentren A USA; B UdSSR; C Sonstige Länder; St. D. Ständige Dienste	
II	Meteorologie	A	Asheville, NC
		B	Moskau B-2
		C	Genf, Schweiz
III	Geomagnetismus	A	Washington, DC
		B	Moskau B-2
		C-1	Charlottenlund, Dänemark
		C-2	Kyoto, Japan
		St. D.	de Bilt, Niederlande
			Göttingen, Deutschland
IVa	Polarlicht		
	(instrumentell)	A	College, Alaska
		B	Moskau B-2
		C	Stockholm, Schweden
	(visuell)	A	Ithaka, NY
		B	Moskau B-2
		C	Edinburgh, Großbritannien
IVb	Himmelsleuchten	A	Boulder, Co.
		B	Moskau B-2
		C-1	Paris, Frankreich
		C-2	Tokio, Japan
V	Ionosphäre	A	Boulder, Co.
		B	Moskau B-2
		C-1	Slough, Großbritannien
		C-2	Tokio, Japan
VI	Sonnentätigkeit	A	Boulder, Co.
		B	Moskau B-2
			Simeis, Krim
		C	Zürich, Schweiz
			Arcetri bei Florenz, Italien
			Meudon, Frankreich
			Pic du Midi, Frankreich
			Freiburg, Deutschland
			Sydney, Australien
			Cambridge, Großbritannien
			NERA, Niederlande
VII	Kosmische Strahlung	A	Minneapolis, Minn.
		B	Moskau B-2
		C-1	Stockholm, Schweden
		C-2	Tokio, Japan

Tabelle 113, Fortsetzung

CSAGI-Gruppe	Fachgebiet	Weltdatenzentren A USA; B UdSSR; C Sonstige Länder; St. D. Ständige Dienste	
VIII	Länge und Breite	A	Washington, DC
		B	Moskau B-1
		C	–
		St. D.	Paris, Frankreich
			Turin, Italien
			Mizusawa, Japan
IX	Glaziologie	A	New York, N. Y.
		B	Moskau B-1
		C	Cambridge, Großbritannien
X	Ozeanographie	A	Washington, DC
		B	Moskau B-1
		St. D.	Birkenhead, Großbritannien
XI	Raketen und Satelliten	A	Washington, DC
		B	Moskau B-1
		C	Slough, Großbritannien
XII	Seismologie	A	Washington, DC
		B	Moskau B-1
		C	Straßburg, Frankreich
XIII	Gravimetrie	A	Washington, DC
		B	Moskau B-1
		C	Uccle, Belgien
		St. D.	Paris, Frankreich
XIV	Kernstrahlung	A	Asheville, NC
		B	Moskau B-1
		C-1	Stockholm, Schweden
		C-2	Tokio, Japan

Schrifttum

Zahlreiche Einzelangaben sind aus anderen Veröffentlichungen entnommen, deren Anzahl es verbietet, sie einzeln hier aufzuführen. Für diese Unvollständigkeit wird vom Verfasser um Entschuldigung gebeten. Die nachstehende Aufstellung kann nur die wichtigen Werke angeben. Daneben haben die einzelnen Expeditionen umfangreiche Bände mit den wissenschaftlichen Ergebnissen veröffentlicht, deren Titel aus den angeführten Übersichtwerken entnommen werden kann. An Bibliographien über Polarliteratur sind vor allem zu nennen:

Breitfuß, L. (1950): Die Fortschritte der Polargebiete in den Jahren 1932—47. (Geograph. Jahrbuch Bd. 60. S. 1.)

Zavatti, S. (1952): Saggio di bibliografia polare. Rom 2. ed.
Recent polar literature. (Polar Record. Dreimal jährlich.)

I. Zeitschriften

Antarctic. A news bulletin. Wellington: New Zealand Antarctic Society. Vol. 1,1 — Vol. 4,8 (1966).
Antarctic Record. Reports. Tokyo: Ministry of Education. Vol. 1 (1957) — 24 (1965).
Bolletino del Instituto Antártico Argentino. Buenos Aires. Vol. 1,1 (1957) — Vol. 2,14 (1963).
Il Polo. Civitanova: Istituto Geografico Polare. Nr. 1 (1945) — Nr. 20,2 (1964).
Norsk Hvalfangst Tidende. 1912—1967.
Polarforschung. Kiel—Holzminden. Nr. 1 (1931) — Bd. 5, 1/2 (1965).
Problemy Arktiki. Leningrad: Morskoj Transport. Bd. 1 u. 2 (1957).
The Polar Record. Cambridge: Scott Polar Research Institute. Vol. 1,1 (1931) — Vol. 13,85 (1967).
Zahlreiche Einzelaufsätze in anderen Zeitschriften.

II. Bücher und Aufsätze

Abbreviations for organizations connected with polar research. (Pol. Rec. 11. 1962, 72. S. 288; 12. 1965, 81. S. 759.)
Absolute age of Antarctic rocks. (Pol. Rec. 10, 1961, 68. S. 530.)
Adie, R. J. (Hrsg.): Antarctic Geology. Proceedings of the First International Symposium on Antarctic Geology, held in Cape Town 16—21 Sept. 1963. Amsterdam 1964.
Administrativno-territorialnie delenie RSFSR. Moskau. Jährl. Letzte Ausg. Mai 1965.
Al'bum ledovych obrazovanij na morjach. Leningrad, Gosudarstv. Okeanograf. Inst. 1956.
Andrijašev, A. P.: Ryby severnych morej SSSR. Moskau: Akad. Nauk 1954. Publ. 53.
Andriyashev, A. P.: A general review of the Antarctic fish fauna. (Biogeography and ecology in Antarctica 1965. S. 491.)
Animal population estimates in the Soviet Arctic. (Pol. Rec. 11, 1962, 71. S. 195.)
Antarctic Pilot. London 1948. 2d ed.
Antarctic Research. Hrsg. *R. Priestley, R. J. Adie, G. de Q. Robin*, London 1964.
Antarctica in the International Geophysical Year. Geophysical Monograph 1. Washington 1956.
Antarktika. Materialy po istorii issledovanija i po fizičeskoj geografii. Moskau 1958.
Antonov, V. S.: Klimatičeskoe rajonirovanie vodosbornogo bassejna arktičeskich morej. (Problemy Arktiki 2. 1957. S. 97.)
Arctic Research. The current status of research and some immediate problems in the North American Arctic and Subarctic. New York, Montreal 1955. Arctic Institute of North America Spec. Publ. 2.
Aera of ice covered land in Svalbard and Jan Mayen. (Pol. Rec. 7, 1955, 49. S. 330.)

Armstrong, T., Roberts, B.: Illustrated ice glossary. Part I., II. (Pol. Rec. 8, 1956, 52, S. 4 u. 9, 1958, 59. S. 90.)
Armstrong, T.: The Russians in the Arctic. Aspects of Soviet exploration and exploitation of the Far North 1937—1957. London 1958.
Armstrong, T.: Mining in the Soviet Arctic. (Pol. Rec. 10, 1960, 64. S. 16.)
Armstrong, T.: Oil and gas in the Soviet Arctic. (Pol. Rec. 11, 1963, 73. S. 431.)
Arndt, J.: Fauna arctica. Jena 1933. 6 Bde.
Atlas der Eisverhältnisse des Nordatlantischen Ozeans und Übersichtskarten der Eisverhältnisse des Nord- und Südpolargebiets. Hamburg: Dt. Hydrogr. Institut 1950.
Atlas Antarktiki. Hrsg. Sovetskaja Antarktičeskaja Ekspedicija. — Moskva, Leningrad: Glavnoe Upravlenie Geodezii i Kartografii MG SSSR 1966.
Aubert de la Rue, E.: Les terres australes. Paris 1953. (Que sais-je? 603.)
Averjanov, V. G.: Meteorologičeskij režim vnutrennych rajonov Vostočnoj Antarktidy. (Izvest. Vesojuzn. Geogr. Obščestva 1959, 5. S. 397.)
Bannister, J. L.: Some developments in Antarctic Whaling 1962—1964. (Pol. Rec. 12, 1964, 77. S. 165.) Whaling stations in South Georgia. (Ebenda S. 207.)
Bartz, F.: Alaska. Stuttgart 1950. (Geogr. Handbücher.)
Bases and men. (Antarctic. 3, 1964, 12. S. 521.)
Bauer, A.: Synthèse glaciologique. E. P. F. Résultats scientif. Paris 1954.
Bauer, A.: Über die in der heutigen Vergletscherung der Erde als Eis gebundene Wassermasse. (Eiszeitalter u. Gegenwart 6, 1955. S. 60.)
Behrendt, J. C., Wold, R. J., Laudon, T. S.: Gravity base stations in Antarctica. (Geophys. Journ. of the R. Astronomical Soc. 6, 1962, 3. S. 400.)
Belov, M. I.: Arktičeskoe moreplavanie s drevnejšich vremen do serediny XIX veka. Moskau 1956.
Bentley, Ch. R., Ostenso, N. A.: Glacial and subglacial topography of West Antarctica. (Journ. of Glaciology, 3, 1961, 29. S. 882.)
Berg, L. S.: Die geographischen Zonen der Sowjetunion. Bd. II. Leipzig 1959.
Biologie antarctique. Premier symposium organisé par le SCAR. Paris 1964.
Birkeland, B. J. und *Foyn, N. J.*: Klima von Nordwesteuropa und der Inseln von Island bis Franz-Josef-Land. (Handbuch der Klimatologie. Bd. III L.) Berlin 1932.
Blüthgen, J.: Klimawerte der Länder der Erde. (Geograph. Taschenbuch 1960/61. S. 195.)
Blüthgen, J.: Allgemeine Klimageographie. Berlin 1964.
Blyth, J. D.: German raiders in the Antarctic during the Second World War. (Pol. Rec. 6, 1952, 43. S. 399.)
Breitfuß, L.: Arktis. The Arctic. Berlin, London 1939.
Breitfuß, L.: Das Nordpolargebiet, seine Natur, Bedeutung und Erforschung. Berlin 1943. (Verständl. Wissenschaft Bd. 48.)
Brown, R. J. E., Johnston, G. H.: Permafrost und verwandte Ingenieurprobleme. (Endeavour. 23, 1964, 89. S. 66.)
Brown, S. G.: A review of Antarctic whaling. (Pol. Rec. 11, 1963, 74. S. 555.)
Byhan, A.: Die Polarvölker. Leipzig 1909. (Wissenschaft u. Bildung Bd. 63.)
Cailleux, A.: Géologie de l'Antarctique. E. P. F. Publ. 242. Paris 1963.
Canada 1965—66. The official handbook of present conditions and recent progress. Ottawa: Dominion Bureau of Statistics 1966.
Canada Yearbook. Official statistical annual. Ottawa. Jährl. Letzte Ausg. 1966.
Caribou investigations in the Canadian Arctic. (Pol. Rec. 6, 1951, 42. S. 253; 6, 1952, 44. S. 532; 7, 1955, 50. S. 388.)
Carrick, R.: The wildlife of Macquarie Island. (Museum Magazine. XII, 1958, 8.)
Carrick, R.: Southern seals as subjects for ecological research. (Biologie antarctique 1964. S. 421.)
Carrick, R.: Problems of conservation in and around the Southern Ocean. (Ebenda S. 589.)

Catalogue of data at World Data Centers (WDC) of the IGY and IGC. (Pol. Rec. 12, 1965, 81. S. 767.)
Census of Soviet northern peoples. (Pol. Rec. 10, 1960, 65. S. 150.)
Collins, H. B.: Archeological research in the North American Arctic. (Arctic Research 1955. S. 184.)
Corbel, J.: Les karsts des régions polaires. (Revue belge de géographie. 88, 1964, 1—2. S. 83.)
Cresus: La saison baleinière 1964/65. Anvers, Juli 1965.
Dänemark. Hrsg. Kgl. Dän. Min. d. Äußeren. Kopenhagen 1962.
Davies, W. E.: Antarctic stratigraphy and structure. (Antarctica in the I. G. Y. Washington 1956. S. 44.)
Deacon, G. E. R.: The Southern Ocean. (Antarctic Research 1964. S. 292.)
Dege, W.: Grönland im Strukturwandel von Wirtschaft und Siedlung. (Erdkunde 18, 1964, 3. S. 169; 4. S. 285.)
Dege, W.: Die Westküste Grönlands. Bevölkerung, Wirtschaft und Siedlung im Strukturwandel. (Deutsche Geograph. Blätter 50, 1965, 1—2. S. 5.)
Dell, R. K.: Zoogeography of antarctic benthic molluscs. (Biologie antarctique 1964. S. 259.)
Demenickaja, R. M.: (Die Methode der Erforschung der geologischen Struktur des kristallinen Mantels der Erde.) (Sovetsk. Geologija 1959, 1. S. 90.)
Demenickaja, R. M.: (Die großen Züge der Struktur der Erdkruste in der Antarktis.) (Informacion. Bjuleten Sovetsk. Antarkt. Ekspedicii Bd 23. Leningrad 1960. S. 10.)
D'jakonov, F. V.: (Produktive Kräfte und produktive territoriale Komplexe im Nordosten der UdSSR.) (Izvest. Akad. Nauk SSSR, Ser. geograf. 1963, 4. S. 35.)
Drygalski, E. v.: Antarktis. (Handbuch d. geograph. Wissenschaft.) Wildpark 1930.
Dubnie, A., Keith-Buck, W.: Progress of mineral development in Northern Canada. (Pol. Rec. 12, 1965, 81. S. 683.)
Dunbar, M. J.: Arctic and subarctic marine ecology. (Arctic Research 1955. S. 101.)
Dunbar, M.: Canadian proposal for changes in WMO sea ice terminology. (Pol. Rec. 12, 1965, 81. S. 717.)
Edholm, O. G.: Man and the environment. (Antarctic Research 1964. S. 39.)
Eklund, C. R.: Population studies of antarctic seals and birds. (Biologie antarctique 1964. S. 415.)
Elbo, J. G.: Cryolite and the mine at Ivigtut, West Greenland. (Pol. Rec. 5, 1948, 35/36. S. 185.)
Elbo, J. G.: The war in Svalbard. (Pol. Rec. 6, 1952, 44. S. 484.)
Encyclopedia Britannica. Artikel Canada. London 1963.
Eskimo affairs in Canada, 1952. (Pol. Rec. 7, 1954, 47. S. 68.)
Exploitation of lead and zinc deposits at Mesters Vig, East Greenland. (Pol. Rec. 9, 1958, 58. S. 50.)
Falla, R. A.: Distribution patterns of birds in the Antarctic. (Biologie antarctique 1964. S. 367.)
Fisheries in the Soviet Arctic. (Pol. Rec. 9, 1959, 63. S. 578.)
Ford, A. B.: Review of Antarctic geology. (I. G. Bulletin 82, 1964.)
Forstinger, R.: Durch die Luft zum Nord- und Südpol. Breslau 1933. (Hirts Deutsche Sammlung Gruppe I, Bd. 6.)
Foxton, P.: Seasonal variations of the plankton of Antarctic waters. (Biologie antarctique 1964. S. 311.)
Fraser, F. C.: Whales and whaling. (Antarctic Research 1964. S. 191.)
Fristrup, B.: Investigations of the Greenland ice cap. (Collected papers. Denmark. 20 Congr. Internat. de Géographie 1964. S. 59.)
Fuchs, V., Hillary, E.: Quer über den Südpol 1958. Wien, Berlin, Frankfurt 1958.
Gakkel', Ja. Ja.: Nauka i osvoenie Arktiki. Leningrad 1957.

Gakkel', Ja. Ja.: (Zeichen rezenter submariner vulkanischer Aktivität im Lomonossov-Rücken.) (Priroda 4, 1958. S. 87.)
George, D. J.: The coldest places on earth. (Weather 16, 1961, 3. S. 144; Pol. Rec. 10, 1961, 69. S. 629.)
Georgi, J.: Über Sinn und Zweck der Polarforschung. (Polarforschung 18, 1948, 1/2. S. 1.)
Georgi, J.: Die wichtigsten Forschungsreisen in das Nord- und Südpolargebiet. (Kosmos-Kalender. Stuttgart 1950.)
Georgi, J.: Bemerkungen zum Klima von Eismitte. (Ann. d. Meteorologie 6, 1953/54. S. 283.)
Georgi, J.: Antarktis-Notizen. Die Lagebestimmungen des südlichen Magnetpols 1820 bis 1963. (Polarforschung 5, 1961, 1/2. S. 117.)
Gerasimov, I. P.; Markov, K. K.: Lednikovyj period na territorii SSSR. Moskau—Leningrad 1939.
Giovinetti, B., Behrendt, J. C.: The areas of ice shelves in Antarctica. (Pol. Rec. 12, 1964, 77. S. 171.)
Godt, P.: The Canadian eskimo cooperative movement. (Pol. Rec. 12, 1964, 77. S. 157.)
Goldman, C. R.: Primary productivity studies in Antarctic lakes. (Biologie antarctique 1964. S. 291.)
Gordijenko, P.: Die Polarforschung der Sowjetunion. Düsseldorf 1967.
Gordijenko, P. A., Laktionov, A. F.: Die wichtigsten Ergebnisse der jüngsten ozeanographischen Forschungen im Nordpolarbecken. (Petermanns Geogr. Mitt. 1961. S. 71.)
Gould, L. M.: The polar regions in their relation to human affairs. (Bowman Memorial Lectures.) New York 1958.
Greene, S. W. and D. M.: Check list of the Antarctic and Subantarctic vascular flora. (Pol. Rec. 11, 1963, 73. S. 411.)
Greene, S. W.: Problems and progress in Antarctic bryology. (Biologie antarctique 1964. S. 173.)
Greene, S. W.: Plants of the land. (Antarctic Research 1964. S. 240.)
Grierson, J.: Recent development of Arctic air routes. (Pol. Rec. 11, 1962, 72. S. 261.)
Harrington, H. J.: Geology and morphology of Antarctica. (Biogeography and ecology in Antarctica 1964. S. 1.)
Hassert, K.: Die Polarforschung. (Aus Natur und Geisteswelt 38.) Leipzig 1907. 2. Aufl.
Hassert, K.: Die Polarforschung. München 1956.
Hatherton, T.: Antarctica. London 1965.
Heinsheimer, J.: Los sincuenta rios mas caudalosos de la tierra. (Anal. de la Acad. de Geograf. Argentina. 6, 1962.)
Hermann, E.: Das Nordpolarmeer, das Mittelmeer von morgen. Berlin 1949.
Hoel, A.: Coal mining in Svalbard. (Pol. Rec. 1938, 16. S. 74.)
Holdgate, M. W., Wace, N. M.: Influence of man on the floras and faunas of southern islands. (Pol. Rec. 10, 1961, 68. S. 475.)
Holdgate, M. W.: Terrestrial ecology in the maritime Antarctic. (Biologie antarctique 1964. S. 181.)
Holtzscherer, J. J., Bauer, A.: Contribution à la connaissance de l'inlandsis du Groenland. E. P. F. Sér. scient. Paris 1954.
How high is Erebus? (Antarctic. 3, 1962, 2. S. 59.)
Hunter-Christie, E. W.: The antarctic problem. An historical and political study. London 1951.
Kampp, A. H.: Sheep farming in Greenland. (Collected papers. Denmark. 20 Congr. Internat. de Géographie 1964. S. 68.)
Keith, K., Hines, M. P.: New and rare species of birds at Macquarie Island during 1956 and 1957. (CSIRO Wildlife Research. 3, 1958, 1. S. 50.)
Kimble, G. H. T., Good, D. (Hrsg.): Geography of the Northlands. (American Geograph. Soc. Spec. Publ. 32.) New York 1955.
Knothe, H.: Spitzbergen. (Petermanns Geograph. Mitt. Erg. H. 211.) Gotha 1931.

Köppen, W.: Klimakunde von Rußland in Europa und Asien. (Handbuch d. Klimatologie. III N.) Berlin 1939.
Kosack, H. P.: Wie groß ist das Südpolargebiet? (Petermanns Geograph. Mitt. 1950. S. 202.)
Kosack, H. P.: Die nutzbaren Lagerstätten in der Antarktis. (Glückauf. 90, 1954, 25/26. S. 685.)
Kosack, H. P.: Die größten Gletscher der Erde. (Geograph. Taschenbuch 1954/55. S. 261.)
Kosack, H. P.: Die Antarktis. Heidelberg 1955. (Geograph. Handbücher.)
Kosack, H. P.: Verzeichnis antarktischer Stationen und Hütten nach dem Stande von März 1962. (Geograph. Taschenbuch 1962/63. S. 225.)
Kosack, H. P.: Die Polargebiete. (Die Große Illustrierte Länderkunde Bd. II. S. 1471.) Gütersloh 1963.
Kotljakov, V. M.: Snežnyi prokrov Antarktidy i ego rol' v sovremennom oledenii materika. (Glaciologija Bd. 7.) Moskau 1961. Akad. Nauk.
Kručinin, Ju. A.: Opyt klassifikacii form mikrorel'efa snežnoj poverchnosti Šelfovogo Lednika Lazareva. (Sovremennye voprosy glaciologii i paleoglaciologii. Geogr. Sbornik XVII. Moskau: Akad. Nauk 1964.)
Krypton, C.: The Northern Sea route and the economy of the Soviet North. (Research program studies 14.) New York 1956.
Laktionov, A. F., Šamontov, V. A.: Primenenie aviacii v okeanografičeskich issledovanijach v Arktike. (Problemy Arktiki II. 1957. S. 19.)
Lancaster, J.: Great Bear Lake's remote and changing mine. (The Professional Geographer 16, 1964, 3. S. 11.)
Larzillière, H., und *Lachaux, R.*: Réoccupation du Cap Denison, Terre du Roi George V., 1958. EPF Publ. 261. (Aus Ann. de l'Inst. de Physique du Globe 32, 1964. S. 139.)
Law, Ph.: *The IGY in Antarctica.* (The Australian Journ. of Science 21, 1959, 9. S. 285.)
Laws, R. M.: Accelerated growth in seals with special reference to the Phocidae. (Norsk Hvalfangst Tidende 1959, 9. S. 425.)
Laws, R. M.: The southern elephant seal (Mirounga leonina) at South Georgia. (Norsk Hvalfangst Tidende 1960, 10. S. 466; 11. S. 520.)
Laws, R. M.: Comparative biology of Antarctic seals. (Biologie antarctique 1964. S. 445.)
Lloyd, T.: Aviation in Arctic North America and Greenland. (Pol. Rec. 5, 1948, 35/36. S. 163.)
Loewe, F.: Höhenverhältnisse und Massenhaushalt des grönländischen Inlandeises. (Gerlands Beitr. z. Geophysik 46, 1936.)
Loewe, F.: Fortschritte in der physikalisch-geographischen Kenntnis der Antarktis. (Erdkunde 15, 1961, 2. S. 81.)
Loewe, F.: Das grönländische Inlandeis nach neuen Feststellungen. (Erdkunde 18, 1964, 4. S. 189.)
Macht, H. G.: Die Wanderung des magnetischen Nordpols und sein mehrfaches Auftreten. (Polarforschung 2, 1947, 1/2. S. 133.)
Mackintosh, N. A.: The southern stocks of whalebone whales. (Discovery Reports 22. 1942. S. 197.)
Maksimov, I. V.: K izučeniju svobodnych i vynuždennych dviženij poljusa zemli. (Problemy Arktiki I. Moskau 1957. S. 73.)
Markov, K. K.: Geografija Antarktidy po rezul'tatam issledovanij Sovetskich ekspedicij. (19. Meždunarodn. Geografičeskij Kongres. Moskau, Akad. Nauk 1961. S. 48.)
Mecking, L.: Die Polarländer. Leipzig 1925. (Allgem. Länderkunde.)
Meinardus, W.: Klimakunde der Antarktis. (Handbuch d. Klimatologie. IV, Teil U.) Berlin 1938.
Mellor, M.: Ice flow in Antarctica. (Journ. of Glaciology 3, 1959, 25. S. 377.)
Mieghem, J. v., Oye, P. v.: Biogeography and ecology in Antarctica. The Hague 1965.
Model, F.: Ein Beitrag zur regionalen Ozeanographie der Weddellsee. (D. A. E. 1938/39. Wiss. Ergebn. Bd. 2. Hamburg 1958. S. 63.)

Mosby, H.: The waters of the Atlantic Antarctic Ocean. Oslo 1934.
Münch, I. v.: Völkerrechtsfragen der Antarktis. (Arch. d. Völkerrechts. 7, 1958, 3. S. 225.)
Murphy, R. C.: Systematics and distribution of antarctic petrels. (Biologie antarctique 1964. S. 349.)
Nagy, J.: Oil exploration in Spitsbergen. (Pol. Rec. 12, 1965, 81. S. 703.)
Narodnoe Chozjaistvo SSSR. Statističekij ežegodnik. Moskau. Jährl. Letzte Ausg. 1963.
Niggel- Bonner, W.: Population increase in the fur seal Arctocephalus tropicalis gazella at South Georgia. (Biologie antarctique 1964. S. 433.)
Niggel-Bonner, W., Laws, R.: Seals and sealing. (Antarctic Research 1964. S. 163.)
Nikitin, M. M.: Sovetskie naučno-issledovatelskie drejfujuščie stancii. Moskau, Akad. Nauk 1961.
Nordenskjöld, O.: Nord- und Südpolarländer. Leipzig, Wien 1926. (Enzyklopädie der Erdkunde.)
Nudel'man, A. V.: Sovetskie ekspedicii v Antarktiku 1958—1960. Moskau 1960.
Nusser, F.: Die deutschen Arktisstationen in den Jahren 1940—1945. (Deutscher Geographentag München 1948, H. 6.) Landshut 1950.
Nusser, F.: Formen des Meereises und ihre Definitionen. (Geographisches Taschenbuch 1958/59. S. 503.)
Oil and gas pipelines in northern Siberia. (Pol. Rec. 12, 1965, 81. S. 745.)
Orr, N. W. M.: Physiology of sledge dogs. (Antarctic Research 1964. S. 61.)
Ostenso, N. A.: Geophysical intestigations of the Arctic Ocean Basin. Research Report Series 1202 (16). Madison 1962.
Panov, D. G.: (Neotektonische Bewegungen im arktischen Gebiet.) (Dokumenty Akad. Nauk. Moskau 1955. 104. S. 462.)
Pantenburg, V.: Arktis. Erdteil der Zukunft. Düsseldorf 1949.
Pantenburg, V.: Die Arktis ruft. Stutgart 1964.
Penney, R. L.: Adelie penguin's faithfulness to territory and mate. (Biologie antarctique 1964. S. 401.)
Phillpot, H. R.: Some aspects of the climate of Antarctica. (Pol. Rec. 11, 1963, 75. S. 737.)
Poliomyelites epidemics in the Canadian Eastern Arctic 1948/49. (Pol. Rec. 6, 1953, 45. S. 679.)
Prévost, J., Sapin-Jaloustre, J.: Ecologie des manchots antarctiques. (Biogeography and ecology in Antarctica 1964. S. 551.)
Proposed new terms and definitions of sea ice for the use of submariners. (Pol. Rec. 12, 1964, 77. S. 197.)
Rasmussen, B.: Exploitation of the East Greenland seal herds. (Norsk Hvalfangst Tidende 1957, 2. S. 45.)
Reindeer husbandry in the Soviet Arctic. (Pol. Rec. 10, 1961, 67. S. 404.)
Roberts, B.: Chronological list of Antarctic expeditions. (Pol. Rec. 9, 1958, 59. S. 97; 60. S. 191.)
Robin, G. de Q., Adie, R. J.: The ice cover. (Antarctic Research 1964. S. 100.)
Rogigk, M. D.: Bryozoa of Antarctica and Subantarctic Seas. (Biogeography and ecology in Antarctica 1965. S. 401.)
Rousseau, J.: La zonation latitudinale dans la Péninsule Québec-Labrador. Paris 1961.
Rudolphi, H.: Die Polarwelt. (Jedermanns Bücherei.) Breslau 1926.
Sailing directions for Antarctica. H. O. Publ. 27. Washington 1961. 2d ed.
Saks, V., Belov, N. A., Lapina, N.: (Unsere heutige Konzeption der zentralen Arktis.) (Priroda 7, 1955. S. 13.)
SCAR-Bulletin. 2 (May 1959) (Pol. Rec. 9, 1959, 62); 5 (May 1960) (Pol. Rec. 10, 1960, 65).
Schäfer, V. J., Klein, G. J.: Entwurf einer internationalen Schneeklassifikation. (UGGI Assoc. d'Hydrologie Scientifique. Assemblée Générale à Bruxelles 1951. Bd. I. S. 129.)
Scheider, H. J.: Die Gletschertypen. (Geograph. Taschenbuch 1962/63. S. 276.)

Schneider, O.: Auroras australes vistas en el pasado desde la America de Sur y regiones antarticas adyacentes. Instituto Antártico Argentino. Contribucion 36. Buenos Aires 1959.
Schneider, O.: La zona auroral del hemisferio sud. Instituto Antártico Argentino. Contribucion 55. Buenos Aires 1961.
Schwerdtfeger, W. (u. a.): Meteorologia descriptiva del Sector Antártico Sudamericano. Instituto Antártico Argentino. Publ. 7. Buenos Aires 1959.
Seals in the Bering Sea. (Pol. Rec. 12, 1965, 81. S. 748.)
Sellaeg, J.: Selfangsten. (Norsk Hvalfangst Tidende. 1955, 6. S. 316.)
Sergeant, D. E.: Exploitation and conservation of Harp and Hood seals. (Pol. Rec. 12, 1965, 80. S. 541.)
Sheep farming in Greenland. (Pol. Rec. 12, 1965, 81. S. 752.)
Simpson, F. A. (Hrsg.): The Antarctic today. Wellington 1952.
Skottsberg, C. J. F.: Antarctic phycology. (Biologie antarctique 1964. S. 147.)
Sladen, W. J. L.: The distribution of the Adelie and Chinstrap penguins. (Biologie antarctique 1964.)
Smedal, G.: Acquisition of sovereignty over polar areas. (Skrifter om Svalbard og Ishavet 36.) Oslo 1931.
Smedal, G.: Souveränitätsfragen der Polargebiete. Oslo 1943.
Smith, J. E.: Future programs of biological research in Antarctica. (Biologie antarctique 1964. S. 607.)
Snowdon, D.: Eskimo commercial fisheries. (Pol. Rec. 10, 1961, 67. S. 382.)
Soberania argentina en el Archipielago de las Malvinas y en la Antártida. Universidad de La Plata 1951.
Sorge, E.: Arktis. (Handbuch d. Geograph. Wissenschaft.) Wildpark 1933.
Soviet drifting stations in the Arctic Ocean. (Pol. Rec. 11, 1962, 72. S. 292.)
Soviet mining in the Noril'sk region. (Pol. Rec. 12, 1965, 81. S. 746.)
Soviet oversnow vehicles. (Pol. Rec. 12, 1965, 79. S. 467).
Spisok punktov nabljudenij v SSSR. (Meždunarodn. Geofizičeskij God. Inform. Bjuleten 1. Moskau 1956. S. 28.)
SSSR. Bol'šaja Sovetskaja Enciklopedija. Moskau 1956. Deutsche Ausg. 1957.
Stahl, P.: Gravimétrie. Expédition en Terre Adélie 1951—1953. E. P. F. Rapport preliminaire 24. Paris 1954.
Statesman's Yearbook. London. Jährl. Letzte Ausg. 1966/67.
Statistisk Årbog. Danmarks statistik. Jährl. Letzte Ausg. 1966.
Statistisk Årbok for Norge. Oslo. Jährl. Letzte Ausg. 1962.
Stocks, Th.: Wie groß ist das Nordpolargebiet? (Ann. d. Hydrographie u. maritimen Meteorologie 1941. S. 25.)
Stonehouse, B.: Bird life. (Antarctic Research 1964, S. 219.)
Suetova, I. A.: Morfometričeskie charakteristiki Antarktidy. Moskau 1963.
Suyetova, I. A.: The dimensions of Antarctica. (Pol. Rec. 13, 1966, 84. S. 344.)
Sverdrup, H. U., Petersen, H., Loewe, F.: Kanadischer Archipel und Grönland. (Handbuch der Klimatologie II. K.) Berlin 1938.
Täubert, H.: Sowjetische Untersuchungen in der Bunger-„Oase". (Petermanns Geograph. Mitt. 1956, 4. S. 329).
Tauber, G. M.: Antarktika. T. I. Osnovye čerty klimata i pogody. Leningrad 1956.
Taylor, B.: The flora, vegetation and soils of Macquarie Island. ANARE Reports. Ser. B., Vol. II. Botany. Melbourne 1955.
Taylor, G.: Antarctica. (Regionale Geologie der Erde. Bd. 1. VIII.) Leipzig 1940.
The Antarctic Treaty. (Pol. Rec. 10, 1960, 65. S. 157.)
The Arctic zone of international inspection proposed in 1957 and 1958. (Pol. Rec. 10, 1961, 65. S. 153.)
The area and distribution of glaciers in the Arctic. (Pol. Rec. 9, 1958, 58. S. 32.)
The height of Beerenberg. (Pol. Rec. 6, 1953, 45. S. 682.)

The history of the Hudson's Bay Company. (Pol. Rec. 1953, 9. S. 54.)
The Northern Sea Route 1962, 1963, 1964. (Pol. Rec. 11, 1963, 75. S. 719; 12, 1964, 77. S. 179; 12, 1965, 81. S. 742.)
The status of the Polar Bear. (Pol. Rec. 13, 1966, 84. S. 327.)
Thiel, E.: Verkehrsgeographie von Russisch Asien. (Osteurop. Forschungen. N. F. 17.) Königsberg/Pr. 1934.
Uda, M.: Deep circulation in the Antarctic Ocean. (Antarctic Record 11.) Tokyo 1961. S. 111.
Uspenskij, S. M.: Ptičji bazary Novoj Zemli. Akad. Nauk. Moskau 1956.
Verdensfangsten 1959. (Norsk Hvalfangst Tidende 1960, 7. S. 306.)
Vervoort, W.: Notes on the biogeography and ecology of freeliving marine copopoda. (Biogeography and ecology in Antarctica 1965. S. 381.)
Visits of the North Pole. Pol. Rec. 5, 1947, 33/34. S. 86.)
Voous, K. H.: Antarctic birds. (Biogeography and ecology in Antarctica 1965. S. 649.)
Walrus in the Soviet Arctic. (Pol. Rec. 12, 1964, 77. S. 205.)
Weihaupt, J. G.: Geophysical studies in Victoria-Land. Research Report Series 1. Madison 1961.
Wilson, O.: Human adaption to life in Antarctica. (Biogeography and ecology in Antarctica 1965. S. 690.)
Woollard, G. P.: Crustal structure from gravity and seismic measurements. (Journ. of Geophys. Research 64, 1959, 10. S. 1521.)
Wordie, J. M.: The Falkland Islands Dependencies Survey 1943—1946. (Pol. Rec. 4, 1946, 32. S. 372.)
Yaldwyn, J. C.: Antarctic and subantarctic decapod crustacea. (Biogeography and ecology in Antarctica 1965. S. 324.)
Zavatti, S.: Biografia delle navi polari. (Rivista marittima 1953, 7. S. 3.)
Zavatti, S.: I Poli. Milano 1963. (Universale economica.)
Zavatti, S.: Gli eschimesi. (L'Universo 45, 1965, 3.)
Zotin, M. I.: Razvitie seti poljarnych stancij. (Problemy Arktiki. 1, 1957. S. 99.)

Nach Drucklegung bekanntgewordene neue Zahlen.

Nach Drucklegung erschien der 5. Band der „Kratkaja Geografičeskaja Enciklopedija" mit dem Tabellenteil, der z. T. völlig neue Zahlen für sowjetische Gebiete bringt. Es werden im folgenden die für das Datenbuch wichtigen neuen Zahlen gegeben.

Zu Seite 65. Fußnote.

Gebiet	Rentiere	Rinder	Schweine	Pferde
Obl. Murmansk	8 100	13 000	14 000	
Neneckij N. O.	160 000			
Jamalo-Neneckij N. O.	341 000	1 600		
Tajmyrskij N. O.	87 000			
Jakutskaja ASSR	352 000	369 000	45 000	153 000
Čukotskij N. O.	500 000	505	1 500	
Gesamt	1 448 000			

Tabellen 3 und 23, Seiten 102 und 129

Gebiet	Flächen km²	Eisbedeckt km²	Höhen und Tiefen m
Nördliches Eismeer	13 100 000		5 220 Tiefe
Davon Barentsmeer	1 405 000		600
Norwegisches Meer	1 383 000		4 487
Karasee	883 000		620
Laptevsee	650 000		3 347
Ostsibirische See	936 000		155
Tschuktschensee	582 000		200
Beaufortsee	476 000		4 683
Baffinsee	684 000		2 136
Grönlandsee	1 205 000		4 846
Landgebiete. Sowjetische Inseln			
Franz-Josef-Land	16 100	13 703	620 Höhe
Georg	2 900		416
Wilczek	2 000		606
Novaja Zemlja	82 600	24 300	
Nordinsel	48 100		1 590
Südinsel	33 200		1 342
Kleinere Inseln	1 300		
Kolguev	5 200		166
Vajgač	3 400		171
Belyj	1 900		24
Severnaja Zemlja	37 000	17 470	
Komsomolec	9 200		800
Oktjabrskoj Revolucii, O.	14 200		965
Bolševik	11 500		935
Neusibirische Inseln	38 000		
Kotel'nyj	11 600		374
Novaja Sibir	6 200		100
Wrangel	7 300		1 100
Ajon	2 000		64

Zu Tabellen 36—39, Seiten 165—171

In seinem Buch L'Antarctique (Paris 1967) gibt A. Cailleux folgende Zahlen für die Arten von Pflanzen und Tieren:

Arten		Zahl	Bemerkungen
Pflanzen:	Marine Algen	96	40 % endemisch
	Süßwasseralgen	160	
	Diatomeen	46	4 endemisch
	Pilze	5	2 endemisch
	Flechten	440	46 % endemisch
	Lebermoose	4	
	Moose	70	47 % endemisch
	Blütenpflanzen	2	
	Blütenpflanzen, eingeschleppt	3	
	Vergleich: Blütenpflanzen		
	auf Macquarie	35	
	auf Kerguelen	32	
	auf Heard	8	
Tiere:	Marin:		
	Ringelwürmer	450	
	Schwämme	200	
	Bryozoen	60	
	Cephalodiscus	10	
	Mollusken	309	
	davon Bivalven	66	118 in Arktis
	terrestrisch:		
	Protozoen	19	
	Rotiferen	18	
	Gastrotrichien	1	
	Platoden	2	
	Nematoden	3	
	Insekten	52	
	Tardigraden	12	
	Milben, freilebend	14	
	Milben, parasitär	6	
	Collembolen	13	
	Fliegen	3	
	Flöhe	27	
	Landtiere gesamt	118	

Sachverzeichnis

Die Umlaute sind nach d und vor f wie ae, oe, ue eingeordnet. Buchstaben mit diakritischen Zeichen wie solche ohne Zeichen, also č wie c, š wie s, ø wie o. *Personennamen.* „. . .“-Schiffsnamen.

A

C

D

E

F

G

H

I

L

M

P

Q

T

U

V

W

Y

Z

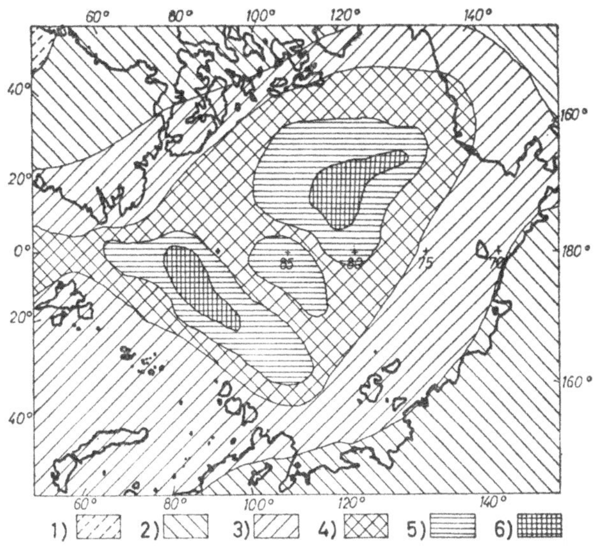

Karte 1

Arktis. Krustenmächtigkeit nach Schweremessungen
(Nach *Demenickaja* 1960 und *Woollard* 1959)

Demenickaja		Woollard	
1) 2–10 km	4) 25–35 km	1) 2–17 km	4) 27–33 km
2) 10–15 km	5) 35–45 km	2) 17–21 km	5) 33–39 km
3) 15–25 km	6) 45–55 km	3) 21–27 km	6) 39–46 km

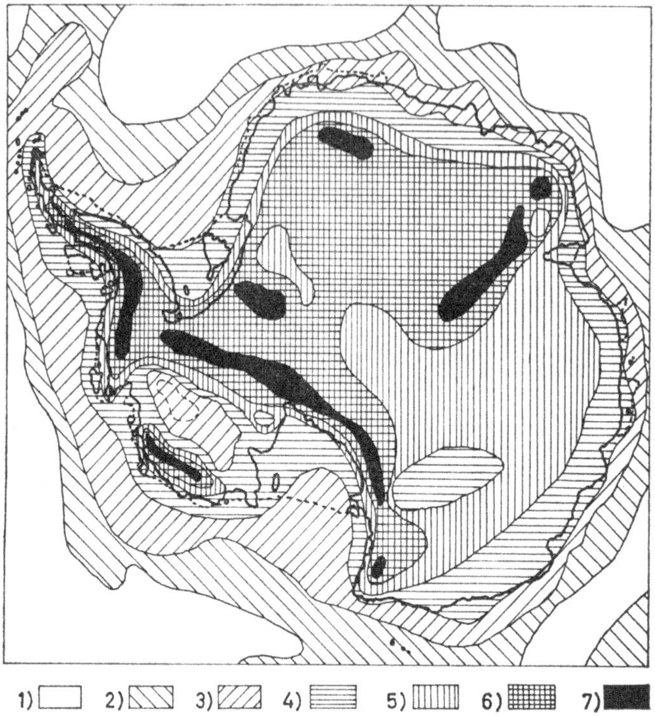

Karte 2

Antarktis. Krustenmächtigkeit nach Schweremessungen
(Nach *Demenickaja* 1960)

1) Unter 5 km
2) 5–15 km
3) 15–30 km
4) 30–40 km
5) 40–50 km
6) 50–60 km
7) über 60 km

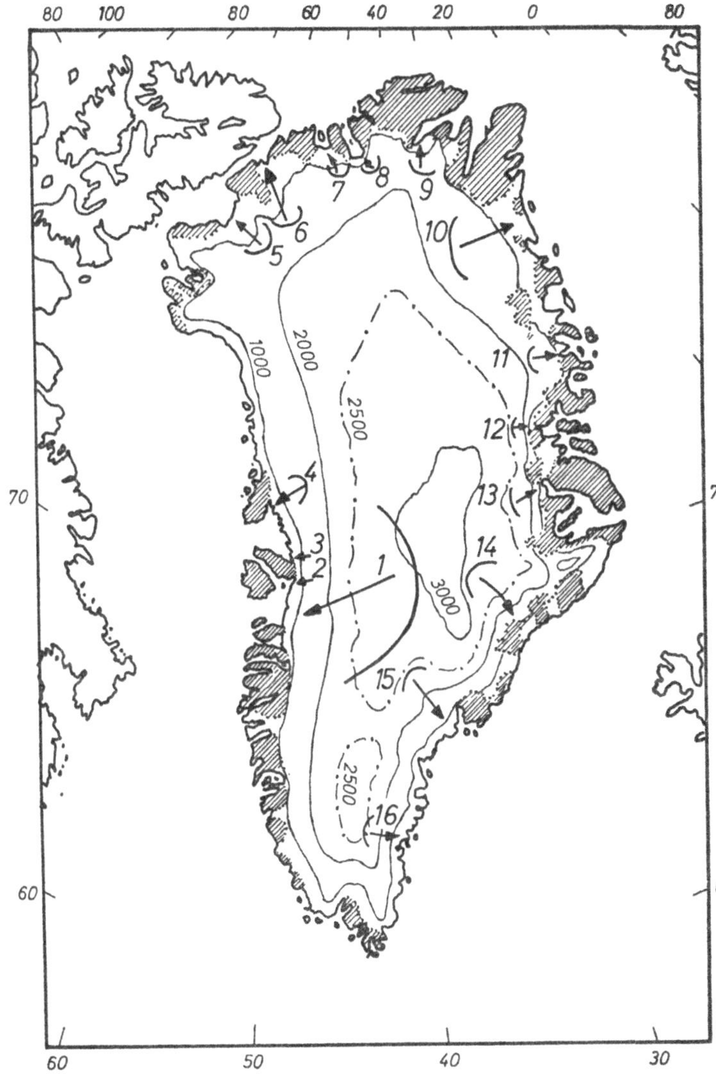

Karte 3

Grönland. Höhenstufen des Inlandeises und Gletschereinzugsgebiete
(Nach Expéditions Polaires Françaises, Paris 1954)

Gletscher:

1) Jakobshavn
2) Torssukatak
3) Großer Karajak
4) Rink und Umiamako
5) Humboldt
6) Petermann
7) Ryder
8) Ostenfeld
9) Academy
10) Zachariaes und Nioghalvfjerd
11) Heinkel
12) Hamberg
13) Daugaard Jensen und West
14) Kangerdlugssuaq
15) Sermilik
16) Tingmiarmiut

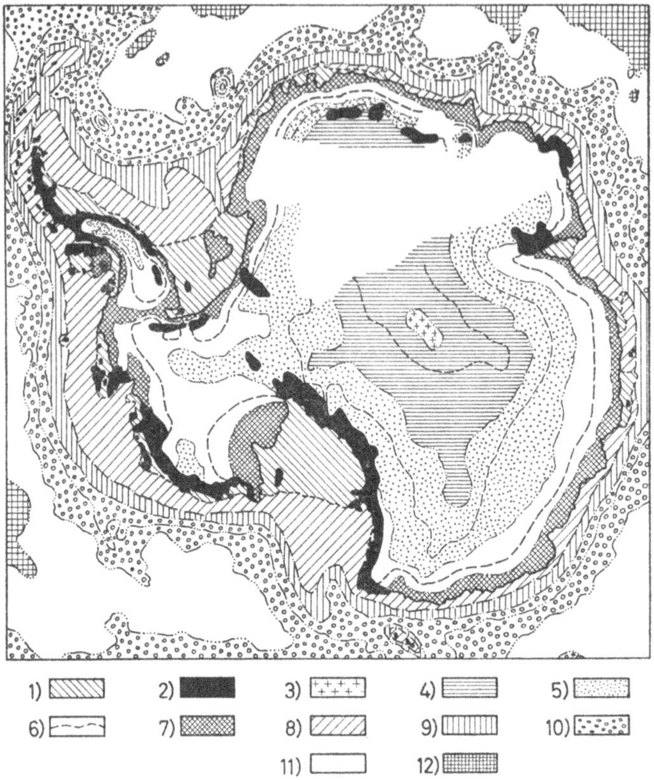

Karte 4

Antarktis. Höhenstufen und Tiefenlinien

(Nach *Kosack*, Höhenstufen des Inlandeises. Karte in Bertelsmann Ill. Länderkunde 1963, ergänzt nach Karte Antarctica 1 : 15 000 000, Directorate of Overseas Surveys 1963.)

1) Schelfeistafeln
2) Größere zusammenhängende Gebirgszonen
3) über 4000 m Höhe
4) 3000–4000 m Höhe
5) 2000–3000 m Höhe
6) 1000–2000 m Höhe
7) 0–1000 m Höhe
8) 0–1000 m Tiefe
9) 1000–2000 m Tiefe
10) 2000–4000 m Tiefe
11) 4000–5000 m Tiefe
12) über 5000 m Tiefe

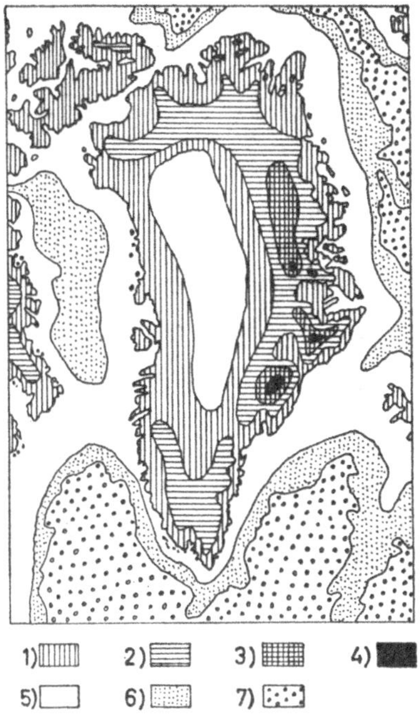

Karte 5

Grönland. Höhenlage des Felsuntergrundes

(Nach F. *Loewe:* Das grönländische Inlandeis nach neuen Feststellungen. Erdkunde 1964, 3. S. 189 ff.)

Höhen	Tiefen
1) 0–1000 m	5) 0–1000 m
2) 1000–2000 m	6) 1000–2000 m
3) 2000–3000 m	7) über 2000 m
4) über 3000 m	

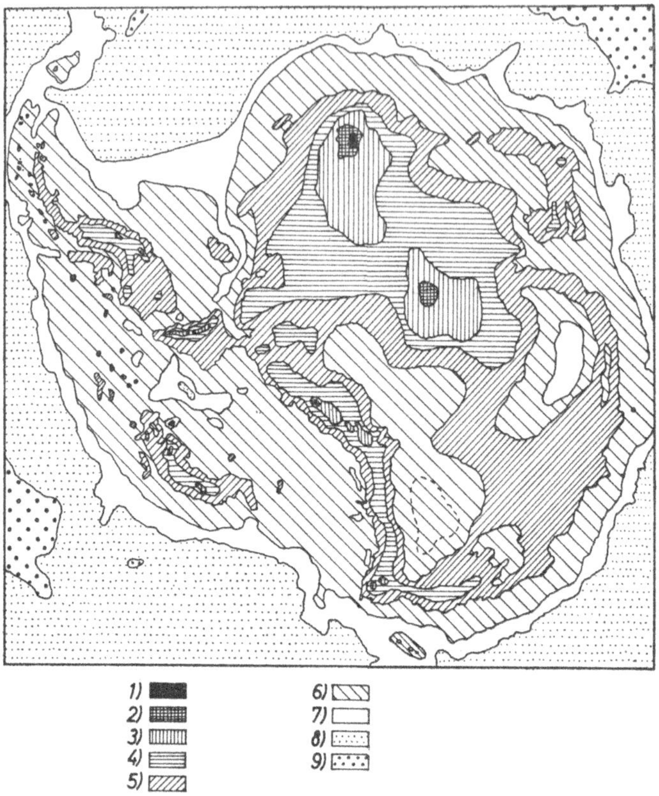

Karte 6

Antarktis. Höhenlage des Felsuntergrundes

(Nach *A. B. Ford:* Review of Antarctic Geology. IG Bulletin 82, 1964); Antarctic, subglacial relief (American Geogr. Society Map 1962) u. a. Quellen.

Höhen	Tiefen
1) über 4000 m	6) 0–1000 m
2) 3000–4000 m	7) 1000–3000 m
3) 2000–3000 m	8) 3000–5000 m
4) 1000–2000 m	9) über 5000 m
5) 0–1000 m	

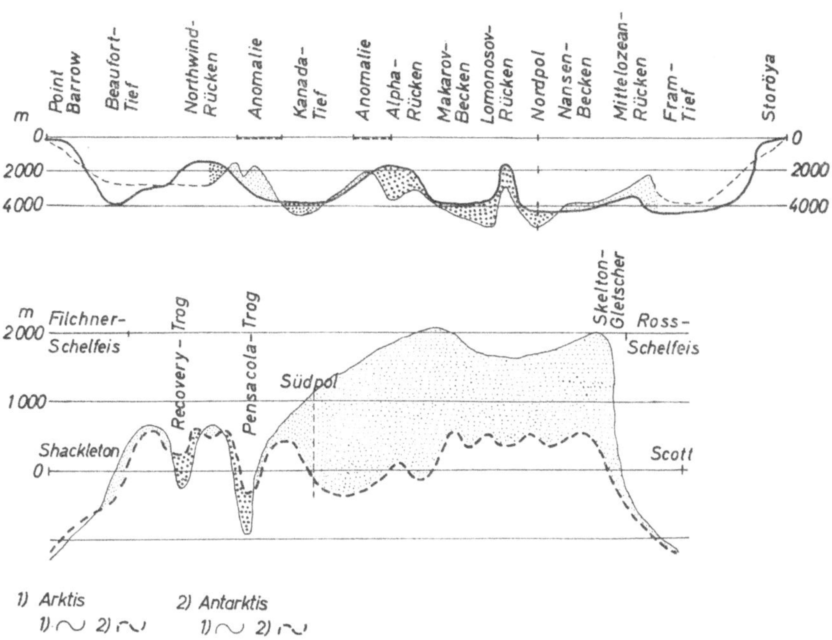

Karte 7

Arktis und Antarktis. Vergleichsprofile des gleichen Inhalts, die auf unterschiedliche Weise bestimmt wurden.

1. Arktis. Profil durch das arktische Becken. (Nach *N. A. Ostenso:* Geophysical investigations of the Arctic Ocean Basin. Madison 1962.)
   Profil von Point Barrow über den Nordpol zur Storöya (Nordost-Spitzbergen).
   1) Tiefenlinie nach Echolotungen bestimmt.
   2) Tiefenlinie nach magnetischen Anomalien berechnet.
   Überhöhung 1 : 70.

2. Antarktis. Profil des Felsuntergrundes. (Nach Antarctic Research. London 1964. Karte 7.)
   Profil der Transantarktischen Commonwealth-Expedition von der Station Shackleton über den Südpol zur Scott-Station.
   1) Tiefenlinie nach Schwerebestimmungen.
   2) Tiefenlinie nach seismischer Methode.
   Überhöhung 1 : 347,5.

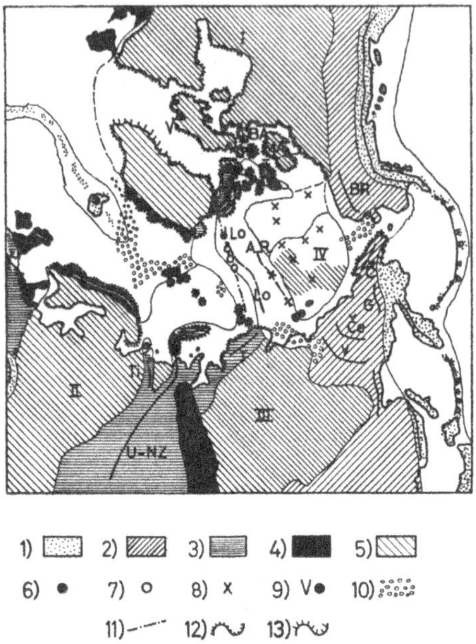

Karte 8

Arktis. Geologische Strukturkarte

(Nach *V. N. Saks, N. A. Belov, N. N. Lapina:* in Priroda 1955, 7, S. 13 ff., berichtigt nach *N. A. Ostenso:* Geophysical investigations of the Arctic Ocean Basin, Madison 1962. Vulkanismus nach *Ja. Ja. Gakkel':* in Priroda 1958, 4, S. 87 ff. Erdbeben und neotektonische Bewegungen nach *D. G. Panov:* in Dokumenty Akad. Nauk, Bd. 104, 1955.) Darstellung nur im arktischen Bereich vollständig.

1) Alpine Faltung
2) Mesozoische Faltung
   Br. Brooks Range; Č Čukotskij Chrebet (Gebirge); G Gydanskij Chrebet; Č Čerskij Chrebet; V Verchojanskij Chrebet; Lo Lomonosovrücken; AR Alpharücken
3) Herzynische Faltung
   U-NZ Ural-Novaja Zemljafaltung; Ti Timanfaltung; T Tajmyrfaltung
4) Kaledonische Faltung
5) Kratone (Präkambrische Schilde)
   I Grönländisch-Kanadischer Kraton; BA Boothia Arch (Horst); MA Minto Arch; II Osteuropäischer Kraton; III Zentralsibirischer Kraton; IV Hyperboräischer Kraton
6) Aktive Vulkane
7) Funde von vulkanischem Glas
8) Funde basaltischer Hornblende
9) Tertiäre vulkanische Provinz (Baffininsel)
10) Erdbebenzonen (Häufung von Epizentren)
11) Große arktische Verwerfung
12–13) Neotektonische Bewegungen
12) Küsten mit intensiver postglazialer Hebung
13) Küsten mit intensiver postglazialer Senkung

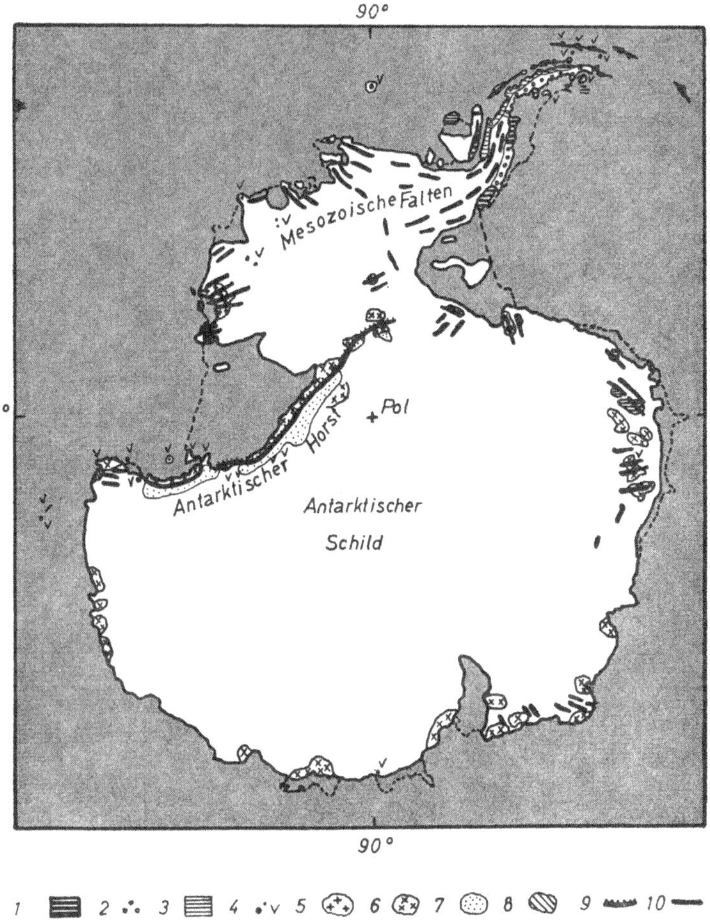

Karte 9

Antarktis. Geologisch-tektonische Karte
(nach *Davies* 1956, mit Ergänzungen)

1 Sedimente (Jura-Tertiär)
2 Mesozoische Intrusiva
3 Metamorphisierte Sedimente
4 Vulkanische Gesteine (vorwiegende Tertiär-rezent)
5 Metamorpher Komplex der Faltenantarktis
6 Metamorpher Komplex des antarktischen Schildes
7 Beacon-Serie (Devon bis Trias)
8 Grauwacken und Schiefer der Robertson-Serie (Paläozoisch)
9 Randverwerfung des antarktischen Horstes
10 Streichen von Gebirgsketten (orographisches Streichen)

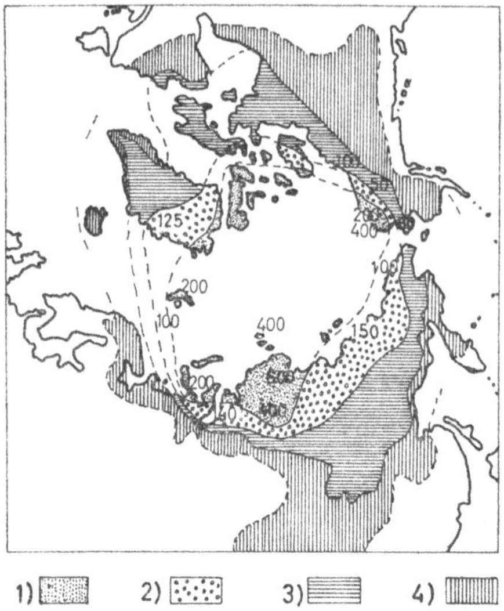

Karte 10

Arktis. Karte des Permafrosts

(Grenzen des kontinuierlichen Permafrosts und des diskontinuierlichen Permafrosts nach *R. J. E. Brown* und *G. H. Johnston*: Permafrost und verwandte Ingenieurprobleme. (Endeavour Bd. 23, 1964, 89) Linien gleicher Mächtigkeit des Permafrosts nach *J. Corbel*: Les karsts des régions polaires. (Revue belge de Géographie 88, 1964, 1/2.))

1–3) Kontinuierlicher Permafrost
1) Permafrost mit Mächtigkeiten von über 200 m
2) Permafrost mit Mächtigkeiten von 100–200 m
3) Permafrost mit Mächtigkeiten von 0–100 m
4) Diskontinuierlicher Permafrost
Gemessene Mächtigkeiten, m 100

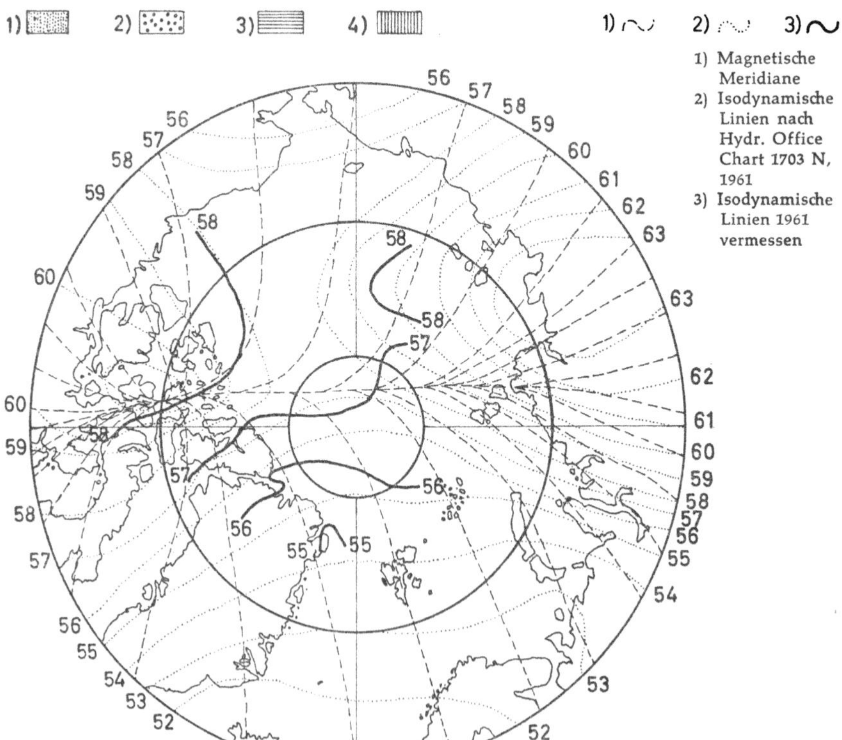

1) Magnetische Meridiane
2) Isodynamische Linien nach Hydr. Office Chart 1703 N, 1961
3) Isodynamische Linien 1961 vermessen

Karte 11

Arktis. Große arktische magnetische Anomalie und Totalintensität der erdmagnetischen Feldstärke

Linienabstand von ,01 Oersted. (Nach *Ja. Ja. Gakkel'*: Nauka i osvoenie Arktiki. Leningrad 1957 (Anomalie) und *N. A. Ostenso*: Geophysical investigations of the Arctic Ocean Basin. University of Wisconsin Research Report 1202 (16), 1962.)

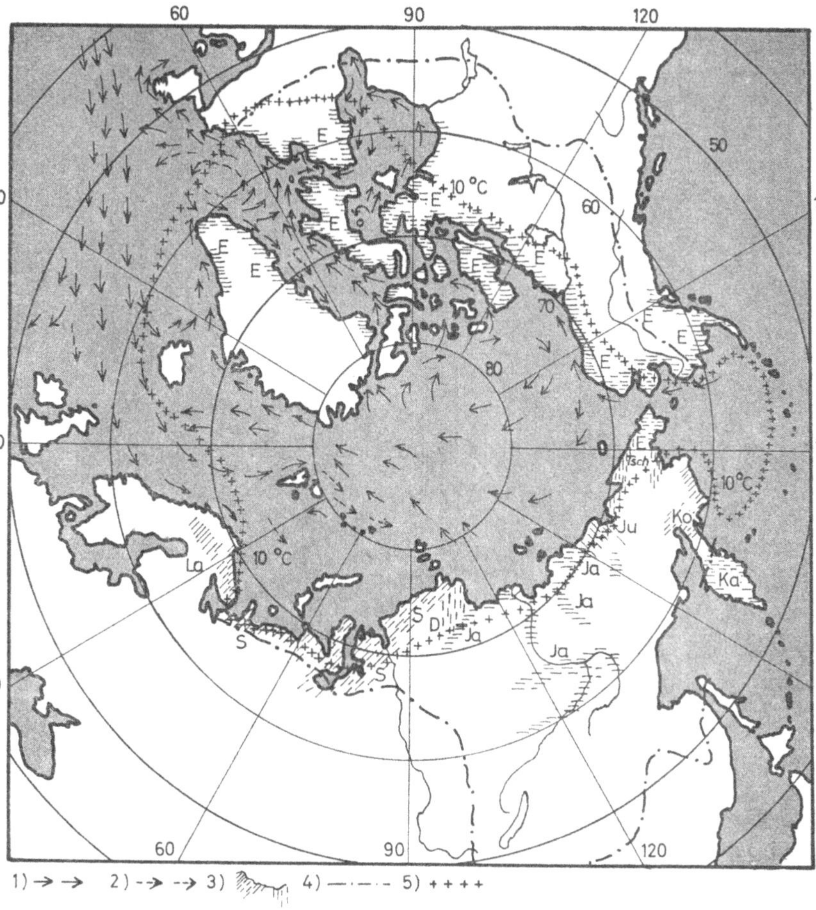

Karte 12

Arktis. Grenzen, Strömungen und Verbreitung der Polarvölker

1) Oberflächenströmungen
2) Unterströmungen
3) Lebensgebiete polarer Völker
D Dolganen, E Eskimo (Inuit), Ja Jakuten,
Ju Jukagiren, Ka Kamtschadalen, Ko Korjaken,
La Lappen, S Samojeden (Nenzen), Tsch Tschuktschen
4) Grenze der ewigen Gefrornis
5) 10°C-Isotherme des Juli
1) und 2) nach *M. J. Dunbar* 1955; 3) nach *Byhan* 1909; 4) und 5) nach *L. Breitfuß* 1943

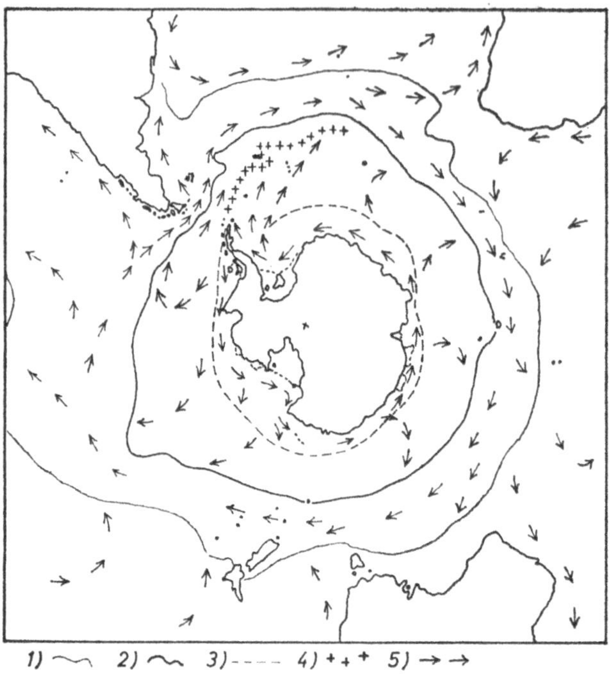

Karte 13

Antarktis. Strömungen und Grenzen der Wassermassen

(Strömungen nach *G. Skeib* 1964, modifiziert; Grenzen der Wassermassen nach *G. E. R. Deacon*, 1964; Modifizierungen nach *M. Uda*, 1961; *F. Model*, 1958; *H. Mosby*, *1934*; u. a.)

1) Subtropische Konvergenz
2) Antarktische Konvergenz
3) Antarktische Windscheide (angenähert)
4) Nordgrenze des Weddell-Meer-Stromes
5) Stromrichtung
(Stromstärke in der Westwinddrift 1,5 m/sec, in der antarktischen Ostwinddrift 15 cm/sec)

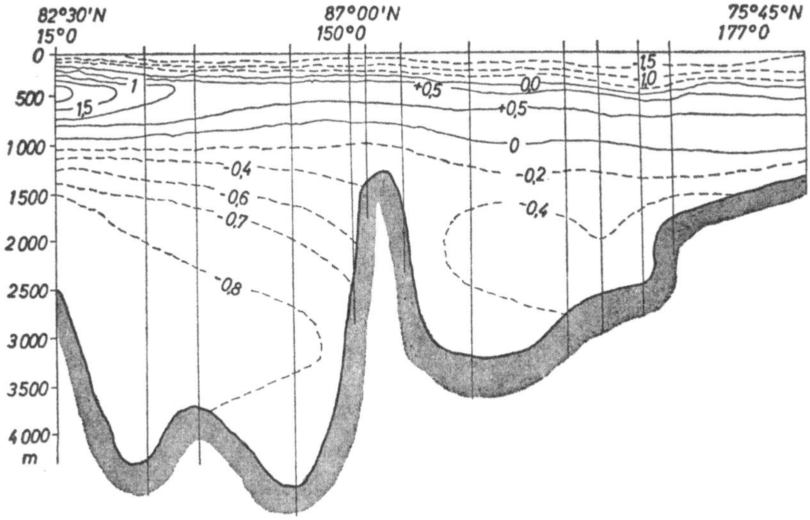

Karte 14 a

Nordpolarbecken. Profil der Temperaturverteilung des Meereswassers
(Nach *Gordijenko-Laktionov*)

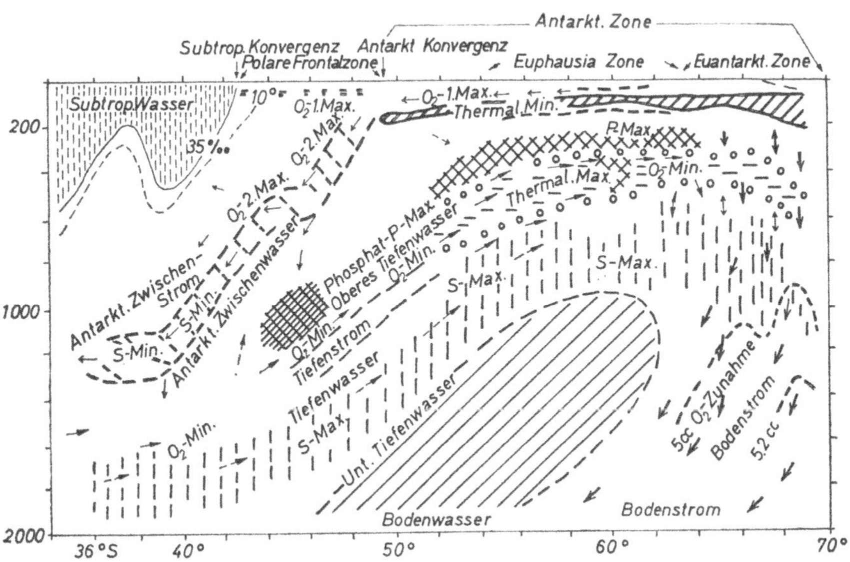

Karte 14 b

Antarktischer Ozean. Idealprofil der Wasserkörper zwischen dem Kap der Guten Hoffnung und der Prinz-Harald-Küste
(Nach M. *Uda*, 1961)

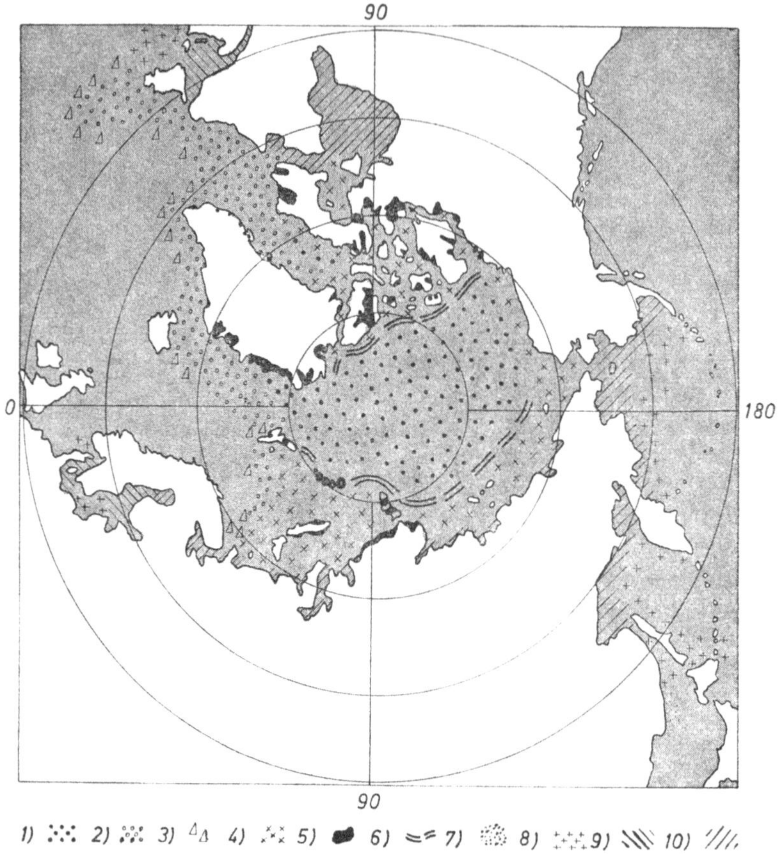

Karte 15

Arktis. Vereisungstypen

(Nach: Atlas der Eisverhältnisse des Nordatlantischen Ozeans und Übersichtskarten der Eisverhältnisse des Nord- und Südpolargebietes. Dt. Hydr. Inst. Hamburg 1950.)

1) Innerpolarer Typ
2) Polar-ozeanischer Typ
3) Eisbergtyp
4) Polarer Randmeertyp
5) Polarer Buchtentyp
6) Polynien
7) Vollmaritimer Typ
8) Gemäßigt-maritimer Typ
9) Maritim-kontinentaler Typ
10) Voll-kontinentaler Typ

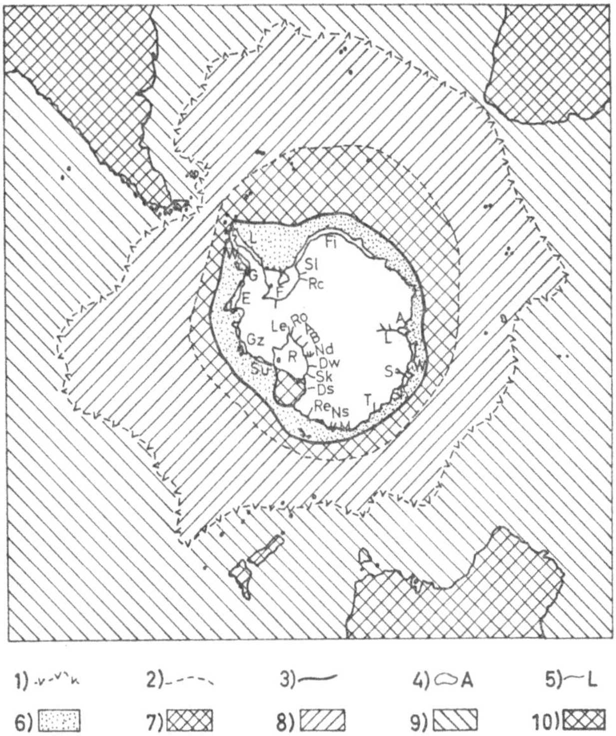

Karte 16

Antarktis. Haupttypen der Vereisung (nach *Kosack*: Antarktis 1955, verändert)

1) Grenze des äußersten Vorkommens treibender Eisberge
2) Packeisgrenze (Mittel) am 1. November
3) Packeisgrenze (Mittel) am 1. März
4) Schelfeistafeln
   A Amery-Schelfeis; E Eights-Küste; F Filchner-Schelfeis; Fi Fimbulisen; G George-VI-Sund; Gz Getz-Schelfeis; L Larsen-Schelfeis; R Ross-Schelfeis; Sh Shackleton-Schelfeis; Su Sulzberger-Bucht; W Westeis; Wi Wilkins-Sund
5) Wichtige Großgletscher
6) Packeisfläche am 1. März
7) Packeisfläche am 1. November
8) Eisfreies Meer mit Eisbergen
9) Ständig eisfreies Meer
10) Kontinente außerhalb der Antarktis

Kürzel	Name	Typ	
		Durchfluß-gletscher	Eis-strom
A	Axel-Heiberg	+	
B	Beardmore	+	
Dw	Darwin	+	
Ds	Davis	+	
L	Lambert	(teilweise)	+
Le	Leverett	?	
M	Mertz		+
Nd	Nimrod	+	

Kürzel	Name	Typ	
		Durchfluß-gletscher	Eis-strom
Ns	Ninnis		+
Rc	Recovery	?	
Re	Rennick	(teilweise)	+
Ro	Robert Scott	+	
S	Scott	(teilweise)	+
Sk	Skelton	+	
Sl	Slessor	?	
T	Totten		+

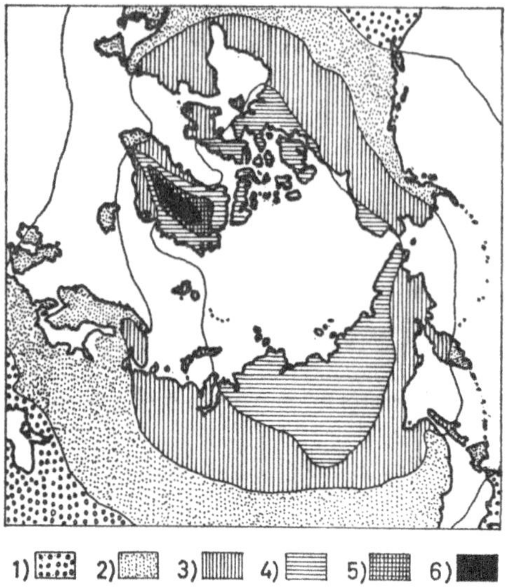

Karte 17

Arktis
Jahrestemperaturen
Nicht reduziert

1) über + 10 °C
2) 0 – 10 °C
3) 0 bis – 10 °C
4) – 10 bis – 20 °C
5) – 20 bis – 30 °C
6) über – 30 °C

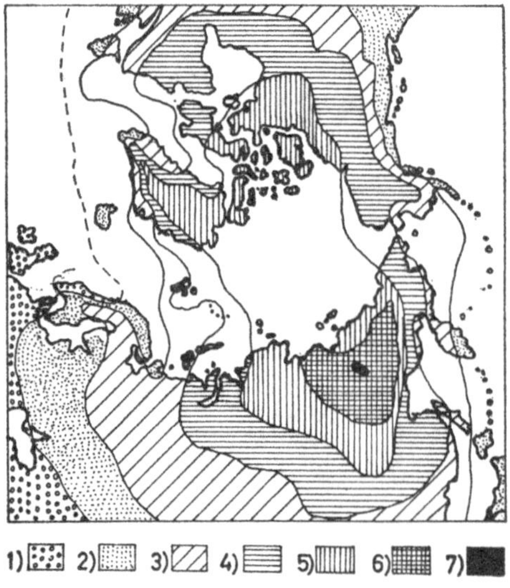

Karte 18

Arktis. Januartemperaturen

1) über 0 °C
2) 0 bis – 10 °C
3) – 10 bis – 20 °C
4) – 20 bis – 30 °C
5) – 30 bis – 40 °C
6) – 40 bis – 50 °C
7) unter – 50 °C

Karte 19

Arktis. Julitemperaturen

1) unter −10 °C
2) 0 bis −10 °C
3) 0 bis 10 °C
4) 10 bis 20 °C
5) über 20 °C

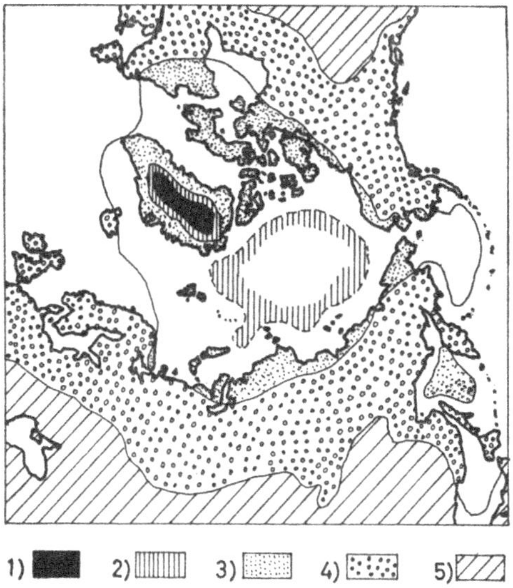

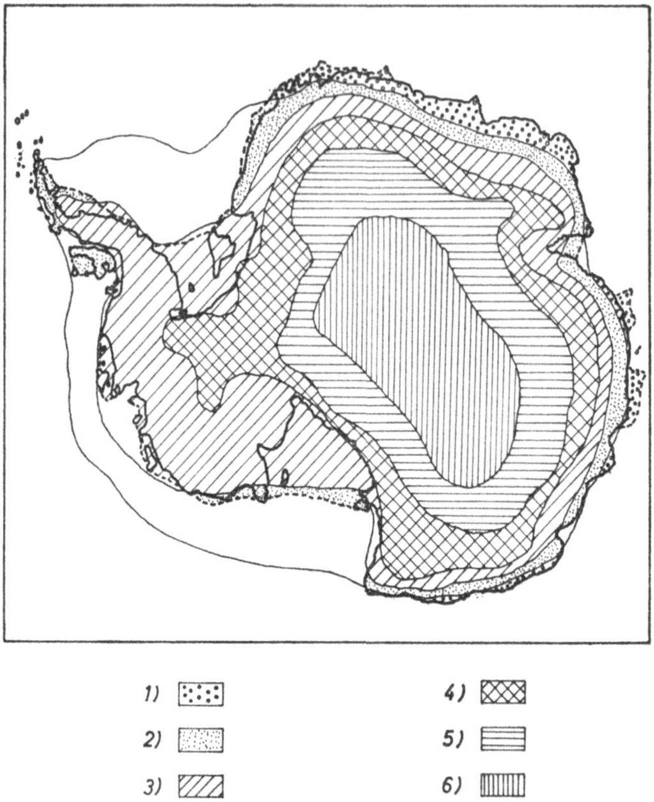

Karte 20

Antarktis. Mittlere Jahrestemperaturen
(Nach *A. Cailleux* 1963, ergänzt nach *Alt*, 1960)

1) über −10 °C
2) −10 bis −20 °C
3) −20 bis −30 °C
4) −30 bis −40 °C
5) −40 bis −50 °C
6) unter −50 °C

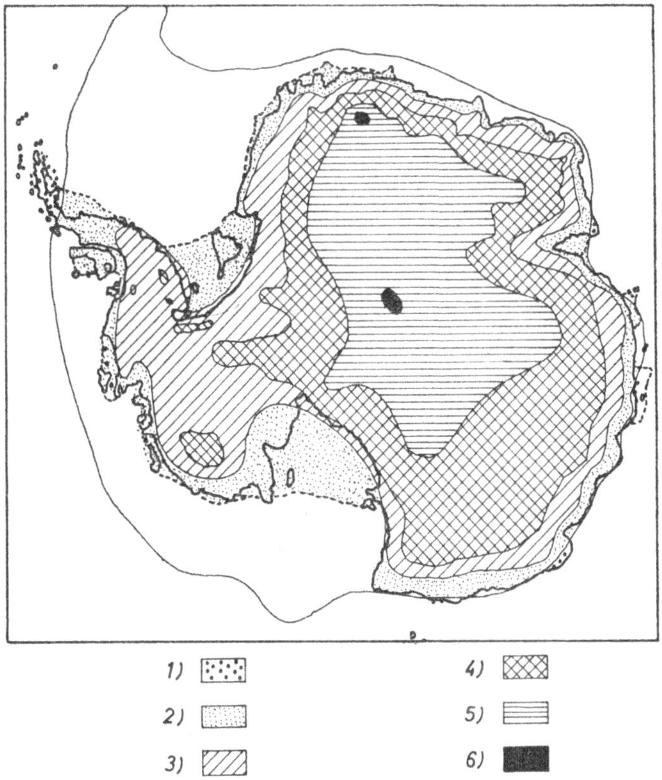

Karte 21

Antarktis. Mittlere Januartemperaturen
(Nach *H. R. Phillpot* 1963)

1) über 0 °C
2) 0 bis −10 °C
3) −10 bis −20 °C
4) −20 bis −30 °C
5) −30 bis −40 °C
6) über −40 °C

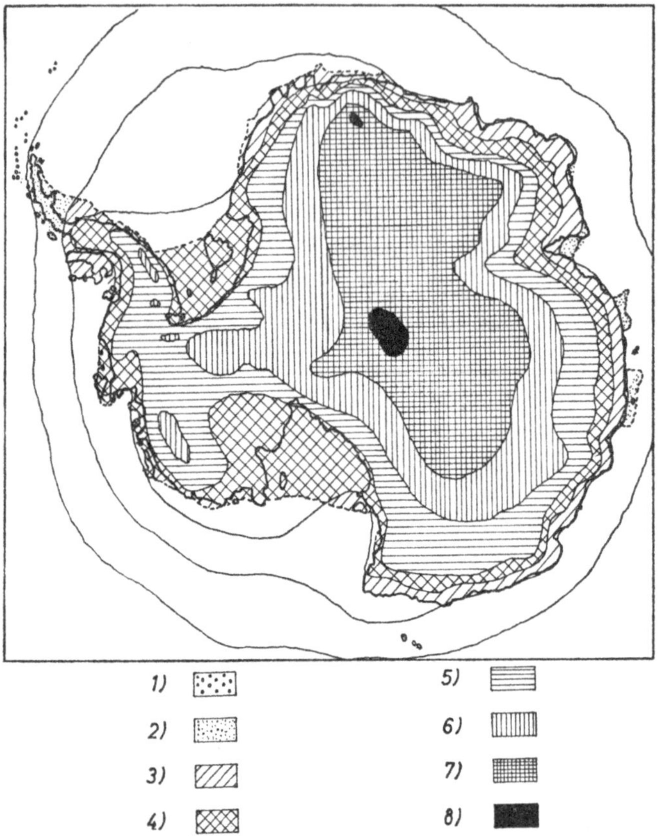

Karte 22

Antarktis. Mittlere Julitemperaturen
(Nach *H. R. Phillpot* 1963)

1) über −10 °C
2) −10 bis −20 °C
3) −20 bis −30 °C
4) −30 bis −40 °C
5) −40 bis −50 °C
6) −50 bis −60 °C
7) −60 bis −70 °C
8) unter −70 °C

Karte 23

Arktis
Mittlerer jährlicher Niederschlag

1) 0–100 mm
2) 100–250 mm
3) 250–500 mm
4) 500–1000 mm
5) über 1000 mm

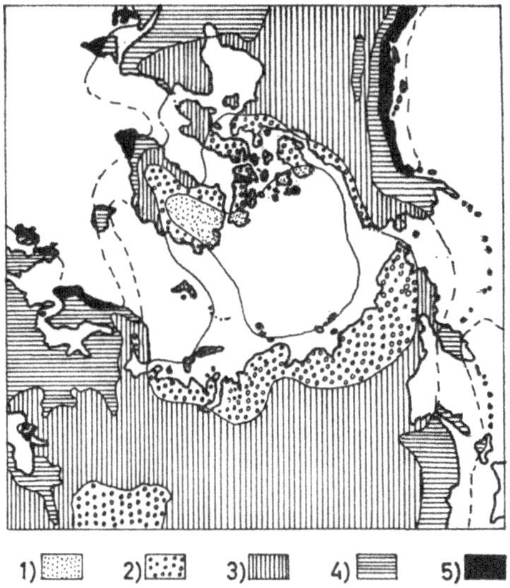

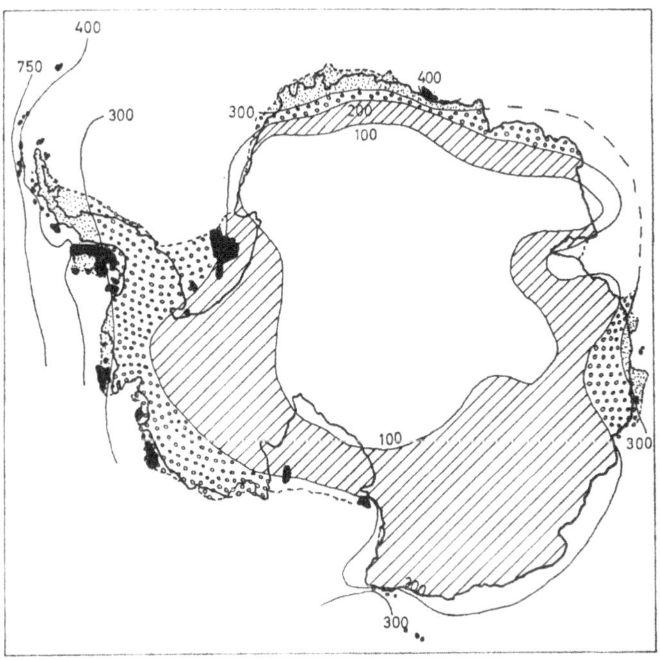

Karte 24

Antarktis. Mittlere Jahresniederschläge. Generalisiert

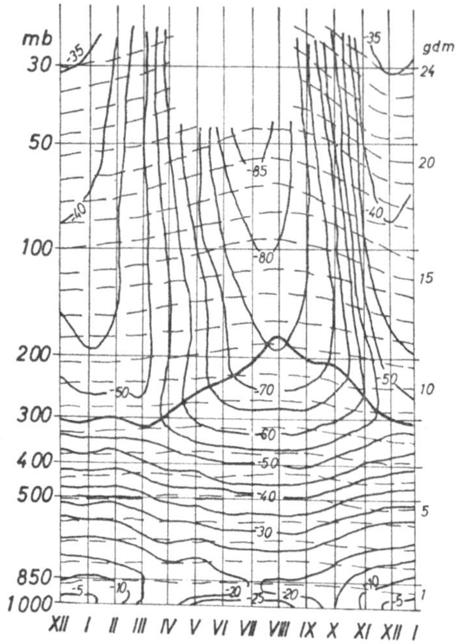

Karte 25

Thermoisoplethen der freien Atmosphäre für Maudheim

(77° 03′ S, 10° 56′ W) (Nach *Schumacher* 1955 aus *Tauber* 1956)

---

5) Zügelpinguin. Beobachtungen von Einzeltieren mit Jahreszahl (Ost-West-Wanderung).

Zügelpinguin (Pygoscelis antarctica). Seit 1936 in Ostwanderung begriffen. Auf der Karte sind Wanderwege und Jahr der ersten Beobachtung angegeben. Ursprüngliches Hauptnistgebiet: Südgeorgien (starke Vermehrung), Süd-Shetlands, Süd-Orkneys, Süd-Sandwich-Inseln (hier vorherrschende Pinguinart).

6) Eselspinguin. Nordgrenze.

P = Eselspinguin. Brutplätze.

Eselspinguin (Papuapinguin) (Pygoscelis papua). Eine kleinere Rasse (P. p. ellsworthi) auf der Antarktischen Halbinsel und den Inseln des Südantillenbogens verbreitet, eine größere Rasse in Südgeorgien und auf den subantarktischen Inseln.

H = Haubenpinguin. Brutplätze.

Haubenpinguin (Eudyptes cristatus). Brutplätze nur auf den nördlichen subantarktischen Inseln.

F = Felsenpinguin. Brutplätze.

Felsenpinguin (Eudyptes chrysolophus). Brutplätze auf den subantarktischen Inseln. Südlichstes Vorkommen: Deception-Insel (Süd-Shetlands).

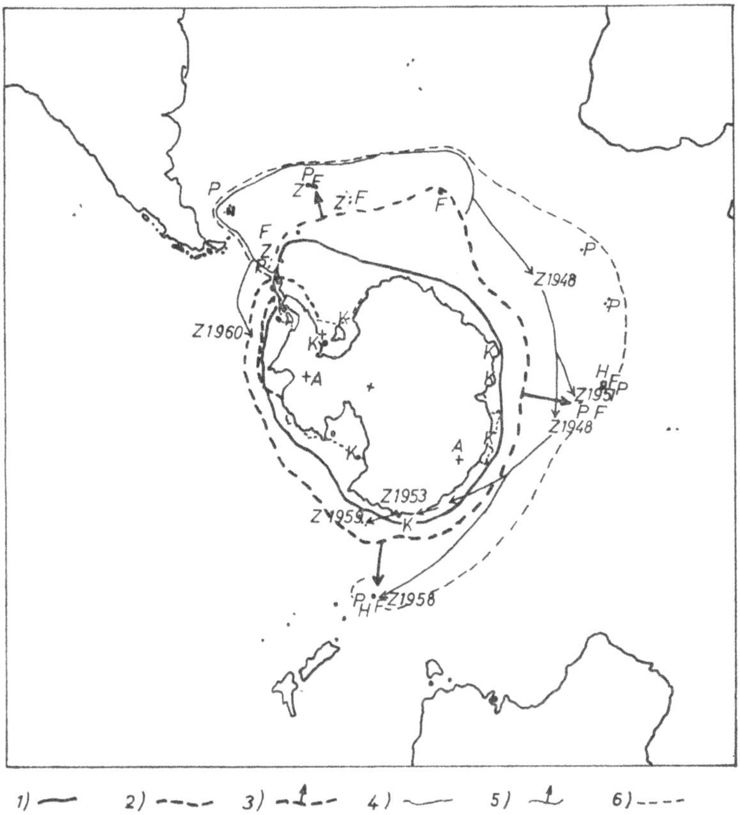

Karte 26

Antarktis. Karte der Pinguinverbreitung

(Nach verschiedenen Autoren 1928—1966)

1) Kaiserpinguin. Nordgrenze
K = Wichtigste Brutplätze (vergleiche S. 177, Tabelle 42).
+ K = Kaiserpinguin. Beobachtung von Spuren im Inland. *Kaiserpinguin* (Aptenodytes forsteri). Zirkumpolar. Bis 1955 9 Nistplätze bekannt, 1962: 21. Eingetragen sind die größten Nistplätze. 2 liegen auf Land, 19 auf Meereis. Winterbrüter. Wanderung einzelner Tiere weit im Inland beobachtet. 1957 auf Filchner-Schelfeis in 400 km von der Eismauer und 500 km von der nächsten bekannten Brutstelle Spuren entdeckt.

2) Adeliepinguin. Nord- und Südgrenze
+ A Beobachtungen von Spuren weit im Inland.

3) Beobachtungen von Einzeltieren des Adeliepinguins nördlich ihres Verbreitungsgebietes.
Adeliepinguin (Pygoscelis adeliae). *Zirkumpolar.* Etwas nördlicher als der Kaiserpinguin. Im Ross-Meer Konzentrierung. Auf der Beaufort-Insel ergab eine Kohlenstoffdatierung des Guanos, daß der dortige Brutplatz seit 2000 Jahren besetzt ist. Die Zahl der Brutplätze ist nicht bekannt. Nördlichstes Vorkommen auf der Bouvet-Insel. Vereinzelte Besuche auf Südgeorgien, der Heard-Insel und auf Macquarie beobachtet. Wanderungen tief in das Inland des Kontinents. Spuren 1959 südlich der Eights-Küste in 300 km Entfernung von der Küste. 1958 wurden Einzeltiere in 58 km Entfernung von ihrem Brutplatz im Innern ausgesetzt, die geradlinig zu ihren Nestern zurückkehrten. 1958 wurden 5 Adeliepinguine von der Station Wilkes mit einem Flugzeug nach MacMurdo-Sund verbracht und ausgesetzt; nach 10 Monaten kehrten 2 Tiere nach Wilkes zurück (3800 km, Reisegeschwindigkeit im Mittel 13 km je Stunde).

4) Zügelpinguin. Nordgrenze um das Jahr 1936.

Fortsetzung s. S. 466

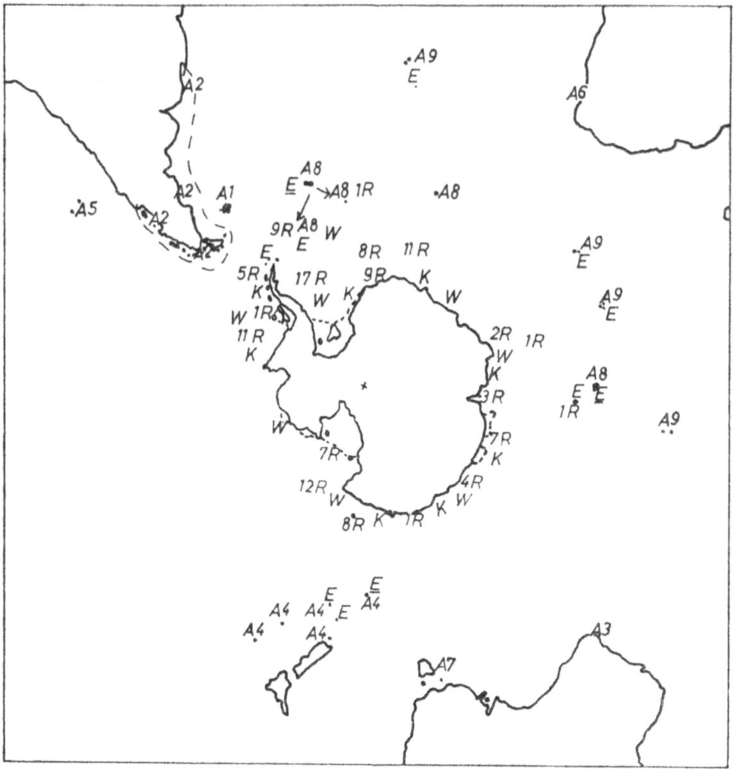

Karte 27

Antarktis. Verbreitung der wichtigsten Robbenarten

(Nach *W. N. Bonner* und *R. Laws* 1964 (Rossrobbe nach *R. Laws* 1964))

A Pelzrobbe. Vorkommen.
Die Zahlen bezeichnen die Unterarten: A 1 Arctocephalus australis australis (Falklandpelzrobbe); A 2 A. australis gracilis (Südamerikanische Pelzrobbe); A 3 A. doriferus (Westaustralische Pelzrobbe); A 4 A. forsteri (Neuseeländische Pelzrobbe); A 5 A. philippii (Kalifornische Pelzrobbe); A 6 A. pusillus (Kappelzrobbe); A 7 A. tasmanicus (Tasmanische Pelzrobbe); A 8 A. tropicalis gazella (Subantarktische Pelzrobbe); A 9 A. tropicalis (Nördliche Abart der vorigen).
Pelzrobbe (Arctocephalus tropicalis). Vor Ankunft des Menschen zirkumpolar. Galt Ende des 19. Jahrhunderts als ausgestorben. Letzte größere Kolonie 1956 auf der Bird-Insel und Main-Insel (bei Südgeorgien) entdeckt, von hier aus seitdem Rekolonisation der Hauptinsel Südgeorgien, Auswanderung nach den Süd-Orkneys (1959), den Süd-Shetlands (1959) und den Süd-Sandwich-Inseln (1960/62), Kerguelen (1956).

E See-Elefant. Brutplätze. Hauptbrutplätze unterstrichen.
See-Elefant (Mirounga leonina). In südlicher Ausbreitung begriffen. 1962 wurden neue Kolonien auf den Süd-Orkney- und Süd-Shetland-Inseln entdeckt.

R Rossrobbe. Die beigesetzten Zahlen bedeuten bis 1962 erfolgte Sichtungen im betreffenden Gebiet.
Rossrobbe (Ommatophoca rossi). Bisher nur sehr wenige Sichtungen, da sie im dichten Packeis lebt.

K Krabbenfresser. Vorkommen.
Krabbenfresser (Lobedon carcinophagus). Zirkumpolar mit verschiedenen lokalen Gebieten größerer Häufigkeit. Vor der Küste der Ostantarktis Abart, die statt im Frühjahr im Herbst Junge wirft. Wandert auch weit in das Inlandeis. 1957 starke Dezimierung durch Viruskrankheit.

W Weddellrobbe. Vorkommen.
Weddellrobbe (Leptonychotes weddelli). Zirkumpolar. Nördlichstes Vorkommen: Larsen-Hafen, Südgeorgien, seit etwa 1910 bekannt.
Seeleopard (Hydrurga leptonyx) (nicht auf der Karte dargestellt). Zirkumpolar. Verbreitung von der antarktischen Küste im Süden bis in die gemäßigte Zone. Hauptverbreitungsgebiet: Packeis.

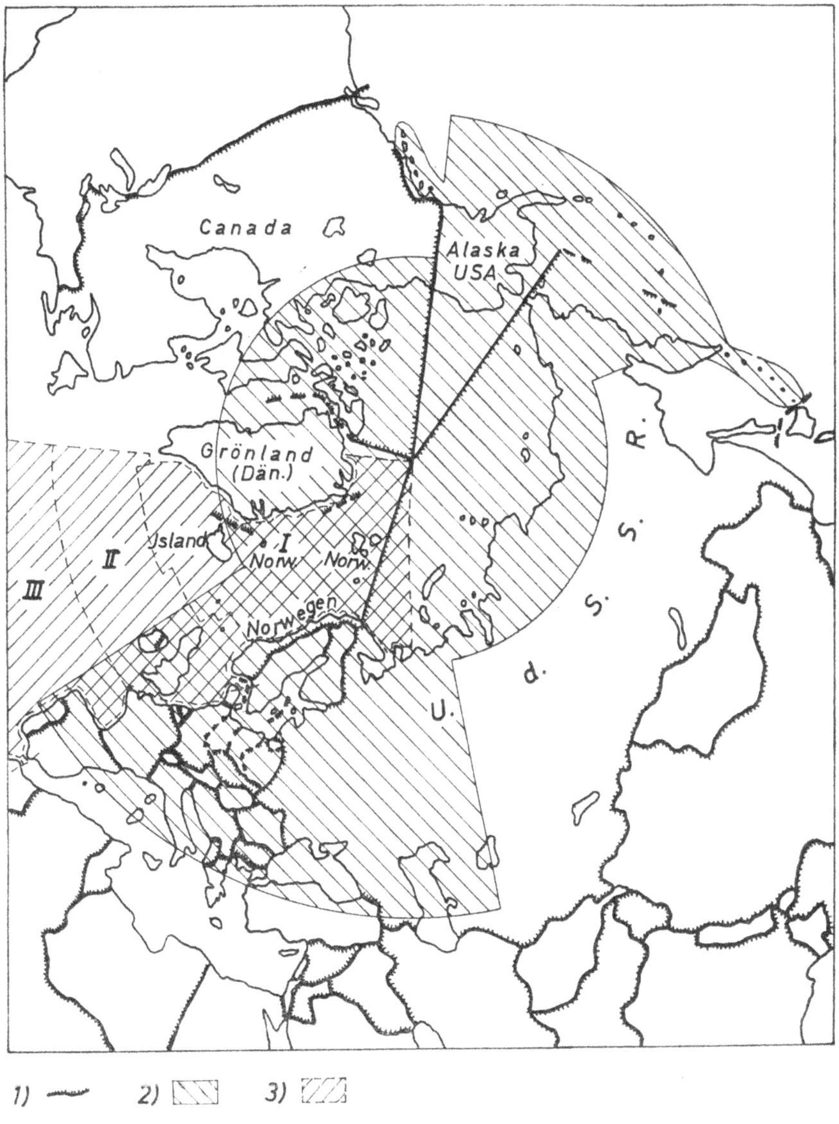

Karte 28

Arktis. Politische Verhältnisse

1) Politische Staatengrenzen.

2) Vorgeschlagene arktische Inspektionszone
(Unterkomitee der UNO für Abrüstung vom 29. 4. 1958).

3) Bereich und Regionen I bis III der Nordwestatlantischen Fischerei-Konvention London 24. 1. 1959.

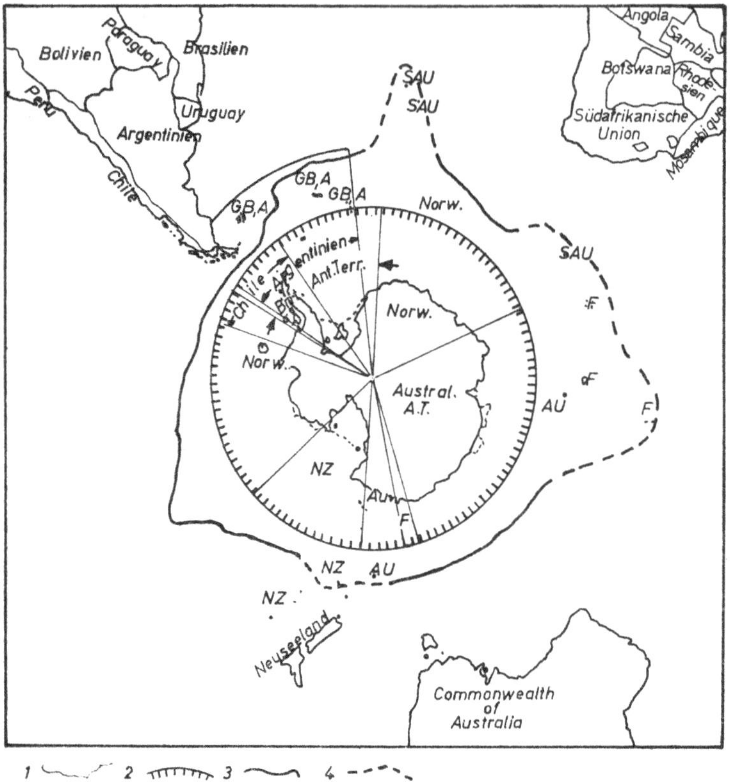

Karte 29

Antarktis. Politischer Zustand

1) Grenzen der Staaten und politische Ansprüche (Kürzungen: A Argentinien; Au Commonwealth of Australia; F Frankreich; GB Großbritannien; Norw. Norwegisch; NZ Neuseeland; SAU Südafrikanische Union).
2) Grenze des Gebietes des antarktischen Vertrages (1. 12. 1959).
3) Grenze des Arbeitsgebietes des SCAR (Scientific Committee on Antarctic Research) lt. Sitzungsbeschluß in den Haag (5. 2. 1958): Antarktische Konvergenz.
4) Grenze der zum SCAR-Arbeitsgebiet gehörenden subantarktischen Inseln nördlich der Konvergenz.

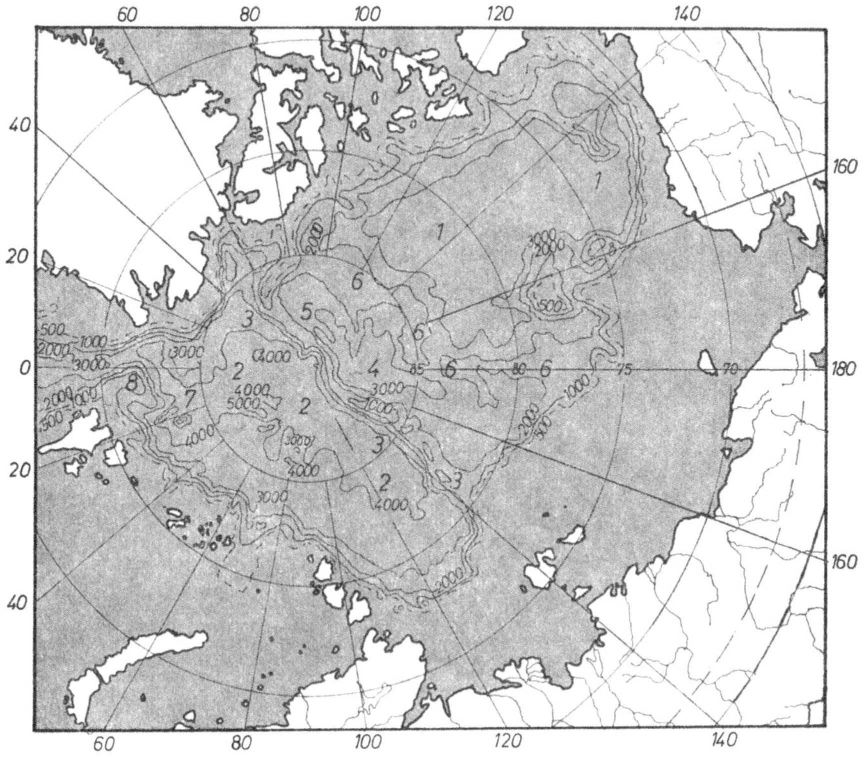

Karte 30

Grundkarte Arktisches Becken

Tiefenkarte. Stand: 1961. (Nach *Gordijenko* und *Laktionov.*)

Erklärung der Zahlen in der Karte:

1) Beaufortbecken	5) Marvinrücken
2) Nansenbecken	6) Mendelejevrücken
3) Lomonossovrücken	7) Lütkekessel
4) Makarovbecken	8) Ermakplateau

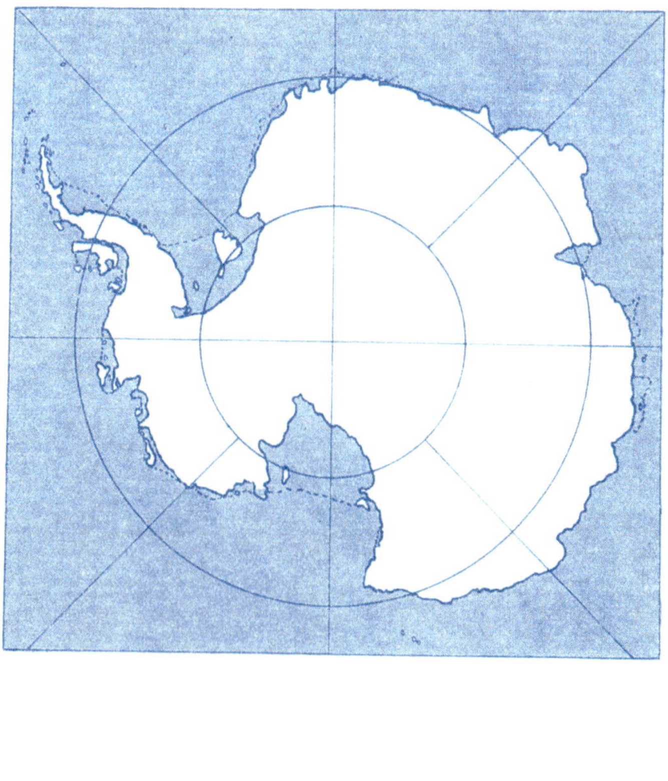

GPSR Compliance

The European Union's (EU) General Product Safety Regulation (GPSR) is a set of rules that requires consumer products to be safe and our obligations to ensure this.

If you have any concerns about our products, you can contact us on ProductSafety@springernature.com

In case Publisher is established outside the EU, the EU authorized representative is:

Springer Nature Customer Service Center GmbH
Europaplatz 3
69115 Heidelberg, Germany

Batch number: 10584556

Printed by Printforce, the Netherlands